石油石化职业技能培训教程

# 工程测量员

## （下册）

中国石油天然气集团有限公司人事部 编

石油工業出版社

## 内 容 提 要

本书是由中国石油天然气集团有限公司人事部统一组织编写的《石油石化职业技能培训教程》中的一本。本书包括工程测量员应掌握高级工操作技能及相关知识，技师、高级技师操作技能及相关知识，并配套了相应等级的理论知识练习题，以便于员工对知识点的理解和掌握。

本书既可用于职业技能鉴定前培训，也可用于员工岗位技术培训和自学提高。

**图书在版编目(CIP)数据**

工程测量员. 下册/中国石油天然气集团有限公司人事部编. —北京:石油工业出版社,2019. 11

石油石化职业技能培训教程

ISBN 978-7-5183-3541-1

Ⅰ. ①工… Ⅱ. ①中… Ⅲ. ①工程测量-技术培训-教材 Ⅳ. ①TB22-62

中国版本图书馆 CIP 数据核字(2019)第 167475 号

---

出版发行:石油工业出版社

(北京市朝阳区安华里 2 区 1 号楼 100011)

网　址:www. petropub. com

编辑部:(010)64243803

图书营销中心:(010)64523633

经　销:全国新华书店

印　刷:北京中石油彩色印刷有限责任公司

---

2019 年 11 月第 1 版　2019 年 11 月第 1 次印刷

787×1092 毫米　开本:1/16　印张:28

字数:716 千字

---

定价:85.00 元

# 《石油石化职业技能培训教程》

## 编　委　会

# 《工程测量员》编审组

主　　编：郑喜军

参编人员：王茂伟　李　微

参审人员：黄选成

# PREFACE 前言

随着企业产业升级、装备技术更新改造步伐不断加快，对从业人员的素质和技能提出了新的更高要求。为适应经济发展方式转变和“四新”技术变化要求，提高石油石化企业员工队伍素质，满足职工鉴定、培训、学习需要，中国石油天然气集团有限公司人事部根据《中华人民共和国职业分类大典(2015年版)》对工种目录的调整情况，修订了石油石化职业技能等级标准。在新标准的指导下，组织对“十五”“十一五”“十二五”期间编写的职业技能鉴定试题库和职业技能培训教程进行了全面修订，并新开发了炼油、化工专业部分工种的试题库和教程。

教程的开发修订坚持以职业活动为导向，以职业技能提升为核心，以统一规范、充实完善为原则，注重内容的先进性与通用性。教程编写紧扣职业技能等级标准和鉴定要素细目表，采取理实一体化编写模式，基础知识统一编写，操作技能及相关知识按等级编写，内容范围与鉴定试题库基本保持一致。特别需要说明的是，本套教程在相应内容处标注了理论知识鉴定点的代码和名称，同时配套了相应等级的理论知识练习题，以便于员工对知识点的理解和掌握，加强了学习的针对性。此外，为了提高学习效率，检验学习成果，本套教程为员工免费提供学习增值服务，员工通过手机登录注册后即可进行移动练习。本套教程既可用于职业技能鉴定前培训，也可用于员工岗位技术培训和自学提高。

工程测量员教程分上、下两册，上册为基础知识，初级工操作技能及相关知识，中级工操作技能及相关知识；下册为高级工操作技能及相关知识，技师、高级技师操作技能及相关知识。

本工种教程由大庆油田有限责任公司任主编单位，参与审核的单位有川庆钻探工程有限公司，在此表示衷心感谢。

由于编者水平有限，书中不妥之处在所难免，请广大读者提出宝贵意见。

**编　者**

**2018年10月**

CONTENTS 目录

## 第一部分　高级工操作技能及相关知识

## 第二部分　技师、高级技师操作技能及相关知识

## 理论知识练习题



## 附　录

# 第一部分

# 高级工操作技能及相关知识

# 模块一　平面控制测量

## 项目一　相关知识

GBA001 平面控制测量的等级划分方法

### 一、平面控制测量等级划分

国家平面控制网分为五个等级。按其精度建立国家平面控制网,主要采用三角测量的方法。平面控制测量精度要求见表1-1-1。

表1-1-1　平面控制测量精度要求

| 测量等级 | 最弱相邻边长相对中误差 | 测量等级 | 最弱相邻边长相对中误差 |
|---|---|---|---|
| 二等 | 1/100000 | 一级 | 1/20000 |
| 三等 | 1/70000 | 二级 | 1/10000 |
| 四等 | 1/35000 | | |

选择路线平面控制测量坐标系时,应使测区内投影长度变形值小于2.5cm/km;平面控制网的坐标系统,应采用统一的高斯正形投影3°带平面直角坐标系统;平面控制网的布设可采用卫星定位测量控制网、导线及导线网、三角形网等形式。

平面控制网精度等级划分中,卫星定位测量控制网依次分为二、三、四等和一、二级。

平面控制测量等级的选用见表1-1-2。

表1-1-2　平面控制测量等级选用

| 测量等级 | 高架桥、路线控制测量 | 多跨桥梁总长 $L$,m | 单跨桥梁长度 $L_K$,m | 隧道贯通长度 $L_G$,m |
|---|---|---|---|---|
| 二等 | — | $L\geqslant 3000$ | $L_K\geqslant 500$ | $L_G\geqslant 6000$ |
| 三等 | — | $2000\leqslant L<3000$ | $300\leqslant L_K<500$ | $3000\leqslant L_G<6000$ |
| 四等 | 高架桥 | $1000\leqslant L<2000$ | $150\leqslant L_K<300$ | $1000\leqslant L_G<3000$ |
| 一级 | 高速、一级公路 | $L<1000$ | $L_K<150$ | $L_G<1000$ |
| 二级 | 二、三、四级公路 | — | — | — |

GBA002 经纬仪的测量原理

### 二、经纬仪

角度测量最常用的仪器是经纬仪。角度测量分为水平角测量和竖直角测量。

使用经纬仪时,对中整平的目的是使仪器的竖轴和测站点的标志中心在同一铅垂线上。经纬仪的操作步骤包括对中、整平、瞄准和读数。经纬仪测竖直角时,望远镜位于盘左位置,当抬高物镜瞄准目标时,竖盘读数设为$L$,那么盘左观测的竖直角$a_{左}$为:$90°-L$。经纬仪测量竖直角时,用盘左、盘右方法可以消除竖盘指标差的影响,当指标差变动范围超过±30″时,应对仪器进行检校。

使用经纬仪的操作步骤是：

(1)调整三脚架的腿长，使仪器安置的高度合适，架好脚架踩实，拧紧脚架螺旋之后便可一手握住照准部，一手托住基座，将仪器放在三脚架上，随即拧紧连接螺旋；

(2)测站对中；

(3)整平仪器；

(4)用望远镜瞄准照准目标并进行读数。

$DJ_2$ 型光学经纬仪的读数方法是：

(1)读数采用符合方法。

(2)转动测微器手轮。

(3)使上、下格影像精确符合。

(4)当符合时，必须使最后转动为同一顺时针方向，同时要找到正像与倒像相差180°的两条分划线必须是正像在左、倒像在右，此时正像的度数就是所需读出的度数。

## 三、全站仪

GBA005 全站仪测量的原理

### (一)全站仪的测量原理

全站仪可直接测出斜距、水平角和竖直角，可自动计算水平距离、高差和坐标增量。全站仪测距部分相当于光电测距仪，测角部分相当于电子经纬仪。

全站仪是同时测量角度、距离后能自动计算坐标及高差的多功能仪器，由电子数字经纬仪、电磁波测距装置、计算机以及记录器等部件组合成一体。

全站仪作为现代化的计量工具，对其检定分为对测距性能的检定，对测角性能的检定，对其数据记录、数据通信以及数据处理功能的检查。

全站仪的中央处理单元接受输入指令，分配各种观测作业，进行测量数据的运算，它还包括运算功能更为完备的各种软件，在全站仪的数字计算机中还提供有程序存储器。

微处理器是全站仪的核心装置，由中央处理器、随机储存器和只读存储器等构成。微处理器根据键盘或程序的指令控制各分系统的测量工作，进行必要的逻辑和数值运算，还具有存储、处理、管理、传输和显示等功能。

全站仪的数据采集系统主要有：电子测角系统、电子测距系统、光电液体补偿系统、自动瞄准与跟踪系统。

GBA006 全站仪使用注意事项

### (二)全站仪使用注意事项

(1)使用前应结合仪器，仔细阅读使用说明书，熟悉仪器各功能和实际操作方法；

(2)望远镜的物镜不能直接对准太阳，以避免损坏测距部分的发光二极管；

(3)在阳光下作业时，必须打伞，防止阳光直射仪器；

(4)迁站时即使距离很近，也应取下仪器装箱后方可移动；

(5)仪器安置在三脚架上之前，应旋紧三脚架的三个伸缩螺旋，安置在三脚架上时，应旋紧中心连接螺旋；

(6)运输过程中必须注意防震；

(7)仪器和棱镜在温度的突变中会降低测程,影响测量精度。要使仪器和棱镜逐渐适应周围温度后方可使用;

(8)作业前检查电压是否满足工作要求。

## 四、GPS 测量

GBA007 GPS 绝对定位测量

### (一)GPS 绝对定位测量

绝对定位是以地球质心为参考点,确定接收机天线在 WGS-84 坐标系中的绝对位置。由于此种定位方式仅需一台接收机,因此又称为单点定位。

绝对定位的实质是空间距离后方交会。从理论上讲,在一个测站上只需要三个独立距离观测量即可,即只需在一个点上能够接收到三颗卫星即可进行绝对定位。但是由于 GPS 采用的是单程测距原理,同时卫星钟与用户接收机钟又难以保持严格同步,造成观测的测站与卫星之间的距离均含有卫星钟和接收机钟同步差的影响,故又称为伪距测量。一般地,卫星钟钟差是可以通过卫星导航电文中所提供的相应钟差参数加以修正的,而接收机的钟差一般难以预先准确测定。因此,可以将接收机钟差作为一个位置参数与测站点坐标同步解算,即在一个测站上,为了求解三个点位坐标参数和一个钟差参数,至少要有四个同步伪距观测量才能准确定位。

绝对定位受到卫星星历误差、信号传播误差以及卫星几何分布影响显著,所以定位精度较低,一般来说,只能达到米级的定位精度,目前的手持 GPS 接收机大多采用该技术。此定位方式仅适用于车辆导航、船只导航、地质调查等精度要求较低的测量领域。

### (二)GPS 相对定位

GPS 相对定位也称为差分 GPS 定位,是目前 GPS 测量中精度最高的定位方式,广泛应用于各种测量工作中。相对定位是指在 WGS-84 坐标系中,确定观测站与某一地面参考点之间的相对位置,或者确定两个观测站之间的相对位置的方法。GPS 相对定位分为静态相对定位和动态相对定位两种。

GBA008 GPS 静态相对定位测量

1. 静态相对定位测量

如图 1-1-1 所示,静态相对定位是指将两台或多台接收机分别安置在不同点上,由此构成多条基线,接收机的位置静止不动,同步观测至少 4 颗相同的卫星,确定各条基线端点在协议地球坐标系中的相对位置。

静态相对定位采用载波相位观测量作为基本观测量,其精度远高于码伪距测量,并且采用不同载波相位观测量的线性组合,可以有效地削弱卫星星历误差、信号传播误差以及接收机钟不同步误差对定位的影响。而且接收机天线长时间固定在基线端点上,可以保证足够的观测数据,可以准确地确定整周模糊度。这些优点使得静态相对定位可以达到很高的精度,一般可以达到 $10^{-6}\sim10^{-7}$,甚至更高。

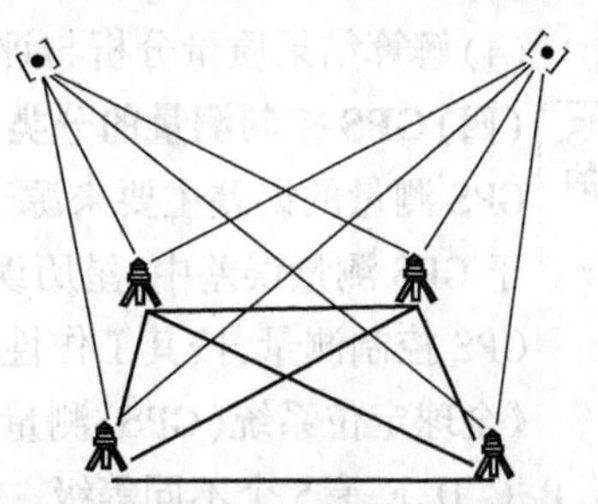
图 1-1-1　GPS 静态相对定位原理

但是静态相对定位时间过长是其不可回避的缺点,在仅有 4 颗卫星可以跟踪的情况下,通常要观测 1~1.5h,甚至观测更长的时间,从而大大影响了 GPS 定位的效率。

GBA009 GPS动态相对定位测量

2. 动态相对定位测量

动态相对定位是指使用两台或多台 GPS 接收机,将一台接收机安置在基准站上固定不动,另外的一台或多台接收机安置在运动的载体上或在测区内自由移动,基准站和流动站的接收机同步观测相同的卫星,通过在观测值之间求差,以消除具有相关性的误差,提高定位精度。动态相对定位中,流动站的位置是通过确定该点相对于基准站的相对位置实现的。这种定位方法也称为差分 GPS 定位。

动态相对定位又分为以测距码伪距为观测值的动态相对定位和以载波相位为观测值的动态相对定位。

动态相对定位根据数据处理方式不同,又可分为实时处理和测后处理。数据的实时处理可以实现实时动态定位,但应在基准站和用户之间建立数据的实时传输系统,以便将观测数据或观测量的修正值实时传输给流动站。数据的测后处理是在测后进行相关的数据处理,以求得定位结果,这种数据处理方法不需要实时传输数据,也无法实时求出定位结果,但可以在测后对所测数据进行详细的分析,易于发现粗差。

GBA010 GPS-RTK定位测量

### (三)GPS-RTK 定位测量

GPS-RTK 广泛用于碎部测量与施工放样,RTK 技术就是以载波相位为观测量的实时动态相对定位。RTK 技术能够实时地提供测站点在指定坐标系中的三维定位结果,并达到厘数级精度。RTK 系统由基准站 GPS 接收机、数据链无线电电台发射机及发射天线、直流电源、流动站接收机、流动站电台接收机及接收天线等组成。

在 RTK 作业模式下,基准站通过数据链将其观测值和测站坐标信息一起传送给流动站。流动站不仅通过数据链接收来自基准站的数据,还要采集 GPS 观测数据,并在系统内组成差分观测值建立观测方程,进行实时处理得到流动站的三维坐标和精度。随着流动站与基准站间的距离增大,RTK 定位精度迅速降低,一般要求流动站与基准站间的距离不超过 10km。

网络 RTK 技术的出现解决了流动站与基准站间的距离与定位精度之间的矛盾。大大扩展了 RTK 的作业范围,使 GPS 的应用更广泛,精度和可靠性进一步提高。

GPS-RTK 实时动态测量软件的基本功能包括:

(1)快速解算或动态快速解算整周未知数。

(2)根据相对定位原理,实时解算流动站在 WGS-84 中的三维坐标。

(3)根据已知转换参数,进行坐标系统的转换。

(4)解算结果质量分析与评价。

GBA016 GPS控制测量的分类

### (四)GPS 控制测量的分类

GPS 测量的误差主要来源于卫星相关误差、信号传播误差和接收机误差三个方面。关于 GPS 测量误差中,星历误差不属于与接收设备有关的误差。

GPS 控制测量,按其工作性质可分为内业和外业两大部分。

《全球定位系统(GPS)测量规范》(GB/T 18314—2009)将 GPS 控制网依其精度划分为 A、B、C、D、E 等 5 个不同等级。

## 五、三维激光扫描仪

三维激光扫描测量技术采用非接触主动测量方式直接获取高精度三维数据,能够对任何物体进行扫描，且没有白天和黑夜的限制，快速将现实世界的信息转换成可以处理的数据。它具有扫描速度快、实时性强、精度高、主动性强、全数字特征等特点，可以极大地降低成本、节约时间，而且使用方便，其输出格式可以直接与CAD、三维动画等工具软件接口。

GBA003 三维激光扫描仪的分类

**(一)三维激光扫描仪的分类**

1. 按平台分类

三维激光扫描仪按照扫描平台的不同可以分为：机载(或星载)型三维激光扫描仪、地面型三维激光扫描仪、手持型三维激光扫描仪。

2. 按有效距离分类

(1)短距离三维激光扫描仪，其最长扫描距离不超过3m，一般最佳扫描距离为0.6~1.2m，用于小型模具测量。

(2)中距离三维激光扫描仪，最长扫描距离小于30m，其多用于大型模具或室内空间的测量。

(3)长距离三维激光扫描仪，扫描距离大于30m，主要用于建筑物、矿山、大坝、大型土木工程等的测量。

(4)航空三维激光扫描仪，最长扫描距离通常大于1km，并且需要配备精确的导航定位系统，可用于大范围地形的测量。

GBA004 三维激光扫描仪的原理和使用

**(二)三维激光扫描仪的原理和使用**

1. 脉冲式三维激光扫描仪的原理

由激光发射器发射出的激光经被测量物体的反射后又被接收器接收，扫描仪同时记录激光往返时间。光速和往返时间的乘积的一半就是扫描仪和被测量物体之间的距离，设备记录本身在水平和垂直方向的旋转角度，再通过软件计算出被测量物体的三维数据。

2. 相位式三维激光扫描仪的原理

用无线电波段的频率，对激光束进行幅度调制并测定调制光往返测量一次所产生的相位延迟。再根据调制光的波长，换算此相位延迟所代表的距离，即用间接方法测定出光经往返测量所需的时间，设备记录本身在水平和垂直方向的旋转角度，通过软件计算出被测量物体的三维数据。

3. 三维激光扫描仪的使用

应用激光扫描能快速获取大面积目标的空间信息，也可以及时测定形体表面及立体信息，提高测量效率。

使用激光扫描仪，为了达到最高的精度，在扫描时要选择设备的最高激光发射频率和最小的角度分辨率，使得扫描的激光点云密度达到设备的最大值。

使用三维激光扫描仪时，数据处理过程包括：数据采集、数据预处理、几何模型重建、模型可视化。

## 六、导线测量

GBA011 支导线的含义

**(一)支导线**

根据导线的布设形式，可分为闭合导线、附合导线以及支导线等三种基本导线。由已知点出发，既不附合到另一已知点，也不回到原起始点的导线称为支导线。支导线无检核条件，布设时应限制导线点数，一般不得超过3个。

导线布设时，是否采用支导线形式，主要取决于导线点的分布情况，导线的用途以及测区的地形、地物条件。支导线一般是在地形复杂、通视不良的地方，利用主导线无法测到的情况下布设的。

导线测量中，按照测边的方法不同分为经纬仪钢尺量距导线、视距导线和电磁波测距导线。

采用光电测距时，根据导线长度（$L$）选择导线测量等级规定如下：当$L=15$km，导线等级为三等；当$L=10$km，导线等级为四等；当$L=3.6$km，导线等级为一级；当$L=2.4$km，导线等级为二级。

采用光电测距时，根据测量导线等级确定的测角中误差（$m$）规定如下：当导线等级为三等时，$m=\pm1.5''$；当导线等级为四等时，$m=\pm2.5''$；当导线等级为一级时，$m=\pm5''$；当导线等级为二级时，$m=\pm8''$。

GBA012 闭合导线的含义

### （二）闭合导线

闭合导线是从一个已知控制点开始，经过若干点，最后又回到这个已知控制点上，形成一个闭合多边形。闭合导线一般均观测内角。对于闭合导线，纵、横坐标增量的代数和理论上应等于零。闭合导线适用于局部地区的测图控制。

GB/T 18314—2009 规定二级闭合导线全长相对闭合差的容许值$K_{容}=\frac{1}{11000}$；三级闭合导线的边数应小于等于9。

进行闭合导线计算前，应从导线略图选择填入“闭合导线坐标计算表”中，内容有：角度的观测值、边长的观测值、起始边的方位角、起始点的坐标。

采用光电测距时，根据测量导线等级确定的测距中误差（$m_L$）为：当导线等级为三等时，$m_L=\pm18$mm；当导线等级为四等时，$m_L=\pm18$mm；当导线等级为一级时，$m_L=\pm15$mm；当导线等级为二级时，$m_L=\pm15$mm。

GBA013 附合导线的含义

### （三）附合导线

由一高级已知点出发，经过一些转折点后，附合到另一高级已知点的导线称附合导线。由于附合导线起终点均为高级控制点，因而导线各边坐标增量之和理论上应等于起终点坐标之差。布设附合导线时，在测区附近要有足够的高级控制点，这可以通过联测取得，也可以用GPS定位测量测定。在路线控制测量中，一般要求布设成附合导线，以便对测量成果进行检核，并提高其精度。

附合导线并不构成闭合多边形，但是也有角度闭合差，其角度闭合差即为导线方位角闭合差。附合导线的角度闭合差是根据起始边已知方位角以及导线转折角计算的终边方位角。

附合导线角度闭合差计算要求有：

（1）附合导线有首尾两条已知坐标方位角的边。

（2）可以根据起始边的坐标方位角及测得的导线各转折角，推算出终边的坐标方位角。

（3）当角度闭合差在容许范围内时，如果观测角为右角，则将角度闭合差同符号平均分配到各右角中。

采用光电测距时，根据测量导线等级确定的导线全长相对闭合差为：当导线等级为三等时，$K=\frac{1}{60000}$；当导线等级为四等时，$K=\frac{1}{40000}$；当导线等级为一级时，$K=\frac{1}{14000}$；当导线等级为二级时，$K=\frac{1}{10000}$。

GBA014 导线角度闭合差的含义

**（四）导线角度闭合差**

进行角度闭合差计算时，闭合导线多边形理论上的内角总和为$(n-2)\times180°$。进行角度闭合差计算时，由于测角误差的影响，内角和的观测值和理论值不总是相等，二者之差称为角度闭合差。例如某导线为四边形，其内角和的理论值为 360°，观测值总和为 360°01′00″，其角度闭合差为 60″。

采用光电测距时，根据测量导线等级确定的方位角闭合差（$f_\beta$）为：当导线等级为三等时，$f_\beta=\pm3''\sqrt{n}$；当导线等级为四等时，$f_\beta=\pm5''\sqrt{n}$；当导线等级为一级时，$f_\beta=\pm10''\sqrt{n}$；当导线等级为二级时，$f_\beta=\pm16''\sqrt{n}$。

采用钢尺量距时，根据测量导线等级确定的方位角闭合差（$f_\beta$）为：当导线等级为一级时，$f_\beta=\pm10''\sqrt{n}$；当导线等级为二级时，$f_\beta=\pm16''\sqrt{n}$；当导线等级为三级时，$f_\beta=\pm24''\sqrt{n}$。

四级导线角度闭合差的容许值为$f_\beta\leqslant5''\sqrt{n}$。

进行角度闭合差计算测角时，无论观测右角还是左角，均采用测回法。

GBA025 导线坐标计算基本形式

**（五）导线坐标计算的基本形式**

导线坐标计算中的基本形式有坐标方位角推算、坐标正算、坐标反算。

导线坐标计算中转折角为右角时，$\alpha_{12}$ 为已知坐标方位角，$\alpha_{23}$ 为推算边的坐标方位角，$\beta_{右}$为该两边所夹之右角，则 $\alpha_{23}$ 的计算公式为：$\alpha_{23}=\alpha_{12}\pm180°-\beta_{右}$。

导线坐标计算中转折角为左角时，$\alpha_{12}$ 为已知坐标方位角，$\alpha_{23}$ 为推算边的坐标方位角，$\beta_{左}$为该两边所夹之右角，则 $\alpha_{23}$ 的计算公式为：$\alpha_{23}=\alpha_{12}\pm180°+\beta_{左}$。

已知一条直线起点的坐标、直线长度及坐标方位角，求终点的坐标，这种计算坐标的方法称为坐标的正算；已知两点坐标 $A(x_A,y_A)$，$B(x_B,y_B)$，反求两点间的直线长度 $D$ 和坐标方位角 $\alpha_{AB}$，称为坐标的反算。

导线测量时，如采用转折角为右角，则第 $n$ 边的坐标方位角的计算公式为：$\alpha_n=\alpha_0+n\times180°-\sum_{i=1}^{n}\beta_{右}$，式中，$\alpha_n$ 为第 $n$ 边的坐标方位角，$\alpha_0$ 为起始边的坐标方位角，$n$ 为推算边的个数，$\beta_{右}$为所测某导线的右角。

导线测量时，如采用转折角为左角，则第 $n$ 边的坐标方位角的计算公式为：$\alpha_n=\alpha_0+\sum_{i=1}^{n}\beta_{左}-n\times180°$，式中，$\alpha_0$ 为起始边的坐标方位角，$n$ 为推算边的数量，$\beta_{左}$为所测某导线的左角，$\sum_{i=1}^{n}\beta_{左}$为所测导线的全部左角之和。

GBA026 闭合导线坐标计算

**（六）闭合导线坐标计算**

多边形内角和理论值为$\sum\beta_{理}$，实测值为$\sum\beta_{测}$坐标计算中转折角为左角时，则角度闭合差计算公式为：$f_f=\sum\beta_{测}-\sum\beta_{理}$。

闭合导线推算各边的坐标方位角时，最后应推算至起始边，看是否等于已知坐标方位角，以检查推算过程中是否有误。

闭合导线，纵、横坐标增量代数和理论上应等于零，实际上由于量边的误差以及角度改正后的残余误差，使得计算出的各边坐标增量总和 $\sum\Delta x_{测}$、$\sum\Delta y_{测}$ 一般不为零，称 $\sum\Delta x_{测}$、$\sum\Delta y_{测}$ 为纵、横坐标增量闭合差。用 $f_x$、$f_y$ 分别表示纵、横坐标增量闭合差，由于测量时该值的存在，使导线不能闭合而出现缺口，缺口的长度称为导线全长闭合差。

闭合导线坐标计算为：

（1）闭合导线纵、横坐标增量的代数和理论上应等于零。

（2）闭合导线纵、横坐标增量闭合差为：$f_x=\sum\Delta x_{测}$，$f_y=\sum\Delta y_{测}$。

（3）导线全长闭合差为：$f=\sqrt{f_x^2+f_y^2}$。

（4）当导线相对闭合差小于规范允许值时，可对纵、横坐标增量闭合差进行调整。

附合导线坐标计算为：

（1）附合导线的坐标计算与闭合导线的计算方法基本相同。

（2）附合导线和闭合导线角度闭合差与坐标增量的计算略有不同。

（3）附合导线右角的改正数与角度闭合差同号。

（4）附合导线起点和终点都是高级控制点，因而导线各边坐标增量之和理论上应等于起、终两点坐标之差。

闭合导线的坐标计算分为角度闭合差的计算与调整、推算各边的坐标方位角、计算各边的坐标增量、坐标闭合差的计算与调整、导线各点坐标的计算等5项。

纵、横坐标增量闭合差的调整是指将纵、横坐标增量闭合差以相反符号，按与边长成正比分配至各边的纵、横增量中。

GBA017 城市三角网的主要技术要求

## 七、控制测量的要求

### （一）城市三角网的主要技术要求

在城市地区，为了满足大比例尺测图及城市建市的需要，应以国家平面控制网为基础，布设不同等级的城市平面控制网。城市三角网的主要技术要求见表1-1-3。

表1-1-3　城市三角网的主要技术要求

| 测量等级 | 平均边长 km | 测角中误差，（″） | 起始边相对中误差 | 最弱边边长相对中误差 | 测回数 | | | 三角形最大闭合差，（″） |
|---|---|---|---|---|---|---|---|---|
| | | | | | $DJ_1$ | $DJ_2$ | $DJ_6$ | |
| 二等 | 9 | ±1.0 | 1/300000 | 1/120000 | 12 | | | ±3.5 |
| 三等 | 5 | ±1.8 | 首级 1/200000，加密 1/120000 | 1/80000 | 6 | 9 | | ±7.0 |
| 四等 | 2 | ±2.5 | 首级 1/120000，加密 1/80000 | 1/45000 | 4 | 6 | | ±9.0 |
| 一级 | 1 | ±5 | 1/40000 | 1/20000 | | 2 | 6 | ±15 |
| 二级 | 0.5 | ±10 | 1/20000 | 1/10000 | | 1 | 2 | ±30 |
| 图根 | 最大视距的1.7倍 | ±20 | 1/10000 | | | | 1 | ±60 |

GBA018 导线控制测量的要求

### (二)导线控制测量的要求

以已知的 $AB$ 边的平面坐标方位角 $T_{AB}$ 为起始方位角,用化归后的各转折角的平面角值依次推算出各导线边的平面坐标方位角 $T_{ij}$,用化归后的导线平面边长 $D_{ij}$ 和算得的平面坐标方位角 $T_{ij}$ 算出各相邻导线点间的坐标增量,然后根据起始点 $A$ 的已知平面坐标($x_A,y_A$)和坐标增量逐一推算出各导线点的平面直角坐标($x_i,y_i$),这个过程称为导线测量的基本原理。

导线测量的优点是:(1)呈单线布设,坐标传递迅速,且只需前、后两相邻导线点通视,易于越过地形、地物障碍,布设灵活;(2)各导线边均直接测定,精度均匀;(3)导线纵向误差小。

导线测量的缺点是:(1)控制面积小;(2)检核观测成果质量的几何条件少;(3)导线横向误差大。

我国的国家平面控制网是以三角测量为主,以导线测量为辅的方法建立起来的。

导线测量技术要求见表 1-1-4。

表 1-1-4　导线测量技术要求

| 测量等级 | 附(闭)合导线长度,km | 边数 | 每边测距中误差,mm | 单位权中误差,(″) | 导线全长相对闭合差 | 方位角闭合差,(″) |
|---|---|---|---|---|---|---|
| 三等 | ≤18 | ≤9 | ≤±14 | ≤±1.8 | 1/52000 | $\leqslant 3.6\sqrt{n}$ |
| 四等 | ≤12 | ≤12 | ≤±10 | ≤±2.5 | 1/35000 | $\leqslant 5\sqrt{n}$ |
| 一级 | ≤6 | ≤12 | ≤±14 | ≤±5.0 | 1/17000 | $\leqslant 10\sqrt{n}$ |
| 二级 | ≤3.6 | ≤12 | ≤±11 | ≤±8.0 | 1/11000 | $\leqslant 16\sqrt{n}$ |

由于导线纵、横坐标增量闭合差的存在,使导线不能闭合而出现缺口,缺口的长度称为导线全长闭合差。

导线的精度通常以导线相对闭合差来衡量。

GBA019 三角控制测量的要求

### (三)三角控制测量的要求

以化算后的平面边长 $D$ 为起始边,用平面三角形正弦定理,依次解算各个三角形,算出所有的边长 $D_{ij}$;以化算后的平面坐标方位角 $T_{AB}$ 为起始方位角,用化算后的平面角,依次解算出各边的平面坐标方位角 $T_{ij}$,后算出各相邻点间的坐标增量,以 $A$ 点已知平面坐标($x_A$,$y_A$)和坐标增量逐一推算出各点的平面坐标($x_i,y_i$),这个过程称为三角测量的基本原理。

三角测量的优点是:(1)控制面积大,测量精度高;(2)检核角度观测质量的几何条件多;(3)相邻三角点的相对点位误差小。

三角测量的缺点是:除起始边和起始方位角外,其余各边的边长和方位角都是用水平角推算出来的,由于测角误差的传播,各边的边长和方位角的精度不均匀,距起始边和起始方位角越远,其精度就越低。

在三角网测量中,只要在网或锁的适当位置加测一定数量的起始边和起始方位角,便能更好地控制误差的累积,从而保证各三角点点位有足够的精度,满足控制各种比例尺地形图测图和工程建设的要求。

三角控制测量时边长应接近相等,各内角值宜接近 60°,一般不小于 30°,但如受地形限制时，不应小于25°。

为桥隧道布设的小三角网，应尽量将桥梁轴线的端点和隧道的进出口控制点选为三角点。

三角网的主要技术要求见表1-1-5。

表1-1-5 三角测量的主要技术要求

| 测量等级 | 测距中误差 mm | 起始边相对中误差 | 三角形闭合差，(″) | 测回数 | | |
|---|---|---|---|---|---|---|
| | | | | $DJ_1$ | $DJ_2$ | $DJ_6$ |
| 二等 | ≤±1.0 | ≤1/250000 | ≤3.5 | ≥12 | — | — |
| 三等 | ≤±1.8 | ≤1/150000 | ≤7.0 | ≥6 | ≥9 | — |
| 四等 | ≤±2.5 | ≤1/100000 | ≤9.0 | ≥4 | ≥6 | — |
| 一级 | ≤±5.0 | ≤1/40000 | ≤15.0 | — | ≥3 | ≥4 |
| 二级 | ≤±10.0 | ≤1/20000 | ≤30.0 | — | ≥1 | ≥3 |

GBA020 三边控制测量的要求

## （四）三边控制测量的要求

随着社会的发展和科技的进步，公路工程上逐渐采用了三边测量和全球定位系统（GPS）等更先进、更方便、且又高精度、高工作效率的测量方法。

三边网布设为近似等边三角形为宜，各三角形的内角宜在30°~120°之间；如受地形条件的限制时，个别角可适当放宽要求，但亦不应小于25°。

三边网的布设要求各等级三边网的起始边至最远边之间的三角形个数不宜多于10个。

三边网布设时，测距边应选在地面覆盖物相同的地段，不宜选择在烟囱、散热塔、散热池等发热体的上空。测线上不应有树枝、电线等障碍物，测线应离开地面或障碍物1.3m以上。测线应避开高压线等强电磁干扰，并宜避开视线后方反射物体。

三边网选择点时，应考虑组成中点多边形或大地四边形，以增加检核条件。

三边测量的主要技术要求见表1-1-6。

表1-1-6 三边测量的主要技术要求

| 测量等级 | 测距中误差，mm | 测距相对中误差 |
|---|---|---|
| 二等 | ≤±9.0 | ≤1/330000 |
| 三等 | ≤±14.0 | ≤1/140000 |
| 四等 | ≤±10.0 | ≤1/100000 |
| 一级 | ≤±14.0 | ≤1/35000 |
| 二级 | ≤±11.0 | ≤1/25000 |

GBA021 普通钢尺丈量导线长主要技术要求

## （五）普通钢尺丈量导线长主要技术要求

三角网的基线边、测边网、一级及一级以上导线的边长，应采用光电测距仪施测。二级小三角和导线的边长测量，可采用普通钢尺进行测量。

用普通钢尺进行道路工程测量时，丈量导线边长的主要技术要求见表1-1-7。

表 1-1-7 普通钢尺丈量导线边长的主要技术要求

| 定位偏差 mm | 每尺段往返高差之差,cm | 最小读数 mm | 三组读数之差,mm | 同段尺长差,mm | 外业手簿计算取值,mm | | |
|---|---|---|---|---|---|---|---|
| | | | | | 尺长 | 各项改正 | 高差 |
| ≤5 | ≤1 | 1 | ≤3 | ≤4 | 1 | 1 | 1 |

用钢尺进行平面控制网的导线量距时,量距导线边长的主要技术要求见表 1-1-8。

表 1-1-8 钢尺量距导线边长的主要技术要求

| 测量等级 | 导线长度,m | 平均边长,m | 测角中误差(″) | 往返丈量较差相对误差 | 测回数 | | 方位角闭合差(″) | 导线全长相对闭合差 |
|---|---|---|---|---|---|---|---|---|
| | | | | | $DJ_2$ | $DJ_6$ | | |
| 一级 | 2500 | 250 | ±5 | 1/20000 | 2 | 4 | $10\sqrt{n}$ | 1/10000 |
| 二级 | 1800 | 180 | ±8 | 1/15000 | 1 | 3 | $16\sqrt{n}$ | 1/7000 |
| 三级 | 1200 | 120 | ±12 | 1/10000 | 1 | 2 | $24\sqrt{n}$ | 1/5000 |

一级及以上导线要用中、短程全站仪或电磁波测距仪测距,以下可采用普通钢尺量距。

在导线控制测量时,除图根导线外,钢尺量距都要采用精密丈量法。

GBA022 经纬仪水平角观测主要技术要求

**(六)经纬仪水平角观测主要技术要求**

平面控制测量进行四等测量时,利用 $DJ_2$ 型经纬仪观测水平角,主要技术要求中,半测回归零差应≤8″,同一测回中 2$C$ 较差应≤13″,同一方向各测回间较差≤9″,测回数应≥6。

四等以上导线水平角观测,应在总测回中以奇数测回和偶数测回分别观测导线前进方向的左角和右角,其圆周角误差不应大于测角中误差的 2 倍。

当测量等级为一级时,$DJ_2$ 型经纬仪水平角观测的主要技术要求有:半测回归零差≤12″,同一测回中 2$C$ 较差≤18″,同一方向各测回间较差≤12″,测回数≥2。

平面控制测量水平角观测时,对中误差应小于 1mm;观测过程中,气泡中心位置偏离不得超过 1 格;气泡偏离 1 格时,应在测回间重新整置仪器。

平面控制测量水平角观测时,2 倍照准差的绝对值,对于 $DJ_2$ 经纬仪不得大于 30″。

GBA015 交会定点测量的方法

## 八、交会定点

GBA023 测角交会的内容

### (一)测角交会

测角交会分为前方交会、侧方交会和后方交会。

后方交会中,由三个已知点所构成的圆称危险圆,如若未知点 $P$ 位于该圆上,所测 $\alpha$、$\beta$ 角均保持不变,故 $P$ 点坐标为不定解。即使 $P$ 点距该圆很近,也会使计算出的 $P$ 点坐标误差较大。实际作业时应给予重视。

采用测角交会法时,交会角 $\gamma$ 的大小会影响定位的精度,交会角一般在 $20° \leqslant \gamma \leqslant 120°$ 范围选择。

举例说明测角交会的测量方法如下。

已知 $A$、$B$ 的坐标 $x_A$、$y_A$ 和 $x_B$、$y_B$,未知点为 $P$,$AB$ 与 $BP$ 的夹角为 $\beta$,$AB$ 与 $AP$ 的夹角为 $\alpha$,交会角为 $\gamma$,用角度交会法计算 $P$ 点坐标的步骤是:

(1)用坐标反算公式计算 $AB$ 边的坐标方位角 $\alpha_{AB}$ 及边长 $D_{AB}$。

（2）计算 $AP$、$BP$ 边的坐标方位角 $\alpha_{AP}$、$\alpha_{BP}$ 及边长 $D_{AP}$、$D_{BP}$。

（3）用公式 $\alpha_{AP}-\alpha_{BP}=\gamma$ 来检核 $AP$、$BP$ 边的坐标方位角 $\alpha_{AP}$、$\alpha_{BP}$。

（4）用公式 $x_p=x_A+D_{AP}\cos\alpha_{AP}$，$y_p=y_A+D_{AP}\sin\alpha_{AP}$，$x_p=x_B+D_{BP}\cos\alpha_{BP}$，$y_p=y_B+D_{BP}\sin\alpha_{BP}$ 计算 $P$ 点坐标，两种方法计算值可用来检核，取其平均值。

根据观测边反求角度计算坐标的方法是用三角形余弦定理求已知导线与两观测边的夹角，然后用戎格公式计算待定点坐标。

已知 $A$、$B$ 点，未知点为 $P$，则用角度交会法计算 $P$ 点坐标的余切公式为：

$$x_P=\frac{x_A\cot\beta+x_B\cot\alpha-y_A+y_B}{\cot\alpha+\cot\beta},\ y_P=\frac{y_A\cot\beta+y_B\cot\alpha+x_A-x_B}{\cot\alpha+\cot\beta}$$

式中，$x_A$、$y_A$ 为已知 $A$ 点坐标，$x_B$、$y_B$ 为已知 $B$ 点坐标，$\alpha$ 为 $AB$ 与 $AP$ 的夹角，$\beta$ 为 $AB$ 与 $BP$ 的夹角。

角度交会法中已知点 $A$、$B$，未知点为 $P$，按余切公式计算 $P$ 点坐标时，三角形的点号 $A$、$B$、$P$ 应按逆时针顺序排列。

GBA024 测边交会的内容

**（二）测边交会**

两点坐标已知，测量两条边长，从而推算出未知点坐标的方法称为测边交会。

导线测量选点时相邻导线点之间应通视良好，便于测角和量距，并且有利于加密控制点。

为了减弱测角中仪器对中误差和目标偏心差所产生的影响，提高导线点坐标传算的精度，应尽量采用三联脚架法。

各等级导线的边长，一般均应采用相应精度的全站仪测定。如受设备条件的限制，亦可采用钢尺精密量距的方法。

测边交会原理和计算如图 1-1-2、图 1-1-3 所示。

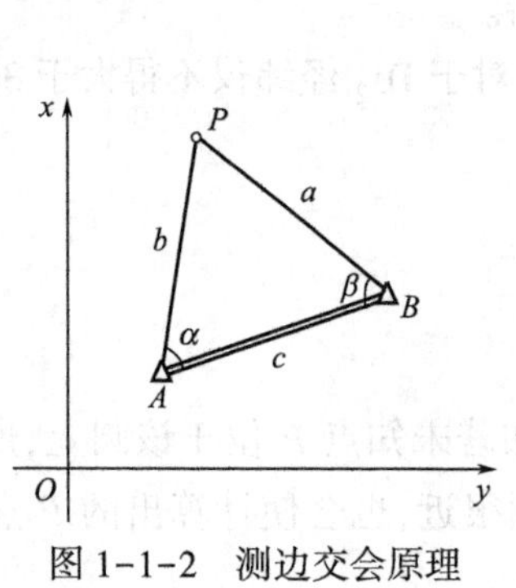


图 1-1-2 测边交会原理

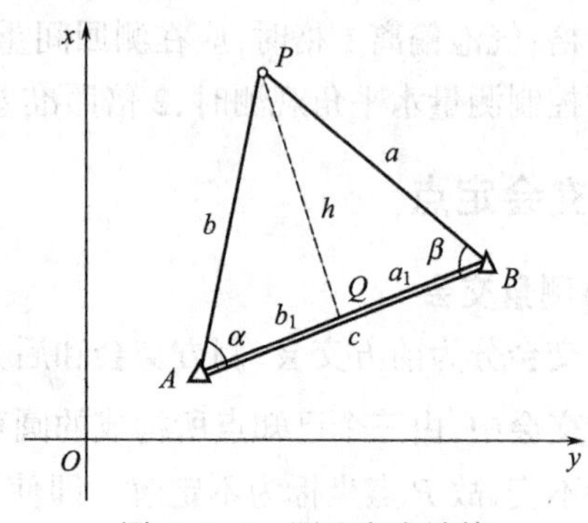


图 1-1-3 测边交会计算

测边交会的计算方法如下。

在△$ABP$ 中，$A$、$B$ 为已知点，$P$ 为未知点，根据观测边反求角度的计算公式为：

$$\alpha=\arccos\frac{c^2+b^2-a^2}{2bc},\beta=\arccos\frac{c^2+a^2-b^2}{2ac}$$

式中，$\alpha$ 为三角形 $AB$ 与 $AP$ 的夹角，$\beta$ 为 $AB$ 与 $BP$ 的夹角，$a$ 为三角形 $BP$ 的边长，$b$ 为三角形 $AP$ 的边长，$c$ 为三角形 $AB$ 的边长。

在△*ABP* 中，*A*、*B* 为已知点，*P* 为未知点，*PQ* 为 *AB* 边的垂线，垂足为 *Q*，利用观测边直接计算 *P* 点坐标的公式为：

$$x_P=\frac{a_1x_A+b_1x_B-h(y_A-y_B)}{a_1+b_1},y_P=\frac{a_1y_A+b_1y_B+h(x_A-x_B)}{a_1+b_1}$$

式中，$x_A$、$y_A$ 为已知 *A* 点坐标；$x_B$、$y_B$ 为已知 *B* 点坐标；$a_1$ 为△*PQB* 中 *QB* 边的长度；$b_1$ 为△*PAQ* 中 *AQ* 边的长度；*h* 为垂线 *PQ* 的长度。

在利用观测边直接计算坐标时，建立三角形△*ABP*，应采用变形戎格公式，要求 *A*、*B*、*P* 是按逆时针方向编排，并使∠*A*、∠*B*、∠*P* 所对应的边分别记为 *a*、*b*、*c*。

在利用观测边直接计算坐标时，为了检核和提高交会精度，一般要用三个已知点向未知点测定三条边长，然后每两条观测边组成一组计算图形，共三组图形，用两组较好的交会图形计算待求点坐标。

## 九、小三角测量

GBA027 小三角网布设形式

### (一)小三角网布设形式

将各控制点组成相互连接的若干个三角形或大地四边形，称为三角网。

小三角形网布设时，三角形一个接一个向前延伸的三角网称为单三角锁。

小三角形网布设时，采用具有同一顶点的各三角形所组成的多边行，称为中点多边行，一般设置一条基线和观测所有内角。

大地四边形是具有两条对角线的四边形，观测四边形四个顶点上的 8 个角度和一条基线。它是桥梁控制网经常采用的形式。

小三角形网布设时，在两个高级控制点之间布设三角锁，不需要丈量基线，只测三角形内角和两个定向角，就可以计算出各点坐标，这种布设形式称为线形三角锁。

小三角测量的含义有：

(1)测量小三角网所进行的工作称为小三角测量。

(2)小三角测量需观测所有三角形的全部内角。

(3)小三角测量需测 1~2 条边长，作为基线。

(4)小三角测量是根据已知点坐标和已知边坐标方位角，通过近似平差计算，求出各三角点坐标。

小三角点的布设方案有：线形锁、中点多边形、扇形、大地四边形。

大的隧道、桥梁工程测角容易，所以通常采用小三角测量作为平面控制网。

GBA028 小三角测量外业

### (二)小三角测量外业

小三角测量外业包括选点、丈量基线、观测角度等内容。小三角形外业测量选点前，资料的收集及方案的布设程序与导线测量相同。

由于基线是推算三角形边长的依据，所以在小三角测量外业丈量基线时，其精度高低，直接影响整个三角网的精度，因此用钢尺量距时，应按精密量距的方法进行，并符合规范的规定。

各级三角网均可由相应精度的电磁波测距导线替代，这些导线称为精密导线。三角测量时，加密控制网的布设形式一般可采用插网和插点两种。图形强度也称图形权倒数，是衡量三角锁图形结构和形状对边长精度影响大小的指标。

小三角外业测量时，选点的要求有：

(1)小三角点应选在地势高、土质坚实、通视良好、便于保存、有利于加密控制点和测图的地方。

(2)各三角形的边长应接近于相等，其平均边长应符合规范规定，三角形各内角不应小于30°或大于120°。

(3)基线位置应选在地势平坦便于测距的地段。

(4)作为桥梁、隧道三角网，应尽可能将桥轴线端点、隧道进、出口控制点选为三角点。

磁子午线的含义为：

(1)地球上同一地面点的磁子午线和真子午线方向虽然相近似，但并不一致。

(2)磁子午线与真子午线之间的夹角称磁偏角。

(3)磁北偏于真子午线之东时，为东偏，磁偏角为正值。

(4)磁北偏于真子午线之西时，为西偏，磁偏角为负值。

GBA029 小三角形测量近似平差计算

**(三)小三角形测量近似平差计算**

单三角锁近似平差的实质，是通过图形条件和基线条件，对各三角形内角进行两次调整，以获取角度平差值。单三角锁计算时，通常用正弦定理由起始边向终点边推算，称各推算边为传距边。单三角锁的坐标计算时，应在三角锁中选择一个闭合导线，要求包括所有三角点，由起始坐标方位角和平差角推求导线各边的坐标方位角。单三角锁计算时，基线闭合差的产生与间隔角无关。单三角锁计算时，如果三角形的数目较多，可分别从起始边和终点向锁中间推算边长，以避免计算误差的累积。

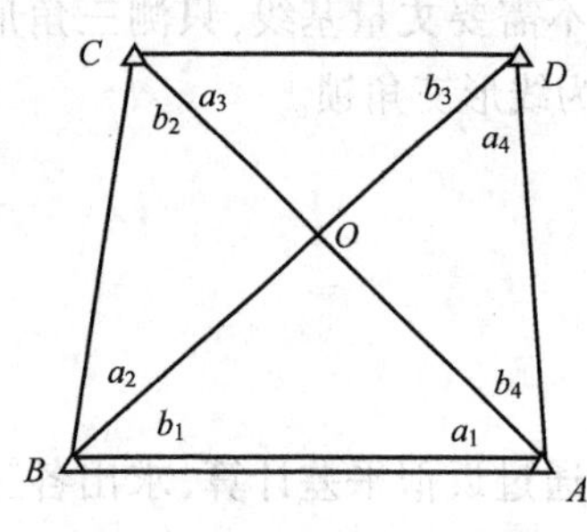

图 1-1-4　大地四边形

小三角测量的大地四边形计算时，应满足三个图形条件和一个边长条件。

小三角测量近似平差计算中，单三角锁的计算步骤是：

(1)绘制计算略图

(2)角度闭合差及基线闭合差的计算与调整

(3)三角形边长的计算

(4)三角点坐标的计算

小三角测量近似平差计算中，如图 1-1-4 所示，A、B、C、D 为大地四边形的点符号，AB 为基线，则该四边形角度平差检核计算公式为：

$$\sum A+\sum B=360°$$

$$A_1+B_1-A_3-B_3=0$$

$$A_2+B_2-A_4-B_4=0$$

$$\frac{\sin A_1\cdot\sin A_2\cdot\sin A_3\cdot\sin A_4}{\sin B_1\cdot\sin B_2\cdot\sin B_3\cdot\sin B_4}=1$$

# 项目二　用经纬仪观测竖直角

该项目操作平面图如图 1-1-5 所示。

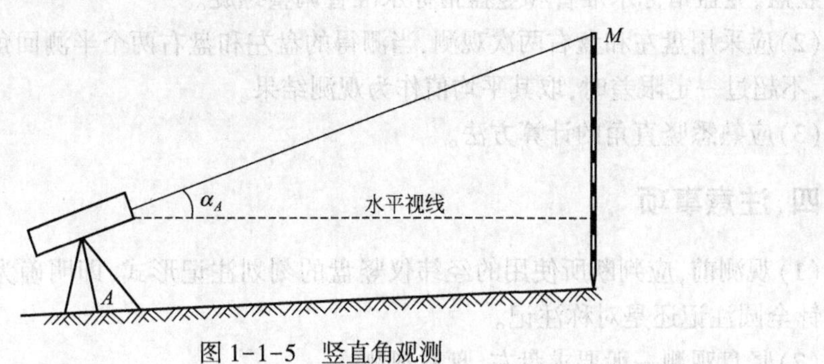


图 1-1-5　竖直角观测

## 一、准备工作

(1)设备。

$DJ_2$ 经纬仪 1 套。

(2)材料、工具。

彩色粉笔 2 根、花杆 1 根、竖直角观测记录 1 张。

(3)在场地上用粉笔标出 A 点的位置,并用花杆在远处设置 M 点。

## 二、操作步骤

(1)安置仪器。

在平整的场地 A 点安置仪器,对中,整平,判断所用仪器的注记形式。

(2)盘左观测。

盘左精确照准目标 M,使十字丝的中丝与目标相切,转动竖盘指标水准管调整螺旋,使竖盘指标水准管气泡居中,读取竖盘读数 L,并记录。

(3)盘右观测。

盘右精确照准目标 M,使十字丝的中丝与目标相切,转动竖盘指标水准管调整螺旋,使竖盘指标水准管气泡居中,读取竖盘读数 R,并记录。

(4)计算竖直角。

根据盘左与盘右读数,如为顺时针全圆注记,竖直角计算公式如下:

$$\alpha_{A左}=90°-L,\alpha_{A右}=R-270°$$

$$\alpha_A=\frac{\alpha_{A左}+\alpha_{A右}}{2}$$

如为逆时针全圆注记,竖直角计算公式如下:

$$\alpha_{A左}=L-90°,\alpha_{A右}=270°-R$$

$$\alpha_A=\frac{\alpha_{A左}+\alpha_{A右}}{2}$$

## 三、技术要求

(1)应熟悉经纬仪竖直度盘的构造，经纬仪的竖直度盘用于测量竖直角，竖直度盘部分包括竖盘、竖盘指标水准管和竖盘指标水准管调整螺旋。

(2)应采用盘左和盘右两次观测，当测得的盘左和盘右两个半测回角值之差，为两倍指标差，不超过一定限差时，取其平均值作为观测结果。

(3)应熟悉竖直角的计算方法。

## 四、注意事项

(1)观测前，应判断所使用的经纬仪竖盘的刻划注记形式，即明确为顺时针全圆注记、逆时针全圆注记还是对称注记。

(2)竖盘观测一般要求盘左、盘右观测。

(3)观测竖直角前，应使竖盘指标水准器气泡居中。

(4)竖盘指标差是衡量观测精度的重要指标，一般情况下，竖盘指标差的变化很小，可视为定值，如果观测各目标时计算的竖盘指标差变动较大，说明观测质量较差。通常 $DJ_6$ 经纬仪竖盘指标差的变动范围应不超过±15″。

# 项目三　采用中心极坐标法放样椭圆形建筑平面

该项目操作平面图如图 1-1-6 所示。

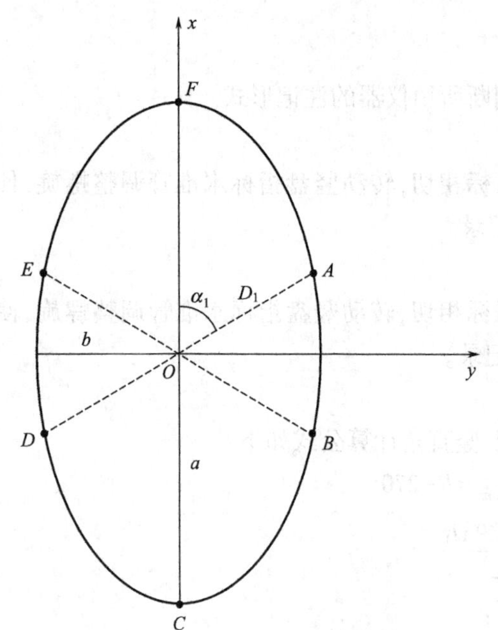


图 1-1-6　中心极坐标法放样椭圆形建筑

## 一、准备工作

(1)设备。

$DJ_2$ 经纬仪 1 套。

(2)材料、工具

彩色粉笔 2 根、花杆 4 根、记录纸 1 张、计算器 1 个、50m 钢尺 1 把。

(3)在场地上用粉笔标出建筑物中心点位 $O$。

## 二、操作步骤

(1)选择场地。

根据场地上给出的椭圆中心位置 $O$，以长半轴方向为南北方向，短半轴方向为东西方向，以东西方向为 $y$ 轴，以南北方向为 $x$ 轴。

(2)计算测设数据。

以 $x$ 轴为起始方向，每隔一定的 $\theta$ 角，计算椭圆上放样点到椭圆中心的距离 $D$：

$$D=\sqrt{\frac{1}{\left(\frac{\cos\alpha}{a}\right)^2+\left(\frac{\sin\alpha}{b}\right)^2}}$$

式中，$\alpha$ 为 $x$ 轴与 $D$ 之间的夹角，且 $\alpha=k\theta(k=0,1,2,\cdots)$，取 $\theta=\frac{\pi}{3}$，共 6 点。

(3)放样点位。

在 $O$ 点安置经纬仪，对中整平，瞄准 $x$ 轴方向，分别拨角 $k\theta(k=0,1,2,\cdots)$，并指挥辅助人员用钢尺从 $O$ 点向所拨角方向量距，并用粉笔在地面上做上标记，所有点放出后，用圆滑曲线将各点连接就为所求椭圆建筑平面图。

## 三、技术要求

(1)熟悉点位的极坐标放样的方法。

(2)清楚椭圆的坐标表达式：$x=a\cdot\sin\theta, y=b\cdot\cos\theta$，还要熟悉两点间距离公式。

(3)把圆心角分成 6 等份，每个角对应的 $OP$ 距离计算出来，根据所求每个角和所对应的 $OP$ 值，利用极坐标放样的方法分别放样出椭圆上的各点。

## 四、注意事项

(1)极坐标放样是在一个控制点上进行，但这个控制点必须与另外 6 个控制点通视。

(2)放样点的位置由一个角度与从控制点到待定点的水平距离来确定。

(3)极坐标法适用于放样点距离控制点较近，便于测角和量距的现场。

(4)为避免测设错误，应先绘草图注上测设数据，按图决定照准部转动方向。

# 项目四　设置 GPS-RTK 基准站

## 一、准备工作

(1)设备。

GPS 接收机 1 台、基座 1 个、电台 1 个、天线 1 个、脚架 2 个。

(2)材料、工具。

彩色粉笔 2 根、GPS 接收机电源线 1 根、电台电源线 1 根、信号传输线 1 根。

## 二、操作步骤

(1)选择场地。

为了让主机能搜索到多数量卫星和高质量卫星，基准站一般应选在周围视野开阔，避免在截止高度角 15°以内有大型建筑物；为了让基准站差分信号能传播更远，基准站一般应选在地势较高的位置，用粉笔在场地上画好测站点 $A$。

(2)安装脚架。

将脚架安装在已知 $A$ 点上，对中整平，然后安装基座、对中器，天线转接头和主机连接好、拧紧。

(3)安装主机并启动。

接好电源线和发射天线电缆，注意电源的正负极正确；打开主机和电台，主机开始自动初始化和搜索卫星，当卫星数和卫星质量达到要求后(大约 1min)，主机上的 DL 指示灯开始 5s 快闪 2 次，同时电台上的 TX 指示灯开始每秒钟闪 1 次，这表明基准站差分信号开始发射，整个基准站部分开始正常工作。

## 三、技术要求

(1)RTK 技术是以载波相位为观测量的实时动态相对定位。

(2)RTK 技术能够实时地提供测站点在指定坐标系中的三维定位结果，并达到厘米级精度。

(3)RTK 作业模式下，基准站通过数据链将其观测值和测站坐标信息一起传给流动站。

(4)设置基准站主要工作包括：①安装电台天线；②安装 GPS 接收机及天线；③对中整平，量仪器高；④连接电台电源，选择电台频率。

## 四、注意事项

(1)为了让主机能搜索到多数卫星和高质量卫星，基准站应选在周围视野开阔，无高大建筑物遮挡的场地。

(2)为了让基准站差分信号能传播得更远，基准站应选在地势较高的位置。

(3)接电源线时应保证正负正确，即红正黑负。

# 项目五　设置 GPS-RTK 流动站

## 一、准备工作

(1)设备。

GPS 接收机 1 台、基座 1 个、天线 1 个、手簿 1 个、脚架 2 个。

(2)材料、工具。

彩色粉笔 2 根、卡扣 1 个、2m 带杆 1 根、电瓶 1 个。

## 二、操作步骤

(1)安装移动站主机。

将移动站主机接在碳纤对中杆上，并将接收天线接在主机顶部，同时将手簿夹在对中杆的适合位置。

(2)打开主机。

打开主机，主机开始自动初始化和搜索卫星，当达到一定的条件后，主机上的 DL 指示灯开始 1s 闪 1 次，这要看基准站是否正常发射差分信号的前提下，表明已经收到基准站差分信号。

(3)打开手簿。

打开手簿,启动天保软件,软件一般会自动通过蓝牙和主机连通。如果没连通则首先需要进行设置蓝牙,在确保蓝牙连通和收到差分信号后,开始新建工程,依次按要求填写或选取如下工程信息:工程名称、椭球系名称、投影参数设置、四参数设置(未启用可以不填写)、七参数设置(未启用可以不填写)和高程拟合参数设置(未启用可以不填写),最后确定,工程新建完毕。

## 三、技术要求

(1)RTK 流动站广泛用于碎部测量。

(2)RTK 流动站不仅通过数据链接收来自基准站的数据,还要采集 GPS 观测数据,并在系统内组成差分观测值建立观测方程,进行实时处理得到流动站的三维坐标和精度。

(3)设置流动站主要工作包括:①将流动站主机接到碳纤对中杆上;②设置流动站参数;③打开主机搜索卫星;④打开手簿,启动工程之星软件,软件一般会自动通过蓝牙和主机连通;⑤软件在和主机连通后,软件首先会让移动站主机自动去匹配基准站发射时使用的通道。如果自动搜频成功,则软件主界面左上角会有信号在闪动。如果自动搜频不成功,则需要进行电台设置;⑥在确保蓝牙连通和收到差分信号后,开始新建工程。

## 四、注意事项

(1)设置流动站参数时,如接收机电台没信号,就检查接收机与电台是否相连;或选择电台型号,看是不是里面信号电台频率与基准站不一致。

(2)随着流动站与基准站间的距离增大,RTK 定位精度迅速降低,一般要求流动站与基准站间的距离不超过 10km。

# 模块二　地形图应用

## 项目一　相关知识

GBB001 确定点坐标的方法

### 一、确定点坐标的方法

在地形图上进行规划时，往往要用图解法测一些设计点的坐标、每幅地形图的内外图廓线之间均按一定格式注有坐标数字，图的西南角是该幅图的坐标始点。如图 1-2-1 所示，要确定地形图上 $A$ 点坐标，可先将 $A$ 点所在的 10cm×10cm 方格用直线连接起来，如图中 $abcd$ 正方形。再过 $A$ 作平行于坐标格网的平行线 $ef$ 和 $gh$，并得交点 $e$、$f$、$g$ 和 $h$，量出 $ab$、$ad$、$ag$、$ae$ 的长度。$A$ 点在图上的坐标值为：$x_A=x_0+\frac{10}{ab}\cdot ag\cdot M$；$y_A=y_0+\frac{10}{ad}\cdot ae\cdot M$。

式中，$x_0$、$y_0$ 为 $A$ 点所在方格西南角点坐标，即图中 $a$ 的坐标，其值根据图廓坐标注记得到，单位为 m；$M$ 为地形图比例尺分母；$ab$、$ad$ 长度以 cm 为单位，$ag$、$ae$ 长度以 cm 为单位。

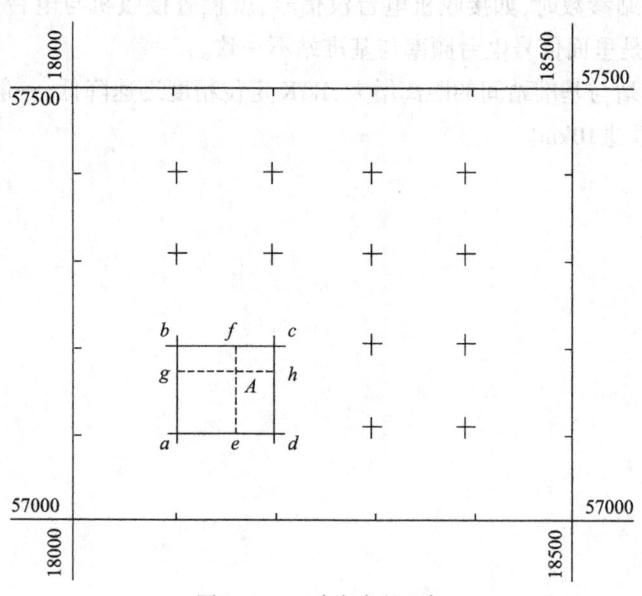


图 1-2-1　确定点的坐标

为了防止错误还应量出 $gb$ 和 $ed$ 的距离来计算 $A$ 点坐标，作为校核。

地形图上点的坐标确定的方法是：

(1) 大比例尺地形图上画有 10cm×10cm 的坐标方格网。

(2) 在图廓的西、南角上注有方格的纵横坐标值。

地形图的应用,均属于图解法性质,受到比例尺精度、图纸伸缩、图解方法和工具、图纸测绘质量等多方面的影响,使用时应进行必要的检查分析。

## 二、确定两点间水平距离的方法

GBB002 确定两点间水平距离的方法

### (一)解析法

先在图上量出直线两端点 $A$ 及 $B$ 的坐标 $x_A$、$y_A$ 及 $x_B$、$y_B$。再按下式计算直线长度 $D_{AB}$ 为:

$$D_{AB}=\sqrt{(x_B-x_A)^2+(y_B-y_A)^2}$$

### (二)图解法

用卡规在图上直接卡出线段长度,而后在地形图的图示比例尺上读取该线段的长度。当精度要求不高时,通常也可以用三棱比例尺直接在图上量取线段长度。

用直接量测法在地形图上确定两点间的水平距离公式:$D_{AB}=d_{AB}M$,式中符号代表的含义分别为:$D_{AB}$ 为实地水平距离,$d_{AB}$ 为图上量测长度,$M$ 为比例尺分母,用卡规或刻毫米的直尺量取 $d_{AB}$。

地形图的检查包括图面检查、野外巡视、设站检查三项。

## 三、确定直线坐标方位角的方法

GBB003 确定直线坐标方位角的方法

如图 1-2-1 所示,图上直线的坐标方位角可用量角器直接量取。也可先求得 $A$、$B$ 两点的坐标,再按下式计算 $AB$ 的坐标方位角 $\alpha_{AB}$:$\tan\alpha_{AB}=\dfrac{y_B-y_A}{x_B-x_A}=\dfrac{\Delta y_{AB}}{\Delta x_{AB}}$。

在地形图上,用量角器分别度量出直线 $AB$ 的正、反方位角 $\alpha'_{AB}$ 和 $\alpha'_{BA}$,用图解法可以确定两点间直线的坐标方位角,当 $\alpha'_{AB}>180°$时,取$-180°$;当 $\alpha'_{BA}<180°$时,取$+180°$。

地形图测绘时,地物点的测定方法是:

(1)选择地物点逐个测定形成地物轮廓线。

(2)用极坐标法测量方向及距离定点。

(3)不便测距时,可用方向交会法测点位。

(4)测定主要点位后,有规则的次要特征点可用推平行线等几何作图方法绘出。

## 四、确定点高程的方法

GBB004 确定点高程的方法

若某点的位置恰好在某一条等高线上,则该点的高程就等于这条等高线的高程。

若点的位置不在等高线上,则可用比例的关系求得该点的高程。如图 1-2-2 所示,欲求 $F$ 点的高程时,过 $F$ 点作相邻等高线间的最短线段 $mn$,量取 $mn$ 的长度 $d$,$mf$ 的长度为 $S$,已知 $E$ 点的高程为 $H_E$,等高距为 $h$,则 $F$ 点的高程为:$H_F=H_E+\Delta h=H_E+\dfrac{S}{d}h$。

在地形图上,如果点位于地形点之中,确定点的高程方法:

(1)点的高程视点所处位置的具体情况而定。

(2)若点处于坡度无变化的均匀分布的地形点中,可参照点位于等高线之间的情况,用比例内插法,目估出相对于附近地形点的高差,以确定点的高程。

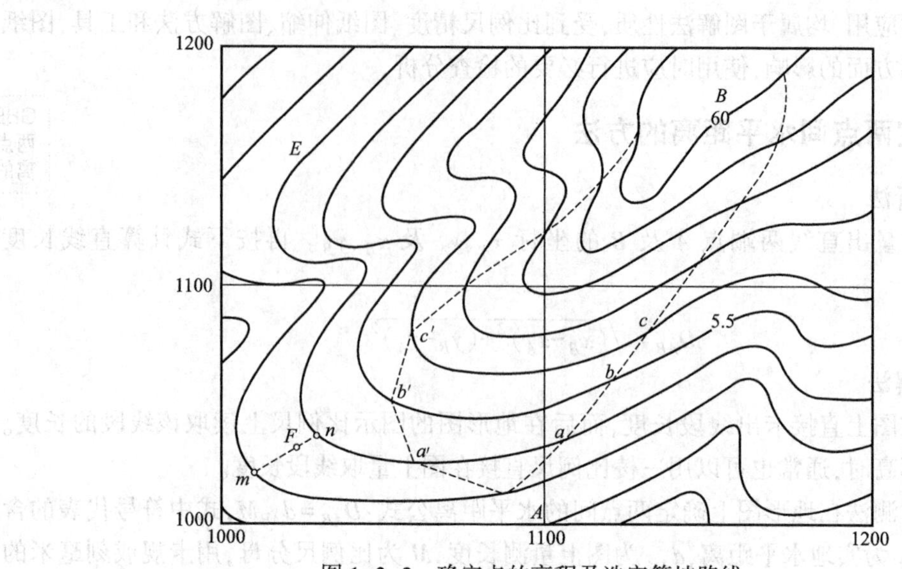

图 1-2-2　确定点的高程及选定等坡路线

(3)若点处在人工平整的地块或场地上，则点的高程等于同一地块或场地地形点的高程。

(4)根据等高距，可以估算某点高程。

在平坦地区的地形图上，主要是表示地物平面位置的相互关系，需要测高程的点位有：

(1)每块耕地、草地和广场上。

(2)主要道路中心线上、路的交叉口、转折处、坡度变化处及桥面上。

(3)范围较大的土堆、洼地的顶部和底部。

(4)铁路路轨的顶部，土堤、防洪墙的顶部。

GBB005 绘出同坡度线的方法

## 五、绘出同坡度线的方法

直线的坡度 $i$ 是其两端点的高差 $h$ 与水平距离 $d$ 之比：$i=\tan\alpha=\frac{h}{d}$。

在公路上坡度一般以百分数表示：$i=\frac{h}{d}\times100\%$。

在公路路面设计时，往往要求在线路不超过某一限制坡度的条件下，选定一条最短路线。

地形图上确定两点间直线坡度($i$)内容包括：

(1)坡度一般用百分数或千分数表示。

(2)当 $i>0$ 时，表示上坡。

(3)当 $i<0$ 时，表示下坡。

(4)坡度大的地方等高线密。

地形图详细、真实地反映了地物的分布、地形的起伏状态、地物的平面位置、地物和地貌高程等内容。

GBB006 纵断面图的应用

## 六、纵断面图的应用

在路线工程的设计中，为了设计道路、桥涵、隧道等工程，需要了解地面起伏情况，通常根据地形图的等高线来绘制纵断面图。如图 1-2-3 所示，*AB* 为一条越岭路线，为了解沿线的地形起伏情况，可绘制断面图，先在图纸下方绘出表格，横坐标表示距离，纵坐标表示高程，然后在地形图上量取 *A* 点，至各交点及地形特征点（例如 *a*、*b* 点）的平距，并把它们分别转绘在横轴上，以相应的高程作为纵坐标，将得到的点连接起来，即得路线的纵断面图。

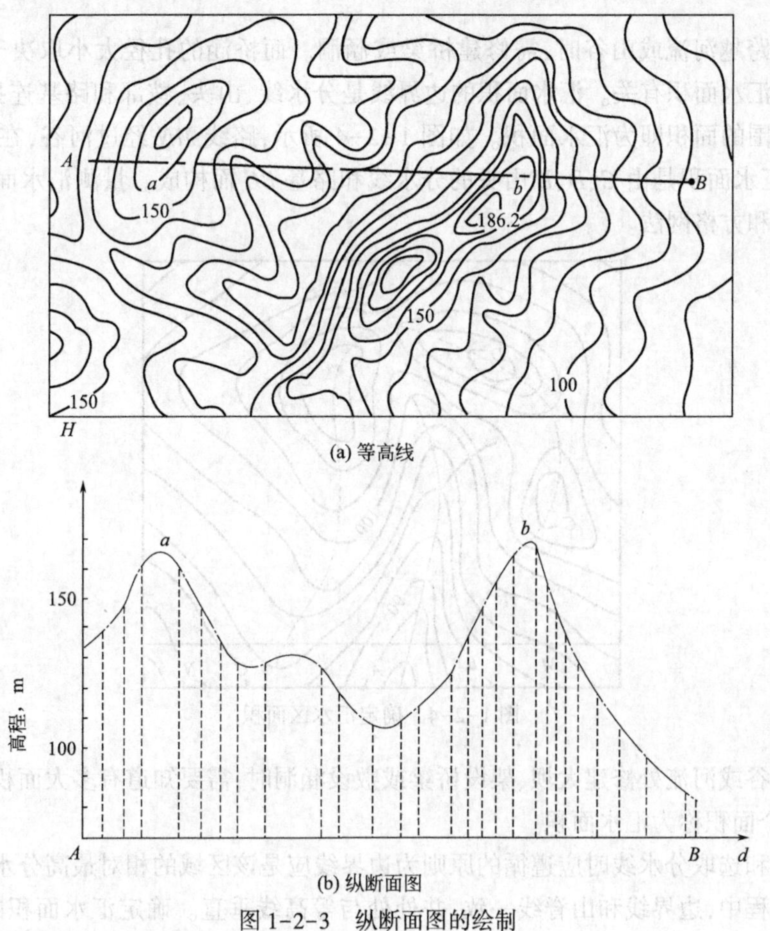


图 1-2-3　纵断面图的绘制

沿着河道深泓点剖开的断面为河流纵断面。

在桥梁勘测设计中，为了研究河床的冲刷情况及决定桥墩的类型和基础深度和布置桥梁孔径等，需要在桥址的上下游地区施测横断面图。

铁路设计中，为了满足路基、隧道、桥涵、站场等专业设计以及计算土石方数量等方面的要求，必须测绘线路纵断面图和横断面图。

纵断面测量是根据已知点高程测定中线上各里程桩和加桩处的高程，并绘制纵断面图的工作。

利用地形图绘制沿线方向的纵断面图的做法是：

(1)横轴表示水平距离。

(2)纵轴表示高程。

(3)纵断面图的水平距离比例尺一般选择与地形图相同。

(4)纵断面图的高程比例尺是水平距离比例尺的10倍或20倍。

路线纵断面设计图纸左面自下而上应填写直线与曲线、桩号、填挖高、地面高程、设计高程、坡度与距离等栏。

GBB007 确定汇水区面积的方法

## 七、确定汇水区面积的方法

当公路跨越河流或山谷时,需修建桥梁或涵洞。而桥涵的孔径大小取决于水的流量,而流量又与汇水面积有关。汇水面积的边界线是分水线、山头、鞍部和路基连接而成,以此边界线所包围的面积即为汇水面积。如图1-2-4所示,路线 *MN* 经过河谷,在 *A* 点需设置涵洞,它的汇水面积是由 *C*、*D*、*E* 山头的分水线和路基 *BG* 而构成。量测汇水面积的方法常用示积仪法和方格网法。

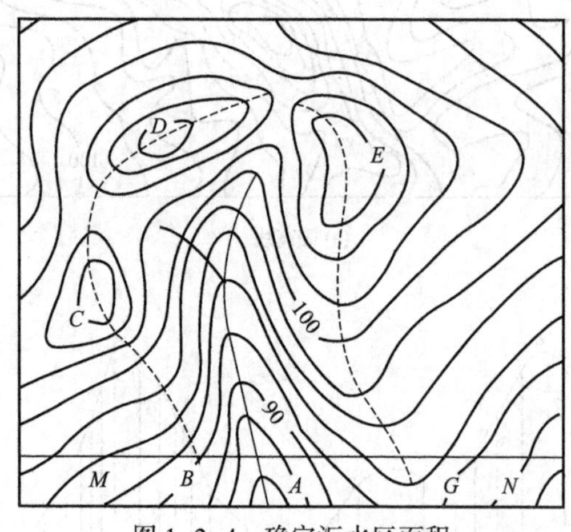


图1-2-4 确定汇水区面积

当在山谷或河流处修建大坝、架设桥梁或敷设涵洞时,需要知道有多大面积的雨水汇集在这里,这个面积称为汇水面积。

在连接和选取分水线时应遵循的原则为边界线应是该区域的相对最高分水线。在确定汇水面积过程中,边界线和山脊线一致,并处处与等高线垂直。确定汇水面积的边界线时,边界线是通过一系列山头和鞍部的曲线,并与山谷制定的横断面线形成闭合曲线。

在桥梁、涵洞、排水管、水库等工程设计中均需要考虑将来有多大面积的雨水往河流或谷地汇集。

从地形图上了解地物和地貌的分布、特征等情况,可做到详尽、全面、科学、直观和方便等几方面。

GBB008 公路设计纸上定线的内容

## 八、公路设计纸上定线

公路定线方法有纸上定线和现场定线两种。纸上定线就是在地形图上具体设计路线的走向和坡度。

平原、微丘陵地区，地形平坦，路线一般不受高程限制，定线主要是正确绕避平面上的障碍，力争控制点间路线顺直短捷。

山岭、重丘陵地区，地形复杂，横坡陡峻，纸上定线时除考虑利用有利地形，避让已建建筑物、不良地质地段或地物外，关键要考虑的是调整好纵坡。

纸上定线后，现场的放点穿线法中穿线的内容是：

(1)采用目估法，先在适中的位置选择 *A*、*B* 点竖立花杆，一人在 *AB* 延长线上观测，看直线 *AB* 是否穿过多数临时点或位于它们之间的平均位置。

(2)采用经纬仪穿线时，仪器可置于 *A* 点，然后照准大多数临时点所靠近的方向定出 *B* 点。

(3)当相邻两直线在地面上定出后，即可延长直线进行交会定出交点。

(4)定交点时一般采用正倒镜分中法。

纸上定线后，现场的拨角放线法特点是：

(1)工作迅速。

(2)拨角放线的次数越多，误差累积也越大。

(3)每隔一定距离应将测设的中线与测图线联测，以检查拨角放线的质量。

(4)拨角放线法比放点穿线法准确。

纸上定线时，应将有特殊要求或控制的地点，必须避绕的建筑物或地质不良地带、地下建筑或管线等标注于地形图上。

纸上定线时应根据路线中线线位，在地形图上测绘控制性横断面，并按纵坡设计的填挖高度进行横断面设计，作为中线横向检验和计算路基土石方数量的依据。

# 项目二 用 GPS-RTK 测设建筑四角坐标

## 一、准备工作

(1)设备。

GPS 基准站主机 1 台、GPS 流动站主机 1 台、基座 1 个、天线 1 个、手簿 1 个、脚架 2 个。

(2)材料、工具。

彩色粉笔 2 根、卡扣 1 个、2m 带杆 1 根、电瓶 1 个。

(3)在考核场地上选择一待测建筑物。

## 二、操作步骤

(1)架设基准站。

选择视野开阔且地势较高的地方架设基站，基站附近不应有高楼或成片密林、大面积水塘、高压输电线或变压器基站；一般架设在未知点上；打开 GPS 基准站接收机，设置为“外挂基站”，设置好后按电源键退出设置；手簿设置基站：设置→连接→SELECT；等连接成功后，设置→基准站→添加→当前→OK→是。

(2)设置移动站。

按照正确方法连接移动台；开机，设置移动台为“内置 UHF 电台移动站”；用手簿连接移动台，然后设置移动台：设置→移动台→天线高→OK。

（3）测量建筑物坐标。

手持流动站，选择建筑物 1 个角点测量坐标，观察解类型是否为“固定解—窄带”，若是，调整对中杆使其竖直，点击右下角“移动台”或者键盘上 SP 键，在弹出菜单中输入点名后确定即测出该点坐标。同理测出其他角点坐标。

## 三、技术要求

（1）GPS-RTK 定位技术，可实时计算定位结果。

（2）GPS-RTK 动态测量的基本原理是，在基准站上安置一台 GPS 接收机，对所有可见 GPS 卫星进行连续地观测，并将其观测数据，通过无线电传输设备，实时地发送给移动站。在移动站上，GPS 接收机在接收 GPS 卫星信号的同时，通过无线电接收设备，接收基准站传输的观测数据，然后根据相对定位的原理，实时地计算并显示移动站的三维坐标及其精度。

（3）应清楚 GPS 测量除应具备 GPS 信号接收系统外，还应有数据传输系统和数据实时处理系统。

## 四、注意事项

（1）将接收机天线架设在三脚架上，并安置在标志中心的上方，利用基座进行对中，并利用基座上的圆水准器进行整平。

（2）在接收机天线上方及附近不应有遮挡物，以免影响接收机接收卫星信号。

（3）将接收机天线电缆与接收机进行连接，检查无误后，接通电源启动仪器。

（4）根据采用的测量模式选择适当的观测时长，接收机开始记录数据后，注意查看卫星数量、卫星序号、相位测量残差、实时定位精度、存储介质记录等情况。

（5）观测过程中要注意仪器的供电情况，注意及时更换电池。

（6）接收机在观测过程中要远离对讲机等无线电设备，同时在雷雨季节要注意防止雷击。

（7）观测工作完成后要及时将数据导入计算机，以免造成数据丢失。

# 项目三　计算闭合导线坐标

有一五边形闭合导线，为图根导线，观测数据见表 1-2-1，技能要求确定各导线点的坐标。

表 1-2-1　闭合导线坐标计算

| 点号 | 坐标方位角 | 边长 m | 坐标增量，m | | 改正后的坐标增量，m | | 坐标，m | |
|---|---|---|---|---|---|---|---|---|
| | | | $\Delta x$ | $\Delta y$ | $\Delta x$ | $\Delta y$ | $x$ | $y$ |
| 1 | 136°42′00″ | | | | | | 500 | 500 |
| 2 | 166°22′00″ | 107.61 | −78.32 | +73.80 | | | | |
| 3 | 221°15′30″ | 72.44 | −70.40 | +17.07 | | | | |

续表

| 点号 | 坐标方位角 | 边长 m | 坐标增量,m | | 改正后的坐标增量,m | | 坐标,m | |
|---|---|---|---|---|---|---|---|---|
| | | | Δx | Δy | Δx | Δy | x | y |
| 4 | 313°46′30″ | 179.92 | −135.25 | −118.65 | | | | |
| 5 | 44°33′00″ | 179.38 | +124.10 | −129.52 | | | | |
| 合计 | 136°42′00″ | 224.50 | +159.99 | +157.49 | | | | |
| Σ | | 763.85 | | | | | | |

## 一、准备工作

(1)材料。

准备闭合导线测量记录1份、铅笔1支、橡皮1块。

(2)工具。

能计算函数的计算器1个。

## 二、操作步骤

(1)计算导线纵、横坐标闭合差。

根据表中所给的纵横坐标增量,依据公式分别计算纵横坐标闭合差:

$$f_x = \sum \Delta x_{测} = +0.12\text{m}$$

$$f_y = \sum \Delta y_{测} = +0.19\text{m}$$

(2)计算导线全长闭合差及导线相对闭合差。

根据纵横坐标闭合差计算导线全长闭合差及导线相对闭合差,并判断导线长度测量精度,图根导线 $K=1/2000$:

$$f=\sqrt{f_x^2+f_y^2};K=\frac{1}{\frac{\sum D}{f}}$$

(3)计算导线坐标

计算纵横坐标闭合差分配值:

$$\Delta f_x = -\frac{f_x}{\sum D}D_1;\Delta f_y = -\frac{f_y}{\sum D}D_1$$

计算5点坐标增量及坐标:

$$x_2 = x_1 + \Delta x_{12};y_2 = y_1 + \Delta y_{12}$$

## 三、技术要求

(1)根据闭合导线测量成果表给出的纵横坐标增量,计算纵横坐标增量闭合差。

(2)由于纵横坐标增量闭合差的存在,使得导线不能闭合,计算导线全长闭合差。为了准确衡量导线测量的精度,还要计算导线全长相对闭合差。应熟练掌握它们的计算公式。

(3)以导线全长相对闭合差 $K$ 来衡量导线的精度,$K$ 值的分母越大,精度越高。图根导线中导线全长相对闭合差容许值为 $K_{容}=1/2000$，当 $K>K_{容}$，则成果不符合精度要求，需要检查外业成果，或返工重测；反之则符合精度要求，需要对坐标增量闭合差进行调整。

(4)进行坐标增量闭合差调整时，一般按照"与导线边长成正比反符号"的原则进行分配。

(5)计算导线点的坐标应根据起始点已知坐标以及改正后的坐标增量值进行。

## 四、注意事项

(1)闭合导线测量成果表虽然给出了方位角，但计算中是用不到的。

(2)坐标增量改正数应与导线边长观测值保留相同的小数位数，并且纵、横坐标增量改正数之和应分别等于纵、横坐标增量闭合差的相反数。

# 项目四　计算附合导线坐标

已知导线 $BA$、导线 $CD$ 以及中间经过点 1、点 2，各导线方位角和边长都已测出，测得 $A$ 点坐标为：$x_A=3509.58\text{m}$，$y_A=2675.89\text{m}$，测得 $B$ 点坐标：$x_B=3529.00\text{m}$，$y_B=2801.54\text{m}$，见表 1-2-2，按能要求确定各导线点坐标。

表 1-2-2　附合导线坐标计算

| 点号 | 坐标方位角 | 边长 m | 坐标增量，m | | 改正后的坐标增量，m | | 坐标，m | |
|---|---|---|---|---|---|---|---|---|
| | | | $\Delta x$ | $\Delta y$ | $\Delta x$ | $\Delta y$ | $x$ | $y$ |
| $B$ | 127°20′30″ | | | | | | | |
| $A$ | 178°23′04″ | | | | | | 3509.58 | 2675.89 |
| 1 | 63°15′08″ | 40.51 | | | | | | |
| 2 | 65°44′11″ | 79.04 | | | | | | |
| $C$ | 24°26′45″ | 59.12 | | | | | | |
| $D$ | | | | | | | | |
| Σ | | | | | | | | |

## 一、准备工作

(1)材料。

准备附合导线测量记录 1 份、铅笔 1 支、橡皮 1 块。

(2)工具。

能计算函数的计算器 1 个。

## 二、操作步骤

(1)计算纵横坐标增量。

根据表中所给的导线长和方位角，依据公式计算纵横坐标增量(各 3 个)：

$$\Delta x = D_i\cos\alpha_i\,,\Delta y = D_i\sin\alpha_i$$

(2)计算纵横坐标闭合差。

根据纵横坐标增量及 $A$、$B$ 点坐标，依据公式计算纵横坐标闭合差：

$$f_x = \sum\Delta x_{测} - (x_C - x_A)$$

$$f_y = \sum\Delta y_{测} - (y_C - y_A)$$

(3)计算导线全长闭合差及导线相对闭合差。

根据纵横坐标闭合差计算导线全长闭合差及导线相对闭合差，并判断导线长度测量精度，图根导线 $K=1/2000$：

$$f=\sqrt{f_x^2+f_y^2}\,;K=\frac{1}{\frac{\sum D}{f}}$$

(4)计算导线坐标。

计算纵横坐标闭合差分配值：

$$\Delta f_x = -\frac{f_x}{\sum D}D_i\,;\Delta f_y = -\frac{f_y}{\sum D}D_i$$

计算 3 点坐标增量及坐标：

$$x_1 = x_A + \Delta x_{1A}\,;y_1 = y_A + \Delta y_{1A}$$

## 三、技术要求

(1)根据附合导线测量成果表给出边长和坐标方位角，计算纵横坐标增量。

(2)附合导线的坐标增量代数和的理论值应等于终、始两点的已知坐标值之差。

(3)以导线全长相对闭合差 $K$ 来衡量导线的精度，$K$ 值的分母越大，精度越高。图根导线中导线全长相对闭合差容许值为 $K_{容}=1/2000$，当 $K>K_{容}$，则成果不符合精度要求，需要检查外业成果，或返工重测；反之则符合精度要求，需要对坐标增量闭合差进行调整。

(4)进行坐标增量闭合差调整时，一般按照“与导线边长成正比反符号”的原则进行分配。

(5)根据改正后的纵横坐标增量计算各点坐标。

## 四、注意事项

(1)附合导线坐标增量的计算非常重要，直接关系到坐标的计算正确，应认真对待。

(2)附合导线的导线全长闭合差、导线全长相对闭合差计算以及坐标增量闭合差的调整方法与闭合导线相同。

# 模块三　公路路线测量

## 项目一　相关知识

### 一、导线的测量

GBC001 导线复测的方法

#### （一）导线复测的方法

导线复测的内业计算，根据已知导线点的坐标及边的方位角，和外业的导线观测成果，推算各导线点的坐标，并评定测量精度。

导线复测的内业计算主要有两大项：一是角度闭合差的计算与调整，二是坐标闭合差的计算与调整。

在角度平差过程中，采用平均分配法把闭合差平均分配到各个右角上。坐标闭合差的调整，是将闭合差以相反的符号按边长等比分配的形式分配到各边上。

导线复测外业结束后，应及时整理和检查外业观测手簿。

导线复测的主要内容是：

（1）检查导线是否符合规范及有关规定要求。

（2）导线平差计算是否正确，精度是否经过有关方面检查与验收。

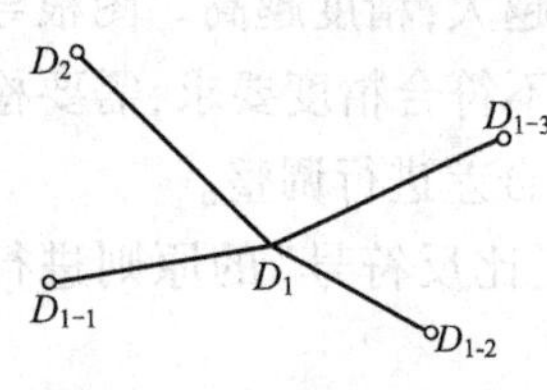


图 1-3-1　导线点加密

（3）导线点的密度是否满足施工放线的要求，必须时应进行加密，以保证在道路施工的全过程中，相邻导线点间能相互通视。

（4）检查导线点是否丢失、移动，并进行必要的点位恢复工作。

如图 1-3-1 所示，已知 $D_1$、$D_2$ 为已知导线点，待加密点 $D_{1-1}$，$D_{1-2}$，…，用全站仪支导线法，导线点加密过程为：

（1）在测站点 $D_1$ 上安置仪器，开机。

（2）输入测站 $D_1$ 点的坐标、仪器高、棱镜高。

（3）瞄准后视点 $D_2$，输入 $D_2$ 的坐标或方位角。

（4）转动望远镜，分别瞄准待加密点 $D_{1-1}$，$D_{1-2}$，…上的反射棱镜，按下测键，稍后即可分别得到加密点坐标。

GBC014 公路里程桩的划分方法

#### （二）公路里程桩的划分方法

路线里程桩分为整桩和直线桩两种。

路线里程桩中，整桩是按规定每隔 20m、25m，桩号为整数设置的里程桩。百米桩、千米桩属于整桩。定桩时，对起控制作用的交点、转点、曲线主要桩和桥位桩，均应钉设整桩和标志桩。

里程桩的设置是在中线测设的基础上进行的。

由于局部地段改线或事后发现丈量或计算错误等，均会造成线路里程桩的不连续，这种现象称为断链。

里程桩的内容有：

(1)里程桩表示路线中线的位置和长度。

(2)里程桩是施测路线纵、横断面的立尺点和依据。

(3)设置里程桩时，等级高的公路可用钢卷尺。

(4)简易公路可用皮尺或绳尺丈量。

里程桩正常设置为整桩，遇到特殊情况需加桩，加桩分为：地形加桩、地物加桩、曲线加桩、关系加桩。

GBC013 用全站仪测设公路中线的要求

**(三)用全站仪测设公路中线**

用全站仪测设公路中线，是先沿路线方向布设导线控制，然后依据导线进行中线的测设。用全站仪进行中线测量时，通常是按中桩测设。用全站仪测设公路中线，通常都是观测三维坐标，将高程的观测结果作为路线高程控制，以代替纵断面测量中的基平测量。

高等级公路布设的导线与高级控制点联测，不但可以获得必要的起算数据，而且可对观测数据进行校核。对于高等级公路工程，利用全站仪布设的导线一般应与附近的高级控制点进行联测，构成附合导线。理论与实践都已证明，用全站仪观测高程，如果采用对向观测，竖直角观测精度 $m_\alpha$ 应满足 $m_\alpha \leqslant \pm 2''$。

用全站仪测设公路中线的优点是：

(1)测距精度高。

(2)测距可达到 2km，联测时可将导线延长，直接与高级控制点连接。

(3)纵断面测量中的中平测量可无须单独进行。

(4)沿途遇有控制点，可与之连接，增加校核。

公路中线测量主要包括：中线各交点($JD$)、中线各转点($ZD$)、路线各偏角($\alpha$)、测设各种曲线。

GBC008 极坐标法的特点

**(四)极坐标法**

极坐标法是根据水平角和水平距离测设点的平面位置。点的平面位置测设常用方法有直角坐标法，极坐标法、角度交会法和距离交会法。

极坐标法适用于量距方便且待测点距离控制点较近的建筑施工场地。极坐标法测设点的平面位置时，不需要知道交会角。

使用经纬仪，利用极坐标法测设点的平面位置时，需要准备的工具有：经纬仪、花杆、50m 钢尺、函数型计算器。

已知 $A$ 点、$B$ 点及待定点坐标，使用全站仪，利用极坐标法测设点的平面位置时，操作步骤为：

(1)在 $A$ 点安置全站仪，将 $A$ 点、$B$ 点及待定点坐标输入全站仪。

(2)后视 $B$ 点定向，选取坐标放样菜单，设置测设点坐标和后视点坐标。

(3)根据全站仪解算的水平角和距离，转动照准部跟踪棱镜位置，直至较差为零，制动照准部。

(4)在视线方向上前后移动棱镜，直至水平距离与解算距离相同止，最后打桩定位。

用极坐标法测设曲线时，首先设定一个直角坐标系；以 $ZH$ 或 $HZ$ 点为坐标原点，其切线方向为 $x$ 轴，并且正向朝向交点，自 $x$ 轴顺时针旋转 90°为 $y$ 正向。

GBC003 路线基平测量的步骤

## 二、路基纵断面测量

### （一）路线基平测量的步骤

基平测量就是路线的高程控制测量。在进行线路纵断面测量时，一般分为基平测量和中平测量两个步骤。进行基平测量的第一步是水准测量。在道路工程建设行业将路线的高程控制测量工作称为基平测量。

纵断面测量包括路线水准测量和纵断面绘制两项内容。

水准点是线路水准测量的控制点，在勘察设计和施工阶段甚至工程运营阶段都要使用。路线的基平测量中水准点的内容有：

（1）根据需要和用途可以分为永久性水准点和临时性水准点。

（2）水准点一般设置在路线的起点、终点、大桥两岸、隧道两端以及一些需要长期观测高程的重点工程附近。

（3）一般地区也应每隔 5km 设置一个永久性水准点。

（4）水准点位应选择在稳固、醒目、易于引测以及施工不易遭受破坏的地方。

公路基平测量中路线水准测量的步骤为：

（1）用水准仪进行水准点高程复测，同时加密施工用的临时水准点。并检验水准点的精度是否达到要求，超出允许误差范围时，应查明原因并及时报告有关部门。

（2）用水准仪或光电测距仪等作中桩高程测量。

（3）施工过程中，根据情况检测中桩高程，同时复查临时水准点高程有无变化。

（4）竣工后埋设永久水准点，交付营运单位。

GBC004 路线基平测量的精度要求

### （二）路线基平测量的精度要求

路线基平测量时，测量高程应使用不低于 $DS_3$ 级的水准仪。

一级公路线路基平测量时，其水准点测量的高差闭合差的允许值应满足$\pm20\sqrt{L}$（mm）；二、三、四级公路线路基平测量时，其水准点测量的高差闭合差的允许值应满足$\pm30\sqrt{L}$（mm）。

路线基平测量中，水准点高程控制测量是按照四等水准测量的方法进行。路线基平测量时，一般每隔 1～2km 以及大桥两岸、隧道两端等处均应埋设一个永久性水准点。基平测量时，水准点高程测量时应首先与国家高等级控制点联测，以获得绝对高程。

（1）水准测量主要技术要求中，当测区为平原、微丘地区时，往返较差、附合或环线闭合差（$f_h$）的规定为：当测量等级为二等时，$f_h\leqslant4\sqrt{L}$（mm）；当测量等级为三等时，$f_h\leqslant12\sqrt{L}$（mm）；当测量等级为四等时，$f_h\leqslant20\sqrt{L}$（mm）；当测量等级为五等时，$f_h\leqslant30\sqrt{L}$（mm），注：计算往返较差时，$L$ 为水准点间的路线长度（km）；计算附合或环线闭合差时，$L$ 为附合或环线的路线长度（km）。

（2）水准测量主要技术要求中，当测区为重丘、山岭地区时，往返较差、附合或环线闭合差（$f_h$）的规定为：当测量等级为二等时，$f_h\leqslant4\sqrt{L}$（mm）；当测量等级为三等时，$f_h\leqslant15\sqrt{L}$（mm）；当测量等级为四等时，$f_h\leqslant25\sqrt{L}$（mm）；当测量等级为五等时，$f_h\leqslant45\sqrt{L}$（mm）。计算往返较差时，$L$ 为水准点间的路线长度(km);计算附合或环线闭合差时,$L$为附合或环线的路线长度(km)。

GBC005 全站仪中平测量的要求

**(三)全站仪中平测量**

中桩水准测量又称为中平测量。路线中平测量时,为了削弱高程传递误差,应在一定距离内设置转点,转点测量读数时,视线长度不大于150m。中平测量时,应闭合于水准点上,按图根水准点测量精度要求沿中桩逐桩测量。

一级公路进行线路中平测量时,其高差闭合差的限差为$\pm30\sqrt{L}$(mm);二级以下公路进行线路中平测量时,其高差闭合差的限差为$\pm50\sqrt{L}$(mm)。

中平测量包括:

(1)中平测量只作单程观测。

(2)一测段观测结束后,应先计算测段高差$\sum h_{中}$。

(3)高差$\sum h_{中}$与基平所测测段两端水准点高差之差,称为测段高差闭合差。

(4)中桩地面高程误差不得超过±10cm。

用全站仪进行中平测量的要求和步骤为:

(1)中平测量在基平测量的基础上进行,并遵循先中线后中平测量的顺序。

(2)测站应选择公路中线附近的控制点且高程应已知,测站应与公路中线桩位通视。

(3)测量前应准确丈量仪器高度、反射棱镜高度、预置全站仪的测量改正数,并将测站高程及上述数据均输入全站仪。

(4)中平测量仍需在两个高程控制点之间进行。

GBC006 竖曲线测设要素

**(四)竖曲线测设要素**

纵断面上两个坡度的转折处,为了减缓冲击和保证行车视距,用一段曲线来缓和,称为竖曲线。

竖曲线有凹形和凸形两种。竖曲线的两种形式中,顶点在曲线上面的被称为凸形竖曲线。竖曲线的两种形式中,顶点在曲线下面的被称为凹形竖曲线。两相邻坡段的交点称为变坡点。

竖曲线测设时有公式:$y=\dfrac{x^2}{2R}$,其中,$y$为竖曲线上任一点距切线的纵距,即高程改正值;$x$为竖曲线上任一点至竖曲线起点或终点的水平距离;$R$为竖曲线半径;$y$值在凹形竖曲线中为正号,在凸形竖曲线中为负号。

竖曲线的内容包括:

(1)竖曲线一般采用二次抛物线

(2)当两相邻纵坡分别为:$i_1$、$i_2$时,由于竖曲线的转角$\alpha$很小,故可认为$\alpha=i_1-i_2$。

(3)由于竖曲线的转角$\alpha$很小,所以$\tan\dfrac{\alpha}{2}=\dfrac{\alpha}{2}$。

(4)竖曲线切线长$T=R\tan\dfrac{\alpha}{2}$。

GBC012 纵断面图的绘制方法

**(五)纵断面图的绘制方法**

纵断面图是沿中线方向绘制的反映地面起伏和纵坡设计的线状图,它表示出各路段纵坡的大小和中线位置的填挖尺寸,是公路设计和施工的重要文件资料。

为了明显地反映地面的起伏变化,一般里程比例尺取1∶5000、1∶2000或1∶1000,而高程比例尺则比里程比例尺大10倍。在纵断面图中,以里程为横坐标,以高程为纵坐标,高程是根据中平测量的中桩地面高程绘制的。在纵断面图中,在图的上部从左到右有两条贯穿全图的线,一条是细的折线,表示中线方向的实际地面线。在道路纵断面图中,从左至右向上斜的直线表示上坡,下斜的表示下坡,水平的表示平坡。在道路纵断面图中,曲线部分用折线表示,上凸表示路线右转,并注明交点编号和圆曲线半径。

公路纵断面设计的主要内容是根据道路等级、沿线自然条件和构造物控制标高等,确定路线合适的标高、各坡段的纵坡度、各坡段的坡长、相应的竖曲线。

公路纵断面设计的基本要求是:

(1)纵坡均匀平顺、起伏和缓。

(2)坡长和竖曲线长短适当。

(3)平面与纵面组合设计协调。

(4)填挖经济、平衡。

GBC017 路线纵断面测量的内容

**(六)路线纵断面测量**

纵断面测量也称为线路水准测量,它的任务是测定中线上各里程桩的地面高程,绘制纵断面图。作为设计路线高程、坡度和计算填、挖方工程量的重要依据的图纸是纵断面图。绘制纵断面图时,以里程为横坐标,高程为纵坐标,按规定的比例尺将外业所测各点绘制出断面线。纵断面测量是根据已知点高程测定中线上各里程桩和加桩处的高程,并绘制纵断面图的工作。

纵断面测量分为基平测量、中平测量和竖曲线测设。高速公路和一级公路的水准点闭合差≤$\pm 20\sqrt{L}$(mm)。

在公路纵断面图中,纵坡设计线的上方标注的内容有:

(1)桥涵类型、孔径、跨数。

(2)桥涵的里程桩号。

(3)竖曲线示意图及其曲线元素。

(4)水准点位置、编号及高程。

在纵断面图中绘制地面线包括:

(1)在图上确定起始高程的位置,使绘出的地面线在图上的位置合适。

(2)一般以10m的整数倍的高程定在5cm方格的粗线上,便于绘图和阅图。

(3)根据中桩的里程和高程,在图上按纵、横比例尺依次点出各中桩地面位置。

(4)用直线连接相邻点位即可绘出地面线。

## 三、路基横断面测量

GBC007 经纬仪视距测横断面的方法

**(一)经纬仪视距测横断面的方法**

横断面的测量方法有水准仪法、经纬仪法和测杆皮尺法。在测量横断面时,将仪器安置于中线桩上,读取两侧各地形变化点视距和垂直角,计算各观测点相对距离和高差,这种方法称为经纬仪法。用经纬法测量横断面时,是将仪器安置于中线桩上。用经纬法测量横断面的方法适用于地形起伏变化大的山区。

横断面测量的宽度,应根据路基宽度、填挖尺寸、边坡大小、地形情况以及有关工程的特殊要求而定，一般要求中线两侧各测10~50m。

横断面测量的高程与距离限差规定如下：

(1)对于高速、一级公路，高程限差为：±($h$/100+$L$/200+0.1)m。

(2)对于高速、一级公路，水平距离限差为：±($L$/100+0.1)m。

(3)对二级公路以下，高程限差为：±($h$/50+$L$/100+0.1)m。

(4)对二级公路以下：±($L$/50+0.1)m。

注：$h$ 为测点至路线中桩的高差(m)；$L$ 为测点至路线中桩的水平距离(m)。

横断面测量，就是测定中桩两侧正交于中线方向地面变坡点间的距离和高差。横断面测量时，$h$ 为测点到中桩间的高差，那么高差容许误差 $\Delta h$ 为(0.1+$h$/20)m。

GBC010 路面边线的放样方法

**(二)路面边线的放样方法**

路面边线放样方法有内外弧线法和数值坐标法。路面边线放样的内外弧线法是根据道路中心线的放样结果，利用圆弧内、外线的几何性质进行放样。

路面边线放样时，在曲线上，路面外侧边线半径 $R_{外}$ 的计算公式为：$R_{外}=R_{中}+B/2$。

当曲线半径大于500m时，曲线内各点间距为20m。当曲线半径小于100m时，曲线内各点间距应为5m。

路线转角的顶点，必须设置保护桩加以固定，一般可在切线延长线上施工范围以外每隔20m钉木桩。

公路线形的好坏，从公路使用者的角度来看，评判的标准为：经济性、快速性、安全性、舒适性。

公路中桩间距($d$)规定为：

(1)当公路处在平原微丘区的直线段时，$d \leqslant 50$m。

(2)当公路处在山岭重丘区的直线段时，$d \leqslant 25$m。

(3)当曲线半径 $R<60$m 时，$d=5$m。

(4)当曲线半径 30m<$R$<60m 时，$d=10$m。

GBC024 利用设计横断面图放样路基边桩的方法

**(三)利用设计横断面图放样路基边桩的方法**

横断面测量是对垂直于线路中线方向的地面高低起伏所进行的测量工作。横断面的测量方法有花杆皮尺法、水准仪法和经纬仪法。横断面测量的宽度，应根据路基宽度、填挖尺寸、边坡大小、地形情况以及有关工程的特殊要求而定，一般要求中线两侧各测10~50m。横断面测量时，对于地面点距离和高差的测定，一般只需要精确至0.1m。

绘制横断面图时，以中线桩为准，以中线两侧的水平距离为横坐标，以高差为纵坐标。横断面测绘的密度，除各中桩应施测外，在大、中桥头、隧道洞口、挡土墙等重点工程地段，可根据需要加密。

路基构造形式的名词有：截水沟、边坡、边沟、护坡道等。

公路路基的类型有：路堤、路堑、半填半挖、不填不挖。

GBC009 抛物线路拱的含义

**(四)抛物线路拱含义**

二次抛物线路拱方程式为：$y=\frac{4y_0}{B^2}x^2$。

二次抛物线形路拱为中坦边陡，适用于汽车居中行驶的低等级路。通常公路上采用的路拱形式有抛物线形、直线形和直线叠加圆曲线形等。

变次抛物线形路拱方程式为：$y=\frac{2^n \cdot y_0}{B^n}x^n$，式中，$x$ 为拱物线上点的横坐标，$B$ 为路面宽度，$y_0$ 为路面中心与边缘高差，$n$ 为指数，不同 $i$ 和 $B$ 值对应相应的 $n$ 值，可查表得到。

路拱形式及特点包括以下内容：

（1）直线形路拱适用于高等级公路。

（2）抛物线形路拱适用于低等级公路。

（3）直线形路拱平整度和水稳定性好。

（4）抛物线形路拱有利于迅速排出路表积水。

沥青混凝土路面的路拱平均横坡度宜为1%～2%。对于四车道高速公路，其路拱形式是从中央分隔带逐渐向两侧做成单坡形式。

## 四、公路选线

GBC015 公路选线原则

### （一）公路选线原则

在公路工程设计的各个阶段，要重视并利用各种先进手段对路线方案做深入、细致的研究，在多方案论证、比选的基础上，选定最优路线方案。

公路选线面对的是一个复杂的自然条件和社会经济环境，需要综合考虑多种因素，妥善处理好各方面的关系。通过名胜、风景、古迹地区的公路，应注意保护原有自然状态，其人工构造物应与周围环境、景观相协调，处理好重要历史文物遗址。

选线时对严重不良的地质地段，应慎重对待，一般情况下应设法绕避，当必须穿过时，应选择合适的位置，缩小穿越范围，并采取必要的工程措施。选线应注意同农田基本建设相配合，做到少占地，并应尽量不占高产田、经济作物田或穿过经济林园等。

高等级公路选线，可以根据通过地区的地形、地物、自然环境等条件，利用其上下行车道相互分离的特点，本着因地制宜的原则，在山岭和丘陵地形上合理采用往复车道分离形式布线，以减少工程量、降低对自然环境的破坏。

路线设计应在保证行车安全、舒适、迅速的前提下，做到工程量小、造价低、营运费用省、效益好，并有利于施工和养护。

选线应重视环境保护，注意由于公路修筑、汽车交通运行产生的影响和污染，应考虑：

（1）路线对自然景观与资源可能产生的影响。

（2）占地、拆迁房屋所带来的影响。

（3）路线对城镇布局、行政区划、农业耕作区、水利排灌体系等现有设施造成分割而引起的影响。

（4）噪声对居民以及汽车尾气对大气、水源、农田污染所造成的影响。

GBC016 公路选线的要点

### （二）公路选线的要点

越岭线的特点是路线需要克服很大高差，路线长度和平面位置主要取决于纵坡的安排，因此越岭线选线是从纵坡设计入手。能体现越岭线的重要控制点是垭口。

平原区高等级公路存在的一个最大的难题，就是为了满足农村生产和生活的需要，应大量修建通道，导致高路堤的问题。

重丘陵区山丘连绵，岗场交错，地面起伏较大，一般自然坡度较陡，具有低山区的基本特征。在重丘区进行高等级公路布线时，不应迁就微小地形，在注意路线平、纵面线位选择的同时，应注意横向填挖的平衡。

沿河线的特点是：

(1)山区河谷一般不宽，谷坡上陡下缓，多有间断阶地。

(2)河谷地质情况复杂，常有滑坡、岩堆、泥石流等病害发生。

(3)河流平时流量不大，一遇到暴雨，山洪暴发，冲刷河岸，毁坏田园，危害甚大。

微丘区地形略有起伏，地面有一定的自然坡度，区内常有坡形和缓的丘陵分布，地表排水方向明显，选线条件与平原区基本相同。平原微丘区选线的要点是：

(1)深入调查研究沿线自然环境，正确处理好对地物和地质的避让与趋就，选择短捷顺直的路线方案。

(2)纵面线形应综合考虑桥涵、通道、交叉等构造物，合理确定路基设计高度，以避免纵坡起伏频繁。

(3)平原区地势平坦，地表没有形成天然的排水系统，雨后积水严重，路线应尽可能选择高地或微丘地形通过。

(4)平原区高速公路的填方工程量一般都很大，除设法尽可能降低设计高度以减少土方工程外，路线应以靠近筑路材料产地为宜。

## 五、曲线的测设

GBC002 回头曲线的技术要求

### (一)回头曲线的技术要求

二级公路，当计算行车速度为30km/h时，回头曲线的双车道路面加宽值为2.5m；四级公路，当计算行车速度为20km/h时，回头曲线的最大纵坡为4.5%；三级公路，当计算行车速度为25km/h时，回头曲线的回旋线长度为25m；四级公路，当计算行车速度为20km/h时，回头曲线的圆曲线最小半径为15m；二级公路，当计算行车速度为30km/h时，回头曲线的圆曲线最小半径为30m；三级公路，当计算行车速度为25km/h时，回头曲线的超高横坡度为6%。

回头曲线的特点包括：

(1)回头曲线的半径小。

(2)回头曲线的转弯急。

(3)曲线的线型标准低。

(4)回头曲线一般由主曲线和两段副曲线组成，主曲线为一转角大于等于180°的圆曲线。

回头曲线的测设内容有：

(1)回头曲线的起点、终点和圆心是关键的三点。

(2)一般在选线时，先定出一点为定点，其余两点为稍有移动余地的初定点。

(3)回头曲线的推磨法主要适用于山坡比较平缓，曲线内侧障碍较少的地段。

(4)顶点切基线法也是回头曲线的测设方法。

GBC011 由圆曲线组成的复曲线的曲线要素计算方法

### (二)由圆曲线组成的复曲线的曲线要素计算方法

由圆曲线直接组成的复曲线，如图 1-3-2 所示，交点为 $C$，切基线为 $AB$，切基线与两切线长夹角分别为 $\alpha_1$、$\alpha_2$，$A$ 至 $ZY$ 点距离为 $T_1$，$B$ 到 $YZ$ 点距离为 $T_2$、圆曲线的曲线长分别为 $L_1$、$L_2$，半径分别为 $R_1$、$R_2$，则该复曲线长计算公式为 $L=L_1+L_2$；该复曲线交点至 $B$ 点距离计算公式为 $BC=\dfrac{\sin\alpha_1}{\sin\angle C}AB$；该复曲线的切基线计算公式为 $AB=R_1\tan\dfrac{\alpha_1}{2}+R_2\tan\dfrac{\alpha_2}{2}$；该复曲线交点至 $A$ 点距离计算公式为 $AC=\dfrac{\sin\alpha_2}{\sin\angle C}AB$；该复曲线起点段切线长为 $T_1+AC$。

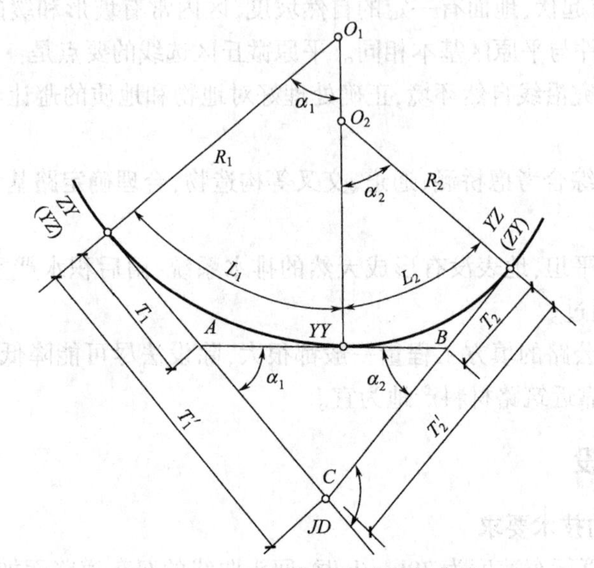


图 1-3-2 两圆曲线组成的复曲线

复曲线的内容包括：

(1)两个或两个以上不同半径的同向圆曲线直接相连的曲线称为复曲线。

(2)在测设时必须先定出其中一个圆曲线的半径，这个曲线称为主曲线。

(3)除主曲线外，其余的曲线称为副曲线。

(4)副曲线的半径则通过主曲线半径及测量的有关数据计算得到。

主、副曲线的交点为 $A$、$B$，观测转角分别为 $\alpha_1$、$\alpha_2$，切基线长 $AB$ 已知，在选定主曲线半径 $R_1$ 后，计算副曲线测设元素的步骤为：

(1)根据主曲线的转角 $\alpha_1$ 和半径 $R_1$ 计算主曲线的测设元素 $T_1$、$L_1$、$E_1$、$D_1$。

(2)根据切基线长度 $AB$ 和主曲线切线长 $T_1$，计算副曲线的切线长 $T_2$。

(3)根据副曲线的转角 $\alpha_2$ 和切线长 $T_2$，计算副曲线半径 $R_2$。

(4)根据副曲线的转角 $\alpha_2$ 和半径 $R_2$ 计算副曲线的测设元素 $T_2$、$L_2$、$E_2$、$D_2$。

由圆曲线直接组成的复曲线时，两圆曲线的圆心不重合。

GBC018 缓和曲线的测设方法

### (三)缓和曲线的测设方法

缓和曲线是在线路直线和圆曲线之间介入的一段过渡曲线。当列车进入曲线段时，为了平衡由零逐渐增加的离心力，需设缓和曲线，使轨距有一定量的加宽，并抬高外轨距,使列车产生一个向心力与离心力相平衡。

在缓和曲线中有公式 $C=R\cdot L_0$,$C$ 是一个常数,称为缓和曲线半径变更率,$C$ 越小,半径的变化越快;反之,半径变化越慢,曲线越平顺。

缓和曲线的夹角为 $\beta_0$,曲线的内移量 $p$ 和切线延伸量 $q$ 是确定缓和曲线与直线和圆曲线连接的主要数据,称为缓和曲线的常数。

设计缓和曲线的必要性为:

(1)车辆在直线段上时,曲率半径为无穷大,超高为零。

(2)车辆在圆曲线上曲率半径为 $R$,超高为定值 $h$。

(3)当车速过快时,车辆从直线直接进入圆曲线会引起事故。

(4)在直线与曲线间插入一段半径由无穷大逐渐变化到 $R$ 的曲线,使车辆行驶平稳。

适合作为缓和曲线的线型有:回旋曲线、三次抛物线、双纽线、单叶线。

采用偏角法放样缓和曲线时,在 $HZ$ 点或 $ZH$ 点安置仪器,偏角的计算公式 $\delta=L^2/6RL_s$,式中 $\delta$ 为缓和曲线上的点对应的偏角。

缓和曲线上的圆曲线采用偏角法放样时,需将仪器迁至 $HY$ 点或 $YH$ 点上进行,只要定出 $HY$ 点或 $YH$ 点切线方向就可以了,切线与缓和曲线的弦长夹角 $b_0=2\delta_0$ 是定切线的关键。

**(四)圆曲线带缓和曲线主点里程的计算方法**

GBC020 圆曲线带缓和曲线主点里程的计算方法

直线与圆曲线之间插入缓和曲线时,必须将原来的圆曲线向内移动距离 $P$,$P=L_s^2/24R$,式中 $L_s$ 代表缓和曲线长。缓和曲线切线长公式为:$T_H=(R+p)\tan(\alpha/2)+q$,式中 $q$ 代表切线增长。

缓和曲线的曲线长公式为:$L_H=R(\alpha-2\beta_0)(\pi/180°)+2L_s$,式中 $\beta_0$ 代表缓和曲线角。

缓和曲线的外距公式为:$E_H=(R+p)\sec(\alpha/2)-R$。

缓和曲线的基本公式的含义是:

(1)回旋线是曲率半径随曲线长度的增大而成反比的均匀减小的曲线。

(2)公式:$\rho l=c$,$\rho$、$l$ 分别为回旋线上任一点曲率半径与曲线长度。

(3)$c$ 为常数,在缓和曲线 $HY$ 点,曲率半径等于圆曲线半径,曲线长为缓和曲线全长,即 $c=Rl_s$。

(4)缓和曲线长度的确定应考虑行车的舒适及超高过渡的需要,且不应小于汽车 3s 行程。

缓和曲线主点里程计算公式有:

(1)$ZH$ 里程 $=JD$ 里程$-$切线长 $T_H$。

(2)$HY$ 里程 $=ZH$ 里程+缓和曲线全长 $l_s$。

(3)$YH$ 里程 $=HY$ 里程+圆曲线长 $L_Y$。

(4)$HZ$ 里程 $=YH$ 里程+缓和曲线全长 $l_s$。

圆曲线带缓和曲线主点里程计算前需要确定圆曲线半径 $R$,缓和曲线长 $L_s$、曲线转角 $\alpha$、切线角 $\beta_0$、缓和曲线内移值 $p$,切线增值 $q$ 等 6 项数值。

圆曲线带缓和曲线的主点里程计算主要有:$ZH$ 里程计算、$HY$ 里程计算、$YH$ 里程计算、$HZ$ 里程计算、$QZ$ 里程计算等 6 项,用公式 $JD$ 里程 $=QZ$ 里程$+D_H/2$ 进行校核。

GBC021 圆曲线带缓和曲线主点的测设方法

**（五）圆曲线带缓和曲线主点的测设方法**

圆曲线测设所采用的桩距与半径有关，一般规定当半径小于等于25m时，桩距为5m。缓和曲线测设时，按桩距在曲线上设桩的方法，有整桩号法和整桩距法。缓和曲线曲线测设常采用的方法有切线支距法、偏角法、极坐标法。缓和曲线上任一点的偏角，与该点至缓和曲线起点的曲线长的平方成正比。

利用切线支距法测设缓和曲线范围内的坐标计算公式为：$x=l-\frac{l^5}{40R^2l_s^2}$，$y=\frac{l^3}{6Rl_s}-\frac{l^7}{336R^3l_s^3}$，式中，$x$、$y$ 为缓和曲线上任一点的横坐标和纵坐标，$l$ 为任一点至 $HY$ 或 $YH$ 点曲线长，$l_s$ 为缓和曲线长全长，$R$ 为圆曲线半径。

利用切线支距法测设圆曲线范围内的坐标计算公式为：$x=R\sin\varphi+q$，$y=R(1-\cos\varphi)+p$，$\varphi=\frac{l-l_s}{R}\frac{180°}{\pi}+\beta_0$，式中，$q$ 为切线增长值，$\phi$ 为圆心至 $x$ 轴垂线与圆曲线上任一点之间圆弧所对的圆心角，$\beta_0$ 为缓和曲线全长 $l_s$ 所对的中心角即切线角，$p$ 为圆曲线内移值。

圆曲线带缓和曲线测设时，可以采用切线支距法，是以直缓点或缓直点为坐标原点，以切线为 $x$ 轴，以过原点的半径为 $y$ 轴，利用缓和曲线和圆曲线上各点的 $x$、$y$ 坐标测设曲线的方法。

圆曲线带缓和曲线测设时，采用偏角法，如曲线为左转角，当仪器置于 $HY$ 点上，瞄准 $ZH$ 点，水平度盘置在 $b_0$，旋转照准部使水平度盘读数为0°00′00″并倒镜，此时视线方向即为 $HY$ 点的切线方向。

GBC019 测距仪分类

## 六、测距仪的使用

**（一）测距仪分类**

测距仪的种类、牌号、型号甚多，其测程、结构组成形式各异，性能、价格上也有区别。

红外测距仪采用GaAs（砷化镓）半导体红外发光器作为光源。红外测距仪的测距精度通常是用内部符合精度和外部符合精度来衡量。

根据测距仪出厂标称精度的绝对值，按1km的测距中误差，测距仪的精度可分为三级：1km中误差小于5mm的为Ⅰ级，中误差为5～10mm的为Ⅱ级，中误差为11～20mm的为Ⅲ级。

测距仪测程是在一般良好条件下，测距仪器所能测量且符合精度要求的最大距离。光电测距是利用波长为400～1000nm的光波作为载波的电磁波测距。

测距仪出厂说明书中有公式：$m_D=\pm(A+10^{-6}BD)$，式中，$m_D$ 为测距仪标称精度；$A$ 为固定误差，单位为 $mm$；$B$ 为比例误差；$D$ 为距离值，单位为km。

测距仪说明书中列出的主要技术性能及功能包括：测程、最小读数、气象修正、棱镜常数修正。

GBC022 测距仪使用方法

**（二）测距仪使用方法**

在进行电磁波测距时，测线为避开电磁场干扰，一般应离开5m以外。微波测距是利用波长为 0.8~10cm 的微波作载波的电磁波测距。

在某些情况下采用偏心观测，要将所测的距离初步值归算为测站中心到镜站中心的长度，所加的改正为测距归心改正。在某些情况下，如觇标遮挡了测距仪的视线或视线的中间有障碍物等，就要采用偏心观测，而要将所测的距离初步值归算为测站中心到镜站中心的长度，所加的改正为测距归心改正。

光电测距仪在观测时，周围不能有其他光源及反射物。

测距仪距离测量作业的要求有：

(1)作业开始前，应使测距仪与外界温度相适应；检查电池电压是否符合要求。

(2)要严格遵照所使用型号仪器说明书中有关规定的操作程序进行作业。

(3)仪器的棱镜的对中器应进行检查，对中误差均不得超过 2mm，在仪器和棱镜置平后，应及时量取仪器高和棱镜高，量至毫米。

(4)测距时，宜按仪器性能在规定的测程小范围内使用规定的棱镜个数。

使用测距仪的操作程序是：

(1)架设仪器与棱镜，利用光学对点器精确对中、置平，将棱镜对准仪器方向。

(2)在安置好仪器并照准棱镜后，先接通电源，检查电源电压是否足够和接收信号是否满足要求；正确选择测距仪的距离显示单位，并正确预置仪器的加常数和比例改正开关，做好各项准备。

(3)测距时，先以十字丝照准棱镜后，再以“电照准”检核，在获得最佳返回信号时，才能测距，读取并记录距离。

(4)在测距的同时读取测站温度、气压以及经纬仪竖盘读数，直接读到秒，以用于将仪器所测得的斜距，改正为水平距离。当测距仪无配套经纬仪时，量取仪器高和反射棱镜高，读至毫米。当采用组合式测距仪时，一般要求觇牌至棱镜中心与经纬仪横轴至测距头中心的距离相等，如不等需要进行计算改正。

GBC023 测距仪误差的种类

**(三)测距仪误差**

由电磁波测距仪内部光学和电子线路中的某些信号的窜扰、测相电路的失调等原因，精测尺的尾数值常呈现依一定的距离为周期重复出现的误差，称为周期误差。

电磁波测距结果，不需要经过多项改正的项目是偏心改正。

测距时的实际大气折射率与电磁波测距仪的基准折射率不等所引起的距离改正为气象改正。

测距仪精测频率发生变化而引起的测距误差，在精测频率发生变化相对稳定的情况下，其误差是一个比值常数为乘常数，对长距离的测量影响显著。应进行改正，此改正为乘常数改正。

对测距仪的检视包括：

(1)外观检视。

(2)检查测距仪各个按钮，按钮运动是否灵活。

(3)按说明书的使用步骤，通电检查仪器的功能。

(4)检查反射棱镜、光学对点器、觇牌、气压计、温度计、充电器、电池等是否齐全与适用。

对仪器的技术性能的检验包括:

(1)发射、接收、照准三轴关系正确性的检验。

(2)加常数和乘常数的检验。

(3)测程的检验。

(4)内部符合精度的检验。

(5)棱镜常数的检验。

测距仪用测距边两端点的高差计算水平距离公式为:$D=\sqrt{s^2-h^2}$,式中 $s$ 表示经气象、加常数、乘常数改正后的斜距。

红外测距仪的误差主要有比例误差、固定误差和周期误差三种。

GBC025 板桥的类型及其特点

## 七、路线桥梁测量

### (一)板桥的类型及其特点

从结构静力体系来看,板桥可以分为简支板桥、悬臂板桥和连续板桥等。

1. 简支板桥

简支板桥可以采用整体式结构,也可以采用装配式结构。前者跨径一般为 4~8m,后者当采用预应力混凝土时,其跨径可达 16m。在缺乏起重设备,而有模板支架材料的情况下,宜采用就地浇注的整体式钢筋混凝土板桥。这种结构整体性能好,横向刚度较大,施工也较简便;不足的是,木材消耗量较多。但在一般施工条件下,宜采用装配式结构。

2. 悬臂板桥

悬臂板桥一般做成双悬臂式结构,中间跨径为 8~10m,两端伸出的悬臂长度约为中间跨径的 0.3 倍,板在跨中的厚度约为跨径的 1/14 至 1/18,在支点处的板厚要比跨中的加大 30%~40%。悬臂端可以直接伸到路堤上,不用设置桥台。为了使行车平稳顺畅,两悬臂端部应设置搭板与路堤相衔接。但在车速较高、荷载较重且交通量很大时,搭板容易损坏,从而导致车辆在从路堤上桥时对悬臂的冲击,故目前较少采用。

3. 连续板桥

连续板桥的特点是板不间断地跨越几个桥孔而形成一个超静定结构体系。我国目前修建的连续板桥有三孔、四孔或四孔以上。但当桥梁全长较大时,可以几孔一联,做成多联式的连续板桥。连续板桥较简支板桥说来,具有伸缩缝少,车辆行驶平稳的优点。由于它在支点处产生负弯矩,对跨中弯矩起到卸载作用,故可以比简支板桥的跨径做得大一些,或者其厚度比同跨径的简支板做得薄一些,这一点和悬臂板桥是相同的。连续板桥的两端直接搁置在桥台上,不需要设置搭板,避免了像悬臂板桥所出现的车辆上桥时对悬臂部的冲击。

目前我国已经建成的连续板桥,跨径大多在 14m 以内;在国外当采用预应力混凝土时,跨径已达 33.5m。连续板一般是做成不等跨的,边跨与中跨之比约为 0.7~0.8,这样可以使各跨的跨中弯矩接近相等。连续板桥也可以有整体式结构和装配式结构两种。

GBC026 梁式桥的测量方法

### (二)梁式桥的测量

梁式桥是一种在竖向荷载作用下无水平反力的结构。梁式桥通常需用抗弯能力强的材料来建造。由于外力的作用方向与承重结构的轴线接近垂直,所以与同样跨径的其他结构体系相比,梁内产生的弯矩最大。目前在公路上应用最广的是预制装配式钢筋混凝土简支梁桥。

GBC027 拱式桥的测量方法

**(三)拱式桥的测量**

用来砌筑拱圈的石料,要求是未经风化的,其标号不得小于 250 号。拱式桥的主要承重结构是拱圈或拱肋。拱式桥在竖向荷载作用下,桥墩或桥台将承受水平推力。拱式桥与同跨径的梁相比,拱的抗弯和变形要小得多。

GBC028 刚架桥的测量方法

**(四)刚架桥的测量**

钢桥的梁和柱的连接处具有很大的刚性。在城市中当遇到线路立体交叉或需要跨越通航江河时,采用刚架桥桥型能尽量降低线路标高以改善纵坡并能减少路堤土方量。T 型钢构桥是结合刚架桥和多孔静定悬臂梁桥的特点发展起来的新颖结构。T 型钢构桥跨径不能做得太大,通常达到 40~50m。

GBC029 吊桥的测量方法

**(五)吊桥的测量**

传统的吊桥均是用悬挂在两边塔架上的强大缆索作为主要的承重结构。在竖向荷载的作用下,通过吊杆使缆索承受很大的拉力,通常就需要在两岸桥台的后方修筑非常巨大的锚碇结构。吊桥由于结构自重较轻,所以能以较小的建筑高度跨越其他任何桥型无与伦比的特大跨度。我国在西南山岭地区和遭受山洪泥石流冲击等威胁的山区河流上,往往采用吊桥。

# 项目二 计算路段纵坡及 20m 纵断高程并放样其中一点设计高程

已知一段公路里程桩号为 k7+400-k7+600,起点高程为 145.09,终点高程为 144.85,技能要求确定该段道路纵坡,并写出 20m 间距各点设计高程。根据给定的起点和水准点位置,现场放样 k7+420 设计标高。

## 一、准备工作

(1)设备。

$DS_3$ 水准仪 1 套。

(2)材料、工具。

彩色粉笔 2 根、50m 钢尺 1 把、3m 塔尺 1 个、记录纸 1 张、计算器 1 个、铁架子若干。

## 二、操作步骤

(1)写出道路纵坡及点高程计算公式:

$$i=\Delta H/L, H_i=H_{终点}+20n\times i$$

$n$ 为第几个 20m。

(2)计算各点设计高程。

k7+420、k7+440、k7+460、k7+480、k7+500、k7+520、k7+540、k7+560、k7+580 设计高程。

(3)从给定起点位置量出 k7+420 位置。

用钢尺从起点沿导线方向量给定值，做上标记，并把铁架立于该处。

（4）现场安置水准仪并指挥立塔尺人员放出设计高程位置。

安置水准仪，整平，指挥立尺人员上下移动塔尺，达到设计高程为止，并在铁架上划出标记。

## 三、技术要求

（1）应熟悉水准测量原理。

（2）应熟悉道路施工中的原地面高程、道路纵坡、20m 间隔路面设计高程的计算方法。

（3）应熟悉设计高程的放样方法。

## 四、注意事项

（1）观测前，应对仪器进行认真的检验和校正。

（2）仪器放在三脚架上后，应立即把连接螺旋旋紧，以免仪器从脚架上摔下来，并做到人员不离开仪器。

（3）仪器应安置在土质坚硬的地方，并应将三脚架踏实，防止仪器下沉。

（4）水准仪至前、后视水准尺的距离应尽量相等。

（5）每次读数前，应严格消除视差，水准管气泡要严格居中，读数时要仔细、迅速、果断，大数（m、dm、cm）不要读错，mm 数要估读正确。

（6）现场用铁架子代替木桩放样。

# 项目三　用偏角法放样圆曲线首弧及第一个 20m 两桩点

该项目操作平面图如图 1-3-3 所示。

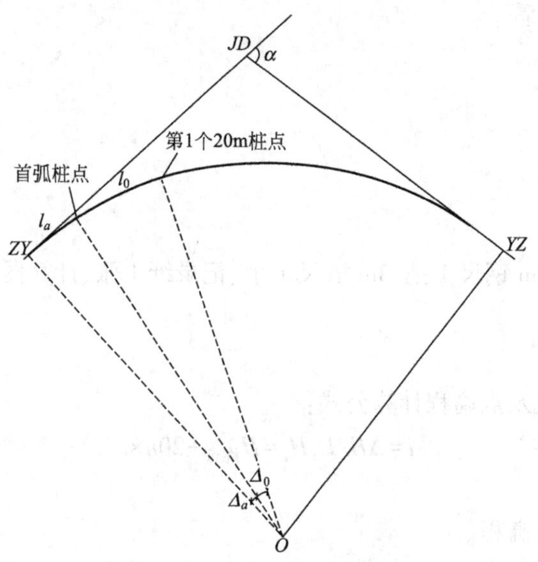


图 1-3-3　偏角法放样圆曲线

## 一、准备工作

(1)设备。

$DJ_2$ 经纬仪 1 套。

(2)材料、工具。

彩色粉笔 2 根、记录纸 1 张、花杆 1 根、50m 钢尺 1 把。

(3)在场地上用粉笔给出 *ZY* 点和 *JD* 点位置。

## 二、操作步骤

(1)处理数据。

根据所给交点里程桩 K1+181.54,圆曲线半径 $R=300$m 计算两桩点偏角及弧长[$\Delta=90L_i/(R\cdot\pi)$]。

(2)安置仪器。

*ZY* 点上安置经纬仪,对中、整平,瞄准交点 *JD*。

(3)放样首弧桩点。

将水平度盘置零,转动照准部,拨首弧对应的偏角,从 *ZY* 点沿此方向量取首弧长,定出 K1+200,并做标记。

(4)放样第一个 20m 桩点。

转动照准部,拨第一个 20m 弧对应的偏角,从 K1+200 点量取 20m 弧长,与视线方向相交定出 K1+220,并做标记。

## 三、技术要求

(1)偏角法是以曲线起点 *ZY* 或终点 *YZ* 至曲线任一待定点 $P_i$ 的弦线与切线 $T$ 之间的弦切角 $\Delta_i$ 和弦长 $c_i$ 来确定 $P_i$ 点的位置。

(2)应熟悉弦切角和所对应弦长的计算公式。

(3)由于经纬仪水平度盘的注记是顺时针方向增加的,因采用偏角法时,如果偏角的增加方向与水平度盘一致,也是顺时针方向增加,称为正拨;反之称为反拨。对于右转角仪器置于 *ZY* 点上测设曲线为正拨,置于 *YZ* 点则为反拨。

(4)应清楚首弧和 20m 桩的定义及计算方法。

## 四、注意事项

(1)偏角法不仅可以在 *ZY* 和 *YZ* 点上测设曲线,而且可在 *QZ* 点上测设,也可在曲线任一点上测设。它是一种测设精度较高,适用性较强的常用方法。但这种方法存在着测点误差累积的缺点,所以宜从曲线两端向中点或自中点向两端测设曲线。

(2)将经纬仪置于 *ZY* 点上时,瞄准交点后,应将水平度盘置零。

(3)用彩色粉笔代替木桩,标记要清楚、准确。

(4)丈量弦长时应量平距,不能量斜距。

# 项目四　用经纬仪采用切线支距法测圆曲线

该项目操作平面图如图 1-3-4 所示。

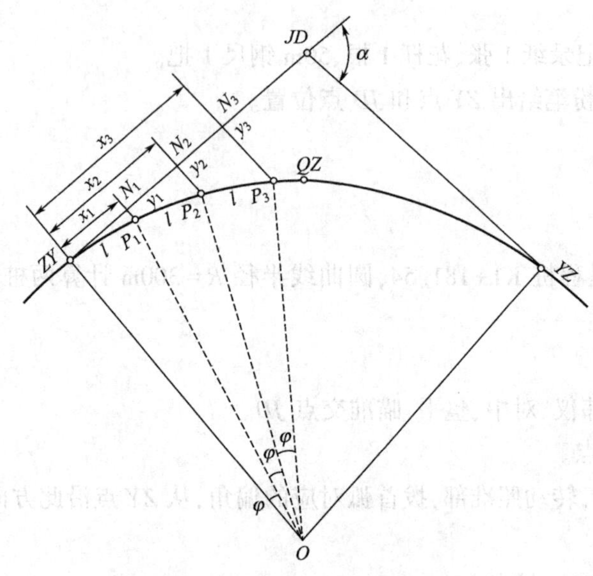


图 1-3-4　切线支距法测圆曲线

## 一、准备工作

(1)设备。

$DJ_2$ 经纬仪 1 套。

(2)材料、工具。

彩色粉笔 2 根、50m 钢尺 1 把、花杆 2 根、方向架($\phi$8mm 钢筋焊接,长 50cm,宽 50cm)1 个。

(3)在场地上用粉笔给出 *ZY* 点和 *JD* 点位置。

## 二、操作步骤

(1)计算测设点位坐标。

已知曲线半径,测设间距为 20m 整桩距,计算前 3 点桩的坐标,计算圆心角:

$$\varphi_i = \frac{L_i}{R} \cdot \frac{180^\circ}{\pi}$$

计算曲线上任意点坐标:

$$x_i = R\sin\varphi_i, y_i = R(1-\cos\varphi_i)$$

(2)安置仪器。

在 *ZY* 点上安置仪器,踩实三脚架,整平仪器,瞄准交点方向,此方向为曲线切线方向。

(3)测设点位。

经纬仪定向,从 *ZY* 点开始用钢尺沿切线方向量取第 1 点横坐标 $x_1$,得到垂足 $N_1$,在 $N_1$

点用方向架定出垂直方向，量取纵坐标 $y_1$，得到第 1 点位置，做标记。

同样方法放出第 2 点和第 3 点位置，做标记。

(4)校核点位。

曲线上 3 点设置完毕后，量取相邻点位之间的距离，与相应 20m 做比较，若较差在限差之内，则点位测设合格，否则查明原因，予以纠正。

## 三、技术要求

(1)切线支距法是以曲线的起点 $ZY$ 或终点 $YZ$ 为坐标原点，以切线为 $x$ 轴，过原点的半径为 $y$ 轴，按曲线上各点坐标 $x$、$y$ 设置曲线。

(2)切线支距法测设曲线方法适用于平坦开阔的地区，具有测点误差不累积的优点。

(3)测设前需计算曲线上任意一点的圆心角，$x$ 轴、$y$ 轴坐标，然后采用方向架和钢尺依次放样。

## 四、注意事项

(1)用经纬仪定向时，安置仪器于 $ZY$ 点上，对中、整平后，用望远镜纵丝瞄准 $JD$ 定向，制动照准部，望远镜上下转动，指挥立花杆人员左右移动花杆，直至花杆像为纵丝所平分。

(2)计算各点坐标时应填写好记录单，以便测设时使用方便，不易弄错。

(3)用钢尺量距时，操作人员要密切协作，细心工作，尺子要拉平、拉直、拉稳，读数要准而快，防止出错，读数者应将数读清楚，记录者要回报。

(4)曲线上各点设置完毕后，应量取相邻各桩之间的距离，与相应的桩号之差做比较，若较差均在限差之内，则曲线测设合格；否则应查明原因，予以纠正。

# 项目五　整理偏角法测量成果

已知一圆曲线，交点的里程桩号为 K3+182.76，测得转角 $\alpha_{左}=25°48'$，圆曲线半径 $R=300m$，采用偏角法按整桩号法设桩，且前半曲线仪器安置于 $ZY$ 点，后半曲线仪器置于 $YZ$ 点，见表 1-3-1，技能要求按间隔 20m 整理偏角法测量成果。

表 1-3-1　整理偏角法测量成果

| 桩号 | 该桩至 ZY 的曲线长度，m | 偏角值 | 偏角读数 | 相邻桩间弧长，m | 相邻桩间弦长，m |
|---|---|---|---|---|---|
| | | | | | |
| | | | | | |
| | | | | | |
| | | | | | |

## 一、准备工作

（1）材料。

准备偏角法测量成果1份、记录纸1张、铅笔1支、橡皮1块。

（2）工具。

能计算函数的计算器1个。

## 二、操作步骤

（1）计算 $ZY$、$QZ$、$YZ$ 点里程。

首先根据公式计算曲线切线长和曲线长：

$$T=R\tan\frac{\alpha}{2};L=R\alpha\frac{\pi}{180^\circ}$$

然后计算 $ZY$、$QZ$、$YZ$ 点里程桩及各测设点桩号：

$$ZY=JD-T;YZ=ZY+L;QZ=ZY+\frac{L}{2}$$

（2）计算分弧及每20m桩所对应的曲线长。

计算时以 $QZ$ 分界，$ZY$ 至 $QZ$ 由所在点桩号减去 $ZY$ 点桩号；$QZ$ 至 $YZ$ 由 $YZ$ 点桩号减去所在点桩号，总计8个桩号。

（3）计算所对应的偏角。

计算偏角公式，依次计算8个偏角值：

$$\delta_i=\frac{L_i}{2R}\cdot\frac{180^\circ}{\pi}$$

（4）计算相邻桩间弦长。

相邻桩间弧长等于相邻点桩号相减；由于偏角较小，相邻桩间弦长近似等于相邻点弧长。

## 三、技术要求

（1）应熟悉圆曲线的偏角法测设原理，清楚偏角法按整桩号法设桩的计算方法。

（2）偏角法成果表内容包括：桩号、该桩至 $ZY$ 点和 $YZ$ 点的曲线长度、偏角值、偏角读数、相邻桩间弧长、相邻桩间弦长。

（3）按偏角法定出的 $QZ$ 点应与主点测设时定出的 $QZ$ 点重合，如不重合，其闭合差一般不应超过如下规定：纵向（切线方向）$\pm L/1000$m，$L$ 为曲线长度；横向（半径方向）±0.1m。

## 四、注意事项

（1）为了保证测设精度，整理偏角法测设成果时，把曲线分为前半曲线和后半曲线两段进行计算，分别在 $ZY$ 点和 $YZ$ 点安置仪器。

（2）为了减少错误，桩号和偏角每计算完1个，填写1个。

# 项目六　计算圆曲线要素,确定主点里程、间距为 20m 辅点桩号及分弧长

## 一、准备工作

(1)材料。

准备圆曲线测量成果 1 份、记录纸 1 张、铅笔 1 支、橡皮 1 块。

(2)工具。

能计算函数的计算器 1 个。

## 二、操作步骤

(1)写出四个计算公式。

$$T=R\cdot\tan(\alpha/2)$$
$$L=0.0174532R\alpha$$
$$E=R\cdot\sec(\alpha/2-1)$$
$$\Delta=2T-L$$

(2)计算出圆曲线要素。

计算出切线长、曲线长、外矢距、切曲差及曲线长的一半。

(3)写出曲线 $ZY$、$YZ$、$QZ$ 点里程。

$ZY$ 里程:用交点里程桩号减去切线长;$YZ$ 里程:$ZY$ 里程加上曲线长;$QZ$ 里程:$ZY$ 里程加上曲线长的一半。

(4)校核交点里程。

$$QZ\text{ 桩号}+\Delta/2=JD\text{ 桩号}$$

(5)写出圆曲线上 20m 桩距的辅点桩号。

需要从直圆点桩号中扣出分弧长,然后按 20m 间距排桩,到圆直点不足 20m 时止。

## 三、技术要求

(1)计算主点测设元素:切线长、曲线长、外距、切曲差等,从中线测量所测的转折角右角或左角计算偏角 $\alpha$,圆曲线半径 $R$ 根据地形条件和工程要求选定,根据 $\alpha$、$R$ 计算其他各个元素。

(2)主点桩号的计算。由于道路中线不经过交点,所以圆曲线中点和终点的桩号,必须从圆曲线起点的桩号沿曲线长度推算而得。交点桩的里程已由中线丈量获得,因此根据交点的里程桩号及圆曲线测设元素计算出各主点的里程桩号。计算时应用不同公式进行检核。

(3)按 20m 间距计算测设用桩号,这也是道路施工中经常用到的技能。

## 四、注意事项

（1）里程桩亦称为中桩，桩上写有桩号，表示该桩至路线起点的水平距离。

（2）一般情况下，当地形变化不大，曲线长度小于 40m 时，测定曲线的三个主点就能满足设计和施工的需要。如果地形变化较大，曲线较长，这时除了测定三个主点以外，还要按一定桩距在曲线上测设里程桩以及加桩。

（3）计算圆曲线测设要素，确定主点里程是道路工程中经常用到的技能，无论曲线如何演变，都是从这个最基本的计算开始的，所以要熟练地掌握和运用。

# 模块四　施工测量

## 项目一　相关知识

### 一、施工管理知识

GBD025 施工测量工作的分类

#### (一)施工测量工作的分类

把图纸上设计好的各种建(构)筑物的平面位置和高程标定在实地上的测量工作称为测量放样。由一个从已知方向起始的角度与从测站点到欲测设点之水平距离来决定放样点的位置的方法称极坐标法放样。

民用建筑施工测量包括四方面的内容。

在城市地下通道施工测量中,将地上的平面和高程控制系统传递到地下,称之为联系测量。

建筑施工测量的内容如下:

(1)施工控制网的建立。

(2)建筑物定位、基础放线及细部测设。

(3)竣工图的绘制。

(4)施工和运营期间,建筑物的变形观测。

建筑施工测量的精度包括:

(1)高层建筑测设的精度高于低层建筑。

(2)钢筋混凝土结构工程的精度高于砖混结构工程。

(3)钢架结构的测设精度要求更高。

(4)建筑物本身的细部点测设精度比建筑物主轴线点的测设精度高。

施工测量说的测定和测设是不同的,测定是地面点→数据的测量程序;测设是数据→地面点的测量程序。

解析定线测量有解析拨定法和解析实钉法两种。

GBD026 施工测量工作的方法

#### (二)施工测量工作的方法

工程建筑物放样是:首先在现场定出建筑物的轴线,然后再定出建筑物的各个部分。施工测量的基本内容有建立施工控制网、放样平面位置与高程、放线、施工测量的精度要求。按初步设计的路线中线,实地进行测设的工作,称为定线测量。限制建筑边界位置的线称为建筑红线。

已知直线长度的施工测量包括:

(1)将经纬仪安置在直线的起点上并标定直线方向。

(2)陆续在地面上打入尺段桩和终点桩,并在桩上刻画十字标志。

(3)精密丈量距离的同时,测定量距时的温度和各尺段高差,做各种尺长改正。

(4)根据丈量结果与已知长度的差值,在终点修正初步标定的刻线,差值较大时应换桩。

建筑物细部点的平面位置的施工测量方法有:直角坐标法、极坐标法、角度前方交会法、距离交会法。

为工程施工进行定线放样时,必须了解施工工程的结构、各部分施工步骤和方法以及施工场地的布置等方面的情况。

施工测量的目的是把设计图纸上的构筑物按其设计的平面位置和高程,标定在地面上,给工程施工提供依据。

## 二、厂房控制测量

GBD002 厂房矩形控制网角桩测设的方法

### (一)厂房矩形控制网角桩测设的方法

工业厂房一般都应建立矩形控制网,作为厂房施工测设的依据。厂房控制网作为厂房施工的基本控制,其建立方法有基线法和轴线法。工业厂房控制网测设前的准备工作有制定测设方案、计算测设数据和绘制测略图。

工业厂房控制网分三级:第一级是机械传动性能较高、有连续生产设备的大型厂房和焦炉等;第二级是有桥式吊车的生产厂房;第三级是没有桥式吊车的一般厂房。

大型厂房的主轴线、矩形角容许差为±5″。

对于中小型厂房,测设一个矩形网即可满足要求。

确定矩形控制网的四角坐标的步骤:

(1)根据厂房或系统工程平面图、现场条件等,选定各控制点并能长期使用和保存。

(2)控制点要避开地上、地下管线,并与建筑物基础的开挖线保持 1.5~2.0m 的距离。

(3)矩形边上的距离指标桩,宜选在厂房柱列轴线或主要设备的中心线方向上,以便直接利用距离指标桩进行细部放样。

(4)矩形控制网的顶点和重要的距离指标桩应埋设永久桩。

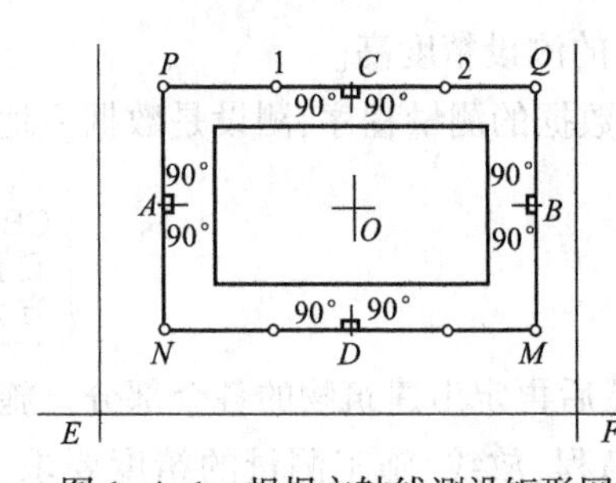

图 1-4-1 根据主轴线测设矩形网

如图 1-4-1 所示,已知建筑方格网的一边 $EF$,矩形控制网四角点符号分别为:$M$、$N$、$P$、$Q$,建筑轴线符号分别为:$A$、$O$、$B$ 和 $C$、$O$、$D$,则根据主轴线测设矩形网步骤为:

(1)按建筑方格网的一边 $EF$,测设主轴线 $AOB$,定出 $C$ 和 $D$ 点。

(2)将经纬仪分别安置在 $A$、$B$、$C$、$D$ 点测设相应 90°角,并分别按测设方向交会出 $M$、$N$、$P$、$Q$ 点。

(3)精密量出 $AP$,$PC$,…,$DN$,$NA$ 各段距离。

(4)所量距离的长度与交会点的位置应一致,否则应进行调整。

GBD003 厂房矩形控制网主轴线测设的方法

### (二)厂房矩形控制网主轴线测设的方法

为厂房施工建立的厂房施工平面控制网,也称为建筑方格网。建筑基线是建筑场地的施工控制基准线。施工坐标系亦称建筑坐标系，其坐标轴与主要建筑物主轴线平行或垂直。施工场地的高程控制网分为首级网和加密网。

大型厂房的主轴线的测设精度的相对误差不应超过 1/30000。由于大型工业厂房的施测精度要求较高，为保证后期测设的精度，其矩形控制网的建立一般分两步进行。

如图 1-4-2 所示，假定 $M$、$N$ 为两红线桩，建筑主轴线 $AB$，$M$ 桩坐标：$x=100.000\text{m}$，$y=200.000\text{m}$；$N$ 桩坐标：$x_1=300.000\text{m}$，$y_1=200.000\text{m}$，且新建筑物 $A$ 点坐标：$x_2=130.000\text{m}$，$y_2=250.000\text{m}$，新建筑长 150m，宽 20m，则根据建筑红线桩测设建筑物主轴线步骤为：

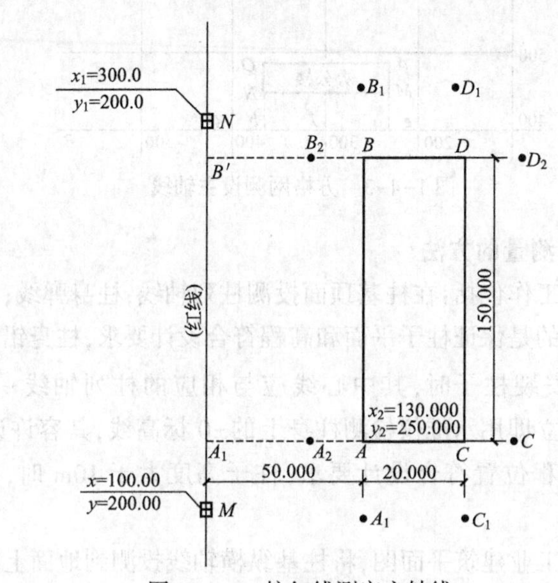


图 1-4-2　按红线测定主轴线

(1) 在 $M$ 点安置经纬仪，对中整平后，精确照准 $N$ 点，拧紧水平度盘固定螺旋。

(2) 用望远镜对准直线上 $N$ 桩，从 $M$ 点量出 $MA_1=30\text{m}$，从前视方向线上定出点 $A_1$。

(3) 在 $A_1$ 点安置经纬仪，对中整平后，转动照准部，照准 $N$ 点并使水平度盘读数对零，固定水平度盘；纵转望远镜，照准 $M$ 点，检查仪器安置照准的正确性，正确无误后，转动望远镜 90°00′00″，固定望远镜，在望远镜十字丝照准方向线上，从 $A_1$ 点起量取 50m，定出 $A$ 点，再从 $A_1A$ 照准方向线上，从 $A$ 点量取 20m 定出 $C$ 点，同理定出 $B$、$D$ 点。

(4) 检查 $CD$ 是否垂直 $AC$，$CD$ 直线是否等于 150m。在 $C$ 点安置经纬仪，对中整平，前视 $A_1$ 点，转 90°00′00″，检查 $D$ 点是否在方向线上，边长误差定为 1/2000 至 1/4000。

如图 1-4-3 所示，新建筑物主轴线点 $M$、$N$ 的坐标分别为：$M(M_A=450.000\text{m}, M_B=240.000\text{m})$，$N(N_A=450.000\text{m}, N_B=385.000\text{m})$，$MN=145.000\text{m}$，$MP=45\text{m}$，建筑方格网 $A$ 方向 400 坐标与 $B$ 方向 200、300、400 坐标分别交于 $e$、$f$、$g$ 点，根据建筑方格网测设建筑主轴线的步骤为：

(1) 在方格网交点 $e$ 上安置经纬仪，对中整平，瞄准方格网点 $f$，自 $e$ 点起，沿照准方向上量取 40m，得到 $a$ 点，自 $f$ 点起量取 85m 得到 $b$ 点。

(2) 在 $a$ 点安置经纬仪，瞄准 $g$ 点，盘左盘右逆时针旋转 90°00′00″水平角取中点，在前视方向线上，自 $a$ 点起量取 50m 得到 $M$ 点，量取 95m 得到 $P$ 点。

(3)在 $b$ 点安置经纬仪,后视 $e$ 点,盘左盘右顺时针旋转 90°00′00″水平角取中点,在前视方向线上,自 $b$ 点起量取 50m 得到 $N$ 点,量取 95m 得到 $Q$ 点,$MN$ 为房屋主轴线。

(4)检查放线的正确性,量取 $PQ$ 边长,与其设计给定长度比较,若相对精度在允许范围,则测量精度合格。

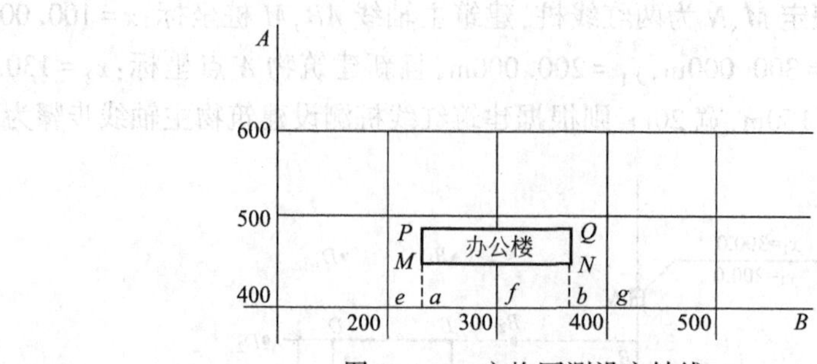


图 1-4-3　方格网测设主轴线

GBD004 厂房柱子安装测量的方法

### (三)厂房柱子安装测量的方法

柱子安装前的准备工作包括:在柱基顶面投测柱列轴线;柱身弹线;杯底找平。

柱子安装测量的目的是保证柱子平面和高程符合设计要求,柱身铅直。

厂房建设施工中,安装柱子时,其中心线应与相应的柱列轴线一致,其允许偏差为±5mm。柱子立稳后,应立即用水准仪检测柱身上的±0 标高线,其容许误差为±3mm。柱子的安装应保证平面和高程位置符合设计要求,柱子高度大于 10m 时,其垂直误差应不大于 10mm。

柱基础定位是根据工业建筑平面图,将柱基纵横轴线投测到地面上的。

柱子安装测量包括:

(1)预制的钢筋混凝土柱子插入杯口后,应使柱子三面的中心线与杯口中心线对齐,用木楔或钢楔固定。

(2)用两台经纬仪,分别安置在柱基纵、横线上,离柱子的距离不小于柱高的 1.5 倍,先用望远镜瞄准柱底的中心线标志,固定照准部后,再缓慢抬高望远镜观察柱子偏离十字丝竖丝的方向,指挥用钢丝绳拉直柱子,直至从两台经纬仪中,观测到的柱子中心线都与十字丝竖丝重合为止。

(3)在杯口与柱子的缝隙中浇入混凝土,以固定柱子的位置。

(4)在实际安装时,一般是一次把许多柱子都竖起,然后进行垂直校正,这时可把两台经纬仪分别安置在纵横轴线的一侧,一次可校正几根柱子,但仪器偏离轴线的角度,应在 15°之内。

柱子安装测量的注意事项有:

(1)所使用的经纬仪必须严格校正;操作时,应使照准部水准管气泡严格居中。

(2)校正时,除注意柱子垂直外,还应随时检查柱子中心线是否对准杯口柱列轴线标志,以防柱子安装就位后,产生水平位移。

(3)在校正变截面的柱子时,经纬仪必须安置在柱列轴线上,以免产生差错。

(4)在日照下校正柱子的垂直度时,应考虑日照使柱顶向阴面弯曲的影响,为避免此种影响,宜在早晨或阴天校正。

GBD005 厂房吊车梁和屋架安装测量的方法

**(四)厂房吊车梁和屋架安装测量的方法**

吊车梁安装测量主要是保证吊车梁中线位置和吊车梁的标高满足设计要求。

安装吊车梁前,先在吊车梁的顶面和两端弹出中心线,然后按照步骤进行吊车梁的安装测量。

吊车梁安装时,根据工业厂房控制网,用经纬仪将吊车梁中心线投测到柱子牛腿上,投点误差为±3mm。

屋架吊装就位时,应使屋架的中心线与柱顶面上的定位轴线对准,允许误差为±5mm。

吊车梁安装就位后,先按柱面上定出的吊车梁设计标高线对吊车梁面进行调整,然后将水准仪安装在吊车梁上,每隔3m 测一点高程,并与设计高程比较,误差应在3mm 以内。

屋架安装完成后,其屋架垂直度允许偏差为:薄腹梁为5mm,桁架为屋架高的1/250。

吊车梁安装前的准备工作有:

(1)在柱面上量出吊车梁顶面标高。

(2)在吊车梁上弹出梁的中心线。

(3)在牛腿面上弹出梁的中心线。

屋架安装测量包括:

(1)屋架吊装前,用经纬仪或其他方法在柱顶面上,测出屋架定位轴线。

(2)在屋架两端弹出屋架中心线,以便进行定位。

(3)屋架的垂直度可用锤球或经纬仪进行检查。

(4)用经纬仪检校时,需要屋架上安装三把卡尺,一把卡尺安装在屋架上弦中点附近,另外两把分别安装在屋架的两端。

## 三、高层建筑施工测量

GBD001 厂区施工控制网的测设方法

**(一)厂区施工控制网的测设方法**

施工控制网可分为平面控制网和高程控制网。施工平面控制网可布设成GPS 网、导线网、建筑方格网和建筑基线四种形式。施工高程控制网采用水准测量的方法建立,有时也会采用三角高程测量的方法。

与测图控制网相比,施工控制网的特点是控制范围小、控制点的密度大、精度要求高以及使用频繁等。

工业厂房控制网测设前的准备工作主要包括制定测设方案、计算测设数据和绘制测略图。工业厂房主轴线点以及矩形控制网位置应距厂房基础开挖边线以外1.5~4m。

工业厂房施工测量的具体任务为:

(1)厂房矩形控制网测设。

(2)厂房柱列轴线放样。

(3)杯形基础施工测量。

(4)厂房预制构件安装测量。

已知建筑方格网的一边 $EF$ 定出一条长边 $MN$,矩形控制网四角点符号分别为:$M$、$N$、$P$、$Q$,则单一矩形网测设步骤是:

(1)按直角坐标法,精确丈量 $MN$ 长度。

(2)将经纬仪安置在 $M$、$N$ 点精确测设 90°角。

(3)精确丈量 $MQ$、$NP$ 的长度,定出 $P$ 点和 $Q$ 点。

(4)实量 $PQ$ 的长度进行检核。

GBD006 高层建筑施工测量的步骤

### (二)高层建筑施工测量的步骤

高层建筑物施工测量的主要任务是将轴线精确地向上引测和进行高程传递。

高层建筑物轴线的竖向投测,主要有外控法和内控法。高层建筑物轴线的竖向投测方法中,外控法是在建筑物外部,用经纬仪,根据建筑物轴线控制桩来进行的竖向投测,也称为经纬仪引桩投测法。

高层建筑物施工测量中的主要问题是控制垂直度,轴线向上投测时,要求竖向误差在本层内不超过 5mm,全楼累积误差值不应超过 $2H/10000$(设 $H$ 为建筑物总高,单位为 m)。

高层建筑物的高程传递通常可采用悬挂钢尺法和全站仪天顶测距法。

高层建筑物的轴线的投测,一般分为经纬仪引柱投测法和激光垂准仪投测法两种。

高层建筑轴线投测步骤为:

(1)在轴线控制桩上安置经纬仪,后视墙底部的轴线标点,用正倒镜取中的方法,将轴线投到上层楼板边缘或柱顶上。

(2)用钢尺对轴线进行测量,作为校核。

(3)开始施工。

高层建筑轴线投测要求是:

(1)用钢尺对轴线间距进行校核时,其相对误差不得大于 1/2000。

(2)为了保证投测质量,使用的仪器一定要经检验校正,安置仪器一定要严格对中整平。

(3)为了防止投点时仰角过大,经纬仪距建筑物的水平距离要大于建筑物的高度,否则应采用正倒镜延长直线的方法将轴线向外延长,然后再向上投点。

GBD007 水下地形测量的含义

## 四、水下地形测量

### (一)水下地形测量的含义

在水利工程建设方面,利用水下地形测量资料,可以确定河流梯级开发方案、选择坝址、确定水头高度和推算回水曲线。在桥梁工程建设方面,利用水下地形测量资料,可以研究河床冲刷情况。在河道整治和航运方面,为了保证船只安全行驶,可以利用水下地形测量资料来了解河底地形。兴建水工建筑物必不可少的测量资料是水下地形测量资料。

水下地形测量主要包括定位和测深两大部分。水下地形测深主要靠回声测深仪进行。

水下地形测量的主要工作包括:控制测量、水深测量、测深点的平面定位、内业绘图。

水下地形测量的特点是:

(1)水下地形图在投影、坐标系统、基准面、图幅分幅及编号、内容表示、综合原则以及比例尺确定等方面都与陆地地形图相一致,但在测量方法上相差较大。

(2)水下地形测量时,每个测点的平面位置与高程一般是用不同仪器和方法测定。

(3)水下地形测量时,水下地形的起伏看不见,不像陆地上的地形测量可以选择地形特征点进行测绘，而只能用探测线法或散点法均匀地布设一些测点。

(4)水下地形测量的内容不如陆地上的那样多，一般只要求用等高线或等深线表示水下地形的变化。

GBD008 水下地形测量的应用

**(二)水下地形测量的应用**

监测海底运动，研究地球动力等任务都需要各种内容的水下地形测量。在海港码头建设方面，为了在建港地区进行疏浚工作及停泊巨型轮船而要修建深水码头，需要进行水下地形测量，作为其设计和施工的依据。在科学研究方面，通过水下地形测量和有关河道纵横断面测量，可以研究河床演变及水工建筑前后的水文形态变化规律，监视水工建筑物的安全运营。在水利工程建设方面，利用水下地形测量资料，可以推算回水曲线。海洋与江河湖泊开发的前期基础性工作是测量水下地形图或水深图。兴建港口、水上运输、海上采油、海底探矿、海洋捕捞、发展水产、海域划界、海战保障等都需要测量水下地形图。

水下地形图的用途包括：

(1)建设现代化的深水港，开发国家深水岸段和沿海、河口及内河航段，已建港口回淤研究与防治等都需要高精度的水下地形图。

(2)在桥梁、港口码头以及沿江河的铁路、公路等工程建设也需要进行一定范围的水下地形测量。

(3)海洋渔业资源的开发和海上养殖业等都需要了解相关区域的水下地形。

(4)海洋石油工业及海底输油管道、海底电缆工程和海底隧道，以及海底矿藏资源的勘探和开发等，更是离不开水下地形图。

(5)江河湖泊及水库区域的防洪、灌溉、发电和污染治理等离不开水下地形图这一基础资料。

(6)在军事上，水下潜艇的活动、近海反水雷作战兵力的使用、战时登陆与抗登陆地段的选择等，其相关水域的水下地形图是指挥作战人员关心的资料。

(7)从科学研究的角度看，为了确定地幔表层及其物质结构、研究板块运动、探讨海底火山爆发与地震等，也需要水下特殊区域的地形图。

(8)为了进行国与国之间的海域划界工作，高精度的海底地形图是必备的。

(9)海洋与江河湖泊开发的前期基础性工作是测量水下地形图或水深图。兴建港口、水上运输、海上采油、海底探矿、海洋捕捞、发展水产、海域划界、海战保障等都需要测量水下地形图。

GBD009 水下地形测量的要求

**(三)水下地形测量的要求**

水下地形测量时，由于水下地形起伏看不见，不能选择地形特征点进行测绘。为了与陆上地形图实现拼接，水下地形图宜采用与陆地统一的高程基准。水下地形点的高程是间接求得的。水下地形点的平面位置和高程的测定是分别进行的。

水下地形的布设密度，一般为图上1~3cm。水下地形点的布设方法有断面布点法和散点法。

SeaBeam型多波束测深仪技术指标包括：频率为180kHz；波束数为126；扇区开角为153°；扫描宽度为8倍水深。

EchoScope型多波束测深仪技术指标包括：频率为300kHz；波束数为4096；扇区开角为

50°；扫描宽度为2倍水深。

GBD010 水下测深断面和测深点的布设方法

**（四）水下测深断面和测深点的布设方法**

水下地形测量时，当水面流速较大时，测深断面和测深点的布设采用散点法。

水下地形点的高程测量是由水深测量和水位测量两部分组成。

测深断面可布设为横断面、纵断面和斜航断面。

在生产中，常用于水下地形点平面位置测定的是断面索定位法、交会法、极坐标法和GPS定位法等。在水下地形测量之前，要在实地布设一定数量的测深线和测深点，对于沿海港口航道测量而言，主测深线方向宜垂直于等深线的总方向或航道轴线。水下地形测量时，用回声测深仪进行沿海港口探测时，测深点在图上的最大间距为2.0cm。

水位观测包括：

（1）水深测量需与陆地上平面位置与高程联系起来才具有水下地形测绘等实用价值。测深与高程系统的联系，一般通过水位观测实现。

（2）简单的水准观测站为立在岸边水中的标尺，标尺零点高程通过与水准点联测求得。

（3）在落差较大的地区，应设置多个水位观测站，并利用其测值按距离或高差进行归算改正。

（4）利用水文观测资料查询。

水深测量前需要做的工作如下：

（1）确定测区范围和测图比例尺，设计图幅。

（2）准备图板和展绘控制点。

（3）布设测深线和验潮站。

（4）确定验流点和水文站的位置。

GBD011 水下平面位置断面索定位测量的方法

**（五）水下平面位置断面索定位测量的方法**

测定测深点平面位置的方法有很多，在生产中常用的有断面索定位法、交会法、极坐标法以及无线电定位法等。在测绘1∶500比例尺水下地形图时，如果测区水面窄、测深浅、测深点的密度大且测量精度要求高，这种情况下多采用断面索定位法。断面索量距法定位水下测深点的位置适用的最大测图比例尺为1∶500。

水下地形测量时，用断面索量距法定位测深点适用于小河道。

在测量测深断面时，应根据测量目的和要求而定，一般规定，重点区域不大于图上1cm。一般区域不大于图上2cm。

测深点的布置为：

（1）为连续测得水深，必须选择适当的测深线间隔和方向。

（2）测深线间隔一般取为图上1cm，测深线方向一般与等深线垂直。

（3）水底平坦开阔的水域，测深线方向可视工作方便选择。

（4）江河上可根据河宽和流速，布设横向、斜向或综合的测深线。

水深测量设备包括：测深杆、回声测深仪、机载激光测深系统、遥感技术。

GBD012 水下平面位置交会测量的方法

**（六）水下平面位置交会测量的方法**

交会法测定测深点平面位置时有前方交会和后方交会两种。采用后方交会测定测深点的平面位置时，即用两架六分仪在测船上，同时测定三个岸上控制点和测深点组成的两个水平夹角。交会法定位测深点的位置时，前方交会法定位测深点适用的最大测图比例尺为1∶500；后方交会法定位测深点适用的最大测图比例尺为1∶5000。

水下地形测量的基础是河道控制测量，同时也是河流纵横断面测量的依据。

水下地形点即为测深点，其间距一般为图上0.6~0.8cm。

多波束测深仪的优点为：测量范围大、速度快、精度高、记录数字化以及成图自动化。

多波束测深仪按着工作频率有以下几种类型：

(1)一般将工作频率在95kHz以上的称为浅水多波束。

(2)频率在36~60kHz之间的称为中水多波束。

(3)频率在12~13kHz之间的称为深水多波束。

(4)频率在10kHz以下的称为超深水多波束。

GBD013 水下平面位置极坐标测量的方法

**(七)水下平面位置极坐标测量的方法**

用经纬仪配合平板仪测定水下地形点时，在控制点$A$上设置平板仪和经纬仪，测船上立视距尺，当测船行至断面方向线上时，发出信号，测船测量水深，同时平板仪照准$A$点至测点的方向线，经纬仪读取视距，即可在图上定出测点的位置。

用经纬仪配合平板仪测定水下地形点时，当测区是水流速度较小，无风浪的较大水域时，可采用测距仪跟踪极坐标法。

用经纬仪配合平板仪测定水下地形点时，当没有测距仪时，可用经纬仪垂直角法进行定位，经纬仪垂直角法测定测深点位置与陆地地形测量中的经纬仪测高法相同。观测时，沿船进行测深，岸上设站点$A$同步观测至测深点的水平角和垂直角，通过公式可计算测深点平面位置。

水深测量误差产生的原因有：仪器误差、外界环境影响、作业人员产生的误差、测深仪的检验。

水深测量的外界环境影响因素有：波浪反射的影响、鱼或水草等反射的假回声、潮汐、海面气象条件的变化。

极坐标法定位测深点适用的最大测图比例尺为1∶500。

GBD014 水下平面位置无线电定位的方法

**(八)水下平面位置无线电定位的方法**

适用于水域宽广的湖泊、河口、港湾和海洋上进行的测深定位是无线电定位法。

无线电定位法根据电磁波测距原理，可分为圆系统定位和双曲线系统定位两种。无线电定位系统是根据距离或距离差来确定测船位置的，前者称为双曲线系统定位；后者称为圆系统定位。双曲线系统定位测定水下地形点时，要求岸上设置3个已知控制点电台。

测深点的定位方法包括：前方交会、后方交会、无线电定位系统、极坐标自动定位系统。

水下地形测量内业的准备工作包括：

(1)测量资料的整理和检查。

(2)展点，即把测深点展绘在图纸上。

(3)标注高程。

(4)勾绘等深线。

无线电定位法进行测深定位，其优点是精度高、操作方便、不受通视和气候条件的影响。

GBD015 直线桥梁墩、台定位的方法

## 五、桥梁施工测量

### （一）直线桥梁墩、台定位的方法

直线桥梁的墩、台定位是根据桥轴线的里程和桥梁墩、台的设计里程算出它们之间的距离，来定出墩、台的中心位置。

直线桥梁的墩、台定位根据条件可采用直接丈量法、光电测距法及交会法。当桥梁墩、台位于无水河滩上或水面较窄，用钢尺可以跨越丈量时，采用直接丈量方法进行直线桥梁的墩、台定位。当桥墩所处的位置河水较深，无法直接丈量，也不便架设反射棱镜时，可采用角度交会的方法测设桥墩中心。

采用交会法定位桥墩、台位置时，为了保证墩位的精度，交会角应接近 90°，但由于各个桥墩位置有远有近，因此交会时不能将仪器始终固定在两个控制点上，而有必要对控制点进行选择。

采用桥梁墩、台定位的直接丈量法时，为了保证测设精度，丈量施加的拉力与检定钢尺时的拉力相同，且丈量的方向不应偏离桥轴线方向。

直线桥梁的墩、台定位的光电测距法内容如下：

（1）光电测距一般采用全站仪。

（2）测设时最好将仪器置于桥轴线的一个控制桩上，瞄准别一个控制桩，此时望远镜所指的方向为桥轴线方向。

（3）如在桥轴线控制桩上测设遇有障碍，也可将仪器置于任何一个控制点上，利用墩、台中心的坐标进行测设。

（4）为确保测设点位的准确，测后应将仪器迁至另一个控制点上再测设一次进行校核。

直线桥梁的墩、台定位的角度交会法内容如下：

（1）为了获得较好的交会角，不一定要在同岸交会，应充分利用两岸的控制点，选择最为有利的观测条件。

（2）可以在控制网上增设插点，以达到测设的要求。

（3）为了防止发生错误和检查交会的精度，实际测量中都是用三个方向交会。

（4）在桥墩的施工过程中，为了简化工作，可把交会的方向延长到对岸，并用觇牌进行固定，在以后的交会中，就不必重新测设角度，可用仪器直接瞄准对岸的觇牌。

GBD016 曲线桥梁墩、台定位的方法

### （二）曲线桥梁墩、台定位的方法

测设曲线桥墩、台位置的基本数据为偏角、离心距、墩中心距。在曲线桥梁设计中，梁中心线的两端并不位于路线中线上，而是向外侧移动了一段距离 $E$，这段距离称为偏距，见图 1-4-4。曲线桥桥梁的墩、台定位中，相邻两跨梁中心线的交角 $\alpha$ 称为偏角。曲线桥桥梁的墩、台定位中，相邻两跨梁中心线的连线长度 $L$ 称为桥墩中心距。

曲线桥桥梁的墩、台定位时，当梁一部分在直线上，一部分在缓和曲线上，工作线偏角分为三部分，即弦线偏角、外移偏角和附加偏角。

曲线桥桥梁的墩、台定位中，偏距 $E$ 的计算有两种布梁方法，即切线布置和平分中矢布置，如图 1-4-5、图 1-4-6 所示。

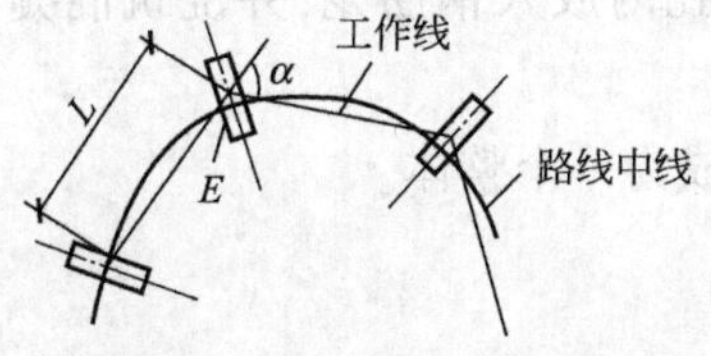

图 1-4-4　桥梁工作线

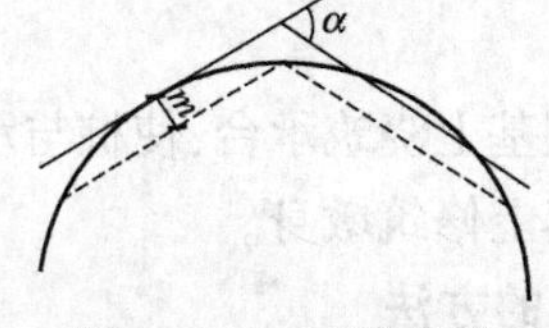

图 1-4-5　切线布置

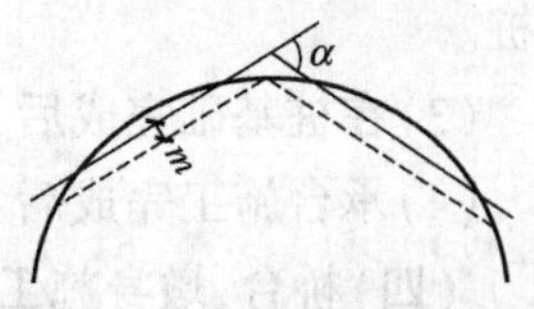

图 1-4-6　平分中矢布置

某桥梁在圆曲线上，则偏距 $E$ 的计算正确的方法是：

(1)梁有切线布置方法。

(2)梁还有平分中矢布置方法。

(3)切线布置法的计算公式：

$$E=\frac{L^2}{8R}$$

(4)平分中矢布置法的计算公式：

$$E=\frac{L^2}{16R}$$

某桥梁在缓和曲线上，如偏距计算公式为：

$$E=\frac{L^2\ l_T}{8R\ l_s}$$

式中　$L$——桥墩中心距；

$R$——圆曲线半径；

$l_T$——计算点至 $ZH$(或 $HZ$)的长度；

$l_s$——缓和曲线长。

GBD018 桩基础定位放样的方法

### (三)桩基础施工放样的方法

桥梁桩基础根据施工方法的不同，可分为打入桩和钻孔桩。

进行桩基放样前，阅读图纸时，应明确的内容有：

(1)是单排桩还是双排桩、梅花桩。

(2)每行桩与轴线的关系是否偏中，桩距多少、桩个数。

(3)承台标高。

(4)桩顶标高。

放样桥梁桩基础时，如果桩基础在水中，则可用前方交会法直接将每一个桩位定出。如桩基础处于无水的情况，可采用支距法测设基础的桩位。

桩基定位放样时，根据轴线控制桩纵横拉小线，把轴线放在地面上，从纵横轴线交点起，按桩位布置图，做轴线逐个桩量尺定位，在桩中心定上木桩。桩基定位放样时应认真核对各轴线桩布置情况，是单排桩还是双排桩、梅花桩，每行桩与轴线的关系是否偏中，桩距多少、桩个数、承台标高、桩顶标高等。

桩基成孔后，灌注水下混凝土前，在每个桩附近重新测量标高，以便正确掌握桩顶标高。

桥梁桩基础定位放样的方法是：

(1)打入桩基础是预先将桩制好，按设计位置及深度打入地下。

(2)钻孔桩是在基础的设计位置上钻好孔,然后在桩孔内放入钢筋笼,并浇筑混凝土成桩。

(3)在桩基础完成后,在桩基上浇筑承台,使桩与承台成为一个整体。

(4)承台施工完成后,在其上修筑墩身。

GBD019 桥台、墩身施工放样的方法

**(四)桥台、墩身施工放样的方法**

基础部分砌完后,墩中心点应再利用控制点交会测设出,然后在墩中心点设置经纬仪放出纵横轴线,并将放出的纵横轴线投影到固定的附属结构物上,以减少交会放样的次数。

桥梁墩柱身模板垂直度校正好后,在模板外侧测设一标高线作为量测柱顶标高等各种标高的依据。

桥墩台本身砌筑至离顶帽底约 30cm 时,再测出墩台中心及纵横轴线,据以竖立墩帽模板、安装锚栓孔、安扎钢筋等。

桥梁柱式桥墩柱身施工,支模垂直度校正的方法如下:

(1)吊线法校正。

施工制作模板时,在四面模板外侧的下端和上端都标出中线。安装时先将模板下端的四条中线分别与基础顶面的四条中心对齐。模板立稳后,一人在模板上端用重球线对齐中线坠向下端中线重合,表示模板在这个方向垂直。同法校正另一个方向,当纵横两个方向同时垂直,柱截面为矩形,模板就校正好了。

(2)经纬仪校正。

① 投线法。投线法先用经纬仪照准模板下端中线,然后仰起望远镜,观测模板上端中线,如果中线偏离视线,要校正上端模板,使中线与视线重合。需注意仪器至墩柱的距离应大于投点高度。

② 平行线法。平行线法先作墩柱中线的平行线,平行线至中线的距离,一般可取 1m,作一木尺,在尺上用墨线标出 1m 标志,由一人在模板端持木尺,把尺的零端对齐中线,水平地伸向观测方向。

柱式桥墩柱身施工支模吊线法校正如下:

(1)施工制作模板时,在四面模板外侧的下端和上端都标出中线。

(2)安装时先将模板下端的四条中线分别与基础顶面的四条中心对齐。

(3)模板立稳后,一人在模板上端用重球线对齐中线坠向下端,如与中线重合,表示模板在这个方向垂直。

(4)同法校正另一个方向,当纵横两个方向同时垂直,柱截面为矩形,模板就校正好了。

桥台、墩身施工放样时,根据岸上水准基点检查基础顶面的高程,其精度应符合四等水准的要求。

GBD021 锥形护坡放样的方法

**(五)锥形护坡放样的方法**

为了使路堤与桥台连接处的路基不被冲刷,在桥台两侧填土呈锥体,并于表面砌石,称为锥形护坡。锥形护坡通常采用四分之一椭圆锥,其平面投影的短边靠近桥台并与桥台的侧墙相接触,而长边与路堤相接。锥坡施工时,只需放出锥坡坡脚的轮廓线,即可按纵、横边坡进行施工。锥形护坡放样时,坡脚椭圆形轮廓线依据长、短半径可采用支距法、纵横等分图解法、双点双距图解法和全站仪坐标法测设。

如图1-4-7所示，锥形护坡放样的纵横等分图解法的测设方法如下：

(1)以椭圆长、短半径 $a$、$b$ 作一矩形 $ACDB$，将 $BD$、$DC$ 各分成相同的等分。

(2)将等分点进行编号，纵向由上到下为：1，2，3，…，横向由左到右为：1′，2′，3′，…。

(3)连接相应编号的点得直线1-1′，2-2′，3-3′，…。

(4)1-1′与2-2′相交于 $J_1$，2-2′与3-3′相交于 $J_2$，…，$J_1$、$J_2$、…的连线即为椭圆曲线。

如图1-4-8所示，锥形护坡放样的双点双距图解法的测设方法如下：

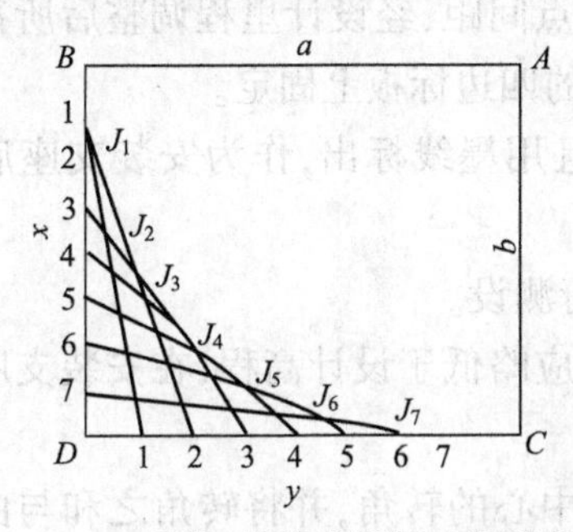

图1-4-7　用纵、横等分图解法测设锥坡

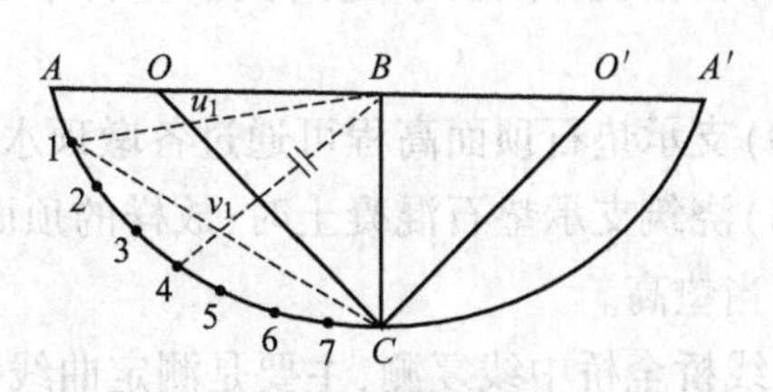

图1-4-8　用双点双距图解法测设锥坡

(1)在图纸上绘出一条长度为两倍椭圆长径即 $2a$ 的直线 $AA'$。

(2)取 $AA'$ 的中点 $B$，从 $B$ 作垂直于 $AA'$ 的垂直线 $BC$，且使 $BC$ 等于椭圆短半径 $b$。

(3)以 $C$ 为圆心，以 $a$ 为半径画弧交 $AA'$ 于 $O$、$O'$ 两点，即为椭圆两焦点。

(4)以 $O$、$O'$ 两点为焦点作椭圆曲线 $AC$，将 $AC$ 曲线分成若干段得到1，2，3，…各点，按绘图比例尺量出这些点至 $B$、$C$ 的距离 $u_i$、$v_i$，作为放样数据。

锥坡顶面高程与路肩相同，其长半径应等于桥台宽度与桥台后路基宽度差值的一半；短半径等于桥台人行道顶面高程与路肩高程之差，但不应小于0.75m。

锥形护坡锥体底面高程一般与地面高程相同，其长半径等于顶面长半径加横向边坡的水平距离，短半径等于顶面半径加纵向边坡的水平距离。

GBD022 桥梁架设准备阶段测量的要求

**(六)桥梁架设准备阶段测量的要求**

桥梁架设准备阶段施工测量包括全桥中线复测、墩、台中心点间距离的测设和墩、台高程及支承垫石测定。

桥梁中心线方向的测定是在两岸桥轴线控制桩上进行，也可以在轴线两端各一个墩台顶部经过方向校正的中心点上进行。

墩、台中心点间距离的测设，是根据已标出的墩、台中心点，测定各相邻墩、台间的距离，与两桥台设计距离比较来确定误差，并据此对所测各墩、台间距离进行改正。

墩、台高程联测，是自河岸一基本水准点开始，用二、三等水准测量方法逐个墩测出墩顶水准标高，最后闭合于另一河岸的基本水准点。

桥梁架设准备阶段的全桥中线复测包括：

(1)在桥梁的一端将经纬仪安置在控制桩上，瞄准另一端控制桩点，用盘左、盘右取中的方法定出距站点最近一个墩顶的中心线方向，并在中心标板上刻线固定。

(2)将仪器迁至该墩顶中心线上定出下一个墩顶中心线，依照此方法逐个将各墩顶中心线定出。

(3)如桥墩跨距不大，即视线长度不应超过150m，可连续测设数个桥墩中心线方向。

(4)如中部桥墩阻碍两端控制桩点的通视，可选择一个距两端控制桩相近且较高的桥墩，将仪器置于该桥墩原中心点上，以两岸桥轴线控制桩点为目标，用测回法多测回进行角度观测，根据左、右角差以调整点位，再以新点安置仪器测角，直至角度为180°。

桥梁架设准备阶段的支承垫石测定包括：

(1)通过桥轴线在墩顶放出的方向线及墩、台中心点间距，经设计里程调整后所得的中心点位，即可在墩顶定出墩、台的纵、横中心线，并在墩的四边标板上固定。

(2)根据设计图要求定出支承垫石中心十字线，且用墨线标出，作为安装支座底板的依据。

(3)支承垫石顶面高程可通过各墩顶水准标高进行测设。

(4)浇筑支承垫石混凝土时，放样的顶面高程一般应略低于设计高程，在安装支座底板时可适当垫高。

曲线桥全桥中线复测，主要是测定曲线全部墩、台中心的转角，并将转角之和与曲线总转角对比，对其误差进行分析、调整和分配，以符合设计要求。

桥梁浇筑支承垫石混凝土时，放样的顶面高程一般应略低于设计高程，在安装底板时可适当垫高，避免造成混凝土高于设计高程而需要凿除高出部分所带来的困难。

GBD023 桥梁架设阶段测量的要求

**(七)桥梁架设阶段测量的要求**

桥梁架设阶段施工测量有梁长测量、支座调整测量和梁体定位测量。梁的全长检测一般与梁跨复测同时进行，由于混凝土的温胀系数与钢尺的温胀系数非常接近，丈量计算时，可不考虑温差改正值。

桥梁架设过程中，在支座底板定位的同时，通过在底板与支承垫石之间塞以铁片、钢楔，从而使底板顶面高程及平整度达到设计要求。钢桁梁梁体定位时，要求梁体中线与设计路线中线一致。

桥梁架设阶段的支座调整测量包括：

(1)安装支座底板时，固定支座底板，用底板上标志对应于支承垫石十字线进行定位。

(2)活动支座底板对于一般跨度不大(≤40m)的梁，特别是混凝土梁，气温变化所引起的梁长变化很小，亦可依照固定支座底板的定位方法定位，但应考虑梁的实际跨长作适当调整，纵向方向不变，底板两侧横向点自支承垫石横向十字线的同一侧移动，且移动量相同。

(3)若实际跨长大于设计跨长，应向本桥跨外侧移动；反之向内侧移动。

(4)对于跨长较大(>40m)的梁，特别是钢梁，应根据设计图并结合施工时的气温，以确定活动支座底板安装调整量。

桥梁钢桁梁梁体定位包括：

(1)桥梁钢桁梁梁体定位时要求梁体中线与设计路线中线一致。

(2)在架设过程中，应检查横梁中点是否在相邻墩、台中心的连线方向上。

(3)检查时，可在墩、台的中心点安置经纬仪，瞄准相邻的墩、台的中心点，并将水平制动螺旋固定，然后上、下转动望远镜，观察横梁中点上的标志是否都在视线上，超限则校正。

(4)桁架立柱竖直性必须保证,一般可在无风的天气里用悬吊垂球的方法进行检查。

桥梁架设阶段,进行梁体定位测量时,对于预应力混凝土简支梁,要求梁梗中线与设计中线平行,梁体落位后要求支座下座板中心十字线与标定在支承垫石上的设计中心线相重合。桥梁架设阶段,进行支座调整测量时,先安装支座底板,在底板上按纵、横中心线定出底板纵、横十字线,并用冲钉在底板四边各冲一小孔且涂以红色或白色油漆作为标志。

GBD017 明挖基础施工放样的方法

## 六、涵洞施工测量

### (一)明挖基础施工放样的方法

明挖基础多在无水地面的地基上施工,先挖基坑,再在坑内砌筑基础或浇筑混凝土基础。如果在水上明挖基础,须先建立围堰,将水排除后进行。明挖基础开挖之前,应根据墩、台的中心点及纵、横轴线按设计的平面形状设出基础轮廓线的控制点。

明挖基础施工放样时用到的名词有:基础、基坑、承台、墩台。明挖基础放样时,为保证正确安装基础模板,控制点距墩中心点或纵横轴线的距离应略大于基础设计的底面尺寸0.3~0.5m。明挖基础施工放样时,如地基土质稳定,不易坍塌,坑壁可垂直开挖,不设模板,可贴靠坑壁直接砌筑基础和浇筑基础混凝土,但应保证基础尺寸偏差在规定容许范围之内。

明挖基础时,当基坑开挖至坑底的设计高程时,应对坑底进行平整清理,然后安装模板,浇筑基础及墩身。

明挖基础施工放样包括:

(1)如果基础的形状为方形或矩形,基础轮廓线的控制点为四个角点及四条边与纵、横轴线的交点。

(2)如果是圆形基础,则为基础轮廓线与纵、横轴线的交点,必要时尚可加设轮廓线与纵、横轴线成45°线的交点。

(3)如果开挖基坑时坑壁需要具有一定的坡度,则应测设基坑的开挖边界线。

(4)当模板低于或高于地面很多时,无法用水准尺直接放样,则可用水准仪在某一适当位置先设一高程点,然后再用钢尺垂直丈量定出放样的高程位置。

GBD020 涵洞施工放样的方法

### (二)涵洞施工放样的方法

涵洞放样是根据涵洞中心里程,先放出涵洞轴线与路线中线的交点,然后根据轴线与路线中线的交角,再放出涵洞的轴线方向。如果涵洞位于路线曲线上时,则用测设偏角的方法定出涵洞轴线与路线中线的交点。

涵洞分为正交涵洞和斜交涵洞两种。

涵洞基础及基坑边线由涵洞轴线设定,在基础轮廓线的转折处都要用木桩标定。

与涵洞基础测设有关的名词有:基坑边线、基础边线、路边中线、涵洞轴线。

涵洞施工放样内容有:

(1)当涵洞位于路线直线上时,依据涵洞所在的里程,自附近的公里桩、百米桩沿路线方向量出相应的距离,即得涵洞轴线与路线中线的交点。

(2)正交涵洞的轴线与路线中线或其切线垂直。

（3）基坑挖好后，根据龙门板上的标志将基础边线投放到坑底，作为砌筑基础的依据。

（4）基础建成后，安装管节或砌筑涵身等各个细部的放样，仍以涵洞轴线为基准进行。

将经纬仪置于涵洞轴线与路线中线的交点上拨角即可定出涵洞轴线，应在施工范围之外每端钉两个桩，它是涵洞施工重要依据。

当涵洞顶部填土在2m以上时，基础面纵坡应预留拱度，以便路堤下沉后仍能保持涵洞应有的坡度。

GBD024 隧道地面控制测量

## 七、隧道地面控制测量

隧道地面控制测量包括测量前准备工作、地面导线测量、地面三角测量和地面水准测量。

隧道地面控制测量在测量前准备工作有收集资料、现场踏勘和选点布设。

隧道地面控制测量的现场踏勘包括：

（1）踏勘路线一般是沿着隧道路线的中线，以一端洞口向着另一端洞口前进。

（2）行进中观察和了解隧道两侧的地形、水文地质、居民点和人行便道的分布情况。

（3）特别应注意两端洞口路线的走向、地形，以及施工设施的布置情况。

（4）结合现场，对地面控制布设方案进行研究，并对路线上的一些主要桩点如交点、转点、曲线主点等进行交接。

布设隧道地面控制网前，应收集的资料有：

（1）隧道所在地区的大比例地形图，隧道所在地段的路线平面图，隧道的纵、横断面图。

（2）各竖井、斜井、水平坑道和隧道的相互关系位置图。

（3）隧道施工的技术设计及各个洞口的平面图布置。

（4）该地区原有的测量资料，地面控制资料和气象、水文、地质等方面的资料。

在直线隧道中，为了减少导线测距误差对隧道横向贯通的影响，应尽可能将导线沿隧道的中线布设。

隧道控制测量中的地面三角测量一般测量一条或两条基线。隧道地面控制测量时，每个洞口附近应布设不少于三个平面控制点和两个水准点，作为洞内测量的依据。

在曲线隧道中，导线应沿两端洞口连线布设成直伸导线为宜，并应将曲线的起、终点和曲线切线上的两点包含在导线中。

# 项目二　检验与校正全站仪视准轴与横轴垂直度

## 一、准备工作

（1）设备。

全站仪1套。

（2）材料、工具。

校正针1个、记录纸1张、红蓝铅笔1支。

## 二、操作步骤

(1)安置仪器。

精确地整平全站仪,打开电源,在与仪器同高的远处设置目标 $A$。

(2)检验视准轴与横轴垂直度。

在盘左位置用望远镜照准目标 $A$,读取水平角 $L$,松开垂直与水平制动手轮,纵转望远镜,旋转照准部盘右照准目标 $A$,照准前应旋紧水平与垂直制动手轮,读取水平角 $R$,利用公式:$2c=L-(R\pm180°)$,如 $2c\geq\pm20''$,则仪器需校正。

(3)校正方法。

首先用公式:正确读数 $=R+c$ 计算消除 $c$ 后的读数,然后用水平微动手轮将水平角读数调整到此读数,取下分划板座护盖,调整分划板上水平左右两个十字丝校正螺钉,先松一侧,后紧另一侧螺钉,移动分划板使十字丝中心照准目标 $A$,校正使 $|2c|<20''$ 时止,将护盖重新安好。

## 三、技术要求

(1)检验和校正的方法要正确。

(2)$2c$ 的计算公式要正确,并清楚 $2c$ 的物理意义,正确判定仪器是否需校正。

(3)应清楚分划板座护盖的位置,并熟练地使用校正针。

## 四、注意事项

(1)全站仪是一种结构复杂、价格昂贵的测量仪器,必须严格遵守操作规程,正确使用。

(2)仪器应经常保持清洁,用完后使用毛刷,软布将仪器上落的灰尘除去。镜头不能用手去摸,如果脏了,可用吹风器吹去浮土,再用镜头纸擦净。

(3)本次检验不需要操作键盘,如操作属违规操作。

# 项目三　检验与校正全站仪光学对中器

## 一、准备工作

(1)设备。

全站仪 1 套、棱镜 1 个。

(2)材料、工具。

校正针 1 个、记录纸 1 张、红蓝铅笔 1 支。

## 二、操作步骤

(1)安置仪器。

将全站仪安置在三脚架上,在一张白纸上画一个十字交叉并放在仪器正下方的地面上,调整好光学对中器的焦距后,移动白纸使十字交叉位于视场中心,转动脚螺旋,使对中器的中心标志与十字交叉点重合。

(2)检验光学对中器。

旋转照准部,每转 90°,观察对中点的中心标志与十字交叉点的重合度,如果照准部旋转后,光学对中器的中心标志一直与十字交叉点重合,则不必校正。

(3)校正方法。

将光学对中器目标镜与调焦手轮之间改正螺钉护盖取下,固定好十字交叉白纸,标记出仪器每旋转 90°时对中器中心标志落点 $A$、$B$、$C$、$D$,用直线连接对角点 $AC$、$BD$,交点为 $O$,用校正针调整对中器的四个校正螺钉,使对中器的中心标志与 $O$ 点重合,到符合要求时止,将护盖安好。

## 三、技术要求

(1)检验和校正的方法要正确。

(2)照准部每旋转一次角度为 90°,随意旋转属于违规操作。

(3)应正确找到改正螺钉护盖的位置,并正确使用校正针。

## 四、注意事项

(1)校正时,应将底下的白纸固定好,不能让白纸移动。

(2)全站仪一般价格都很昂贵,必须严格遵守操作规程,正确使用。

(3)如不会操作应及时与考评员说清,决不可随意拆卸仪器,造成不应有的损害。

(4)仪器应放在清洁、干燥、安全的位置,并有专人保管。

# 项目四 用全站仪进行四边形角度闭合

该项目操作平面图如图 1-4-9 所示。

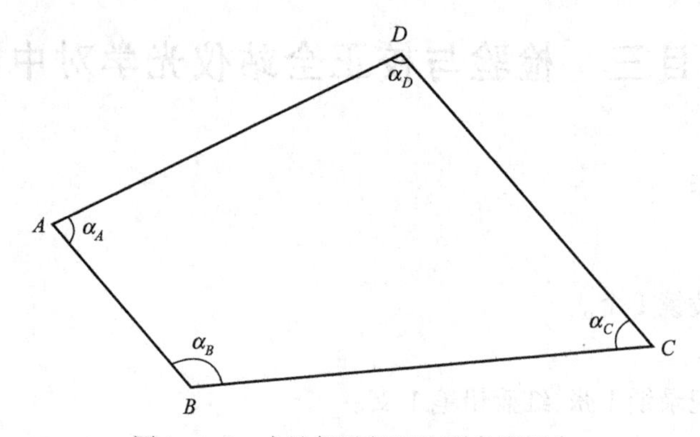


图 1-4-9 全站仪进行四边形角度闭合

## 一、准备工作

(1)设备。

莱卡 TS02 全站仪 1 套、棱镜 1 个。

(2)材料、工具。

粉笔 2 根、记录纸 1 张、花杆 1 根、能计算三角函数计算器。

(3)准备场地。

在场地上用彩色粉笔给出 $A$、$B$、$C$、$D$ 四个点位。

## 二、操作步骤

(1)安置仪器。

安置全站仪分别于 $A$ 点、$B$ 点、$C$ 点、$D$ 点,对中、整平、对准目标。

(2)测角。

分别测出四边形四个角($\alpha_A$、$\alpha_B$、$\alpha_C$、$\alpha_D$)。

(3)计算角度闭合差。

利用分式:

$$f\alpha = \sum \alpha_{测} - \sum \alpha_{理}$$

闭合精度为:

$$f\alpha_{容} = \pm 40\sqrt{n}\,(\mathrm{mm})$$

$f\alpha > f\alpha_{容}$,知观测满足精度要求,否则重测。

(4)将闭合差分配到实测角。

计算各角分配值:

$$V\alpha = -f\alpha / n$$

$$\alpha = \alpha_{测} + V\alpha$$

## 三、技术要求

(1)应熟悉角度闭合差的计算方法,并清楚角度容许闭合差的计算公式。

(2)应熟练地掌握全站仪测角的操作技能。

(3)每次安置全站仪时,都应对中、整平、瞄准目标。

## 四、注意事项

(1)三脚架要踩实,仪器高度要和观测者的身高相适应;仪器与脚架的连接要牢固,操作仪器时不要用手扶三脚架,使用各种螺旋时用力要轻。

(2)要精确对中,特别观测短边时,尤其要严格要求。因观测短边时的对中精度对角值影响大。

(3)当观测目标间高低相差较大时,更须注意仪器整平。

(4)照准标志要竖直,尽可能用十字丝交点瞄准标杆的底部。

(5)记录要清楚,不得擦涂,当场计算检核,发现错误,需立即重测。

(6)水平角观测中,不得再调整照准部水准管,若气泡偏离中央 2 格,须重新整平观测。

# 项目五　用圆外基线法测设虚交点圆曲线

该项目操作平面图如图 1-4-10 所示。

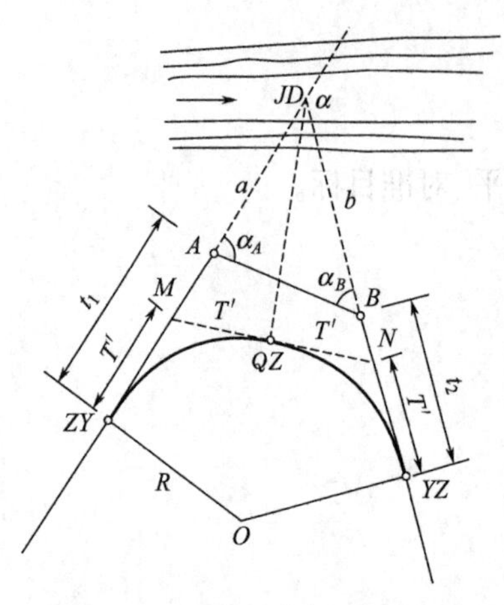


图 1-4-10　圆外基线法测设虚交点

## 一、准备工作

(1) 设备。

莱卡 TSO2 全站仪 1 套、棱镜 1 个。

(2) 材料、工具。

粉笔 2 根、记录纸 1 张、花杆 4 根、能计算三角函数计算器。

(3) 准备场地。

在现场给出圆曲线的起点导线方向和终点导线方向，由于交点处有水泡，无法安置仪器。需采用圆外基线法测设圆曲线，已知圆曲线转角 $\alpha$ 及半径 $R$。

## 二、操作步骤

(1) 选择场地。

由于圆曲线交点在水泡中，无法安置仪器，此时需要在圆外选择一条基线和两侧切线分别交于 $A$ 点和 $B$ 点，交角分别为 $\alpha_A$、$\alpha_B$，设 $A$ 距交点长度为 $a$，距 $ZY$ 点长度为 $t_1$；$B$ 距交点长度为 $b$，距 $YZ$ 点长度为 $t_2$。

(2) 安置仪器。

将全站仪分别安置于 $A$ 点、$B$ 点，对中整平，分别测出 $\alpha_A$、$\alpha_B$ 的角值，丈量 $AB$ 的长度。

(3) 计算测设数据。

利用已测设的数据，根据公式分别计算出 $a$、$b$、$t_1$、$t_2$ 及曲线偏角，间接测设曲线：

$$\alpha=\alpha_A+\alpha_B;t_1=T-a;t_2=T-a$$

$$a=AB\frac{\sin\alpha_B}{\sin\alpha};b=AB\frac{\sin\alpha_A}{\sin\alpha}$$

(4) 测设圆曲线。

在 $A$ 点沿切线方向向后量出 $t_1$ 就得到 $ZY$ 点、$B$ 点沿切线方向向后量 $t_2$ 就得到 $YZ$ 点，接下来放样该曲线就很容易了。

## 三、技术要求

(1) 曲线测设时，由于受地形、地物的限制，在交点处不能设桩，转角 $\alpha$ 不能直接测定，这种情况称为虚交。

(2) 圆外基线法是处理虚交的一种方法，应熟悉这种测设方法的原理。

(3) 应清楚 $a$、$b$ 的计算方法，这是测设的关键。

## 四、注意事项

(1)应知道切基线与交点组成三角形的角度关系：$\alpha=\alpha_A+\alpha_B$，应确保测角时的精度。

(2)根据所给的转角 $\alpha$ 和选定的半径 $R$，可算得切线长 $T$ 和曲线长 $L$。辅助点 $A$、$B$ 至曲线 $ZY$ 点和 $YZ$ 点的距离 $t_1$、$t_2$，即是放样距离，应认真对待。

(3)如果计算 $t_1$、$t_2$ 时出现负值，说明曲线的 $ZY$ 点和 $YZ$ 点位于辅助点与虚交点之间，根据 $d_A$、$d_B$ 即可定出曲线的 $ZY$ 点和 $YZ$ 点。

# 项目六 用全站仪测设导线进行中桩里程计算

该项目操作平面图如图 1-4-11 所示。

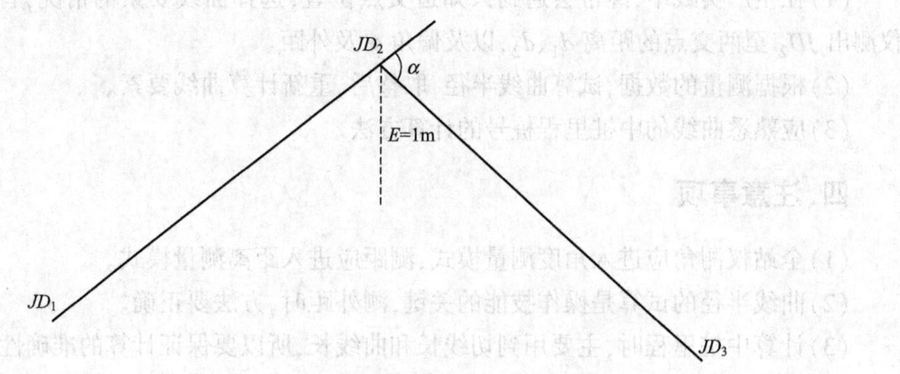


图 1-4-11 全站仪测设导线进行中桩里程计算

## 一、准备工作

(1)设备。

莱卡 TSO2 全站仪 1 套、棱镜 1 个。

(2)材料、工具。

粉笔 2 根、记录纸 1 张、花杆 4 根、能计算三角函数计算器、棱镜架 1 套。

(3)准备场地。

现场给定的 $JD_1$、$JD_2$、$JD_3$ 位置，已知 $JD_2$ 的桩号为：$K5+300$，曲线外距为 1m，现场实测导线长及偏角，确定曲线半径。

## 二、操作步骤

(1)安置仪器。

在 $JD_2$ 安置全站仪，对中整平，分别在 $JD_1$、$JD_3$ 处立棱镜，测出 $JD_2$ 至两交点的距离 $d_1$、$d_2$，以及偏角 $\alpha$。

(2)计算曲线要素。

由测得的偏角和外距，利用公式试算曲线半径：

$$T=R\tan\frac{\alpha}{2};E=T\tan\frac{\alpha}{4}$$

计算完半径后，取整，然后重新计算切线长和曲线长：

$$T=R\tan\frac{\alpha}{2};L=R\alpha\frac{\pi}{180°}$$

(3)计算中桩里程。

根据曲线要素计算曲线的主点里程：

$$ZY=JD-T;YZ=ZY+L;QZ=ZY+\frac{L}{2}$$

## 三、技术要求

(1)在生产实践中，经常会遇到只知道交点位置，选择曲线要素的情况，首先应用全站仪测出 $JD_2$ 至两交点的距离 $d_1$、$d_2$，以及偏角 $\alpha$ 及外距。

(2)根据测量的数据，试算曲线半径，取整后，重新计算曲线要素。

(3)应熟悉曲线的中桩里程桩号的计算方法。

## 四、注意事项

(1)全站仪测角应进入角度测量模式，测距应进入距离测量模式。

(2)曲线半径的试算是操作技能的关键，测外距时，方法要正确。

(3)计算中桩里程时，主要用到切线长和曲线长，所以要保证计算的准确性。

(4)在阳光下作业时，必须打伞，防止阳光直射仪器。

# 项目七　整理前方交会测量成果

现场有控制点 $A$ 和 $B$，设计点为 $P$，用前方交会法测设，实际测得 $A$ 点坐标：$x_A=9674.500\text{m}$，$y_A=5832.147\text{m}$，测得 $B$ 点坐标：$x_B=9428.637\text{m}$，$y_B=6081.506\text{m}$，观测 $\alpha_A=56°06'07''$，$\alpha_B=53°07'44''$，见图 1-4-12，技能要求整理前方交会法测量成果。

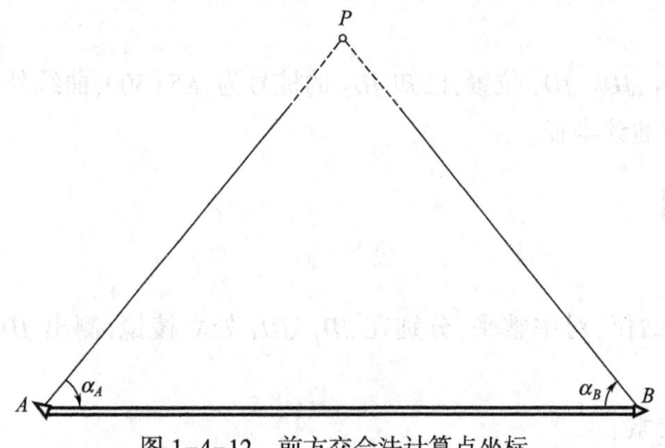


图 1-4-12　前方交会法计算点坐标

## 一、准备工作

(1)材料。

准备前方交会测量成果1份、记录纸1张、铅笔1支、橡皮1块。

(2)工具。

能计算函数的计算器1个。

## 二、操作步骤

(1)计算 $BA$ 边的坐标方位角和边长。根据 $A$ 点和 $B$ 点坐标,利用坐标反算公式计算 $BA$ 边的坐标方位角和边长:

$$\tan\alpha_{BA}=\frac{y_A-y_B}{x_A-x_B};D_{BA}=\sqrt{(x_A-x_B)^2+(y_A-y_B)^2}$$

距离计算检核:

$$D_{BA}=\frac{y_A-y_B}{\sin\alpha_{BA}}$$

(2)计算 $BP$ 和 $AP$ 的坐标方位角及边长。

利用算得出的 $BA$ 方位角、边长以及已知 $\angle A$ 和 $\angle B$ 分别计算 $BP$ 和 $AP$ 的坐标方位角及边长:

$$\alpha_{BP}=\alpha_{BA}-\angle B;\alpha_{AP}=\alpha_{BA}-180°+\angle A$$

$$D_{BP}=D_{BA}\frac{\sin\angle A}{\sin\angle(B+A)};D_{AP}=D_{BA}\frac{\sin\angle B}{\sin\angle(B+A)}$$

(3)计算 $P$ 点坐标。

利用坐标增量公式,计算 $P$ 点坐标:

$$x_P=x_B+D_{BP}\cos\alpha_{BP}$$

$$y_P=y_B+D_{BP}\sin\alpha_{BP}$$

## 三、技术要求

(1)应熟练地掌握导线坐标方位角和边长的计算方法。

(2)根据求得导线坐标方向角和边长,推算两交会导线的坐标方位角和边长。

(3)分别由 $A$ 点和 $B$ 点坐标推算 $P$ 点的坐标,并做计算检核。

## 四、注意事项

(1)计算坐标时,除了采用上述公式外,还可以利用戎格公式,直接计算 $P$ 点坐标,但应注意 $A$、$B$、$P$ 的点号必须按逆时针顺序排列。

(2)为了避免外业观测错误,并提高未知点 $P$ 的精度,一般进行前方交会定点时,要求布设成有三个已知点的前方交会,当两组坐标的较差在容许限差范围内,则取它们的平均值作为 $P$ 点的最后坐标。

# 模块五　测量相关知识及应用

## 项目一　相关知识

GBE001 基准线法测定水平位移的方法

### 一、变形观测

#### （一）基准线法测定水平位移的方法

水平位移观测常用的方法有：测角前方交会法、极坐标法、测边交会法、导线测量法、准直法等。

观测水平位移时，视准线法按其使用工具和作业方法的不同，可分为测小角法和活动觇标法。观测水平位移时，测小角法是利用精密经纬仪精确测出基准线方向和置镜点到观测点的视线方向之间所夹的小角，从而计算观测点相对基准线的偏离值。观测水平位移时，活动觇标法是利用活动觇标上的标尺，测定观测点相对于基准线的偏离值。观测水平位移时，由于建筑物的位移值一般来说都很小，因此对位移值的观测精度要求很高，例如混凝土坝位移观测的中误差要求小于±1mm。

基准线法的内容包括：

（1）人们常常最关心建筑物沿某一特定方向上的水平位移，专门解决这一问题的一类方法称为基准线法。

（2）在建筑物上埋设一些观测标志，定期测量观测标志偏离基准线的距离，就可了解建筑物随时间位移的情况。

（3）准直测量就是测量测点偏离基准线的垂直距离的过程，它以观测某一方向上点位相对于基准线的变化为目的。

（4）大坝常用的引张线法就是用拉紧的金属线构成的基准线，还有测小角法也是工程技术人员常用的一种形式。

基准线法测定水平位移的原理是以通过建筑物轴线或平行于建筑物轴线的固定不变的铅直平面为基准面，根据它来测定建筑物的水平位移。

将经纬仪安置在 $A$ 点，在 $B$ 点安置标牌，则通过仪器中心的铅直线与 $B$ 点处固定标志中心所构成的铅直平面 $P$ 即形成基准线法中的基准面。这种由经纬仪的视准面形成基准面的基准线法称为视准线法。

GBE002 激光准直法测定水平位移的方法

#### （二）激光准直法测定水平位移的方法

采用激光经纬仪准直时，活动觇标法中的觇标则由中心装有两个半圆的硅光电池组成的光电探测器替代。

采用激光经纬仪准直时，将激光经纬仪安置在端点 $A$ 上，在另一端点 $B$ 上安置光电探测器。将光电探测器的读数安置到零上。调整经纬仪照准部微动螺旋，移动激光束的方向，

使 $B$ 端的光电探测器的检流表指针为零，这时基准面就已确定了，经纬仪照准部就不能再动。

采用波带板激光准直系统时，在激光器点光源的小孔光阑后面装置一个机械斩波器，使激光束成为交流调制光，可以大大削弱太阳光的干涉。

在激光准直中，为了克服长距离条件下光斑在大气中传输的漂移所增加的探测困难，一般采用我国自行研制的全站仪。

使用激光经纬仪准直法时，当要求具有 $10^{-5} \sim 10^{-4}$ 量级准直精度时，可采用如下器件：

(1) $DJ_2$ 型仪器配置氦—氖激光器。

(2)半导体激光器的激光经纬仪。

(3)半导体激光器的光电探测器。

(4)目测有机玻璃方格网板。

当采用激光准直法测定位移时，对距离的高精度准直，根据距离长短可采用如下设备：

(1)对于较长距离准直，采用三点式激光衍射准直系统。

(2)对于较长距离准直，还可采用衍射频谱成像及投影成像激光准直系统。

(3)对于短距离准直，可采用衍射式激光准直仪。

(4)对于短距离准直，还可采用连续成像衍射板准直仪。

激光准直法测定水平位移根据其测定偏离值方法的不同可分为激光经纬仪准直和波带板激光准直。

波带板激光准直系统由激光器点光源、波带板装置和光电探测器三部分组成。

GBE003 分段基准线观测的要求

**(三)分段基准线观测的要求**

在基准线很长时，为了能够获取更高的观测精度，可以进行分段观测。在基准线很长采取分段观测时，为了提高分段点的测定精度，可以采用增加多余观测的方法。在基准线很长时，采取分段观测的方法包括：二分之一基准线分段观测、三分之一基准线分段观测、四分之一基准线分段观测。

在测角精度相同的情况下，偏离值的测定误差和距离成正比。当测定水平位移基准线很长时，偏离值测定的误差是很大的。

分段基准线观测的要求如下：

(1)当基准线超 500m 时，采用分段基准线法观测。

(2)为了减少旁折光的影响，对气象条件要求更加严格。

(3)为了获得较高的精度，采用分段基准线法观测。

(4)采用分段基准线法观测时，要考虑观测时间。

采用基准线法观测时，偏离值精度的影响因素有测角、测边、旁折光。

分段基准线法就是先测定基准线中少数观测点相对于基准线的偏离值，再将他们作为起始点，然后在各分段中测定测点相对于分段基准线的偏离值。

GBE004 引张线法测定水平位移的方法

**(四)引张线法测定水平位移的方法**

在坝体廊道内，利用一根拉紧的不锈钢丝所建立的基准线来测定观测点的偏离值的方法称为引张线法。

引张线法测定水平位移时，其引张线的装置中，观测点部分由浮托装置、标尺、保护箱组成。引张线法测定水平位移时，假定钢丝两端固定不动，则引张线是固定的基准线。引张线法测定水平位移时，观测值各测回间互差的限差为0.2mm。引张线法中引张线的装置保护箱的作用是保护观测点。

引张线法测定水平位移时，引张线的装置由端点、观测点、测线、测线保护等四部分组成。

引张线法测定水平位移的要求如下：

(1)引张线法常用于大坝变形观测。

(2)引张线安置在坝体廊道内。

(3)不受旁折光和外界的影响。

(4)观测精度较高。

由于各观测点上之标尺是与工程固定连接的，所以对于不同的观测周期，钢丝的标尺上的读数变化值，就是该观测点的水平位移值。

GBE005 导线法测定建筑物位移的要求

**(五)导线法测定建筑物位移的要求**

用导线法测定建筑物的位移时，其导线的端点位移在拱坝廊道内可用倒锤线来控制。

用导线法测定建筑物的位移时，其导线点上的装置是由导线点装置以及测线装置组成。用导线法测定建筑物的位移时，在拱坝廊道内由于受条件限制，为减少方位角的传算误差，提高测角效率，可采用隔点设站的办法。

导线的角度可用激光准直系统配合特制的转角棱镜进行间接测量。

建筑水平位移观测提交的成果有：

(1)水平位移观测点布置图。

(2)水平位移观测成果表。

(3)水平位移曲线图。

建筑水平位移观测点的布设与观测周期包括：

(1)建筑水平位移观测点的位置应选择在墙角、柱基及裂缝两边等处。

(2)标志可采用墙上标志，具体形式及其埋设应根据点位条件和观测要求确定。

(3)水平位移观测周期，对于不良地基土地区，可与沉降观测一并协调确定。

(4)对于受基础施工影响的有关观测，应按施工进度需要确定，可逐日或隔2~3天观测一次，直至施工结束。

对于重力拱坝、曲线型桥梁以及高层建筑的位移观测，采用导线测量法、前方交会法以及地面摄影等方法更有利。

应用于变形观测中的导线是两端不测定向角的导线。

GBE006 用前方交会法测定建筑物位移的方法

**(六)用前方交会法测定建筑物位移的方法**

前方交会法测定建筑物的位移时，通常采用J1型经纬仪用全圆方向测回法进行观测。

前方交会法测定建筑物的位移时，位移值的计算可采用角差图解法的原理用图解法求得。在变形观测中，通常我们要求测定的是观测点的位移值。前方交会法测定建筑物的位移时，可用于测量的建筑物包括：拱坝、曲线桥梁、高层建筑物。

日照变形观测的方法包括：激光垂准仪观测法、测角前方交会法、方向差交会法。

建筑裂缝观测应提交的成果有：

(1)裂缝分布位置图。

(2)裂缝观测成果表。

(3)观测成果分析说明资料。

(4)当建筑物裂缝和基础沉降同时观测时,可选择典型剖面绘制两者的关系曲线。

前方交会法测定建筑物的位移时,其测站点标志采用如同视准线端点结构相同的观测墩。

前方交会法测定建筑物的位移时,测站点与定向点之间的距离一般要求大于交会边的长度。

GBE010 建筑物水平位移观测的内容

**(七)建筑物水平位移观测的内容**

建筑物的位置在水平方向上的变化称为水平位移。水平位移观测,大体上可归纳为基准线法、交会法、机械法和导线法。

交会法测定水平位移,其方法包括前方交会和后方交会法。后方交会法测定水平位移时,通常需要测站点和观测点都有强制归心设备,以克服偏心误差的影响。常见的强制对中装置有三叉式对中盘、点线面式对中盘、球孔式对中装置等三种。水平位移观测是测定建筑物的水平位置随变化的移动量。

基准线法的原理是:

(1)通过建筑物轴线或平行于建筑物轴线的固定不动的铅直平面为基准面。

(2)在建筑物上埋设一些观测标志。

(3)定期测量观测标志偏离基准线的距离。

已知 $AB$ 为基准线,$P$ 为观测点,$P$ 至 $A$ 的水平距离为 $D$,则测小角法的步骤是:

(1)在 $A$ 点安置经纬仪。

(2)在 $B$ 点及观测点 $P$ 上设立观测标志。

(3)测出水平角 $\beta$,该角值较小。

(4)$P$ 点在垂直于基准线 $AB$ 方向上的偏移量计算公式为:$\delta=\beta/\rho \cdot D$。其中 $\rho$ 为常数,其值为 206265″。

建筑物的位移观测包括主体倾斜观测、水平位移观测、裂缝观测、挠度观测、日照变形观测、风振观测和场地滑坡观测。

GBE007 挠度观测的方法

**(八)挠度观测的方法**

在建筑物的垂直面内各不同高程点相对于底点的水平位移称为挠度。正垂线法测定建筑物的挠度,其主要设备包括悬线装置、观测墩、油箱。正垂线法测定大坝的挠度,是在铅垂线的不同高程上设置测点,以坐标仪测出隔点与铅垂线之间的相对位移值。利用正垂线法测定挠度的方法有多点观测站法和多点夹线法。

挠度观测技术要求如下:

(1)挠度观测的周期应根据载荷情况并考虑设计、施工要求确定。

(2)建筑基础挠度观测可与建筑沉降观测同时进行。

(3)建筑主体挠度观测,除观测点应按建筑结构类型在各不同高度或各层处沿一定垂直方向布设外,其标志设置、观测方法应按规定执行。

(4)独立构筑物的挠度观测,除采用建筑主体挠度观测要求外,当观测条件允许时,亦可用挠度计、位移传感器等设备直接测定挠度值。

挠度观测应提交的成果有:挠度观测点布置图、挠度观测成果表、挠度曲线图。

建筑物的挠度可由观测不同高处的倾斜度来换算求得。大坝的挠度观测可采用正垂线法测得。

GBE008 摄影测量在变形观测中的应用

**(九)摄影测量在变形观测中的应用**

摄影测量应用于变形观测时,所用摄影机有量测相机和非量测相机。时间基线法是把两个不同时刻所拍的像片作为立体像对,量测同一目标像点的上下和左右时差。摄影测量应用于变形观测时,地面立体摄影测量是根据光轴和摄影基线的相对位置,其摄影方式分为正直摄影、等偏摄影、交向摄影和等倾摄影。摄影测量应用于变形观测时,摄影测量的数据处理方式分为空间前方交会、空间后方交会—前方交会、严密解法和直接线性变化法。

近景摄影测量用于变形观测具有的优点是:

(1)像片信息量丰富,可以同时获得变形体上大批目标点的变形信息。

(2)摄影像片完整地记录了变形体在不同时间的状态,便于日后对成果的查核、比较和分析。

(3)外业工作量小、效率高、劳动强度低。

(4)观测时不需要接触观测对象,可以观测人不易到达的地方。

地面摄影测量可用于房屋建筑、道路边坡、桥梁隧道、水电工程、地下工程、高耸建筑物等的变形观测,精度可达亚毫米级。

地面摄影测量进行变形观测的方法有固定摄站的时间基线法和立体摄影测量法。

摄影测量测量变形观测时,需要专门的仪器设备。

GBE009 沉降观测的方法

**(十)沉降观测的方法**

沉降观测中,一般采用的是水准测量的方法,与一般的水准测量相比较,所不同的是沉降观测视线长度短。由于沉降观测是固定线路重复进行,为了便于观测,消除一些误差的影响,通常在转点埋设渐变的金属标头作为立尺点。对于观测点的观测,要求仪器到标尺的距离,最长不得超过40m。对观测点的观测,要求每站的前后视距差不得超过0.3m。

布设建筑物的沉降观测点时,点位布设原则是:

(1)设置在裂缝、沉降缝或伸缩缝的两侧,新旧建筑物或高低建筑物、纵横墙交接处。

(2)设置在人工地基和天然地基接壤处,建筑物不同结构分界处。

(3)设置在烟囱、水塔和大型储藏罐等高耸建筑物的基础轴线的对称部位,每一建筑物不得少于4个点。

(4)设置在重型设备、动力设备的基础或易受震动影响的周边。

沉降观测的频率如下:

(1)基础沉降在浇筑底板前应至少观测1次。

(2)基础浇筑完毕后,基础沉降也应至少观测1次。

(3)高层建筑每增加一、二层沉降应观测1次。

(4)其他建筑物的沉降观测总次数应不少于5次。

沉降观测的时间和次数,应根据工程性质、工程进度、地基土质情况以及基础荷重增加情况决定。

沉降观测是一项系统观测工作,在观测过程中,应做到固定人员观测和整理成果、固定使用水准仪和水准尺、使用固定的水准点以及按规定日期、方法、路线进行观测。

GBE011 建筑物倾斜观测的内容

**(十一)建筑物倾斜观测的内容**

建筑物因地基基础不均匀沉陷或其他原因,会产生倾斜变形,为了监视建筑物的安全和进行地基基础设计的研究,需要对建筑物进行倾斜观测。

建筑物的倾斜程度,一般用倾斜率来表示。

不适合建筑物沉降观测的方法是竖直观测法。

对于要求精度较高,且需要长期重复进行的建筑物倾斜观测,通常采用沉陷量计算法进行计算。

倾斜观测的方法有:经纬仪投点法、基础差异沉降推算法、前方交会法、垂线法及倾斜仪法。

常见的倾斜仪有:水管式倾斜仪、水平摆倾斜仪、气泡倾斜仪、电子倾斜仪。

利用相对沉降量间接确定建筑物整体倾斜时,其观测方法有倾斜仪测记法和测定基础沉降差法。

一般在建筑物立面上设置上下两个观测标志,上标志通常为建筑物中心线或其墙、柱等的顶部点,下标志为与上标志相应的底部点。

GBE012 桥梁变形观测的内容

**(十二)桥梁变形观测的内容**

桥墩沉降观测点一般布置在与桥墩顶面对应的桥面上。

桥梁工程变形监测中,内容包括:桥梁墩台沉降观测、桥面线形与挠度观测、高塔柱摆动观测。

桥梁水平位移观测基准网应结合桥梁两岸地形地质条件和其他建筑物的分布、水平位移观测点的布置和测量方法,以及基准网的观测方法等因素确定,一般分为二级布设。

桥梁竣工测量的主要目的是测定建成后的桥墩、台的实际情况,检查其是否符合设计要求,其竣工测量项目中包括:

(1)测定桥墩、台中心,纵横轴线及跨距。

(2)丈量桥墩、台各部分尺寸。

(3)测定桥梁中线及纵横坡度。

桥梁变形观测包括:

(1)为了查明桥梁墩、台沉降及位移量,必须进行墩、台位移观测。

(2)观测的周期在施工期间和桥梁竣工初期应缩短。

(3)当已初步掌握变形规律后,观测周期可适当延长。

(4)在特殊情况下,如地震、洪水,应增添观测次数。

桥墩变形观测的步骤为:

(1)为了进行沉降观测,在桥墩两边各埋设一个顶端为球形的水准点。

(2)沿着这些水准点进行精密水准测量。

(3)将水准路线闭合在两岸的永久水准点上。

(4)观测时,为使所测沉降值准确,最好使用同一水准仪。

桥梁桩基础一般单排桩要求轴线偏位不大于±5cm。

由于桥梁墩台的位移大多数是由水流的冲击而引起的,因此主要是垂直于桥中线的位移,但顺着桥梁中线方向也可能发生位移。

## 二、施工组织管理

GBF001 施工管理知识的内容

### (一)施工管理知识的内容

施工管理是施工企业经营管理的一个重要组成部分。施工管理是企业为了完成建筑产品的施工任务,从接受施工任务开始到工程交工验收为止的全过程。施工管理的目的是为了充分地利用施工条件,发挥各施工要素的作用,对各方面的工作进行协调,使施工能够正常进行,按时完成施工任务。施工管理是综合性很强的管理工作,其关键在于协调和组织作用。

施工管理的主要内容有:

(1)落实施工任务,签订承包合同。

(2)进行开工前的各项业务准备和现场施工条件的准备,促成工程开工。

(3)按计划组织综合施工,进行施工过程的全面控制和全面协调。

(4)利用施工任务书,进行基层的施工管理。

施工的临时设施种类分为:办公设施、生活设施、生产设施、辅助设施。

若没有施工管理,专业管理就会各行其是,不能为施工整体服务好。施工管理还要求加强施工现场的平面管理,合理利用空间,保证良好的施工条件。

GBF002 班组的基本管理

### (二)班组的基本管理

班组管理的内容是由班组的中心任务决定的。企业的目标就是在实现社会效益的前提下,追求更高的经济效益。企业的目标是依赖于生产班组而实现的。班组的施工场地是变化的,且同一班组的成员往往同时在不同的工地工作,班组管理就面临着更多的问题和困难。

班组的特点是:不固定性、人员素质参差不齐、青年工人多、合同制工人比例大。

建筑企业班组的不固定性是指班组的施工生产任务、工作地点与环境、工作时间、人员组成的不固定。

合同制工人已成为建筑企业中一支强大的建设力量,有很多好的品质和作风,要帮助他们克服临时思想、法制观念较淡薄、纪律性不强等不利因素。建筑工人每日的劳动时间不是固定的八小时,为了完成任务,经常加班、加点。

GBF003 班组的计划管理

### (三)班组的计划管理

班组是企业计划管理的落脚点,企业月、季、年度计划目标,经过层层分解落实,最后分解为班组的月、旬、日局部目标。班组就是要通过加强计划管理,保证局部目标的实现,从而最后保证企业达标升级的实现。在编制班组的施工计划时,必须严格遵守施工程序,明确主攻方向,确保重点工程项目的完成。每一施工班组在各自的工序上,在作业计划规定的时间内,按规定的质量标准,完成规定的施工任务,才能使下道工序按生产程序不间断地进行,以保证连续均衡生产,达到企业的经营目标。

班组计划管理的内容包括:

(1)接受任务后,需测算班组施工能力,编制好班组施工计划,为完成生产任务做好一切必需的准备工作。

(2)组织班组成员执行作业计划并要逐日按所规定的和分派的任务、时间、质量要求，逐项进行检查，对发现的缺陷要认真进行整改。

(3)抓好班组作业的综合平衡和劳动力调配，及时进行平衡和调整，保证计划的实现。建筑施工的班组长应对工程处主任、施工队长、栋号承包班子、全班成员负责，对班组内的工作实行全面的、统一的管理。

做好思想政治工作，加强职业道德教育和文件技术培训属于班组管理的具体内容。

企业的施工生产经营活动都是有计划的，互相关联、环环扣紧的。

GBF004 班组的质量管理

**(四)班组的质量管理**

班组长要使全组同志增强质量意识，认识到测量放线工作在建筑施工中的重要作用，严格执行有关作业规范、规程，经常注意检核。技术复核是指在施工过程中，为避免发生重大差错，保证工程质量，对重要的和涉及工程全局的技术工作，依据设计文件和有关技术标准进行复查的校审。

班组一般质量管理方法的“五不”施工，即质量标准不明确不施工，工艺方法不符合标准要求不施工，机具不完好不施工，原材料零配件不合格不施工，上道工序不合格不施工。

班组一般质量管理方法的“三不”放过，即质量事故原因找不出来不放过，不采取有效措施不放过，当事人和群众没有受到教育不放过。

测量放线工作的质量管理包括：

(1)技术复核制度。

(2)与测量放线工作有关的复核项目和内容。

(3)对技术复核工作的要求。

(4)复核人员的组成。

班组的质量管理工作包括：

(1)进行经常深入全面的质量教育。

(2)班组的一般质量管理方法。

(3)测量放线工作的质量管理。

(4)QC 小组活动。

建筑施工的验线指的是：建筑物基础的轴线及几何尺寸，结构层的墙身轴线，门窗口位置及尺寸，设备基础的位置线及尺寸等。

班组一般质量管理方法所指的落实经济效益，即质量和奖金分配挂钩。

GBF005 班组的劳动管理

**(五)班组的劳动管理**

劳动管理是对职工劳动及相关事务的管理，它是一项重要的基础管理工作。班组作为企业最基层的直接生产单位，加强劳动管理不仅能够合理地进行人员的劳动组合，还能充分调动班组人员的劳动积极性，提高劳动生产率。班组劳动分工和协作是研究企业内部劳动组织的起点，它决定劳动管理科学化的全过程，决定着每个劳动者在劳动过程中的地位、作用和职责，以及对每一个工作者劳动质量的要求。根据施工企业全面质量管理和班组管理的要求，结合测量放线工作的特点，结合施工单位的情况，研究测量放线工的班组组成有其现实的意义。

测量放线工作的特点如下：

(1)定位、放线、抄平等工作具有间断性。

(2)作业需要仪器设备,且要求将相应操作人员进行合理组合。

(3)施工对象的规模,测量放线的工作量与复杂程度各异。

(4)施工单位公司、工程处、队的规模也不同。

劳动组织的基本任务包括:

(1)在合理的分工与协作的基础上,正确地配备职工,充分发挥每个劳动者的专长和积极性,避免劳动力浪费。

(2)根据生产发展需要,不断调整劳动组织,采用合理的劳动组织形式,保证不断提高劳动生产率。

(3)正确处理工人与劳动工具和劳动对象之间的关系,保证生产第一线的劳动生产率的提高。

(4)劳动组织要有利于发挥工人的技术专长;有利于每个工人有合理的工作负荷;有利于每个工人有明确的责任;有利于稳定职工队伍、安心工作、钻研技术,充分发挥职工的积极性和主动性;有利于工种工序间的衔接协作;有利于施工生产的指挥调节。

不断提高班组成员的政治思想觉悟和技术业务素质属于劳动管理的内容。正确合理的班组劳动组织是建立在具体研究劳动分工与协作基础上的。

GBF006 班组的安全管理

### (六)班组的安全管理

由于安全事故危及人的生命并浪费大量金钱,所以需要管理。作业场所的缺陷包括:灯光不足、场所比较狭窄、噪声比较大。能使员工实现自我管理的是让员工自身明确不安全行为的前因后果。

安全是每个人的责任。

掌握本工种的安全操作规程包括:

(1)认真学习有关安全知识。

(2)自觉遵守安全生产的各项制度。

(3)听从安全人员的指导,做到不违章,不冒险进行作业。

(4)时时处处注意人身和仪器工具的安全,做到安全生产。

施工过程中,班组需贯彻的安全生产教育制度包括:

(1)进入施工现场必须戴安全帽,否则不准上岗作业。

(2)架设仪器作业时,要与高空作业工种进行联系,防止东西落下造成安全事故,必要时由工长进行协调。

(3)工作时全神贯注,不准嬉戏打闹。

(4)每天班前及收工时,必须检查工具、仪器和安全帽等,检查工作现场是否符合安全要求。

安全生产是建筑企业生产管理的重要原则。严禁特种人员无有效操作证上岗操作。

GBF007 班组的料具管理

### (七)班组的料具管理

材料采购批量指的是一次采购材料的数量。材料准备完毕必须进行复核才能发放。在靠近电线电器设备处堆放货物时距离不得少于2m。

为使材料供应计划更好地发挥作用,编制材料供应计划工作应遵循的原则是:实事求是,积极可靠,统筹兼顾。

建筑材料的供应特点是:特殊性、复杂性、多样性、不均衡性。

建筑供应的基本任务包括:组织货源、平衡调度、选择供料方式。

一般在工程造价中,材料费所占的比重最大。

订有限额领料制度,是实现班组合理使用材料和企业严格控制材料消耗的一种方法。

## 三、测量数据处理

GBG001 操作系统的含义

### (一)操作系统的含义

操作系统是为了合理、方便地利用计算机系统,而对其硬件资源和软件资源进行管理和控制的软件。操作系统具有处理机管理、存储管理、设备管理、文件管理和作业管理等五大管理功能。由它来负责对计算机的全部软件和硬件资源进行分配、控制、调度和回收,合理地组织计算机的工作流程,使计算机系统能够协调一致,高效率地完成处理任务。操作系统是计算机的最基本的系统软件,对计算机的所有操作都要在操作系统的支持下才能进行。

在任务栏上不需要进行添加而系统默认存在的工具栏是语言工具栏。

在一个窗口中使用“Alt+空格”组合键可以打开控制菜单。

若想直接删除文件或文件夹,而不将其放入“回收站”中,可在拖到“回收站”时按住 Shift 键。

GBG002AutoCAD基本操作方法

### (二)AutoCAD 基本操作方法

在 AutoCAD 中多次复制“copy”对象的选项是 m。

在 AutoCAD 中,“删除”命令的缩写字母是 e。

在 AutoCAD 中,“复制”命令是 copy。

在 AutoCAD 中,移动圆对象使其圆心移动到直线中点上,需要用到的命令是对象捕捉。

GBG003 AutoCAD 高级绘图命令的操作方法

### (三)AutoCAD 高级绘图命令的操作方法

在 AutoCAD 中,为维护图形文件的一致性,可以创建标准文件以定义常用属性,除了命令视图。

在 AutoCAD 中,默认存在的命名图层过滤器包括显示所有图层、显示所有使用图层、显示所有依赖于外部参照的图层。

在 AutoCAD 中,可以给绘图层定义的特性包括颜色、线宽、透明或不透明。

在 AutoCAD 中,保存文件的安全选项是口令和数字签名。

GBG004AutoCAD高效使用绘图命令的操作方法

### (四)AutoCAD 高效使用绘图命令的操作方法

在 AutoCAD 中,拉长命令“lengthen”修改开放曲线的长度的命令包括增量、百分数、动态。

在 AutoCAD 中,不能应用修剪命令“trim”进行修剪的对象是文字。

在 AutoCAD 中,应用圆角命令“offset”对一条多段线进行圆角操作,如果一条弧线段隔开两条相交直线段,将删除该段而替代制定半径的圆角。

在 AutoCAD 中,CAD 标准文件后缀名为 dwg。

GBG005 AutoCAD尺寸标注的操作方法

### （五）AutoCAD 尺寸标注的操作方法

在 AutoCAD 中，尺寸标注的快捷键命令是 dimsthle。

在 AutoCAD 中，尺寸标注包含水平和竖直尺寸标注、平齐尺寸标注、角度型尺寸标注。

在 AutoCAD 中，尺寸标注中角度型尺寸标注的快捷键命令是 dimangular 或 DAN。

在 AutoCAD 中，尺寸标注中直径尺寸标注的快捷键命令是 dimdiameter 或 DDI。

GBG006 AutoCAD基本绘图命令的操作方法

### （六）AutoCAD 基本绘图命令的操作方法

在 AutoCAD 中，使用旋转命令“rotate”旋转对象时必须制定旋转基点。

在 AutoCAD 中，使用缩放命令“scale”缩放对象时可以在三维空间缩放对象。

在 AutoCAD 中，拉伸命令“stretch”拉伸对象时，不能把圆拉伸为椭圆。

在 AutoCAD 中，应用倒角命令“chanfer”进行倒角操作时不能对文字对象进行倒角。

GBG012 计算机应用软件

### （七）计算机应用软件

应用软件是为计算机在特定领域中的应用而开发的专用软件。应用软件由各种应用系统、软件包和用户程序组成。各种应用系统和软件包是提供给用户使用的针对某一类应用而开发的独立软件系统，如科学软件包（IMSL）、文字处理系统（WPS）、办公自动化系统（OAS）、管理信息系统（MIS）、决策支持系统（DSS）、计算机辅助设计系统（CAD）等。应用软件不同于系统软件，系统软件是以利用计算机本身的逻辑功能、合理地组织用户使用计算机的硬件和软件资源，以充分利用计算机的资源，最大限度地发挥计算机效率，便于用户使用、管理为目的，而应用软件是用户利用计算机和它所提供的系统软件，为解决自身的、特定的实际问题而编制的程序和文档。

# 项目二　用全站仪测导线计算未知点坐标

该项目操作平面图如图 1-5-1 所示。

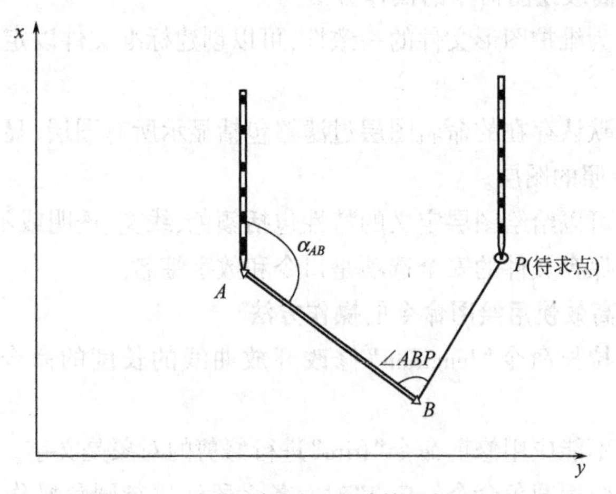


图 1-5-1　全站仪测导线计算未知点坐标

## 一、准备工作

(1)设备。

全站仪1套、棱镜1个。

(2)材料、工具。

棱镜架1套、花杆1根、粉笔2根。

(3)在场地上选择一已知直线,用粉笔标出直线两端点 $A$、$B$(两点坐标已知)。在该直线一侧给出未知点 $P$。

## 二、操作步骤

(1)计算导线 $AB$ 的方位角。

现场导线 $AB$,$A$ 点坐标为:$x_A=846.27\text{m}$,$y_A=200.40\text{m}$,$B$ 点坐标为 $x_B=866.27\text{m}$,$y_B=180.40\text{m}$,$BP$ 导线与 $AB$ 相交与 $B$ 点,根据已知数据求出 $AB$ 方位角:

$$\alpha_{AB}=\arctan\frac{\Delta Y_{AB}}{\Delta X_{AB}}$$

(2)测水平角与距离。

在 $B$ 点安置全站仪,对中整平,$A$、$P$ 点立花杆,测出 $\angle ABP$ 值,$P$ 点立棱镜,测出 $BP$ 的距离。

(3)计算 $P$ 点坐标。

首先由 $AB$ 方位角及测得的 $\angle ABP$ 值,计算出 $BP$ 的方位角 $\beta$,然后由测得的 $BP$ 距离计算 $P$ 点坐标:

$$\beta=\alpha_{AB}+\angle ABP-180°;\Delta x=BP\cos\beta;\Delta y=BP\sin\beta$$

## 三、技术要求

(1)应熟悉导线方位角的知识。导线方向一般用方位角来表示,由子午线北方向顺时针旋转至直线方向的水平夹角称为导线的方位角。

(2)应熟悉全站仪测水平角和距离的方法。

(3)应熟悉导线坐标的计算方法。

## 四、注意事项

(1)全站仪在整个操作过程中,观测者不得离开仪器,以避免发生意外事故。

(2)在阳光下或阴雨天气进行作业时,应打伞遮阳、遮雨。

(3)导线点坐标计算之前,应仔细检查所有外业观测记录及计算是否正确,各项误差是否在允许范围以内,及时发现可能存在的遗漏、记错和算错的情况,从而保证所采用的原始数据的正确可靠,以免造成计算的返工。

(4)坐标增量的计算,是根据已算得的导线方位角和相应的边长,按坐标正算公式进行计算,因边长总是正值,所以 $\Delta x$、$\Delta y$ 的正负符号取决于 $\cos\beta$、$\sin\beta$ 的正负号,由角度区间而定,应特别注意。

# 项目三　给定主曲线半径及地面四点，实测给出复曲线测设要素

在现场实地上已定出 $A$、$B$、$C$、$D$ 四点，如图 1-5-2 所示，主曲线转角为 $\alpha_{主}$，副曲线转角为 $\alpha_{副}$，$BC$ 为切基线长度，如给定主曲线半径 $R_{主}=60$m，则经实测偏角和切基线后，技能要求给出复曲线测设要素。

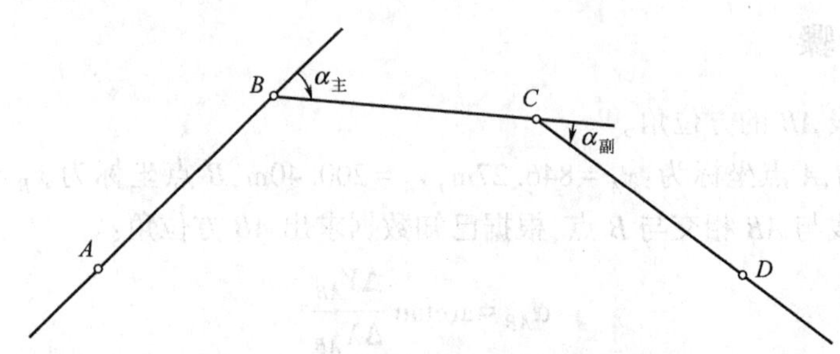


图 1-5-2　实测给出复曲线测设要素

## 一、准备工作

(1) 设备。

莱卡 TSO2 全站仪 1 套。

(2) 材料、工具。

彩色粉笔 2 根、记录纸 1 张、花杆 4 根、50m 钢尺 1 把、能求三角函数计算器 1 个。

(3) 在场地上用粉笔给出 $A$、$B$、$C$、$D$ 四点。

## 二、操作步骤

(1) 实测计算数。

分别在 $B$、$C$ 点安置全站仪；分别测出主、副曲线转角 $\alpha_{主}$、$\alpha_{副}$；用钢尺量出切基线长度 $BC$。

(2) 计算主曲线要素。

根据主曲线的转角 $\alpha_{主}$ 和半径 $R_{主}$ 计算主曲线的测设元素 $T_{主}$、$L_{主}$、$E_{主}$、$D_{主}$。

(3) 计算副曲线切线长和半径。

根据主曲线切线长 $T_{主}$、副曲线转角 $\alpha_{副}$ 及切基线长 $BC$，计算副曲线切线长 $T_{副}$ 和半径 $R_{副}$。

(4) 计算副曲线其他要素。

根据副曲线的转角 $\alpha_{副}$ 和半径 $R_{副}$ 计算副曲线的其他测设元素 $L_{副}$、$E_{副}$、$D_{副}$。

(5) 操作全站仪。

在 $B$ 点安置仪器，拨转角 $\alpha_{主}$，在 $ZY$ 方向量取主曲线切线长，定出 $ZY$ 点，在 $BC$ 方向量同一长度，定出 $GQ$ 点；在 $C$ 点安置仪器，拨转角 $\alpha_{副}$，在 $YZ$ 方向量取副曲线切线长，定出 $YZ$

点，曲线测设完毕。

## 三、技术要求

(1)应熟悉复曲线定义，即两个或两个以上不同半径的同向圆曲线直接相连的曲线称为复曲线。

(2)在测设复曲线时，必须先定出其中一个圆曲线的半径，这个曲线称为主曲线，其余的曲线称为副曲线。副曲线的半径则通过主曲线半径及测量的有关数据计算得到。

(3)以地面上的 *B*、*C* 分别作为主副曲线的交点，*BC* 为切基线长度，通过所给的主曲线半径和所测的主曲线转角，计算主曲线测设要素。

(4)根据主曲线切线长、所测副曲线转角及切基线长，计算副曲线测设要素。

(5)操作全站仪，放出该复曲线 *ZY* 点、*YZ* 点和 *GQ* 点。

## 四、注意事项

(1)计算主、副曲线测设要素时，要清楚主曲线半径的选择很重要，直接影响副曲线半径选取是否合适，因为切基线是固定的，主曲线切线长加上副曲线切线长刚好为切基线长度，应确保两个切线都合适为宜。

(2)测设复曲线关键点位是 *GQ* 点，可以用计算的主、副曲线切线长之和与量取的切基线长进行比较，来验证公切点是否正确。

(3)复曲线主、副曲线圆心不同。

(4)复曲线主点里程计算与测设均与单曲线的测设方法相同。

# 第二部分

# 技师、高级技师操作技能及相关知识

# 模块一　平面控制测量

## 项目一　相关知识

J(GJ)BA001 图根平面控制测量交会法的要求

### 一、平面控制网的内容

#### (一)图根平面控制测量交会法的要求

城市导线主要技术要求,四等导线测角中误差小于等于±2.5″;三等导线全长相对闭合差小于等于1/60000;四等导线平均边长为1.6km;四等导线方位角闭合差小于等于$\pm5\sqrt{n}$;三等导线长为15km;一级导线长为3.6km。

城市二级导线的主要技术要求如下:

(1)平均边长:$d=200$m。

(2)测距中误差:$m_D\leqslant\pm15$mm。

(3)测角中误差:$m_\beta\leqslant\pm8''$。

(4)闭合环或附合导线长度:$D=2.4$km。

城市三级导线的主要技术要求如下:

(1)平均边长:$d=120$m。

(2)测距中误差:$m_D\leqslant\pm15$mm。

(3)测角中误差:$m_\beta\leqslant\pm12''$。

(4)闭合环或附合导线长度:$D=1.5$km。

J(GJ)BA006 小三角测量的特点

#### (二)小三角测量的特点

将各控制点组成相互连接的若干个三角形或大地四边形,称为三角网。小三角测量的特点是边长短。

一级小三角的平均边长为1000m。一级小三角测量,测角中误差小于等于±5″。二级小三角的平均边长为500m。图根三角的平均边长应不超过测图最大视距1.7倍。

城市三角网三角形最大闭合差($f_i$)的要求如下:

(1)当测量等级为二等时,$f_i\leqslant\pm3.5''$。

(2)当测量等级为三等时,$f_i\leqslant\pm7''$。

(3)当测量等级为四等时,$f_i\leqslant\pm9''$。

(4)当测量等级为一级时,$f_i\leqslant\pm15''$。

城市三角网最弱边相对中误差($m_D$)的要求如下:

(1)当测量等级为二等时,$m_D\leqslant\dfrac{1}{120000}$。

（2）当测量等级为三等时，$m_D \leqslant \frac{1}{80000}$。

（3）当测量等级为四等时，$m_D \leqslant \frac{1}{45000}$。

（4）当测量等级为一级时，$m_D \leqslant \frac{1}{20000}$。

J(GJ)BA007 小三角网布设的形式

**（三）小三角网布设的形式**

小三角测量根据测区情况可布设成单三角锁、中心多边形、大地四边形和线性三角锁。小三角测量布设形式中，三角形一个接一个向前延伸的三角网称为单三角锁。小三角测量布设形式中，线形三角锁是在两个高级控制点之间布设的三角锁，不需要丈量基线，只测三角形内角和两个定向角，就可以计算出各点坐标。

小三角测量的一二级小三角测量一般情况下三角形的个数为 6~7 个。

小三角测量外业工作包括：踏勘选点、建立标志、测量起始边、测角。

小三角测量内业计算如下：

（1）绘制略图、统一编号。

（2）三角形闭合差的计算与调整。

（3）边长闭合差的计算与调整。

（4）各三角形的边长计算及三角点的坐标计算。

小三角测量按照精度可分为一、二级小三角和图根小三角测量。小三角测量的图根三角测量起始边边长相对中误差为 1∶10000。

J(GJ)BA008 小三角测量的选点原则

**（四）小三角测量的选点原则**

小三角测量选点时，基线位置应选在地势平坦便于测距的地段。小三角测量选点时，各三角形的边长应近于相等，其平均边长应符合规范规定。小三角测量选点时，三角形各内角不应小于 30°或大于 120°；应选在地势高、土质坚实、通视良好、便于保存、有利于加密控制点和测图的地方。小三角测量各三角形的内角以 60°左右为宜。选择桥梁、隧道三角网时，应尽可能将桥轴线端点，隧道进、出口控制点选为三角点。

小三角基线丈量的内容包括：

（1）基线是推算三角形边长的依据。

（2）基线测量精度的高低，直接影响整个三角网的精度。

（3）用钢尺丈量时，应按精密量距的方法进行，并符合规范中的规定。

（4）基线亦可用红外测距的方法测定。

小三角观测角的内容包括：

（1）测角是小三角测量外业的主要工作。

（2）根据小三角测量的等级选用仪器和确定测回数。

（3）在三角点上，当观测方向只有两个时，采用测回法进行观测；当观测方向为三个或三个以上时，则采用方向观测法，三个方向在观测中可以不归零。

（4）当一个三角形的三个内角测出后，计算三角形角度闭合差，应符合限差的要求。当所有三角形角度闭合差均符合要求,即可按非列罗公式计算测角中误差,亦应符合规范要求。

J(GJ)BA009 GPS平面控制网的布设要求

**(五)GPS 平面控制网的布设要求**

GPS 网形设计中,通过一条公共边将两个同步图形之间连接起来的是边连式。GPS 网形设计中,相邻同步图形之间有两个以上的公共点相连接的是网连式。GPS 网形设计中,如果采用网连式作业方法,将至少需要 4 台以上的接收机。GPS 网形设计中,边连式布网有较多的重复基线和独立环,有较好的几何强度和可靠性。

GPS 平面控制网的内容包括:

(1) GPS 测量时,控制点之间无须通视,因此网形设计时具有较强的灵活性。

(2) 由于 GPS 测量属于无线电定位,受外界影响较大。

(3) 在网形设计时应重点考虑成果的准确可靠,一般应通过独立观测边构成闭合图形,以增加检查条件,提高网的可靠性。

(4) 虽然 GPS 控制点间无须通视,但为了便于利用全站仪等传统仪器进行连测或加密控制点,一般要求控制点至少与另外一个控制点通视。

GPS 同步环观测作业方式主要有星形网、点连网、边连式、网连式、混连式等形式。

为了求定 GPS 网坐标与原有地面控制网坐标之间的坐标转换参数,要求至少有三个 GPS 控制点与原有地面控制点重合。

J(GJ)BA010 GPS平面控制观测的要求

点连式网形是指仅通过一个公共点将两个相邻同步图形连接在一起。

**(六)GPS 平面控制观测的要求**

GPS 控制网外业观测包括 GPS 接收机天线安置、观测作业和观测记录三部分内容。

GPS 控制测量过程中,天线的精确安置是实现精密定位的前提条件。GPS 控制测量中,天线的安置应符合条件,其对中误差不大于 1mm。GPS 控制网的数据处理包括 GPS 基线解算和 GPS 网平差两个方面。

GPS 外业观测应注意的问题有:

(1) 将接收机天线架设在三脚架上,并安置在标志中心的上方,利用基座进行对中、并利用基座上的圆水准器进行整平。

(2) 在接收天线的上方及附近不应有遮挡物,以免影响接收机接收卫星信号。

(3) 将接收机天线电缆与接收机进行连接,检查无误后,接通电源启动仪器,观测过程中要注意仪器的供电情况,注意及时更换电池。

(4) 接收机在观测过程中要远离对讲机等无线电设备,同时在雷雨季节要注意防止雷击。GPS 外业观测时,根据采用的测量模式选择适当的观测时长,接收机开始记录数据后,注意查看卫星数量、卫星序号、相位测量残差、实时定位精度、存储介质记录等情况。

GPS 定位精度和卫星的几何分布密切相关。

J(GJ)BA014 三角平面控制网的布设要求

观测数据由 GPS 接收机自动形成,并存储在存储介质上。

**(七)三角平面控制网的布设要求**

各等级三角网各内角宜接近 60°,一般不小于 30°,受地形限制时不应小于 25°。国家三等三角网的平均边长为 8km。一等三角锁一般采用单三角锁的形式。三角网布设时,对于单插点至少应有3个方向测定,四等以上点应有5个交会方向。国家二等三角网的平均边长为13km。

三角网的布设要求如下:

(1)定点后组成的各三角形的边长应接近相等,其平均边长应符合相应等级的规定。

(2)三角点应选在土质坚实、视野开阔、通视良好、作业安全并便于保存点位和便于测图的地方。

(3)为桥梁、隧道布设的小三角网,应尽量将桥梁轴线的端点和隧道的进出口控制点选为三角点。

(4)若起始边(基线)采用精密量距法测量,则应将其选在地面平坦的地方。

三角测量测角中误差($f_\beta$)的要求如下:

(1)当测量等级为二等时,$f_\beta \leq \pm 1.0''$。

(2)当测量等级为三等时,$f_\beta \leq \pm 1.8''$。

(3)当测量等级为四等时,$f_\beta \leq \pm 2.5''$。

(4)当测量等级为一级时,$f_\beta \leq \pm 5.0''$。

三角网加密网可采用插点的方法。

J(GJ)BA015 三边平面控制网的布设要求

**(八)三边平面控制网的布设要求**

三边网布设时,测线上不应有树枝、电线等障碍物,测线应离开地面或障碍物1.3m以上。三边网布设时,测距边的测线倾角不宜太大。三边网布设时,测距边应选在地面覆盖物相同的地段,不宜选在烟囱、散热池等发热体的上空。

四等以上的三边网,宜在一些三角形中,以相应等级三角测量的观测精度观测1个较大的角用作检核。三边网宜布设为近似等边三角形,各三边的内角不宜大于100°和小于30°,受地形限制时不应小于25°。三边网布设时,各等级三边网的起始边至最远边之间的三角形个数不宜多于10个。

三边测量的测距中误差($m_D$)的技术要求如下:

(1)当测量等级为二等时,$m_D \leq \pm 9.0$。

(2)当测量等级为三等时,$m_D \leq \pm 14.0$。

(3)当测量等级为四等时,$m_D \leq \pm 10.0$。

(4)当测量等级为一级时,$m_D \leq \pm 14.0$。

三边测量的测距相对中误差($K_D$)的技术要求如下:

(1)当测量等级为二等时,$K_D \leq \frac{1}{330000}$。

(2)当测量等级为三等时,$K_D \leq \frac{1}{140000}$。

(3)当测量等级为四等时,$K_D \leq \frac{1}{100000}$。

(4)当测量等级为一级时,$K_D \leq \frac{1}{35000}$。

J(GJ)BA016 水平角平面控制观测的要求

**（九）水平角平面控制观测的要求**

（1）平面控制测量中，水平角观测应符合的要求如下：

① 观测前应严格整平对中，对中误差不应小于 1mm；观测过程中，气泡中心位置偏离不得超过 1 格；气泡偏离接近 1 格时，应在测回间重新整置仪器。

② 水平角观测方向数大于 3 个时应归零。各测回应均匀地分配在度盘和测微器的不同位置上。

③ 水平角方向观测应在通视良好、成像清晰稳定时进行。二等及以上应分 2 个时段施测，每一时段的测回宜在较短的时间内完成。

④ 在观测过程中，2 倍照准差（$2c$）的绝对值，$DJ_1$ 经纬仪不得大于 20″，$DJ_2$ 经纬仪不得大于 30″。

⑤ 当观测方向总数超过 6 个时，可分两组观测，每组方向数应大致相等，且包括 2 个共同方向（其中一个为共同零方向）。其共同方向之间的角值互差应不超过本等级测角中误差的 2 倍。

⑥ 当观测方向多于 3 个，在观测过程中某些方向的目标不清晰时，可以先放弃，待清晰时补测。

⑦ 四等以上导线水平角观测，应在总测回中以奇数测回和偶数测回分别观测导线前进方向的左角和右角，其圆周角误差值不应大于测角中误差的 2 倍。

（2）平面控制测量中，水平角观测应注意的问题如下：

① 因测回互差超限而重测时，应认真分析研究，除明显孤值外，一般应重测观测结果中最大和最小值的测回。

② $2c$ 较差或同一方向各测回较差超限时，应重测超限方向，并联测零方向；

③ 零方向的 $2c$ 较差或下半测回的归零差超限时，该测回应重测。

④ 若一测回中重测方向数超过本站方向数的 1/3 时，该测回应重测。重测的测回数超过总测回数的 1/3 时，该站应重测。

⑤ 因角度闭合差超限或平差计算中技术指标不能满足规定要求时，应进行认真分析，择取测站整站重测。

J(GJ)BA017 距离平面控制观测的要求

**（十）距离平面控制观测的要求**

平面控制测量中，进行距离测量时，如观测数据超限时，应重测整个测回；进行四等及其以上边的测量时，应量取测边两端点始末的气象数据，计算时应取平均值；二级小三角和导线的边长测量，可采用普通钢尺进行；平面控制测量中，进行距离测量时，三角网的基线边、测边网、一级及一级以上导线边长，应采用光电测距仪施测。

平面控制测量中，采用光电测距仪测距时，如测量等级为二级，单程各测回较差值应≤7mm；采用普通钢尺丈量导线边长时，定线偏差应≤5mm。

平面控制测量时，光电测距的单程各测回较差（$\Delta D$）的技术要求如下：

（1）当测量等级为三等时，$\Delta D \leq 7$mm。

（2）当测量等级为四等时，$\Delta D \leq 10$mm。

（3）当测量等级为一级时，$\Delta D \leq 10$mm。

（4）当测量等级为二级时，$\Delta D \leq 17$mm。

光电测距的要求如下：

(1)测距前仪器应严格整平对中，对中误差应小于1mm。

(2)测距过程中，当视线被遮挡出现粗差时，应重新启动测量。

(3)测距时，应在成像清晰、气象条件稳定时进行，雨、雪和大风天气不宜作业，不宜顺光或逆光且与太阳呈小角度观测，严禁将仪器照准头对准太阳。

(4)温度计宜采用通风干湿温度计，气压表宜采用高原型空盒气压表。

## 二、导线的计算

J(GJ)BA002 闭合导线角度闭合差的计算方法

### (一)闭合导线角度闭合差的计算方法

角度闭合差产生的原因是角度观测值有误差。角度闭合差的分配原则是按照相反符号平均分配到各观测角中。角度闭合差计算时，根据角度取位要求，如果分配时不能整除，将余数分至角度较大的值上。

《工程测量规范》(GB 50026—2007)规定图根导线的角度闭合差容许值为$\pm 60''\sqrt{n}$。三等导线测量的水平角观测限差规定为±3.5″。闭合导线至少必须观测一个连接角，否则无法推算导线各边的坐标方位角。

导线角度测量内容包括：

(1)导线测量需要测定每个转折角和连接角的水平角值。

(2)对于闭合导线，应测其内角，而对于附合导线，一般测其左角。

(3)测角时应采用测回法，不同等级的测角要求不同。

(4)图根导线中，一般采用$DJ_6$级光学经纬仪或普通全站仪施测一个测回，若盘左、盘右测得的角值相差不大于40″，取其平均值作为最终结果。

闭合导线角度闭合差的计算与调整的内容包括：

(1)闭合导线相当于多边形，多边形内角和的理论值为定值。

(2)由于观测角不可避免地含有误差，致使实测的内角和并不等于理论值。

(3)实测的内角和$\sum\beta_{测}$与理论的内角和$\sum\beta_{理}$之差称为闭合导线角度闭合差，用$f_\beta$表示。

(4)各级导线对角度闭合差的容许值$f_{\beta容}$有着不同的规定，若角度闭合差超限，则需要重新检测角度，反之则按“反符号平均分配”的原则对角度闭合差进行分配。

J(GJ)BA003 闭合导线坐标方位角的计算方法

### (二)闭合导线坐标方位角的计算方法

闭合导线推算坐标方位角时，坐标方位角的推算最后应推算至起始边，看是否等于已知坐标方位角，以检查推算过程中有无错误。闭合导线推算坐标方位角时，特别要注意的是推算时应使用改正后的角值。

由一个已知点的坐标及该点至未知点的距离和坐标方位角，计算未知点坐标，称为坐标正算。确定一条直线与某一基准方向的关系称为直线定向。

坐标方位角计算过程中，由象限角推算方位角如下：

Ⅰ象限，象限角$R$等于方位角$a$。

Ⅱ象限，方位角$a$等于180°-|R|。

Ⅲ象限，方位角$a$等于180°+|R|。

Ⅳ象限,方位角 $a$ 等于 $360°-|R|$。

推算导线各边的坐标方位角的内容包括:

(1)各边坐标方位角计算前,应将角度闭合差调整完毕。

(2)用改正后的角值,根据起始边的已知坐标方位角,推算各导线边的坐标方位角。

(3)将计算出的导线各边坐标方位角填入"闭合导线坐标计算表"中"坐标方位角"一栏。

(4)闭合导线各边的坐标方位角推算完成后,要推算出起始边的坐标方位角,它的推算值应与原有的已知坐标方位角值相等,以此作为一个检核条件,如果不等,应重新检查计算。

城市导线方位角闭合差($f_\beta$)的要求如下:

(1)当测量等级为三等时,$f_\beta \leqslant \pm 3\sqrt{n}$。

(2)当测量等级为一级时,$f_\beta \leqslant \pm 10\sqrt{n}$。

(3)当测量等级为二级时,$f_\beta \leqslant \pm 16\sqrt{n}$。

(4)当测量等级为三级时,$f_\beta \leqslant \pm 24\sqrt{n}$。

有一导线 $AB$,$A$ 点坐标为$(x_A, y_A)$,$B$ 点坐标为$(x_B, y_B)$,两点间距离为 $D_{AB}$,则坐标方位角计算公式为:$\Delta y_{AB}=D_{AB} \cdot \sin\alpha_{AB}$。

J(GJ)BA004 闭合导线坐标增量的计算方法

**(三)闭合导线坐标增量的计算方法**

已知一个点的坐标及该点到未知点的距离和坐标方位角,计算未知点的坐标的方法称为坐标正算。已知两点坐标,求该两已知点间的距离和坐标方位角的方法称为坐标反算。

一闭合导线,如纵横坐标增量闭合差分别为 $f_x$ 和 $f_y$,则该导线全长闭合差的计算公式为:

$$f=\sqrt{f_x^2+f_y^2}$$

当闭合导线相对闭合差小于等于容许值时,应将纵、横坐标增量闭合差以相反符号,按与边长成正比分配至各边的纵、横坐标增量中。闭合导线的坐标增量与导线长度和方向有关。对于闭合导线,纵、横坐标增量的代数和理论上应等于零。

闭合导线坐标计算的起算数据有:检核后的外业距离观测数据、检核后的外业角度观测数据、闭合导线已知坐标、闭合导线已知坐标方位角。

闭合导线坐标增量闭合差计算与调整的内容包括:

(1)闭合导线所有的 $x$ 坐标增量与 $y$ 坐标增量代数和的理论值都应为零。

(2)实际上由于边长的测量误差和角度闭合差调整后的残存误差,往往使实测的坐标增量代数和 $\sum\Delta x_{测}$ 和 $\sum\Delta y_{测}$ 不等于零,产生导线坐标增量闭合差。

(3)由于导线纵坐标增量闭合差 $f_x$ 和横坐标增量闭合差 $f_y$ 的存在,使得导线不能闭合,产生导线全长闭合差 $f_D$。

(4)用导线全长相对闭合差 $K$ 来衡量导线的精度,若 $K>K_{容}$ 则成果不符合精度要求,需检查外业成果,或返工重测;反之则符合精度要求,需要对坐标增量闭合差进行调整。

J(GJ)BA005 附合导线角度闭合差的计算方法

### (四)附合导线角度闭合差的计算方法

附合导线角度闭合差的计算,主要是将通过已知点坐标经坐标反算求得的坐标方位角视为理论值,来推算的方法。附合导线角度闭合差计算时,右角改正数与角度闭合差同号。由于附合导线起点和终点是高级控制点,因而导线各边坐标增量之和理论上应等于起、终点坐标之差。

直线与坐标纵轴所成的锐角称为象限角。

附合导线坐标计算的内容包括:

(1)将检核后的外业距离观测数据,角度观测数据及已知坐标和坐标方位角等起算数据填入“附和导线坐标计算表”中。

(2)起算数据要用下划双线标明。

(3)附合导线角度闭合差的调整与闭合导线略有不同。

(4)当角度闭合差在容许范围内时,如果观测的是左角,则将角度闭合差反符号平均分配到各左角中;如果观测的是右角,则将角度闭合差同符号平均分配到各右角中。

支导线坐标计算内容包括:

(1)根据观测的连接角与转折角推算各边的坐标方位角。

(2)根据各边的坐标方位角和边长计算坐标增量。

(3)根据各边的坐标增量推算各点的坐标。

(4)支导线中没有检核条件。

附合导线的坐标计算与闭合导线的计算方法基本相同。附合导线角度闭合差与坐标增量闭合差在计算上略有不同。

## 三、GPS 测量

J(GJ)BA018 GPS的特点

### (一)GPS 的特点

GPS 观测时间短,目前,20km 以内相对静态定位,仅需 15~20min。GPS 测量不要求测站之间互相通视,只需测站上空开阔即可,因此可节省大量的造标费用。GPS 系统功能多、用途广,不仅可用于测量、导航,还可用于测速、测时。目前 GPS 观测可在一天 24h 内的任何时间进行,不受阴天黑夜、起雾刮风、下雨下雪等气候的影响。

GPS 系统的特点有高精度、全天候、高效率、多功能、操作简便、应用广泛等。

GPS 测量的特点是:

(1)采用载波相位进行相对定位,精度可达 1ppm($1\times10^{-6}$)。

(2)GPS 点之间不要求相互通视,GPS 点位的选择更加灵活,可以自由布设。

(3)目前采用快速静态相对定位技术,观测时间可缩短至数分钟。

(4)GPS 测量可同时测定测点的平面位置和高程,采用实时动态测量还可进行施工放样。

GPS 测量的自动化程度很高,作业人员在观测中只需要安置和开启与关闭仪器、量取天线高度、监视仪器的工作状态、采集环境的气象数据,而其他如捕获、跟踪观测卫星和记录观测数据等一系列测量工作均由仪器自动完成。

GPS 相对定位精度在 50km 以内可达 6~10m。

**(二)GPS 的卫星星座组成**

J(GJ)BA019 GPS的卫星星座组成

GPS 工作卫星星座由 24 颗卫星组成,其中 21 颗工作卫星,3 颗备用卫星。GPS 卫星平面相对于地球赤道面的倾角为 55°。地球上或近地空间任何时间至少可见 4 颗 GPS 卫星,一般可见 6~8 颗卫星。

双频接收机主要用于静态大地测量和高精度动态测量。GPS 信号接收机是一种能接收、跟踪、变换和测量 GPS 信号的卫星信号接收设备。GPS 卫星全球定位系统包括 GPS 卫星星座、地面监控系统和 GPS 信号接收机三大部分。

GPS 卫星空间星座的内容包括:

(1)24 颗卫星均匀分布在 6 个轨道上。

(2)每个轨道上有 4 颗卫星。

(3)卫星各个轨道平面之间交角为 60°。

(4)同一轨道上各卫星之间交角为 90°。

GPS 卫星运行状态的内容包括:

(1)卫星轨道平均高度约为 20200km。

(2)卫星的运行周期为 11h58min。

(3)在同一观测站上,每天出现的卫星分布图形相同,只是每天提前约 4min。

(4)每颗卫星每天约有 5h 位于地平线以上,同时位于地平线以上的卫星数目,随时间和地点而不同,最多可达 11 颗。

**(三)GPS 的卫星星座功能**

J(GJ)BA020 GPS的卫星星座的功能

卫星定位系统一般包含空间运行的卫星星座部分、地面控制部分和用户部分。双频双码接收机的功能是能同时接收 P1 和 P2 码伪距值。

GPS 卫星的基本功能有:(1)接收并储存由地面监控站发来的导航信息,执行监控站的控制指令;(2)向 GPS 用户发送导航电文,提供导航和定位信息;(3)为 GPS 用户提供精密的时间标准;(4)根据地面监控站的指令,调整卫星的姿态和启用备用卫星;(5)利用 GPS 卫星上设有微处理机,可进行必要的数据处理工作。

**(四)GPS 地面监控系统的内容**

J(GJ)BA021 GPS地面监控系统的内容

GPS 地面监控部分包括主控站、信息注入站和监控站。

GPS 主控站设在美国本土科罗拉多的联合空间执行中心 CSOC。

GPS 信息注入站的主要任务是在主控站的控制下,将主控站推算和编制的卫星星历、钟差、导航电文和其他控制指令等注入相应卫星的存储系统,并监测注入信息的正确性。GPS 可以通过 3 个注入站把监测数据注入卫星。

GPS 监控站现有 5 个,主控站、注入站兼作监控站,有一个设在夏威夷。GPS 监控站的主要任务是为主控站编算导航电文提供观测数据。

GPS 主控站除协调和管理所有地面监控系统的工作外,其主要任务还有:

(1)根据本站和其他监测站提供的所有观测资料,推算编制各卫星的星历、卫星钟差和大气层的修正参数等,并把这些数据传送到注入站。

(2)提供全球定位系统的时间基准。各监测站和 GPS 卫星的原子钟,均应与主控站的原子钟同步，或测出其间的钟差，并把这些钟差信息编入导航电文送到注入站。

(3)调整偏离轨道的卫星，使之沿预定轨道运行。

(4)启用备用卫星以代替失效的工作卫星。

GPS 注入站的内容包括：

(1)印度洋的迭哥加西亚设有一个注入站。

(2)南大西洋的阿松森岛也设有一个注入站。

(3)南太平洋的卡瓦加兰还设有一个注入站。

(4)注入站的主要设备包括一台直径为 3.6m 的天线，一台 C 波段发射机和一台计算机。

J(GJ)BA022 GPS用户设备部分的内容

**(五)GPS 用户设备部分的内容**

GPS 用户部分的主要任务是利用卫星接收机接收来自卫星的无线电信号并进行加工处理。

GPS 接收机的仪器结构分为天线单元、接收单元。GPS 接收机的类型，一般可分为导航型、测量型和授时型三类。测量单位使用的 GPS 接收机一般为测量型。

用户设备部分由 GPS 接收机硬件、相应的数据处理软件、微处理机及其终端设备组成。GPS 接收机硬件包括接收机主机、天线和电源，它的功能是接收 GPS 卫星发射的信号。

GPS 导航型接收机进一步分为车载型、航海型、航空型、星载型等类型。

GPS 接收机按工作原理分为码相关型接收机、平方型接收机、混合型接收机、干涉型接收机等型。

J(GJ)BA023 GPS平面控制测量主要技术要求

**(六)GPS 平面控制测量的主要技术要求**

从所做的实验来看，全球定位系统提供的相对定位精度可达到 1~2ppm。

GPS 平面控制测量的观测注意事项有：

(1)观测组必须执行调度计划，按规定的时间进行同步观测作业。

(2)观测人员必须按 GPS 接收机操作手册的规定进行观测作业。

(3)每时段观测应在测前、测后分别量取天线高，2 次天线高之差应不大于 3mm，并取平均值作为天线高。

(4)观测时应防止人员或其他物体触动天线或遮挡信号。

(5)天线安置在脚架上直接对中整平时，对中误差不得大于 1mm。

GPS 测量观测，记录数据时的注意事项有：

(1)接收机开始记录数据后，应随时注意卫星信号和信息存储情况，当接收机或存储出现异常时，应随时进行调整，必要时及时通知其他接收机调整观测计划。

(2)在现场应按规定作业顺序填写观测手簿，不得事后补记。

(3)经检查所有规定作业项目全部完成，且记录完整无误后方可迁站。

(4)每日观测结束后，应将外业数据文件及时转存到存储介质上，不得作任何剔除或删改。

GPS 测量的主要技术要求见表 2-1-1。

表 2-1-1　GPS 测量的主要技术要求

| 项目 | | 测量等级 | | | | |
|---|---|---|---|---|---|---|
| | | 二等 | 三等 | 四等 | 一级 | 二级 |
| 卫星高度角,(°) | | ≥15 | ≥15 | ≥15 | ≥15 | ≥15 |
| 时段长度 | 静态,min | ≥240 | ≥90 | ≥60 | ≥45 | ≥40 |
| | 快速静态,min | — | ≥30 | ≥20 | ≥15 | ≥10 |
| 平均重复设站数,次/点 | | ≥4 | ≥2 | ≥1.6 | ≥1.4 | ≥1.2 |
| 同时观测有效卫星数,个 | | ≥4 | ≥4 | ≥4 | ≥4 | ≥4 |
| GDOP | | ≤6 | ≤6 | ≤6 | ≤6 | ≤6 |

## (七)GPS-RTK 施测图根点的要求

J(GJ)BA024 GPS-RTK施测图根点的要求

根据《油气田工程测量规范》(SY/T 0054—2002),GPS-RTK 测量可用于一、二级平面控制测量;当用 GPS-RTK 方法做图根控制测量时,作业半径不宜超过 10km;当用 GPS-RTK 方法做图根控制测量时,起始检查点高程不应低于四等水准精度。

采用 RTK 定位技术,可实时计算定位结果。RTK 定位技术的内容包括:

(1)在未使用 RTK 测量技术之前,无论是静态测量,还是其他定位模式的测量,其定位结果均需通过观测数据的测后处理才能获得。

(2)由于观测数据需在测后处理,这样不仅无法实时地给出观测站点的定位结果,而且也无法对观测数据的质量进行实时检核。

(3)在数据处理中如发现观测结果不合格,需要进行返工重测,降低了工作效率。

(4)为了避免上述情况,过去采取的措施主要是延长观测时间,以获取大量的多余观测量,用以保证测量结果的可靠性。

RTK 测量的基本原理是:

(1)在基准站上安置一台 GPS 接收机,对所有可见 GPS 卫星进行连续观测。

(2)将其观测数据,通过无线电传输设备,实时地发送给用户观测站。

(3)在用户站上,GPS 接收机在接收 GPS 卫星信号的同时,通过无线电接收设备,接收基准站传输的观测数据。

(4)然后根据相对定位的原理,实时地计算并显示用户的三维坐标及其精度。

GPS-RTK 施测图根三角网时,测角中误差为±20″。GPS 施测图根三角网时,平均边长应为最大视距的 1.7 倍。

## (八)GPS 手持机的功能

J(GJ)BA025 GPS 手持机的含义

GPS 手持机测量采用的是 WGS-84 坐标系,输入已知坐标,可以准确找到点位。手持 GPS 开机后,当界面上显示 3D 定位状态后,方可进行存点操作。在使用手持 GPS 之前,应该根据要求输入相应的改正参数。使用手持 GPS 存点时,按方向键使存点变黑后,可对其进行编辑。

GPS 手持机的功能有:多种数据采集、数据格式丰富、灵活面积测量、轻松智能导航。

GPS 手持机的定位精度包括：

(1)广域差分增强系统 1.0m。

(2)实时差分 0.5m。

(3)差分后处理 0.3m。

(4)静态测量：±5mm+1ppm。

截至 2011 年手持导航型 GPS 接收机的定位精度较之以前已经有了大大的提高。

手持 GPS 接收机观测的坐标值不能直接展绘于 1954 北京坐标系或 1980 西安坐标系的地形图上。

J(GJ)BA GPS手持应用方法

**(九)GPS 手持机的应用方法**

GPS 手持机单点定位精度是 5~10m。GPS 手持机的作用有：记录航迹、测量面积、定点定位，它能完成计算区域面积、测距、测速等任务。GPS 手持机数值输入编辑完成后，按上下键至存储按钮，完成输入。

GPS 手持机在农业方面的作用如下：

(1)土壤养分分布调查。

(2)监测作物产量。

(3)病虫害防治。

(4)利用飞机进行播种、施肥、除草。

GPS 手持机在林业方面的作用有：资源监测、灾害预警、规划设计、辅助决策。

为扩大 GPS 手持机的应用范围，发挥其应有的作用、同时消除因椭球参数的不同而产生的定位误差，必须对其各种参数进行重新设置和调整。

GPS 手持机不可以做图根控制点。

J(GJ)BA31 网的布设

**(十)GPS 网的布设**

GPS 网是利用现代测量技术建立国家大地测量控制网，到目前为止，已经采用 GPS 技术在全国建立了国家 GPS 的 A 级网、B 级网及国家 GPS 的一、二级网作为国家平面控制基准。

A 级网是由卫星定位连续运行基准站构成的，用于建立国家一等大地控制网，进行地球动力学研究、地壳形变测量和卫星精密定轨测量。

1992 年建立的 GPS 的 A 级网，全网 27 点，其中 5 个测站上布置了 GPS 观测副站，平均边长 800km。

1996 年建立的 GPS 的 A 级网，全网共 33 个主站，23 个副站，与 1992 年 GPS 的 A 级网点重合 21 个。

B 级网主要用于建立国家二等大地控制网，建立地方或城市坐标基准框架、区域性的地球动力学研究、地壳形变测量和各种精密工程测量等。全网由 818 个点组成，东部点位平均站间距 50~70km，中部地区平均站间距 100km，西部地区平均站间距 100km。

一级网由 40 余点组成，相邻点间距离最大 1667km，最小 86km，平均为 683km，绝大多数点的点位中误差在 2cm 以内。

二级网由 500 多点组成，是一级网的加密，所有点都进行了水准联测，全网平均距离为 164.7km，网平差后大地纬度、大地经度和大地高程中误差的平均值分别为 0.18cm、

0.21cm、0.81cm。

J(GJ)BA032 卫星定位连续运行基准站网的布设

**（十一）卫星定位连续运行基准站网（CORS）的布设**

卫星定位连续运行基准站网分为国家基准站网、区域基准站网、专业应用站网。

国家基准站网是维持和更新国家地心坐标参考框架的基准站网，用于开展全国范围内高精度定位、导航、工程建设和科学研究服务，是区域基准站网和专业应用站网的坐标参考框架和基准。

区域基准站网的布设按实时定位服务精度而选择基准站间距离，当采用网络 RTK 技术，满足厘米级实时定位时，其区域基准站布设间距不应超过 80km。

专业应用站网是由专业部门或机构根据专业需求建立的基准站网，它布设间距主要根据专业需求，当满足实时定位分米级要求时，基准站布设间距一般为 100~150km。

J(GJ)BA028 伺服式全站仪的基本结构

## 四、伺服式全站仪

**（一）伺服式全站仪的基本结构**

伺服式全站仪又称全自动全站仪或测量机器人，除了普通全站仪的同时测距、测角功能，它还能够用自带马达实现自动搜索目标并准确对准。使用伺服式全站仪测量结果精准，操作自动化，工作效率更高，而且没有工作时间限制。如图 2-1-1 所示为伺服式全站仪的基本结构。伺服式全站仪广泛用于变形监测等精密工程测量中，对测距、测角有严格的要求，有可选的机载程序，大大地方便了日常的作业。在相应的测量软件支持下，测得数据能够流畅地传输到指定程序中。

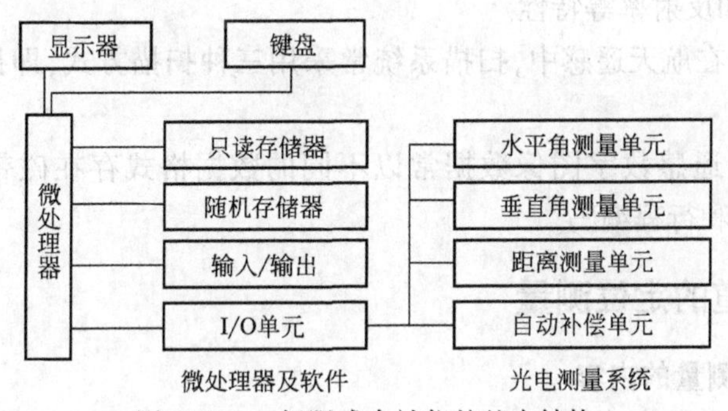


图 2-1-1　伺服式全站仪的基本结构

J(GJ)BA029 伺服式全站仪的基本功能

**（二）伺服式全站仪的基本功能**

伺服式全站仪采用了绝对编码度盘动态测角系统，可以有效地获得高精度的角度值。

伺服式全站仪的测距功能，是通过直接或间接地测定测距信号在被测距离上的往返传播时间，同时求出测距信号在大气中的传播速度，再求得距离。将测量结果通过内置软件计算得到地面斜距 $S$，经过气象改正、仪器和棱镜常数改正、倾斜改正、大气折光改正得到测站点到目标点的水平距离和高差观测值。

在自动目标识别模式下，只需要粗略照准棱镜，仪器内置的 CCD 相机立即对返回信号加以分析，并通过伺服马达驱动照准部与望远镜旋转，自动照准棱镜中心进行测量，并自动进行正、倒镜观测。

伺服式全站仪的无棱镜测距的范围为 1.5～80m。加长测程的仪器可以达到 200m，甚至更远。该功能对测量天花板、壁角、塔楼、隧道断面等非常有用。

J(GJ)BA030 伺服式全站仪的操作方法

### （三）伺服式全站仪的操作方法

伺服式全站仪中的徕卡 TS30/TM30，是测量精度达到 0.5″的全站仪。该种机器带有含基本测量和设置功能的系统软件，带有 3 种语言系统，也附有一系列可选的特定应用程序，还可以为用户提供二次开发平台。

操作键盘上的 F1～F6 为功能键，当屏幕被激活时，对应于屏幕底部显示的六个软键。键盘上的热键 F7～F12 是用户可定义键，用户可以将执行命令或访问指定屏幕的功能定义于该键。

徕卡 TS30/TM30 伺服式全站仪可用激光对中器进行对中，打开仪器后，按“SHIFT”“F12”进入“状态整平 & 激光对中器”，启动激光对中器，使激光对准地面标志点。

J(GJ)BA027 航天遥感数据获取的内容

## 五、航天遥感数据获取的内容

和航空遥感一样，航天遥感也是利用卫星平台的行进和旋转扫描系统对与平台垂直方向的地面进行扫描，获得二维遥感数据，按照一定的格式组织数据并传回地面接收站。因此航天遥感系统至少包括扫描系统、存储系统和地面接收站。

（1）遥感器。在航天遥感中，卫星仅仅是作为平台，而真正获取地表信息的是其上搭载的各个遥感器。遥感器是由扫描系统、聚焦系统、分光系统、检测系统、记录系统等组成。遥感器并不能直接获取地物的辐照度或辐亮度，而是记录与辐射能量有关的 DN 值，再间接推算出地物的辐亮度和反射率等特性。

（2）扫描方式。在航天遥感中，扫描系统常采用三种扫描方式，即挥帚扫描、推扫式扫描和中心投影。

（3）数据格式。遥感数字图像数据常以不同的数据格式存在磁带或光盘中，主要有 BSQ、BIL、BIP、HDF 和行程编码。

J(GJ)BA011 桥梁定位测量的内容

## 六、桥梁、隧道的定位测量

### （一）桥梁定位测量的内容

在桥梁施工时，大桥或特大桥跨越的江河，通常河宽水深，桥墩放样工作一般采用前方交会法。

桥梁三角网的基本网形为大地四边形和三角形。桥梁三角网通常采用以桥轴线为纵坐标轴，与它垂直的方向为横坐标轴的施工坐标系。为了提高桥梁施工放样过程中三角网的精度，使其有较多的检核条件，通常测量 2 条起始边。

桥梁墩台定位时，为了防止发生错误和检查交会的精度，实际测量中采用三个方向交会，其中一个方向应是桥轴线方向。桥梁墩台定位时，为了保证墩位的精度，交会角应接近 90°。

桥梁控制网的内容包括：

（1）对于河面较宽、水深流急的江河，桥墩位置不能用直接丈量的方法进行放样，就需要布设专用的三角网。

(2)建立桥梁三角网,既要考虑三角网本身的精度,即图形强度,又要考虑以后使用的需要。

(3)在布网前,应对桥梁的设计方案、桥址地形及周边的环境条件、精度要求等方面进行研究。

(4)先在桥址地形图上拟定布网方案,再到现场选定点位。

桥梁三角网应满足的要求如下:

(1)图形应具有足够的强度,使测得的桥轴线长度的精度能满足要求。

(2)在河流两岸的桥轴线上至少应各设一个三角点,三角点距桥台的设计位置也不应太远,以保证桥台的放样精度。

(3)三角网的边长一般在0.5~1.5倍河宽的范围内变动。

(4)三角点均应选在地势较高、土质坚实稳定、便于长期保存的地方。

J(GJ)BA012 桥梁的平面控制测量等级分类

**(二)桥梁的平面控制测量等级分类**

多跨桥梁总长 $1000\text{m} \leqslant L < 2000\text{m}$ 时,平面控制测量选用等级为四等。单跨桥梁长度 $150\text{m} \leqslant L_K < 300\text{m}$ 时,平面控制测量选用等级为四等。单跨桥梁长度 $L_K < 150\text{m}$ 时,平面控制测量选用等级为一级。多跨桥梁长度 $L < 1000\text{m}$ 时,平面控制测量选用等级为一级。多跨桥梁总长 $L \geqslant 3000\text{m}$ 时,平面控制测量选用等级为二等。单跨桥梁长度 $L_K \geqslant 500\text{m}$ 时,平面控制测量选用等级为二等。

桥梁建设前期的勘测设计阶段,需要做的测量工作如下:

(1)提供桥梁建设区域的大比例尺地形图。

(2)对于大型桥梁还需要提供桥梁所跨江、河或海域的水下地形图。

(3)这一阶段需建立图根控制网。

(4)还应利用全站仪、RTK等多种手段进行地形图的测绘。

桥梁建设过程中,需要做的测量工作如下:

(1)根据设计图进行施工放样。

(2)需要建立施工控制网,用以指导施工放样。

(3)由于桥梁的关键部位精度要求较高,所以施工控制网必须确保具有较高的精度和较强的稳定性。

(4)由于大型桥梁施工周期较长,需要定期对施工控制网进行复测。

J(GJ)BA013 隧道贯通按长度平面测量等级分类

**(三)隧道贯通按长度平面测量等级分类**

隧道的地下控制测量包括地下导线和地下水准测量。为保证隧道的平面控制,宜对特长、长隧道进行控制测量设计。

隧道平面控制测量是指测定控制点平面位置所进行的工作。

隧道贯通长度 $L \geqslant 6000\text{m}$ 时,平面控制测量选用等级为二等。隧道贯通长度 $L < 1000\text{m}$ 时,平面控制测量选用等级为一级。隧道贯通长度 $3000\text{m} \leqslant L < 6000\text{m}$ 时,平面控制测量选用等级为三等。

隧道地面控制测量前需要收集的资料如下:

(1)隧道所在地区的大比例地形图1∶2000、1∶5000。

(2)隧道所在地段的路线平面图、隧道的纵、横断面图。

(3)各竖井、斜井、水平坑道和隧道的相互关系位置图,隧道施工的技术设计及各个洞口的平面布置。

(4)所在地区原有的测量资料,地面控制资料和气象、水文、地质等方面的资料。

隧道的现场踏勘的内容包括:

(1)踏勘路线一般是沿着隧道路线的中线,以一端洞口向着另一端洞口前进。

(2)行进中观察和了解隧道两侧的地形、水文地质、居民点和人行便道的分布情况。

(3)特别注意两端洞口路线的走向、地形,以及施工设施的布置情况。

(4)结合现场,对地面控制布设方案进行研究,并对路线上的一些主要桩点如交点、转点、曲线主点等进行交接。

# 项目二　用 GPS 手持机定点位(技师)

## 一、准备工作

(1)设备。

GPS 手持机 1 台。

(2)材料、工具。

粉笔 2 根、记录纸 1 张。

(3)准备场地。

在场地上用彩色粉笔给出坐标 $A$ 点位置。

## 二、操作步骤

(1)准备。

检查手持机电池电量是否充足,在场地上选择需要定位的点位 $A$,用粉笔做好标记,打开手持机,确定搜索到 6 颗以上卫星。

(2)用手持机定位。

当 GPS 完成了查找卫星后,页面显示 3D 定位,并自动跳到了地图页面,站在点位 $A$,按一下 MARK,输入点号,GPS 自动生成兴趣点,并记录该点坐标,按保存键,该兴趣点存储完毕。

## 三、技术要求

(1)应熟练地进行 GPS 手持机的开机和关机,熟悉各访问键的功能与操作。

(2)MARK 键用于定位。

(3)接收到 3 颗及 3 颗以上有效卫星,可进行二维定位;4 颗有效卫星可以实现三维定位。

(4)普通 GPS 手持机定位精度可达到 10m 左右;如能支持 WAAS,精度可提高到 3m。

## 四、注意事项

(1)必须在露天的地方使用,建筑物内、洞内、水中和密林等地方无法使用。

(2)在一个地方开机待的时间越长,搜索到的卫星越多,精确度越高。

(3)定位时,根据需要可以在经纬度、1954 北京坐标系、1980 西安坐标系之间切换。

# 项目三　用 GPS 手持机确定目标点的距离(技师)

## 一、准备工作

(1)设备。

GPS 手持机 1 台。

(2)材料、工具。

粉笔 2 根、记录纸 1 张。

(3)准备场地。

在场地上用彩色粉笔给出起点的 *A* 点位置,并给出目标点坐标。

## 二、操作步骤

(1)准备。

检查手持机电池电量是否充足,打开手持机,确定搜索到 6 颗以上卫星,把目标点坐标输入手持机中,并给目标点起名。

(2)用手持机确定目标点的距离。

开机后搜索到卫星,页面显示 3D 定位,并自动跳到了地图页面,然后按导航键 GOTO,在兴趣点列表中找到目标点名,按确认键,这时屏幕显示出距目标点的距离,做好记录。

## 三、技术要求

(1)应清楚要想知道目标点的距离,应将目标点坐标提前输入到手持机中,并起好名字。

(2)开机后,搜索 3 颗及 3 颗以上有效卫星。

(3)按 GOTO 键,在点位表中找到目标点名称,按确认。

## 四、注意事项

(1)必须在露天的地方使用,建筑物内、洞内、水中和密林等地方无法使用。

(2)在山野中使用精度比在高楼林立的城市中要高。

(3)要清楚目标点的距离为直线距离。

# 项目四　用 GPS 手持机进行导航(技师)

## 一、准备工作

(1)设备。

GPS 手持机 1 台。

(2)材料、工具。

粉笔 2 根、记录纸 1 张。

(3)准备场地。

在场地上用彩色粉笔给出起点的 $A$ 点位置,并给出目标点坐标。

## 二、操作步骤

(1)准备。

检查手持机电池电量是否充足,打开手持机,确定搜索到 6 颗以上卫星,把目标点坐标输入手持机中,并给目标点起名。

(2)用手持机确定目标点的距离。

开机后搜索到卫星,页面显示 3D 定位,并自动跳到了地图页面,然后按导航键 GOTO,在兴趣点列表中找到目标点名,按确认键,这时屏幕显示出距目标点的距离,做好记录。

(3)在 GPS 指导下向正确的方向前进。

GPS 的方位角以正北作为零度,正东为 90°,正南为 180°,正西为 270°,根据手持机提供的目标点距离和方位角前进。

## 三、技术要求

(1)应熟练地进行 GPS 手持机的开机和关机,熟悉各访问键的功能与操作。

(2)GOTO 键用于导航,如果有一个已知点位已经存在于 GPS 内存里,并且取了名字,那么按 GOTO 键就可以测出距目标点的距离和方位角。

(3)一般电池可以连续使用 20h,想使用更长时间,使用的时候再打开手持机。

## 四、注意事项

(1)GPS 点位号是用数字自动生成的,每次定点的时候最好做记录,以免点位多记错。

(2)使用 GPS 导航比用指南针准确可靠,因为依照指南针的方位角走,一旦走错就会越走越偏离目标,但 GPS 永远指示正确的方位角,而不论偏离目标有多远。

# 项目五　用 GPS 放样道路起点位置(技师)

## 一、准备工作

(1)设备。

GPS 基准站 1 个、GPS 流动站 1 个、基座 1 个、手簿 1 个、天线 1 个、脚架 2 个。

(2)材料、工具。

彩色粉笔 2 根、卡扣 1 个、2m 带杆 1 根、电瓶 1 个。

## 二、操作步骤

(1)准备。

① 准备基准站设备:GPS 接收机、基座、电台、GPS 接收机电源线、电台电源线、信号传输线。

② 准备流动站设备:GPS 接收机、天线、卡扣。

③ 其他设备:天线、基座、2 个脚架、手簿、2m 对中杆、电瓶。

(2)架设基准站。

设置基准站,把一个 GPS 接收机架设在已知控制点上。对中整平;连接 GPS 接收机到电台的线;连接 GPS 接收机到电瓶的线;连接电台到天线的线;用手簿连接 GPS 接收机。

(3)设置流动站。

设置流动站,把另一个 GPS 接收机连到 2m 对中杆上;把手簿连接到此 GPS 接收机上;启动流动站;在手簿里输入道路起点坐标。

(4)放样道路起点位置。

点击屏幕上的测量,依次点 RTK、放样、点、ENTER;然后点添加,在列表中选择输入的道路起点坐标,点击放样;显示界面中出现提示点的名称与具体桩位;向放样点移动,当放样点与当前点重合,在场地上做标记。

## 三、技术要求

(1)在已知点上架设基站时,要严格对中、整平,并精确量取仪器高,连好基站、电台、电瓶,然后开机。

(2)测出一个已知点 $A$ 的固定解坐标,并保存。由于基站架在已知点上,移动站可以直接读取基站原始坐标。输入基站所在已知点坐标,然后点击 OK,点击"读取基站坐标"软件,就会把基站原始坐标提取出来。

(3)放样时,需将杆上气泡居中。

## 四、注意事项

(1)注意要在固定解状态下操作。

(2)放样前,基站天线高一定要正确量取。

（3）道路起点位置关系到道路中线的正确与否，应保证放样精度。

（4）在作业过程中，基站不能移动，不关机。

# 项目六　建立30m桥梁平面控制网（高级技师）

在现场实地上已给出$AB$，为30m桥轴线，如图2-1-2所示。

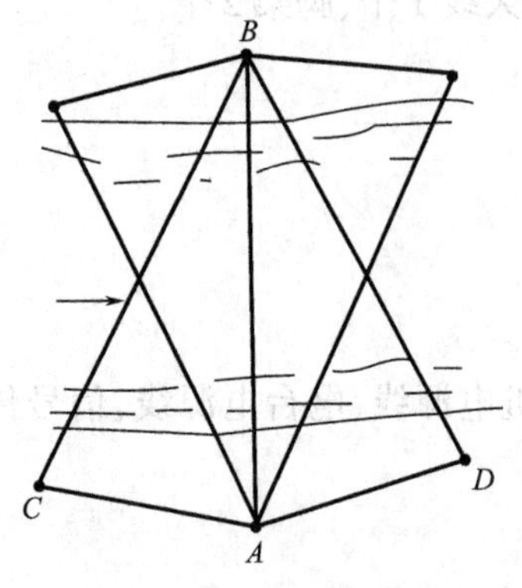


图2-1-2　桥梁控制网

## 一、准备工作

（1）设备。

全站仪1台、50m钢尺1把、全站仪脚架1套、花杆2根。

（2）材料、工具。

彩色粉笔2根、记录纸1张。

## 二、操作步骤

（1）选点。

控制点应选在地势高、土质坚实、通视良好、便于保存、有利于加密和测图的地方；基线的长度应接近相等，与轴线的夹角不小于90°；桥轴线端点应选为三角点。

（2）丈量基线。

基线是推算三角形边长的依据，其精度高低，直接影响整个三角形的精度，因此用钢尺丈量，应按精密量距的方法进行，并符合规范中的规定。基线长度应不小于桥轴线长的70%。

（3）观测角度。

测角是小三角测量外业的主要工作。根据小三角测量的等级选用仪器和确定测回数。在三角点上，当观测方向只有两个时，采用测回法进行观测；当观测方向为三个或三个以上时，则采用方向观测法。

（4）控制网精度要求。

测量精度应按桥长和桥的等级而定，一般不应低于一级小三角的技术要求，即测角中误差不大于5″，量距中误差不大于1/20000，角度闭合差15″或30″。

## 三、技术要求

（1）以轴线控制桩$A$或$B$为基点，设两条基线$AC$和$AD$，基线边的长度应不小于桥轴线长的70%。

（2）控制网的测量精度应按桥长的桥的等级而定，一般不应低于一级小三角的技术要求，即测角中误差不大于5″，量距中误差不大于1/20000，角度闭合差15″或30″，与轴线的夹角不小于90°。

（3）操作前应对全站仪进行检校。

## 四、注意事项

(1)选控制点时,一定要注意使两条基线长度接近相等。

(2)控制点应尽可能将桥轴线端点选为三角点。

(3)基线位置应选在地势平坦便于测距的地段。

# 项目七 设置龙门板(高级技师)

该项目操作平面图如图 2-1-3 所示。

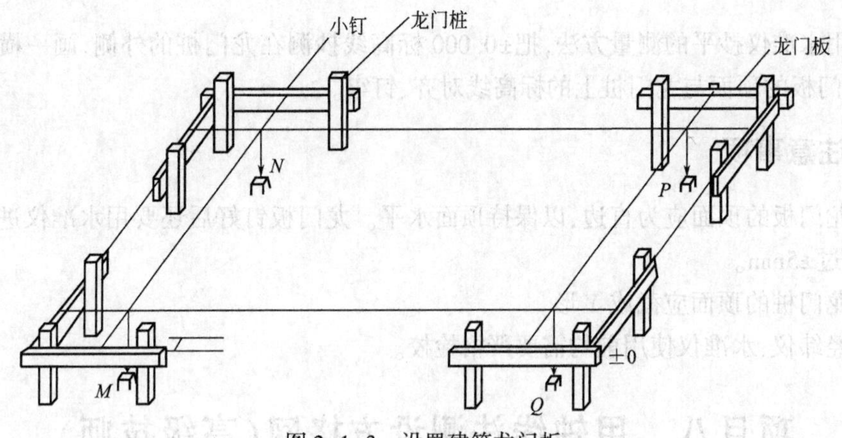


图 2-1-3 设置建筑龙门板

## 一、准备工作

(1)设备。

$DJ_2$ 经纬仪 1 套、$DZ_3$ 水准仪 1 套。

(2)材料、工具。

木桩(5cm×5cm×20cm)12 根、木板(1cm×4cm×40cm)8 根、15mm 钉子若干、5m 卷尺 1 把、铁锤 1 把、花杆 2 根、3m 塔尺 1 个、线绳 30m。

(3)现场给出建筑物四个轴线点 $M$、$N$、$P$、$Q$,给出建筑±0. 000 水准点位置。

## 二、操作步骤

(1)设置龙门桩。

为了方便施工,在建筑物四角与隔墙两端基槽开挖线以外 1~2m 处钉设龙门桩,桩要钉牢固、竖直,桩的外侧面与基槽平行。

(2)标±0. 000 标高线。

根据建筑场地附近的水准点,用水准仪在龙门桩上标定±0. 000 标高线。

(3)钉龙门板。

按标注的±0. 000 标高线,钉龙门板,使龙门板顶面水平,且与±0. 000 标高线一致。

（4）将轴线引测到龙门板上。

将经纬仪置于 $N$ 点，瞄准 $P$ 点，沿视线方向在 $P$ 点处的龙门板上定出一点，钉小钉作为标志，倒镜在 $N$ 点处的龙门板上也标定一点。以同样的方法可以将各轴线引测到龙门板上；用线绳将轴线放出。

## 三、技术要求

（1）设置龙门板应首先钉龙门桩，木桩的侧面要与轴线相平行。

（2）龙门板距基槽开挖线的距离应为 1~2m。

（3）建筑物同一侧的龙门板应在一条直线上。同一幢建筑物尽量使龙门板设置在同一标高上。

（4）用水准仪抄平的测量方法，把±0.000 标高线抄测在龙门桩的外侧，画一横线标记，然后将龙门板的顶面与龙门桩上的标高线对齐、钉牢。

## 四、注意事项

（1）龙门板的顶面应为直边，以保持顶面水平。龙门板钉好后还要用水准仪进行复查，误差不超过±5mm。

（2）龙门桩的顶面应截成 $Y$ 形。

（3）经纬仪、水准仪使用前均需要严格检校。

# 项目八　用轴线法测设方格网（高级技师）

该项目操作平面图如图 2-1-4 所示。

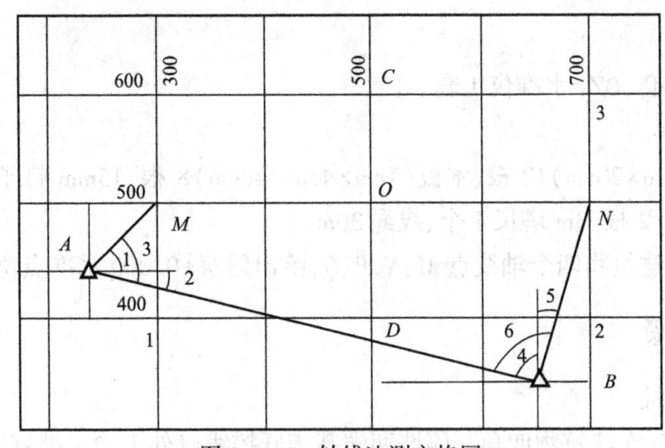


图 2-1-4　轴线法测方格网

## 一、准备工作

（1）设备。

$DJ_2$ 经纬仪 1 套、花杆 2 根、50m 钢尺 1 把。

(2)材料、工具。

彩色粉笔2根、记录纸1张。

(3)$A(420,220)$、$B(320,620)$是场地两控制点,试建立以$MN$为轴线的施工方格网,其中$M(500,300)$,$N(500,700)$。

## 二、操作步骤

(1)数据计算。

确定以$AB$为极轴,分别测设$M$、$N$两点。$M$点数据如下:

$$\alpha_1=\arctan\frac{\Delta y_{AM}}{\Delta x_{AM}},\alpha_2=\arctan\frac{\Delta y_{AB}}{\Delta x_{AB}}$$

$$\alpha_3=\alpha_1+\alpha_2,S_{AM}=\sqrt{\Delta^2 x_{AM}+\Delta^2 y_{AM}}$$

$N$点数据如下:

$$\alpha_4=\arctan\frac{\Delta y_{BA}}{\Delta x_{BA}},\alpha_5=\arctan\frac{\Delta y_{BN}}{\Delta x_{BN}}$$

$$\alpha_6=\alpha_4+\alpha_5,S_{BN}=\sqrt{\Delta^2 x_{BN}+\Delta^2 y_{BN}}$$

(2)测设$M$、$N$两点。

将仪器置于$A$点,后视$B$点,逆时针测定出$AM$方向,从$A$点量起定出$M$点。

将仪器置于$B$点,后视$A$点,顺时针测定出$BN$方向,从$B$点量起定出$N$点。

(3)进行长度改正。

由于控制点的误差和测设过程的误差$MN$线段不一定是要求的设计长度,需进行改正。假定一点正确,从这一点开始丈量出设计长度,修正另一点的位置。

(4)定出$C$、$D$点。

从$M$点或$N$点量起,定出主轴线交点$O$的位置。将仪器置于$O$点,以$MN$轴为基线,用测90°角的方法定出$C$、$D$点。

## 三、技术要求

(1)测设的方法主要是利用极坐标法放样点位。

(2)方格网布网时,方格网的主轴线布设在建筑区的中部,并与拟建建筑物的主轴线相平行,各端点应布设在场地的边缘,以控制整个场地。方格网的转折角应严格成90°,方格网的边长一般为100~300m。

## 四、注意事项

(1)用粉笔代替木桩。

(2)经纬仪使用前需要严格检校。

(3)方格网的边应保证通视且便于测距和测角,尽量接近待建建筑物,点位标记应能长期保存。

# 项目九　用罗盘仪测定磁方位角(高级技师)

该项目操作平面图如图 2-1-5 所示。

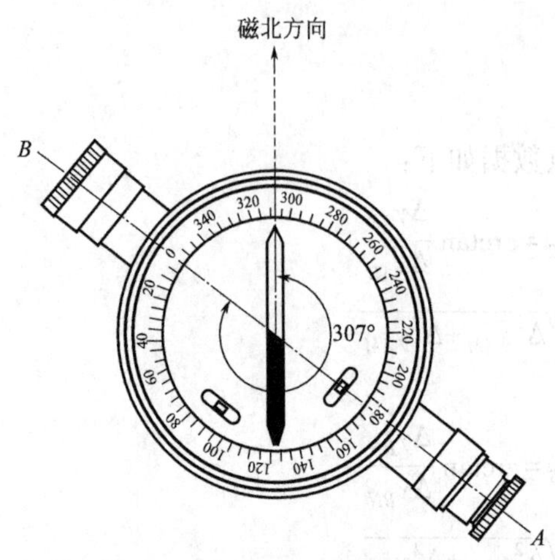


图 2-1-5　罗盘仪测定磁方位角

## 一、准备工作

(1)设备。

罗盘仪 1 台。

(2)材料、工具。

记录纸 1 张。

(3)现场给出测站点 $A$ 及方向点 $B$。

## 二、操作步骤

(1)安置仪器。

欲测定直线 $AB$ 的磁方位角,需将罗盘仪安置在点 $A$,使垂球对准测站点。

(2)对中整平。

松开接头螺旋,用手前后左右摆动刻度盘,使水准气泡居中,然后旋紧接头螺旋,使仪器处于对中整平状态。松开磁针固定螺旋,使磁针自由转动。

(3)瞄准花杆方向。

用先外后内的瞄准方法,瞄准 $B$ 点的目标,一般用十字丝的竖丝垂直平分花杆。

(4)读数。

待磁针静止后,读出磁针北端所指向度盘分划值的读数。在读数时,要遵循从小到大、从上到下俯视读数的原则,视线应与磁针的指向一致,不应斜视。

(5)检查读数。

在测区较小的范围内,可认为磁子午线方向是相互平行的,为了防止错误和提高观测精度,通常在测定直线的正方位角后,还要测定其反方位角。两值之差应为 180°,不应超过度盘最小刻划的两倍,如误差不超限,取两者平均数作为最后的结果。

## 三、技术要求

(1)罗盘仪是用来测定直线磁方位角的仪器,精度不高,但构造简单,携带方便,主要部件有磁针、刻度盘、望远镜和基座。

(2)刻度盘安装在度盘盒内,随望远镜一起转动,最小分划为 1°或 30′,每隔 10°有一注记。注记一般按逆时针方向从 0°注记到 360°。

(3)刻度盘内有互相垂直的两个管水准器或一个圆水准器,用手控制气泡居中,使罗盘仪水平。

(4)磁针是长条形人造磁铁,当它静止时,黑色或蓝色的一端指北。

## 四、注意事项

(1)磁针不用时，旋转固定螺旋使杠杆将磁针升起，与顶针分离，将磁针托起压紧在玻璃上。

(2)无论直线的磁方位角是小于 180°还是大于 180°，其读数都是磁针北端的读数。

(3)使用罗盘仪测量时应注意使磁针能自由旋转，勿触及盒盖或盒底。

(4)测量时应避开钢制品、高压线等，以免影响磁针的指向。

# 模块二　地形图应用

## 项目一　相关知识

### 一、地形图的应用

J(GJ)BB001 确定图上点高程的方法

#### （一）确定图上点高程的方法

可以根据格网坐标用图解法确定地形图上某点的坐标。如果地形图上某点恰好在某一等高线上，则该点的高程等于等高线的高程。

如果地形图上某点不在等高线上，则可按比例内插法求得该点高程。如图 2-2-1 所示，地形图上某一 $M$ 点位于 27m 和 28m 两条等高线之间，等高距为 $h$，过 $M$ 点作一直线基本垂直这两条等高线，交点 $P$、$Q$，那么 $M$ 点高程 $H_M$ 为：

$$H_M=H_P+(d_{PM}/d_{PQ})h$$

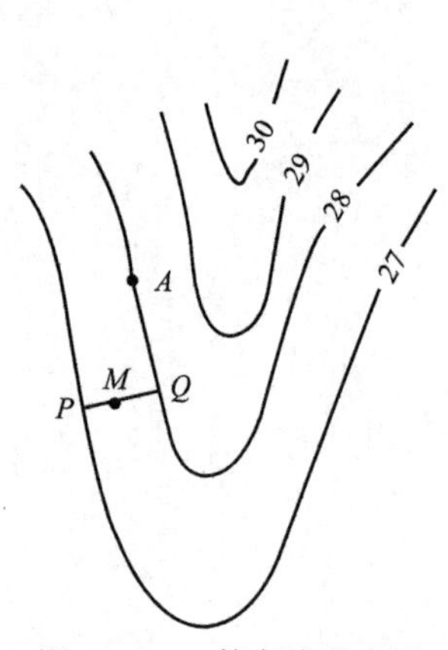


图 2-2-1　等高线示意图

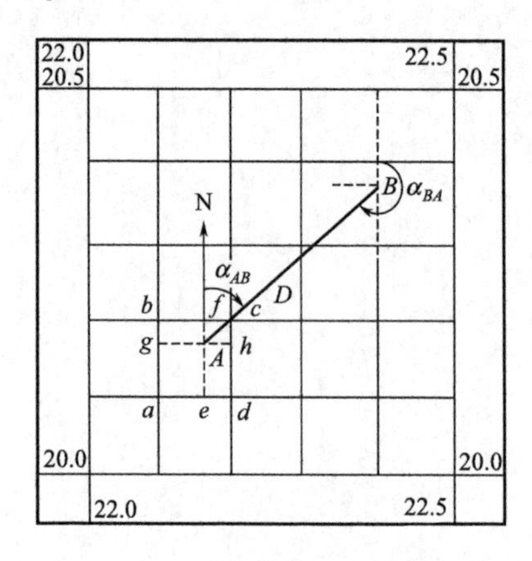


图 2-2-2　1：1000 地形图示意图

如图 2-2-2 所示，欲确定地形图上 $A$ 点坐标，可以先将 $A$ 点所在的 10cm×10cm 方格用直线连接起来，形成正方形 abcd。再过 $A$ 点作平行于坐标格网的平行线 $ef$ 和 $gh$，并得交点 $e$、$f$、$g$、和 $h$，量出 $ab$、$ad$、$ag$、$ae$ 的长度，则 $A$ 点的坐标计算公式为：

$$x_A=x_0+\frac{10}{ab}\times ag\times M, y_A=y_0+\frac{10}{ad}\times ae\times M$$

式中符号代表的含义如下：

（1）$x_0$、$y_0$ 为 $A$ 点所在方格西南角点的坐标，即图中 $a$ 点坐标（m）。

（2）$M$ 为地形图比例尺分母。

（3）$ab$ 为正方形竖向边长（cm）；$ag$ 为 $A$ 点竖向增长值（m）。

(4) $ad$ 为正方形横向边长(cm)；$ae$ 为 $A$ 点横向增长值(m)。

地形图测绘法所用的仪器和工具应符合的要求如下：

(1) 视距常数值应在(100±0.1)m 以内。

(2) 垂直度盘指标差不应超过±2′。

(3) 比例尺尺长误差不应超过±0.2mm。

(4) 量角器半径不应小于0.1m，其偏心差不应大于0.2mm。

地形图是地面信息的载体。

在路线工程的设计中，为了设计道路、桥涵、隧道等工程，需要了解地面起伏情况，通常根据地形图的等高线来绘制纵断面图。

J(GJ)BB002 确定直线坡度的方法

**(二) 确定直线坡度的方法**

在工程建设中，$A$、$B$ 两点间的高差 $h_{AB}$ 与水平距离 $D_{AB}$ 之比，就是 $A$、$B$ 之间的平均坡度。在工程建设中，$A$、$B$ 为地面点，但是，$A$、$B$ 连线坡度不一定是地面坡度。

确定地形图上两点的距离方法有解析法和图解法。地形图地貌的判读是为了了解地貌分布和地面高低起伏。

地形图上直线的坡度计算公式为：

$$i=\frac{h}{D}=\frac{h}{d\cdot M}$$

式中符号的含义如下：

(1) $h$ 为直线两端点间的高差，可用等高线内插两端点的高程，然后计算高差(m)。

(2) $D$ 为直线的实地水平距离。

(3) $d$ 为直线在地形图上的长度，可直接在图上量取(m)。

(4) $M$ 为地形图比例尺分母。

国家基本比例尺地形图的比例尺包括：1∶5000、1∶10000、1∶25000、1∶50000、1∶100000、1∶250000、1∶500000、1∶1000000。

在地形图上进行规划时，往往需要利用坐标求确定直线的坡度，西南角是该幅图的坐标始点。

在地形图上，可先求取直线两端点的坐标，然后按坐标反算公式计算直线长度和坐标方位角。

J(GJ)BB003 按限定坡度在图上选定最短路线的方法

**(三) 按限定坡度在图上选定最短路线的方法**

对于管线、道路等工程进行初步设计时，一般要先在地形图上选线。在选定线路时，线路的方向变化应为平缓的圆滑曲线。按照规定的坡度在图上选定最短线路时，应该先计算相邻等高线间一定坡度的平距。

在地形图上计算某一区块面积的方法有图解法和解析法。

地形图的内容包括：地形、水文、土质、植被、居民、交通线、境界线。

地形图的特点如下：

(1) 内容详细，几何精度高。

(2) 采用统一的大地坐标系统和高程系统。

(3) 统一的制图规范和图式。

在进行道路、管线及渠道等工程设计时，都会要求在符合限制坡度的条件下，选择一条最短路线或坡度相同的路线。

地形图比例为 1∶2000，要在该地形图上找出限制坡度 4% 的路线，等高距为 1m，路线经过相邻等高线之间的最小水平距离为 12.5cm。

J(GJ)BB004 将场地整理成水平面的土方计算方法

**（四）将场地整理成水平面的土方计算方法**

应用最广泛的土方计算方法有方格网法、等高线法和断面法。

如图 2-2-3 所示，在进行土地平整时，设计高程为所有方格的平均高程的平均值。在平整土地时，每个方格网定点的填挖高度为地面高程减去设计高程。方格法是平整场地，利用地形图计算填、挖土方量的最为常用的方法。

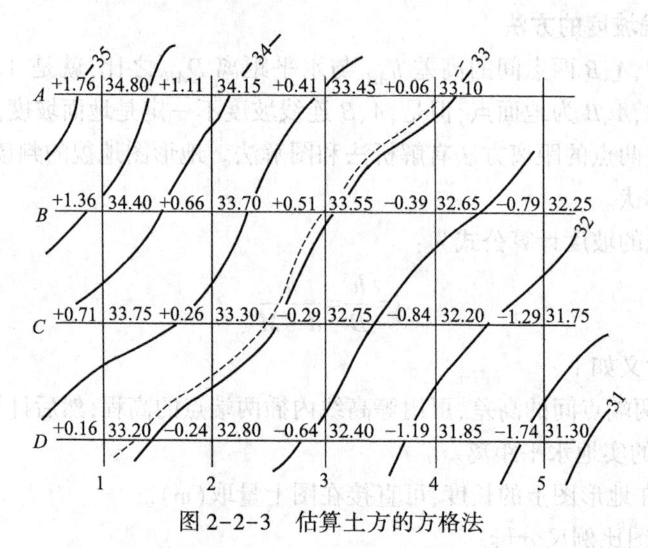


图 2-2-3　估算土方的方格法

如图 2-2-4 所示，应用地形估算土方的等高线法，是从设计高程的等高线开始，量取各等高线所围成的面积，用相邻两等高线所围成面积的平均值，乘以两等高线间的高差，即得到相邻等高线间的体积。

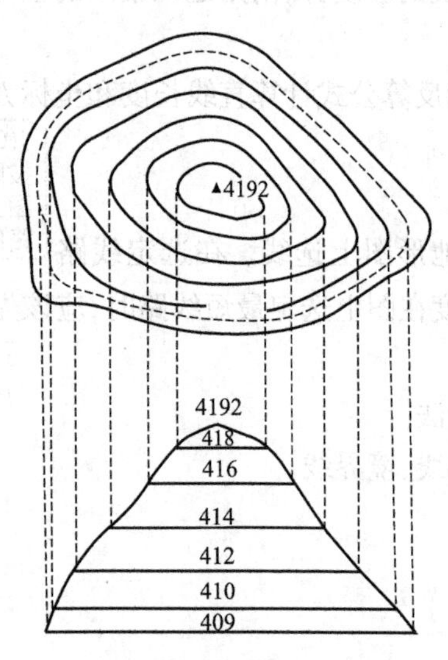


图 2-2-4　估算土方的等高线法

如图 2-2-5 所示，应用地形图估算土方的断面法，是在施工场地范围内，以一定的间隔绘制断面图，然后分别量出各断面由设计高程线与地面线所围成的填、挖面积，再以相邻两断面填、挖面积的平均值，分别乘以断面间距就得到断面间的填、挖量。

在设计桥梁、涵洞孔径大小，水库的位置及大坝高时，需确定汇水面积，在地形图上面积的范围确定后，测定其面积的方法有：透明方格纸法、平行线法、解析法、几何图形法。

地形图的用途如下：

（1）用于研究区域概况，并提供各种资料和数据。

（2）作为填绘地理考察内容的工作底图。

（3）野外工作的工具。

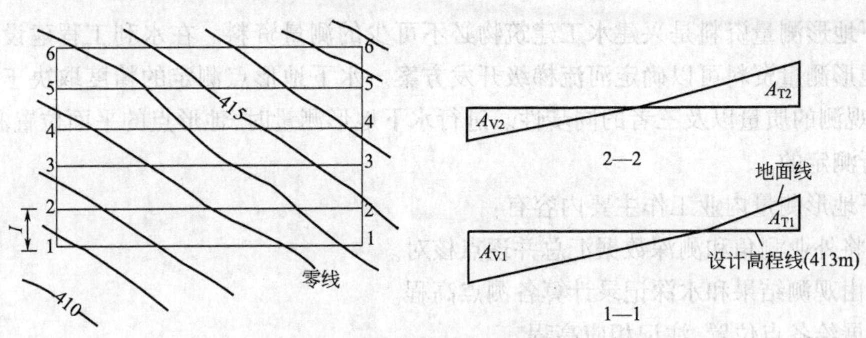


图 2-2-5 估算土方的断面法

(4)编制专题地图的底图。

J(GJ)BB005 将场地整理一定坡度斜面的土方计算方法

**(五)将场地整理一定坡度斜面的土方计算方法**

在将原地形改造成某一坡度的斜面时,首先设计倾斜面的等高线。在将原地形改造成某一坡度的斜面时,斜面上包含的某些不能改动的高程点成为设计斜面的控制高程点。当地面坡度较大时,进行土方估算时,需将场地整理成一定坡度的倾斜面。将场地做成一定坡度斜面,土方的计算步骤是:

(1)确定设计等高线的平距。

(2)确定设计等高线的方向。

(3)插绘设计倾斜面的等高线。

(4)计算填挖土方量。

将原地形改造成某一坡度的倾斜面时,一般可考虑填挖平衡的原则。

在地形图上根据填、挖平衡的原则,设计成一定坡度的倾斜地面,步骤如下:

(1)绘制方格网并求出各方格点的地面高程。

(2)在地形图上,确定场地重心点的设计高程。

(3)确定方格点设计高程;确定填、挖分界线;确定方格顶点的填、挖高度。

(4)计算挖、填方量。

大比例尺地形图(1∶5000~1∶100000)用途的内容包括:

(1)从地形图上可以直接量取各种精确数据。

(2)在地形图上可以进行规划设计。

(3)可作为专业调查和填图的工作底图和编制专题地图的底图。

(4)在军事上是指挥人员组织战斗或战役中不可缺少的工具,也是炮兵战斗确定打击目标的主要工具。

在各项工程建设中,往往需要进行必要的开挖,对原有地形进行一定的改造,使改造后的地形满足相应工程建设的需要。

## 二、地形图的测绘

J(GJ)BB006 水下地形测量的方法

### (一)水下地形测量的方法

水下地形图测量是指以图形、数据形式表示水下地物、地貌的测量工作。水下地形测量一般多以经纬仪、电磁波测距仪及标尺、标杆为主要工具,用断面法或极坐标法定位。

水下地形测量资料是兴建水工建筑物必不可少的测量资料。在水利工程建设方面，利用水下地形测量资料可以确定河流梯级开发方案。水下地形点测定的精度取决于定位、测深、水位观测的质量以及三者的同步性。进行水下地形测量时，地形点的平面位置和高程是分别进行测定的。

水下地形测量内业工作主要内容有：

(1)将外业测角和测深数据汇总并逐点核对。

(2)由观测结果和水深记录计算各测点高程。

(3)展绘各点位置，注记相应高程。

(4)在图上勾绘等高线或等深线表示出水下地形的起伏。

水下测量点的平面定位方法有：经纬仪前方交会定位、经纬仪后方交会定位、全站仪定位、GPS 定位。

J(GJ)BB007 水下测量的要求

**(二)水下测量的要求**

水下地形测量的基础是河道控制测量。水下地形测量的测深断面可布设为横断面、斜航断面及纵断面。水下地形点的高程一般是采用水面高程减去水深而间接获取的。水下地形测量的定位精度要求较高时，宜采用辅有电子数据采集和电子绘图设备的微波测距交会定位系统或电磁波测距极坐标定位系统。

水下地形测量中，定位精度的要求包括：

(1)当测图比例尺为 1∶200~1∶500 时，定位点点位中误差图上限差为 2.0mm。

(2)当测图比例尺为 1∶2000~1∶5000 时，定位点点位中误差图上限差为 1.5mm。

(3)当测图比例尺为≤1∶5000 时，定位点点位中误差图上限差为 1.0mm。

利用 RTK-GPS 定位技术可以实现无水位观测的水下地形测量，计算公式为：

$$Z_P = Z + Z_0 - (H - h)$$

式中符号的含义分别为：

(1)$Z_0$ 为测探仪换能器设定吃水。

(2)$Z$ 为测量的水深值。

(3)$H$ 为 $RTK$ 测得的相对于深度基准面的高程。

(4)$H-h$ 为水准值，即瞬时水面至深度基准面的高度。

水下地形测量需在水上进行动态定位和测深，作业比陆上地形测量困难。水下地形测量的定位和测深方法视水域宽窄及流速、水深等情况而定。

J(GJ)BB008 地形图精度的要求

**(三)地形图精度的要求**

测绘地物的关键是测定地物特征点。地形图上高度的精度，是根据地形图按等高线所求得的任意一点高程的中误差来衡量的。大比例尺地形图的高程的精度就是等高线所表示的高程精度。

根据测区地形情况和设计人员的要求，各种比例尺地形图的等高距可在基本等高距的基础上作灵活变通。

水下地形图测量中，测深($Z$)精度的要求如下：

(1)当测深范围为 $0<Z\leqslant 20$m 时，极限误差为±0.3m。

(2)当测深范围为 $20\text{m}<Z\leqslant 30$m 时，极限误差为±0.4m。

(3)当测深范围为 30m<$Z$≤50m 时,极限误差为±0.5m。

(4)当测深范围为 50m<$Z$≤100m 时,极限误差为±1.0m。

大比例尺地形图的比例尺精度要求如下:

(1)当比例尺为 1∶500 时,比例尺精度为 0.05m。

(2)当比例尺为 1∶1000 时,比例尺精度为 0.10m。

(3)当比例尺为 1∶2000 时,比例尺精度为 0.20m。

(4)当比例尺为 1∶5000 时,比例尺精度为 0.50m。

地形图上高程点注记,当等高距为 0.5m 时,应精确至 0.01m,当等高距大于 0.5m 时,应精确至 0.1m。

地形图测量时,当图根导线作为首级控制时,边长应往返丈量,其较差的相对误差不应大于 1/4000。

J(GJ)BB009 碎部测量的内容

**(四)碎部测量的内容**

对于地物,碎部点应选在地物轮廓线方向变化的地方,如房角点,道路转折点、交叉点,河岸线转弯点以及独立地物的中心点等。

由于地物形状极不规则,一般规定主要地物凸凹部分在图上大于 0.4mm 均应表示出来,小于该值时,可用直线连接。

对于地貌,碎部点应选在能反应地貌特征的山顶、鞍部、山脊线、山谷线、山脚及地面坡度变化的地方。

为了真实地反应实地地形,在地面平坦或坡度无显著变化的地方,测站点至碎部点间的最大视距,对于 1∶500 地形图,主要地物点为 60m。

碎部测量的地物点选择的内容包括:

(1)各类建筑物及其主要附属设施均应进行测绘。

(2)对于地下构筑物,可只测量其出入口和地面通风口的位置和高程。

(3)独立性地物的测绘,能按比例尺表示的,应实测外廓,填绘符号。

(4)水系及附属设施,宜按实际形状测绘。

碎部测量时,对植被的测绘应按其经济价值和面积大小适当取舍,并应符合下列规定:

(1)农业用地的测绘按稻田、旱地、菜地、经济作物地等进行区分,并配置相应符号。

(2)地类界与线状地物重合时,只绘线状地物符号。

(3)梯田坎的坡面投影宽度在地形图上大于 2mm 时,应实测坡脚;小于 2mm 时,可量注比高。

(4)稻田应测出田间的代表性高程,当田埂宽在地形图上小于 1mm 时,可用单线表示。

在细部测量中,矩形建筑物应测 3 个以上测点。

应选择地物、地貌的特征点作为碎部点。

J(GJ)BB0010 全站仪测绘地形图的方法

**(五)全站仪测绘地形图的方法**

用全站仪测绘地形图,能实现数据编码,它是为了实现人机交互,达到有效地组织和利用数据的目标。数字地形测量与传统的地形测量的本质差别是表达形式,传统地形测量是用图解方式表示测量的内容,而数字地形测量是用数字形式来表达测量的内容。

用全站仪测绘地形图,可以建立数字地形模型,它通常建立在三维坐标系中,模型总体是一些空间分布点的集合,坐标和高程表示了地面起伏形态。

用全站仪测绘地形图,能实现控制测量数据的自动处理、野外采集、等高线的自动绘制以及地形符号的自动绘制。

用全站仪测绘地形图的内容包括:

(1)首先要加密控制点;

(2)在加密控制点上设站,将测站点和后视点的坐标输入到全站仪中;

(3)指挥人员到各碎部点上立棱镜,测出各点的坐标保存到全站仪中;

(4)现场测量完毕后,再将数据输入电脑中,用 CASS 软件作出地形图。

全站仪的功能如下:

(1)全站仪能高精度、快捷地同时测量角度、距离、高程三要素。

(2)全站仪能迅速而精确地在现场得出所需的计算结果。

(3)全站仪既能完成一般的控制测量,又能进行地形图的测绘。

(4)通过传输接口将全站仪在野外采集系统与计算机、自动绘图机连接起来,配以数据处理软件和绘图软件,实现地形图测绘的自动化。

全站仪测绘地形图的优点是:全站仪普遍具有观测数据的自动记录与归算功能。

全站仪有一套自动改正系统,用来改正水平度盘偏心、垂直度盘指标差、地球曲率与大气折光,进而有效地保证了所测角度和距离的可靠性。

# 项目二 在地形图上采用方格网计算挖填土方量(技师)

该项目操作平面图如图 2-2-6 所示。

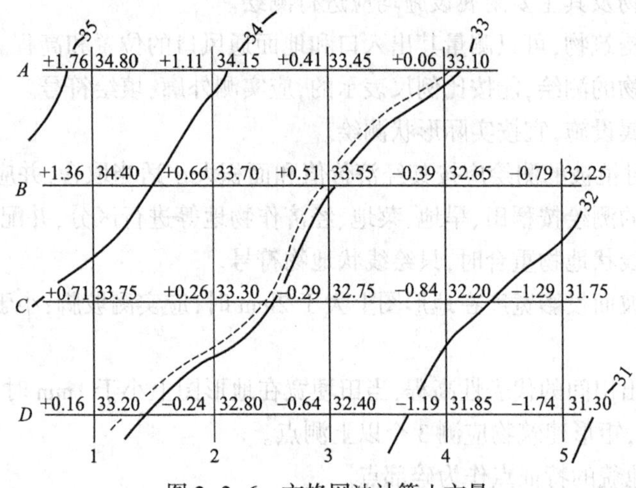


图 2-2-6 方格网法计算土方量

## 一、准备工作

(1)设备。

地形图测量成果 1 张。

(2)材料、工具。

铅笔1支、三角板1把、橡皮1块、圆规1个。

## 二、操作步骤

(1)绘制方格网。

方格的边长取决于地形复杂程度和土石方量估算的精度要求,一般取10m或20m。然后,根据地形图的比例尺在图上绘出方格网。

(2)求各方格角点高程。

根据地形图上的等高线和其他地形点高程,采用目估法内插出各方格角点的地面高程值,并标注于相应顶点的右上方。

(3)计算设计高程。

将每个方格角点的地面高程值相加,并除以4则得到设计高程$H_{设}$。$H_{设}$也可以根据工程要求直接给出。

(4)确定填、挖边界线。

根据设计高程,在地形图上绘出高程为$H_{设}$的高程线,用虚线表示,即称零等高线。

(5)计算各方格网点的填、挖高度。

将各方格网点的地面高程减去设计高程,即得各方格网点的填、挖高度,并注于相应顶点的左上方,正号表示挖,负号表示填。

(6)计算挖填土方量。

计算挖填土方量计算公式如下:

| | |
|---|---|
| 角点 | 挖(填)高×1/4方格面积 |
| 边点 | 挖(填)高×2/4方格面积 |
| 拐点 | 挖(填)高×3/4方格面积 |
| 中点 | 挖(填)高×4/4方格面积 |

(7)计算总的填、挖量。

将角点、边点、拐点、中点所得到的填方量或挖方量各自相加,就得到总的填方量或总的挖方量,两值基本相等。

## 三、技术要求

(1)为了使起伏不平的地形满足一定工程的要求,需要把地表平整成为一块水平面或倾斜平面。

(2)计算挖填土方量时是将角点、边点、拐点、中点分别计算的。

## 四、注意事项

(1)绘制方格边长时根据具体情况灵活选用。

(2)计算方格网角点高程时,采用目估法内插。

# 项目三　按给定图纸地貌特征点勾绘等高线（技师）

该项目操作平面图如图 2-2-7 所示。

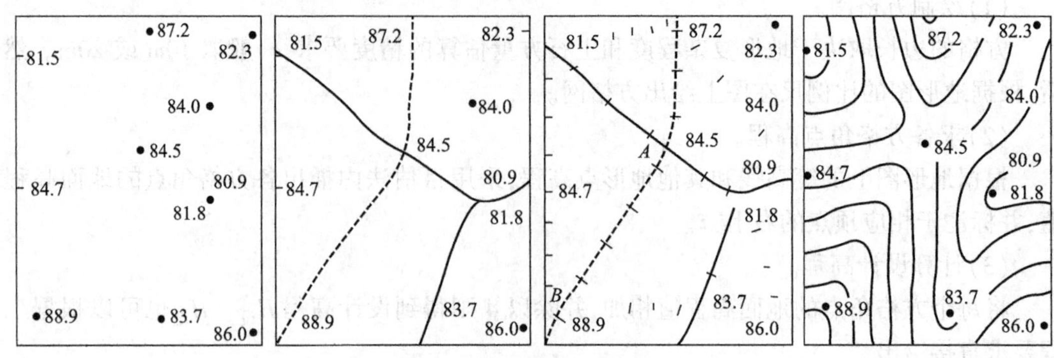


图 2-2-7　等高线的勾绘

## 一、准备工作

(1)设备。

地貌特征点测量成果 1 张。

(2)材料、工具。

铅笔 1 支、橡皮 1 块、圆规 1 个。

## 二、操作步骤

(1)连接地形线。

参照实际地貌，将有关的地貌特征点连接起来，在图上用铅笔绘出地形线。用虚线表示山脊线，用实线表示山谷线。

(2)内插等高线通过点。

由于等高线的高程必须是等高距的整倍数，而地貌特征点的高程不是整数，因此要勾绘等高线，首先要找出等高线的通过点。在实际工作中，内插等高线通过点均采用图解法或目估法。所有相邻两点进行内插，就得到等高线通过点。

(3)勾绘等高线。

把高程相同的点用圆顺的曲线连接起来，就勾绘出反映地貌形态的等高线。描绘等高线时要均匀圆滑，不要有死角或出刺的现象。等高线绘出后，将图上的地形线全部擦去。

## 三、技术要求

(1)当图上等高线遇双线河、渠和不依比例尺绘制的符号时，应中断。

(2)勾绘等高线时，首先用铅笔轻轻描绘出山脊线、山谷线等地形线，再根据碎部点的高程勾绘等高线。

(3)由于相邻碎部点间可视为均匀坡度，因此，可在两相邻碎部点的连线上，按平距与高差成比例的关系，内插出两点间各条等高线通过的位置。

(4)勾绘等高线时，要对照实地情况，先画计曲线，后画首曲线，并注意等高线通过山脊线、山谷线的走向。

## 四、注意事项

(1)应保证精度，线划应均、光滑自然。

(2)绘制结束后，应将多余的线条用橡皮擦去。

# 项目四　伺服式全站仪的电子校检(高级技师)

准备一平整的操作场地，如图 2-2-8 所示。

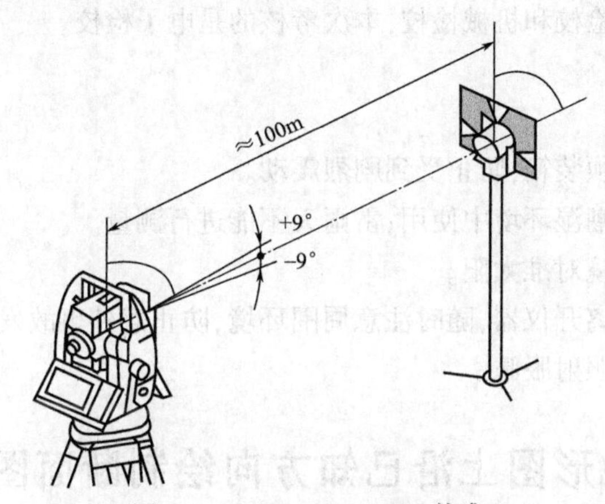


图 2-2-8　($l$、$t$、$i$、$c$、ATR)校准

## 一、准备工作

(1)设备。

TS30/TM30 伺服式全站仪 1 台、伺服式全站仪脚架 1 套、棱镜 1 套。

(2)材料、工具。

彩色粉笔 2 根、记录纸 1 张。

## 二、操作步骤

(1)安置仪器。

在测定仪器前，将仪器安置在场地上，要保证基座、三脚架和地面稳固安全，避免震动或干扰，使用电子水准气泡整平仪器，按"SHIFT"和"F12"以访问"激光对中器，整平"页面。

(2)综合校准($l$、$t$、$i$、$c$、ATR)。

补偿器纵向指标差 $l$、横向指标差 $t$、竖直角指标差 $i$、水平照准误差 $c$、零位误差 ATR。

在主菜单工具中选择校准，并选择组合校准($l$、$t$、$i$、$c$、ATR)。在相距约 100m 的目标点放置棱镜；按测量“F1”以测定并继续到下一个屏幕；按测量“F1”在另一面测量同一目标并计算误差，至少进行两个测回的测定。若接受新的结果则选择“继续”，若不接受就重做整个过程。

(3)横轴倾斜校准($a$)。

在主菜单工具中选择校准，并选择横轴倾斜校准，用望远镜准确地瞄准相距约100m的目标点。过程同($l$、$t$、$i$、$c$、ATR)校准。

## 三、技术要求

(1)伺服式全站仪的生产、装配和调校质量达到了较高的水平，但在急剧的温度变化、震动或重压情况下可能引起偏差及仪器准确度的降低。

(2)需要经常对仪器进行检查和校准，特别是第一次使用前、每次高精度的测量前、颠簸或长时间运输后，长时间的工作期后、长时间的存放期后。

(3)检校分为电子检校和机械检校，本次考核的是电子检校。

## 四、注意事项

(1)操作完仪器必须装箱，防止受到剧烈震动。

(2)充电器不能在潮湿环境中使用；雷雨天不能进行测量。

(3)不能使用望远镜对准太阳。

(4)操作人员不能离开仪器，随时注意周围环境，防止意外事故发生。

(5)激光不能直接照射眼睛。

# 项目五　在地形图上沿已知方向绘制断面图(高级技师)

该项目操作平面图如图2-2-9所示。

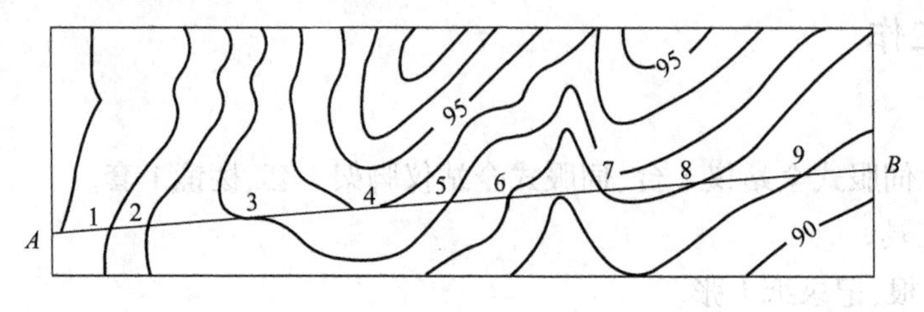


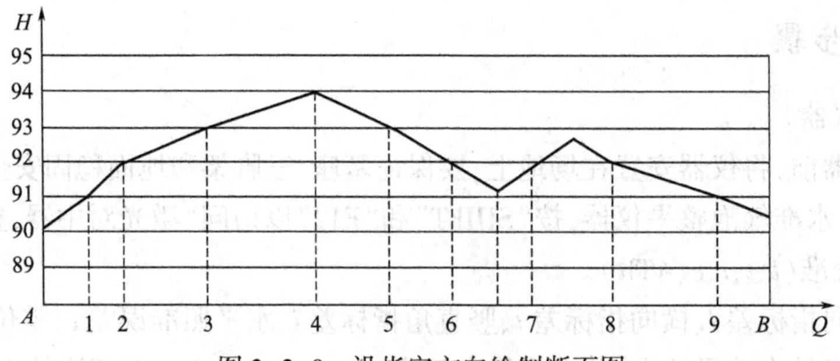


图2-2-9　沿指定方向绘制断面图

## 一、准备工作

(1)设备。

地形图测量成果1张。

(2)材料、工具。

铅笔1支、直尺1把、橡皮1块、圆规1个。

## 二、操作步骤

(1)确定断面图比例尺。

首先确定断面图的水平比例尺和高程比例尺。断面图上的水平比例尺与地形图的比例尺一致,高程比例尺比水平比例尺大10倍,可以明显地反映地面起伏变化情况。

(2)绘出直角坐标轴线。

横轴表示水平距离坐标线,纵轴表示高程坐标线,并在高程坐标线上依高程比例尺标出各等高线的高程。

(3)绘制断面图。

以 $AB$ 被等高线所截各线段之长 $A1,12,23,\cdots,9B$ 的长度,用圆规在横轴上截取相应的点并作垂线,使垂线之长等于各点相应的高程值,垂线的端点即是断面点,连接各相邻断面点,即得 $AB$ 线路的纵断面图。

## 三、技术要求

(1)水平比例尺为1∶2000,而高程比例尺为1∶200。

(2)扩大高程比例尺的倍数,是为了凸显地面的起伏变化。

(3)为了防止断面失真,在断面方向上坡度变化的最高、最低点必须绘出。

## 四、注意事项

(1)连接高程点时必须用光滑的曲线连接。

(2)绘制结束后,应将多余的线条用橡皮擦去。

# 模块三　公路路线测量

## 项目一　相关知识

### 一、单圆曲线的测设方法

单圆曲线的测设方法较多，一般有切线支距法、偏角法、弦线支距法、弦线偏距法和极坐标法等。

J(GJ)BC010 切线支距法

#### （一）切线支距法

切线支距法也称为直角坐标法。切线支距法测设圆曲线时，需要知道任意点至直圆点的弧长、该弧长所对的圆心角和圆曲线半径，就可以测设。切线支距法是以曲线起点或者曲线终点为原点，以切线为 $x$ 轴，过原点的半径为 $y$ 轴。

切线支距法适用于平坦开阔的地区，测点误差不累积。如图 2-3-1 所示，已知 $P_i$ 为曲线上欲测设的点位，该点至 $ZY$ 点或 $YZ$ 点的弧长为 $L_i$，所对的圆心角为 $\varphi_i$，$R$ 为圆曲线半径，则利用切线支距法放样 $P_i$ 时，坐标的计算公式为：$x_i=R\sin\varphi_i$，$y_i=R(1-\cos\varphi_i)$。

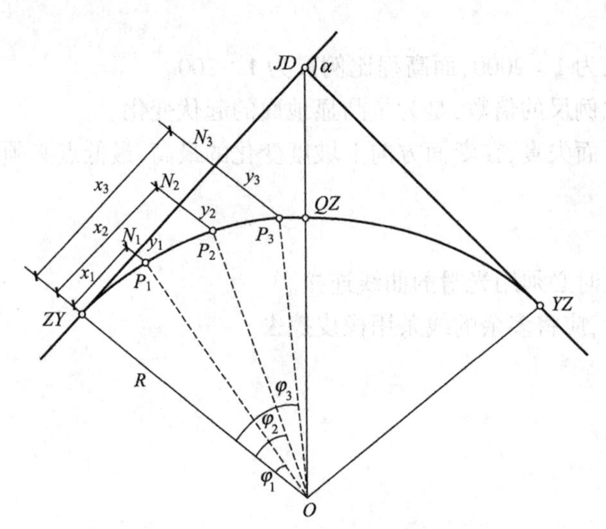


图 2-3-1　切线支距法测设单元曲线

切线支距法测设的步骤为：

（1）根据圆曲线半径和测点弧长所对的圆心角计算所测点坐标 $P_i(x_i,y_i)$。

（2）从 $ZY$ 点开始用钢尺或皮尺沿切线方向量取 $P_i$ 的横坐标 $x_i$，得垂足 $N_i$。

（3）在各垂足 $N_i$ 上用方向架定出垂直方向，量取纵坐标 $y_i$，即可定出 $P_i$ 点。

（4）曲线上各点设置完毕后，应量取相邻桩之间的距离，与相应的桩号之差作比较，若较差均在限差之内,则曲线测设合格;否则应查明原因,予以纠正。

J(GJ)BC011 偏角法

**(二)偏角法**

偏角法是以曲线起点 $ZY$ 或终点 $YZ$ 至曲线任一待定点 $P_i$ 的弦线与切线 $T$ 之间的弦切角 $\Delta_i$ 和弦长 $c_i$ 来确定 $P_i$ 点位置,如图 2-3-2 所示。

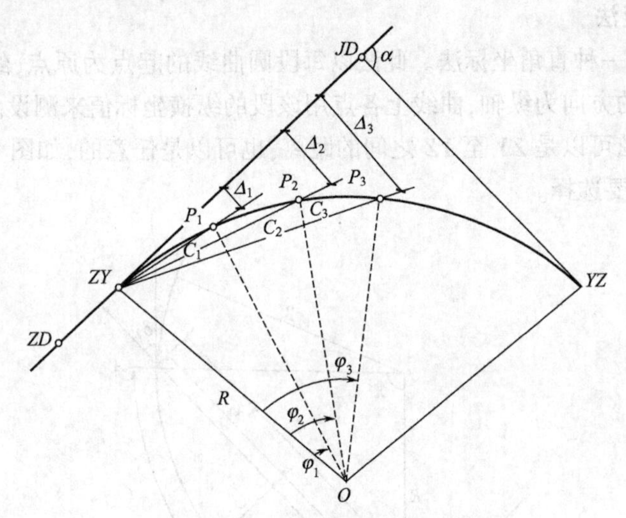


图 2-3-2　偏角法测设单元曲线

偏角 $\Delta_i$ 和弦长 $c_i$ 的计算公式:

$$\Delta_i=\frac{\varphi_i}{2}=\frac{l_i}{R}\frac{90°}{\pi}$$

$$c_i=l_i-\frac{l_i^{3}}{24R^2}+\cdots$$

式中,$l_i$ 为弧长(点 $P_i$ 至 $ZY$ 或 $YZ$ 的距离),弧弦差 $\delta_i=l_i-c_i=\dfrac{l_i^3}{24R^2}$。

由于经纬仪水平度盘的注记是顺时针方向增加的,故采用偏角法时,如果偏角的增加方向与水平盘一致,也是顺时针方向增加,称为正拨;反之称为反拨。对于右转角仪器置于 $ZY$ 点上测设曲线为正拨,置于 $YZ$ 点上则为反拨。对于左转角,仪器置于 $ZY$ 点上测设曲线为反拨,置于 $YZ$ 点上则为正拨。正拨时,望远镜照准切线方向,如果水平度盘读数配置为 0°,各桩的偏角读数就等于各桩的偏角值。但在反拨时则不同,各桩的偏角读数应等于 360°减去各桩的偏角值。

偏角法不仅可以在 $ZY$ 点和 $YZ$ 点上测设曲线,而且可以在 $QZ$ 点上测设,也可在曲线任一点上测设,它是一种测设精度较高,适用性较强的常用方法。但这种方法存在着测点误差累积的缺点,所以宜从曲线两端向中点或自中点向两端测设曲线。

偏角法的测设步骤如下:

(1)将经纬仪置于 $ZY$ 点上,瞄准交点 $JD$,并将水平度盘配置在 0°00′00″。

(2)转动照准部使水平度盘读数为第一个整桩号所对的偏角读数,从 $ZY$ 点沿此方向量取第一段弦长,定出该整桩号。

(3)转动照准部使水平度盘读数为第一个 20m 桩所对的偏角值,由第一个整桩号量弦长 20m 与视线方向相交,定出整桩号+20m 桩。

(4)按上述方法逐一定出其余 20m 桩及 $QZ$ 点,此时定出的 $QZ$ 点应与主点测设时定出的 $QZ$ 点重合,如不重合,其闭合差不得超过限差的规定。

J(GJ)BC012 弦线支距法

### (三)弦线支距法

弦线支距法是一种直角坐标法。此法以每段圆曲线的起点为原点,经每段曲线的弦长为横轴,垂直于弦的方向为纵轴,曲线上各点用该段的纵横坐标值来测设。

实际工作中,弦可以是 $ZY$ 至 $YZ$ 之间的距离,也可以是任意的,如图 2-3-3 中以 $ZY$ 至 $A$,$A$ 应根据实地需要选择。

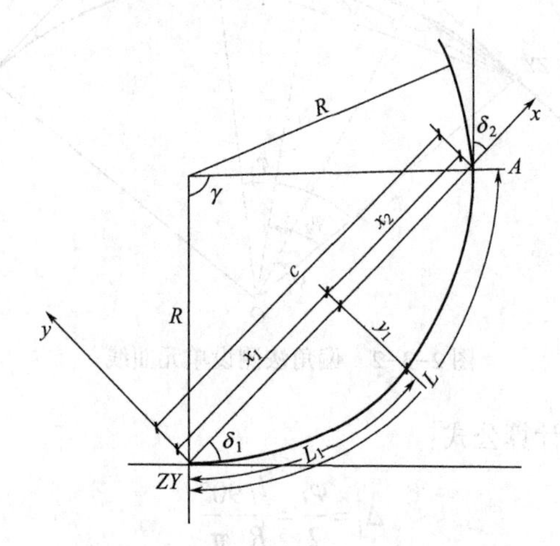


图 2-3-3　弦线支距法测设单圆曲线

测设所需数据的计算公式如下:

$$c=2R\sin\frac{\gamma}{2}$$

$$x_1=L_1-\frac{\left(\frac{L}{2}\right)^3-\left(\frac{L}{2}-L_1\right)^3}{6R^2};y_1=L_1-\frac{\left(\frac{L}{2}\right)^2-\left(\frac{L}{2}-L_1\right)^2}{2R^2}$$

式中　$L_1$——置仪点至测设点 1 的圆曲线长;

$L$——分段的圆曲线长。

J(GJ)BC013 弦线偏距法

### (四)弦线偏距法

弦线偏距法是一种适用于隧道等狭窄场地放样曲线的方法。如图 2-3-4 所示,$PA$ 为中线的直线段,$A$ 为圆曲线的起点,要求每隔 $c$(m)放样一个细部点 $P_1,P_2,P_3,\cdots$。由于这种方法的精度较低,放样误差累积快,因此,不宜连续放样多点。放样步骤如下:

(1)先延长 $PA$ 直线段,至放样点 $a$,$Aa=c$。

(2)由点 $a$ 量距 $d_1$,由 $A$ 点量距 $c$,两距离交会定出细部点 $P_1$,并延长 $AP_1$ 至点 $b$,使 $P_1b=c$。

(3)由点 $b$ 量距 $d$,由 $P_1$ 量距 $c$,两距离交会定出细部点 $P_2$;如此反复,以 $d$、$c$ 两距离交

会出其余细部点。交会距离计算公式如下

$$d=2c\sin\frac{c}{2R};d_1=2c\sin\frac{c}{4R}$$

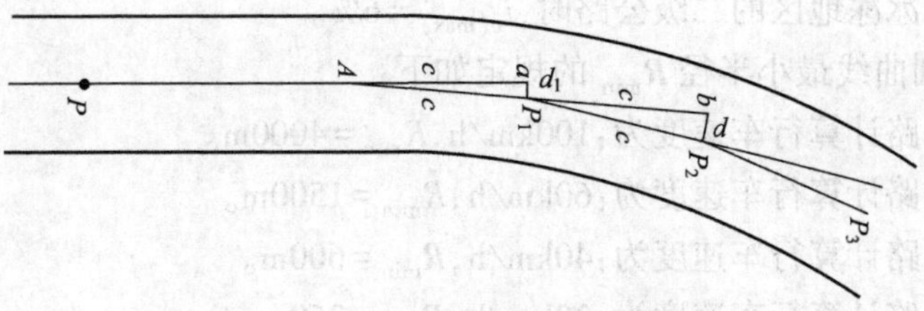

图 2-3-4　弦线偏距法测设单圆曲线

J(GJ)BC014 极坐标法

**(五)极坐标法**

极坐标法是在直线上的转点或曲线上的控制点,测设任意中线点或任意点,并在该点上置仪测设曲线。用极坐标测设曲线,首先应计算置仪点及各测点的坐标,根据置仪点及测试点的坐标,计算两点间的距离,以及该边与后视边的夹角,即可测设各测点的位置。

极坐标在测设曲线时,首先设定一个直角坐标系,现场中常采用以 $ZH(HZ)$ 为坐标原点,切线方向为 $x$ 轴,并且正向朝向交点 $JD$,自 $x$ 轴正向顺时针旋转 90°为 $y$ 轴正向。这时曲线上各点的坐标 $x_P$、$y_P$ 可按切线支距法计算,但当曲线位于 $x$ 轴正向左侧时,$y_P$ 应为负值。

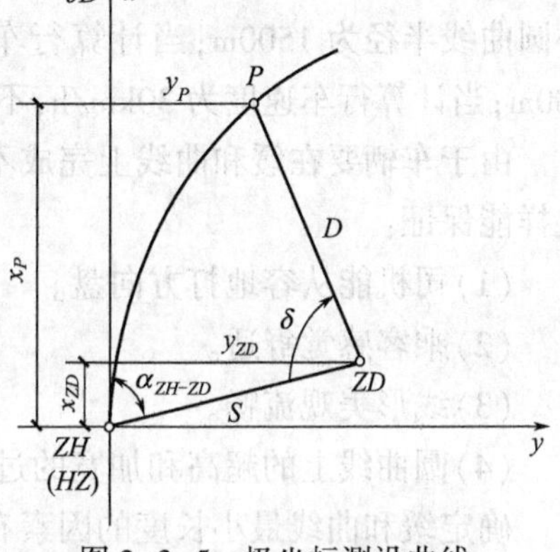

图 2-3-5　极坐标测设曲线

如图 2-3-5 所示,在曲线附近选择一转点 $ZD$,将仪器置于 $ZH$(或 $HZ$)点上,测定 $ZH$ 至 $ZD$ 的坐标为:$x_{ZD}=S\cos\alpha_{ZH-ZD}$;$y_{ZD}=S\sin\alpha_{ZH-ZD}$。

直线 $ZD-ZH$ 的方位角为:$\alpha_{ZD-ZH}=\alpha_{ZD-ZH}\pm180°$。

直线 $ZD-P$ 的方位角为:$\alpha_{ZD-P}=\arctan^{-1}\dfrac{y_P-y_{ZD}}{x_P-x_{ZD}}$。

则 $\delta=\alpha_{ZD-P}-\alpha_{ZD-ZH}$,$D=\dfrac{x_P-x_{ZD}}{\cos\alpha_{ZD-P}}=\dfrac{y_P-y_{ZD}}{\sin\alpha_{ZD-P}}=\sqrt{(x_{ZD}-x_P)^2+(y_{ZD}-y_P)^2}$。

J(GJ)BC008 不设超高的圆曲线半径的要求

**(六)不设超高的圆曲线半径的要求**

(1)高速公路,当设计车速为 80km/h,不设超高的圆曲线最小半径为 2500m;(2)高速公路,当设计车速为 120km/h,不设超高的圆曲线最小半径为 5500m;(3)一级公路,当设计车速为 100km/h,不设超高的圆曲线最小半径为 4000m;(4)二级公路,当设计车速为 80km/h,不设超高的圆曲线最小半径为 2500m;(5)三级公路,当设计车速为 60km/h,不设超高的圆曲线最小半径为 1500m;(6)四级公路,当设计车速为 40km/h,不设超高的圆曲线最小半径为 600m。

公路圆曲线最大超高值 $i_{c(\max)}$ 的规定如下:

(1)当在一般地区的高速公路时，$i_{c(\max)}=10\%$。

(2)当在一般地区的二级公路时，$i_{c(\max)}=8\%$。

(3)当在积雪冰冻地区的高速公路时，$i_{c(\max)}=6\%$。

(4)当在积雪冰冻地区的二级公路时，$i_{c(\max)}=6\%$。

不设超高的圆曲线最小半径 $R_{\min}$ 的规定如下：

(1)当高速公路计算行车速度为：100km/h，$R_{\min}=4000$m。

(2)当一级公路计算行车速度为：60km/h，$R_{\min}=1500$m。

(3)当二级公路计算行车速度为：40km/h，$R_{\min}=600$m。

(4)当三级公路计算行车速度为：30km/h，$R_{\min}=350$m。

J(GJ)BC009 不设缓和曲线的最小圆曲线半径的要求

**(七)不设缓和曲线的最小圆曲线半径的要求**

当计算行车速度为 120km/h，不设缓和曲线的最小圆曲线半径为 5500m；当计算行车速度为 100km/h，不设缓和曲线的最小圆曲线半径为 4000m；当计算行车速度为 80km/h，不设缓和曲线的最小圆曲线半径为 2500m；当计算行车速度为 60km/h，不设缓和曲线的最小圆曲线半径为 1500m；当计算行车速度为 40km/h，不设缓和曲线的最小圆曲线半径为 600m；当计算行车速度为 30km/h，不设缓和曲线的最小圆曲线半径为 350m。

由于车辆要在缓和曲线上完成不同曲率的过渡行驶，所以要求缓和曲线有足够的长度，这样能保证：

(1)司机能从容地打方向盘。

(2)乘客感觉舒适。

(3)线形美观流畅。

(4)圆曲线上的超高和加宽的过渡能在缓和曲线内完成。

确定缓和曲线最小长度的因素有：旅客感觉舒适、超高渐变适中、行驶时间不过短。

## 二、缓和曲线

J(GJ)BC004 切线角的含义

**(一)切线角的含义**

如图 2-3-6 所示，回旋线上任意一点 $P$ 处的切线与起点切线的交角称为切线角。

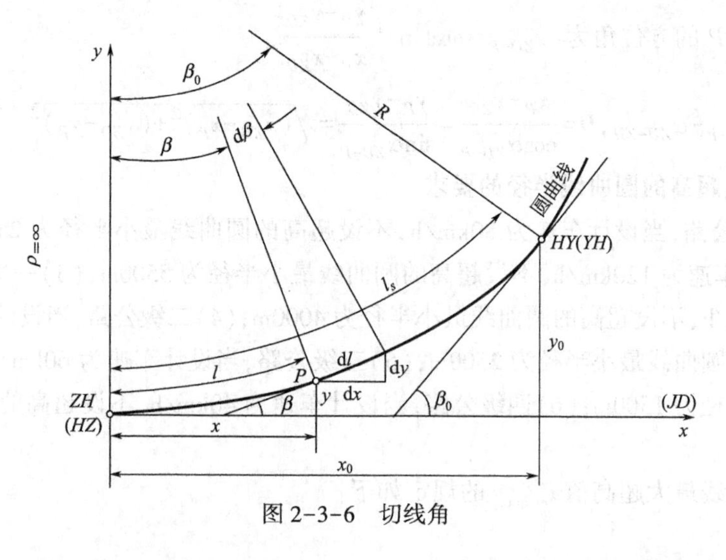


图 2-3-6　切线角

缓和曲线的缓和曲线长为 $l_s$，圆曲线半径为 $R$，则切线角 $\beta_0$ 计算公式为：$\beta_0=\frac{l_s}{2R}\frac{180°}{\pi}$。缓和曲线的缓和曲线长为 $l_s=100\text{m}$，圆曲线半径为 $R=2000\text{m}$，则切线角 $\beta_0$ 为：1°25′56″。

缓和曲线 $HY$ 或 $YH$ 点的偏角为 $\delta_0$，则此时切线角 $\beta_0$ 值为 $3\delta_0$。缓和曲线 $HY$ 或 $YH$ 点的偏角为 $\delta_0=5°15'15''$，则此时切线角 $\beta_0$ 值为 15°45′45″。

在简单圆曲线与直线连接的两端，分别插入一段回旋曲线，构成基本型的组合形式，要素计算公式有：

$$L=(\alpha-2\beta_0)\frac{\pi}{180°}R+2l_s$$

式中 $\alpha$——路线转角；

$\beta_0$——切线角；

$R$——主曲线半径，m；

$l_s$——缓和曲线长度，m。

在简单圆曲线与直线连接的两端，分别插入一段回旋曲线，构成基本型的组合形式，要素计算公式有：

$$E_s=(R+\Delta R)\sec\frac{\alpha}{2}-R$$

式中 $E$——外距，m；

$\Delta R$——主圆曲线的内移值，m；

$R$——主曲线半径，m；

$\alpha$——路线转角。

缓和曲线上任一点的切线角等于该点至起点的曲线长所对的中心角。缓和曲线全长 $l_s$ 所对的中心角即切线角。

J(GJ)BC005 缓和曲线最小长度的要求

**(二)缓和曲线最小长度的要求**

高速公路，当设计车速为 120km/h，缓和曲线最小长度为 100m；一级公路，当设计车速为 100km/h，缓和曲线最小长度为 85m；二级公路，当设计车速为 80km/h，缓和曲线最小长度为 70m；高速公路，当设计车速为 80km/h，缓和曲线最小长度为 70m；三级公路，当设计车速为 60km/h，缓和曲线最小长度为 50m；四级公路，当设计车速为 40km/h，缓和曲线最小长度为 35m。

各级公路计算圆曲线半径时，有公式：

$$R_{\min}=\frac{v^2}{127[\mu_{\max}+i_{c(\max)}]}$$

式中 $R_{\min}$——极限最小半径，m；

$\mu_{\max}$——最大的横向力系数；

$i_{c(\max)}$——最大超高横坡；

$v$——指定的行车速度，km/h。

不设缓和曲线的情况如下：

(1)在直线与圆曲线之间，当圆曲线半径大于或等于不设超高圆曲线最小半径时。

(2)半径不同的同向圆曲线之间,当小圆半径大于不设超高圆曲线最小半径时。

(3)当小圆半径大于规范规定的临界半径,小圆曲线设置最小长度的缓和曲线,且其大圆与小圆内移值之差若不超过0.10m时。

(4)当小圆半径大于规范规定的临界半径,若计算行车速度大于或等于80km/h,且小圆半径与大圆半径之比小于1.5时。

J(GJ)BC006 曲线内移值的含义

## (三)曲线内移值的含义

如图2-3-7所示,在直线与圆曲线之间插入缓和曲线时,必须将原有的圆曲线向内移动距离$p$,此值为曲线内移值。在直线与圆曲线之间插入缓和曲线时,公路上一般采用圆心不动的平行移动方法。

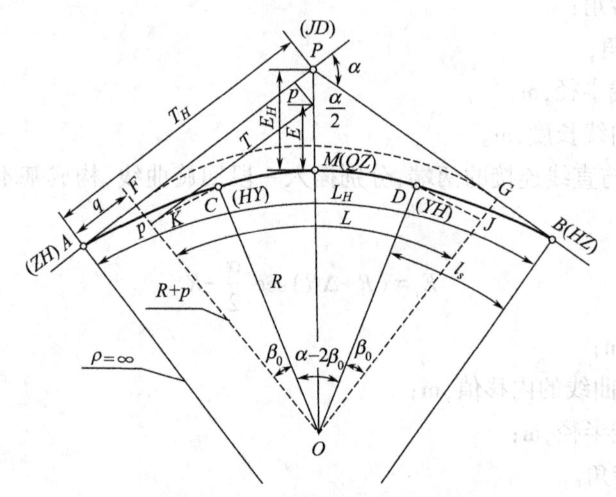


图2-3-7 内移值与切线增值

当缓和曲线$HY$或$YH$点坐标为$(x_0y_0)$,圆曲线半径为$R$,切线角为$\beta_0$时,曲线内移值的计算公式为:$p=y_0-R(1-\cos\beta_0)$。

缓和曲线内移值$p$等于缓和曲线中点纵坐标$y$值的2倍。

缓和曲线的缓和曲线长为$l_s$,圆曲线半径为$R$,曲线内移值的计算公式为:$p=\dfrac{l_s^2}{24R}$。缓和曲线的缓和曲线长为$l_s=60$m,圆曲线半径为$R=600$m,则曲线内移值为0.25m。

计算缓和曲线要素包括圆曲线半径$R$、路线转角$\alpha$、缓和曲线长度$l_s$、切线长$T_s$、曲线长$L$、外距$E$、圆曲线内移值$p$、缓和曲线切线增长值$q$、缓和曲线终点处缓和曲线角$\beta_0$、校正值$J_s$。

车辆从直线驶入圆曲线后,会突然产生离心力,影响车辆的安全和舒适,为了减少离心力的影响,需设弯道超高,计算公式为:$\dfrac{h}{B}=\dfrac{F}{W}$,式中,$h$为路外侧升高值,$B$为路面宽度,$F$为向心力,$W$为车辆的重量。

J(GJ)BC007 曲线切线增值的含义

## (四)曲线切线增值的含义

如图2-3-7所示,在直线与圆曲线之间插入缓和曲线时,必须将原有的圆曲线向内移动距离$p$,这时切线增长值为$q$,此值为曲线切线增值。

当缓和曲线 $HY$ 或 $YH$ 点坐标为$(x_0,y_0)$,圆曲线半径为 $R$,切线角为 $\beta_0$ 时,曲线切线增长值的计算公式为:$q=x_0-R\sin\beta_0$。

缓和曲线的切线增长值 $q$ 约为缓和曲线长度的 1/2 倍。

缓和曲线的缓和曲线长为 $l_s$,圆曲线半径为 $R$,曲线切线增长值的计算公式为:$q=\frac{l_s}{2}-\frac{l_s^3}{240R^2}$。

缓和曲线的缓和曲线长为 $l_s=100$m,圆曲线半径为 $R=2000$m,则曲线切线增长值为 50m。

缓和曲线切线长公式为:$T_H=(R+p)\tan\frac{\alpha}{2}+q$,式中,$R$ 为圆曲线半径,$p$ 为圆曲线内移值,$\alpha$ 为路线转角,$q$ 为缓和曲线切线增值。

车辆从直线驶入圆曲线后,会突然产生离心力,影响车辆的安全和舒适,为了减少离心力的影响,需设弯道超高,计算公式为:$h=\frac{v^2B}{g\rho}$式中,$v$ 为车辆行驶速度,$B$ 为路面宽度,$g$ 为重力加速度,$\rho$ 为所求点的曲率半径。

圆曲线半径为 $R$,偏角为 $\alpha$,如直线与圆曲线之间插入缓和曲线,内移动值为 $p$,切线增值为 $q$,则缓和曲线的外矢距计算公式为:$E_H=(R+p)\sec\frac{\alpha}{2}-R$。

J(GJ)BC015 缓和曲线的内容

**(五)缓和曲线的内容**

当受实地地形地物条件所限,选择的圆曲线半径较小时,需设缓和曲线,具有线形缓和与行车缓和以及超高加宽缓和的作用。

缓和曲线长度的确定应考虑行车的舒适及超高过渡的需要,并不应小于汽车 3s 的行程。

带有缓和曲线的曲线测设方法有切线支距法和偏角法。

回旋曲线上任意一点 $P$ 处的切线与起点切线的交角称为切线角。

缓和曲线的作用如下:

(1)曲率连续变化,符合车辆行驶轨迹。

(2)离心加速度逐渐变化,旅客感觉舒适。

(3)超高横坡度和加宽逐渐变化,行车更加平稳。

(4)与圆曲线配合得当,增加线形美观。

缓和曲线的参数表达式为:

$$\rho L_P=l_sR=C$$

式中　$\rho$——缓和曲线上任意一点的径向半径;

$L_P$——缓和曲线上曲率为零的点至任意点的沿回旋线走向的距离;

$R$——缓和曲线所连接的圆曲线半径;

$C$——常数。

为了减小离心力对路面车辆的影响,一般将弯道路边做成外高内低呈单向横坡的形式。

带有缓和曲线的曲线测设时,需要知道圆曲线内移值 $p$、切线增值 $q$ 和切线角 $\beta_0$。

J(GJ)BC016 圆曲线带缓和曲线主点里程的计算方法

**（六）圆曲线带缓和曲线主点里程的计算方法**

（1）圆曲线带有缓和曲线的测设时，交点里程 K5+500，切线长 $T_H=152.50$m，则 $ZH$ 点里程为 K5+347.5。

（2）圆曲线带有缓和曲线的测设时，交点里程 K4+800，切线长 $T_H=123.40$m，缓和曲线长 $l_s=60$m，则 $HY$ 点里程为：K4+736.60。

（3）圆曲线带有缓和曲线的测设时，$HY$ 点里程、切线长 $T_H$ 以及圆曲线长 $L_Y$ 均为已知数据，则 $YH$ 点里程计算公式为：$HY$ 点里程$+L_Y$。

（4）圆曲线带有缓和曲线的测设时，$ZH$ 里程、缓和曲线长 $l_s$ 以及圆曲线长 $L_Y$ 均为已知数据，则 $ZQ$ 点里程计算公式为：$ZH$ 里程$+l_s+L_Y/2$。

已知某曲线交点 $JD_3$，桩号为 K4+099.51，$R=200$m，转角 $\alpha=30°04'$，计算的主点桩号如下：$ZY=$K4+045.80、$YZ=$K4+150.75、$QZ=$K4+098.27、$JD_3=$K4+099.51。

已知某曲线交点 $JD_5$，桩号为 K4+650.56，$R=300$m，$l_s=60$m，转角 $\alpha=35°00'$，计算的主点桩号如下：$ZH=$K4+525.82、$YH=$K4+709.08、$HZ=$K4+769.08、$QZ=$K4+647.45。

圆曲线带有缓和曲线的切线长计算公式为：$T_H=(R+p)\tan\dfrac{\alpha}{2}+q$。

圆曲线带有缓和曲线的曲线长计算公式为：$L_H=R(\alpha-2\beta_0)\dfrac{\pi}{180°}+2l_s$。

J(GJ)BC017 圆曲线带缓和曲线要素计算方法

**（七）圆曲线带缓和曲线要素计算方法**

曲线各要素如图 2-3-8 所示。

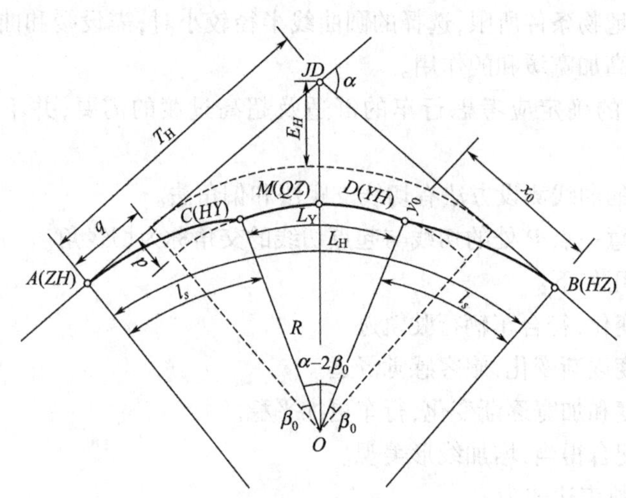


图 2-3-8 带缓和曲线的曲线要素

圆曲线带有缓和曲线的测设时，圆曲线的内移值计算公式为：$p=\dfrac{l_s^2}{24R}$。

圆曲线带有缓和曲线的测设时，圆曲线的切线增量计算公式为：$q=\dfrac{l_s}{2}-\dfrac{l_s^3}{240R^2}$。

圆曲线带有缓和曲线的测设时，缓和曲线的外矢距计算公式为：$E_H=(R+p)\sec\dfrac{\alpha}{2}-R$。

圆曲线带有缓和曲线的测设时，圆曲线长为 $L_Y$，切线长为 $T_H$，缓和曲线长为 $l_s$，曲线长为 $L_H$，则圆曲线切曲差的计算公式为：$D_H=2T_H-L_H$。

已知某曲线交点 $JD_3$，桩号为 K4+099.51，$R=200$m，转角 $\alpha=30°04'$，计算的曲线要素为：$T=53.71$m、$L=104.95$m，$E=2.48$m，$J=2.48$m。

已知某曲线交点 $JD_5$，桩号为 K4+650.56，$R=300$m，$l_s=60$m，转角 $\alpha=35°00'$，计算的曲线要素为：$q=29.99$m、$p=0.50$m、$T_s=124.74$m、$L_s=243.26$m。

在缓和曲线上，弧长近似等于对应的弦长，因而在实际测量时不量弧长而量弦长。

圆曲线带有缓和曲线的半径 $R$、转角 $\alpha$ 以及切线角 $\beta_0$ 均为已知数据，圆曲线长 $L_Y$ 的计算公式为：$L_Y=R(\alpha-2\beta_0)\dfrac{\pi}{180°}$。

J(GJ)BC018 缓和曲线的测设方法

**(八)缓和曲线的测设方法**

缓和曲线上任一点的偏角，与该点至缓和曲线起点的曲线长的平方成正比。

缓和曲线上任一点 $P$ 的偏角为 $\alpha$，至 $ZH$ 或 $HZ$ 点的曲线长度为 $l$，曲线总长度为 $l_s$，曲线对应的半径为 $R$，那么根据公式，其偏角的计算值为：$l^2/(6Rl_s)$。

在施工缓和曲线段时，为了在施工中控制中线，中桩放样可以选择平行线法和导线锁法两种方法。

规范规定当行车速度为 20km/h 时，不需要设缓和曲线的最小半径为 150m。

切线支距法测设缓和曲线时，在缓和曲线范围内，曲线上点的坐标计算公式为：

$$x=l-\frac{l^5}{40R^2l_s^2},y=\frac{l^3}{6Rl_s}-\frac{l^7}{336R^3l_s^3}$$

式中　$x,y$——缓和曲线上点的横、纵坐标；

$l$——测点到 $ZH$ 或 $HZ$ 的曲线长；

$l_s$——缓和曲线长；

$R$——圆曲线半径。

切线支距法测设缓和曲线时，在圆曲线范围内，曲线上点的坐标计算公式为：

$$x=R\sin\varphi+q,y=R(1-\cos\varphi)+p,\varphi=\frac{l-l_s}{R}\frac{180°}{\pi}+\beta_0$$

式中　$\varphi$——圆心角；

$\beta_0$——缓和曲线角；

$p$——曲线内移值；

$q$——曲线切线增值。

用切线支距法测设缓和曲线时，以直缓点或缓直点为坐标原点，以切线为 $x$ 轴。

偏角法适应性强，可在曲线上任一点上测设曲线，测设的精度高，但曲线上各点的测设不独立，有累积误差。

J(GJ)BC021 缓和曲线的测设要求

**(九)缓和曲线的测设要求**

确定缓和曲线长度从旅客感觉舒适、超高渐变适中以及行驶时间不过短等因素加以考虑。

规范规定高速公路车速为 120km/h 时，缓和曲线最小长度为 100m；在与地形条件相适应的条件下，圆曲线半径应尽量采用大半径，但最大圆曲线半径不宜超过 10000m；规范规定当车速为 60km/h 时，不设缓和曲线的最小圆曲线半径为 1500m。

道路加桩分为地形加桩、地物加桩、曲线加桩、关系加桩等几种。

道路中线测量主要包括：测设中线各交点（$JD$）、测设转点（$ZD$）、测量路线各偏角（$\alpha$）、测设圆曲线。

缓和曲线的曲线长度，是在条件受限制时的最小长度，一般情况下，特别是圆曲线半径较大，车速较高时，应该使用更长的缓和曲线。

在直线和圆曲线之间设置缓和曲线后，圆曲线产生了内移值 $p$，在缓和曲线长度一定的情况下，$p$ 与圆曲线半径成反比。

J(GJ)BC019 曲线遇障碍等量偏角法的测设方法

## 三、曲线遇障碍时的测设方法

### (一) 曲线遇障碍等量偏角法的测设方法

曲线上遇到障碍，选择等量偏角法测设时，其原理是在同一段圆曲线上，同一段弧段对应的正偏角等于反偏角。

曲线上遇到障碍，选择等量偏角法测设时，其原理是在同一段圆曲线上，弧长每增加等长的一段，对应的偏角增加相应等量的值。

在测设曲线的实际工作中，经常遇到虚交的问题，解决的方法有圆外基线法和切基线法。

如图 2-3-9 所示，用偏角法测设曲线时，如遇到障碍物不通视时，可以移镜采用等量偏角法测设。

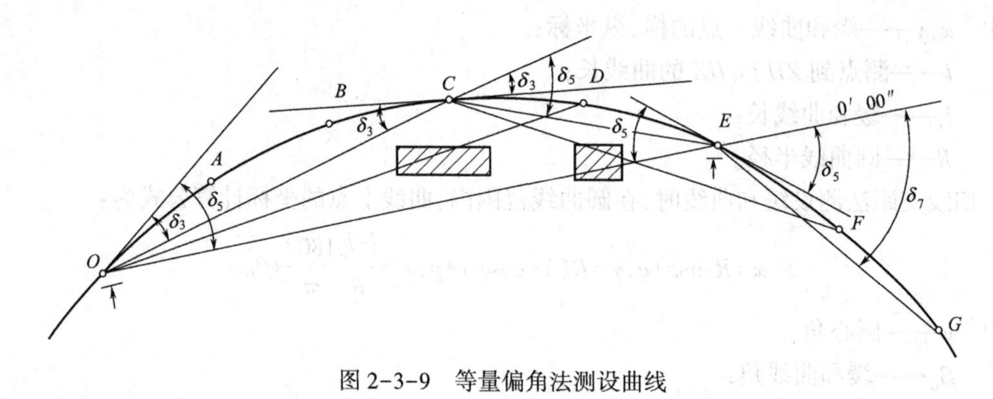


图 2-3-9 等量偏角法测设曲线

圆曲线带有缓和曲线的要素包括：半径 $R$、转角 $\alpha$、切线长 $T_H$、曲线长 $L_H$、外距 $E_H$、切曲差 $D_H$。

曲线加桩的代表符号有：圆曲线的起点为 $ZY$、圆曲线的终点为 $YZ$、第二缓和曲线的起点为 $YH$、第二缓和曲线的终点为 $HZ$。

由于受地形、地物的限制，在交点不能设桩，转角不能直接测定，这种情况称为虚交。

缓和曲线主点 $ZH$ 点和 $HZ$ 点以及 $QZ$ 点的测设方法与单圆曲线的主点测设方法相同。

J(GJ)BC020 曲线遇障碍其他的测设方法

### (二) 曲线遇障碍其他的测设方法

如图 2-3-10，测设曲线时遇到障碍物。

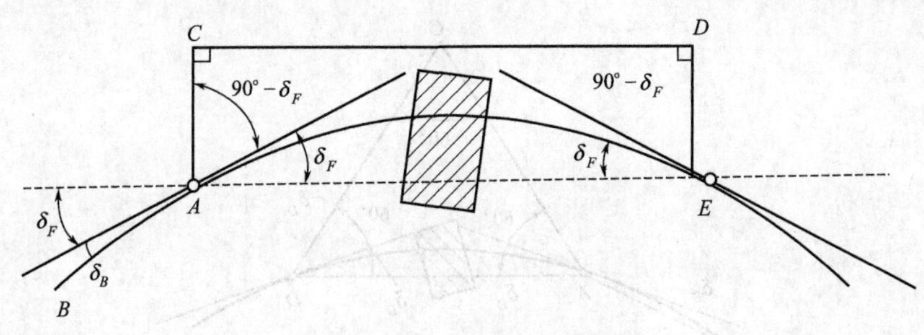


图 2-3-10　矩形法测设曲线

这时可以在曲线上选定一点 $E$，算出其 $AE$ 弦长和偏角 $\delta_F$，后视已知点 $B$，按 $\delta_B$ 求出 $A$ 点的切线方向，从切线方向转 $90°-\delta_F$ 角，选一适宜的距离定出 $C$ 点，然后从 $C$ 点转 90°并量出 $CD=AE$ 定出 $D$ 点，再从 $D$ 点转 90°量 $DE=AC$ 定出 $E$ 点，在 $E$ 按 $90°-\delta_F$ 定出切线方向，这种方法称为矩形法测设。

测设曲线遇到障碍物时，选择的等边三角形法测设实际上是任意三角形法测设的一种特例。

如图 2-3-11，测设有障碍的圆曲线时，在曲线上选定 $B$ 点，算出弦长 $AB$ 以及偏角 $\delta_B$，另选一点能绕过障碍物的 $C$ 点，用仪器量出 $\angle TAC$ 以及边长 $AC$，则 $\angle BAC=\angle TAC-\delta_B$，解 $\Delta ABC$，求出 $\angle C$、$\angle ABC$ 和 $CB$。然后在 $C$ 点量 $\angle C$ 和 $CB$ 定出 $B$ 点。置镜 $B$ 点后视 $C$ 点并以 $\angle CBA+\delta_B$ 可定出 $B$ 点切线方向，这种方法称为任意三角形法测设。

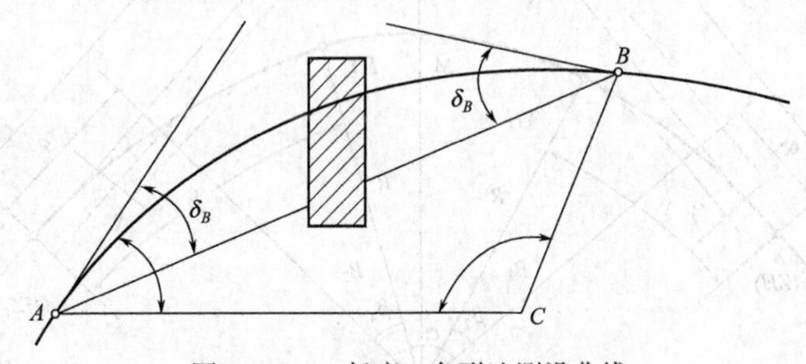


图 2-3-11　任意三角形法测设曲线

测设曲线遇障碍物时，除采用等量偏角法外，还可以采用等边三角形法、任意三角形法和矩形法测设。

在困难条件下的曲线测设有如下几种情况：

(1) 曲线控制点上不能安置仪器时的测设。

(2) 曲线上遇障碍时的测设。

(3) 圆曲线两端的缓和曲线不等长时的测设。

如图 2-3-12，当曲线测设时，置镜 $A$ 点测设时遇到障碍，可在障碍后选一待测点 $D$，算出 $AD$ 的弦长及偏角 $\delta_D$，后视曲线上已知点 $B$，按 $\delta_B$ 求出 $A$ 点切线方向，由切线方向测设 $60°-\delta_D$ 角，并量出 $AC=AD$ 定出 $C$ 点，置镜 $C$ 点反拨 60°角和 $CD=AD$ 长即可定出 $D$ 点，按 $60°-\delta_D$ 定出 $D$ 点的切线方向，此方法为等边三角形测设法。

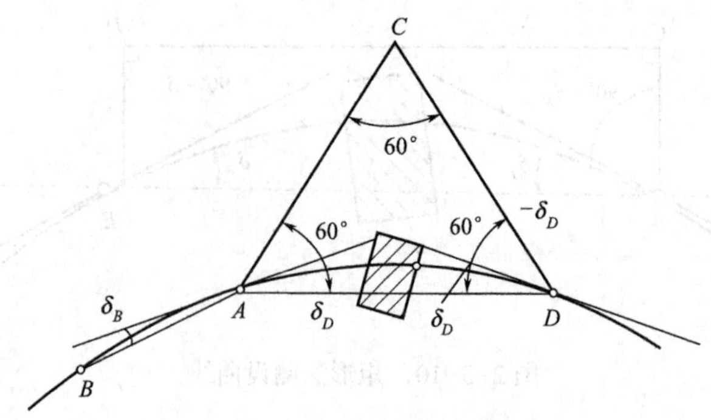


图 2-3-12　等边三角形法测设曲线

J(GJ)BC023 曲线两端缓和曲线不等长的测设方法

### （三）曲线两端缓和曲线不等长的测设方法

由于地形条件的限制，有时在平面设计中往往在圆曲线两端设置不等长的缓和曲线，如图 2-3-13 所示。

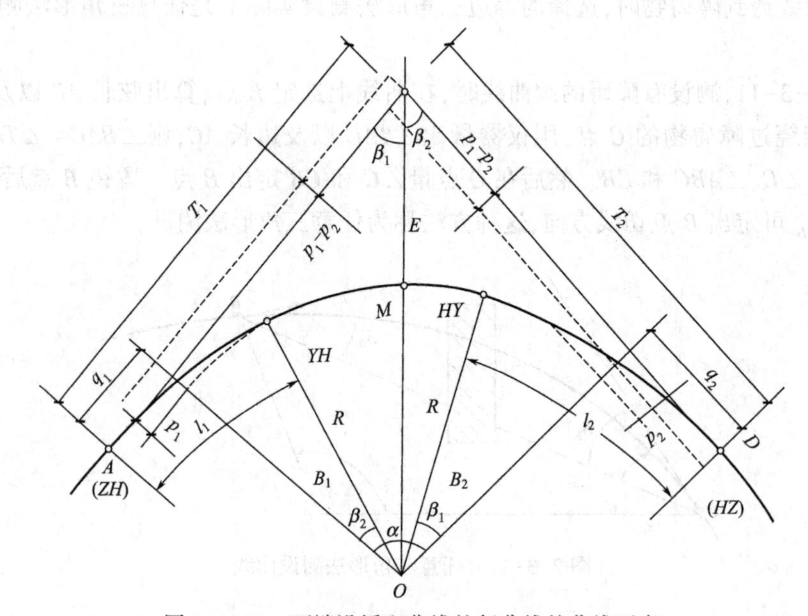


图 2-3-13　两端设缓和曲线的复曲线的曲线要素

曲线两端缓和曲线不等长时，两个缓和曲线的圆心仍然重合。

某圆曲线两端缓和曲线不等长，曲线偏角 $\alpha$，半径 $R$，缓和曲线 $L_1$ 内移值为 $p_1$，切线增量 $q_1$；缓和曲线 $L_2$ 内移值为 $p_2$，切线增量 $q_2$，该曲线测设要素计算公式如下：

（1）缓和曲线 $L_1$ 的切线长计算公式为：$T_1=(R+p_1)\tan\dfrac{\alpha}{2}+q_1-\dfrac{p_1-p_2}{\sin\alpha}$。

（2）缓和曲线 $L_2$ 的切线长计算公式为：$T_2=(R+p_2)\tan\dfrac{\alpha}{2}+q_2-\dfrac{p_1-p_2}{\sin\alpha}$。

（3）该曲线的曲线长计算公式为：$L=\dfrac{\alpha\pi R}{180°}+\dfrac{l_1+l_2}{2}$。

某圆曲线两端缓和曲线不等长，由于两边切线不等长，为了计算和测设方便，可取交点与圆曲线的交点作为曲线中点。

缓和曲线常数 $\beta_0$、$\delta_0$、$q$、$p$、$x_0$、$y_0$ 等均与曲线半径、缓和曲线长度有关。

与切线支距法比较，偏角法详细测设曲线的优点是适用于任何地区、易于发现错误。

J(GJ)BC001
带虚交点圆曲线测设方法

**（四）带虚交点圆曲线测设方法**

圆曲线测设时遇到虚交情况，测设方法有圆外基线法和切基线法。

如图 2-3-14 所示，圆曲线测设遇虚交点时，采用圆外基线法测设，圆外基线长为 $AB$，与两切线的夹角分别为 $\alpha_A$、$\alpha_B$，转角为 $\alpha$，$A$ 至交点距离为 $a$，$B$ 至交点距离为 $b$，则 $a$ 和 $b$ 的计算公式为：

$$b=AB\,\frac{\sin\alpha_A}{\sin\alpha}$$

如图 2-3-15 所示，基线 $AB$ 与圆曲线相切，切点 $GQ$ 称为公切点，该公切点将曲线分为两个相同半径的圆曲线，$AB$ 为公切线，它与两切线的夹角分别为 $\alpha_A$、$\alpha_B$，设两个同半径曲线的半径为 $R$，切线长分别为 $T_1$、$T_2$，则切基线 $AB$ 长度的计算公式为：

$$AB=R\left(\tan\frac{\alpha_A}{2}+\tan\frac{\alpha_B}{2}\right)$$

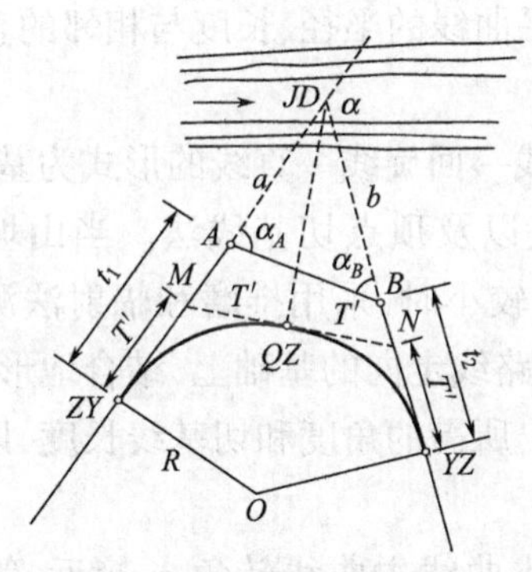

图 2-3-14　圆外基线法

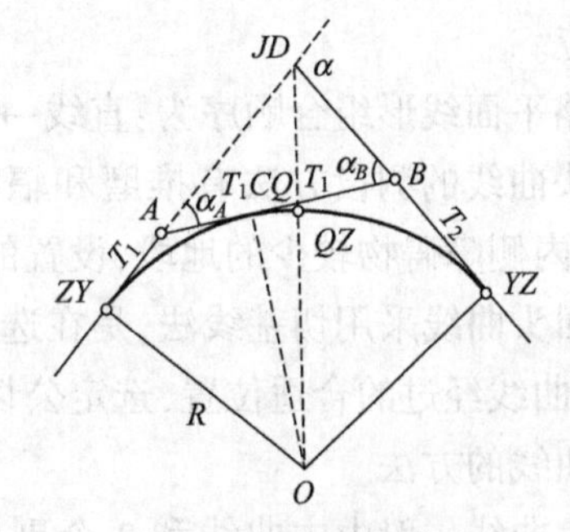

图 2-3-15　切基线法

虚交点圆曲线的内容包括：

（1）当路线交点因地物、地形条件影响在实地无处钉设时设置虚交点圆曲线。

（2）当路线转角较大、交点过远时，可在两相交直线方向，选择两个辅助交点（$JD_A$、$JD_B$），设置一条基线 $AB$，代替交点 $JD$ 测设的曲线称虚交点曲线。

（3）虚交点曲线根据曲线形式不同又可分为简单圆曲线和基本型平曲线。

（4）虚交点曲线由于用两个辅助交点代替交点来敷设路线主点桩，除按单交点方法计算曲线要素外，还应求算出从辅助交点 $A$ 和 $B$ 起算的切线长度 $T_A$、$T_B$，方可确定曲线各主点桩桩位。

在道路选线时，常遇到曲线插设情况，曲线插设有单交点法、虚交点法、回头曲线定线法等方法。

切基线法比圆外基线法计算简单，也容易控制曲线的位置，是解决虚交问题的常用方法。

由于受地形、地物的限制,在交点处不能设桩,转角 $\alpha$ 不能直接测定,这种情况称为虚交。

J(GJ)BC022 曲线的组合形式

## 四、复曲线

### (一)曲线的组合形式

两个反向圆曲线用回旋线连接的组合为 $S$ 型。

用一个回旋线连接两个同向圆曲线的组合为卵型。

在两个同向回旋线间不插入圆曲线而径相衔接的组合为凸型。

同向曲线的两回旋曲线在曲率为零处径相衔接的形式为 $C$ 型。

$S$ 型曲线的内容包括:

(1)$S$ 型相邻两个回旋线参数 $A_1$ 与 $A_2$ 宜相等。

(2)当采用不同的参数时,$A_1$ 与 $A_2$ 之比应不小于 2.0。

(3)在 $S$ 型曲线上,两个反向回旋线之间不设直线,是行驶力学上所希望的。

(4)必须插入直线时,应尽量短,其短直线长度符合:$L \leqslant \frac{A_1+A_2}{40}$。

属于平面线形中直线、圆曲线和回旋线的组合形式的是 $C$ 型、卵型、复合型。

路线的平顺性要求路线直曲的变化应缓和平顺,平曲线的半径、长度与相邻的直线长度应相适应。

J(GJ)BC003 回头曲线测设方法

道路平面线形组合顺序为:直线→回旋线→圆曲线→回旋线→直线的形式为基本型。

回头曲线的测设方法有推磨和辐射法、切基线法以及顶点切基线法。当山坡比较平缓、曲线内侧障碍物较少的地段,设置的回头曲线半径较小时,采用推磨和辐射法测设回头曲线。回头曲线采用切基线法,是在选线已定出上、下路线走向的基础上,结合地形、地质情况,选择曲线经过的合适位置,选定公切线的位置,测出所需的角度和切基线长度,以此来测设回头曲线的方法。

回头曲线一般由主曲线和 2 个副曲线组成。回头曲线主曲线转角 $\alpha$ 接近、等于或大于 180°。

回头曲线的内容包括:

(1)因山区地形地质条件困难时,为盘旋上下山需要设置“回形针”形状的回头曲线。

(2)相邻两回头曲线间应争取有较长的距离。

(3)由一个回头曲线的终点至下一个回头曲线起点的距离,在二、三、四级公路上分别不小于 200m、150m、100m。

(4)回头曲线前后线形要有连续性,两头以布置过渡性曲线为宜,还应设置限速标志,并采取保证通视的技术措施。

公路等级为三级,回头曲线指标如下:

(1)圆曲线最小半径为 20m。

(2)回旋线长度为 25m。

(3)超高横坡为 6%。

(4)双车道路面加宽值为 2.5m。

回头曲线一般用于山区，是路线为减缓坡度而展线时所用的一种线型。

J(GJ)BC024 复曲线的测设方法

**（二）复曲线的测设方法**

曲线元素测设时，有时为了减少工程量需要在两相邻直线方向设置两个或两个以上半径不等的同向圆曲线，该组曲线称之为复曲线。

测设复曲线时，被选定半径的圆曲线称为主曲线。复曲线元素测设时，必须先定出其中一个圆曲线的半径，此为主曲线，其余的曲线称副曲线。

如图 2-3-16 所示，主、副曲线的交点为 $A$、$B$，两曲线相接于公切点 $GQ$，观测转角为 $\alpha_1$ 和 $\alpha_2$，并用钢尺往返丈量切基线 $AB$ 长为 $L$，主曲线切线长为 $T_1$，则副曲线的半径 $R_2$ 计算公式为：

$$R_2=\frac{L-T_1}{\tan\dfrac{\alpha_2}{2}}$$

复曲线测设的步骤如下；

（1）根据主曲线的转角 $\alpha_1$ 和半径 $R_1$ 计算主曲线的测设元素 $T_1$、$L_1$、$E_1$、$D_1$。

（2）根据切基线 $AB$ 长度和主曲线切线长 $T_1$，计算副曲线的切线长 $T_2$。

（3）根据副曲线的转角 $\alpha_2$ 和切线长 $T_2$，计算副曲线半径 $R_2$。

（4）根据副曲线的转角 $\alpha_2$ 和半径 $R_2$，计算副曲线测设元素 $T_2$、$L_2$、$E_2$、$D_2$。

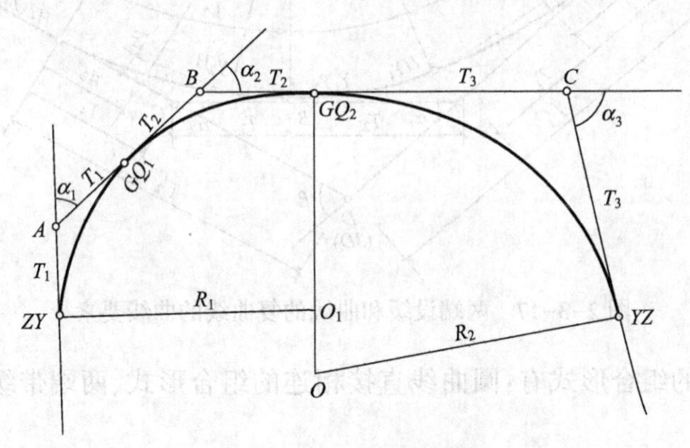


图 2-3-16　复曲线测设

复曲线的主、副曲线主点里程的计算与测设，以及曲线的详细测设，均与单圆曲线的测设方法相同。

一复曲线由两个圆曲线构成，两曲线相接于公切点。

复曲线的测设分为如下几种形式：

（1）单纯由圆曲线直接相连组成的复曲线。

（2）两端有缓和曲线，中间用圆曲线直接连接的复曲线。

（3）两端有缓和曲线，中间用缓和曲线连接的复曲线。

J(GJ)BC002 缓和曲线连接圆曲线的复曲线要素计算方法

**（三）缓和曲线连接圆曲线的复曲线要素计算方法**

如图 2-3-17 所示，缓和曲线连接圆曲线的复曲线，交点为 $D$，切基线为 $AC$，公切点为 $B$，切基线与两切线长夹角分别为 $\alpha_1$、$\alpha_2$，$A$ 至 $ZH$ 点距离为 $T_1$，$A$ 至 $B$ 点距离为 $T_2$，$B$ 到 $C$

点距离为 $T_3$、$C$ 至 $HZ$ 点距离为 $T_4$，主曲线和副曲线长分别为 $L_1$、$L_2$，半径分别为 $R_1$、$R_2$，曲线内移值分别为 $p_1$、$p_2$，切线增长值分别为 $q_1$、$q_2$，则该复曲线测设要素计算公式如下：

（1）复曲线公切点 $B$ 至 $C$ 点距离计算公式为：

$$T_3=(R_2+p_2)\tan\frac{\alpha_2}{2}+\frac{p_2}{\tan\alpha_2}$$

（2）复曲线切基线 $A$ 点至公切点为 $B$ 的距离计算公式为：

$$T_2=(R_1+p_1)\tan\frac{\alpha_1}{2}+\frac{p_1}{\tan\alpha_1}$$

（3）复曲线交点至 $A$ 点距离计算公式为：

$$T_1=(R_1+p_1)\tan\frac{\alpha_1}{2}+\frac{p_1}{\sin\alpha_1}+q_1$$

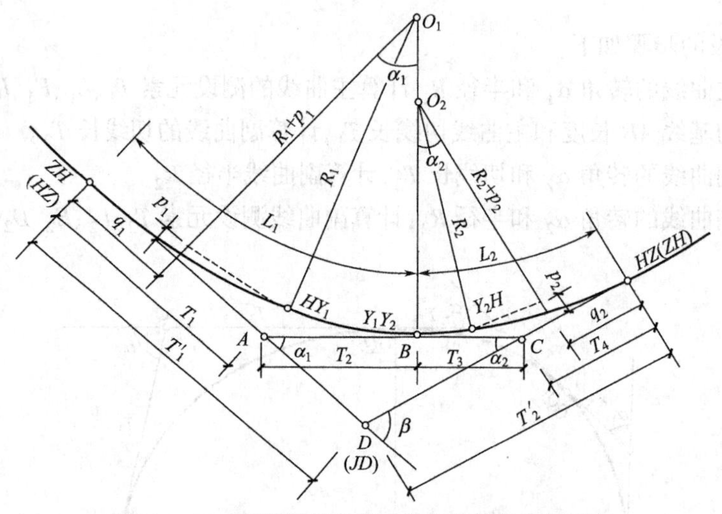


图 2-3-17　两端设缓和曲线的复曲线的曲线要素

复合型平曲线的组合形式有：圆曲线直接相连的组合形式、两端带缓和曲线的组合形式、卵型曲线。

平面线型组合形式有：简单型、基本型、$S$ 型、凸型。

缓和曲线连接圆曲线的复曲线，交点为 $D$，切基线为 $AC$，公切点为 $B$，切基线与两切线长夹角分别为 $\alpha_1$、$\alpha_2$，复曲线的转角为 $\alpha$，$A$ 至 $ZH$ 点距离为 $T_1$，$A$ 至 $B$ 点距离为 $T_2$，$B$ 到 $C$ 点距离为 $T_3$、$C$ 至 $HZ$ 点距离为 $T_4$，则主曲线切线长计算公式为：$T_{主}=T_1+\frac{T_2+T_3}{\sin\alpha}\sin\alpha_2$。

缓和曲线连接圆曲线的复曲线，交点为 $D$，切基线为 $AC$，公切点为 $B$，切基线与两切线长夹角分别为 $\alpha_1$、$\alpha_2$，复曲线的转角 $\alpha$ 的计算公式为：$\alpha=\alpha_1+\alpha_2$。

J(GJ)BC025 道路测量中的断链问题

### （四）道路测量中的断链问题

在道路施工测量中常常会遇到断链的问题。所谓断链，就是在测量过程中，因局部改线或事后发现量距、计算错误，或在分段测量中由于假定起始里程而造成全线或全段里程不连续，以致影响线路实际长度的现象。

所谓断链处理,就是为了避免牵动全线桩号,允许中间出现断链,仅将发生错误的桩号按实测结果进行现场返工更正,然后就近与下一段正确的桩号连测,以断链桩具体说明新老桩号对比关系。

公路中线里程桩测设时,断链是指原桩号测错。短链是指实际里程小于原桩号。长链是指实际里程大于原桩号。

# 项目二　全站仪测设缓和曲线(技师)

该项目操作平面图如图 2-3-18 所示。

## 一、准备工作

(1)设备。

全站仪 1 台、棱镜 1 个。

(2)材料、工具。

粉笔 2 根、花杆 2 根、50m 钢尺 1 把。

(3)准备场地。

在场地上用彩色粉笔给出 *ZY* 点及 *JD* 点位置。

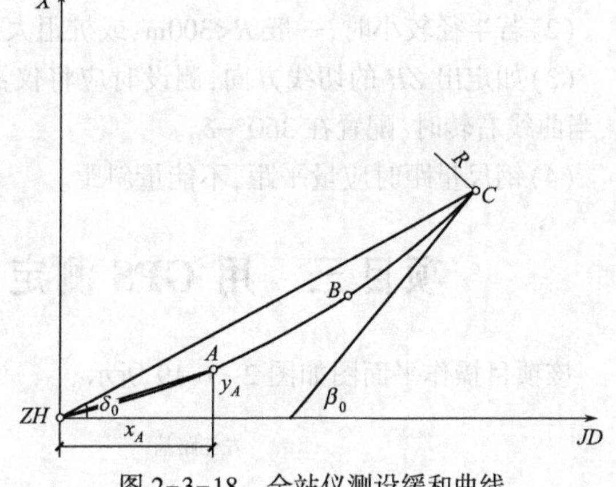


图 2-3-18　全站仪测设缓和曲线

## 二、操作步骤

(1)缓和曲线计算。

在现场有一缓和曲线,半径 $R=600$m,缓和曲线长 $l_s=60$m,缓和曲线上任意点 $P$ 的偏角为 $\delta$,至 *ZH* 点的曲线长为 $l$,利用偏角计算公式,计算出间隔 20m 点偏角值。公式如下:

$$\delta=\frac{l^2}{6Rl_s}$$

(2)计算检核。

缓和曲线切线角计算公式:

$$\beta_0=\frac{l_s}{R}\cdot\frac{90°}{\pi}$$

缓和曲线总偏角计算公式:

$$\delta_0=\frac{1}{3}\beta_0$$

(3)测设缓和曲线。

将全站仪安置在 *ZH* 点,照准部十字丝对准交点处花杆,水平度盘置零,依次拨点所对应的偏角值,指挥立花杆人员量 20m 距离,分别定出 *A*、*B*、*C* 三点,并现场用粉笔标记出来。

## 三、技术要求

(1)应熟悉用偏角法测缓和曲线的计算方法。

(2)应清楚缓和曲线上任一点的偏角，与该点至缓和曲线起点的曲线长的平方成正比。

(3)按20m桩距，依次计算出测设所用的偏角值，并及时记录。

(4)计算完偏角后，要进行检核，利用缓和曲线总偏角等于切线角的三分之一来进行验算。

## 四、注意事项

(1)由于缓和曲线上弧长近似等于对应的弦长，因而实际测量时不量弧长而量弦长。

(2)若半径较小时，一般 $R<300\text{m}$，或桩距大于20m，应考虑弦差。

(3)如定出 $ZH$ 的切线方向，测设时应将仪器置于 $ZH$ 点上，瞄准 $HY$，水平度盘配置在 $\delta_0$，当曲线右转时，配置在 $360°-\delta_0$。

(4)钢尺量距时应量平距，不能量斜距。

# 项目三　用GPS测定道路横断面（技师）

该项目操作平面图如图2-3-19所示。

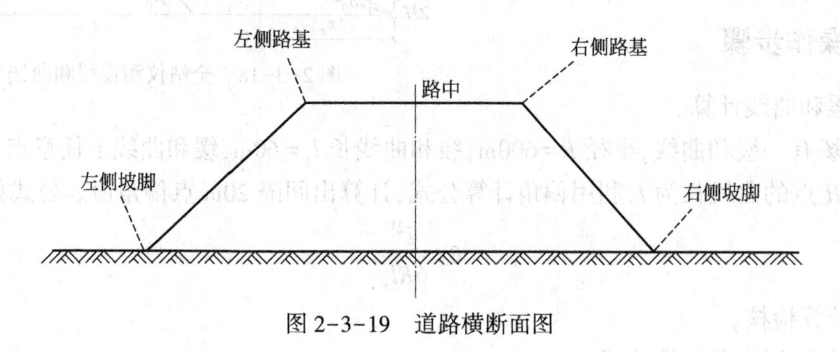


图2-3-19　道路横断面图

## 一、准备工作

(1)设备。

GPS基准站1个、GPS流动站1个、基座1个、手簿1个、天线1个、脚架2个。

(2)材料、工具。

彩色粉笔2根、记录纸1张、卡扣1个、2m带杆1根、电瓶1个。

## 二、操作步骤

(1)架设基准站。

选择视野开阔且地势较高的地方架设基站，基站附近不应有高楼或成片密林、大面积水塘、高压输电线或变压器基站；一般架设在未知点上；设置GPS基准站。

(2)设置流动站。

按照正确方法连接流动站;打开接收机开关;用手簿连接流动站。

(3)测设道路横断面。

手持流动站,从道路左侧坡脚开始测量,观察解类型是否为固定解状态,若是,调整对中杆使其竖直,点击右下角“流动站”或者键盘上 SP 键,在弹出菜单中输入点名后确定即测出该点坐标,同理依次测出左侧路基、路中、右侧路基、右侧坡脚共 5 点桩。

## 三、技术要求

(1)应熟练地架设基准站和流动站。

(2)应熟悉横断面测量的选点原则,对于直线段,原则左侧坡脚、左侧路基、路中、右侧路基、右侧坡脚 6 点桩计算坐标,本次考核选 5 点即可;对于曲线段,以曲线主点为主,并以 20m 桩为点计算坐标。

(3)应清楚用边坡坡度计算点与点之间的横向距离的方法。

(4)应熟练地掌握用 GPS-RTK 放样坐标点的方法。

## 四、注意事项

(1)坐标计算应认真仔细,确保准确无误。

(2)所放样的 5 点桩,应在一条直线上,如有不共线的点,应检查坐标计算出错原因。

(3)在接收机天线的上方及附近不应有遮挡物,以免影响接收机接收卫星信号。

(4)将接收机天线电缆与接收机进行连接,检查无误后,接通电源启动仪器。

(5)观测工作完成后要及时将数据导入计算机,以免造成数据丢失。

(6)考核时用彩色粉笔代替木桩,标记要清楚、准确。

# 项目四　用 GPS-RTK 测定道路边线(技师)

## 一、准备工作

(1)设备。

GPS 接收机 2 台、基座 1 个、手簿 1 个、天线 1 个、脚架 2 个。

(2)材料、工具。

彩色粉笔 2 根、卡扣 1 个、2m 带杆 1 根、电瓶 1 个。

## 二、操作步骤

(1)架设基准站。

选择视野开阔且地势较高的地方架设基站,基站附近不应有高楼或成片密林、大面积水塘、高压输电线或变压器基站;一般架设在未知点上;设置 GPS 基准站。

(2)设置流动站。

按照正确方法连接流动站;打开接收机开关;用手簿连接流动站。

(3)测定道路边线。

手持流动站,选择道路边线上的1点,观察解类型是否为固定解状态,若是,调整对中杆使其竖直,点击右下角“流动站”或者键盘上SP键,在弹出菜单中输入点名后确定即测出该点坐标,同理测出边线上其他5点,测定的点位应有弯道变化点。

## 三、技术要求

(1)应熟练地架设基准站和流动站。

(2)在实际工作中,图纸设计经常以中心为路线的导线,在曲线段,路线外边线半径应比中线半径多*B*/2(*B*为路线宽度);路线内边线则少*B*/2。

(3)应清楚曲线段点的坐标的计算公式,即参数方程。

(4)应熟练地掌握用GPS-RTK放样坐标点的方法。

## 四、注意事项

(1)对于直线段,计算坐标较简单。对于曲线段则计算坐标较复杂,应认真细致。

(2)将接收天线架设在三脚架上,并安置在标志中心上方,利用基座进行对中,并利用基座上的圆水准器进行整平。

(3)在接收机天线的上方及附近不应有遮挡物,以免影响接收机接收卫星信号。

(4)将接收机天线电缆与接收机进行连接,检查无误后,接通电源启动仪器。

(5)观测过程中要远离对讲机等无线电设备,同时在雷雨季节要注意防止雷击。

(6)考核时用彩色粉笔代替木桩,标记要清楚、准确。

# 项目五　用GPS-RTK放样道路缓和曲线(技师)

## 一、准备工作

(1)设备。

GPS接收机2台、基座1个、手簿1个、天线1个、脚架2个。

(2)材料、工具。

彩色粉笔2根、卡扣1个、2m带杆1根、电瓶1个。

## 二、操作步骤

(1)准备。

① 准备基准站设备:GPS接收机、基座、电台、GPS接收机电源线、电台电源线、信号传输线。

② 准备移动站设备:GPS接收机、天线、卡扣。

③ 其他设备:天线、基座、两个脚、手簿、2m对中杆、电瓶。

(2)架设基准站。

把一个GPS接收机架设在已知控制点上,对中整平,连接GPS接收机到电台的线,连接

GPS 接收机到电瓶的线,连接电台到天线的线;用手簿连接 GPS 接收机。

(3)设置流动站。

设置流动准站,把另一个 GPS 接收机连到 2m 对中杆上,手簿连接此 GPS 接收机。

(4)放样缓和曲线。

利用公式计算出缓和曲线 ZH、HY 点坐标,打开手簿,在放样窗口,选择工具栏右边第 2 个图标,依次输入放样点坐标,然后逐点放样。

## 三、技术要求

(1)应熟练地架设基准站和流动站。

(2)应熟悉缓和曲线的参数方程,并根据参数方程计算曲线 *ZH*、*HY* 点坐标。

(3)应清楚参数方程是以缓和曲线起点为原点,过该点的切线为 $x$ 轴,半径为 $y$ 轴,任一点的坐标为$(x,y)$。

(4)应熟练地掌握用 GPS-RTK 放样坐标点的方法。

## 四、注意事项

(1)坐标计算应认真细致,确保准确无误。

(2)当 $l=l_s$ 时,求得的坐标为缓和曲线终点坐标。

(3)在接收机天线的上方及附近不应有遮挡物,以免影响接收机接收卫星信号。

(4)将接收机天线电缆与接收机进行连接,检查无误后,接通电源启动仪器。

(5)观测过程中要远离对讲机等无线电设备,同时在雷雨季节要注意防止雷击。

(6)考核时用彩色粉笔代替木桩,标记要清楚、准确。

# 项目六　用等边三角形法测设有障碍物曲线(高级技师)

该项目操作平面图见本书第二部分模块三图 2-3-12。

## 一、准备工作

(1)设备。

全站仪 1 台、棱镜 1 个。

(2)材料、工具。

粉笔 2 根、花杆 2 根、50m 钢尺 1 把。

(3)准备场地。

在场地上用彩色粉笔给出 *ZY* 点及 *A* 点位置。

## 二、操作步骤

(1)选择场地。

在现场有一圆曲线,半径 $R=200$m,从 *ZY* 点开始按 20m 整桩距放样,在第 2 个 20m *A* 点至第 3 个 20m *B* 点遇到障碍物,需在曲线外另找 1 点 *C*,与 *A*、*B* 一起构成一个等边三角形来放样曲线点位，需算出 $A$ 点偏角 $\delta_A$，偏角计算公式 $\delta=90L_i/(R\cdot\pi)$。

（2）第一次安置仪器。

将全站仪安置在 $A$ 点，后视 $ZY$ 点，倒镜，反拨 $60°-\delta_A$ 并指挥立花杆人员量出 $AC=AB$ 定出 $C$ 点。

（3）第二次安置仪器。

将全站仪安置在 $C$ 点，后视点 $A$，反拨 60°角，指挥立花杆人员量出 $CB=AB$ 定出 $B$ 点。

### 三、技术要求

（1）应清楚等边三角形法是在曲线遇到障碍物采用的一种测设方法。

（2）在障碍物相邻两整桩外侧选一点 $C$，与这两点构成一个等边三角形，根据几何关系，求出相应的角度。

（3）应熟练地掌握全站仪测角的操作方法，两次安置仪器放样 $B$ 点。

### 四、注意事项

（1）应学一些三角函数知识，确保计算的准确性。

（2）由于放样需要的角度多，计算时应将算好的角度及时记录，以便测设时随时使用。

（3）测前应检查内部电池的充电情况，如电力不足要及时充电，充电方法及时间要按使用说明书进行，不要超过规定的时间。

（4）用钢尺量距时应量平距，不能量斜距。

## 项目七　用全站仪等量偏角法测设遇障碍时的圆曲线（高级技师）

该项目操作平面图见本书第二部分模块三图 2-3-9。

### 一、准备工作

（1）设备。

全站仪 1 台、棱镜 1 套、脚架 1 个。

（2）材料、工具。

粉笔 2 根、花杆 2 根、50m 钢尺 1 把、能计算三角函数计算器 1 个。

（3）准备场地。

在场地上用彩色粉笔给出 $ZY$ 点及 $JD$ 点位置，并给出障碍点位置，已知 $R=500\text{m}$，每隔 20m 测设一桩。

### 二、操作步骤

（1）写出偏角计算公式。

$$\delta=90L_s/(\pi R)$$

(2)直圆点安置仪器。

直圆点安置仪器;打开红外光束,用红外光束对准站点;调整架腿使仪器管水准器气泡大略居中,微调脚螺旋使显示屏的光圈居中。

(3)放样无障碍点位 $A$、$B$、$C$。

瞄准交点 $JD$,水平度盘置零;转动偏角 $\delta_1 = 1°8'47''$定向,$ZY$ 量距 20m 定 $A$ 点;同理依次拨角 $\delta_2 = 2°17'35''$,$\delta_3 = 3°26'22''$放出 $B$、$C$ 两点。

(4)$C$ 点安置仪器。

仪器从 $A$ 点移至 $C$ 点,对中整平;读数对准 180°,用十字丝照准 $ZY$ 点花杆,然后转动仪器使读数为零。

(5)放样有障碍点位 $D$、$E$。

在 $C$ 点依次拨角 $\delta_4 = \delta_3 + \delta_1 = 4°35'10''$,$\delta_5 = \delta_4 + \delta_1 = 5°43'57''$放出 $D$、$E$ 两点;$A$、$B$、$C$、$D$、$E$ 点位做标记。

## 三、技术要求

(1)应清楚等量偏角法测设用于曲线上遇障碍的情况。

(2)应清楚等量偏角法的原理是:圆曲线上同一弧段的正偏角等于反偏角,而且弧长每增加等长的一段,偏角也就增加相应等量值。

(3)按 20m 桩距,依次计算出测设所用的偏角值,并及时记录。

## 四、注意事项

(1)计算时一定要认真细致,弄清偏角之间的关系,这是确保放样准确的前提。

(2)无论仪器置于何点,当后视某一点,应把度盘读数先拨到 180°加(曲线向左转时为减)该后视点的偏角(即原来从 $ZY$ 点测设该点的偏角),去照准后视点,然后拨到原来计算好的各点偏角值,向前继续测设相应的点。

(3)用彩色粉笔代替木桩,标记要清楚、准确。

(4)用钢尺量距时应量平距,不能量斜距。

# 项目八　用全站仪测设复曲线(高级技师)

该项目操作平面图见本书第二部分模块三图 2-3-16。

## 一、准备工作

(1)设备。

全站仪 1 台。

(2)材料、工具。

粉笔 2 根、花杆 2 根、50m 钢尺 1 把。

(3)准备场地。

在场地上用彩色粉笔给出复曲线两切点 $GQ_1$、$GQ_2$ 及 $JD_1$、$JD_2$、$JD_3$ 位置。

## 二、操作步骤

（1）复曲线计算。

在现场有一复曲线，切基线 $AB=67.24$m，$BC=87.21$m，切点分别为 $GQ_1$、$GQ_2$，$\alpha_1=18°18'$，$\alpha_2=30°20'$，$\alpha_3=22°30'$，主曲线半径 $R_1=155.60$m，副曲线半径 $R_2=226.38$m，为测设该曲线，需计算主、副曲线间隔 20m 偏角，按 $GQ_1$、$GQ_2$ 安置仪器，各算出主、副曲线 3 点偏角，公式如下：

$$\delta_i=\frac{L_i}{2R}\cdot\frac{180°}{\pi}$$

（2）第一次安置仪器。

在 $GQ_1$ 安置仪器，用照准部十字丝对准 $A$ 点花杆，水平度盘置零，依次拨点所对应的偏角，指挥立花杆人员量 20m 距离，分别定出 $A$、$B$、$C$ 三点，并现场用粉笔做标记。

（3）第二次安置仪器。

将全站仪安置在 $GQ_2$ 点，用照准部十字丝对准 $B$ 点处花杆，水平度盘置零，依次拨点所对应的偏角值，指挥立花杆人员量 20m 距离，分别定出 $D$、$E$、$F$ 三点，并现场用粉笔做标记。

## 三、技术要求

（1）应清楚复曲线的定义，即复曲线是指用两个或两个以上的不同半径的同向曲线相连而成的曲线。一般可以分为单纯由圆曲线直接相连组成，两端有缓和曲线中间用圆曲线直接相连组成和两端有缓和曲线中间用缓和曲线连接组成三种形式。

（2）应熟悉偏角法的计算公式，并分别计算主曲线和副曲线测设用偏角各三个。

（3）两个公切点是测设复曲线的关键要素，应清楚公切点与交点的关系。

（4）应熟悉全站仪测角的操作方法。

## 四、注意事项

（1）复曲线要素的计算过程较复杂，但本考核项目省去了复杂的计算，仅计算偏角即可，应保持头脑清晰，不能被已知条件弄晕而出错。

（2）计算偏角时，应弄清起算点，每计算一个偏角，就及时记录，标清对应的位置。

（3）操作全站仪时，应注意使用事项。

（4）用彩色粉笔代替木桩，标记要清楚、准确。

（5）用钢尺量距时应量平距，不能量斜距。

# 项目九　用 GPS-RTK 放样桥梁桩基位置（高级技师）

## 一、准备工作

（1）设备。

GPS 接收机 1 台、基座 1 个、手簿 1 个、天线 1 个、脚架 2 个。

(2) 材料、工具

彩色粉笔 2 根、卡扣 1 个、2m 带杆 1 根、电瓶 1 个。

## 二、操作步骤

(1) 准备。

① 准备基准站设备：GPS 接收机、基座、电台、GPS 接收机电源线、电台电源线、信号传输线；

② 准备流动站设备：GPS 接收机、天线、卡扣；

③ 其他设备：天线、基座、两个脚架、手簿、2m 对中杆、电瓶。

(2) 架设基准站。

设置基准站，把一个 GPS 接收机架设在已知控制点上；对中整平；连接 GPS 接收机到电台的线；连接 GPS 接收机到电瓶的线；连接电台到天线的线；用手簿连接 GPS 接收机。

(3) 设置流动站。

设置流动站，把另一个 GPS 接收机连到 2m 对中杆上；把手簿连接到此 GPS 接收机上；启动流动站；在手簿里输入放样点坐标。

(4) 放样桥梁桩基位置。

点击屏幕上的测量，依次点 RTK、放样、点、ENTER；然后点添加，在列表中选择输入的桥梁桩基 1 点坐标，点击放样；显示界面中出现提示点的名称与具体桩位；向放样点移动，当放样点与当前点重合，在场地上做标记；注意要在固定解状态下操作；同样方法放出其他三个点位。

## 三、技术要求

(1) 应熟练地架设基准站和流动站。

(2) 应清楚所采用的坐标系，并熟悉桩基坐标的计算方法。

(3) 如果桩基础处于无水的情况下，则桩基础的每一根桩的中心点可按其在以墩、台的纵、横轴线为坐标轴的坐标系中设计坐标测设。

(4) 如果桩基础位于水中，则可用前方交会法直接将每一个桩位定出。

## 四、注意事项

(1) 认真熟悉图纸，详细核对各轴线桩布置情况，是单排桩还是双排桩、梅花桩等，每行桩与轴线的关系是否偏中，桩距多少、桩个数、承台标高、桩顶标高。

(2) 根据轴线控制桩纵横拉小线，把轴线放在地面上，从纵横轴线交点起，按桩位布置图，按轴逐个桩量尺定位，在桩中心定上木桩。

(3) 每个桩中心都采用固定标志，一般用 4cm×4cm 的木方桩钉牢，或浅颜色标志，以便钻机在成孔过程中及时正确地找准桩位。

(4) 考核时用彩色粉笔代替木桩，标记要清楚、准确。

# 项目十　用推磨法测设回头曲线(高级技师)

该项目操作平面图如图 2-3-20 所示。

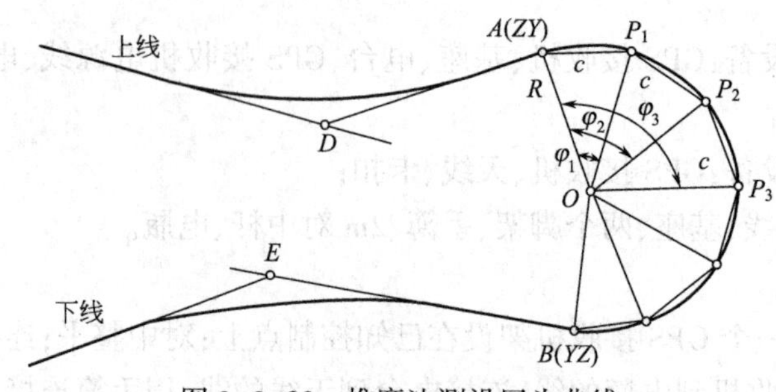


图 2-3-20　推磨法测设回头曲线

## 一、准备工作

(1)设备。

经纬仪 1 台、脚架 1 个。

(2)材料、工具。

粉笔 2 根、花杆 2 根、50m 钢尺 1 把、方向架 1 个。

(3)准备场地。

在场地上给出回头曲线副曲线交点 $D$、$E$,以及主曲线起点 $A$ 和终点 $B$ 的位置,并给出曲线半径 $R$。

## 二、操作步骤

(1)定主曲线圆心。

在 $A$ 点用方向架或经纬仪瞄准 $D$ 点,沿 $AD$ 的垂直方向量取半径 $R$,定出圆心 $O$。

(2)放样主曲线上各点。

从圆心 $O$ 和曲线起点 $A$ 开始,用半径 $R$ 和弦长 $C$ 连续进行距离交会,逐一定出 $P_1$,$P_2$,$P_3$,…曲线上各点。

(3)调整终点 $B$。

在 $B$ 点用方向架或经纬仪瞄准圆心 $O$,沿 $BO$ 的垂直方向观察视线是否对准 $E$ 点,若未对准,则可沿圆弧前后移动 $B$ 点,直至视线通过 $E$ 点,定出 $B$ 点。

(4)计算曲线测设要素。

将仪器置于圆心 $O$,测出 $AB$ 圆弧所对的圆心角 $\alpha$,即曲线转角。根据 $\alpha$ 和 $R$ 计算曲线长 $L$,并与实测的曲线长核对,符合要求后,进行里程计算,测设结束。

## 三、技术要求

(1)回头曲线一般由主曲线和两个副曲线组成。

(2) 主曲线为一转角 $\alpha$ 接近、等于或大于 180°的圆曲线；副曲线在路线上、下线各设置一个，为一般的圆曲线。

(3) 在主、副曲线之间一般以直线连接。

## 四、注意事项

(1) 在定出各点之后，应检查曲线是否符合设计要求，若不符合则可调整 $A$、$O$ 的位置以至 $R$ 的大小，重新测设直至曲线符合设计要求。

(2) 操作过程中应注意正确使用方向架。

(3) 用彩色粉笔代替木桩，标记要清楚、准确。

(4) 用钢尺量距时应量平距，不能量斜距。

# 模块四　施工测量

## 项目一　相关知识

### 一、隧道地面控制测量

J(GJ)BD001 隧道地面控制测量中线法的内容

#### （一）隧道地面控制测量的中线法

贯通测量中，坐标传递的误差将会使地下导线产生同一数值的位移。

隧道地面控制测量的中线法，施工时将经纬仪置于洞口控制点上，瞄准下一个控制点，可向洞内延伸隧道中线。隧道地面控制测量的中线法是在隧道洞顶地面上用直接定线的方法，将隧道中线精确标定在地面上。隧道地面控制测量的中线法适用于直线隧道。

隧道施工时，根据施工方法和施工程序，一般采用导线法和串线法确定开挖方向。

踏勘路线一般是沿着隧道路线的中线，以一端洞口向着另一端洞口前进，行进中观察和了解隧道两侧的地形、水文地质、居民点、人行便道等的分布情况。

隧道地面控制网以布设何种形式为宜，应根据建网费用以及以下几方面进行综合考虑：

（1）隧道的长短。

（2）隧道经过地区的地形情况。

（3）横向贯通误差的大小。

（4）所用仪器情况。

隧道地面控制测量是测定各洞口控制点的相对位置，并与路线中线相联系，以便根据洞口控制点按设计方向进行开挖，以规定的精度实现贯通。

J(GJ)BD002 隧道地面控制测量三角法的内容

#### （二）隧道地面控制测量的三角法

隧道地面三角测量时，布设三角网应以满足隧道横向贯通的精度要求为准，三角网尽可能布设为垂直于贯通面方向的直伸三角锁。隧道地面三角测量时，要使三角锁的一侧靠近隧道线路中线。隧道地面三角测量一般布设成与路线同方向延伸的三角锁，测量一条或两条基线。隧道地面三角测量时，三角锁的图形一般为三角形，传距角一般小于30°。隧道地面三角测量时，每个洞口附近应设有不少于三个三角点，如个别点直接作为三角点有困难，亦可以采用插点的方式。

布设三角网时考虑与路线中线控制桩的联测方式，如路线交点、路线转点、曲线主点等应尽可能纳入主网或插点。

隧道三角测量的内容包括：

（1）三角锁的基线一般由精密光电测距仪测定。

（2）当只设一条起始边时，其在三角锁中的位置可灵活选择。

（3）如三角锁近于严格直伸，则测距精度也可适当放低。

(4)测距精度应符合下式要求：$\frac{m_b}{b} \leqslant \frac{m''_r}{p''}$。

由于光电测距的广泛应用，隧道地面三角测量也经常采用测数条边或全部边的边角网。

### (三)隧道高程控制测量的内容

J(GJ)BD011 隧道高程控制测量的内容

隧道工程中，高程控制测量主要采用地面水准测量。隧道工程中，高程控制测量可采用精密水准测量或光电测距三角高程测量。地下高程控制测量的任务是测量隧道中各点的高程。

在坑道贯通之前，地下隧道中高程测量线路均为支线。

隧道井上点 $A$，井下点 $B$，点 $B$ 的高程计算公式为：

$$H_B = H_A + a - [(m-n) + \Delta l + \Delta t] - b$$

$$\Delta t = \alpha(t_{平} - t_0)\, l$$

式中　$a$——井上水准仪的塔尺读数；

$m$——井上水准仪的钢尺读数；

$n$——井下水准仪的钢尺读数；

$b$——井下水准仪的塔尺读数；

$\alpha$——钢尺膨胀系数；

$t_{平}$——井上、井下的平均温度；

$t_0$——钢尺检定时的温度；

$\Delta l$——钢尺尺长改正数。

当隧道两洞口间水准路线长度>36km 时，地面水准测量等级采用二级。

隧道高程控制的地面水准测量精度等级的选定，除与隧道的长度有关外，还取决于这一地段的水文地质情况。

## 二、隧道洞内测量

J(GJ)BD003 隧道洞内导线布设的要求

### (一)隧道洞内导线布设的要求

隧道洞内导线布设时，新设立的导线点必须有可靠的数据检核，避免发生任何错误。隧道洞内导线布设时，可以布设成单导线、主副导线环及导线网。隧道洞内导线布设时，应尽可能有利于提高导线临时端点的点位精度。隧道洞内导线布设时，导线须随隧道的掘进不断向前延伸，而且是在隧道贯通之前，就得依据导线测设路线中线，进行隧道施工放样。

隧道洞内导线布设的单导线一般用于短隧道。

隧道洞内导线布设的主副导线环，主副导线每隔 2~3 条边组成一个闭合环。

隧道导线闭合环的内容包括：

(1)导线闭合环起点为洞外已知平面控制点。

(2)沿隧道中线布设的导线点 1，2，3，4，5，…，其边长为 50~100m。

(3)在彼此相距几厘米或几分米处并列设立另一导线 1′，2′，3′，4′，5′，…，每隔两三边即可闭合一次，形成导线环。

(4)为了避免并列的导线点被破坏，可一排沿中线附近设置，另一排沿隧道边墙附近设置，但点位距边墙应有一定距离，并列的二点约可相距 1.5m 左右设立一对新点。

主副导线闭合环的内容包括:

(1)主副导线埋设不同的标志。

(2)主导线传递坐标及方位角,副导线只测角不量边,供角度闭合。

(3)导线环经角度平差以后,可以提高导线端点的横向点位精度,并对角度测量能够进行检核,根据角度闭合差还可评定测角精度,同时减少了大量的量距工作。

(4)角度闭合差分配后按改正的角值计算主导线各点的坐标,并按主导线点的坐标来测设中线点的位置。

J(GJ)BD004 隧道洞内导线测角测边的方法

**(二)隧道洞内导线测角测边的方法**

隧道洞内导线测量时,洞内测角的照准目标,通常采用垂球线法。隧道洞内导线测量时,由于隧道口内、外两个测站距贯通面最远,所以其测角误差对贯通影响最大。

隧道洞内导线测量前,隧道口内、外两个测站的测角,应给予足够的重视。

隧道洞内导线测角的方法与地面导线基本相同,亦采用方向观测法。

隧道洞内导线测边的传统方法是钢尺精密量距。

隧道洞内导线测量要求,隧道掘进中,凡是已构成闭合环的,都应进行平差计算。

隧道内导线测角的内容包括:

(1)洞内导线角度观测,应采用 $J_2$ 级或 $J_6$ 级光学经纬仪。

(2)测量时应减少仪器对中误差及目标偏心误差。

(3)洞内光线暗淡时可利用灯光照明。

(4)在洞内外两个测站测角时,为了克服目标成像不稳定和避免折光影响,宜选择在阴天或夜间进行。

隧道洞内导线的起始点都设置在隧道洞口、平行坑道口、横洞口、斜井口等处,因这些位置点的坐标在建立洞外平面控制时已确定。

J(GJ)BD005 隧道洞内中线测设的方法

**(三)隧道洞内中线测设的方法**

隧道内中线测量,是指导隧道全面开挖和作为隧道衬砌工程的依据。隧道内中线测量在隧道施工过程中,是一项经常性的工作。

隧道内中线测量时,临时中线点的埋设,一般采用混凝土包裹木桩的桩志,点名为该点的里程桩号。

隧道内中线测量时,中线点间距视施工需要而定,一般直线段正式中线点为 90~150m 一点,一般曲线段正式中线点为 60~100m 一点。

隧道中线测设的内容包括:

(1)隧道开挖首先要建立临时中线,再根据导线点测设中线点。

(2)采用全断面开挖时,导线点和中线点都是继临时中线点后即时建立的。

(3)临时中线点一般可用经纬仪和激光指向仪确定。

(4)直线隧道中线的确定主要有串线延伸法和激光指向仪延伸法两种。

曲线隧道中线的确定方法主要有切线支距法、后延弦线偏距法、曲线串线法、全站仪坐标法等几种。

隧道掘进洞内之后,首先要建立临时中线,以指导导坑的开挖。

**（四）隧道洞内水准测量的要求**

J(GJ)BD006 隧道洞内水准测量的要求

隧道洞内水准测量的目的是在地下建立一个与地面统一的高程系统。隧道洞内水准测量应以洞口水准点的高程作为起始依据。

隧道洞内水准测量时，洞内各水准点高程调整后，以调整后的高程作为衬砌地段施工放样的依据。

隧道洞内水准测量时，为了满足衬砌施工的需要，水准点的密度一般要达到安置仪器后，可直接后视水准点就能进行施工放样而不需要迁站。

隧道洞内水准测量的方法和地面上的水准测量相同，但根据隧道施工情况，地下水准测量一般应与地下导线测量的线路相同。

隧道洞内水准测量的内容包括：

（1）洞内水准测量是随着隧道向前掘进，不断地向前建立新的水准点。

（2）在洞内每隔 10m 设一个供临时放样及控制底面开挖高程的临时水准点，每隔约 50m 设一个固定水准点。

（3）通常情况下，可利用导线点位作为水准点，有时也可将水准埋设在顶板、底板和洞壁上，但都应力求稳固和便于观测。

（4）水准点的高程测定，按三、四等水准测量方法进行。

隧道洞内水准测量方法有：双正尺法、双倒尺法、后正前倒法、后倒前正法。

在隧道贯通之前，洞内水准路线均为支水准路线，因此必须用往、返测进行检核。

**（五）隧道开挖断面放样的要求**

J(GJ)BD007 隧道开挖断面放样的要求

隧道内轮廓线所包围的空间，包括公路隧道建筑界限、通风以及其他功能所需的断面积，以上统称为隧道净空有效面积。

隧道开挖断面测量时，隧道内从仰拱顶面到拱顶称为隧道净空高度。隧道开挖断面测量时，拱部断面的轮廓线一般用五寸台法测出。隧道开挖断面测量时，隧道墙部的放样采用支距法。

隧道开挖断面测量时，直线段中线与路线中线重合一致，开挖断面的轮廓左、右支距亦相等。

隧道断面尺寸满足要求后，可按里程将每隔 5m 或 10m 的断面列表，列出该断面的拱顶高程、起拱线高程、边墙底高程、衬砌断面的支距。

隧道开挖断面测量时，开挖断面必须确定断面各部位的高程，通常采用的方法叫腰线法。

盾构法隧道施工是一项综合性的施工技术，它是将隧道的定向掘进、土方运输、材料输送、衬砌安装等各工种组合成一体的施工方法。

**（六）隧道中线极坐标放样的方法**

J(GJ)BD017 隧道中线极坐标放样的方法

隧道开挖首先要建立临时中线，再根据导线点测设中线点。曲线隧道中线的确定方法主要有切线支距法、后延弦线偏距法、曲线串线法和全站仪坐标法几种。

贯通测量中，坐标传递的误差将会使地下导线产生同一数值的位移。

隧道施工时，根据施工方法和施工程序，一般采用串线法和导线法确定开挖方向。

极坐标放样法是根据水平角和距离来测设点的平面位置。在曲线隧道或当导线点离隧道中线较远时，可采用极坐标法测设。

已知隧道内导线点 $A$、$M$，且点 $A$ 在隧道中线上，$K$ 为未知隧道中线点，$M$、$K$ 两点坐标已知，则利用极坐标法放样 $K$ 点的步骤如下：

（1）利用 $M$、$K$ 两点坐标计算出 $\angle AMK$ 及 $D_{MK}$。

（2）置经纬仪于点 $M$。

（3）以 $MA$ 为起始方向，拨角 $\angle AMK$。

（4）沿此方向量出长度 $D_{MK}$，并指挥量距者定出点 $K$。

已知隧道理论中线的方位角为 $\alpha$ 及洞口坐标值，中线上某预求点 $A$ 至洞口的距离为 $L$，隧道内导线点坐标已知，则用极坐标法放样点 $A$ 的步骤如下：

（1）首先根据设计和施工的要求，计算 $A$ 点的坐标增量，即 $\Delta x = L\cos\alpha$，$\Delta y = L\sin\alpha$。

（2）将其分别与洞口的坐标相加，求出 $A$ 点坐标 $x_i$、$y_i$。

（3）利用已知导线点坐标和 $A$ 点坐标计算出角度和距离。

（4）在已知导线点置仪，用极坐标方法放样点 $A$。

**（七）隧道坡度放样的方法**

J(GJ)BD018 隧道坡度放样的方法

隧道地坪的高程和坡度由腰线来控制。

隧道的水平距离 100m，高差变化 1m，则隧道坡度为 1%。如隧道坡度为 2%，那么每隔 5m 腰线升高或降低 0.1m。一般情况下，隧道内水准点间距不大于 200m。

隧道贯通后，由进口水准点至出口水准点，整个水准路线复测一次，按附合水准路线进行平差计算。

隧道中线点间距的规定如下：

（1）一般在直线段，临时中线点间距为 20~40m。

（2）一般在直线段，正式中线点间距为 90~150m。

（3）一般在曲线段，临时中线点间距为 10~30m。

（4）一般在曲线段，正式中线点间距为 60~100m。

利用中线法测设中线点，若为曲线，由于洞内空间狭窄，一般采用测设灵活的偏角法、弦线支距法、弦线偏距法等。

隧道施工时，根据腰线可以定出断面各部位的高程及隧道的坡度。

J(GJ)BD019 隧道断面放样的方法

**（八）隧道断面放样的方法**

隧道的断面放样是在隧道中线和腰线的基础上进行的。隧道断面包括侧墙和拱顶两部分。隧道内侧墙的放样是以中线点为基准进行的。

在曲线段，隧道中线由路线中线向圆心方向内移一定值，由于标定在开挖面上的中线是依据路线中线标定的，因此在标绘轮廓线时，内侧支距应比外侧支距大 $2d$。

开挖断面必须确定断面各部分的高程，通常采用的方法叫腰线法。如图 2-4-1 所示，隧道腰线的放样步骤如下：

（1）将水准仪置于开挖面附近。

（2）后视已知点 $P$ 读数 $a$，即得到仪器视线高程：$H_i = H_A + a$。

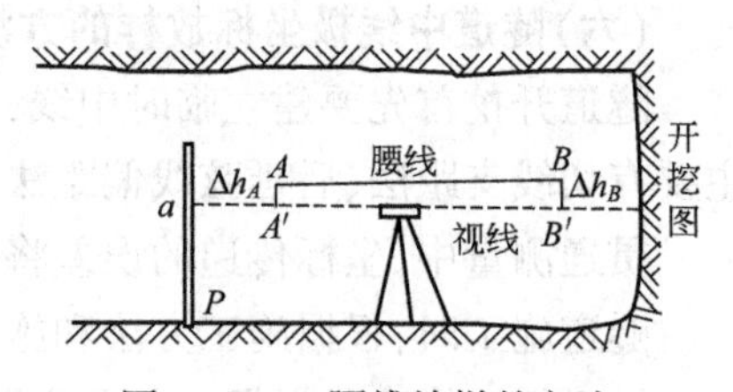


图 2-4-1 腰线放样的方法

(3)根据腰线点 $A$、$B$ 的设计高程,可以分别计算出 $A$、$B$ 与视线间的高差 $\Delta h_A$、$\Delta h_B$。

(4)先在边墙上用水准仪放出与视线等高的两点 $A'$、$B'$,然后分别量测 $\Delta h_A$、$\Delta h_B$,即可定出点 $A$、$B$,两点间的连线就是所放样的腰线。

隧道两侧建筑物的放样部位有起拱线、边墙线、边墙脚线等位置。

隧道拱部断面的轮廓线一般用五寸法测出。

J(GJ)BD020 洞口掘进方向的标定方法

**(九)洞口掘进方向的标定方法**

根据隧道情况以及仪器条件,隧道中线的定线方法有现场标定法和解析法两种。

现场标定法是根据线路定测时所测定的隧道洞口点和隧道中线设计元素在山岭上实地标定出中线位置,作为隧道进洞开挖的放样依据。

解析法定线的地面控制精度较高,能够保证隧道贯通精度。

对于隧道较长、地形复杂的山岭地区,平面控制测量采用三角网法。

直线隧道的串线延伸法内容包括:

(1)供导坑延伸使用的临时中线点,在直线上一般每 10m 设一点,当导坑延伸长度不大于 30m 时,可以用串线法。

(2)串线法是设中线于洞顶,在中线方向上悬吊三条垂球线,以眼瞄准指导开挖方向。

(3)作为标定方向的两垂线间距不宜短于 5m。

(4)当导坑的延伸长度超过 30m 时,应该用经纬仪测定一个临时中线点。

直线隧道的激光指向延伸法内容包括:

(1)激光具有很好的方向性、单色性和很高的亮度,因此成为较理想的准直光学仪器的光源。

(2)激光发射器发射出可见红橙色光,经过聚集系统射出,在掘进工作面形成可见的圆形光斑。

(3)激光指向仪安装完毕后,测量人员应将光束与隧道中腰线关系向施工人员交代清楚。

(4)隧道每掘进 100m,要求进行一次检查测量,并根据测量结果调整腰线。

在采用激光指向延伸法施工隧道时,指向仪安置地点距掘进工作面的距离应不小于 70m。在使用激光指向仪前,应检查光束是否偏离正确位置,发现问题应及时通知测量人员进行检查调整。

## 三、隧道联系测量

J(GJ)BD010 隧道联系测量的内容

**(一)隧道联系测量的内容**

为了保证各相向开挖面能正确贯通,必须将地面控制网中的坐标方向及高程经由竖井传递到地下,这些传递工作称为竖井联系测量。在竖井联系测量中,坐标和方向的传递称为竖井定向测量。

按照坐标反算法,计算出洞口内设计点位和洞口控制点之间的距离、角度和高差关系的过程称为洞口联系测量。

隧道工程的地面控制测量分为平面控制测量和高程控制测量。

如图 2-4-2 所示,隧道联系测量的钢尺导入法的内容有:

(1)将钢尺悬挂在支架上，尺的零端垂于井下，同时在该端挂一重锤，其重量应为检定时的拉力。

(2)井上、井下各安置一台水准仪，分别进行观测记录。

(3)为避免钢尺上下移动对测量结果的影响，井上、井下读取钢尺读数必须同时进行。

(4)变更仪器高，并将钢尺升高或降低，重新观测一次，观测时应量取井口和井下的温度。

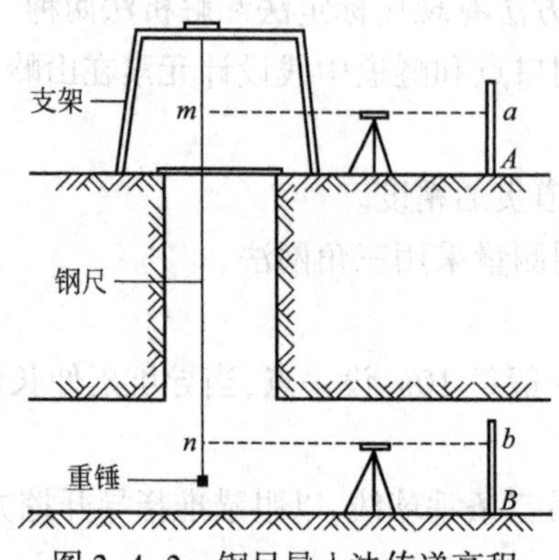

图 2-4-2 钢尺导入法传递高程

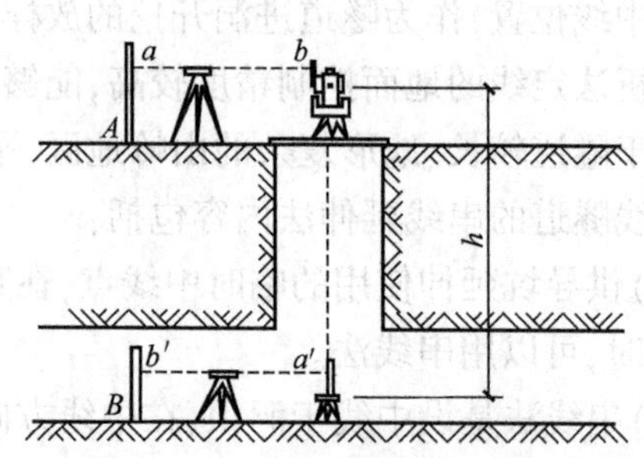

图 2-4-3 光电测距仪传递高程

如图 2-4-3 所示，隧道联系测量的光电测距仪传递法的内容有：

(1)在地面井口盖板的特别支架上安置光电测距仪，并使仪器竖轴水平，望远镜竖直瞄准井下预置的反射棱镜，测出井深 $h$。

(2)将水准仪在井上、井下各置一台。

(3)由地面上的水准仪分别在已知水准点、测距仪横轴位置立尺读数。

(4)由井下水准仪分别在洞内水准点、反射棱镜中心处立尺读数。

在较长的隧道施工中，为缩短工期，常采用增加工作面的方法，当隧道上部覆盖层薄，且地质条件较好时，可采用竖井施工。

当竖井挖到设计深度，并根据初步中线方向分别向两端掘进十多米后，必须进行井上与井下的联系测量。

**(二)隧道竖井联系测量的分类**

J(GJ)BD015 隧道竖井联系测量的分类

竖井定向方法从几何原理，可分为一井定向和两井定向。

竖井联系测量中，传递高程的联系测量称为高程联系测量。

精密测定陀螺北方向的方法有经纬仪照准部处于跟踪状态和照准部固定不动两种。陀螺仪粗略定向主要有两逆转点法和四分之一周期法两种。

隧道坐标和方位角的传递内容有：

(1)竖井联系测量过程通过竖井传递方位角和坐标。

(2)一般在井筒内挂两根钢丝，钢丝的一端固定在地面，另一端系有定向专用的垂球自由悬挂于定向水平。

(3)按地面坐标系统求出两垂球线的平面坐标及其连线的方位角。

(4)在定向水平上把垂球线与井下永久点连接起来，这样便能将地面的方向和坐标导到井下，从而达到定向的目的。

隧道竖井联系测量的步骤：

(1)由地面用钢丝悬挂重锤向洞内投点。

(2)井上、井下的连接测量。

(3)选择联系三角形的最有利形状。

(4)联系三角形的平差计算。

竖井联系测量是通过竖井传递方位角和坐标。

竖井联系测量中，一般在井筒内挂两根钢丝，钢丝的一端固定在地面，另一端系有定向专用的垂球自由悬挂于定向水平，称作垂球线。

J(GJ)BD016 隧道竖井联系测量的方法

### (三)隧道竖井联系测量的方法

如图 2-4-4 所示，竖井定向测量工作分为在井筒内放吊垂线投点和连接测量两部分。

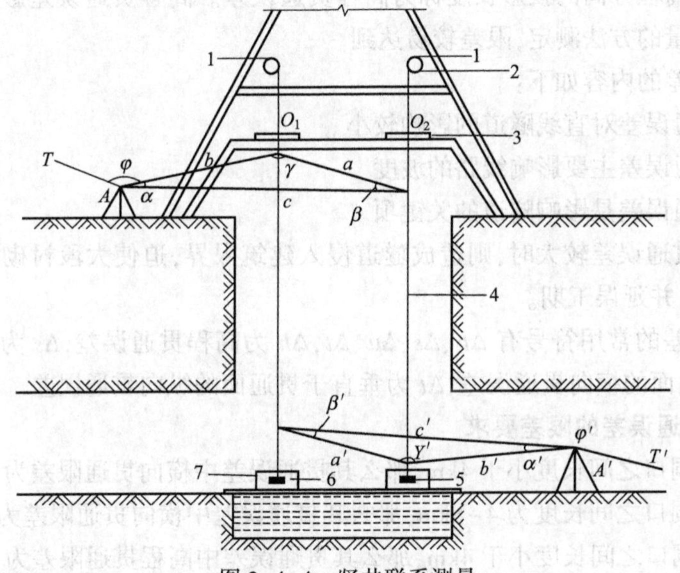


图 2-4-4　竖井联系测量

1—绞车；2—滑轮；3—定位板；4—钢丝；5—吊锤；6—稳定液；7—桶

进行隧道坐标和方位角的传递时，需进行井上、井下的连接测量，在连接测量中，通常采用联系三角形。

采用经纬仪进行竖井联系测量时，仪器瞄准井下点位，视线投在井盖上定出井上相应的点位，这样在井上、井下共定出三对相对应的点，以保证数据的传递。采用经纬仪进行竖井联系测量时，每个点位需进行四个测回，取投点的重心作为最后采用的投点位置。

在隧道竖井联系测量中遇到的名词有绞车、滑轮、定位板、稳定液。

在隧道竖井联系测量中，联系三角形最有利形状的要求是：

(1)联系三角形的两个锐角 $\alpha$ 和 $\beta$ 应接近于零，在任何情况下，$\alpha$ 角都不能大于 3°。

(2)$b$ 与 $a$ 的比值应以 1.5 为宜。

(3)两垂线间距 $a$ 应尽可能大。

(4)用联系三角形传递坐标方位角时，应选择经过小角 $\beta$ 的路线。

在进口设置盖板，在选定点位处开一个30cm×30cm的孔，然后将经纬仪置于该处，另搭支架且不能与井盖接触，供观测者站立其上进行观测。

进行竖井联系测量时，需将经纬仪严格整平并对准孔心。

J(GJ)BD012 隧道贯通误差的含义

## 四、隧道测量误差

### （一）隧道贯通误差的含义

由于在隧道施工中地面控制测量、地下控制测量等误差，使两个相向开挖的隧道不能完全衔接，即为贯通误差。

贯通误差在垂直于中线方向的投影长度称为横向贯通误差。

贯通误差在路线中线方向上的投影长度称为纵向贯通误差。纵向贯通误差影响隧道中线的长度，只要它不低于路线中线测量的精度，就不会实际影响到路线纵坡。

贯通误差在高程方向的投影长度称为高程贯通误差。高程贯通误差影响隧道的纵坡，一般应用水准测量的方法测定，限差较易达到。

隧道贯通误差的内容如下：

（1）纵向贯通误差对直线隧道的影响较小。

（2）高程贯通误差主要影响线路的坡度。

（3）横向贯通误差是影响隧道的关键项。

（4）当横向贯通误差较大时，则造成隧道侵入建筑限界，迫使大段衬砌炸掉返工，造成巨大的经济损失，并延误工期。

隧道贯通误差的常用符号有$\Delta h$、$\Delta s$、$\Delta\mu$、$\Delta t$，$\Delta h$为高程贯通误差，$\Delta s$为平面贯通误差，$\Delta\mu$为平行于贯通面的横向贯通误差，$\Delta t$为垂直于贯通面的纵向贯通误差。

### （二）隧道贯通误差的限差要求

J(GJ)BD013 隧道贯通误差的限差要求

（1）两开挖洞口之间长度小于4km，那么其贯通误差中横向贯通限差为100mm。

（2）两开挖洞口之间长度为4~8km，那么其贯通误差中横向贯通限差为150mm。

（3）两开挖洞口之间长度小于4km，那么其贯通误差中高程贯通限差为50mm。

（4）两开挖洞口之间长度大于6km时，洞外贯通中误差小于等于90mm。

开挖隧道的洞内高程中误差应小于等于25mm。

贯通误差的限差一般取中误差的4倍。

当隧道两相向开挖洞口间长度为$L$，贯通误差限差（$m_q$）的规定如下：

（1）当$L$=8~10km时，$m_q$=200mm。

（2）当$L$=10~13km时，$m_q$=300mm。

（3）当$L$=13~17km时，$m_q$=400mm。

（4）当$L$=17~20km时，$m_q$=500mm。

隧道三角网测角中误差（$m_\alpha$）的规定如下：

（1）当三角网测量等级为二级时，$m_\alpha=\pm1.0''$。

（2）当三角网测量等级为三级时，$m_\alpha=\pm1.8''$。

（3）当三角网测量等级为四级时，$m_\alpha=\pm2.5''$。

（4）当三角网测量等级为五级时，$m_\alpha=\pm4.0''$。

### (三)隧道贯通误差的来源

J(GJ)BD014 隧道贯通误差的来源

隧道贯通误差主要来源于洞内外控制测量和竖井联系测量的误差。

现行规范将地下两相向开挖的洞内导线测量误差各作为一个独立因素来考虑。

特长、长隧道宜进行控制测量设计。

两开挖洞口间长度小于3000m时,整个隧道的贯通中误差应≤±75mm。

隧道贯通中误差($m$)的规定如下:

(1)当两开挖洞口间长度$L$=3000~6000m时,洞外贯通中误差$m$≤±60mm。

(2)当两开挖洞口间长度$L$=3000~6000m时,洞内贯通中误差$m$≤±80mm。

(3)当两开挖洞口间长度$L$=3000~6000m时,全部隧道贯通中误差$m$≤±100mm。

(4)当两开挖洞口间长度$L$<3000m时,洞外贯通中误差$m$≤±45mm。

隧道贯通中误差($m$)的规定如下:

(1)当两开挖洞口间长度$L$>6000m时,洞外贯通中误差$m$≤±90mm。

(2)当两开挖洞口间长度$L$>6000m时,洞内贯通中误差$m$≤±120mm。

(3)当两开挖洞口间长度$L$>6000m时,全部隧道贯通中误差$m$≤±150mm。

(4)当两开挖洞口间长度$L$<3000m时,洞内贯通中误差$m$≤±60mm。

由于地面上的观测条件要比洞内好,则对洞内导线测量的精度要求适当降低。

对于没有竖井的隧道,横向贯通误差主要来自洞外地面控制测量和洞内导线测量。

## 五、隧道的施工

J(GJ)BD021 隧道的盾构施工法

### (一)隧道的盾构施工法

公路隧道按构造形式,将隧道划分为:连拱隧道、分离式隧道和小间距隧道。

现阶段在水底、软弱地层中修建交通隧道和地铁以及各种用途管道时,广泛采用的施工方法是盾构法。盾构法是使用所谓的"盾构"机械,在围岩中推进,一边防止土砂的崩坍,一边在其内部进行开挖、衬砌作业修建隧道的方法。它实质是一种可以掩护隧道施工人员在地下安全作业的掘进机器。

盾构法修建隧道,按其功能不同又有普通盾构、机械化盾构、压气盾构及加压泥水盾构等多种。

盾构法施工隧道的优点是:

(1)在盾构设备的掩护下进行地下开挖与衬砌支护作业,能保证施工安全;

(2)施工时振动和噪声小,对施工区域环境及附近居民干扰小;

(3)可控制地表沉陷,减少对地下管线及地表建筑物的影响;

(4)机械化程度高,施工人员少,易管理。

采用盾构法施工隧道时,存在的主要问题有:

(1)当覆土较浅时,开挖面稳定甚为困难,而在水下施工时,需要采取措施保证安全;

(2)曲率半径较小的曲线段施工比较困难;

(3)采用气压法施工,施工条件较差,劳动保护条件要求高;

(4)在饱和含水层中,对拼装衬砌整体结构防水技术要求高。

J(GJ)BD022 隧道的沉管施工法

### （二）隧道的沉管施工法

随着科技的发展，传统隧道修建技术在不断完善和发展的同时，出现了各种新的隧道修建技术，如盾构法、顶管法、沉埋法、TBM 法等。

所谓沉管隧道简单地说，就是在水底预先挖好沟槽，把在陆地上其他地点预制的适当长度的管体，两端用临时封墙密封，制成以后用拖轮运到隧址指定的位置上，待管段定位就绪后，往管段中注水加载，使之下沉，然后将沉设完毕的管段在水下连接起来，覆土回填，完成隧道，是修建水底隧道常用的施工方法。

沉管法施工水下隧道具有以下的施工特点：

(1) 与其他水下隧道施工法相比，因能够设置在不妨碍通航的深度下，故隧道全长可以缩短；

(2) 隧道管段是预制的，质量好，水密性高；

(3) 因为有浮力作用在隧道上，所以视相对密度小，对地层的承载力的要求不大；

(4) 特别适应较宽的断面形式；

(5) 因采用预制方式施工，效率高，工期短，但在挖掘沟槽时，会出现妨碍水面交通和弃渣处理等问题。

J(GJ)BD023 明挖隧道施工法

### （三）明挖隧道施工法

山区隧道工程的洞口地段和洞身覆盖过薄地段，暗挖施工地层不能形成稳定的自然拱，常采用明挖方式修建洞身衬砌，从地表面向下开挖，在预定位置修筑结构物，然后在外部回填土石来掩盖和防护衬砌，这种类似隧的结构称为明洞。

明洞在山区道路建设中一般用于以下几方面：

(1) 防护隧道洞口。当隧道洞口正面或侧面山坡高陡，为了根除落石塌方危害，一般延长洞身修建明洞，以保证运营安全。

(2) 对一些自然山坡洞口开挖后可能产生顺层滑动，以及洞口地层稳定性差，洞顶覆盖层薄等不利地段，一般均在洞口设置一段明洞，利用洞顶回填支撑山坡。

(3) 防治路堑危害。对边坡防护工程量大的路堑或半路堑，从根治剥蚀、落石、坍塌、流泥等危害出发，常采用明洞工程。

(4) 用作引跨建筑物。对横跨路线路堑的铁路、公路桥跨或较为宽阔的沟谷渡槽。

明洞的适用条件如下：

(1) 浅埋隧道、洞顶覆盖层较薄，难以用暗挖法施工情况；

(2) 受塌方、落石、泥石流等不良地质条件危害的隧道洞口或路堑地段；

(3) 作为与公路、铁路、河沟等立体交叉的一种方法。

明挖法也应用在城市建设的许多方面，如地铁车站、地下车库、地下商场、过街地道等。

明挖隧道的方法多用于埋深 $H<40\mathrm{m}$ 的场合。隧道埋深的增加，明挖法的投资、工期都将增大，因此采用明挖法时要进行充分的比较。

J(GJ)BD031 管道施工测量的准备工作

## 六、管道施工测量

### （一）管道施工测量的准备工作

为了合理地敷设各种管道，应首先进行规划设计，确定管道中线的位置并给出定位的数据,即管道的起点、转向点及终点的坐标和高程。根据管道平面图和已有控制点,并结合实际地形,做好施测数据的计算整理,并绘制施测草图。根据管道在生产上的不同要求、工程性质、所在位置和管道种类等因素,确定施测精度。

管道施工前要收集管道测设所需要的管道平面图、断面图、附属构筑物图以及有关资料,熟悉和核对设计图纸,了解精度要求和工程进度安排,还要深入施工现场,熟悉地形,找出各桩点的位置。也就是说管道施工前要深入施工现场,找到交点桩、转点桩、里程桩、水准点的位置。

若管道设计阶段在地面上标定的中线位置就是施工时所需要的中线位置,且各桩点保存完好,则仅需校核一次,无须重新测设。管道施工前,若有部分桩点丢损或施工的中线位置有所变动,则就根据设计资料重新恢复旧点或按改线资料测设新点。

施工前为了保证中线位置准确可靠,应根据设计及测量数据进行复核,并补齐已丢失的桩。

JB(GJ)D029 管道中线测量

**(二)管道中线测量**

管道中线测量的任务是将设计的管道中心线位置在地面上测设出来,具体来说就是根据工程进度的要求向施工人员随时提供中线方向和标高位置。

管道中线测量包括管线交点桩、转点桩测设、线路转折角测量、里程桩的标定等。

管道中线测量时,钉好交点桩后,接下来用钢尺丈量交点之间的距离和测量交点的转折角,并尽可能与附近的测量控制点进行连接,以便构成附合导线形式,以检查中线测量成果和计算各交点的坐标。

管道交点测设完成后,在交点上安置经纬仪或全站仪,后视附近的两个交点,观测交点的转折角。

管道施工时,当管道规划设计图的比例尺较大,而且管道主点附近有明显可靠地物时,可采用图解法求得放样数据。

管道的里程桩,一般规定起点桩号为 K0+000,以后每 50m 钉一桩,自起点开始每 500m 处应钉一大木桩。

管道施工时,为了便于恢复中线和其他附属构筑物的位置,应在不受施工干扰、引测方便、易于保存桩位处设置施工控制桩。

J(GJ)BD030 管道纵横断面测量

**(三)管道纵横断面测量**

纵断面测量的目的是根据管线中心线所测得的桩点高程和桩号绘制成纵断面图。纵断面图表示沿管道中心线地面的高低起伏和坡度陡缓情况,是作为设计管道埋深、坡度、计算土方量的主要依据。

绘制纵断面图时,水平距离为横坐标,高程为纵坐标,为了更明显地表示地面起伏,一般纵断面图的高程比例尺比水平距离比例尺大 10 倍或 20 倍。

在纵断面测量时,为了保证管道全线的高程测量精度,应先沿线布设足够的水准点。为了在施工过程中便于引测高程,应根据设计阶段布设的水准点,一般每隔 1~2km 有一个永久水准点,中间每隔 300~500m 还要设立临时水准点,作为纵断面分段闭合和施工时引测高程的依据。管道水准点高程,应按四等水准测量的精度要求进行测量。

管道施工时,除每隔 50m 钉一里程桩外,在新建管线与旧管线、道路、桥涵、房屋等交叉处也要钉设加桩。

管道横断面测量是测定各里程桩整桩和加桩处的中线两侧地面上地形变化点至管道中心线的距离和高差。

J(GJ)BD032 开槽管道施工测量

### （四）开槽管道施工测量

开槽管道施工测量包括：设置坡度板、测设中线钉和测设坡度钉。

管道施工中的测量工作主要是控制管道中线设计位置和管底设计高程。为此需要设置坡度板。坡度板需要跨槽设置，间隔一般为 10～20m，并编以板号。根据中线控制桩，用经纬仪或全站仪把管道中心线测设到坡度板上，用小钉作标记，称为中线钉，以控制管道中心线的平面位置。

为了控制沟槽的开挖深度和管道的设计高程，还需要在坡度板上测设设计坡度。为此，在坡度横板上设置一坡度立板，一侧对齐中心线；在立板上测设一条高程线，其高程与管底设计高程相差一整分米数，称为下反数，在该高程线上横向钉一小钉，称为坡度钉，以控制沟底挖土深度和管道的埋设深度。开槽管道施工测量中的坡度板又称龙门板。

开挖管道施工，当地面平坦时，如槽底宽度为 $b$，挖土深度为 $h$，边坡率为 $m$，则开槽口宽度 $b+2mh$。

管道施工时，槽口放线就是按设计要求管线埋深、土质情况、管径大小计算出开槽宽度，并在地面上定出槽边线位置，撒上石灰线。

例如，有一管道工程，测得桩号 K1+600 处的坡度板中线处的板顶高程为 142.533m，管底的设计高程为 140.256m，那么从坡度板顶向下量 2.277m，为管底高程。

J(GJ)BD033 民用建筑主轴线测设

## 七、建筑施工测量

### （一）民用建筑主轴线测设

测设民用建筑物主轴线就是把设计图上建筑物的主轴线交点标定在实地上，也称为建筑物定位。民用建筑主轴线的测设，应根据建筑物的布置情况和施工场地实际情况进行。测设时，主轴线的点数不得少于 3。建筑主轴线是确定建筑平面位置的关键环节，施测中必须保证精度，避免错误。建筑主轴线是建筑物细部位置改样的依据，施工前，应在现场测设。

民用建筑主轴线的测设方法包括：利用已有建筑物测设、利用道路中心线测设、利用建筑方格网测设、利用控制点测设。

在建筑总平面图上，待建建筑物轴线与实地已有建筑物存在平行或垂直关系，则可以利用已有建筑物测设待建建筑物的主轴线交点。

若待建建筑物的主轴线与周围的道路中心线平行，可以考虑利用道路中心线作为已知条件来测设主轴线交点，实际上是采用直角坐标法来测设。

在施工现场有方格网控制时，可以根据民用建筑物各角点的坐标测设主轴线。

如果待建民用建筑周围没有已建建筑、建筑方格网，只有已知控制点，则采用的测设方法有极坐标法、全站仪测设、角度交会和距离交会。

J(GJ)BD034 民用建筑基础施工测量

### （二）民用建筑基础施工测量

建筑基础施工测量包括：测设基槽开挖边线和基槽抄平、测设垫层中线和基础、控制基础标高、墙体施工测量。

开挖基槽时，要随时注意开挖的深度。当基槽挖到距设计槽底一定深度（比如0.5m，称为下反数，一般为一整分米数）时，用水准仪根据施工水准点在基槽壁上每隔2~3m和拐角处设置一些水平桩，称为抄平，作为基槽内部的高程控制。

根据基础大样图上基础的设计数据，基槽施工完成后应在基槽底部设置垫层标高桩，使桩顶高程等于垫层设计高程，作为垫层施工的依据。垫层施工后，根据施工控制桩用经纬仪或者拉细线悬挂垂球的方式，将建筑物主轴线测设到垫层上，并弹出墨线和基础边线，作为基础施工的依据。

建筑基础墙的标高控制是利用基础的皮数杆来控制的，上面标注有砖厚和灰缝厚度、±0m、防潮层的标高位置。

在墙体施工中，墙身各部分高程通常使用墙身皮数杆来控制，作为砌墙时掌握高程和砖缝水平的主要依据。当墙体砌到窗台时，要根据设计图上窗口尺寸在外墙面上根据房屋的轴线量出窗的位置，以便砌墙时预留出窗洞的位置。

J(GJ)BD035 高层建筑的轴线投测

**（三）高层建筑的轴线投测**

在高层建筑物施工中，各层轴线交点的平面坐标应该与地坪层轴线交点的平面坐标完全相等，也就是各层轴线应精确地向上投测。建筑物越高，轴线投测的精度要求也越高。

高层建筑的轴线投测方法一般选用悬挂垂球法、经纬仪引桩投测法、激光垂准仪投测法。

高层建筑轴线投测方法中，悬挂垂球法是最简便、最原始的方法，精度大约为$\frac{1}{1000}$。将垂球加重，细绳减细，可以提高投影的精度。比如建造高层建筑、烟囱、竖井等工程时，可用10~20kg的特制垂球，用直径0.5~0.8mm的钢丝悬挂，将垂球置于油桶中以减小垂球的摆动，在首层的地面上可以靠近高层建筑结构四周的轴线点为准，逐层向上悬挂垂球引测轴线或控制建筑结构的竖向偏差，精度可达$\frac{1}{20000}$。

在施工场地开阔、建筑高度不大的情况下，可以采用经纬仪引桩投测法。使用经纬仪引桩投测法投测轴线时，要注意以下事项：

（1）经纬仪一定要经过严格检校才能使用，尤其是照准部水准管轴应严格垂直于竖轴，作业时要仔细整平；

（2）每次投测要以首层为基准，测站点到首层轴线投测点的水平距离不小于投测高度的1.5倍；

（3）为了减小外界条件的不利影响，投测工作在阴天及无风天气进行为宜。

激光垂准仪适用于各种层次建筑施工中的平面点位投影。将激光垂准仪安置在首层投测点位上，在投测楼层的垂准孔上，就可以看见一束激光，移动网格激光靶，使靶心精确地对准激光光斑，就完成轴线向楼层的投测。

J(GJ)BD036 建筑方格网的精度要求

**（四）建筑方格网的精度要求**

为便于施工测量，一般都在原有控制点的基础上，另建立施工方格网，让格网点间的连线与建筑物的轴线相平行。由于施工方格网是按建筑物轴线方向互相垂直布置的，通常呈方形或矩形网状，所以称为建筑方格网。建立施工方格网一般先整体布网，后局部测量，可以减少测量过程的累计误差，从而保证测量精度，如表 2-4-1 所示。

**表 2-4-1　方格网的布设精度要求**

| 企业类别 | 边长精度 | 直角误差 |
| --- | --- | --- |
| 大型企业 | 1：50000 | 5″ |
| 中型企业 | 1：25000 | 10″ |
| 小型企业 | 1：10000 | 15″ |

表中大致规定了直角误差的要求，但该项误差应与边长精度相适应，因而要根据方格网的边长灵活掌握。

J(GJ)BD037 建筑方格网的布设原则

### （五）建筑方格网的布设原则

（1）建筑方格网的布设形式应由主要建筑物总平面图中各建筑物、构筑物及各种管线的布置情况确定。方格网或轴线网要保证能控制整个建筑区。

（2）建筑施工方格网的轴线应与主要建筑物的轴线平行。并使方格网点接近测设对象，以便利用方格网点直接施测。

（3）建筑方格网的边长（相邻点的距离）一般为 50~100m，且为 10m 或 1m 的整数倍。

（4）布设时应先在总平面图上确定格网点的位置，再根据建筑物、道路坐标用解析法算出各点坐标。

（5）建筑方格网网点之间应保持通视良好，桩位能长期保存，施工过程不致毁坏，不妨碍施工。一般点位应布置在道路附近或绿化地带中。

（6）点位要便于使用，桩顶以高出地面 10cm 左右为宜。

（7）建筑场地建立施工方格网后，所有建筑物、构筑物的定位测量都应以方格网为依据，不能再利用原控制点，因为在建立方格网过程中，由于测量误差的影响，方格网系统与原控制网系统可能产生平面位移或旋转，如果再利用原控制点进行放线，会给建筑物尺寸间造成矛盾。

J(GJ)BD038 建筑方格网的测设要求

### （六）建筑方格网的测设要求

（1）应先对现场进行实地考察。

（2）使用经纬仪不能低于 $DJ_6$ 的等级，角度测量应采用正倒镜测回法，边长测量应采用精密丈量法。

（3）建筑基线应选择在场区中部或建筑物定位要求精度较高的地方，并且应定为矩形网的长轴。

（4）建筑轴线网是一种不闭合的控制网，它也属于建筑施工方格网。

当建筑场地范围较小，或狭长地带，不强调都布设成方格网形式，可布设成如图 2-4-5 所示的形状（包括Ⅰ、Ⅱ、Ⅲ、Ⅳ型），这种不闭合的控制网称为轴线网。

建筑主轴线测设好后，还不能满足定线的需要，必须进行轴线加密，如图 2-4-6 所示，主轴线 *AOB*、*COD* 的加密轴线有：1-2、2-3、3-4、4-1。

J(GJ)BD039 建筑方格网的测设方法

### （七）建筑方格网的测设方法

建筑施工方格网的测设方法有布网法和轴线法两种。

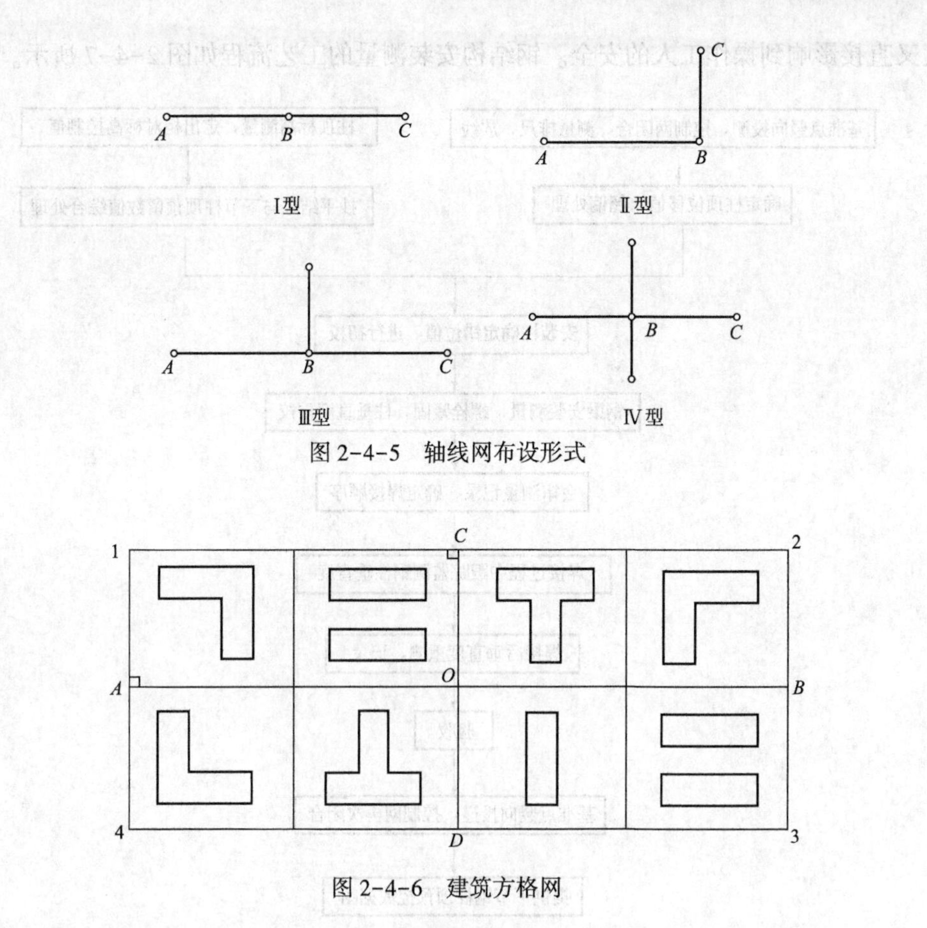


图 2-4-5　轴线网布设形式

图 2-4-6　建筑方格网

建筑方格网采用布网法时，宜增测方格网的对角线。

建筑方格网采用轴线法时，长轴的定位点不得少于 3 个，点位偏离直线应在 180°±5″以内。

建筑方格网控制点一般采用永久性标桩，冻土地区埋深不得浅于冻土线以下 0.5m。

建筑施工方格网建点的步骤是先建点，再测点的坐标数值。

建筑施工方格网的边长宜采用电磁波测距仪往返观测各 1 测回，并应进行气象和仪器加、乘常数改正。

建筑施工方格网测量之前，应在主轴线的基础上进行建筑方格网网点的初步定位，要求如下：

(1)初放的点位误差(对方格网起算点而言)应不大于 5cm；

(2)初步放样的点位用木桩临时标定；

(3)确定点位后埋设永久标桩；

(4)如设计点所在位置地面标高与设计标高相差很大，应在方格点设计位置附近的方向线上埋设临时木桩。

J(GJ)BD040 钢结构安装测量

**(八)钢结构安装测量**

在钢结构工程安装过程中，测量是一项专业性较强又非常重要的工作。测量精度高低直接影响到工程质量的好坏，测量效率的高低直接影响到工程进度的快慢，测量工序的繁琐程度又直接影响到操作工人的安全。钢结构安装测量的工艺流程如图 2-4-7 所示。

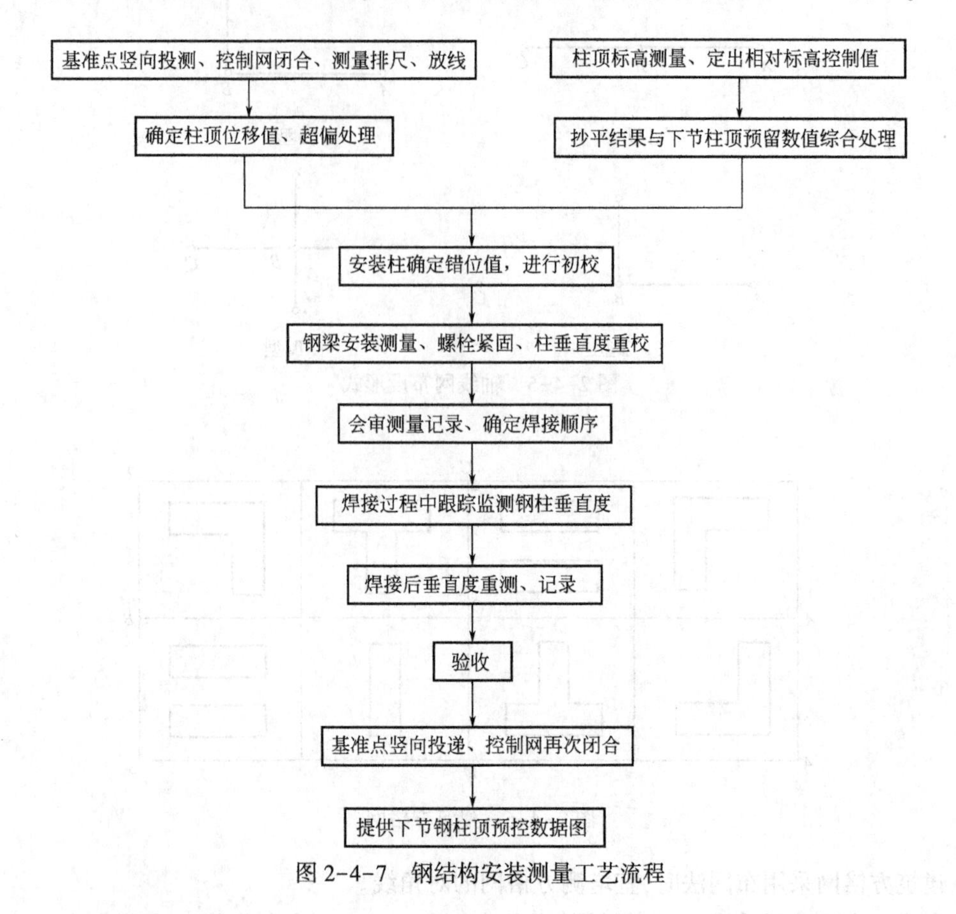


图 2-4-7　钢结构安装测量工艺流程

1. 平面控制网的建立

平面控制网可以直接利用土建提供的轴线控制点或依据设计院提供的坐标点引测到施工区域内，构成高精度的小型平面控制网。

2. 地脚螺栓预埋定位测量

地脚螺栓埋设的精度是保证钢结构安装质量的关键之一。钢柱一般是通过预埋地脚螺栓与基础底板连接的，地脚螺栓的预埋质量将直接影响到各个钢柱位置的准确性，从而将影响到后续框架梁的安装和整个钢柱的垂直度。地脚螺栓的预埋方法一般有两种：一种是一次浇注法；另一种是预留坑位浇注法。前一种方法要求测量工作人员先布置高精度的建筑方格网，并把各柱中心轴线引测到四周的适当高度，一般超过底板厚度的 10cm 左右。后一种方法可待底板浇注并完成初凝后再重新复测平面控制及柱中心轴线到各预留坑位的四周。

3. 平面控制点的竖向传递

为了确定出每一根钢柱的轴线位置，必须先投测其平面控制网点，观测一般采用高精度的天顶准直仪或激光经纬仪配合激光靶进行，投测后的轴线必须进行角度和距离检测。

4. 钢柱轴线位置的标定

不论是核心筒的钢柱还是外框的钢柱，都必须在吊装前标定每一钢柱的几何中心，吊装后标定其柱轴线的准确位置，作为测控该钢柱垂直度的依据。

5. 钢柱标高的传递及误差调整

高层钢结构的安装对标高控制要求很高，同一层柱各柱顶高差允许偏差为 5mm；同一根梁两端高差允许偏差为 $L/1000$，且绝对值小于或等于 10mm（$L$ 为梁长）；主体结构总高度允许偏差为±30mm 等。

6. 钢柱焊接过程中的跟踪测量

在每一节钢柱吊装就位后，通过初校使单节柱垂直度达到要求，同时尽可能使整体垂直度偏小；然后进行焊接，焊接过程中还要用经纬仪跟踪，来确定其变化情况并用以指导焊接。

7. 核心筒施工中预埋件的定位测量

根据投测上去的基准点进行检测，符合要求后放线。

## 八、输电线路施工测量

J(GJ)BD041 输电线路平面测量

### (一)输电线路平面测量

进行输电线路平面测量时，一般对线路中心两侧各 50m 范围内的建筑物、经济作物、自然地物、与线路平行的弱电线路，应测绘其平面位置；对房屋或其他设施应标记与线路中心线的距离及其高度。

线路中心线两侧 30m 内的地物一般用仪器实测，对于不影响排定杆塔位置的地物或在线路中心两侧 30~50m 之间的地物可不必实测，而用目测方法勾绘其平面图。

当输电线路与弱电线路平行接近时，为了计算干扰影响，需测绘出其相对位置图。在线路中心两侧 500m 以内时，一般用仪器实测其相对位置；在 500m 以外，可在 1/10000 或 1/50000 地形图上调绘其相对位置。

若变电站线路进、出线两端没有规划时，还应测绘进、出线平面图。将变电站的门形构造、围墙，线路的进、出线方向以及进、出线范围内的地物、地貌均应测绘在进、出线平面图上。进、出线平面图的比例尺为 1/500~1/5000。其施测方法和技术要求与地形测量相同，只是不注记高程。

输电线路转角测量时，水平角一般采用 $DJ_6$ 型经纬仪观测，用测回法观测一个测回。

J(GJ)BD042 输电线路的断面选择方法

### (二)输电线路的断面选择方法

线路纵断面图的质量取决于断面点的选择。断面点测得越多，则纵断面图越接近实际情况，但工作量太大；若断面点测得过少，则很难满足设计要求。在具体施测过程中，通常以能控制地形变化为原则，选择对排定杆塔位置或对导线弧垂有影响、能反映地形起伏变化的特征点作为断面点；对地形无显著变化或对导线没有影响的地方，可以不测断面点；而在导线弧垂对地面距离有影响的地段，应适当加密断面点，并保证其高程误差不超过 0.5m。

一般而言，对于沿线的铁路、公路、通信线路、输电线路、水渠、架空管道等各种地上、地下建筑物和陡崖、冲沟等与该输电线路交叉处以及树林、沼泽、旱地的边界等都必须施测断面点。在丘陵地段，地形虽然有起伏，但一般都能立杆塔，因此，除明显的洼地外，岗、坡地段都应施测断面点。对于山区，由于地形起伏较大，应考虑到相应地段立杆塔的可能性，在山顶处应按地形变化选择断面点，而山沟底部对排定杆塔影响不大，因此可适当减少或不测断面点。在跨河地段的断面，断面点一般只测至水边。

若路径或路径两旁有突起的怪石或其他特殊的地形情况，往往导致导线弧垂对这些点的安全距离不能满足设计要求，这些点称之为危险断面点。在断面测量时应及时测定危险断面点的位置和高程，供设计杆塔时作为决定杆塔高度的参数。

J(GJ)BD043 输电线路断面测量方法

**(三)输电线路断面测量的方法**

输电线路纵断面测量是以方向桩为控制点，沿线路路径中心线采用视距测量的方法，测定断面点至方向桩间的水平距离和断面点的高程。为了保证施测精度，施测时应现场校核，防止漏测和测错；另外，断面点宜就近桩位施测，不得越站观测；视距长度一般不应超过200m，否则应增设测站点。

1. 边线断面测量

在设计排定线路杆塔位置时，除了考虑线路的中心导线弧垂对地面的安全距离外，还应考虑线路两侧的导线弧垂对地面的距离是否满足要求。线路两侧导线的断面称为边线断面。设计要求，当边线地面高出中线地面 0.5m 时，应施测边线断面。

2. 横断面测量

当线路通过大于 1∶5 的斜坡地带或接近陡崖、建筑物时，应测量与线路路径垂直方向横断面，以便在设计杆塔位置时，充分考虑到边导线在最大风偏后对斜坡地面或突出物的安全距离是否满足要求。为此，横断面测量前应根据实地地形、杆塔位置和导线弧垂等情况，认真选定施测横断面的位置和范围。横断面施测宽度一般为 20~30m。

J(GJ)BD044 输电线路的平断面图的绘制

**(四)输电线路的平断面图的绘制**

沿输电线路中心线、局部边线及垂直于线路中心线方向，按一定比例尺绘制的线路断面图或线路中心线两侧各 50m 范围内的带状平面图，称为线路平断面图。它是线路终勘测量的重要成果，是设计和排定杆塔位的主要依据。

线路断面图包括：线路纵断面图、局部边线断面图和横断面图。

1. 线路纵断面图的绘制

根据纵断面测量记录，计算出各断面点之间的水平距离，依据水平距离、高程按一定的比例逐点将断面点展绘在坐标方格纸上，然后再将各断面点连接起来，就得到了线路纵断面图。绘图比例尺横向通常采用 1∶5000，表示水平距离；纵向通常采用 1∶500，表示高程。另外，危险断面点在纵断面图上也应绘出，表示方法为→。其中→上方表示危险断面点的高程，→下方表示危险断面点至测站的距离，→指向测站方向。

对精度要求较高的大跨越地段，为了保证杆塔高度及位置的准确性，线路纵断面的比例尺采用横向比例尺 1∶2000；纵向采用 1∶200。

2. 边线断面图的绘制

根据边线断面点的高程，将边线断面点绘在相应的中线断面点所在点的竖线上。用虚线或点划线连接边线断面点，即得到边线断面图。

3. 横断面图的绘制

横断面图的纵向、横向绘图比例尺相同，且与纵断面图的纵向比例尺一致。

J(GJ)BD045 输电线路施工基准面的含义

**(五)输电线路施工基准面的含义**

当杆塔中心桩定出后，即可施测档距和杆塔位的高程，并与相邻的方向桩进行复核。

当杆塔位置确定后，应使用视距法补测测站点至危险断面点的水平距离及危险断面点的高程。

一般在平地上的杆塔，其基础埋深自杆塔位中心桩处的地面算起。当杆塔位在有坡度的地方时，为了保证基础上部有足够的土壤体积，满足基础受上拔力或倾覆力时的稳定要求，基础埋深应从施工基准面算起。

如图 2-4-8 所示，对于受上拔力的杆塔基础，过土壤上拔角 $\theta_S$ 的斜面与天然地面相交得一交线，通过该交线的水平面即为施工基准面。

当塔腿根开 $K$(即相邻基础中心之间的水平距离)相等时，杆塔位中心桩至四个塔腿的水平距离均为$\frac{\sqrt{2}}{2}K$，如图 2-4-9 所示。

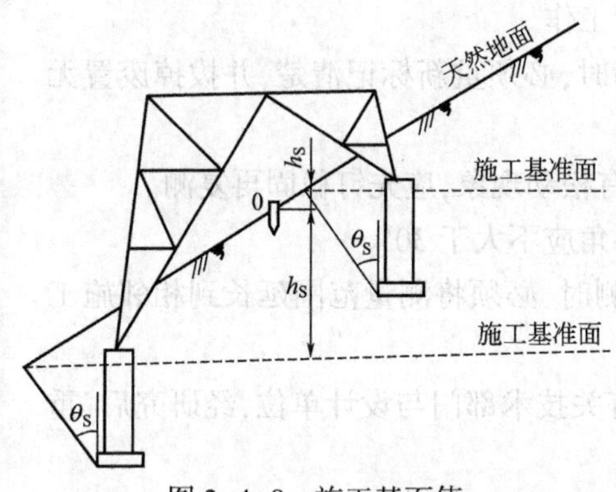

图 2-4-8　施工基面值

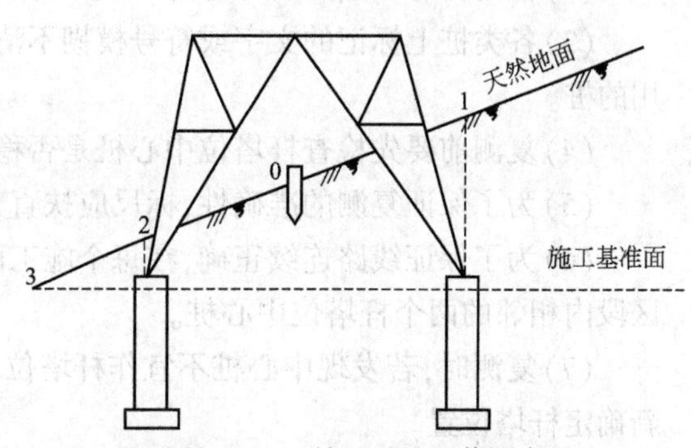

图 2-4-9　施工基准面值测定

施测时，将经纬仪安置在杆塔位中心桩 0 上，用望远镜照准相邻直线桩，将照准部沿顺时针方向转动 45°，用视距法测出水平距离 $S_1$，定出 1 点，并测出 0、1 两点间的高差 $h_{01}$，倒转望远镜以同样的方法测定 2、3 两点至 0 点的水平距离和高差 $h_{02}$、$h_{03}$。

边测绘平断面图边定杆塔位的工作程序如下：

(1)先由定线组按选线时所确定的线路方向定出线路中心线，测设直线桩和转角桩，并测出各桩点之间的水平距离和高差；

(2)估计代表档距，将所测数据添绘到平断面上，最后比拟选定杆塔位置；

(3)仔细查看杆塔位处的施工和运行条件，并对杆塔进行各项条件的检查和验算，当满足设计要求时，进行定位测量；

(4)继续向前进行平断面测量，并定位杆塔位。

J(GJ)BD046 输电线路复测的内容

**(六)输电线路复测的内容**

杆塔定位测量时在地面上埋设的杆塔位中心桩是进行杆塔施工及安装的依据。在设计交桩后，为了防止勘测有失误或杆塔中心桩因外界因素发生移动、丢失，在施工开始前，必须根据设计图纸对杆塔位中心桩的位置、直线的方向、转角的角度、档距和高程以及重要交叉跨越物的高度和危险断面点等进行全面复测。若复测结果与设计数据的误差不超过表 2-4-2 的规定。复测值的允许误差的规定即认为合格；若超限，应做好记录，查明原因，将结果上报有关技术部门，并会同设计单位予以纠正。当杆塔位中心桩丢失时，应根据线路杆塔位明细表或线路平断面图上设计的档距值进行补测，重新标定桩位。

表 2-4-2　复测值的允许误差

<table>
<tr><th>复测项目</th><th>使用仪器</th><th>观测方法</th><th>允许误差</th></tr>
<tr><td>直线杆塔位中心桩沿线路方向的偏移值</td><td rowspan="4">$DJ_6$ 经纬仪</td><td>分中法</td><td>50mm</td></tr>
<tr><td>转角杆塔桩的角度</td><td>测回法</td><td>1′</td></tr>
<tr><td>档距</td><td rowspan="2">视距法</td><td>1%（相对误差）</td></tr>
<tr><td>高程</td><td>0.5m</td></tr>
</table>

在线路复测中，复测项目的测量方法、步骤和技术要求同杆塔定位测量。此外，还应注意以下事项：

（1）复测所用的仪器和工具必须经过检验和校正，不合格时严禁使用。

（2）在雨雾、大风、大雪等恶劣天气不得进行复测工作。

（3）各类桩上标记的文字或符号模糊不清或遗漏时，必须重新标记清楚，并拔掉废置无用的桩。

（4）复测前要先检查杆塔位中心桩是否稳固，如有松动现象，应先钉稳固再复测。

（5）为了保证复测的准确性，标尺应扶直，其倾斜角应不大于 30′。

（6）为了保证线路连续正确，在每个施工区段复测时，必须将测量范围延长到相邻施工区段内相邻的两个杆塔位中心桩。

（7）复测时，若发现中心桩不宜作杆塔位，应报有关技术部门与设计单位，经研究后，重新确定杆塔位置。

（8）补测的杆塔位中心桩要牢固，必要时可采用一定的保护措施。

（9）复测时应做好记录，以便于修改相关图纸、出竣工图及以后的查阅。

J(GJ)BD047 输电线路杆塔基础的分坑测量

**（七）输电线路杆塔基础的分坑测量**

杆塔基础分坑测量，是根据设计的杆塔基础施工图，把杆塔基础坑的位置测设到指定位置上，并钉木桩作为挖坑的依据。由于杆塔基础有多种类型，其基础分坑测量的方法也就不同。

杆塔基础分坑测量的步骤一般分为三步，即分坑数据计算、基础坑位的测设、基础坑位的检查。

1. 直线双杆基础分坑测量

分坑数据包括坑口宽、坑底宽及坑位距离，分坑数据根据杆塔基础施工图中所标注的基础根开、基础底座宽、坑深及安全坡度等数据计算得出。

杆塔基础分坑测量时，当基础坑挖好后，应对各坑位的方向和水平距离、坑口和坑底的宽度以及坑深进行全面的检查，以保证各部分尺寸符合相关要求。

杆塔基础坑底应平整，且坑深误差为+100mm 至-50mm 之间，当基础坑深误差在允许范围时，应以最深一基础坑为标准平整其他坑。

2. 直线四腿铁塔基础分坑测量

直线四腿铁塔基础有三种类型，即正方形基础、矩形基础和不等高塔腿基础。

直线四腿铁塔的矩形基础特点是坑口宽度相等，根开不等。

3. 转角杆塔基础分坑测量

转角杆塔有两种，即无位移杆塔和有位移杆塔。

4. 拉线坑位的测设

输电线路的施工包括杆塔基础开挖、竖杆、挂线等主要工序。基础坑开挖后，拉线杆塔在组立之前，要正确地测设拉线坑位置，使拉线与杆塔的夹角符合设计要求，以保证杆塔的稳定性。同时还要计算位线的长度，以作为位线下料的依据。

### (八)输电线路弧垂检查的要求

J(GJ)BD048 输电线路弧垂检查的要求

弧垂也称为弛度，是指相邻两杆塔之间的导线上某点至悬挂点连线的垂直距离。

当线路的杆塔组立完毕后，在悬挂导线时要做紧线工作。紧线时，为了保证导线对地或对交叉跨越物有足够的距离，需要观测导线弧垂的大小，使其满足设计要求，以保证线路的安全运行。

1. 弧垂观测档的选择

在架线前，应根据设计部门编制的线路杆塔位明细表或线路平断面图中各耐张段的档数、档距及悬挂点高差，选择各耐张段中的弧垂观测档。

对于一个耐张段里只有一档的孤立档，它本身就是观测档。但对于一个耐张段里有多档的连续档，并非每档都要观测弧垂，而是从该档中选择一个或几个观测档来观测弧垂。为了使紧线段里各档的弧垂达到平衡，对弧垂观测档的选择应符合下列要求：

(1)紧线段在 5 档及以下时，应靠近紧线段的中间选择一档作为弧垂观测档。

(2)紧线段在 6~12 档时，应靠近其两端各选一档作为弧垂观测档。

(3)紧线段在 12 档以上时，应在紧线段的两端及中间各选一档作为弧垂观测档。

(4)弧垂观测档宜选档距较大和悬挂点高差较小的线档。若地形特殊应适当增加观测档。

2. 弧垂观测及观测数据的计算

弧垂观测的方法很多，一般常用的有等长法、异长法、角度法和平视法。在观测弧垂之前，应参阅线路平断面图，了解地形及弧垂等情况，结合实际情况选择适当的弧垂观测方法，并根据线路杆塔位明细表等技术资料，计算出相应的观测数据，最后进行弧垂观测。

角度法是用经纬仪观测弧垂的一种方法。根据经纬仪安置的位置不同，角度法分为档端角度法、档内角度法和档外角度法三种。

3. 弧垂的检查

架设弧垂应在挂线后随即检查，其检查结果应符合下列规定：

(1)架线弧垂误差应在+5%~-2.5%范围内，正误差最大值应不大于 500mm；当弧垂大于 30m 时，其误差应不大于±2.5%。

(2)导线或避雷线各相间的弧垂应力要一致，在满足第一条弧垂允许误差要求时，各相间弧垂的允许相对误差不应超过规定值。

## 九、大坝施工测量

J(GJ)BD024 水利枢纽的内容

### (一)水利枢纽的内容

水利工程中，由若干个建筑物组成的统一体，称为水利枢纽。如图 2-4-10 所示，水利枢纽主要组成部分包括拦河大坝、电站、放水涵洞、溢洪道。水利枢纽施工控制网的精度与施工方法有关。

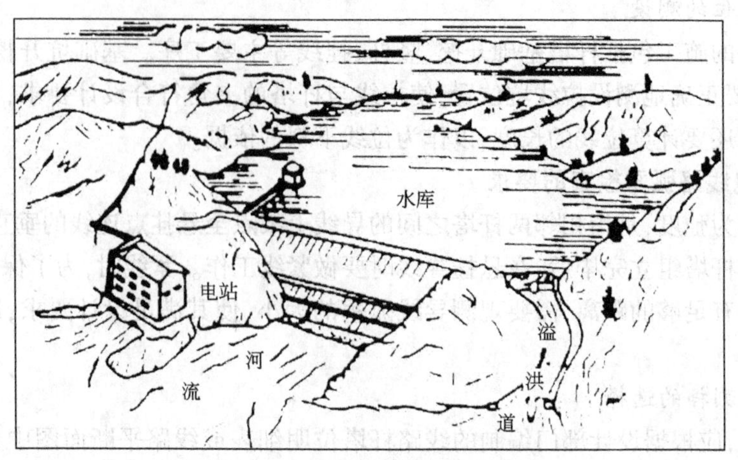

图 2-4-10　水利枢纽示意图

水利枢纽建筑物的位置采用以坝轴线方向为坐标轴的施工坐标来确定。

勘测阶段在水利枢纽建筑区所布设的控制网主要是为施测大比例尺地形图服务的。

对于水利工程的同一水工建筑物建成后，一部分长期位于水下运行，其承受巨大的多变水压力。

水利工程依其种类可分为防洪工程、航运工程、筑港工程、灌溉工程、水力发电工程、输水工程等。

水利工程依水工建筑物所起的作用可分为拦水建筑物、输水建筑物、治水建筑物、溢水建筑物、储水建筑物等。

J(GJ)BD025 坝身控制网测设的方法

**（二）坝身控制网测设的方法**

坝轴线两端点现场标定后，应使用永久性标志做标记，如图 2-4-11 所示。

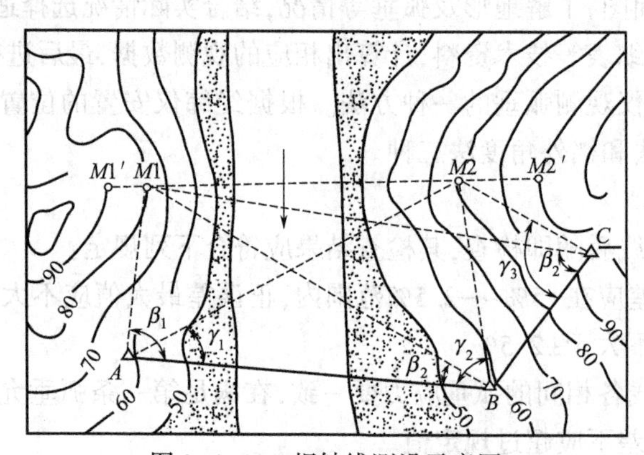

图 2-4-11　坝轴线测设示意图

测设平行于坝轴线的控制线时，分别在坝轴线的两端点安置经纬仪，用测设 90°的方法各作一条垂直于坝轴线的横向基线，沿基线量取各平行控制线距坝轴线的距离，用方向桩在实地标定。

垂直于坝轴线的控制线测设时，首先应沿坝轴线测设里程桩。垂直于坝轴线的控制线，一般按 20m、30m 或 50m 的间距布设。

坝身控制网的测设分为平行于坝轴线的控制线测设和垂直于坝轴线的控制线测设。

修建大坝的测量工作具体包括：

(1)布置施工平面和高程控制网。

(2)确定坝轴线的位置。

(3)布设坝身控制网。

(4)清基开挖放样及放样坝体细部点。

水利工程的水上建筑物与一般工程相比，具有较大的特殊性，有：

(1)水利工程多修建在地形复杂、起伏较大的山区河流之中，场地小，施工困难。

(2)主要建筑物修建在水中，不但受季节影响大，且施工条件差，对工程质量要求高。

(3)水利工程施工后，其塑性小。

(4)水利工程风险大。

大型土坝以及与混凝土坝衔接的土质副坝，一般经过现场踏勘，图上规划等多次调查研究和方案对比，才能确定建坝位置。

对于中小型土坝的坝轴线，一般由工程设计人员和勘测人员根据实地地形和地质条件，经过方案比较，直接在现场选定。

J(GJ)BD026 大坝施工控制网的内容

**(三)大坝施工控制网的内容**

土坝坝轴线的测设同混凝土坝一样，通过坝轴线点和基本控制网的联测，便可精确确定坝轴线端点的坐标以及坝轴线长。

大型水利枢纽施工控制网一般应由基本网和定线网二级布成。大型水利枢纽施工控制网中，基本网的边长一般不超过 1～2km。水利枢纽施工控制网中，高程控制网一般分为基本水准网和定线水准网。

平行于坝轴线的坝身控制线可以布设在如下位置：

(1)坝顶上下游线；

(2)上下游坡面变化处；

(3)下游马道中线；

(4)也可以按照间距方式来测设。

建水利枢纽工程时，高程控制网一般分为基本水准网和定线水准网。

水利枢纽工程中，定线水准网是直接作为大坝定线放样的高程控制网。

J(GJ)BD027 大坝施工测量的内容

**(四)大坝施工测量的内容**

大坝施工清基以后应放出坡脚线，以便坝体的填筑。

大坝施工中，清基开挖线的放样精度要求不高，可用图解法求得放样数据在现场放样。大坝施工中，坡脚线的放样方法有横断面法和平行线法。大坝施工时，边坡放样前，先要确定上料桩至坝轴线的水平距离。大坝施工时，为了使坝体与岩基能够很好的结合，坝体填筑前，必须对基础进行清理。

大坝填筑至一定高度且坡面压实后，还要进行坡面修整，使其符合设计要求。

水泥混凝土重力坝施工测量的内容包括：

(1)由于混凝土坝结构和施工材料相对复杂，故施工放样精度要求相对较高。

(2)一般浇筑混凝土坝时，整个坝体沿轴线方向划分成许多坝段，而每一坝段在横向上又分成若干个坝块。

(3)坝体控制测量和清基开挖放样对于混凝土重力坝尤为重要。

(4)由于混凝土坝体一般采用分层施工，故坝体细部经常采用方向线交会法和前方交会法放样。

对于土石大坝，施工测量工作内容主要包括：坝轴线定位、控制线测设、高程控制网建立、清基放样、坡脚线放样、边坡放样、坡面整修等。

J(GJ)BD028 混凝土重力坝立模放样

### (五)混凝土重力坝立模放样

混凝土坝清基开挖线是确定对大坝基础清除基岩表层松散物的范围，它的位置根据坝两侧坡脚线、开挖深度和坡度决定的。标定混凝土坝清基开挖线一般采用图解法。混凝土重力坝坡脚线的放样方法是逐步趋近法。

混凝土重力坝基础清理完毕，就可以进行坝体的立模浇筑。

直线型重力坝在坝体分块立模时，应将分块线投影到基础面上或已浇筑好的坝块面上，模板架立在分块线上，分块线也称为立模线。立模后立模线将被覆盖，应在立模线内侧弹出平行线，称为放样线。

测设直线型重力坝的立模线的方法有方向线交会法和前方交会法。拱坝的立模放样一般采用前方交会法。

直线型重力坝立模放样时，放样线与立模线之间的距离为0.2~0.5m。

J(GJ)BD008 城市测量的要求

## 十、其他工程测量

### (一)城市测量的要求

在城市测量中，控制网是测绘地形图、施工放样和进行其他各种测绘工作的依据。

在城市测量中，平面控制测量常用三角测量和导线测量方法进行。

在市政工程的线路测量工作中，应向设计人员提供线路4种测量图及调查测量资料，作为工程设计和施工的依据。

一个城市只应建立一个与国家坐标系统相联系的相对独立和统一的城市坐标系统，并经上级行政主管部门审查批准后方可使用。

城市平面控制测量的等级宜划分为二、三、四等和一、二、三级。

城市测量空间和时间参照系为：

(1)城市测量应采用该城市统一的平面坐标系统。

(2)城市测量应采用高斯—克吕格投影。

(3)城市测量应采用统一的高程基准。

(4)城市测量时间应采用公元纪年，北京时间。

城市测量是指为城市建设的规划设计、施工和经营管理等进行的测绘工作，包括为建立城市平面和高程控制网、测绘城市规划和城市建设所需大比例尺地形图而进行的城市控制测量、水准测量和航空摄影测量等工作。

城市平面控制网的等级划分为GPS网、三角网和边角组合网，依次为二、三、四等和一、二级。

J(GJ)BD009 铁路测量的要求

**(二)铁路测量的要求**

铁路初测阶段的水准测量分为基平测量和中平测量。铁路初测中的地形测量应尽量以导线点作为测站。

铁路平面控制网包括线路、桥梁和隧道等工程的控制网,可采用卫星定位测量、导线测量和三角形网测量等方法施测。

铁路定测是根据初步设计一级鉴定意见做纸上定线之后进行的。铁路定测阶段,将纸上线路测设到实地上的工作,称为中线测量。铁路定测阶段,其高程测量的限差为$\pm 30\sqrt{K}$(mm)。

铁路新线路初测阶段的主要工作有:插大旗、导线测量、高程测量、带状地形的测绘。

铁路新线路定测阶段的主要工作有:中线测量、纵横断面测量、放线测量、中线测设。

# 项目二　已知点坐标,求两点间方位角和距离并现场放样 50m 距离点位(技师)

该项目操作平面图如图 2-4-12 所示。

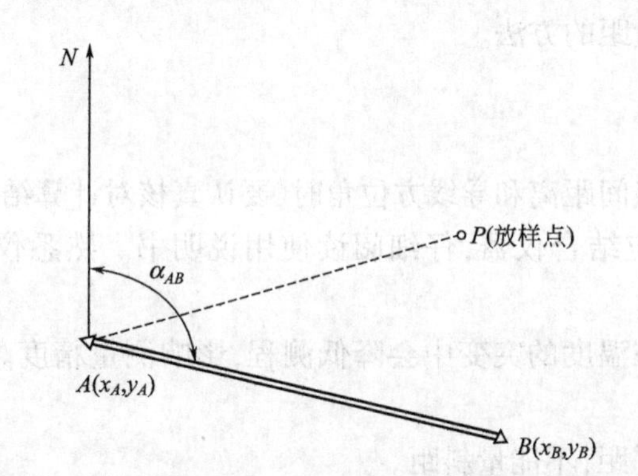


图 2-4-12　计算两点间方位角和距离并放样 50m 点位

## 一、准备工作

(1)设备。

莱卡 TS02 全站仪 1 套、棱镜 1 个。

(2)材料、工具。

粉笔 2 根、花杆 1 根、50m 钢尺 1 把、方向架($\phi$8mm 钢筋焊接,长 50cm,宽 50cm)1 个,能计算三角函数计算器 1 个。

(3)准备场地。

在场地上用彩色粉笔给出坐标 $A$ 点位置。

## 二、操作步骤

(1)计算坐标增量及方位角。

写出坐标增量及方位角计算公式并进行计算:

$$\Delta X_{AB}=X_A-X_B;\Delta Y_{AB}=Y_A-Y_B;\alpha_{AB}=\tan-1(\Delta Y_{AB}/\Delta X_{AB})$$

(2)计算两点间距离。

写出两点间距离公式并进行计算：

$$D_{AB}=\sqrt{\Delta X_{AB}^2+\Delta Y_{AB}^2}$$

(3)安置全站仪。

现场安置全站仪，在指定 $A$ 点上架仪器，对中整平将闭合差分配到实测角。

(4)先试测距。

要求立镜人员大致找到 50m 点的位置，先试着测距。

(5)调整并做标记。

根据所测距离和 50m 差值，用钢尺沿导线方向调整，然后再测距调整，位置正确后用粉笔做好标记。

## 三、技术要求

(1)应熟悉根据两点坐标计算两点间距离和导线方位角的方法。

(2)应熟悉全站仪测距的操作方法。

(3)应熟悉用钢尺量距的方法。

## 四、注意事项

(1)用坐标计算两点间距离和导线方位角时，要认真核对计算结果。

(2)全站仪使用前应结合仪器，仔细阅读使用说明书。熟悉仪器各功能和实际操作方法。

(3)全站仪和棱镜在温度的突变中会降低测程，影响测量精度。要使仪器和棱镜逐渐适应周围温度后再使用。

(4)使用钢尺应量平距，不能量斜距。

# 项目三　吊车梁安装测量(技师)

该项目操作平面图如图 2-4-13 所示。

## 一、准备工作

(1)设备。

$DJ_2$ 经纬仪 1 套、$DS_3$ 水准仪 1 套。

(2)材料、工具。

彩色粉笔 2 根、50m 钢尺 1 把、花杆 1 个、塔尺 1 个。

(3)在考核场地上画出厂房中心线、吊车轨道中心线及柱中心线。

## 二、操作步骤

(1)准备。

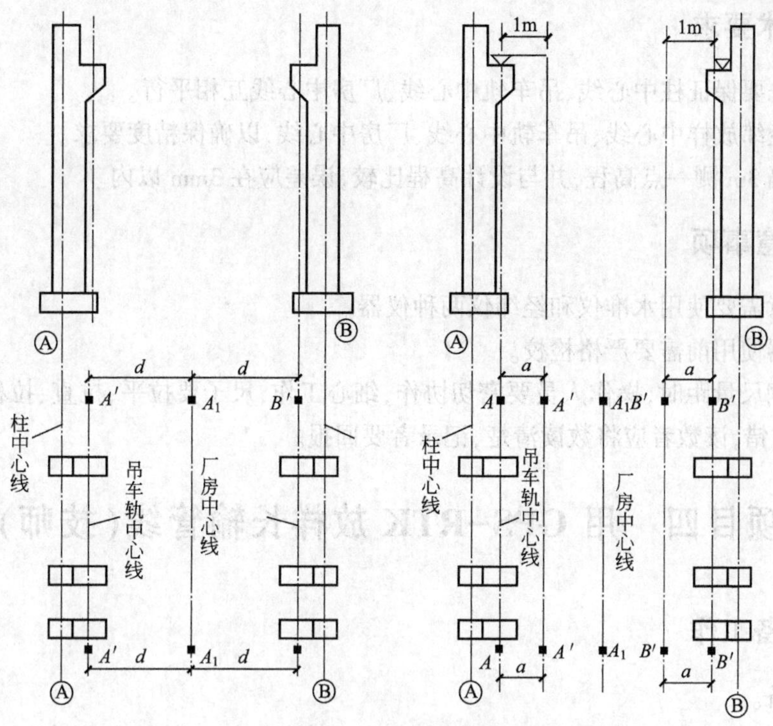


图 2-4-13 吊车梁的安装测量

① 首先依据柱子上的±0.000 标高线,用钢尺沿柱面向上量出吊车梁顶面设计标高线,并作为调整吊车梁面标高的依据。

② 在吊车梁顶面和两端面上,用墨线弹出梁的中心线,作为安装定位的依据。

(2)在牛腿面上弹出梁中心线。

利用厂房中心线 $A_1A_1$,依据设计轨道间距,在地面上测设出吊车梁中心线 $A'A'$ 和 $B'B'$。在吊车梁中心线的一个端点上安置经纬仪,瞄准另一个端点,同时固定照准部,抬高望远镜,即可将吊车梁中心线投测到每根柱子的牛腿面上,并用墨线弹出梁的中心线。墨线用粉笔代替。

(3)安装吊车梁。

① 在地面上,从吊车梁中心线向厂房中心线方向量出长度 $a$(1m),得到测平行线 $A''A''$ 和 $B''B''$。

② 在平行线一端点上安置经纬仪,瞄准另一端点,固定照准部,抬高望远镜进行测量。

③ 在梁上移动横放的木尺,当视线正对准尺上一米刻划线时,尺的零点应与梁面上的中心线重合。如不重合,可用撬杠移动吊车梁,使吊车梁中心线到 $A''A''$ 和 $B''B''$ 的间距等于 1m 止。

(4)调整梁面高。

吊车梁安装就位后,先按柱面上定出的吊车梁设计标高线对吊车梁面进行调整,再将水准仪安置在吊车梁上,每隔 3m 测一点高程,并与设计高程比较,误差应在 3mm 以内。

## 三、技术要求

(1)首先要保证柱中心线、吊车轨中心线、厂房中心线互相平行。

(2)用经纬放样中心线、吊车轨中心线、厂房中心线,以确保精度要求。

(3)每隔 3m 测一点高程,并与设计高程比较,误差应在 3mm 以内。

## 四、注意事项

(1)注意需要使用水准仪和经纬仪两种仪器。

(2)仪器使用前需要严格检校。

(3)用钢尺量距时,操作人员要密切协作,细心工作,尺子要拉平、拉直、拉稳,读数要准而快,防止出错,读数者应将数读清楚,记录者要回报。

# 项目四 用 GPS-RTK 放样长输管线(技师)

## 一、准备工作

(1)设备。

GPS 基准站 1 个、GPS 流动站 1 个、基座 1 个、手簿 1 个、天线 1 个、脚架 2 个。

(2)材料、工具。

彩色粉笔 2 根、卡扣 1 个、2m 带杆 1 根、电瓶 1 个。

## 二、操作步骤

(1)准备。

① 准备基准站设备:GPS 接收机、基座、电台、GPS 接收机电源线、电台电源线、信号传输线。

② 准备流动站设备:GPS 接收机、天线、卡扣。

③ 其他设备:天线、基座、两个脚架、手簿、2m 对中杆、电瓶。

(2)架设基准站。

设置基准站,把一个 GPS 接收机架设在已知控制点上;对中整平;连接 GPS 接收机到电台的线;连接 GPS 接收机到电瓶的线;连接电台到天线的线;用手簿连接 GPS 接收机。

(3)设置流动站。

设置流动站,把另一个 GPS 接收机连到 2m 对中杆上;把手簿连接到此 GPS 接收机上;启动流动站;在手簿里输入道路起点坐标。

(4)放样。

放样转点:当输入一个桩号后,SurveyPro 会提示目前位置距桩号位置多远,什么方向,以及 $X$、$Y$ 坐标的偏移量,显示窗口中间显示的小圆圈是桩号位置,当十字进入小圆圈时,放样成功,即可打桩。

放样直线上点:输入直线起点、终点桩号,SurveyPro 会提示在线路左或右边偏移量,根据提示移动直至提示 OnLine,放样成功。

## 三、技术要求

(1)在已知点上架设基站时,要严格对中、整平,并精确量取仪器高,连好基站、电台、电瓶,然后开机。

(2)会正确观看 SurveyPro 的提示。

(3)放样时,要分转点与直线上的点,放样直线段时要输入直线起点、终点桩号。

## 四、注意事项

(1)注意要在固定解状态下操作。

(2)放样前,基站天线高一定要正确量取。

(3)放样时,需将杆上气泡居中。

(4)在作业过程中,基站不能移动,不关机。

# 项目五 管道中线放样(技师)

该项目操作平面图如图 2-4-14 所示。

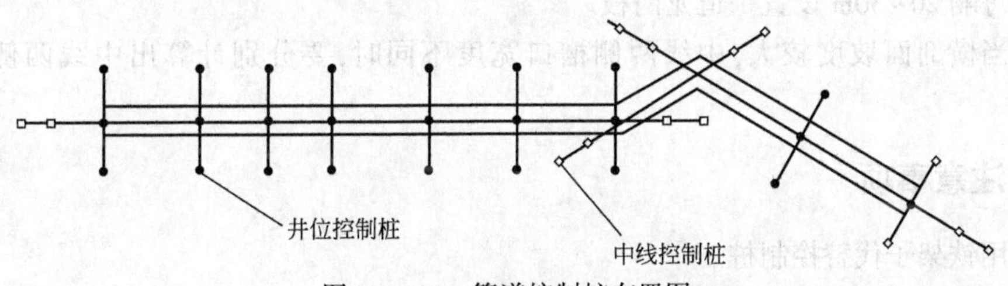


图 2-4-14 管道控制桩布置图

## 一、准备工作

(1)设备。

$DJ_2$ 经纬仪 1 套。

(2)材料、工具。

彩色粉笔 2 根、木桩(5cm×5cm×20cm)3 根、木板(1cm×4cm×40cm)2 根、15mm 钉子若干、50m 钢尺 1 把、铁锤 1 把。

(3)在考核场地画出管道走向图,标注出井位及转点桩。

## 二、操作步骤

(1)引测控制桩。

分别在管道转点处安置经纬仪,在中线端点作中线的延长线,指挥前方人员用钢尺定出中线控制桩。在每个井位垂直于中线引测出井位控制桩。用铁架子代替控制桩。

(2)设置龙门板。

挖方前沿中线每隔 20~30m 设置一道龙门板,根据中线控制桩把中线投测到龙门板上,并钉上中线钉。

(3)确定沟槽开挖边线。

挖土时,需要放坡,坡度的大小要根据土质情况而定。挖方开口公式为:

$$B=b+2mh$$

式中 $B$——挖方开口宽度;

$b$——沟底宽度;

$h$——挖方深度;

$m$——边坡放坡率。

当横剖面坡度较大,中线两侧槽口宽度不同时,要分别计算出中线两侧的开挖宽度,公式分别为:

$$B_1=\frac{b}{2}+mh_1,B_2=\frac{b}{2}+mh_2$$

## 三、技术要求

(1)控制桩应设在不受施工干扰、引测方便、易于保存的地方。

(2)控制桩至中线的距离应为整米数,以方便利用控制桩恢复点位。

(3)每隔 20~30m 设置一道龙门板。

(4)当横剖面坡度较大,中线两侧槽口宽度不同时,要分别计算出中线两侧的开挖宽度。

## 四、注意事项

(1)用铁架子代替控制桩。

(2)经纬仪使用前需要严格检校。

(3)用钢尺量距时,操作人员要密切协作,细心工作,尺子要拉平、拉直、拉稳,读数要准而快,防止出错,读数者应将数读清楚,记录者要回报。

# 项目六 根据平面及剖面图确定管线定位方法(技师)

该项目操作平面图如图 2-4-15 所示。

## 一、准备工作

(1)设备。

$DJ_2$ 经纬仪 1 套。

(2)材料、工具。

彩色粉笔 2 根、50m 钢尺 1 把、花杆 1 根。

(3)在场地上给出甲乙两建筑的位置。

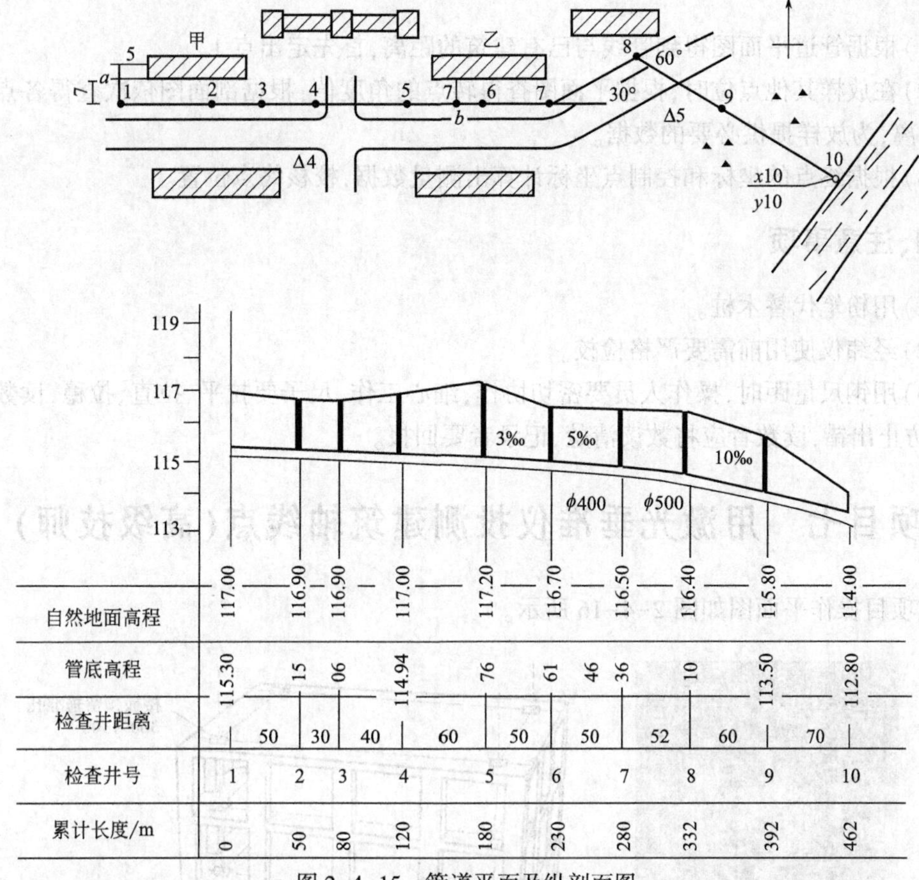


图 2-4-15　管道平面及纵剖面图

## 二、操作步骤

(1)根据已有建筑物定起点。

作建筑物甲南墙的延长线,从建筑物量 5m 定出 $a$ 点,再过 $a$ 点作延长线的垂线,从 $a$ 点量 7m,定出 1 点。

(2)放样直线段点。

从建筑物乙南墙量出 7m,定 $b$ 点。将经纬仪置于 1 点,照准 $b$ 点,在视线方向从 1 点起依次量取各点间距离,定出 2~7 点。

(3)放样转点。

将经纬仪置于 7 点后视 1 点,顺时针测角 150°,在视线方向从 7 点量距定出 8 点。同法将仪器置于 8 点,后视 7 点可定出 9、10 点。

(4)校核终点位置。

根据终点的坐标和控制点坐标计算出测量数据,用极坐标法校核 10 点位置。

## 三、技术要求

(1)根据管道平面图得到管线与已有建筑的距离，首先定出点1。

(2)在放样其他点位时，根据平面图查得转点的角度值；根据剖面图依次查得各点号之间的距离，为放样提供必要的数据。

(3)根据终点的坐标和控制点坐标计算出测量数据，校核终点位置。

## 四、注意事项

(1)用粉笔代替木桩。

(2)经纬仪使用前需要严格检校。

(3)用钢尺量距时，操作人员要密切协作，细心工作，尺子要拉平、拉直、拉稳，读数要准而快，防止出错，读数者应将数读清楚，记录者要回报。

# 项目七　用激光垂准仪投测建筑轴线点(高级技师)

该项目操作平面图如图2-4-16所示。

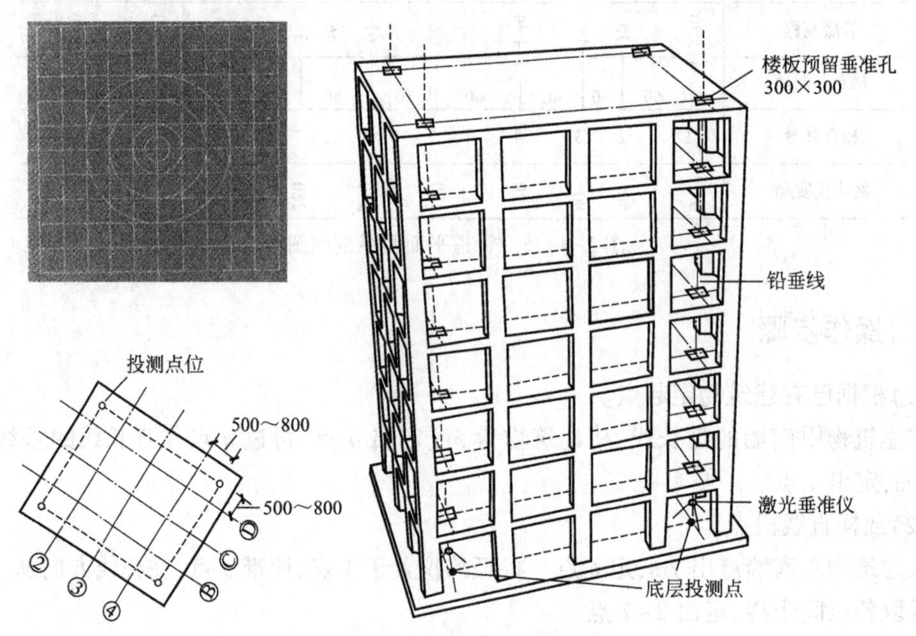


图2-4-16　激光垂准仪投测轴线点

## 一、准备工作

(1)设备。

激光垂准仪1台、激光垂准仪脚架1套。

(2)材料、工具。

彩色粉笔1根。

(3)选择一栋在建的高层建筑,楼板预留垂准孔。

## 二、操作步骤

(1)安置仪器。

将激光垂准仪安置在测站点上,打开对点激光开关,调节对点调焦螺旋并移动三脚架或基座上的脚螺旋使激光束对准测站点。整平后关闭对点激光开关。

(2)投测首层地面轴线点。

打开垂准仪激光开关,通过移动网格激光靶使激光束聚焦在网格激光靶靶心上,然后将投测轴线点标定在首层地面上。如图所示,先根据建筑物的轴线分布和结构情况设计好投测点位,投测点位至最近轴线的距离一般为0.5~0.8m。基础施工完成后,将设计投测点位准确地投测到首层地面上,以后每层楼板施工时,都应在投测点位处预留30cm×30cm左右垂准孔。

(3)投测其他楼层轴线点。

将激光垂准仪安置在首层投测点位上,在投测楼层的垂准孔上,就可以看见一束激光,移动网格激光靶使靶心精确地对准激光光斑,用压铁拉两根细绳使其交点与激光光斑重合,在垂准孔旁的楼板面上弹出墨线标记。以后使用投测点位时,仍然使用压铁拉两根细绳恢复其中心位置。

(4)提高投测精度措施。

当施工现场空气中的水、灰尘含量大且变化大时,利用激光垂准仪进行投测,其光斑会出现失稳、抖动等现象,对高层轴线投测的精度影响很大,因而投测时可采用分段控制、分段投测的施测方案。

## 三、技术要求

(1)激光垂准仪是一种铅垂定位专用仪器,适用于高层建筑的铅垂定位测量,该仪器可以从两个方向发射铅垂激光束,用它作为铅垂基准线,精度比较高,仪器操作也简单。

(2)激光垂准仪投测法必须在首层面层上做好平面控制,并选择四个较合适的位置作控制点,在浇筑上升的各层楼面,必须在相应位置预留30cm×30cm左右垂准孔。

## 四、注意事项

(1)轴线控制点要明显,延长控制点要准确。

(2)垂准仪使用前需要严格检校。

(3)施工现场如空气的水、灰尘含量大时,应停止操作,要保持现场空气质量。

# 项目八 经纬仪引桩投测法(高级技师)

该项目操作平面图如图2-4-17所示。

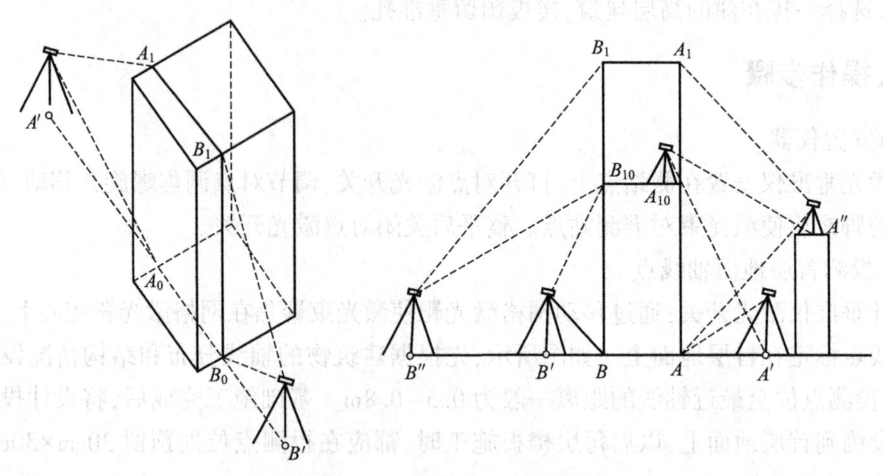


图 2-4-17 经纬仪引桩投测轴线

## 一、准备工作

(1)设备。

$DJ_2$ 经纬仪 1 套。

(2)材料、工具。

彩色粉笔 2 根、花杆 1 根。

(3)选择一栋高层建筑,附近应有低层建筑。

## 二、操作步骤

(1)低楼层引测轴线。

在 $A'$点安置经纬仪,盘左精确瞄准首层轴线上的一点 $A_0$,抬高望远镜,将方向线投测到上层楼板上。盘右同样操作,取盘左盘右所得方向线的中线,得到 $A_1$ 点,同理得到 $B_1$ 点,连接这两点得到建筑物的轴线。

(2)高楼层引测轴线。

当楼层逐渐增高(一般超 10 层),而引桩距建筑又较近时,望远镜的仰角较大,操作不便,需将建筑轴线引测到更远的安全地方,先在 $B'$点将 $B$ 点投测到 10 层,得到 $B_{10}$ 点,并引测 $B$ 点到距离建筑物较远的 $B''$点;然后在 $B''$点通过瞄准 $B_{10}$ 将视线方向投测到顶层,得到 $B_1$ 点。

由于建筑物另一侧有建筑物,先在 $A'$点将 $A$ 点投测到十层,得到 $A_{10}$ 点;连接点 $A_{10}$ 和点 $B_{10}$,在该连线上安置经纬仪,瞄准 $A'$点,投测轴线点至低层建筑物顶层上,得到 $A''$点;在 $A''$点通过瞄准 $A$ 点将视线方向投测到顶层,得到 $A_1$ 点,连接这两点得到建筑物的轴线。

## 三、技术要求

(1)在施工场地开阔、建筑高度不大的情况下,可以把经纬仪安置在轴线延长线的引桩上。

(2)低楼层引测轴线和高楼层引测轴线的方法有所不同。

## 四、注意事项

(1)考核选择场地时需有一栋高层建筑,附近应有低层建筑。

(2)经纬仪使用前需要严格检校。

# 项目九　用经纬仪测量高耸建筑倾斜度(高级技师)

该项目操作平面图如图 2-4-18 所示。

## 一、准备工作

(1)设备。

$DJ_2$ 经纬仪 1 套。

(2)材料、工具。

彩色粉笔 2 根、直尺 1 个。

(3)选择一栋高耸建筑,建筑顶点为 $A$,在建筑物外墙延长线上建立 $M$ 点和 $N$ 点。

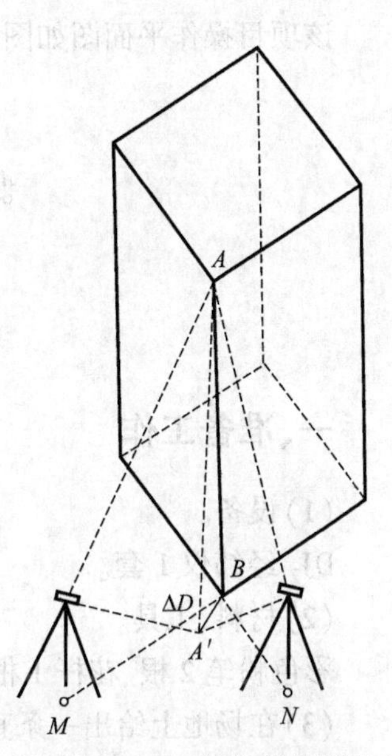


图 2-4-18　经纬仪投点测距

## 二、操作步骤

(1)测设偏移值 $\Delta D$。

在建筑物外墙延长线上建立 $M$ 点和 $N$ 点,使 $M$ 点和 $N$ 点至建筑物的距离大约为建筑高度 $H$ 的 1.5 倍。

分别在 $M$ 点和 $N$ 点安置经纬仪,瞄准建筑物顶部 $A$ 点,制动水平螺旋,降低望远镜,利用方向交会法投影 $A$ 点到地面为 $A'$ 点,用直尺测量 $A'$ 点至 $B$ 点的距离 $\Delta D$。

(2)测设建筑高度 $H$。

测量经纬仪至建筑物的水平距离,以及至 $A$ 点和 $A'$ 点的竖直角,利用三角高程公式计算出建筑物的高度 $H$。

(3)计算建筑物倾斜度。

一般用建筑物顶部观测点相对于底部观测点的偏移值 $\Delta D$ 与建筑物的垂直高度 $H$ 之比表示建筑物的倾斜度:$i=\dfrac{\Delta D}{H}$。

## 三、技术要求

(1)高耸建筑物往往会发生倾斜,要想得到倾斜度,需要测建筑物顶部观测点相对于底部观测点的偏移值和建筑物的垂直高度。

(2)$B$ 点应选在建筑物的底部墙脚,量取 $\Delta D$ 时,要用直尺量。

## 四、注意事项

（1）用粉笔代替木桩。

（2）经纬仪使用前需要严格检校。

（3）建筑物外墙延长线上选置仪点时，应注意所选置仪点至建筑物的距离大约为建筑高度的 1.5 倍。

# 项目十　采用分中法进行输电线路定线测量（高级技师）

该项目操作平面图如图 2-4-19 所示。

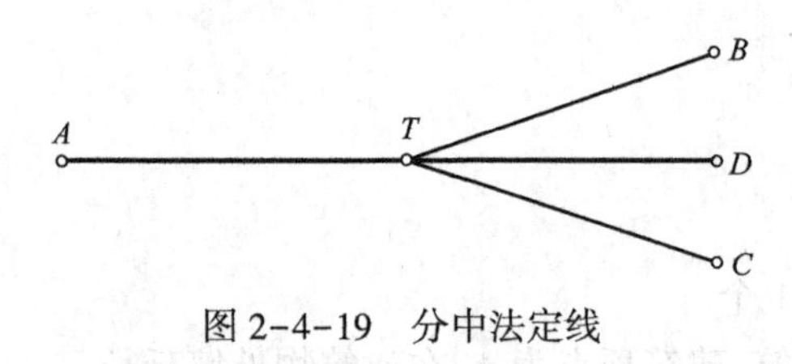


图 2-4-19　分中法定线

## 一、准备工作

（1）设备。

$DJ_2$ 经纬仪 1 套。

（2）材料、工具。

彩色粉笔 2 根、花杆 1 根。

（3）在场地上给出一条直线上的 A 点和 T 点。

## 二、操作步骤

（1）盘左观测。

若从 T 点延长 AT 直线，这时可将经纬仪安置在 T 点上，盘左后视 A 点，固定照准部，倒转望远镜，定出前视方向 B。

（2）盘右观测。

经纬仪安置在 T 点上，盘右后视 A 点，固定照准部，倒转望远镜，定出前视方向 C。

（3）确定定线桩位。

若经纬仪视准轴与横轴垂直，则 B、C 两点重合，否则取 B、C 两点的中点 D 作为 AT 直线延长线，并在 D 点标记桩位。

## 三、技术要求

（1）采用正倒镜两次观测，以两次观测前视点的中分位置作为方向桩。

（2）方向桩的位置应选在便于安置仪器和便于观测，且不易丢失的地方。

## 四、注意事项

(1)用粉笔代替木桩。

(2)经纬仪使用前需要严格检校。

# 项目十一　输电线路遇障碍时用三角法定线(高级技师)

该项目操作平面图如图 2-4-20 所示。

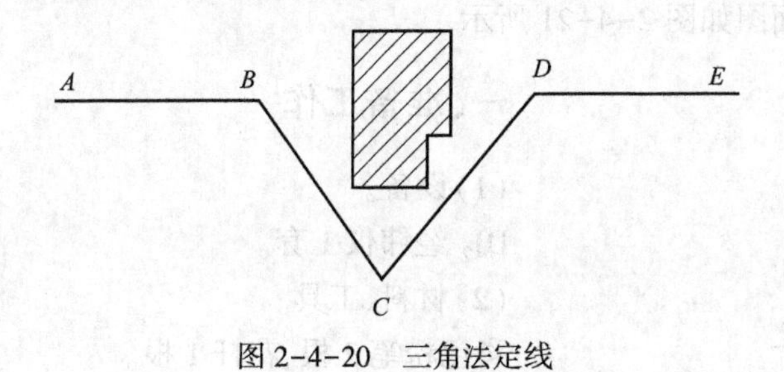


图 2-4-20　三角法定线

## 一、准备工作

(1)设备。

$DJ_2$ 经纬仪 1 套。

(2)材料、工具。

彩色粉笔 2 根、花杆 1 根。

(3)在场地上给出一条直线 *AB*,在延长线上遇一建筑。

## 二、操作步骤

(1)第一次安置仪器。

*AB* 直线的延长线被建筑物挡住,此时可在 *B* 点安置经纬仪,后视 *A* 点,测设 $\angle ABC=120°$,在视线方向定出 *C* 点,*BC* 的长度以能避开建筑物为原则。

(2)第二次安置仪器。

在 *C* 点安置经纬仪,后视 *B* 点,测设 $\angle BCD=60°$,量 *CD* 的长度等于 *BC* 的长度。

(3)第三次安置仪器。

在 *D* 点安置经纬仪,后视 *C* 点,测设 $\angle CDE=120°$,定出 *E* 点,则 *DE* 即为 *AB* 的延长线。

(4)精度要求。

在施测过程中,各点的水平角应采用测回法观测一个测回,边长应往返丈量,且相对误差应小于 1/2000,且边长不得小于 20m。

## 三、技术要求

(1)*B*、*D* 点尽量选择在与遮挡建筑距离相等的位置。

（2）应保证$\angle BCD=60°$，$CD$的长度等于$BC$，且$BC$的长度以能避开建筑物为原则。

## 四、注意事项

（1）用粉笔代替木桩。

（2）经纬仪使用前需要严格检校。

# 项目十二　输电线路转角杆塔位移桩的测设（高级技师）

该项目操作平面图如图 2-4-21 所示。

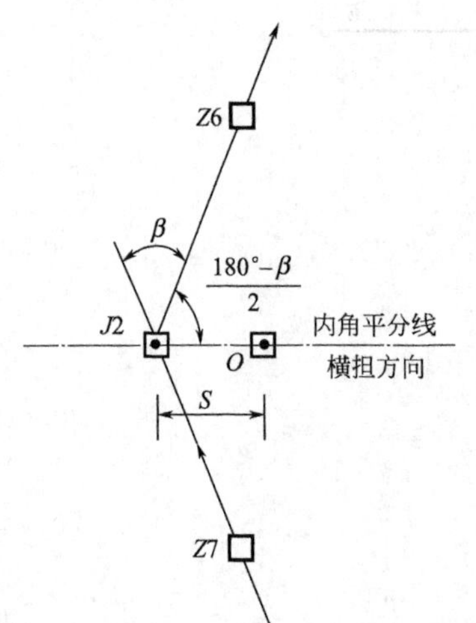


图 2-4-21　转角杆塔位移桩的测设

## 一、准备工作

（1）设备。

$DJ_2$ 经纬仪 1 套。

（2）材料、工具。

彩色粉笔 2 根、花杆 1 根。

（3）在场地上给出转角桩 $J2$ 以及直线桩 $Z6$、$Z7$ 位置。

## 二、操作步骤

（1）计算总位移。

对于一般的转角杆塔，当转角杆塔的横担为等长宽或不等长宽时，为了使横担两侧导线延长线的交点仍落在线路转角桩上，以保证原设计角度不变，避免两侧直线杆塔承受角度荷载发生变化，转角杆塔中心桩必须沿内角平分线方向位移一般距离，以确定其实际中心。

① 由等长宽横担引起的位移：

$$S_k=\frac{D}{2}\tan\frac{\beta}{2}$$

式中　$\beta$——线路转角；

$D$——横担两侧悬挂点之间的宽度。

② 由不等长宽横担引起的位移：

$$S_b=\frac{1}{2}(L_w-L_n)$$

式中　$L_w$——外角横担长；

$L_n$——内角横担长。

则总位移：

$$S=S_k+S_b$$

（2）转角杆塔位移桩的测设。

在转角桩 $J2$ 上安置经纬仪，照准直线桩 $Z6$，然后将照准部沿顺时针方向转动 $\frac{1}{2}(180°-\beta)$，从转角桩开始沿经纬仪视线方向量水平距离 $S$，即为杆塔的位移桩 $O$。

## 三、技术要求

(1)计算总位移时，分等长宽横担引起的位移和不等长宽横担引起的位移，计算公式不同。

(2)横担方向为 $(180°-\beta)$ 的内角平分线。

## 四、注意事项

(1)用粉笔代替木桩。

(2)经纬仪使用前需要严格检校。

# 模块五 地籍测量

## 项目一 相关知识

### 一、概述

J(GJ)BE001 地籍测量的概念

#### (一)地籍测量的概念

地籍测量是为了获取和表达地籍信息所进行的测绘工作。地籍测量是对土地及有关附属物的权属、位置、数量和利用现状所进行的测量工作。

地籍区和地籍子区均以两位即从01~99自然数字依序编列。

土地分类中属一级类型的有:公用建筑用地、交通用地、农用地、市政用地。

土地分类中属二级类型的是有:旅游业、市政公用设施、港口码头。

地籍的种类按照地籍的用途划分,可分为税收地籍、产权地籍和多用途地籍。地籍的内涵之一是以地块为基础的。

地籍测量的工作内容包括:

(1)土地及有关附属物的权属。

(2)土地及有关附属物的数量。

(3)土地及有关附属物的利用现状。

J(GJ)BE002 地籍测量的目的

#### (二)地籍测量的目的

地籍测量的目的是获取和表述不动产的权属、位置、形状、数量等有关信息。

地籍测量是为不动产产权管理、税收、规划、市政、环境保护、统计等多种用途提供定位系统和基础资料。

地籍测量是为建立科学的土地管理体系,为合理利用和保护土地,为制定土地利用规划、计划及有关政策、实现耕地总量动态平衡、调控土地供需、规范土地市场等提供信息保障。

地籍测量的成果资料是保护土地所有者和土地使用者合法权益、解决土地产权纠纷的重要凭据。

属于文、体、娱用地范畴的是:变电站、公共厕所、污水处理厂、各种管线工程专用地。属于水域用地范畴的是:河流、水库、坑塘、沟渠。住宅用地属于一级类型用地范畴。

地籍测量不同于普通测量,它是测量技术和土地法学的综合应用。

#### (三)地籍测量的工作任务

J(GJ)BE003 地籍测量的工作任务

地籍测量的对象以地块边界为主,地物为辅,不带高程或等高线。

地籍测量中,地籍图是不动产地籍的图形部分。地籍测量中,面积量算是指水平面积的量算。

地籍测量的任务包括：

(1)地籍控制测量。

(2)对土地进行分类和编号。

(3)土地权属调查、土地利用状况调查和界址调查。

(4)地籍要素的测量、地籍图的编绘和面积量算。

(5)变更地籍测量。

土地的地块编号是按省、市、区(县)、地籍区、地籍子区、地块等六级编立。

地籍测量是以土地权属为核心，以地块为基础的土地及其附属物的权属、质量、数量、位置和利用现状的土地基本信息的集合。

地籍测量主要是测定每块土地的位置、面积大小、查清其类型、利用现状，记录其价值和权属，建立土地档案或地籍信息系统。

J(GJ)BE004 地籍测量的内容

**(四)地籍测量的内容**

地籍测量的基本内容是测定土地及其附属物的位置、权属界线、类型、面积等，具体内容如下：

(1)进行地籍控制测量，测设地籍基本控制点和地籍图根控制点。

(2)测定行政区划界线和土地权属界线的界址点坐标。

(3)测绘地籍图，测算地块和宗地的面积。

(4)进行土地信息的动态监测，进行地籍变更测量，包括地籍图的修测、重测和地籍簿册的修编，以保证地籍成果资料的现势性与正确性。

(5)根据土地整理、开发与规划的要求，进行有关的地籍测量工作。

地籍测量的对象是土地及其附属物。

地籍测量中，地籍控制测量遵循的测量原则即“先控制后碎部”“从高级到低级”“由整体到局部”。地籍测量中，一级界址点相对于临近图根控制点的点位中误差不超过±0.05m。

用于界址划分的界标类型有：钢钉、混凝土、石灰柱、喷涂。

地籍测量的控制测量中主要是平面控制。进行地籍平面控制测量，测设地籍基本控制点和地籍图根控制点是地籍测量的重要工作之一。

J(GJ)BE005 地籍测量的特点

**(五)地籍测量的特点**

与地籍测量相比，地形测量的对象是地物和地貌。与地籍测量相比，地形图是以等高线来表示地貌的。

属于地籍测量的成果产品有：面积量算表、地籍图、宗地图。

经土地管理部门确认后，具有法律效力的是地籍测量成果。

界址点编号的内容如下：

(1)界址点的编号以高斯—克吕格的一个整千米格网为编号区。

(2)每个编号区代码以该千米格网西南角的横纵坐标公里值表示。

(3)点的编号在一个编号区内从1~99999连续顺编。

(4)点的完整编号由编号区代码、点的类别代码、点号三部分组成。

界址点编号中编号区代码的内容包括：

(1)编号区代码由9位数字组成。

(2)第1、第2位数为高斯坐标投影带的带号或代号。

(3)第3位数为横坐标的百千米数,第4、5位数为纵坐标的千千米和百千米数。

(4)第6、7位和第8、9位数分别为横坐标和纵坐标的十千米和整千米数。

地籍测量是一项基础性的、具有政府行为的测绘工作,是政府行使土地行政管理职能时具有法律意义的行政性行为。

地籍具有空间性、法律性、精确性和动态性的特点。

## 二、地籍调查

J(GJ)BE006 地籍要素的测量内容

### (一)地籍要素的测量内容

地籍要素测量是根据地块权属调查结果确定地块边界后,设置界址点标志,界址点标志设置后,应进行地籍要素测量。

1. 界址点标志设置

界址点标志设置应见表2-5-1。

表2-5-1 界址种类和适用范围

| 种类 | 适用范围 |
| --- | --- |
| 混凝土界址标志、石灰界址标志 | 在较为空旷的界址点和占地面积较大的机关、团体、企业、事业单位的界址点应埋设或现场浇筑混凝土界址标志,泥土地面也可埋设石灰界址标志 |
| 带铝帽的钢钉界址标志 | 在坚硬的路面或地面上的界址点应钻孔浇筑或钉设带铝帽的钢钉界址标志 |
| 带塑料套的钢棍界址标志、喷漆界址标志 | 以坚硬的房墙(角)或围墙(角)等永久性建筑物处的界址点应钻孔浇筑带塑料套的钢棍界址标志,也可设置喷漆界址标志 |

2. 地籍要素测量对象

(1)界址点、线及其他重要的界标设施。

(2)行政区域和地籍区、地籍子区的界线。

(3)建筑物和永久性的构筑物。

(4)地类界和保护区的界线。

地籍测量工作具有很强的现势性。

3. 地籍要素的测量方法

地籍要素测量主要采用地面测量手段,根据各地不同情况,地籍要素测量可采用解析法、部分解析法、图解法。采用部分解析法和图解法建立初始地籍的,应逐步用解析法进行更新。

(1)解析法。解析法是利用角度和距离的实地观测数据或数字摄影测量技术,按公式计算被测点的坐标。利用所测点的坐标可展绘不同比例尺的地籍图,实现计算机自动绘制地籍图,并为建立地籍数据库和土地信息系统服务。

(2)部分解析法。部分解析法是先采用解析法对街坊外围界址点和街坊内部部分界址点的坐标进行测量,并将其展绘在图上,然后对其余点位进行勘丈,并根据勘丈数据将其补充绘制在图上。

(3)图解法。图解法是用平板仪测图、经纬仪配合量角器测图、航测法测图或利用测区已有现势性较好的大比例尺地形图勘丈编绘地籍图的方法,适用于土地价值较低且技术力量与物质条件达不到采用解析法、部分解析法的地区。

**(二)地籍测量精度的要求**

J(GJ)BE007 地籍测量精度的要求

地籍测量的方法有极坐标法和正交法。

地籍测量中,图根控制点的密度应根据测区内建筑物的稀密程度和通视条件定,一般情况下每幅 1∶500 图不少于 8 个。地籍测量中,地籍平面控制点相对于起算点的点位中误差不超过±5mm。

地籍测量中的界址点的精度分为三级。城镇地区地籍控制点的密度一般为每隔 100~200m 布设一点。

界址点的精度要求如下:

(1)当界址点的等级为一级时,界址点相对于邻近控制点点位限差为±0.10m;相邻界址点间的间距中误差为±0.05m。

(2)当界址点的等级为二级时,界址点相对于邻近控制点点位限差为±0.20m。

(3)当界址点的等级为三级时,界址点相对于邻近控制点点位限差为±0.30m。

地籍图精度要求如下:

(1)地籍图的精度应优于相同比例尺地形图的精度。

(2)地籍图上坐标点的最大展点误差不超过图上±0.1mm。

(3)其他地物点相对于邻近控制点的点位中误差不超过图上±0.5mm。

(4)相邻地物点之间的间距中误差不超过图上±0.4mm。

需要测定建筑物角点的坐标时,建筑物角点坐标的精度等级和限差执行与界址点相同的标准。

**(三)地籍调查的内容**

J(GJ)BE008 地籍调查的内容

土地管理的基础工作是地籍调查。地籍要素调查以地块为单元进行。地籍测量的对象是土地及其附属物。地籍测量是为获取和表达地籍信息所进行的测绘工作。

地籍调查应遵循的原则如下:

(1)依法调查的原则。

(2)现状与历史相结合的原则。

(3)资料的系统、精确与完整性原则。

地籍调查工作的一般程序为:

(1)收集调查资料,准备调查底图,并标绘调查范围,进行街道、街坊的划分。

(2)分区、分片发放调查指界通知书,并实地进行调查、指界、鉴界。

(3)绘制宗地草图并填写地籍调查审批表。

(4)调查资料整理归档。

地籍细部测量是指在地籍平面控制点的基础上,测定地籍要素及附属地物的位置,并按确定比例尺标绘在图纸上的测绘工作。

地籍测量是土地管理工作的重要基础,它是以地籍调查为依据,以测量技术为手段,从控制到碎部,精确测出各类土地的位置与大小、境界、权属界址点的坐标与宗地面积以及地籍图。

J(GJ)BE009 地籍图的分类

**(四)地籍图的分类**

地籍图按其用途可分为基本地籍图、专题地籍图、简易地籍图和宗地图。地籍图为了满足某种管理需要,突出表达地籍要素中某一个专题而测制的地籍图称为专题地籍图。

地籍图编绘按基本图件的可用性,分为地籍修测、补测与全测。地籍图是不动产地籍的图形部分。

地籍图按图幅的形式可分为分幅地籍图和地籍岛图。

地籍图按图的表达方式可分为模拟地籍图和数字地籍图。

地籍测量草图的内容包括:

(1)地籍要素测量对象。

(2)平面控制网点及控制点点号。

(3)界址点和建筑物角点。

(4)地籍区、地籍子区与地块的编号;地籍区和地籍子区的名称。

(5)土地的利用类别。

(6)道路及水域。

(7)有关地理名称、门牌号。

(8)观测手簿中所有未记录的测定参数。

(9)为检校而量测的线长和界址点间距。

(10)测量草图符号的必要说明。

(11)测绘比例尺、精度等级、指北方向线。

(12)测量日期、作业员签名。

## 三、地籍图测绘

J(GJ)BE010 地籍图的分幅方法

**(一)地籍图的分幅方法**

地籍图采用分幅图形式,幅面规格采用50cm×50cm。比例尺为1:2000地籍图的图幅以整公里格网线为图廓线。地籍图的图廓以高斯克吕格坐标格网线为界。对于城镇地区和复杂地区的地籍图一般采用1:500比例尺。

地籍图编号的内容如下:

(1)1:2000的地籍图可以划分为4幅1:1000的地籍图。

(2)1:2000的地籍图可以划分为16幅1:500的地籍图。

(3)编号形式分为完整编号和简略编号。

(4)编号区代码由9位数字组成,地籍图比例尺代码由两位数字组成。

地籍图应表示的基本内容包括:

(1)界址点、界址线。

(2)地块及其编号。

(3)地籍区、地籍子区编号,地籍区名称。

(4)土地利用类别。

(5)永久性的建筑物和构筑物。

(6)地籍区、地籍子区界。

(7)行政区域界。

(8)平面控制点。

(9)有关地理名称及重要单位名称。

(10)道路和水域。

使用地籍图和地籍资料的部门,关心的只是符合自己要求的那一部分,但有一部分内容是所有用户都需要的,即所谓的"基本内容"。由"基本内容"构成的地籍图就是按规程要求测绘的基本地籍图。

地籍测量的主要成果是基本地籍图,包括分幅铅笔原图和着墨二底图。

**(二)地籍图绘制的方法**

J(GJ)BE011 地籍图绘制的方法

地籍图编绘步骤是收集资料、选取工作底图、复核权属界址和清绘地籍图。

地籍图测绘一般测绘地物的平面位置。地籍图碎部点的测定方法一般采用极坐标法。

地籍图中,宗地图是以宗地为单位编制的。宗地图编绘时,如无任何图件、像片可利用,则可依据宗地草图实丈数据编制宗地图。

地籍图编绘程序中的收集资料,主要包括地籍调查资料,地籍测量铅笔原图或数字化数据资料,土地登记发证资料,可资利用的地形图及数字化数据资料、正射影像图、土地编号、地名资料等。

宗地图的编绘应符合的要求有:

(1)对于已建立地籍测量数据库或地形数据库的地区,按宗地图要求编辑打印各宗地图,宗地图图幅规格一般为16开或32开,较大、较小宗地可适当缩放。

(2)对于已有地籍图的地区,可采用复印、缩放、蒙绘等方法逐宗编绘宗地图。

(3)在未开展地籍测量的地区,可依据收集的1∶500~1∶2000的地形图、竣工图等,经实地调查丈量,编绘成宗地图。

(4)对于已有正射影像图的地区,可依据本宗地影像和实地调查丈量的数据绘制正射影像宗地图或一般的线画宗地图。

(5)无任何图件、像片可利用时,可依据宗地草图实丈数据编制宗地图。

地籍图测量的方法按设备手段不同分为普通测量法、航测法和综合法。

**(三)地籍图的应用要求**

J(GJ)BE012 地籍图的应用要求

地籍修测包括地籍册的修正、地籍图的修正以及地籍数据的修正。

变更地籍测量是指当土地登记的内容发生变更时,根据申请变更登记内容进行的地籍测量活动。

地籍图是制作宗地图的基础图件。地籍图只能表示基本的地籍要素和地形要素。地籍测量草图是地块和建筑物关系的实地记录。多用途地籍图有很多的功能,可供许多部门使用。

地籍图面积量算的方法有:坐标解析法、实地量距法、图解法。

地籍图面积量算计算公式为:

$$P=\frac{1}{2}\sum_{1}^{n}X_i(Y_{i+1}-Y_{i-1}) \text{ 或 } P=\frac{1}{2}\sum_{1}^{n}Y_i(X_{i-1}-X_{i+1})$$

式中　$P$——量算面积,$m^2$;

$X_i$,$Y_i$——界址点坐标,m;

$n$——界址点个数;

$i$——界址点序号,按顺时针方向顺编。

**(四)地籍图修测的方法**

J(GJ)BE013 地籍图修测的方法

地籍修测的内容如下:

(1)地籍修测包括地籍册的修测、地籍图的修测以及地籍数据的修正。

(2)地籍修测应进行地籍要素调查、外业实地测绘,同时调整界址点号和地块号。

变更地籍测量时,对涉及划拨国有土地使用权补办出让手续的,必须采用解析法。

宗地面积在图上小于5cm$^2$时,应实地丈量求算面积,不得用图解法。

变更地籍测量的程序如下:

(1)资料器材准备。

(2)发送变更地籍测量通知书。

(3)实地进行变更地籍调查、测量。

(4)地籍档案整理和更新。

地籍修测的方法如下:

(1)地籍修测应根据变更资料,确定修测范围。

(2)修测应根据平面控制点的分布情况,选择测量方法并制定施测方案。

(3)修测可以在地籍原图的复制件上进行。

(4)修测之后,应对有关地籍图、表、簿、册等成果进行修正,使其符合相关规范的要求。

修测后地籍编号的变更与处理包括:

(1)地块号。地块分割以后,原地块号作废,新增地块号按地块编号区内的最大地块号续编。

(2)界址点号、建筑物角点号。新增的界址点和建筑物角点的点号,分别按编号区内界址点或建筑物角点的最大点号续编。

面积变更包括:

(1)地籍面积变更时,一地块分割成几个地块,分割后各地块面积之和与原地块面积的不符值应在规定限差之内。

(2)地块合并的面积,取被合并地块面积之和。

# 项目二　用GPS测定碎部点(技师)

## 一、准备工作

(1)设备。

GPS基准站1个、GPS流动站1个、基座1个、手簿1个、天线1个、脚架2个。

(2)材料、工具。

彩色粉笔2根、记录纸1张、卡扣1个、2m带杆1根、电瓶1个。

## 二、操作步骤

(1)架设基准站。

选择视野开阔且地势较高的地方架设基站,基站附近不应有高楼或成片密林、大面积水塘、高压输电线或变压器基站;一般架设在未知点上;设置 GPS 基准站。

(2)设置流动站。

按照正确方法连接流动站;打开接收机开关;用手簿连接流动站。

(3)测量碎部点。

手持流动站,选择场地上某个碎部点,观察解类型是否为固定解状态,若是,调整对中杆使其竖直,点击右下角“流动站”或者键盘上 SP 键,在弹出菜单中输入点名后确定即测出该点坐标,同理测出其他 5 个碎部点。

## 三、技术要求

(1)应熟悉碎部点的选择原则,知道碎部测量的方法和碎部点的选择应得当,否则将直接影响测图的质量和速度。

(2)应清楚碎部点应选在地物、地貌的特征点上。对于地物,碎部点应选在地物轮廓线的方向变化处,如房角、道路转折点及河流岸边的弯曲点等;对于地貌,碎部点则应选在最能反映地貌特征的山脊、山谷线等地性线上,如山脊、山谷、山头、鞍部、最高点与最低点等所有坡度变化及方向变化处。

(3)应熟悉用 GPS-RTK 采集碎部点的操作步骤:新建工程→作业名称→自编文件名→向导→OK→椭球系名称→中央子午线→确定碎部点 OK。

## 四、注意事项

(1)采集碎部点时,由于地物形状极不规则,一般规定凡地物凸凹长度在图上大于 0.4mm 均应表示出来。如 1∶500 比例尺的测图,对实地凸凹大于 0.2m 的;1∶1000 比例尺的测图,对实地凸凹大于 0.4m 的都要进行施测。

(2)为了能详尽表示实地情况,在地面平坦或坡度无显著变化的地方,应按地形点间距的要求选择足够多的碎部点。

(3)操作 GPS-RTK 时,应关注相关的注意事项。

(4)用彩色粉笔代替木桩,标记要清楚、准确。

# 项目三 用相位式光电测距仪测距(技师)

## 一、准备工作

(1)设备。

相位式光电测距仪 1 台、反射棱镜和对中杆 1 套。

(2)材料、工具。

彩色粉笔 1 根、记录纸 1 张。

(3) 现场给出测站点 $A$、待测点位 $B$。

## 二、操作步骤

(1) 仪器安置。

将经纬仪安置在测站点上，然后通过测距仪支架座下的插孔和制动螺旋，使测距仪牢固地安装在经纬仪支架上方；将测距棱镜安置在待测点上，与经纬仪一样对中整平，并使觇牌和棱镜面对测距仪所在的方向。

(2) 开机。

按下开机 Power 键，显示屏内显示一定的字符或短促声响约 5s，对测距仪自检，表示仪器工作正常。若电池电压过低，则显示需要更换电池。

(3) 瞄准。

用经纬仪目镜中的十字丝瞄准反射觇牌中心，通过测距仪目镜中的十字丝，用测距仪的水平和竖直微动螺旋瞄准棱镜中心。

(4) 测距。

按下测距 Meas 键，如果瞄准正确，则在显示屏上显示测距符号，约 5s 后显示倾斜距离 $S$。如果瞄准不正确或测距中间有障碍，则显示符号不停闪烁，表示没有回光，应重新瞄准。重复测距，两次相差不超过 5mm 时取平均值。测距需加上仪器常数改正、气象改正和倾斜改正等。

## 三、技术要求

(1) 测距仪测定的是测距仪中心至反射棱镜中心的距离，通常为倾斜距离，不是测站点与待测点的水平距离，测距需加上仪器常数改正、气象改正和倾斜改正等。

(2) 相位式测距是将发射光波的光强调制成正弦波的形式，通过测量正弦光波在待测距离上往返传播的相位差来计算距离，红外光电测距仪通常均采用相位测距法。

## 四、注意事项

(1) 测量时测线应尽量离开地面障碍物 1.3m 以上，避免通过发热体和较宽水面的上空且应避开电磁场干扰的地方，例如变压器等。

(2) 镜站的后面不应有反光镜和其他强光源等背景的干扰。

(3) 气象条件对光电测距影响较大，微风的阴天是观测的良好时机。视场内只能有反光棱镜，应避免测线两侧及镜后方有其他光源和反光物体，并应尽量避免逆光观测。

# 模块六　测量相关知识及应用

## 项目一　相关知识

### 一、测量组织管理

#### (一)向初级工传授的主要技能

J(GJ)BF001 向初级工传授的主要技能

1. 明确测量放线工的责任和要求

(1)施工建筑物平面位置和标高的精确程度,取决于测量放线工作。从城市规划和建筑设计本身,都要求测量放线准确无误并具有一定的精度要求。放线、抄平是施工的前期工作,若发生差错,会造成后续工序工种的返工、延误工期,造成经济损失,后果严重。从对所从事工作的重要性认识开始,增强责任感。

(2)树立良好的工作作风。测量放线的数据,来自图样上有关的标注尺寸,工作是在条件变化的施工现场,要弄清众多尺寸的相互关系,并在实地正确放出,首先必须树立认真负责、积极主动、踏实细致、一丝不苟、同心协力、实事求是的工作作风,这是做好测量放线工作的重要保证。

2. 传授识图方面的基本功

从识图的基本知识讲起,要通过多看、多练习,掌握识图方法和步骤。重点在弄清尺寸标注的准确位置、三道尺寸和平、立、剖面图有关尺寸是否相符。通过传授使初级工能掌握正确的识图方法、步骤和校核方法。并培养仔细、耐心及对图样反复阅读、核对的作风。

3. 传授测量基本理论知识和使用仪器工具的基本功

将长度、角度、标高、坐标、坡度、面积等概念讲解清楚,结合仪器性能,使初级工既弄清概念,又掌握使用水准仪、经纬仪及工具的使用方法,同时传授仪器工具的保养知识,以养成爱护仪器的良好习惯。

4. 传授测量和测设、放线和抄平的基本功

使初级工较系统掌握正确的测量方法、操作工艺流程与要点。测量放线工作除确保精度要求外,还要时刻防止差错发生,对放线资料、测量数据、读数、记录、计算等各个环节都要注意工作中的检核。通过言传身教使初级工执行认真进行检核的制度,以防止差错。

5. 测量放线是集体性的工作

测量放线是多工序的集体性的技术工作,对工作中每个环节,对参加工作的每个成员必须保证其工作质量并同心协力、相互协作才能使工作按质按量完成,要树立群体意识。

J(GJ)BF002 向中级工传授的主要技能

## (二)向中级工传授的主要技能

1. 明确中级测量放线工的重要责任,传授组织班组生产的技能

对中级工提出较高和全面的要求,传授处理班组工作的能力:中级工是本工种的中坚力量,对完成测量放线班组工作,起着重要和关键性的作用,必须提出全面和严格的要求。测量放线工作主要通过中级工为骨干的班组来完成,测量放线工作的众多内容,要求中级工具有较丰富的基础知识和专业知识及较熟练的操作技能以及较系统的专业基础知识,才能胜任技术工作;同时班组的人员结构和工作的多变性又给组织工作带来相当的难度,需具有一定的班组工作管理能力。这些基本功,主要是通过高级工的传授来提高中级工的能力。

2. 传授进行全面的准备工作的技能

从施工任务书下达后,要指导中级工进行审校图样、数据(如红线桩、控制点、水准点核对、圆曲线的计算)、工具仪器、控制点埋设等准备工作,只有做好完善的准备工作,才能使测量放线工作顺利进行,而不致造成窝工。根据任务量及时间要求,合理地进行人员安排也是一项重要的准备工作。

3. 传授仪器检校技能

仪器检校是件易被忽视或望而生畏的重要工作,是目前的薄弱环节。初期需由高级工指导逐项进行检校。未经检校的仪器不得用于作业。通过传授使中级工全面掌握检校方法,养成定期进行检校的习惯并形成制度。

4. 传授工序管理知识

测量放线工作是多工序的,按任务内容对中级工传授进行工序管理方面的知识,道道工序把关,不合格的前道工序,不得进入下道工序,从而建立起质量保证体系的概念,由工作质量和工序管理,保证成品质量。

5. 传授资料整理和进行成果分析的技能

一般要对测量放线成果进行计算整理,对原始数据的记录、计算都要经过全面核对,才能提供。校对的方法、技巧以及对成果精度、质量分析的技能,是由高级工传授以不断提高中级工的作业技能和水平来实现的。

6. 传授并提高中级工的专业知识的技能

通过高级工系统、全面地并由浅入深,根据任务需要,有针对性地、逐步进行抄平、钢卷尺丈量和测设、控制网的布设、图根导线、坐标换算、沉降观测、建筑物定位放线、吊装测量、竖向投测的操作技能以及制定一般工程施工测量放线方案并组织实测的技能。

7. 传授专业基础理论

传授测量误差的来源、性质、限差规定以及对施测中产生误差的原因和削减方法的有关知识。有针对性地提高测量专业水平和分析、解决问题的能力。

8. 传授新技术

根据工作的需要和可能,传授红外测距仪、垂准仪、自动安平水准仪等仪器的性能和使用知识,使中级工领会到新仪器、新设备在提高测量精度和加快作业进度方面所起的作用。在条件可能时,将其使用于测量放线工作。

J(GJ)BF003 向高能工传授的主要技能

### (三)向高级工传授的主要技能

1. 在审校图样方面、测量放线起始数据的准备方面的疑难问题处理

对于测量放线中复杂图样的审校、图样会审中提出的问题、测量放线班组对图样提出的疑问以及放线测设数据的计算中疑难问题，高级工在深入阅读、研究、分析后提出解决方法和具体意见并指导测量放线班组的工作。

2. 编制复杂、大型或特殊要求工作的测量放线方案，并组织实测

运用工程测量的基本理论，根据工程的具体精度要求，选用合适的仪器工具和作业方法，在工程技术人员指导下，用误差理论进行分析，编制合理的测量放线方案。对方案向测量放线班组进行技术交底并组织实测，完成后参与总结，通过实际方案的实施，提高班组作业水平。

3. 水准仪、经纬仪的维修

指导帮助解决测量放线班组的仪器检校中发生的疑难问题及发现的故障。对故障产生的原因进行分析，帮助解决或提出处理意见。

4. 新技术、新设备进行指导

对于引进或推广的新技术、新设备组织岗位培训，系统地进行指导。使班组迅速用于生产，发挥经济效益。

5. 班组中发生的质量事故的处理

对于班组中发生的质量事故，进行深入细致的调查研究，查阅资料和记录及计算成果，用科学的方法和专业知识进行分析，提出处理意见，并挽回其损失，使返工量和损失尽可能降低，并总结经验教训，制定相应措施。

J(GJ)BF004 施工准备工作的主要内容

### (四)施工准备工作的主要内容

施工准备工作要贯穿在整个施工过程的始终，根据施工顺序先后，有计划、有步骤、分阶段进行。

施工的技术准备中，检查图纸是否齐全，图纸本身有无错误和矛盾，设计内容与施工条件能否一致，各工种之间搭接配合是否有问题等。

施工的物资准备应做好建筑材料需要量计划和货源安排。施工的物资准备工作中，应对钢筋混凝土预制构件、钢构件、铁件、门窗等做好加工委托或生产安排。施工的物资准备还要做好机械和机具的准备，对已有的机械机具做好维修试车工作；对缺少的机械机具要做好计划即订购、租赁或制作。

按准备工作的性质，施工准备工作大致归纳为：

(1)技术准备。

(2)施工现场准备。

(3)物资及施工队伍准备。

(4)下达作业计划或施工任务书。

施工准备工作中的“三通一平”指的是：路通、电通、水通、平整场地。

施工队伍准备工作包括：

(1)健全、充实、调整施工组织机构。

(2)调配、安排劳动班子组合。

（3）职工进行计划、技术、安全交底。

J(GJ)BF005 施工组织设计的主要内容

## （五）施工组织设计的主要内容

施工组织设计是指导施工准备和组织施工的全面性的技术、经济文件，是指导现场施工的法规。施工组织设计的内容，应视工程的性质、规模、复杂程度、工期要求、建设地区的自然条件而有所不同，制定时还应结合当地的经济条件与发展状况。

施工组织设计按编制的对象范围的不同可分为施工组织总设计、单位工程施工组织设计和分部（分项）工程施工组织设计。

施工组织设计的基本任务是根据国家有关的技术政策、建设项目要求、施工组织原则，结合工程具体条件，确定经济合理的施工方案，对拟建工程的人力和物力、时间和空间、技术和组织等方面统筹安排，以保证按照既定目标，优质、低耗、高速、安全地完成任务。

施工组织设计是对施工活动实行科学管理的重要手段。其作用是通过施工组织设计的编制，明确工程施工方案、施工顺序、劳动组织措施、施工进度计划及资源需要量与供应计划，明确临时设施、材料和机具的具体位置，有效地使用施工场地，提高经济效益。

按施工组织设计组织施工时，施工组织的方式有依次施工、平行施工和流水施工三种。

施工组织设计必须体现的要求如下：

（1）必须贯彻国家的方针政策，执行国家和上级对拟建工程的指示精神。

（2）必须根据工程的特点，贯彻有关建设法规、规范、规程和各项制度。

（3）必须有严密的组织计划，处理好人与物、空间与时间、工艺与设备、使用与维修、专业与协作、供应与消耗、生产与储存，结合所处的天时和地利条件。

J(GJ)BF006 施工任务书的主要内容

## （六）施工任务书的主要内容

施工任务书又称工程任务单，是向班组下达作业计划的重要文件；它是企业实行定额管理，贯彻按劳分配，开展社会主义劳动竞赛和班组核算的主要依据。

限额领料单是根据施工任务单中的各个分项工程的数量定额领用材料的一种凭证，是施工现场材料管理中的一种领发料的管理制度。签发和审核限额领料单的依据是材料施工定额和施工依据。

劳动定额是在正常的生产技术和生产组织条件下，为完成单位产品所规定劳动消耗的数量标准。

施工任务书总的要求是：简单扼要、通俗易懂、填写方便。

通过施工任务书可把计划进度、工程数量、节能、质量和安全等指标，分解为班组指标，落实到人，使企业的各项指标完成的好坏与班组、个人的责任和利益联系起来。

施工任务书除包括工程项目、工程数量、劳动定额、计划工数、开工或竣工日期、质量及安全要求外，还有小组记工单和限额领料单。

J(GJ)BF007 预防施工测量质量事故的方法

## （七）预防施工测量质量事故的方法

质量意识是企业的灵魂。

测量放线工作，一般是通过分工协作完成，且是多工序的工作，因此进行全员质量教育，不断强化质量意识，是预防质量事故的关键性工作。

测量放线工作是根据有关设计图样的数据，采用仪器、工具，按有关技术要求，操作工艺进行的。

按测量放线工作的规模、技术要求，制定作业方案，按工程的复杂程度，需进行必要的论证，结合规范，确定合适的作业方法，提出限差要求，提出对成果的要求等。

预防施工测量放线质量事故的方法如下：

(1)进行全员质量教育，强化质量意识。

(2)进行技术交底，充分做好准备工作。

(3)制定作业方案，采取相应的质量保证措施。

(4)进行中间检查以及工序管理。

为了预防施工测量放线质量事故，室内的准备工作有：

(1)图样的全面阅读与校审。

(2)学习有关规范。

(3)对仪器工具进行检校。

工作质量是产品质量的保证和基础，在事先指导的基础上，对关键性的工作或每道工序进行中间检查，防止不合格产品进入下道工序。

对于有一定难度的工作，或参加测量人员中有不熟悉操作工艺要求的人员时，应组织事前技术培训。

J(GJ)BF008 预防施工测量安全事故的方法

### (八)预防施工测量安全事故的方法

经常组织学习安全操作规程，严格贯彻“安全第一，预防为主”的方针，实现安全生产，文明施工。

在进行工作之前，应了解施工现场的情况，检查工作环境是否符合安全要求，安全设施及防护用品是否穿戴齐全。

进入施工现场必须戴安全帽，否则不准上岗作业。

安全带的正确挂扣应该是高挂低用。不需要佩戴安全带的作业是基坑挖掘作业。

建筑施工时，操作人员上下通行时，不得采用如下方式：

(1)随起吊模板上下。

(2)攀登非规定通道。

(3)利用吊车臂架攀登。

国家规定的安全色是红、蓝、黄、绿几种颜色。

与有关工种交叉作业时，对可能发生的安全问题，应事先联系安排，采取有效的防护措施，确保人身及仪器的安全。

J(GJ)BF009 处理施工测量质量与安全事故的方法

### (九)处理施工测量质量与安全事故的方法

施工阶段质量管理中规定，施工项目部开展的质量活动，由质检员填写质量活动记录。施工阶段质量管理中规定，施工项目部应加强质量通病预防措施执行情况的检查，工程完工后，施工项目部应编写质量通病的防治工作总结。

工程开工、工序交接及隐蔽工程隐蔽前，监理项目部应进行检查确认。

根据质量事故的性质、特点，有针对性的、有计划地进行检查分析与质量事故有关的因素，找出主要原因。

施工过程中，当得知施工测量安全事故发生后，一般应做如下几方面的工作：

(1)调查安全事故的全过程。

(2)组织有关人员认真分析事故的原因。

(3)找出事故的主要原因、责任人,提出防范措施并挽回影响。

(4)总结经验教训,写出书面报告。

建筑施工中,高处作业可分为临边作业、洞口作业、独立悬空作业三大类。

安全色是用来表达安全信息含义的颜色,安全色规定红、蓝、黄分别表示禁止、指令、警告。

由于工作不细心造成误差,或由于记录、计算错误,未经严格校对,造成放线数据有误,会引起测量放线质量事故。

## 二、测量数据处理

J(GJ)BH001 Word的操作方法

### (一) Word 的操作方法

Word 文档的基本操作主要包括文档的创建、打开、保存和关闭等,掌握这些基本操作,可以帮助用户大大提高工作效率。

在 Word 中,人工加入分页符的快捷键是"Ctrl"+"Enter"。

按住"Ctrl"键并拖动图片控制点时,将从图片的中心向外垂直、水平或沿对角线缩放图片。

在 Word 文档中,按 Ctrl+S 键与工具栏上的"保存"按钮功能相同。

在 Word 中,使用"插入"菜单中的"文件"命令,可以实现两个文件的合并。

在 Word 文档中要插入页眉,应该执行的菜单命令是"文件"→"页面设置"。

Word 整篇文档最多能够被分成 11 栏。Word 的自动更正和替换操作具有替换文档内容的功能。

格式化文本的操作有设置字符格式、设置段落格式、添加边框和底纹、添加项目符号和编号、设置中文版式。

J(GJ)BH002 文字输入的方法

### (二) 文字输入的方法

在 Word 中输入普通文本包括英文文本和中文文本两种。

(1)输入英文文本。默认输入状态一般是英文输入状态,允许输入英文字符,可在键盘上直接输入英文的大小写文本。按"Caps Lock"键可以在大小写状态之间进行切换,按住"Shift"键,再按包含要输入字符的双字符键,即可输入双排字符键中的上排字符,否则输入的是双排字符键中的下排的字符。

(2)输入中文文本。当要在文档中输入中文时,首先要将输入法切换到中文状态。系统默认中文字体为宋体,英文字体为 Calibri。

Word2003 中文版为中文字处理软件和应用软件。常用的文字处理软件有 Word 和 WPS 两种。当启动 Word2003 时,系统将自动建立一个新的文档"文档 1"用户可以直接在文档中进行文字输入或编辑工作。在建立的空白文档编辑区的左上角有一个不停闪烁的竖线称为插入点。

J(GJ)BH003 计算机的软件种类

### (三) 计算机的软件种类

通常把计算机软件分为系统软件和应用软件两大部分。

用户利用计算机及其提供的系统软件为解决某一特定的具体问题而编制的计算机程

序是应用软件。

操作系统是控制所有在计算机上运行的程序，并管理计算机自身所有软件、硬件资源的程序。

系统软件包括操作系统、各种服务程序、语言程序。

### （四）计算机求和的操作方法

J(GJ)BH004 计算机求和的操作方法

在单元格中输入数值和文字数据，默认的对齐方式是全部左对齐。

在 Excel 中，工作表行号是由 1 到 65536。

在 Excel 中，在某单元格中输入"=-5+6 * 7"，则按回车键后此单元格显示为 37。

在 Excel 公式中，运算符用于指定对操作数或单元格引用数据执行何种运算。

### （五）测量软件的含义

J(GJ)BH005 测量软件的含义

在工程测绘中，经常用于绘制电子地图的软件是 CASS。

能够进行 GPS 静态数据基线计算的软件是 TGO。

在工程测绘中，能够进行坐标转换的软件是 CASS、MAPINFO、TGO。

在工程测绘中，属于 CASS 功能的是计算七参数、计算土方量、坐标换带计算。

### （六）Excel 电子表格的操作方法

J(GJ)BH006 Excel 电子表格的操作方法

Excel 是一种电子报表系统，指的是在计算机上提供数据管理和运算的应用程序，使用者可以在这个应用程序中输入数据和公式，并迅速产生计算结果。利用电子表格中的数据，还可以进一步产生各种统计、分析的报表或统计图形。

Excel 的三个主要功能是：电子表格、图表、数据库。Excel 的自动填充功能，可自动填充数字、公式、日期、文本。

在 Excel 中，直接处理的对象称为工作表，若干工作表的集合称为工作簿。在 Excel 保存的工作簿默认文件扩展名是. xls。在 Excel 中，电子表格是一种二维表格。

在 Excel 中，函数 MAX（23，31，19）的结果是 31。

在 Excel 中，若在数值单元格中出现一连串的"###"符号，希望正常显示则需要调整单元格的宽度。

Excel 中，显示或隐藏工具栏的操作有两种：（1）鼠标右键单击任意工具栏，然后在快捷菜单中单击需要显示或隐藏的工具栏；（2）隐藏"浮动工具栏"，可单击它的关闭按钮。

### （七）AutoCAD 的基本概念

J(GJ)BH007 Auto CAD的基本概念

AutoCAD 中，不可以设置"自动隐藏"特性的对话框是"选择"对话框。

在 AutoCAD2002 设置图层颜色时，可以使用 9 标准颜色。

AutoCAD 中，为了切换打开和关闭正交模式，其快捷键是 F8。

AutoCAD 中，多次复制"copy"对象的选项为 M。

### （八）硬件的分类

J(GJ)BH008 硬件的分类

在微机中，访问速度最快的存储器是内存。

计算机硬件中，常见输出设备有显示器、打印机、绘图仪、音箱等。

计算机硬件分运算器、控制器、存储器、输入设备和输出设备五类。

通常将运算器、控制器和内存储器合称为主机，而把运算器和控制器全称为中央处理器，输入/输出设备以及外部存储器称为外部设备。

## 三、编制测量方案

J(GJ)BG001 道路恢复定线测量方案的内容

### （一）道路恢复定线测量方案的内容

道路施工测量的主要任务是根据工程进度要求，及时恢复道路中线和测设高程标志等，作为施工人员掌握中线位置和高程的依据，以保证按图施工。

对于高速公路定线来说，不同的地形条件有不同的主导。在平原微丘区，地形平缓，路线一般不受高程限制，定线应以方向为主导，在山岭重丘区，地形复杂，横坡陡峻，路线一般受高程限制严重，定线应以纵坡为主导。

把图纸上设计好的各种建(构)筑物的平面位置和高程标定在实地上的测量工作称为测量放样。

当路线的线形主要由导线控制时，导线的点位精度及密度直接影响施工放线的质量，因此路基施工前对导线进行认真的复测是十分重要的。

道路恢复定线测量应检查路线平面、纵断面、横断面等是否符合设计要求，平差是否正确，精度是否满足要求。道路恢复定线测量应严格按照四等水准测量操作规程进行，使用的仪器一定要经过有关部门校核，每相邻两个水准点进行闭合测量。

道路初测阶段的任务如下：

(1)布设图根导线。

(2)测量带状地形图。

(3)测绘纵、横断面图。

(4)收集沿线水文、地质等有关资料，为在图上定线、编制比较方案提供依据。

道路定测阶段的任务如下：

(1)在选定路线上的中线测量。

(2)纵断面测量。

(3)横断面测量。

(4)局部地区的大比例尺地形图的测绘，为路线设计、工程量计算等技术设计提供详细的测量资料。

J(GJ)BG002 道路中平测量方案的内容

### （二）道路中平测量方案的内容

中平测量是根据基本测量建立的水准点高程，分别在相邻的两个水准点之间进行测量。中平测量通常采用普通水准测量的方法施测，以相邻两基平水准点为一测段，从一个水准点出发，对测段范围内所有路线中桩逐个测量其地面高程，最后符合到下一个水准点上。

在市政工程的线路测量工作中，应向设计人员提供线路 4 种测量图及调查测量资料，作为工程设计和施工的依据。

铁路、公路、架空送电线路及输油管道等均属于线型工程，它们的中线通称线路。

中平测量只作单程观测，一测段观测结束后，应先计算测段高差。它与基平所测测段两端水准点高差之差，称为测段高差闭合差，其值不得大于$\pm 50\sqrt{L}$(mm)，否则应重测。一般道路转折点的偏角大于 5°时，才应设计平曲线。

中平测量记录表格中用到的名称有：测点、水准尺读数、视线高、高程。

用全站仪进行中平测量的要求如下：

(1)中平测量在基平测量的基础上进行,并遵循先中线后中平测量的顺序。

(2)测站应选择公路中线附近的控制点且高程应已知,测站应与公路中线桩位通视。

(3)测量前应准确丈量仪器高度、反射棱镜高度、预置全站仪的测量改正数,并将测站高程、仪器高及反射棱镜高输入全站仪。

(4)中平测量仍须在两个高程控制点之间进行。

J(GJ)BG003 道路沥青混凝土路面施工测量方案的内容

**(三)道路沥青混凝土路面施工测量方案的内容**

沥青混凝土路面施工前,需放出路线的中线与两侧边桩,并标定摊铺顶面位置。沥青混凝土路面,在摊铺前准确地划出摊铺线不但可以避免沥青混合料的浪费,而且能提高路面平整度。沥青混凝土下面层摊铺应采用双基准线控制,即采用钢丝绳或基准梁。

沥青混凝土路面施工技术规范规定,路面中线平面偏位不得大于15mm,用经纬仪每200m测四点。沥青混凝土路面,高程控制桩间距直线段宜为10m,曲线段宜为5m。沥青混凝土路面摊铺前,采用钢丝绳作为基准线时,应注意张紧度,200m长钢丝绳张紧力不应小于1000N。

沥青混凝土路面施工测量桩要求如下;

(1)在直线段每10m设一钢筋桩。

(2)在曲线段每5m设一钢筋桩。

(3)设桩的位置在中央分隔带所摊铺结构层的宽度外20cm处。

(4)对设立好的钢筋桩进行水平测量,并标出摊铺层的设计标高,挂好钢丝绳,作为摊铺机自动找平基线。

沥青混凝土接缝施工的内容包括:

(1)沥青混合料的摊铺应尽量连续作业。

(2)压路机不得驶过新铺混合料的无保护端部,横缝应在前一次行程端部切成,以暴露出铺层的全面。

(3)接铺新混合料时,应在上次行程的末端涂刷适量粘层沥青,然后紧贴着先前压好的材料加铺混合料,并注意调置整平板的高度,为碾压留出充分的预留量。

(4)相邻两幅及上下层的横向接缝均应错位1m以上。

J(GJ)BG004 桥梁施工测量方案的内容

**(四)桥梁施工测量方案的内容**

大桥或特大桥的桥墩放样工作一般多采用前方交会法。

在桥梁施工时,测量工作的任务是精确地放样桥墩、桥台的位置和跨越结构的各个部分,并随时检查施工质量。桥梁施工中,根据纵横轴线即可放样承台、墩身砌筑的外轮廓线。桥梁沉井基础就是在墩位处按照基础外形尺寸设置一井筒,然后从井内挖土或吸泥,当原来的支撑井筒的泥土被挖掉以后,沉井就会由于自重而逐步下沉。

桥梁施工,控制三角网的边长与河宽有关,一般在0.5~1.5倍河宽的范围内变动。桥梁施工高程控制的水准点,每岸至少埋设3个,并联测国家或城市水准点。

桥梁架设的准备阶段,需进行的施工测量包括:

(1)全桥中线复测。

(2)墩、台中心点间距离的测设。

(3)墩、台高程及支承垫石测定。

桥梁架设阶段,需进行的施工测量包括:

(1)梁长测量。

(2)支座调整测量。

(3)梁体定位测量。

J(GJ)BG005 道路带状图测量方案的内容

**(五)道路带状图测量方案的内容**

高速公路带状地形图的成图方法很多,现在常用的测图方法有野外数字化测图和航摄数字化测图。

高速公路带状地形图一般采用高精度的大比例尺测图。高速公路带状地形图一般采用1954北京坐标系,高程基准采用1985年国家高程基准。

测量带状地形图时,地下管线必须测量埋深,注明管径、管材;悬空管线必须测量净高。双向六车道的城市道路,要求带状地形图宽度为路中线两侧各不少于50m。1∶2000高速公路带状地形图,基本等高距在丘陵地区为1m。

对线路区域内的各种地上、地下管线和公路、铁路、通讯线、电力线等必须测绘带状地形图。

测量带状地形图需要注意的事项如下:

(1)地形图的走向与线路的纵向必须一致,测绘的宽度不得小于规定的距离。

(2)对线路经由的大沟谷、河流等必须测绘沟岸、河岸、河流的水崖线和最高洪水位、沟谷的谷底等。

(3)对线路经由的田地、树林等,必须测绘不同类别、不同性质的地类界,并要注明性质。

(4)出图原则要求图边与线路的纵向一致,接边按对应的方格网进行接图。

# 项目二 用GPS测导线坐标计算方位角(技师)

## 一、准备工作

(1)设备。

GPS基准站1个、GPS流动站1个、基座1个、手簿1个、天线1个、脚架2个。

(2)材料、工具。

彩色粉笔2根、记录纸1张、卡扣1个、2m带杆1根、电瓶1个。

## 二、操作步骤

(1)架设基准站。

选择视野开阔且地势较高的地方架设基站,基站附近不应有高楼或成片密林、大面积水塘、高压输电线或变压器基站;一般架设在未知点上,设置GPS基准站。

(2)设置流动站。

按照正确方法连接流动站;打开接收机开关;用手簿连接流动站。

(3)测设导线坐标。

手持流动站，选择导线 $AB$ 上的 $A$ 点，观察解类型是否为固定解状态，若是，调整对中杆使其竖直，点击右下角“流动站”或者键盘上 SP 键，在弹出菜单中输入点名后确定即测出该点坐标，同理测出导线 $AB$ 上的 $B$ 点坐标。

(4)计算方位角。

按公式求出导线 $AB$ 的坐标方位角：

$$\alpha_{AB}=\arctan\frac{(Y_B-Y_A)}{(X_B-X_A)}$$

## 三、技术要求

(1)先把基准站架好，然后用移动站采集两个已知点。

(2)先反测已知点，看误差是否在允许范围内，不在需重测。

(3)拿着流动站，分别到需要测坐标的 $A$、$B$ 点，把对中杆整平，用手簿依次记录。

(4)应熟悉用坐标计算方位角的计算方法。

## 四、注意事项

(1)如基准站架设在未知点上，不用对中整平，也不用量取仪器高，架设稳定就可。

(2)基准站架好后，连接好基站电台、电瓶连线后开机，主机 STA 和 PWR 指示灯常亮，达到条件会自动发射，发射时，STA 灯 1s 闪一次，DL 灯 5s 快闪 2 次，电台的 TX 灯 1s 闪一次。

(3)电台电压显示小于 11.6V 或显示电压太低时，说明电瓶电量低，需充电。

(4)应清楚以坐标子午线，即坐标纵轴起算的方位角，称为坐标方位角。

# 项目三　编写公路导线复测方案(技师)

有一公路工程，路线线型由导线控制，路线全长 5km，技能要求编写该公路导线复测方案。

## 一、准备工作

材料。

准备公路工程简要说明 1 份、中性笔 1 支、记录纸 1 张。

## 二、操作步骤

(1)测量准备工作。

① 人员：成立由 3 名测量人员组成的测量小组。

② 设备：全站仪 1 台、棱镜 1 套、喷漆 1 罐、50m 钢尺 1 把、钢桩 20 根、铁锤 1 把。

③ 技术：熟悉设计文件，领会设计意图；根据设计单位提供的原设计桩点资料，进行室内审核和现场核对；写出交桩纪要。

(2)导线复测的外业工作。

① 水平角的测量:水平角测量采用全站仪,按测回法观测;

② 导线边长的测量:距离和竖直角应往返观测各一测回;

③ 导线点加密:相邻导线点间能通视,应进行导线点加密,用全站仪采用支导线法加密导线点。

(3)导线复测的内业工作。

① 闭合差的计算;

② 闭合差的调整;

③ 方位角的计算;

④ 坐标纵横增量的计算;

⑤ 坐标纵横增量闭合差的计算;

⑥ 导线长度的相对闭合差计算。

## 三、技术要求

(1)应清楚公路导线复测前的准备工作包括人员准备、设备准备和技术准备。

(2)应清楚导线复测的外业工作:水平角测量、导线边长测量、导线点加密。

(3)应清楚导线复测的内业工作:角度闭合差的计算与调整、坐标闭合差的计算与调整。

## 四、注意事项

(1)公路导线复测工作是公路施工前非常重要的工作,应给予足够的重视。

(2)应检查导线是否符合规范及有关规定要求,平差计算是否正确,精度是否经过有关方面检查与验收。

(3)导线点的密度是否满足施工放线的要求,必须时应进行加密,以保证在道路施工的全过程中,相邻导线点间能相互通视。

(4)检查导线点是否丢失、移动,并进行必要的点位恢复工作。

# 项目四　编写城市道路测量方案(技师)

有一城市道路,道路宽 16m,为双向四车道,道路全长 3km,技能要求编写该道路测量方案。

## 一、准备工作

材料。

准备城市道路简要说明 1 份、中性笔 1 支、记录纸 1 张。

## 二、操作步骤

(1)测量准备工作。

① 人员:成立由 4 名测量人员组成的测量小组。

② 设备：全站仪1台、棱镜1套、喷漆1罐、水准仪1台、5m塔尺1个、花杆3根、50m钢尺1把。

③ 技术：熟悉施工图纸；组织现场踏勘；确定水准点及起始控制点位置和数据。

(2)控制桩交接。

由建设单位组织交桩工作；由勘测单位向项目部交桩。

(3)控制桩复测。

复测平面及高程控制点；复测合格后应该作出复测报告；确认后才能使用。

(4)施工控制网加密。

主要是平面控制网的加密和高程控制网的加密。

(5)施工定位测量。

道路工程、排水工程、桥涵工程等控制测量。

(6)竣工测量。

工程完工后需进行竣工测量，要写全。

## 三、技术要求

(1)应清楚城市道路测量前的准备工作包括人员准备、设备准备和技术准备。

(2)应清楚测量所采用的平面坐标系和高程坐标系。

(3)平面测量应将图纸中心线坐标实地放出中线，中桩间距20m。对地形图进行补测，道路中心两侧30m范围，特别是高压铁塔、新建住宅区、已建道路、河塘和树木等。

(4)纵断面测量：中桩间距20m，如遇地形变化较大或突变位置，应根据现场地形情况，增加测量中桩点。

(5)横断面测量：测宽为中线两侧30m，采点间距为所有地形变化点，并不大于5m。

(6)沿线水坑，测淤泥厚度。

(7)复核初测阶段提供的与路线相交的高压线最低点高程，对局部漏测点位进行补测。

(8)复核路线相交的地下管线性质、管径、管顶高程，对局部漏测点位进行补测。

(9)复核测量路线设桥涵处现状沟渠的断面与沟底标高。同时对沿线桥涵进行测量。

(10)与现状路相接处，加密高程点。

(11)对沿线地物进行调查，并按设计提供表格进行现场填写，包括拆迁房屋、电力电讯设施、青苗等需要经济补偿的其他设施。

(12)进行土地属性调查，地界调查，并按设计提供表格进行现场填写。

## 四、注意事项

(1)在测量前要熟悉设计图纸，同时核查图纸中的各项数据，及时发现问题。

(2)在对道路进行测量时，首先要选择符合设计规范和施工要求的测量设备。设备的数量和精确度要以规范要求为标准。

(3)不能把施工测量和竣工测量弄混，应明确相互的侧重点。

(4)城市道路测量比公路测量需要考虑的内容多，应认真细仔，编写的方案应与工程实际相结合。

# 项目五　编写隧道施工测量方案(高级技师)

有一隧道工程，两洞口间长度为5km，设有一处曲线，技能要求编写该隧道测量方案。

## 一、准备工作

材料。

准备隧道简要说明1份、中性笔1支、记录纸1张。

## 二、操作步骤

(1)测量准备工作。

① 人员。

成立由4名测量人员组成的测量小组。

② 设备。

全站仪1台、棱镜1套、喷漆1罐、水准仪1台、5m塔尺1个、花杆3根、50m钢尺1把。

③ 技术。

a. 收集资料：隧道所在地区大比例地形图；隧道所在地段路线平面图、纵断面图、横断面图；各竖井、斜井、水平坑道和隧道的相互关系位置图。

b. 现场踏勘：沿隧道中线，以一端洞口向另端洞口前进，了解隧道两侧的地形、水文地质、居民点和人行便道分布情况。

c. 选点布设：在图上选点布网，再测设到实地上。

(2)隧道地面控制测量。

地面导线测量应考虑中线布设，且导线应通过横洞、斜井和竖井；地面三角测量应测一条或两条基线；地面水准测量。

(3)隧道施工洞内测量。

洞内平面测量包括导线测量、中线测设方法、中线测设；洞内水准测量是将洞口已知水准点高程引测到洞内；隧道净空测量包括确定开挖面轮廓线和断面测量。

(4)地面与洞内的联系测量。

高程传递包括钢尺导入法、光电测距仪传递法；坐标和方位角的传递为井筒内挂两根钢丝，钢丝的一端固定在地面，另一端系有定向专用垂球自由悬挂于定向水平；用光学仪器进行竖井联系测量包括光学经纬仪投点法和陀螺经纬仪洞内测定法。

## 三、技术要求

(1)应清楚隧道施工测量前的准备工作包括人员准备、设备准备和技术准备。

(2)地面控制测量包括地面导线测量、地面三角测量和地面水准点测量。

(3)隧道洞内测量包括洞内平面测量、洞内水准测量和隧道开挖净空测量。

(4)地面与洞内联系测量包括高程传递、坐标和方位角的传递。

## 四、注意事项

(1)编制隧道测量方案是考核测量人员的组织能力,既要有测量专业知识,又要有全局意识,做到心中有数。

(2)对于地面导线测量,导线点之间的高差不宜过大,视线应高出旁边障碍物或地面1m以上,以减少地面折光和旁折光的影响。当测站之间高差较大时,可采用每次观测都重新整平仪器的方法进行多组观测,取多组观测值的均值作为该站的最后结果。

(3)对于地面水准测量,一般情况下采用三、四等水准测量即可满足精度要求。

(4)洞内水准测量时,由于洞内通视条件差,水准仪到水准尺的距离不宜大于50m,施测时尺面、望远镜的十字丝及水准器均需采用照明措施。

(5)在较长的隧道施工中,为缩短工期,常采用增加工作面的方法,当隧道顶部覆盖层薄,且地质条件较好时,可采用竖井施工,此时就需进行地面与洞内的联系测量。

# 项目六　全站仪测绘地形图测量方案(高级技师)

有一测区,需要测绘地形图,测量主要设备只有全站仪,技能要求编写用全站仪测绘地形图测量方案。

## 一、准备工作

材料。

备测区简要说明1份、中性笔1支、记录纸1张。

## 二、操作步骤

(1)测量准备工作。

① 人员:成立由4名测量人员组成的测量小组。

② 设备:全站仪1台、棱镜1套、50m钢尺1把。

③ 技术:收集测区的水文地质资料。

(2)控制测量数据的自动处理。

观测数据的自动记录与归算包括改正水平度盘偏心、垂直度盘指标差、地球曲率与大气折光,以此保证所测角度和距离的可靠性;单一图形平差计算;图根控制网数据自动处理。

(3)野外采样。

数据编码;野外采样方案;野外采样方法有数字地形测量和传统地形测量。

(4)等高线的自动绘制。

数字地形模型的建立;等高线通过点的求得和曲线光滑函数。

(5)地形符号的自动绘制。

实现地形符号自动绘制的基本条件就是有一个地形符号库。

## 三、技术要求

(1)应清楚测地形图前的准备工作包括人员准备、设备准备和技术准备。

(2)应清楚用全站仪测地形图的操作方法,主要是熟练掌握用全站仪测点坐标的程序:选择测量模式与设置棱镜常数→输入仪器高→输入棱镜高→输入测站点坐标→输入后视点坐标→设置起始坐标方位角→输入大气温度和气压→测量测点坐标。

(3)应清楚数据采集完的数据处理,包括等高线的自动绘制和地形符号的自动绘制。

## 四、注意事项

(1)编制测绘地形图方案是考核测量人员的组织能力,既要有测量专业知识,又要有全局意识,做到心中有数。

(2)用全站仪测点坐标时,在测点上安置棱镜,用仪器瞄准棱镜中心,按坐标测量键即显示测点的三维坐标。

(3)绘制等高线时,应做到测碎部点的同时,要对照实地情况,将可以勾绘的等高线随时勾绘出来,由于测图时在地面坡度变化的地方都测有碎部点,因此相邻碎部点之间坡度是均匀的。

(4)为了方便测图与用图,用各种符号将实地上地物和地貌在图上表示出来,这些符号总称为地形图图式,图式是国家测绘局统一制定的,它是测图与用图的重要依据。

# 项目七　编写桥梁施工测量方案(高级技师)

有一跨径15m钢筋混凝土板桥,$A$、$B$两点为中心线方向控制点,基础桩为钻孔灌注桩,$A$、$B$之间有水塘,技能要求编写该桥梁施工测量方案。

## 一、准备工作

材料。

准备桥梁简要说明1份、中性笔1支、记录纸1张。

## 二、操作步骤

(1)测量准备工作。

① 人员:成立由4名测量人员组成的测量小组。

② 设备:全站仪1台、棱镜1套、喷漆1罐、水准仪1台、5m塔尺1个、花杆3根、50m钢尺1把。

③ 技术数据应考虑:熟悉施工图纸;确定水准点位置及数据;确定已知坐标点位置及数据。

(2)桥梁轴线定位测量。

应考虑采用间接测量法进行桥轴线长度的测量。

(3)桥梁施工测量。

钻孔桩基础定位放样应用全站仪和水准仪并采用交会法；桥梁墩台定位是根据桥轴线控制桩的里程计算。

桥台、墩身施工放样五项内容包括：①墩中心点利用控制点交会放样。②用全站仪放样纵横轴线。③根据岸上水准点检查基础顶面高程。④柱式桥墩柱施工垂直度校正和高程测量。⑤墩帽放样。

桥梁架设的测量包括梁长、支座调整、梁体定位。锥形护坡放样两项内容包括：①锥坡顶面高程测量和长短半径放样。②锥坡底面高程测量和长短半径放样。

## 三、技术要求

(1)应清楚桥梁施工测量前的准备工作包括人员准备、设备准备和技术准备。

(2)桥梁轴线定位测量包括轴线长度测量精度的估算及轴线长度的测量方法选择。

(3)桥梁墩、台定位包括直线桥梁的墩、台定位和曲线桥梁的墩、台定位。

(4)桥梁下部构造施工测量包括明挖基础施工放样及桩基础定位放样。

(5)桥台、墩身施工放样包括墩、台身轴线和外轮廓的放样以及柱式桥墩柱身施工支模垂直度校正与标高测量。

(6)桥梁架设施工测量包括梁长测量、支座调整测量、梁体定位测量。

## 四、注意事项

(1)编制桥梁测量方案是对测量人员综合能力的检验，应考虑的细致周到。

(2)由于桥梁轴线所处的环境往往不够理想，障碍物较多，如在桥梁的一侧，可能设平行线时，尽量设置平行线控制，即在轴线长度测量方法中选择间接测量法。

(3)直线桥梁的墩、台定位根据桥轴线控制桩的里程和桥梁墩、台的设计里程算出它们之间的距离，并由它们之间的距离定出墩、台的中心位置。

(4)曲线桥梁的墩、台定位有平分中矢布置和切线布置两种。

(5)梁的全长检测一般与梁跨复测同时进行，由于混凝土的温度膨胀系数与钢尺的温度膨胀系数非常接近，丈量计算时，可不考虑温度改正值。

(6)在支座底板定位的同时，应测量底板顶面的高程及底板顶面的平整度，通过在底板与支承垫石面之间塞以铁片、钢楔，从而使底板顶面高程及平整度达到设计要求。

# 理论知识练习题

# 高级工理论知识练习题及答案

**一、单项选择题**(每题4个选项,只有1个是正确的,将正确的选项号填入括号内)

1. GAA001 经过参考椭球面上任一点 $P$ 的子午面与(　　)的夹角 $L$,称为该点的大地经度。

A. 首子午面　　B. 赤道面　　C. 黄道面　　D. 水准面

2. GAA001 中国最西端为东经73°40′,即(　　)的乌兹别里山口。

A. 青藏高原　　B. 帕米尔高原　　C. 云贵高原　　D. 黄土高原

3. GAA002 经过参考椭球面上任一点 $P$ 的法线与(　　)的夹角 $B$,称为该点的大地纬度。

A. 首子午面　　B. 赤道面　　C. 黄道面　　D. 水准面

4. GAA002 北回归线是太阳在北半球能够直射到的离赤道最远的位置,是一条纬线,大约在(　　)。

A. 北纬23.5°　　B. 北纬30°　　C. 南纬23.5°　　D. 南纬30°

5. GAA003 为处理大地测量成果而采用由一个非常接近大地水准面的规则的几何表面所包围的与地球大小形状接近的"地球椭球",并确定它和大地原点的关系,称为(　　)。

A. 参考椭球体　　B. 参考球体　　C. 大地水准面　　D. 地球表面

6. GAA003 由于旋转椭球面的扁率很小,在小区域的普通测量中,可以将地球或旋转椭球面看作球面,其平均半径 $R$ 取值为(　　)。

A. 6378km　　B. 8844km　　C. 6371km　　D. 11022km

7. GAA004 通过参考椭球上任一点 $P$ 的法线且与子午面垂直的平面称为 $P$ 的(　　)。

A. 赤道平面　　B. 直角平面　　C. 卯酉平面　　D. 子午平面

8. GAA004 由于采用的基准面不同,地理坐标又可分为天文地理坐标和(　　)地理坐标。

A. 海洋　　B. 空间　　C. 大地　　D. 椭球

9. GAA005 高斯投影平面上的中央子午线投影为直线且长度不变,其余子午线均为(　　)中央子午线的曲线。

A. 凸向　　B. 凹向　　C. 正向　　D. 反向

10. GAA005 在投影面上,由投影带中央经线的投影为纵轴($X$ 轴)、赤道投影为横轴($Y$ 轴)以及它们的交点为原点的直角坐标系称为(　　)。

A. 独立坐标系　　B. 直角坐标系　　C. 国家坐标系　　D. 参考坐标系

11. GAA006 遥感技术主要建立在物体反射或发射(　　)的原理基础上。

A. 可见光波　　B. 电磁波　　C. 不可见光波　　D. 紫外线

12. GAA006 遥感技术由遥感图像获取技术和(　　)两大部分组成。

A. 遥感信息处理技术　　B. 遥感图像传输技术

C. 遥感信息传输技术　　D. 遥感信息收发技术

13. GAA007　遥感技术系统的构成主要有信息源、信息获取、(　　)和信息应用四个部分。

A. 信息转换　　B. 信息压缩　　C. 信息处理　　D. 信息压缩

14. GAA007　遥感信息获取的关键是(　　)。

A. 传感器　　B. 信息接收　　C. 信息处理　　D. 探测器

15. GAA008　全站仪以 topconGTS330N 为例，功能键 ANG 是(　　)。

A. 坐标测量键　　B. 距离测量键　　C. 角度测量键　　D. 菜单键

16. GAA008　全站仪以 topconGTS330N 为例，功能键 ESC 是(　　)。

A. 坐标测量键　　B. 距离测量键　　C. 角度测量键　　D. 退出键

17. GAA009　全站仪作为一种光学测距与电子测角和微处理器综合的外业测量仪器，其主要的精度指标为测距标准差和(　　)。

A. 测距精度　　B. 测角精度　　C. 测角标准差　　D. 仪器轴系误差

18. GAA009　全站仪种类很多，各种型号仪器的(　　)基本相同。

A. 构造　　B. 操作方法　　C. 外形　　D. 键盘

19. GAA010　地面上有 $C$、$D$ 两点，在大地水准面的投影点分别为 $c$、$d$，用过 $c$ 点的水平面代替大地水准面，则 $D$ 点在水平面上的投影为 $d'$，设 $cd$ 弧长为 $L$，所对的圆心角为 $\alpha$，地球半径为 $R$，$cd'$ 的长为 $L'$，则在距离上产生的误差 $\Delta L$ 计算公式为(　　)。

A. $\Delta L=R\tan\alpha$　　B. $\Delta L=R(\tan\alpha-\sin\alpha)$

C. $\Delta L=R\sin\alpha$　　D. $\Delta L=R(\tan\alpha-\alpha)$

20. GAA010　地球曲率对距离测量是有影响的，但在(　　)为半径的圆面积内进行距离测量时，可以把水准面当作水平面看待，而不考虑地球曲率对距离的影响。

A. 5km　　B. 10km　　C. 15km　　D. 20km

21. GAA011　假定 $A$、$B$ 两点在同一水准面上，当以水平面代替水准面时，$B$ 点升到了 $B'$ 点，$BB'$ 即 $\Delta h$ 就是产生的高程误差。如地球半径为 $R$，$AB$ 距离为 $L$，所对的圆心角为 $\alpha$，那么高程误差 $\Delta h$ 计算公式为(　　)。

A. $\Delta h=L/2R$　　B. $\Delta h=L\tan\alpha/2R$　　C. $\Delta h=L^2/2R$　　D. $\Delta h=L^2/R$

22. GAA011　地球曲率对高程的影响显著，因此在工程测量中即使很短的距离，也要考虑地球曲率的影响，通常把用水平面代替水准面所产生的高程误差称为(　　)。

A. 地球弧差　　B. 地球弯曲差　　C. 地球切曲差　　D. 地球圆弧差

23. GAA012　在遥感测量中，不同传感器获取的不同波段的(　　)在空间、时间、光谱等方面构成了同一区域的多元数据，对多传感器数据进行融合，从而充分发挥各种传感器影像自身的特点，从而得到更多的信息。

A. 测量数据　　B. 影像数据　　C. 标准数据　　D. 影像图片

24. GAA012　遥感影像数据融合可分为三个层次，分别是(　　)、特征级和符号级。

A. 像元级　　B. 分辨级　　C. 纹理级　　D. 最初级

25. GAA013　电子水准仪也称数字水准仪，第一台电子水准仪首次采用数字图像技术处理标尺影像，并以(　　)阵列传感器取代测量员的肉眼对标尺进行读数，实现了水准测量读数及记录的自动化。

A. CAD　B. ECD　C. DNA　D. CCD

26. GAA013　电子数字水准仪操作步骤与自动安平水准仪基本相同，只是电子数字水准仪使用的是(　　)。

A. 条码尺　B. 双面尺　C. 塔尺　D. 水准尺

27. GAA014　角度测量最常用的仪器是(　　)，它的主要作用是完成水平角和竖直角的测量工作。

A. 全站仪　B. 光电测距仪　C. 精密水准仪　D. 经纬仪

28. GAA014　角度观测时，仪器中心偏离标石中心称为(　　)。

A. 对中误差　B. 测站点偏心　C. 偏心观测　D. 照准偏心

29. GAA015　遥感解译人员需要通过遥感图像获取三方面的信息：目标地物的大小、形状及空间分布特点，目标地物的(　　)，目标地物的变化动态特点。

A. 时间特点　B. 属性特点　C. 频率特点　D. 影像特点

30. GAA015　遥感信息的提取主要有两个途径：一是(　　)，二是计算机的数字图像处理。

A. 目视解译　B. 数字解译　C. 相片解译　D. 几何解译

31. GAA016　数字航空摄影所获取的影像各通道灰度直方图大多接近(　　)，彩色影像不偏色。

A. 分散分布　B. 正态分布　C. 随机分布　D. 离散分布

32. GAA016　影像增强中，一般采用滤波和(　　)的方法对原始影像进行增强处理，使影像直方图尽量呈正态分布，纹理清晰，无显著噪声。

A. 地面分辨率　B. 影片分辨率　C. 时间分辨率　D. 数码分辨率

33. GAB001　在工程测量时，衡量精度的标准有平均误差、中误差、允许误差和(　　)几种精度指标。

A. 条件误差　B. 系统误差　C. 相对误差　D. 偶然误差

34. GAB001　精度指标中的平均误差，是指在一定观测条件下的(　　)绝对值的数学期望值。

A. 偶然真误差　B. 系统真误差　C. 偶然误差　D. 系统误差

35. GAB002　对流层折射对 GPS 观测值的影响可分为干分量和(　　)。

A. 对流延迟分量　B. 基线分量　C. 湿分量　D. 支分量

36. GAB002　卫星星历是由星历所计算得到的卫星的空间位置与实际之差，称为(　　)。

A. 对流层误差　B. 电离层延迟误差　C. 接收机误差　D. 卫星星历误差

37. GAB003　导线测量中，当采用测量等级为四等时，每边测距中误差 $m$ 应(　　)。

A. $\leqslant \pm 10$mm　B. $\leqslant \pm 15$mm　C. $\leqslant \pm 20$mm　D. $\leqslant \pm 25$mm

38. GAB003　规范规定，2～3km 的直线隧道，导线边相对中误差为(　　)。

A. 1/3000　B. 1/3500　C. 1/2500　D. 1/2000

39. GAB004　水准测量的测站检验中，变动仪器高法是在同一个测站上用两次不同的仪器高度，测得两次高差并进行检核。第一次仪器观测高差为 $h'$，第二次仪器观测高差为 $h''$，两次高差的差应满足(　　)条件，否则需重测。

A. $\Delta h \leqslant \pm 1$mm　B. $\Delta h \leqslant \pm 2$mm　C. $\Delta h \leqslant \pm 3$mm　D. $\Delta h \leqslant \pm 5$mm

40. GAB004　在水准测量迁站时,需将三脚架合拢,用一只手抱住脚架,另一只手托住仪器,稳步前进,远距离迁站时,应将(　　),防止仪器受到意外损伤。

A. 仪器卸下　B. 人同仪器乘车　C. 仪器装袋　D. 仪器装箱

41. GAB005　角度误差中,观测值误差包括对中误差、整平误差、照准误差、标杆倾斜误差和(　　)等几方面。

A. 读数误差　B. 人为误差　C. 偏心误差　D. 记录误差

42. GAB005　角度误差主要来自仪器误差、观测误差和(　　)影响三个方面。

A. 观测方法　B. 外界条件　C. 人为因素　D. 观测位置

43. GAB006　为减少水准测量误差,水准仪迁站时,作为前视点的立尺员,在转动尺子时,要切记不能改变(　　)。

A. 塔尺方向　B. 转点位置　C. 塔尺读数　D. 转点方向

44. GAB006　为减少水准测量误差,在记录时字体要清晰、端正,如果记录有误,应在错误数据上(　　)后,再重新记录。

A. 用橡皮擦去　B. 画圆圈　C. 画叉号　D. 画斜线

45. GAB007　如果一个三角形两个内角 $a$ 和 $b$,第三个内角 $r=180°-a-b$,那么可得到 $M_r^2=M_a^2+M_b^2$,如果 $a$ 的观测精度为±4″,为了使 $r$ 的精度能够优于±5″,那么 $b$ 应该以(　　)的精度进行观测。

A. ±1″　B. ±3″　C. ±9″　D. ±6″

46. GAB007　在测量中,特别是三角测量中,经常用(　　)来初步评定测角精度。

A. 极限误差　B. 简单平均误差　C. 中误差　D. 费列罗公式

47. GAB008　在测量中,可以取一个这样的平均值,在这个平均值中,精度越高的观测值所占比重大些,而精度低的观测值所占比重小些,这个比重就表示了观测值的质量,把这个数值称为观测值的(　　)。

A. 单位权　B. 权　C. 中误差　D. 单位权中误差

48. GAB008　若对某一未知量进行 $n$ 次不同精度的观测,在计算平均值时,精度高的观测值理应在平均值中占的分量要大些,精度低的点的分量要小些,这个分量如用数值表示,即称为观测值的(　　)。

A. 单位权　B. 权　C. 中误差　D. 单位权中误差

49. GAB009　一般而言,水准测量中,在地势起伏较大地区,每公里的测站数相差较大时,可用(　　)定权。

A. 测站数的平方　B. 距离　C. 测站数　D. 中误差

50. GAB009　采用三角高程测定高差时,当各竖直角观测精度相同时,观测高差的权与该方向的(　　)成反比。

A. 距离的平方　B. 距离的和　C. 距离的平均值　D. 距离

51. GAC001　由于人眼在图上能分辨出的最小距离为 0.1mm,所以在地形图上 0.1mm 所代表的地面上的实地距离称为(　　)。

A. 测图精度　B. 地形图精度　C. 比例尺精度　D. 视图精度

52. GAC001 施工图设计采用的地形图比例尺通常为(  )三种。

A. 1/500,1/1000,1/2000  B. 1/1000,1/2000,1/10000

C. 1/1000,1/2000,1/5000  D. 1/2000,1/5000,1/10000

53. GAC002 地形图的整饰按照先图内后图外、(  )、先注记后符号的顺序进行的。

A. 先地物后地貌  B. 先地貌后地物  C. 先图幅后图内  D. 先图内后图幅

54. GAC002 地形图的整饰中,图上的注记、地物以及等高线均按(  )的图式进行。

A. 国标通用  B. 甲方要求  C. 自定义  D. 规范规定

55. GAC003 高斯投影是设想将一个椭圆柱面横套在地球椭球体的外面,并与椭球面上的一条子午线相切,该子午线称为(  )。

A. 本初子午线  B. 大地子午线  C. 中央子午线  D. 轴心子午线

56. GAC003 由于我国领土均在赤道以北,因此 $x$ 值均为正值,但 $y$ 值却有正有负。由于 $y$ 坐标的最大值约为 330km,为了避免出现负值,就将纵坐标轴向西移了(  )。

A. 200km  B. 300km  C. 400km  D. 500km

57. GAC004 油气田基本地形图应采用梯形分幅,按国家统一标准编号。为油气田局部规划设计提供的地形图,也应采用(  )。

A. 矩形或正方形分幅  B. 梯形分幅

C. 梯形或矩形  D. 正方形分幅

58. GAC004 梯形分幅是它以经线作为图幅的东西分界线,纬线作为图廓的南北分界线,所以图廓是一个(  )。

A. 正方形  B. 矩形  C. 梯形  D. 平行四边形

59. GAC005 点状地物与房屋、道路、水系等其他地物重合时,可中断其他地物符号,间断(  ),以保持独立符号的完整性。

A. 0. 1mm  B. 0. 2mm  C. 0. 3mm  D. 0. 5mm

60. GAC005 地形图上表示地物的符号有比例符号、非比例符号和(  )及地物注记。

A. 大比例符号  B. 小比例符号  C. 同比例符号  D. 半比例符号

61. GAC006 矩形图幅的内廓线也是坐标格网线,在内外图廓之间和图内绘有坐标格网交点短线,图廓的四角注记有该角点的(  )。

A. 角度值  B. 方向值  C. 坐标值  D. 数值

62. GAC006 为了图纸管理和使用的方便,在地形图的图框外有许多注记,如图名、图号、接图表、图廓、坐标格网、(  )等。

A. 比例尺  B. 地形图用途  C. 三北方向线  D. 指北针

63. GAC007 进行地形图判读时,要注意:比例符号与半比例符号的使用界限是相对的,如铁路等地物,1∶500 比例尺地形图上用比例符号表示,但在 1∶5000 比例尺及以上的地形图上用(  )表示。

A. 同比例尺符号  B. 小比例尺符号

C. 半比例符号  D. 非比例符号

64. GAC007 判读时,地形图中表示典型地貌的等高线有山头和洼地、山脊和山谷、鞍部、

(　　)等四种。

A. 斜坡　B. 平地　C. 陡崖和悬崖　D. 高山和峡谷

65. GAC008　在规划设计中,常需要在地形图上量算一定轮廓范围内图形的面积,采用的方法有几何图形法、坐标计算法和(　　)。

A. 网格法　B. 模片法　C. 解析几何法　D. 分解求和法

66. GAC008　当需要量算的面积区域是由一个或多个几何图形组成时,可分别从图上量取各几何图形的几何要素,从而计算出该区域面积的方法称为(　　)。

A. 解析几何法　B. 分解求和法　C. 几何要素法　D. 几何图形法

67. GAC009　山脊最高点的连线称为山脊线;山谷中最低点的连线称为山谷线,山脊线和山谷线总称为(　　)。

A. 山地线　B. 斜坡线　C. 分水线　D. 地形线

68. GAC009　陡崖是指坡度为(　　)以上的陡峭崖壁,若用等高线表示将非常密集或重合为一条线,因此采用特殊符号表示。

A. 60°　B. 65°　C. 70°　D. 75°

69. GAD001　航空摄影测量中,航摄范围横向每侧应覆盖成图区域以外一个航带 20%以上的宽度,纵向各向外延伸(　　)条摄影基线。

A. 1~2　B. 2~3　C. 4~5　D. 5~6

70. GAD001　航空摄影测量中,大桥、特大桥的航摄范围:上游长度宜为河岸宽度的 3 倍,下游为河岸宽度的 2 倍,顺桥轴方向桥头引线终点以外(　　)。

A. 200m　B. 300m　C. 400m　D. 500m

71. GAD002　公路航空摄影应合理选择性能先进的航摄仪,宜选择使用像幅为(　　)航摄仪。

A. 15mm×15mm　B. 20mm×20mm

C. 23mm×23mm　D. 25mm×25mm

72. GAD002　进行航空测量时,规范规定像片重叠度在相邻航带旁向重叠度个别最小值为(　　)。

A. 5%　B. 10%　C. 15%　D. 20%

73. GAD003　同一航带上相邻像片的航高差应小于 20m;同一航带上最大航高与最小航高之差应小于(　　)。

A. 20m　B. 25m　C. 30m　D. 35m

74. GAD003　航空摄影测量时,航空飞行航线的弯曲度应小于(　　)。

A. 1%　B. 2%　C.3%　D. 4%

75. GAD004　进行航空摄影测量时,地形高差特大或陡峭的山区,航摄时间应控制在地方时(　　)。

A. 上午 9 点至 10 点　B. 上午 10 点至 11 点

C. 正午前后 1h 之内　D. 下午 1 点至 2 点

76. GAD004　航空摄影测量时,底片的灰雾密度应小于 0. 2;底片最大密度应在(　　)之间,底片最小密度至少应比灰雾密度大 0. 2。

A. 1.1~1.6　　B. 1.5~2.2　　C. 1.8~2.4　　D. 1.4~1.8

77. GAD005　根据公路规划任务书、公路工程可行性研究报告、公路勘测任务书等技术文件,宜采用(　　)地形图进行航带设计。

A. 1/5000　　B. 1/50000　　C. 1/10000　　D. 1/25000

78. GAD005　航带设计应提交采用的航摄比例尺、(　　)、航摄仪像幅尺寸、航片的航向及旁边重叠度等基本参数。

A. 设计用图比例尺　　B. 测区包括的范围

C. 航带的覆盖宽度　　D. 测区的天气情况

79. GAD006　当采用摄影测量方法进行数据采集时,在植被覆盖密集或阴影严重地区,应实地补测(　　)。

A. 地面平面图　　B. 地面纵横断面图

C. 地面三维数据　　D. 地面等高线

80. GAD006　当采用野外实测方法时,除可采用全站仪、光电测距仪或利用三维激光扫描方式外,在条件许可时,还可利用 GPS-RTK 方式采集密度合理的(　　)。

A. 三维数据　　B. 地面高程　　C. 地面坐标　　D. 控制点位

81. GAD007　地面数据文件中,地形、地物数据均应赋予(　　)。

A. 特殊符号　　B. 区分代码　　C. 专门编号　　D. 特征信息码

82. GAD007　地物点、地形特征线或其他精度要求较高的数据点当采用摄影测量或地形图数字化方法时,应按(　　)逐个点采集。

A. 密集点方式　　B. 离散点方式　　C. 分离点方式　　D. 集散点方式

83. GAD008　数字地面模型可应用于公路勘察设计的各个阶段,应用于施工图测设阶段时,原始三维地面数据必须野外采集,且 DTM 高程插值中误差应不大于(　　)。

A. ±0.1m　　B. ±0.2m　　C. ±0.3m　　D. ±0.4m

84. GAD008　待定点的高程插值计算方法宜根据原始地形三维数据的采集方法及工程设计人员所应用的 DEM 软件包的功能选用线性内插、双线性内插、(　　)内插等方法。

A. 对角　　B. 垂线　　C. 对向　　D. 逐点

85. GBA001　选择路线平面控制测量坐标系时,应使测区内投影长度变形值小于(　　)。

A. 2.5cm/km　　B. 5cm/km　　C. 10cm/km　　D. 20cm/km

86. GBA001　平面控制网的坐标系统,应采用统一的高斯正形投影(　　)带平面直角坐标系统。

A. 6°　　B. 3°　　C. 1°　　D. 1.5°

87. GBA002　经纬仪的操作步骤包括对中、(　　)、瞄准和读数。

A. 精平　　B. 粗平　　C. 整平　　D. 校正

88. GBA002　经纬仪测竖直角时,望远镜位于盘左位置,当抬高物镜瞄准目标时,竖盘读数设为 $L$,那么盘左观测的竖直角 $a_{左}$ 为(　　)。

A. $L+270°$　　B. $L-270°$　　C. $90°+L$　　D. $90°-L$

89. GBA003　三维激光扫描仪按照扫描平台的不同可以分为：机载型三维激光扫描仪系统、地面型三维激光扫描系统、(　　)型三维激光扫描仪。

A. 舰艇　B. 智能　C. 海陆　D. 手持

90. GBA003　长距离三维激光扫描仪，扫描距离通常大于(　　)，主要应用于建筑物、矿山、大坝、大型土木工程等测量。

A. 5m　B. 10m　C. 20m　D. 30m

91. GBA004　应用激光扫描能快速获取大面积目标的(　　)，也可以及时测定形体表面及立体信息，提高了测量效率。

A. 三维数据　B. 平面坐标　C. 空间信息　D. 立体图形

92. GBA004　使用激光扫描仪，为了达到最高的精度，在扫描时要选择设备的最高的激光发射频率和最小的角度分辨率，使得扫描的激光点(　　)达到设备的最大值。

A. 分布区　B. 强度值　C. 云密度　D. 亮度

93. GBA005　全站仪可直接测出斜距、水平角和竖直角，可自动计算水平距离、(　　)。

A. 水平角和竖直角　B. 水平角和坐标增量

C. 高差和坐标增量　D. 水平角和高差

94. GBA005　全站仪是可在同时测量角度、距离后能自动计算坐标及高差的多功能仪器，由(　　)经纬仪、电磁波测距装置、计算机以及记录器等部件组合成一体。

A. 电子数字　B. 电子　C. 陀螺　D. 光学

95. GBA006　全站仪在使用时，望远镜不能直接照准(　　)，以免损坏测距的发光二极管。

A. 镜子　B. 火光　C. 太阳　D. 雪山

96. GBA006　全站仪在阳光下作业时，应(　　)。

A. 打伞遮阳　B. 缩短测量时间　C. 用布护盖　D. 寻找阴凉处设站

97. GBA007　GPS 绝对定位是以地球质心为参考点，确定接收机天线在(　　)坐标系中的绝对位置。

A. 1954 北京　B. 大地　C. WGS-84　D. 1980 西安

98. GBA007　GPS 绝对定位的实质是空间距离的(　　)交会。

A. 后方　B. 前方　C. 侧方　D. 测边

99. GBA008　GPS 定位的基本原理就是以 GPS 卫星和(　　)之间的距离观测量为基础进行的。

A. 用户接收机天线　B. 地面监控部分　C. 终端设备　D. 注入站

100. GBA008　GPS 静态相对定位测量，在仅有 4 颗卫星可以跟踪的情况下，通常要观测(　)。

A. 4～4.5h　B. 3～3.5h　C. 2～2.5h　D. 1～1.5h

101. GBA009　GPS 动态相对定位分为以测距码伪距为观测值的动态相对定位和以(　　)为观测值的动态相对定位。

A. P 码　B. L 码　C. 电磁波　D. 载波相位

102. GBA009　GPS 动态相对定位方法也称为(　　)GPS 定位。

A. 差分　B. P 码　C. 伪距　D. 单点

103. GBA010　GPS-RTK 定位测量，一般要求流动站与基准站的距离不超过(　　)。

A. 10km　　B. 15km　　C. 5km　　D. 20km

104. GBA010　GPS-RTK 定位测量的精度可达到(　　)。

A. 十米级　　B. 米级　　C. 分米级　　D. 厘数级

105. GBA011　由已知点出发,既不附合到另一已知点,也不回到原起始点的导线称为(　　)。

A. 闭合导线　　B. 附合导线　　C. 支导线　　D. 环形导线

106. GBA011　根据导线的布设形式,可分为闭合导线、附合导线以及(　　)等三种基本导线。

A. 星形导线　　B. 支导线　　C. 直线导线　　D. 环形导线

107. GBA012　闭合导线适用于(　　)的测图控制。

A. 局部地区　　B. 开阔地区　　C. 复杂地区　　D. 平原地区

108. GBA012　规范规定二级闭合导线全长相对闭合差的容许值 $K_{容}$ 为(　　)。

A. $K_{容}=\frac{1}{10000}$　　B. $K_{容}=\frac{1}{8000}$　　C. $K_{容}=\frac{1}{8500}$　　D. $K_{容}=\frac{1}{11000}$

109. GBA013　由一高级已知点出发,经过一些转折点后,附合到另一高级已知点的导线称(　　)。

A. 附合导线　　B. 闭合导线　　C. 支导线　　D. 混合导线

110. GBA013　由于附合导线起终点均为(　　),因而导线各边坐标增量之和理论上应等于起终点坐标之差。

A. 三角控制点　　B. 已知控制点　　C. 高级控制点　　D. 坐标控制点

111. GBA014　根据导线的等级,确定角度闭合差容许值,图根导线,其闭合差容许值不应超过(　　)。

A. $\pm30''\sqrt{n}$($n$ 为导线边数或角数)　　B. $\pm50''\sqrt{n}$($n$ 为导线边数或角数)

C. $\pm60''\sqrt{n}$($n$ 为导线边数或角数)　　D. $\pm90''\sqrt{n}$($n$ 为导线边数或角数)

112. GBA014　某导线为四边形,其内角和的理论值为 360°,观测值总和为 360°01′00″,其角度闭合差为(　　)。

A. 1″　　B. 30″　　C. 120″　　D. 60″

113. GBA015　前方交会是指在已知控制点上设站观测(　　),根据已知点坐标和观测角值,计算待定点坐标的一种控制测量方法。

A. 距离　　B. 水平角　　C. 方位角　　D. 夹角

114. GBA015　仅在待定点设站,向三个已知控制点观测两个水平夹角 $a$、$b$,从而计算待定点的坐标,这种方法称为(　　)。

A. 后方交会　　B. 前方交会　　C. 侧方交会　　D. 距离交会

115. GBA016　GPS 测量的误差主要来源于卫星相关误差、信号传播误差和(　　)三个方面。

A. 接收机误差　　B. 星历误差　　C. 电离层误差　　D. 卫星钟差

116. GBA016　关于 GPS 测量误差中,(　　)不属于与接收设备有关的误差。

A. 观测误差　　B. 星历误差　　C. 接收机的钟差　　D. 天线的相位中心

位置偏差

117. GBA017　城市三角网要求，三等网最弱边边长相对中误差为（　　）。

A. $\frac{1}{50000}$　　B. $\frac{1}{70000}$　　C. $\frac{1}{80000}$　　D. $\frac{1}{90000}$

118. GBA017　城市三角网要求，二等网平均边长为（　　）。

A. 5km　　B. 7km　　C. 11km　　D. 9km

119. GBA018　以已知的 $AB$ 边的平面坐标方位角 $T_{AB}$ 为起始方位角，用化归后的各转折角的平面角值依次推算出各导线边的平面坐标方位角 $T_{ij}$，用化归后的导线平面边长 $D_{ij}$ 和算得的平面坐标方位角 $T_{ij}$ 算出各相邻导线点间的坐标增量，然后根据起始点 $A$ 的已知平面坐标（$x_A,y_A$）和坐标增量逐一推算出各导线点的平面直角坐标（$x_i,y_i$），这个过程称为（　　）。

A. 三角测量的基本原理　　B. 导线测量的基本原理

C. 控制测量的基本原理　　D. 平面控制测量的基本原理

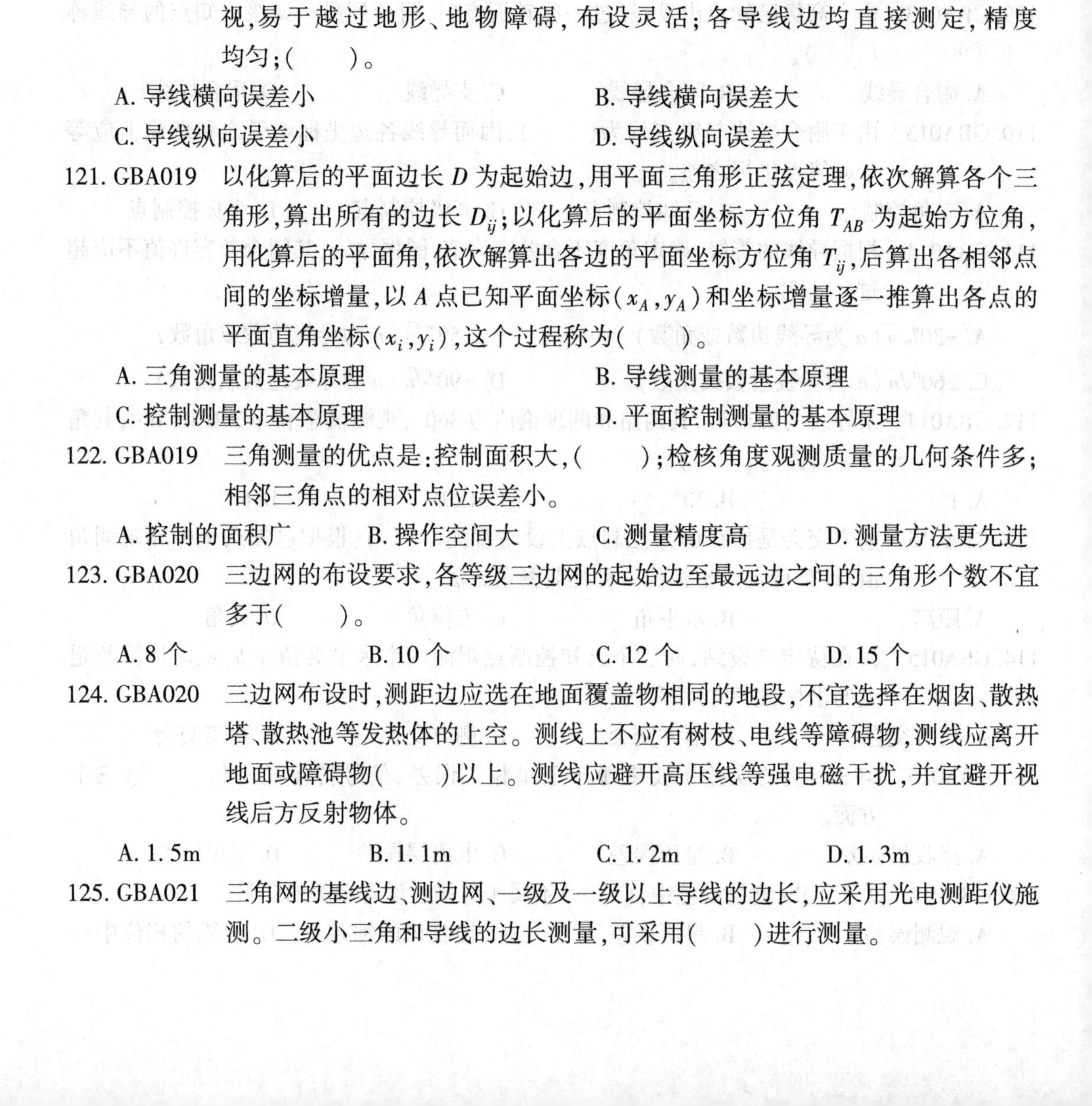

120. GBA018　导线测量的优点：呈单线布设，坐标传递迅速；且只需前、后两相邻导线点通视，易于越过地形、地物障碍，布设灵活；各导线边均直接测定，精度均匀；（　　）。

A. 导线横向误差小　　B. 导线横向误差大

C. 导线纵向误差小　　D. 导线纵向误差大

121. GBA019　以化算后的平面边长 $D$ 为起始边，用平面三角形正弦定理，依次解算各个三角形，算出所有的边长 $D_{ij}$；以化算后的平面坐标方位角 $T_{AB}$ 为起始方位角，用化算后的平面角，依次解算出各边的平面坐标方位角 $T_{ij}$，后算出各相邻点间的坐标增量，以 $A$ 点已知平面坐标（$x_A,y_A$）和坐标增量逐一推算出各点的平面直角坐标（$x_i,y_i$），这个过程称为（　　）。

A. 三角测量的基本原理　　B. 导线测量的基本原理

C. 控制测量的基本原理　　D. 平面控制测量的基本原理

122. GBA019　三角测量的优点是：控制面积大，（　　）；检核角度观测质量的几何条件多；相邻三角点的相对点位误差小。

A. 控制的面积广　　B. 操作空间大　　C. 测量精度高　　D. 测量方法更先进

123. GBA020　三边网的布设要求，各等级三边网的起始边至最远边之间的三角形个数不宜多于（　　）。

A. 8 个　　B. 10 个　　C. 12 个　　D. 15 个

124. GBA020　三边网布设时，测距边应选在地面覆盖物相同的地段，不宜选择在烟囱、散热塔、散热池等发热体的上空。测线上不应有树枝、电线等障碍物，测线应离开地面或障碍物（　　）以上。测线应避开高压线等强电磁干扰，并宜避开视线后方反射物体。

A. 1. 5m　　B. 1. 1m　　C. 1. 2m　　D. 1. 3m

125. GBA021　三角网的基线边、测边网、一级及一级以上导线的边长，应采用光电测距仪施测。二级小三角和导线的边长测量，可采用（　　）进行测量。

A. 百米绳　　B. 普通皮尺　　C. 普通钢尺　　D. 测轮测绳

126. GBA021　采用普通钢尺丈量导线边长的主要技术要求中,定线偏差应(　　)。

A. ≤10mm　　B. ≤8mm　　C. ≤6mm　　D. ≤5mm

127. GBA022　平面控制测量进行四等测量时,利用 $DJ_2$ 型经纬仪观测水平角,主要技术要求中,半测回归零差应(　　)。

A. ≤24″　　B. ≤12″　　C. ≤8″　　D. ≤6″

128. GBA022　四等以上导线水平角观测,应在总测回中以奇数测回和偶数测回分别观测导线前进方向的左角和右角,其圆周角误差不应大于(　　)的 2 倍。

A. 测角真误差　　B. 测角偶然误差　　C. 测角极限误差　　D. 测角中误差

129. GBA023　交会定点是在加密控制点和与高级控制点联测中常用的方法,交会定点有测角交会和(　　)两种。

A. 导线交会　　B. 距离交会　　C. 前方交会　　D. 后方交会

130. GBA023　采用测角交会法时,交会角的 $\gamma$ 的大小会影响定位的精度,交会角一般在(　　)范围选择。

A. $35° \leqslant \gamma \leqslant 150°$　　B. $30° \leqslant \gamma \leqslant 140°$　　C. $25° \leqslant \gamma \leqslant 130°$　　D. $20° \leqslant \gamma \leqslant 120°$

131. GBA024　各等级导线的边长,一般均应采用相应精度的全站仪测定。如受设备条件的限制,亦可采用(　　)的方法。

A. 人工精密量距　　B. 皮尺量距　　C. 钢尺精密量距　　D. 钢尺量距

132. GBA024　两点坐标已知,测量两条边长,从而推算出未知点坐标的方法称为(　　)。

A. 侧方交会　　B. 前方交会　　C. 后方交会　　D. 测边交会

133. GBA025　导线坐标计算中转折角为右角时,$\alpha_{12}$ 为已知坐标方位角,$\alpha_{23}$ 为推算边的坐标方位角,$\beta_{右}$ 为该两边所夹之右角,则 $\alpha_{23}$ 的计算公式为(　　)。

A. $\alpha_{23}=\alpha_{12}+\beta_{右}$　　B. $\alpha_{23}=\alpha_{12}-\beta_{右}$

C. $\alpha_{23}=\alpha_{12}\pm180°-\beta_{右}$　　D. $\alpha_{23}=\alpha_{12}\pm180°+\beta_{右}$

134. GBA025　导线坐标计算中转折角为左角时,$\alpha_{12}$ 为已知坐标方位角,$\alpha_{23}$ 为推算边的坐标方位角,$\beta_{左}$ 为该两边所夹之右角,则 $\alpha_{23}$ 的计算公式为(　　)。

A. $\alpha_{23}=\alpha_{12}+\beta_{右}$　　B. $\alpha_{23}=\alpha_{12}-\beta_{右}$

C. $\alpha_{23}=\alpha_{12}\pm180°-\beta_{右}$　　D. $\alpha_{23}=\alpha_{12}\pm180°+\beta_{右}$

135. GBA026　闭合导线,纵横坐标增量代数和理论上应等于零,实际上由于量边的误差以及角度改正后的残余误差,使得计算出的各边坐标增量总和 $\sum\Delta x_{测}$、$\sum\Delta y_{测}$ 一般不为零,我们称 $\sum\Delta x_{测}$、$\sum\Delta y_{测}$ 为(　　)。

A. 纵横坐标增量　　B. 纵横坐标增量总和

C. 纵横坐标增量闭合差　　D. 坐标闭合差

136. GBA026　用 $f_x$、$f_y$ 分别表示纵横坐标增量闭合差,由于测量时该值的存在,使导线不能闭合而出理缺口,缺口的长度称为(　　)。

A. 坐标增量闭合差　　B. 纵横坐标增量闭合差

C. 导线闭合差　　D. 导线全长闭合差

137. GBA027　小三角形网的布设时,三角形一个接一个向前延伸的三角网称为(　　)。

A. 三角锁　B. 三角链　C. 单三角锁　D. 单三角链

138. GBA027　小三角形网的布设时，采用具有同一顶点的各三角形所组成的多边形，称为（　），一般设置一条基线和观测所有内角。

A. 连线多边形　B. 中点多边形　C. 中心多边形　D. 同顶多边形

139. GBA028　图形强度也称图形权倒数，是衡量三角锁图形结构和形状对（　）影响大小的指标。

A. 测角精度　B. 三角形闭合差　C. 测角中误差　D. 边长精度

140. GBA028　由于基线是推算三角形边长的依据，所以在小三角测量外业丈量基线时，其精度高低，直接影响整个三角网的精度，因此用钢尺量距时，应按（　）的方法进行，并符合规范的规定。

A. 两把尺量距取平均值　B. 精密量距

C. 量距检核　D. 往返量距取平均值

141. GBA029　单三角锁近似平差的实质，是通过图形条件和（　）条件，对各三角形内角进行两次调整，以获取角度平差值。

A. 导线　B. 基线　C. 坐标　D. 角度

142. GBA029　单三角锁计算时，通常用正弦定理由起始边向终点边推算，称各推算边为（　）边。

A. 基线　B. 联络　C. 传角　D. 传距

143. GBB001　比例尺为 1∶500 的地形图中，用直尺量得两点间直线距离为 50mm，那么该两点间的实地距离是（　）。

A. 25m　B. 50m　C. 100m　D. 10m

144. GBB001　比例尺为 1∶1000 的地形图中，已知 $A$ 点位于坐标方格网 $abcd$ 中，过 $A$ 点作坐标网格的平行线 $ef$ 和 $gh$，用直尺在图上量得 $ag$ 距离为 62mm，$ae$ 为 55mm，已知 $X_a$ 的坐标为 20100m，$Y_a$ 坐标为 22100m，那么 $A$ 点的坐标为（　）。

A. 201550m，221620m　B. 20155m，22162m

C. 201620m，221550m　D. 20162m，22155m

145. GBB002　确定地形图上两点间距离的方法有（　）和图解法。

A. 计算法　B. 放样法　C. 解析法　D. 量取法

146. GBB002　在比例尺为 1∶1000 的地形图上，$A$ 点坐标为（100mm，100mm），$B$ 点坐标为（150mm，100mm），那么 $AB$ 两点间的实地距离为（　）。

A. 150m　B. 100m　C. 200m　D. 50m

147. GBB003　地形图上，已知直线 $AB$ 两点的坐标为（0，0）和（100，100），那么直线 $AB$ 的坐标方位角为（　）。

A. 45°　B. 30°　C. 90°　D. 60°

148. GBB003　在地形图上，用量角器分别度量出直线 $AB$ 的正、反方位角 $\alpha'_{AB}$ 和 $\alpha'_{BA}$，那么直线 $AB$ 的坐标方位角为（　）。

A. $\alpha'_{AB}+\alpha'_{BA}$　B. $(\alpha'_{AB}+\alpha'_{BA}\pm180°)/2$

C. $\alpha'_{AB}+\alpha'_{BA}\pm180°$　D. $(\alpha'_{AB}+\alpha'_{BA})/2$

149. GBB004　可以根据(　　)用图解法确定地形图上某点的坐标。

A. 格网坐标　B. 控制点坐标　C. 地形点坐标　D. 房角坐标

150. GBB004　地形图上某一 $M$ 点位于两条等高线之间，等高距为 $h$，过 $M$ 点作一直线垂直这两条等高线，交点 $P$、$Q$，那么 $M$ 点高程 $H_M$ 为(　　)。

A. $H_P+(d_{PM}/d_{PQ})$　B. $H_P+(d_{PM}/d_{PQ})h$　C. $H_P+(d_{PQ}/d_{PM})$　D. $H_P+(d_{PQ}/d_{PM})h$

151. GBB005　在工程建设中，$A$、$B$ 两点间的高差是 $h_{AB}$，水平距离为 $D_{AB}$，那么 $A$、$B$ 之间的平均坡度为(　　)。

A. $2h_{AB}/D_{AB}$　B. $2D_{AB}/h_{AB}$　C. $h_{AB}/D_{AB}$　D. $D_{AB}/h_{AB}$

152. GBB005　在工程建设中，$A$、$B$ 两点间的高差 $h_{AB}$ 与水平距离 $D_{AB}$ 之比，就是 $A$、$B$ 之间的(　　)。

A. 平均坡度　B. 比率　C. 高程比　D. 斜率

153. GBB006　在桥梁勘测设计中，为了研究河床的冲刷情况及决定桥墩的类型和基础深度，以及布置桥梁孔径等，需要在桥址的上下游地区施测(　　)。

A. 水下地形图　B. 纵断面图　C. 横断面图　D. 放大地形图

154. GBB006　铁路设计中，为了满足路基、隧道、桥涵、站场等专业设计以及计算土石方数量等方面的要求，必须测绘(　　)。

A. 线路纵断面图和横断面图　B. 线路带状地形图和纵断面图

C. 线路带状地形图和横断面图　D. 局部详细地形图和纵断面图

155. GBB007　当在山谷或河流处修建大坝、架设桥梁或敷设涵洞时，需要知道有多大面积的雨水汇集在这里，这个面积称为(　　)。

A. 积水面积　B. 汇水面积　C. 雨水面积　D. 低洼面积

156. GBB007　确定汇水面积的边界线时，边界线是通过一系列山头和鞍部的曲线，并与山谷制定的横断面线形成(　　)。

A. 相交曲线　B. 正交曲线　C. 连续曲线　D. 闭合曲线

157. GBB008　平原、微丘陵地区，地形平坦，路线一般不受高程限制，定线主要是正确绕避平面上的障碍，力争控制点间路线(　　)。

A. 圆滑平顺　B. 线型合理　C. 顺直短捷　D. 行车顺畅

158. GBB008　山岭、重丘陵地区，地形复杂，横坡陡峻，纸上定线时除考虑利用有利地形，避让已建建筑物、不良地质地段或地物外，关键要考虑的是(　　)。

A. 调整好横坡　B. 调整好纵坡　C. 调整好路线走向　D. 避开特殊地形

159. GBC001　导线复测的内业计算主要有两大项，一是角度闭合差的计算与调整，二是(　　)。

A. 导线闭合差的计算与调整　B. 小三角形闭合差的计算与调整

C. 坐标方位角的计算与调整　D. 坐标闭合差的计算与调整

160. GBC001　坐标闭合差的调整，是将闭合差以(　　)的形式分配到各边上。

A. 相同的符号按边长数量分配　B. 相同的符号按边长等比分配

C. 相反的符号按边长等比分配　D. 相反的符号按边长数量分配

161. GBC002　二级公路，当计算行车速度为 30km/h 时，回头曲线的双车道路面加宽值为(　　)。

A. 4m　　B. 3.5m　　C. 2.5m　　D. 3m

162. GBC002　四级公路，当计算行车速度为 20km/h 时，回头曲线的最大纵坡为（　）。

A. 4.5%　　B. 3%　　C. 3.5%　　D. 4%

163. GBC003　进行基平测量的第一步是（　）。

A. 平面控制测量　　B. 水准测量　　C. 中线测量　　D. 横断面测量

164. GBC003　纵断面测量包括路线水准测量和（　）两项内容。

A. 高程控制　　B. 平面控制　　C. 中线测量　　D. 纵断面绘制

165. GBC004　二、三、四级公路线路基平测量时，其水准点测量的高差闭合差的允许值应满足（　）。

A. $\pm 10\sqrt{L}$（mm）　　B. $\pm 20\sqrt{L}$（mm）　　C. $\pm 30\sqrt{L}$（mm）　　D. $\pm 40\sqrt{L}$（mm）

166. GBC004　路线基平测量中，水准点高程控制测量是按照（　）水准测量的方法进行。

A. 二等　　B. 三等　　C. 等外　　D. 四等

167. GBC005　路线中平测量时，为了削弱高程传递误差，应在一定距离内设置转点，转点测量读数时，视线长度不大于（　）。

A. 200m　　B. 150m　　C. 100m　　D. 50m

168. GBC005　一级公路进行线路中平测量时，其高差闭合差的限差为（　）。

A. $\pm 10\sqrt{L}$（mm）　　B. $\pm 20\sqrt{L}$（mm）　　C. $\pm 30\sqrt{L}$（mm）　　D. $\pm 40\sqrt{L}$（mm）

169. GBC006　竖曲线的两种形式中，顶点在曲线上面的称为（　）。

A. 凹形竖曲线　　B. 凸形竖曲线　　C. 拱形竖曲线　　D. 抛物线形竖曲线

170. GBC006　竖曲线的两种形式中，顶点在曲线下面的称为（　）。

A. 拱形竖曲线　　B. 凸形竖曲线　　C. 凹形竖曲线　　D. 抛物线形竖曲线

171. GBC007　横断面的测量方法有水准仪法、（　）和测杆皮尺法。

A. 经纬仪法　　B. GPS 法　　C. 全站仪法　　D. 钢尺丈量法

172. GBC007　用经纬仪法测量横断面时，是将仪器安置于（　）上。

A. 控制点　　B. 道路设计边线　　C. 中线桩　　D. 边桩

173. GBC008　极坐标法是根据（　）测设点的平面位置。

A. 水平角和水平距离　　B. 水平角

C. 水平距离　　D. 前方交会

174. GBC008　点的平面位置测设常用方法有直角坐标法，（　）、角度交会法和距离交会法。

A. 水平角交会法　　B. 侧方交会法　　C. 极坐标法　　D. 前方交会

175. GBC009　变次抛物线形路拱方程式为（　）。

A. $y=\dfrac{2^n \cdot y_0}{B^n}x^2$　　B. $y=\dfrac{2^n \cdot y_0}{B^n}x^n$　　C. $y=\dfrac{4y_0}{B^n}x^n$　　D. $y=\dfrac{2y_0}{B^n}x^n$

176. GBC009　通常公路上采用的路拱形式有抛物线形、直线形和（　）等。

A. 直线叠加圆曲线形　　B. 圆曲线形

C. 圆拱形　　D. 双曲线形

177. GBC010 路面边线放样方法有内外弧线法和(　　)。

A. 横断面法　B. 数值坐标法　C. 方向架法　D. 垂距法

178. GBC010 曲线现场放样时,当曲线半径大于500m时,曲线内各点间距为(　　)。

A. 20m　B. 25m　C. 10m　D. 15m

179. GBC011 由圆曲线直接组成的复曲线,交点为$C$,切基线为$AB$,切基线与两切线长夹角分别为$\alpha_1$、$\alpha_2$,$A$至$ZY$点距离为$T_1$,$B$到$YZ$点距离为$T_2$、圆曲线的曲线长分别为$L_1$、$L_2$,半径分别为$R_1$、$R_2$,则该复曲线长计算公式为(　　)。

A. $L=R_1\alpha_1\frac{\pi}{90°}+R_2\alpha_2\frac{\pi}{90°}$　B. $L=L_1+L_2$

C. $L=(R_1+R_2)\alpha_1\alpha_2\frac{\pi}{90°}$　D. $L=L_1-L_2$

180. GBC011 由圆曲线直接组成的复曲线,交点为$C$,切基线为$AB$,切基线与两切线长夹角分别为$\alpha_1$、$\alpha_2$,$A$至$ZY$点距离为$T_1$,$B$到$YZ$点距离为$T_2$、圆曲线的曲线长分别为$L_1$、$L_2$,半径分别为$R_1$、$R_2$,则该复曲线交点至$B$点距离计算公式为(　　)。

A. $BC=\frac{\sin\alpha_2}{\sin\angle C}AB$　B. $BC=\frac{\sin\alpha_1}{\sin\alpha_1+\sin\alpha_2}AB$

C. $BC=\frac{\sin\alpha_1}{\sin\angle C}AB$　D. $BC=\frac{\sin\alpha_2}{\sin\alpha_1+\sin\alpha_2}AB$

181. GBC012 为了明显地反映地面的起伏变化,一般里程比例尺取1∶5000、1∶2000或1∶1000,而高程比例尺则比里程比例尺大(　　)倍。

A. 5　B. 10　C. 15　D. 20

182. GBC012 在纵断面图中,以里程为横坐标,以高程为纵坐标,高程是根据(　　)的中桩地面高程绘制的。

A. 水准测量　B. 高程测量　C. 中平测量　D. 基平测量

183. GBC013 理论与实践都已证明,用全站仪观测高程,如果采用对向观测,竖直角观测精度$m_\alpha$应(　　)。

A. $m_\alpha \leqslant \pm 2.5''$　B. $m_\alpha \leqslant \pm 3''$　C. $m_\alpha \leqslant \pm 2''$　D. $m_\alpha \leqslant \pm 3.5''$

184. GBC013 对于高等级公路工程,利用全站仪布设的导线一般应与附近的高级控制点进行联测,构成(　　)。

A. 附合导线　B. 高程控制网　C. 三角网　D. 平面控制网

185. GBC014 路线里程桩分为整桩和(　　)两种。

A. 分桩　B. 加桩　C. 直线桩　D. 千米桩

186. GBC014 路线里程桩中,整桩是按规定每隔20m、(　　),桩号为整数设置的里程桩。

A. 15m　B. 100m　C. 25m　D. 50m

187. GBC015 公路选线面对的是一个复杂的(　　)和社会经济环境,需要综合考虑多种因素,妥善处理好各方面的关系。

A. 气候条件　B. 自然条件　C. 水文概况　D. 地质概况

188. GBC015 通过名胜、风景、古迹地区的公路，应注意保护原有（ ），其人工构造物应与周围环境、景观相协调，处理好重要历史文物遗址。

A. 形状不变 B. 基本构造 C. 建筑风格 D. 自然状态

189. GBC016 越岭线的特点是路线需要克服很大高差，路线长度和平面位置主要取决于纵坡的安排，因此越岭线选线是从（ ）设计入手。

A. 路堑 B. 纵坡 C. 横断面 D. 路堤

190. GBC016 平原区高等级公路存在的一个最大的难题，就是为了满足农村生产和生活的需要，应大量修建（ ），导致高路堤的问题。

A. 排水涵 B. 护坡 C. 跨线桥 D. 通道

191. GBC017 绘制纵断面图时，（ ），按规定的比例尺将外业所测各点绘制出断面线。

A. 以里程为横坐标，高程为纵坐标 B. 以高程为横坐标，里程为纵坐标

C. 以里程为横坐标，转角为纵坐标 D. 以高程为横坐标，转角为纵坐标

192. GBC017 高速公路和一级公路的水准点闭合差为（ ）。

A. $\leqslant \pm 4\sqrt{L}$（mm） B. $\leqslant \pm 12\sqrt{L}$（mm） C. $\leqslant \pm 20\sqrt{L}$（mm） D. $\leqslant \pm 30\sqrt{L}$（mm）

193. GBC018 在缓和曲线中有公式 $C=RL_0$，$C$ 是一个常数，称为（ ），$C$ 越小，半径的变化越快；反之，半径变化越慢，曲线越平顺。

A. 缓和曲线的曲率 B. 缓和曲线的变化率

C. 缓和曲线半径变更率 D. 缓和曲线半径改变率

194. GBC018 缓和曲线的夹角为 $\beta_0$，曲线的内移量 $P$ 和切线延伸量 $m$ 是确定缓和曲线与直线和圆曲线连接的主要数据，称为（ ）。

A. 缓和曲线的要素值 B. 缓和曲线的常数

C. 缓和曲线的定值 D. 缓和曲线的代表值

195. GBC019 红外测距仪采用 GaAs（砷化镓）半导体（ ）发光器作为光源。

A. 微波 B. 红外 C. 光电 D. 激光

196. GBC019 根据测距仪出厂标称精度的绝对值，按 1km 的测距中误差，测距仪的精度可分为三级：1km 中误差小于 5mm 的为Ⅰ级，中误差为 5～10mm 的为Ⅱ级，中误差为（ ）的为Ⅲ级。

A. 11～15mm B. 11～20mm C. 11～25mm D. 11～30mm

197. GBC020 直线与圆曲线之间插入缓和曲线时，必须将原来的圆曲线向内移动距离 $P$，$P=L_s{}^2/24\mathrm{R}$，式中 $L_s$ 代表（ ）。

A. 圆曲线长 B. 缓和曲线长 C. 圆曲线弦长 D. 缓和曲线弦长

198. GBC020 缓和曲线切线长公式为：$T_H=(R+p)\tan(\alpha/2)+q$，式中 $q$ 代表（ ）。

A. 直线增长 B. 曲线增长 C. 弧线增长 D. 切线增长

199. GBC021 圆曲线测设所采用的桩距与半径有关，一般规定当半径小于等于 25m 时，桩距为（ ）。

A. 25m B. 20m C. 10m D. 5m

200. GBC021 缓和曲线上任一点的（ ），与该点至缓和曲线起点的曲线长的平方成正比。

A. 弦切角　B. 偏角　C. 圆心角　D. 切线角

201. GBC022　在进行电磁波测距时，测线为避开电磁场干扰，一般应离开(　　)以外。

A. 2m　B. 5m　C. 8m　D. 10m

202. GBC022　微波测距是利用波长为(　　)的微波作载波的电磁波测距。

A. 0. 8～10cm　B. 0. 5～10cm　C. 1～10cm　D. 0. 1～10cm

203. GBC023　由电磁波测距仪内部光学和电子线路中的某些信号的窜扰、测相电路的失调等原因，精测尺的尾数值常呈现依一定的距离为周期重复出现的误差，称为(　)。

A. 周期误差　B. 固定误差　C. 比例误差　D. 相位差

204. GBC023　电磁波测距结果，不需要经过多项改正的项目是(　　)。

A. 乘常数改正　B. 投影到参考椭球面上的改正
C. 归算到高斯平面上的改正　D. 偏心改正

205. GBC024　横断面测量的宽度，应根据(　)、填挖尺寸、边坡大小、地形情况以及有关工程的特殊要求而定，一般要求中线两侧各测 10～50m。

A. 路面宽度　B. 路基宽度　C. 路堤宽度　D. 路堑宽度

206. GBC024　横断面测绘的(　　)，除各中桩应施测外，在大、中桥头、隧道洞口、挡土墙等重点工程地段，可根据需要加密。

A. 条件　B. 方法　C. 密度　D. 形式

207. GBC025　简支板桥如采用装配式结构，当采用预应力混凝土时，其跨径可达(　　)。

A. 8m　B. 10m　C. 13m　D.16m

208. GBC025　简支板桥如采用整体式结构，其跨径一般为(　　)。

A. 1～2m　B. 2～4m　C. 4～8m　D. 8～10m

209. GBC026　由于外力的作用方向与承重结构的轴线接近垂直，所以与同样跨径的其他结构体系相比，梁内产生的(　　)最大。

A. 抗剪　B. 抗弯　C. 抗压　D. 抗拉

210. GBC026　目前在公路上应用最广的是(　)钢筋混凝土简支梁桥。

A. 预制装配式　B. 现浇整体式　C. 先张法预应力　D. 后张法预应力

211. GBC027　用来砌筑拱圈的石料，要求是未经风化的，其标号不得小于(　　)号。

A. 200　B. 250　C. 300　D. 350

212. GBC027　拱式桥的主要承重结构是(　　)。

A. 拱圈或拱肋　B. 拱轴　C. 拱脚　D. 拱上结构

213. GBC028　钢桥的梁和柱的连接处具有很大的(　　)。

A. 柔性　B. 刚性　C. 韧性　D. 抗疲劳性

214. GBC028　在城市中当遇到线路立体交叉或需要跨越通航江河时，采用(　　)桥型能尽量降低线路标高以改善纵坡并能减少路堤土方量。

A. 梁桥　B. 刚架桥　C. 拱桥　D. 吊桥

215. GBC029　传统的吊桥均是用悬挂在两边(　　)上的强大缆索作为主要的承重结构。

A. 吊杆　B. 塔架　C. 桥墩　D. 桥台

216. GBC029 在竖向荷载的作用下,通过吊杆使缆索承受很大的拉力,通常就需要在两岸桥台的后方修筑非常巨大的( )结构。

A. 锚碇 B. 圬工 C. 预应力 D. 箱形

217. GBD001 施工控制网可分为平面控制网和( )。

A. 高程控制网 B. 专用控制网 C. 测图控制网 D. 检核控制网

218. GBD001 与测图控制网相比,施工控制网的特点是控制范围小、控制点的( )、精度要求高以及使用频繁等。

A. 密度小 B. 位置固定 C. 位置高 D. 密度大

219. GBD002 工业厂房一般都应建立( )控制网,作为厂房施工测设的依据。

A. 高程 B. 矩形 C. 专用 D. 三角

220. GBD002 厂房控制网作为厂房施工的基本控制,其建立方法有基线法和( )。

A. 极坐标法 B. 图解法 C. 解析法 D. 轴线法

221. GBD003 施工坐标系亦称建筑坐标系,其坐标轴与主要建筑物主轴线( )。

A. 重合 B. 平行或垂直 C. 平行 D. 垂直

222. GBD003 施工场地的高程控制网分为首级网和( )。

A. 次级网 B. 基本网 C. 加密网 D. 施工网

223. GBD004 厂房建设施工中,安装柱子时,其中心线应与相应的柱列轴线一致,其允许偏差为( )。

A. ±6mm B. ±10mm C. ±5mm D. ±8mm

224. GBD004 厂房建设施工中,柱子立稳后,应立即用水准仪检测柱身上的±0 标高线,其容许误差为( )。

A. ±15mm B. ±3mm C. ±5mm D. ±10mm

225. GBD005 吊车梁安装测量主要是保证( )满足设计要求。

A. 吊车梁中线位置和吊车梁的标高 B. 吊车梁的位置和标高

C. 吊车梁的标高 D. 吊车梁的抗压程度

226. GBD005 吊车梁安装就位后,先按柱面上定出的吊车梁设计标高线对吊车梁面进行调整,然后将水准仪安装在吊车梁上,每隔 3m 测一点高程,并与设计高程比较,误差应在( )以内。

A. 15mm B. 30mm C. 3mm D. 10mm

227. GBD006 高层建筑物施工测量中的主要问题是控制垂直度,轴线向上投测时,要求竖向误差在本层内不超过( ),全楼累积误差值不应超过 $2H/10000$。设 $H$ 为建筑物总高,单位为 m。

A. 3mm B. 10mm C. 5mm D. 8mm

228. GBD006 高层建筑物的高程传递通常可采用悬挂钢尺法和( )。

A. 倒尺法 B. 激光测距法

C. 导水准法 D. 全站仪天顶测距法

229. GBD007 在水利工程建设方面,利用水下地形测量资料,可以确定河流梯级开发方案、选择坝址、确定( )和推算回水曲线。

A. 水头高度　　B. 桥墩位置

C. 河床冲刷情况　　D. 水文形态变化规律

230. GBD007　在桥梁工程建设方面，利用水下地形测量资料，可以研究（　　）。

A. 水头高度　　B. 桥墩位置

C. 河床冲刷情况　　D. 水文形态变化规律

231. GBD008　监测海底运动，研究地球动力等任务都需要各种内容的（　　）。

A. 定位测量　　B. 方位角测量　　C. 水深测量　　D. 水下地形测量

232. GBD008　在水利工程建设方面，利用水下地形测量资料，可以（　　）。

A. 选择坝址　　B. 推算回水曲线

C. 演算河床冲刷情况　　D. 确定桥墩位置

233. GBD009　水下地形的布设密度，一般为图上（　　）。

A. 1~3cm　　B. 3~5cm　　C. 5~7cm　　D. 10~15cm

234. GBD009　水下地形点的平面位置和高程的测定是（　　）进行的。

A. 随时　　B. 不断　　C. 同时　　D. 分别

235. GBD010　水下地形测量时，当水面流速较大时，测深断面和测深点的布设采用（　　）。

A. 测深法　　B. 散点法　　C. 解析法　　D. 断面法

236. GBD010　水下地形点的高程测量是由水深测量和（　　）两部分组成。

A. 位置测量　　B. 高程测量　　C. 水准测量　　D. 水位测量

237. GBD011　测定测深点平面位置的方法有很多，在生产中常用的有（　　）、交会法、极坐标法以及无线电定位法等。

A. 距离交会法　　B. 前方交会法　　C. 侧方交会法　　D. 断面锁定位法

238. GBD011　在测量测深断面时，应根据测量目的和要求而定，一般规定，一般区域不大于图上（　　）。

A. 8cm　　B. 4cm　　C. 2cm　　D. 20cm

239. GBD012　水下地形点即为测深点，其间距一般为图上（　　）。

A. 0.6~0.8cm　　B. 0.2~0.4cm　　C. 0.4~0.6cm　　D. 0.8~1.0cm

240. GBD012　水下地形测量的基础是（　　），同时也是河流纵横断面测量的依据。

A. 水底测量　　B. 河道水涯线测量

C. 河道岸边测量　　D. 河道控制测量

241. GBD013　用经纬仪配合平板仪测定水下地形点时，在控制点 $A$ 上设置（　　），测船上立视距尺，当测船行至断面方向线上时，发出信号，测船测量水深，同时平板仪照准 $A$ 点至测点的方向线，经纬仪读取视距，即可在图上定出测点的位置。

A. 平板仪和全站仪　　B. 水准仪和经纬仪

C. 平板仪和经纬仪　　D. 全站仪和水准仪

242. GBD013　用经纬仪配合平板仪测定水下地形点时，当没有测距仪时，可用经纬仪垂直角法进行定位，观测时沿船进行测深，岸上设站点 $A$ 同步观测至测深点的（　　），通过公式可计算测深点平面位置。

A. 磁偏角和水平角　　B. 磁偏角和垂直角

C. 水平角和竖直角　　D. 水平角和垂直角

243. GBD014　适用于水域宽广的湖泊、河口、港湾和海洋上进行的测深定位是(　　)。

A. 经纬仪垂直角法　　B. 无线电定位法　　C. 极坐标法　　D. 断面索定位法

244. GBD014　双曲线系统定位测定水下地形点时,要求岸上设置(　　)个已知控制点电台。

A. 3　　B. 4　　C. 5　　D. 6

245. GBD015　直线桥梁的墩、台定位是根据桥轴线的里程和桥梁墩、台的设计里程算出它们之间的(　　),来定出墩、台的中心位置。

A. 坐标　　B. 距离　　C. 角度　　D. 高程

246. GBD015　直线桥梁的墩、台定位根据条件可采用直接丈量法、光电测距法及(　　)。

A. 极坐标法　　B. 交会法　　C. 三角测量法　　D. 直角坐标法

247. GBD016　在曲线桥梁设计中,梁中心线的两端并不位于路线中线上,而是向外侧移动了一段距离 $E$,这段距离称为(　　)。

A. 距离增量　　B. 偏距　　C. 离心距　　D. 偏心位移

248. GBD016　曲线桥桥梁的墩、台定位中,相邻两跨梁中心线的交角 $\alpha$ 称为(　　)。

A. 转角　　B. 偏心角　　C. 偏角　　D. 折角

249. GBD017　明挖基础多在(　　)的地基上施工,先挖基坑,再在坑内砌筑基础或浇筑混凝土基础。

A. 平坦地面　　B. 无水地面　　C. 有水地面　　D. 无障碍地面

250. GBD017　如果在水上明挖基础,须选建立(　　),将水排除后进行。

A. 围挡　　B. 堤坝　　C. 围堰　　D. 明渠

251. GBD018　桥梁桩基础根据施工方法的不同,可分为打入桩和(　　)。

A. 浇筑桩　　B. 钻孔桩　　C. 灌注桩　　D. 梅花桩

252. GBD018　放样桥梁桩基础时,如果桩基础在水中,则可用(　　)直接将每一个桩位定出。

A. 极坐标法　　B. 直角坐标法　　C. 前方交会法　　D. 支距法

253. GBD019　桥梁墩柱身模板垂直度校正好后,在(　　)测设一标高线作为量测柱顶标高等各种标高的依据。

A. 桥梁支架上　　B. 桥梁墩桩上　　C. 模板内侧　　D. 模板外侧

254. GBD019　桥墩台本身砌筑至离顶帽底约(　　)时,再测出墩台中心及纵横轴线,据以竖立墩帽模板、安装锚栓孔、安扎钢筋等。

A. 1m　　B. 80cm　　C. 50cm　　D. 30cm

255. GBD020　涵洞放样是根据(　　),先放出涵洞轴线与路线中线的交点,然后根据轴线与路线中线的交角,再放出涵洞的轴线方向。

A. 涵洞设计长度　　B. 涵洞中心里程　　C. 涵洞设计尺寸　　D. 涵洞设计宽度

256. GBD020　如果涵洞位于路线曲线上时,则用(　　)的方法定出涵洞轴线与路线中线的交点。

A. 测设圆曲线　　B. 测设缓和曲线　　C. 测设曲线　　D. 测设偏角

257. GBD021 为了使路堤与桥台连接处的路基不被冲刷，在桥台两侧填土呈锥体，并于表面砌石，称为（ ）。

A. 砌石护坡 B. 锥体护坡 C. 桥台护坡 D. 圆形护坡

258. GBD021 锥形护坡通常采用四分之一椭圆锥，其平面投影的短边靠近桥台并与桥台的侧墙相接触，而长边与（ ）相接。

A. 路基 B. 边坡 C. 路堤 D. 路肩

259. GBD022 桥梁架设准备阶段施工测量包括全桥中线复测、墩、台中心点间距离的测设和（ ）。

A. 墩、台几何尺寸及支承垫石测定 B. 墩、台高程及支承垫石测定

C. 墩台支承垫石测定 D. 墩、台高度的测定

260. GBD022 墩、台高程联测，是自河岸一基本水准点始，用（ ）的方法逐个墩测出墩顶水准标志高程，最后闭合于另一河岸的基本水准点。

A. 三、四等水准测量 B. 四、五等水准测量

C. 二、三等水准测量 D. 一、二等水准测量

261. GBD023 桥梁架设过程中，在支座底板定位的同时，通过在底板与支承垫石之间塞以铁片、钢楔，从而使底板顶面（ ）达到设计要求。

A. 支座底板高度 B. 支座底板厚度 C. 高程及平整度 D. 平整度

262. GBD023 钢桁梁梁体定位时，要求梁体中线与（ ）一致。

A. 设计桥轴线 B. 设计墩、台中心线

C. 设计的桥梁中心 D. 设计路线中线

263. GBD024 隧道地面控制测量包括测量前准备工作、地面导线测量、地面三角测量和（ ）。

A. 地面大地测量 B. 地面水准测量 C. 地面坐标测量 D. 地面定位测量

264. GBD024 隧道地面控制测量的测量前准备工作有收集资料、现场踏勘和（ ）。

A. 设置控制桩 B. 清理障碍物 C. 选点布设 D. 选择导线方向

265. GBD025 把图纸上设计好的各种建（构）筑物的平面位置和高程标定在实地上的测量工作称为（ ）。

A. 选线 B. 定线 C. 总体规划 D. 测量放样

266. GBD025 在城市地下通道施工测量中，将地上的平面和高程控制系统传递到地下，称为（ ）。

A. 水准测量 B. 地下控制测量 C. 坐标传递 D. 联系测量

267. GBD026 工程建筑物放样是：首先在现场定出建筑物的（ ），然后再定出建筑物的各个部分。

A. 外轮廓 B. 主体建筑 C. 形状 D. 轴线

268. GBD026 施工测量的基本内容有建立施工控制网、放样平面位置与高程、（ ）、施工测量的精度要求。

A. 选线 B. 定线 C. 量距 D. 放线

269. GBE001 观测水平位移时，视准线法按其使用工具和作业方法的不同，可分为测小角

法和(　　)。

A. 测大角法　　B. 活动觇标法　　C. 活动仪器法　　D. 激光准直法

270. GBE001　观测水平位移时,由于建筑物的位移值一般来说都很小,因此对位移值的观测精度要求很高,例如混凝土坝位移观测的中误差要求小于(　　)。

A. ±1mm　　B. ±5mm　　C. ±1cm　　D. ±5cm

271. GBE002　采用激光经纬仪准直时,活动觇标法中的觇标则由中心装有(　　)的硅光电池组成的光电探测器替代。

A. 两个半圆　　B. 半圆　　C. 两个三角形　　D. 两个 60°扇形

272. GBE002　采用激光经纬仪准直时,将激光经纬仪安置在端点 A 上,在另一端点 B 上安置光电探测器。将光电探测器的读数安置到零上。调整经纬仪水平度盘微动螺旋,一定激光束的方向,使在 B 点的光电探测器的检流表指针为零,这时(　　)就已确定了,经纬仪水平度盘就不能再动。

A. 水平面　　B. 基准面　　C. 铅直面　　D. 大地水准面

273. GBE003　在基准线很长时,为了能够获取更高的观测精度,可以进行(　　)。

A. 分时观测　　B. 分段观测

C. 长时间观测　　D. 多次观测求平均值

274. GBE003　在测角精度相同的情况下,偏离值的测定误差和(　　)成正比。

A. 仪器差　　B. 时间　　C. 距离　　D. 中误差

275. GBE004　引张线法测定水平位移时,观测值各测回间互差的限差为(　　)。

A. 0. 1mm　　B. 0. 2mm　　C. 0. 5mm　　D. 1. 0mm

276. GBE004　引张线法中引张线的装置保护箱的作用是保护(　　)。

A. 标尺　　B. 钢丝　　C. 测线　　D. 观测点

277. GBE005　用导线法测定建筑物的位移时,其导线端点的位移在拱坝廊道内可用(　　)来控制。

A. 倒锤线　　B. 全站仪　　C. 水平仪　　D. 钢尺

278. GBE005　用导线法测定建筑物的位移时,其导线点上的装置是由导线点装置以及(　　)组成。

A. 倒锤线　　B. 测线装置　　C. 底盘　　D. 钢尺

279. GBE006　前方交会法测定建筑物的位移时,通常采用 $J_1$ 型经纬仪用(　　)进行观测。

A. 全圆方向测回法　　B. 多测回法　　C. 多角度测回法　　D. 隔点测量法

280. GBE006　前方交会法测定建筑物的位移时,位移值的计算可采用(　　)的原理求得。

A. 全圆方向测回法　　B. 方向值差法　　C. 角差图解法　　D. 隔点图解法

281. GBE007　正垂线法测定大坝的挠度,是在铅垂线的不同高程上设置测点,以坐标仪测出隔点与铅垂线之间的(　　)。

A. 相对位移值　　B. 高差　　C. 振动幅度　　D. 摆动幅度

282. GBE007　利用正垂线法测定挠度有多点观测站法和(　　)。

A. 多次观测求平均值法　　B. 多摆站法

C. 多点夹线法　　D. 单点观测站法

283. GBE008　摄影测量应用于变形观测时，所用摄影机有量测相机和(　　)。

A. 单摄像机　　B. 立体摄影机　　C. 非量测相机　　D. 固定摄影机

284. GBE008　时间基线法是把两个不同时刻所拍的像片作为(　　)，量测同一目标像点的上下和左右时差。

A. 内方位元素　　B. 单像对　　C. 基片　　D. 立体像对

285. GBE009　沉降观测中，一般采用的是水准测量的方法，与一般的水准测量相比较，所不同的是沉降观测(　　)。

A. 视线长度长　　B. 视线长度短

C. 可多次观测求平均值　　D. 前后视距相等

286. GBE009　对于观测点的观测，要求每站的前后视距差不得超过(　　)。

A. 0.3m　　B. 1m　　C. 1.5m　　D. 0.1m

287. GBE010　后方交会法测定水平位移时，通常需要测站点和观测点都有强制归心设备，不属于强制对中装置的是(　　)。

A. 激光对中盘　　B. 三叉式对中盘　　C. 点、线、面式对中盘　　D. 球、孔式对中盘

288. GBE010　水平位移观测是测定建筑物的水平位置随(　　)变化的移动量。

A. 时间　　B. 季节　　C. 周期　　D. 月份

289. GBE011　建筑物因地基基础不均匀沉陷或其他原因，会产生倾斜变形，为了监视建筑物的安全和进行地基基础设计的研究，需要对建筑物进行(　　)。

A. 位移观测　　B. 倾斜观测　　C. 沉降观测　　D. 竖直观测

290. GBE011　建筑物的倾斜程度，一般用(　　)来表示。

A. 倾斜率　　B. 位移量　　C. 沉降速率　　D. 观测比值

291. GBE012　桥墩沉降观测点一般布置在与(　　)顶面对应的桥面上。

A. 控制点　　B. 桥墩　　C. 管柱　　D. 顶梁

292. GBE012　桥梁竣工测量的主要目的是测定建成后的桥墩、台的实际情况，检查其是否符合设计要求，其竣工测量项目中不包括(　　)。

A. 测定桥墩、台中心，纵横轴线及跨距　　B. 丈量桥墩、台各部分尺寸

C. 测定桥梁中线及纵横坡度　　D. 测量桥高度

293. GBF001　施工管理是施工企业(　　)的一个重要组成部分。

A. 财务管理　　B. 经营管理　　C. 人力资源管理　　D. 物流管理

294. GBF001　施工管理是综合性很强的管理工作，其关键在于(　　)作用。

A. 协调和组织　　B. 要求和督促　　C. 检查和监督　　D. 安排和落实

295. GBF002　班组管理的内容是由班组的(　　)决定的。

A. 中心任务　　B. 规模　　C. 结构　　D. 综合素质

296. GBF002　企业的目标就是在实现社会效益的前提下，追求更高的(　　)。

A. 企业价值　　B. 经济效益　　C. 思想境界　　D. 企业品质

297. GBF003　班组是企业计划管理的落脚点，企业月、季、年度计划目标，经过层层分解落实，最后分解为班组的(　　)局部目标。

A. 月、周、日　　B. 月、旬、周　　C. 旬、周、日　　D. 月、旬、日

298. GBF003　班组就是要通过加强(　　)管理，保证局部目标的实现，从而最后保证企业达标升级的实现。

A. 计划　　B. 质量　　C. 劳动　　D. 技术

299. GBF004　班组一般质量管量方法的“五不”施工，即质量标准不明确不施工，工艺方法不符合标准要求不施工，机具不完好不施工，原材料零配件不合格不施工，(　　)不施工。

A. 人员技术不达标　　B. 上道工序不合格

C. 未做好施工前准备　　D. 不符合 HSE 管理

300. GBF004　班组一般质量管理方法的“三不”放过，即质量事故原因找不出来不放过，不采取有效措施不放过，(　　)不放过。

A. 返工不到位　　B. 责任人不查明

C. 不留下处理意见　　D. 当事人和群众没有受到教育

301. GBF005　劳动管理是对职工(　　)的管理，它是一项重要的基础管理工作。

A. 劳动　　B. 纪律　　C. 考勤事务　　D. 劳动及相关事务

302. GBF005　班组作为企业最基层的直接生产单位，加强劳动管理不仅能够合理地进行人员的劳动组合，还能充分调动班组人员的劳动积极性，提高(　　)。

A. 企业效益　　B. 劳动生产率　　C. 管理水平　　D. 创新能力

303. GBF006　作业场所的缺陷不包括(　　)。

A. 灯光不足　　B. 设备磨损老化　　C. 场所比较狭窄　　D. 噪声比较大

304. GBF006　以下做法不能使员工实现自我管理的是(　　)。

A. 让员工有主人翁感

B. 让员工有责任感

C. 让员工的贡献与报酬成反比

D. 让员工自身明确不安全行为的前因后果

305. GBF007　材料采购批量指的是一次采购材料的(　　)。

A. 占用资金额　　B. 数量　　C. 质量　　D. 可完成的工作量

306. GBF007　为使材料供应计划更好地发挥作用，编制材料供应计划工作应遵循的原则是(　　)。

A. 统筹兼顾，综合平衡，保证重点，兼顾一般

B. 有利于生产，方便施工

C. 实事求是，积极可靠，统筹兼顾

D. 留有余地，严肃性和灵活性统一

307. GBG001　操作系统是计算机的最基本(　　)。

A. 支撑软件　　B. 编译系统　　C. 应用软件　　D. 系统软件

308. GBG001　若想直接删除文件或文件夹，而不将其放入“回收站”中，可在拖到“回收站”时按住(　　)键。

A. Shift　　B. Alt　　C. Ctrl　　D. Delete

309. GBG002　在 AutoCAD 中多次复制“copy”对象的选项是(　　)。

A. m　　B. d　　C. p　　D. e

310. GBG002　在 AutoCAD 中,"删除"命令的缩写字母是(　　)。

A. m　　B. d　　C. p　　D. e

311. GBG003　在 AutoCAD 中,为维护图形文件的一致性,可以创建标准文件以定义常用属性,除了(　　)。

A. 命令视图　　B. 图层和线形　　C. 文字样式　　D. 标注样式

312. GBG003　在 AutoCAD 中,默认存在的命名图层过滤器不包括(　　)。

A. 显示所有图层　　B. 显示所有使用图层

C. 显示所有打印图层　　D. 显示所有依赖于外部参照的图层

313. GBG004　在 AutoCAD 中,拉长命令"lengthen"修改开放曲线的长度的命令不包括(　　)。

A. 增量　　B. 封闭　　C. 百分数　　D. 动态

314. GBG004　在 AutoCAD 中,不能应用修剪命令"trim"进行修剪的对象是(　　)。

A. 圆弧　　B. 圆　　C. 直线　　D. 文字

315. GBG005　在 AutoCAD 中,尺寸标注的快捷键命令是(　　)。

A. copy　　B. dimsthle　　C. shift　　D. insert

316. GBG005　在 AutoCAD 中,尺寸标注中直径尺寸标注的快捷键命令是(　　)。

A. dimangular 或 DAN　　B. dimaligned 或 DAL

C. dimdiameter 或 DDI　　D. dimradius 或 DRA

317. GBG006　在 AutoCAD 中,使用旋转命令"rotate"旋转对象时(　　)。

A. 必须制定旋转角度　　B. 必须制定旋转基点

C. 必须使用参考方式　　D. 可以在三维空间缩放对象

318. GBG006　在 AutoCAD 中,使用缩放命令"scale"缩放对象时(　　)。

A. 必须制定缩放倍数　　B. 可以不制定缩放基点

C. 必须使用参考方式　　D. 可以在三维空间缩放对象

319. GBG007　应用软件是为(　　)在特定领域中的应用而开发的专用软件。

A. 计算机　　B. 存储管理　　C. 文件管理　　D. 设备管理

320. GBG007　下列叙述中,正确的说法是(　　)。

A. 编译程序、解释程序和汇编程序不是系统软件

B. 故障诊断程序、排错程序、人事管理系统属于应用软件

C. 操作系统、财务管理程序、系统服务程序不是应用软件

D. 操作系统和各种程序设计语言的处理程序都是系统软件

**二、多项选择题**(每题有四个选项,有两个或两个以上是正确的,将正确的选项号填入括号内)

1. GAA001　经度的变化规律为(　　)。

A. 以本初子午线为起点

B. 代号:东经为 E,西经为 W

C. 以本初子午线向东向西各分 90°

D. 以 20°W、160°E 组成的经线圈为界将地球划分为东西半球

2. GAA002 以下关于纬线的描述正确的是(　　)。

A. 所有纬线圈长度都相等

B. 形状特征是与地轴垂直,环绕地球一周的圆圈连接南北极

C. 指示方向为东西

D. 赤道设在厄瓜多尔基多市

3. GAA003 下列关于参考椭球体说法正确的是(　　)。

A. 参考椭球体有许多个

B. 总地球椭球体只有一个

C. 任何一个参考椭球面与大地水准面进行配合,都能使两个曲面完全重合

D. 通常表示大地水准面与参考椭球面之间差异的量为垂线偏差和大地水准面差距

4. GAA004 下列关于地理坐标的说法正确的是(　　)。

A. 地理坐标是直角坐标

B. 通常所说的大地坐标指的是天文地理坐标

C. 地面上的点是空间点,需要三个量来确定

D. 地理坐标是球面坐标

5. GAA005 下列关于平面直角坐标系的叙述正确的是(　　)。

A. 平面直角坐标系是法国数学家笛卡尔创立的

B. 测量区域小,采用平面直角坐标系

C. 测量区域大,采用高斯平面直角坐标系

D. 高斯是法国数学家

6. GAA006 通过遥感技术,可查询到(　　)等国产高分辨率遥感影像。

A. 高分一号　　B. 高分二号　　C. 资源三号　　D. 资源四号

7. GAA007 遥感器装在遥感平台上,它是遥感系统的重要设备,它的功能有(　　)等。

A. 照相机　　B. 多光谱扫描仪　　C. 导航仪　　D. 合成孔径雷达

8. GAA008 以 GTS－310 为例,在角度测量模式下,第 1 页 $F_1 \sim F_4$ 软键功能正确的是(　　)。

A. $F_1$ 为:水平角置为 0°00′00″　　B. $F_2$ 为:水平角读数锁定

C. $F_3$ 为:用数字输入设置水平角　　D. $F_4$ 为:显示第 2 页软键功能

9. GAA009 全站仪在外形结构上,与光学经纬仪相比叙述正确的是(　　)。

A. 有类似光学经纬仪的照准部、基座,照准部中有望远镜、水准器等部件

B. 光学经纬仪有制动、微动旋钮,全站仪只有制动旋钮

C. 全站仪增设有显示屏和键盘按钮

D. 全站仪有的型号配有电子水准气泡,可屏幕显示气泡图形和精确整平的情况

10. GAA010 地球曲率对距离有影响,地球半径取 6371km 时,如下所给距离对应的距离相对误差正确的是(　　)。

A. 距离 3.5km,距离相对误差为 $\frac{1}{8750000}$

B. 距离 10km,距离相对误差为 $\frac{1}{1250000}$

C. 距离 25km,距离相对误差为 $\frac{1}{195312}$

D. 距离 50km,距离相对误差为 $\frac{1}{48685}$

11. GAA011 地球曲率对高程有较大影响,地球半径取 6371km 时,如下所给距离对应的高差误差正确的是( )。

A. 距离 0.5km,高差误差为 0.2cm　　B. 距离 0.1km,高差误差为 0.08cm

C. 距离 0.2km,高差误差为 0.3cm　　D. 距离 0.4km,高差误差为 1.3cm

12. GAA012 遥感信息复合技术关键有以下( )方面。

A. 充分认识研究对象的地学规律

B. 充分了解每种复合数据的特点和适用性

C. 充分考虑到不同遥感数据之间波谱信息的要关性引起的有用信息的增加,以及噪声误差的增加

D. 几何配准,即解决遥感图像的几何畸变,解决空间配准问题

13. GAA013 目前电子水准仪采用的自动电子读数方法有( )。

A. 相关法　　B. 几何法　　C. 相位法　　D. 条码法

14. GAA014 经纬仪水平角观测的注意事项是( )。

A. 仪器脚架踩实、高度适宜、连接牢固

B. 精确对中与整平

C. 照准标志竖直

D. 记录清楚,不得涂改,有错误立即重测

15. GAA015 目视解译的方法除了直接判读法外,还有( )。

A. 对比分析法　　B. 信息复合法　　C. 综合推理法　　D. 现场调查法

16. GAA016 图像增强的方法除了空间域增强外,还有( )。

A. 频率域增强　　B. 色彩增强　　C. 多图像几何运算　　D. 多光谱图像增强

17. GAB001 衡量观测值的精度高低,对于一组相同条件下得到的误差,可以采用如下方法( )。

A. 用误差分布表比较

B. 用绘制断面图比较

C. 画出误差分布曲线比较

D. 用一些数字特征来反映误差分布的密集或离散的程度

18. GAB002 与 GPS 接收设备有关的误差主要包括( )。

A. 观测误差　　B. 接收机钟差

C. 天线相位中心误差　　D. 卫星轨道误差

19. GAB003 控制测量中,三角测量测角中误差 $m$,按着测量等级分,技术要求正确的有( )。

A. 当测量等级为二等时,$m \leq \pm 1.5''$

B. 当测量等级为三等时,$m \leqslant \pm 1.8''$

C. 当测量等级为四等时,$m \leqslant \pm 2.5''$

D. 当测量等级为一级时,$m \leqslant \pm 5.0''$

20. GAB004　为了保证引测精度,水准测量路线宜选在(　　)之处。

A. 坡度较小

B. 土质坚实

C. 施测方便的道路附近

D. 尽量避免通过大河、沙滩、草地等处;必须考虑水准路线的长度以及选用仪器的型号是否满足该工程对水准点的精度要求

21. GAB005　角度观测是指观测(　　)。

A. 水平角　　B. 方位角　　C. 竖直角　　D. 倾斜角

22. GAB006　角度测量时会产生目标偏心误差,消除目标偏心误差的方法有(　　)。

A. 照准标志必须竖直

B. 尽量瞄准标志底部

C. 有条件采用三联脚架法或瞄准觇牌

D. 盘左、盘右读数取平均值

23. GAB007　在实际工作中,有许多未知量不能直接观测而得,需要由相关的观测值通过函数求得,下列属于观测量函数的有(　　)。

A. 水准测量中计算高差的公式 $h=a-b$

B. 计算圆周的公式 $c=2\pi r$

C. 三角高程测量中计算高差的公式 $h=S\tan\alpha$

D. 地形图应用中计算实际距离公式 $D=dM$

24. GAB008　下列关于权的叙述中正确的是(　　)。

A. 权是衡量可靠程度的一个相对数值　　B. 权有单位

C. 观测值的精度越高,权就越大　　D. 权之比等于相应方差的倒数比

25. GAB009　下列关于加权平均值的叙述中正确的是(　　)。

A. 加权平均值是对等精度观测而言的　　B. 加权平均值也是其最或然值

C. 加权平均值也称为广义算术平均值　　D. 算术平均值是加权平均值的特例

26. GAC001　大比例尺地形图的使用方法有(　　)。

A. 在地形图上求出某点的坐标和确定直线长度

B. 在地形图上确定直线的方位角

C. 在地形图上用等高线确定任一点的高程

D. 确定地形图上直线的坡度和利用地形图绘制断面图

27. GAC002　整饰前地形图室外巡视检查的内容有(　　)。

A. 地物、地貌有无遗漏　　B. 等高线是否逼真合理

C. 符号、注记是否正确　　D. 到野外设站检查

28. GAC003　我国地形图采用高斯—克吕格平面直角坐标系,下列关于该坐标系的说法正确的是(　　)。

A. 横轴为赤道　B. 纵轴为中央子午线
C. 原点为赤道与中央子午线的交点　D. 中央子午线以西为正，以东为负

29. GAC004　地形图分幅与编号要求正确的是（　　）。
A. 地形图的分幅，可采用正方形或矩形方式
B. 图幅的编号宜采用图幅东南角坐标的千米数表示
C. 带状地形图或小测区地形图可采用顺序编号
D. 对于已施测过地形图的测区，也可沿用原有的分幅和编号

30. GAC005　在地形图上用半比例符号表示的地物有（　　）。
A. 稻田　B. 河流　C. 通信线　D. 管道

31. GAC006　下列所列内容属于地形图的图外注记的有（　　）。
A. 测图日期　B. 测绘单位　C. 坡度尺　D. 等高距

32. GAC007　地形图判读时，坡度比例尺的关系式为：$i=\tan\alpha=\frac{h}{dM}$，式中符号代表的意义正确的有（　　）。
A. $i$ 为地面坡度　B. $\alpha$ 为地面倾角
C. $h$ 为点高程　D. $d$ 为相邻等高线平距

33. GAC008　使用求积仪的方法正确的有（　　）。
A. 安置图纸和求积仪时，要求图纸平整无皱折
B. 求积仪跟踪放大镜在待量图形的中央
C. 动极轴与跟踪臂应成180°
D. 量算面积时，先设定图形比例尺和计量单位，将描迹点按顺时针方向沿图形轮廓线准确移动一周

34. GAC009　梯田是人工改造的地貌，在地形图上一般用以（　　）相配合表示。
A. 等高线　B. 梯田坎符号　C. 高程注记　D. 文字注记

35. GAD001　航空摄影测量，航摄分区划分的原则正确的是（　　）。
A. 当航摄比例尺小于1∶8000时，地形高差应小于1/4摄影航高
B. 当航摄比例尺大于或等1∶8000时，地形高差应小于1/6摄影航高
C. 分区界线不应与图廓线相一致
D. 分区内的地形类别和景物反差应尽量一致

36. GAD002　航空摄影测量中，关于像片重叠的说法正确的是（　　）。
A. 沿同一航向各像片间的重叠称为航向重叠
B. 相邻航线间像片的重叠称为旁向重叠
C. 相邻像片上包含同一地区的部分称为像片重叠
D. 足够像片重叠是进行立体观测和像片连接所必需的

37. GAD003　航空摄影测量时，对旋偏度的要求正确的是（　　）。
A. 航摄比例尺 $M\leq1/8000$ 时，旋偏度个别最大值应≤8°
B. 航摄比例尺 $1/8000<M<1/4000$ 时，旋偏度个别最大值应≤10°
C. 航摄比例尺 $1/8000<M<1/4000$ 时，旋偏度一般值应≤8°

D. 航摄比例尺 $M \geqslant 1/4000$ 时，旋偏度一般值应 $\leqslant 10°$

38. GAD004 航空摄影测量时，为了保证航空摄影质量，有公式 $\delta = T\frac{v}{m} \times 10^3$，式中符号代表的意义正确的是（ ）。

A. $\delta$ 为像点位移量（mm） B. $T$ 为飞行时间（s）

C. $v$ 为飞机地速（m/s） D. $m$ 为最高地形点的航摄比例尺分母

39. GAD005 航空测量时，不同航带数在设计用图上的总宽度计算公式为：$d_j = L\frac{m}{M}[1+(j-1)(1-q_Y)] \times 10^{-3}(j=1,2,\cdots)$，式中符号代表的意义正确的是（ ）。

A. $L$ 为图片尺寸（mm）

B. $m$ 为航摄比例尺分母

C. $M$ 为设计用图比例尺分母

D. $q_Y$ 为相对于平均基准面上的旁向重叠度（%）

40. GAD006 公路地面数据获取的内容正确的有（ ）。

A. 数据采集宜以摄影像对、地形图图幅或按公路设计桩号以公里数为单元进行，数字记录以千米为单位，小数取位根据采样记录设备的不同宜取至小数点后 2~3 位

B. 数据点采样应根据地形起伏变化的实际情况采点，应优先准确采集测区内地形特征线和地形特征点

C. 沿地形特征线采集数据时，应根据地形的实际起伏情况适当加密采样点

D. 不同地形交界处的点位密度应逐渐过渡，并应用地形特征线的形式采集表达

41. GAD007 公路工程各类地面数据文件的内容正确的是（ ）。

A. 采样数据文件基本说明包括：工程名称、采样范围及其接边关系、平面及高程坐标系统、比例尺、采样方式及数据来源等

B. 采样数据文件附加说明包括：数据采样日期、单位、作业员、仪器说明以及记录格式和地物编码的补充规定等

C. 原始采样数据以 GBK 码记录

D. 在实际作业中，还可以根据任务书的要求，选择存储为 DWG 或 DGN 格式的三维图形文件

42. GAD008 DTM 构建中，三角网模型在构网时的要求正确的是（ ）。

A. 地形三维特征线的线段在构建三角网模型时，应优先作为三角形的边进行处理

B. 构网时应首先将地形特征线、空白区域外边缘线和作业范围外缘线作为三角形的边

C. 所有三角形均不得相交和重复

D. 三角形的内角可以有钝角

43. GBA001 平面控制测量精度要求中，对最弱相邻边长相对中误差要求正确的是（ ）。

A. 当测量等级为二等时，为 1/100000 B. 当测量等级为三等时，为 1/70000

C. 当测量等级为四等时，为 1/35000 D. 当测量等级为一级时，为 1/10000

44. GBA002 使用经纬仪的操作程序正确的是（ ）。

A. 调整三脚架的腿长,使仪器安置的高度合适,架好脚架踩实,拧紧脚架螺旋之后便可一手握住照准部,一手托住基座,将仪器放在三脚架上,随即拧紧连接螺旋

B. 测站对中

C. 整平仪器

D. 用望远镜瞄准照准目标并进行读数

45. GBA003 脉冲式三维激光扫描仪( ),主要应用于矿山、水利水电、隧道、铁路、地质变形监测、城市规划等的测量。

A. 扫描距离远 B. 精度较低 C. 扫描速度慢 D. 效果好

46. GBA004 三维激光扫描仪除扫描速度快的特点外,还具有( )等特点。

A. 实时性强 B. 精度高 C. 主动性强 D. 全数字特征

47. GBA005 全站仪的数据采集系统主要有( )。

A. 电子测角系统 B. 电子测距系统

C. 光电液体补偿系统 D. 人工瞄准与跟踪

48. GBA006 使用全站仪时,电池的使用正确的是( )。

A. 电池充电时间不能超过专用充电器规定的充电时间

B. 若用快速充电器,一般只需要 60~80min

C. 电池如果长期不用,则两个月之内应充电一次

D. 存放温度以 0~40℃为宜

49. GBA007 GPS 绝对定位受到( )等因素的影响显著,所以定位精度较低。

A. 卫星星历误差 B. 信号传播误差 C. 卫星几何分布 D. 大气层阻挡

50. GBA008 GPS 静态相对定位测量时,由于采用不同载波相位观测量的线性组合,可以有效地削弱( )对定位的影响。

A. 卫星星历误差 B. 信号传播误差

C. 接收机不同步误差 D. 设置安置误差

51. GBA009 GPS 动态相对定位根据处理方式可分为( )。

A. 实时处理 B. 测后处理 C. 测前处理 D. 自动处理

52. GBA010 GPS-RTK 定位测系统除有基准站 GPS 接收机外,还有( )等。

A. 数据链无线电电台发射机及发射天线 B. 交流电源

C. 流动站接收机 D. 流动站电台接收机及接收天线

53. GBA011 采用光电测距时,根据导线长度($L$)选择导线测量等级正确的有( )。

A. 当 $L$=15km,导线等级为三等 B. 当 $L$=10km,导线等级为四等

C. 当 $L$=3. 6km,导线等级为一级 D. 当 $L$=2. 4km,导线等级为二级

54. GBA012 进行闭合导线计算前,应将导线略图中哪些内容( )填入"闭合导线坐标计算表"中。

A. 角度的观测值 B. 边长的观测值 C. 起始边的方位角 D. 起始点的坐标

55. GBA013 下列关于附合导线角度闭合差计算的说法正确的是( )。

A. 附合导线角度闭合差计算与闭合导线相同

B. 附合导线有首尾两条已知坐标方位角的边

C. 可以根据起始边的坐标方位角及测得的导线各转折角，推算出终边的坐标方位角

D. 当角度闭合差在容许范围内时，如果观测角为右角，则将角度闭合差同符号平均分配到各右角中

56. GBA014 采用钢尺量距时，根据测量导线等级确定的方位角闭合差($f_\beta$)正确的是(　　)。

A. 当导线等级为四等时，$f_\beta = \pm 5'' \sqrt{n}$

B. 当导线等级为一级时，$f_\beta = \pm 10'' \sqrt{n}$

C. 当导线等级为二级时，$f_\beta = \pm 16'' \sqrt{n}$

D. 当导线等级为三级时，$f_\beta = \pm 24'' \sqrt{n}$

57. GBA015 下列后方交会法的计算叙述正确的是(　　)。

A. 后方交会法是在已知点上设站

B. 后方交会法必须知道三个已知点的坐标

C. 未知点不能设在由三个已知点构成的危险圆上

D. 未知点落在危险圆附近时，会降低坐标精度

58. GBA016 下列关于磁子午线叙述正确的是(　　)。

A. 地球上同一地面点的磁子午线和真子午线方向虽然相近似，但并不一致

B. 磁子午线与真子午线之间的夹角称磁偏角

C. 磁北偏于真子午线之东时，为东偏，磁偏角为负值

D. 磁北偏于真子午线之西时，为西偏，磁偏角为正值

59. GBA017 二级三角形网的技术要求正确的是(　　)。

A. 平均边长 0.5km　　B. 测角中误差 10″

C. 测边相对中误差≤$\frac{1}{20000}$　　D. 三角形最大闭合差 30″

60. GBA018 四等导线测量的主要技术要求正确的是(　　)。

A. 附(闭)合导线长度≤20km　　B. 每边测距中误差≤±14mm

C. 单位权中误差≤±1.8″　　D. 方位角闭合差≤$3.6''\sqrt{n}$

61. GBA019 四等三角测量的主要技术要求正确的是(　　)。

A. 测距中误差≤±3.0mm　　B. 起始边边长相对中误差≤$\frac{1}{100000}$

C. 三角形闭合差≤9.0″　　D. $DJ_2$ 测回数≥3

62. GBA020 下列关于三边测量的主要技术要求正确的是(　　)。

A. 当测量等级为一级时，测距中误差≤±14.0mm

B. 当测量等级为一级时，测距相对中误差≤$\frac{1}{35000}$

C. 当测量等级为二级时，测距中误差≤±11.0mm

D. 当测量等级为二级时，测距相对中误差≤$\frac{1}{25000}$

63. GBA021　二级以下的三角形网的边长也可以用钢尺量距，当测量等级为二级时，下列用普通钢尺量距的主要技术要求正确的是(　　)。

A. 边长量距较差相对中误差为$\frac{1}{20000}$　　B. 定线最大偏差为 100mm

C. 尺段高差较差≤10mm　　D. 同尺各次或同段各尺的较差≤2mm

64. GBA022　当测量等级为一级时，$DJ_2$ 型经纬仪水平角观测的主要技术要求正确的是(　　)。

A. 半测回归零差≤15″　　B. 同一测回中 2c 较差≤18″

C. 同一方向各测回间较差≤12″　　D. 测回数≥2

65. GBA023　已知 A、B 点，未知点为 P，则用角度交会法计算 P 点坐标的余切公式为：

$$x_P = \frac{x_A\cot\beta + x_B\cot\alpha - y_A + y_B}{\cot\alpha + \cot\beta},\ y_P = \frac{y_A\cot\beta + y_B\cot\alpha + x_A - x_B}{\cot\alpha + \cot\beta}$$

式中相应的符号代表的含义正确的是(　　)。

A. $x_A$、$y_A$ 为已知 A 点坐标　　B. $x_B$、$y_B$ 为已知 B 点坐标

C. $\alpha$ 为 AB 与 AP 的夹角　　D. $\beta$ 为 AB 与 BP 的夹角

66. GBA024　在△ABP 中，A、B 为已知点，P 为未知点，PQ 为 AB 边的垂线，垂足为 Q，利用观测边直接计算 P 点坐标的公式为：

$$x_P = \frac{a_1x_A + b_1x_B - h(y_A - y_B)}{a_1 + b_1},\ y_P = \frac{a_1y_A + b_1y_B + h(x_A - x_B)}{a_1 + b_1}$$

式中符号的含义正确的是(　　)。

A. $x_A$、$y_A$ 为已知 A 点坐标；$x_B$、$y_B$ 为已知 B 点坐标

B. $a_1$ 为 ΔPQB 中 AQ 边的长度

C. $b_1$ 为 ΔPAQ 中 QB 边的长度

D. h 为垂线 PQ 的长度

67. GBA025　导线测量时，如采用转折角为左角，则第 n 边的坐标方位角的计算公式为：

$$\alpha_n = \alpha_0 + \sum_{i=1}^{n}\beta_{左} - n\cdot 180°$$

式中符号的含义正确的是(　　)。

A. $\alpha_0$ 为起始边的坐标方位角　　B. n 为推算边的个数

C. $\beta_{左}$为所测某导线的左角　　D. $\sum_{i=1}^{n}\beta_{左}$为所测导线的全部左角之和

68. GBA026　下列对闭合导线坐标计算的叙述正确的是(　　)。

A. 闭合导线纵、横坐标增量的代数和理论上应等于零

B. 闭合导线纵、横坐标增量闭合差为：$f_x = \sum\Delta x_{测}$，$f_y = \sum\Delta y_{测}$

C. 导线全长闭合差为：$f = \sqrt{f_x^2 + f_y^2}$

D. 当导线相对闭合差小于规范允许值时，需返工重测

69. GBA027　下列对小三角测量的叙述正确的是(　　)。

A. 测量小三角网所进行的工作称为小三角测量

B. 小三角测量需观测所有三角形的全部内角

C. 小三角测量不需要测边长

D. 小三角测量是根据已知点坐标和已知边坐标方位角，通过近似平差计算，求出各三角点坐标

70. GBA028　小三角外业测量时，观测角度正确的是（　　）。

A. 测角是小三角测量外业的主要工作

B. 观测方向只有两个时，采用测回法

C. 观测方向为三个或三个以上时，采用方向观测法

D. 三个方向观测时必须归零

71. GBA0293　小三角测量近似平差计算中，$A$、$B$、$C$、$D$ 为大地四边形的点符号，$AB$ 为基线，则该四边形角度平差检核计算公式正确的是（　　）。

A. $\sum A+\sum B=360°$

B. $A_1+B_1-A_3-B_3=0$

C. $A_2+B_2-A_4-B_4=0$

D. $\dfrac{\sin A_1\sin A_2\sin A_3\sin A_4}{\sin B_1\sin B_2\sin B_3\sin B_4}=2$

72. GBB001　下面关于地形图上点的坐标确定的叙述中正确的是（　　）。

A. 大比例尺地形图上画有 10cm×10cm 的坐标方格网

B. 在图廓的西、南角上注有方格的纵横坐标值

C. 西侧为纵坐标 $y$，从南向北逐渐增大

D. 南侧为横坐标 $x$，从西向东逐渐增大

73. GBB002　用直接量测法在地形图上确定两点间的水平距离公式：$D_{AB}=d_{AB}M$，下列叙述正确的是（　　）。

A. $D_{AB}$ 为实地水平距离

B. $d_{AB}$ 为图上量测长度

C. $M$ 为比例尺分母

D. 用钢卷尺量取 $d_{AB}$

74. GBB003　在地形图上，用量角器分别度量出直线 $AB$ 的正、反方位角 $\alpha'_{AB}$ 和 $\alpha'_{BA}$，用这种方法可以确定两点间直线的坐标方位角，下列说法正确的是（　　）。

A. 这种方法为图解法

B. 这种方法为解析法

C. 当 $\alpha'_{BA}>180°$ 时，取 $-180°$

D. 当 $\alpha'_{BA}<180°$ 时，取 $+180°$

75. GBB004　在地形图上，如果点位于地形点之中，下列确定点的高程方法叙述正确的是（　　）。

A. 点的高程视点所处位置的具体情况而定

B. 若点处于坡度无变化的均匀分布的地形点中，可参照点位与等高线之间的情况，用等量计算法，目估出相对于附近地形点的高差，以确定点的高程

C. 若点处在人工平整的地块或场地上，则点的高程等于同一地块或场地地形点的高程

D. 根据等高距，可以估算某点高程

76. GBB005　下列关于地形图上确定两点间直线坡度（$i$）的叙述正确的是（　　）。

A. 坡度一般用百分数或千分数表示

B. 当 $i>0$ 时，表示上坡

C. 当 $i<0$ 时，表示下坡

D. 坡度大的地方等高线稀疏

77. GBB006　关于利用地形图绘制沿线方向的纵断面图叙述正确的是（　　）。

A. 横轴表示水平距离

B. 纵轴表示高程

C. 纵断面图的水平距离比例尺一般选择与地形图相同

D. 纵断面图的高程比例尺和水平距离比例尺相同

78. GBB007 在下列哪些工程设计中需要考虑将来有多大面积的雨水往河流或谷地汇集( )。

A. 桥梁 B. 涵洞 C. 排水管 D. 建筑

79. GBB008 纸上定线后,现场的放点穿线法中穿线的内容是( )。

A. 采用目估法,先在适中的位置选择 $A$、$B$ 点竖立花杆,一人在 $AB$ 延长线上观测,看直线 $AB$ 是否穿过多数临时点或位于它们之间的平均位置

B. 采用经纬仪穿线时,仪器可置于 $A$ 点,然后照准大多数临时点所靠近的方向定出 $B$ 点

C. 当相邻两直线在地面上定出后,即可延长直线进行交会定出交点

D. 定交点时一般采用直线定线法

80. GBC001 已知 $D_1$、$D_2$ 为已知导线点,待加密点 $D_{1-1}$,$D_{1-2}$,…,用全站仪支导线法,叙述导线点加密过程正确的是( )。

A. 在测站点 $D_1$ 上安置仪器,开机

B. 输入测站 $D_1$ 点的坐标、仪器高、棱镜高

C. 瞄准后视点 $D_2$,输入 $D_2$ 的坐标或方位角

D. 转动望远镜,分别瞄准待加密点 $D_{1-1}$,$D_{1-2}$,…上的花杆,按下测键,稍后即可分别得到加密点坐标

81. GBC002 关于回头曲线的描述正确的是( )。

A. 回头曲线的半径小

B. 回头曲线的转弯急

C. 曲线的线型标准高

D. 回头曲线一般由主曲线和两段副曲线组成,主曲线为一转角大于等于 180°的圆曲线

82. GBC003 公路基平测量中路线水准测量的步骤正确的是( )。

A. 用水准仪进行水准点高程复测,同时加密施工用的临时水准点。并检验水准点的精度是否达到要求,超出允许误差范围时,应查明原因并及时报告有关部门

B. 用水准仪或光电测距仪等作中桩高程测量

C. 施工过程中,根据情况检测中桩高程,同时复查临时水准点高程有无变化

D. 竣工后埋设永久水准点,交付营运单位

83. GBC004 水准测量主要技术要求中,当测区为平原、微丘地区时,往返较差、附合或环线闭合差($f_h$)的规定正确的是( )。注:计算往返较差时,$L$ 为水准点间的路线长度(km);计算附合或环线闭合差时,$L$ 为附合或环线的路线长度(km)。

A. 当测量等级为二等时,$f_h \leqslant 5\sqrt{L}$ (mm) B. 当测量等级为三等时,$f_h \leqslant 12\sqrt{L}$ (mm)

C. 当测量等级为四等时,$f_h \leqslant 20\sqrt{L}$ (mm) D. 当测量等级为五等时,$f_h \leqslant 30\sqrt{L}$ (mm)

84. GBC005 中平测量的叙述正确的是( )。

A. 中平测量需作双程观测

B. 一测段观测结束后,应先计算测段高差$\sum h_{中}$

C. 高差$\sum h_{中}$与基平所测测段两端水准点高差之差,称为测段高差闭合差

D. 中桩地面高程误差不得超过±10cm

85. GBC006　下列关于竖曲线的叙述中正确的是(　　)。

A. 竖曲线一般采用螺旋线

B. 当两相邻纵坡分别为:$i_1$、$i_2$ 时,由于竖曲线的转角 $\alpha$ 很小,故可认为 $\alpha=i_1-i_2$

C. 由于竖曲线的转角 $\alpha$ 很小,所以 $\tan\frac{\alpha}{2}=\frac{\alpha}{2}$

D. 竖曲线切线长 $T=R\tan\frac{\alpha}{2}$

86. GBC007　横断面测量的高程与距离限差规定正确的是(　　)。注:$h$ 为测点至路线中桩的高差(m);$L$ 为测点至路线中桩的水平距离(m)。

A. 对于高速、一级公路,高程限差为:$\pm(h/100+L/200+0.1)$m

B. 对于高速、一级公路,水平距离限差为:$\pm(L/100+0.1)$m

C. 对二级公路以下,高程限差为:$\pm(h/50+L/100+0.1)$m

D. 对二级公路以下:$\pm(L/50+0.1)$m

87. GBC008　已知 $A$ 点、$B$ 点及待定点坐标,使用全站仪,利用极坐标法测设点的平面位置时,操作步骤正确的是(　　)。

A. 在 $A$ 点安置全站仪,将 $A$ 点、$B$ 点及待定点坐标输入全站仪

B. 后视 $B$ 点定向,选取坐标放样菜单,设置测设点坐标和后视点坐标

C. 根据全站仪解算的水平角和距离,转动照准部跟踪棱镜位置,直至较差为零,制动照准部

D. 在视线方向上前后移动棱镜,直至水平距离与解算距离相同止,最后打桩定位

88. GBC009　路拱形式及特点叙述正确的是(　　)。

A. 直线形路拱适用于低等级公路

B. 抛物线形路拱适用于高等级公路

C. 直线形路拱平整度和水稳定性好

D. 抛物线形路拱有利于迅速排出路表积水

89. GBC010　下列关于公路中桩间距($d$)规定正确的是(　　)。

A. 当公路处在平原微丘区的直线段时,$d\leqslant 50$m

B. 当公路处在山岭重丘区的直线段时,$d\leqslant 30$m

C. 当曲线半径 $R<60$m 时,$d=5$m

D. 当曲线半径 $30\text{m}<R<60$m 时,$d=10$m

90. GBC011　主、副曲线的交点为 $A$、$B$,观测转角分别为 $\alpha_1$、$\alpha_2$,切基线长 $AB$ 已知,在选定主曲线半径 $R_1$ 后,计算副曲线测设元素的步骤正确的是(　　)。

A. 根据主曲线的转角 $\alpha_1$ 和半径 $R_1$ 计算主曲线的测设元素 $T_1$、$L_1$、$E_1$、$D_1$

B. 根据切基线长度 $AB$ 和主曲线切线长 $T_1$,计算副曲线的切线长 $T_2$

C. 根据副曲线的转角 $\alpha_2$ 和切线长 $T_2$，计算副曲线半径 $R_2$

D. 根据副曲线的转角 $\alpha_2$ 和半径 $R_2$ 计算主曲线的测设元素 $T_2$、$L_2$、$E_2$、$D_2$

91. GBC012 公路纵断面设计的主要内容是根据道路等级、沿线自然条件和构造物控制标高等，确定(    )。

A. 路线合适的标高 B. 各坡段的纵坡度 C. 各坡段的坡长 D. 相应的圆曲线

92. GBC013 用全站仪测设公路中线的优点，下列叙述正确的是(    )。

A. 测距精度高

B. 测距可达到 5km，联测时可将导线延长，直接与高级控制点连接

C. 纵断面测量中的中平测量可无须单独进行

D. 沿途遇有控制点，可与之连接，增加校核

93. GBC014 里程桩正常设置为整桩，遇到特殊情况需加桩，加桩分为(    )。

A. 地形加桩 B. 地物加桩 C. 曲线加桩 D. 高低加桩

94. GBC015 选线应重视环境保护，注意由于公路修筑、汽车交通运行产生的影响和污染，如(    )等。

A. 路线对自然景观与资源可能产生的影响

B. 占地、拆迁房屋所带来的影响

C. 路线对城镇布局、行政区划、农业耕作区、水利排灌体系等现有设施造成分割而引起的影响

D. 噪声对居民以及汽车尾气对大气、水源、农田污染所造成的影响

95. GBC016 沿河线的特点是(    )。

A. 山区河谷一般不宽，谷坡上陡下缓，多有间断阶地

B. 河谷地质情况复杂，常有滑坡、岩堆、泥石流等病害发生

C. 河流平时流量不大，一遇到暴雨，山洪暴发，冲刷河岸，毁坏田园，危害甚大

D. 沿河线主要应处理好河岸的选择、线位高低和跨河岸地点三者间的关系

96. GBC017 在公路纵断面图中，纵坡设计线的上方标注的内容正确的是(    )。

A. 桥涵类型、孔径、跨数 B. 桥涵的里程桩号

C. 竖曲线示意图及其曲线元素 D. 平曲线元素

97. GBC018 关于设计缓和曲线的必要性叙述正确的是(    )。

A. 车辆在直线段上时，曲率半径为无穷大，超高为零

B. 车辆在圆曲线上曲率半径为 $R$，超高为定值 $h$

C. 当车速过快时，车辆从直线直接进入圆曲线会引起事故

D. 在直线与曲线间插入一段半径由无穷大逐渐变化到 $R$ 的曲线，使车辆行驶平稳

98. GBC019 下列是测距仪说明书中列出的主要技术性能及功能的是(    )。

A. 测程 B. 高差修正 C. 气象修正 D. 棱镜常数修正

99. GBC020 下列关于缓和曲线的基本公式的含义叙述正确的是(    )。

A. 回旋线是曲率半径随曲线长度的增大而成反比的均匀减小的曲线

B. 公式：$\rho l=c$，$\rho$、$l$ 分别为回旋线上任一点曲率半径与曲线长度

C. $c$ 为常数，在缓和曲线 $HY$ 点，曲率半径等于圆曲线半径，曲线长为缓和曲线全长，即

$c=Rl_s$

D. 缓和曲线长度的确定应考虑行车的舒适及超高过渡的需要，且不应小于汽车 5s 行程

100. GBC021 利用切线支距法测设缓和曲线范围内的坐标计算公式为：

$$x=l-\frac{l^5}{40R^2l_s^2},y=\frac{l^3}{6Rl_s}-\frac{l^7}{336R^3l_s^3}$$

式中符号的含义正确的是（ ）。

A. $x$、$y$ 为缓和曲线上任一点的横坐标和纵坐标

B. $l$ 为任一点至 $ZY$ 或 $YZ$ 点曲线长

C. $l_s$ 为缓和曲线长全长

D. $R$ 为圆曲线半径

101. GBC022 测距仪距离测量作业的要求正确的是（ ）。

A. 作业开始前，应使测距仪与外界温度相适应；检查电池电压是否符合要求

B. 要严格遵照所使用型号仪器说明书中有关规定的操作程序进行作业

C. 仪器棱镜的对中器应进行检查，对中误差均不得超过 2mm，在仪器和棱镜置平后，应及时量取仪器高和棱镜高，量至分米

D. 测距时，宜按仪器性能在规定的测程小范围内使用规定的棱镜个数

102. GBC023 对测距仪的检视包括（ ）。

A. 外观检视

B. 检查测距仪各个按钮，按钮运动是否灵活

C. 按说明书的使用步骤，通电检查仪器的功能

D. 检查反射棱镜、光学对点器、觇牌、气压计、温度计、充电器、电池等是否齐全与适用

103. GBC024 公路路基的类型有（ ）。

A. 路堤 B. 路堑 C. 半填半挖 D. 不填不挖

104. GBC025 板桥一般具有的优点有（ ）。

A. 建筑高度小，适用于桥下净空受限制的桥梁

B. 外形简单，制作方便

C. 做成装配式板桥的预制构件时，重量不大，架设方便

D. 可在工厂采用工业化施工，组织大规模预制生产

105. GBC026 装配式梁桥与整体式梁桥相比，优点有（ ）。

A. 利于大规模工业化制造 B. 降低工程造价

C. 缩短工期 D. 减少材料的消耗

106. GBC027 拱桥除了外形美观外，主要优点还有（ ）。

A. 跨越能力较大 B. 能充分做到就地取材

C. 能耐久，而且养护、维修费用少 D. 构造较简单

107. GBC028 下面关于 T 型刚构桥的叙述正确的有（ ）。

A. T 型刚构桥是一种具有悬臂受力特点的梁式桥

B. T 型刚构桥承受负弯矩

C. T 型刚构桥伸缩缝较多

D. T 型刚构桥跨径大

108. GBC029 下面关于吊桥的叙述正确的有( )。

A. 吊桥是具有水平反力的结构

B. 吊桥的结构自重较轻

C. 吊桥的结构刚度好

D. 吊桥便于无支架悬吊拼装

109. GBD001 已知建筑方格网的一边 $EF$ 定出一条长边 $MN$,矩形控制网四角点符号分别为:$M$、$N$、$P$、$Q$,则单一矩形网测设步骤正确的是( )。

A. 按直角坐标法,精确丈量 $MN$ 长度

B. 将经纬仪安置在 $M$、$N$ 点精确测设 90°角

C. 精确丈量 $MQ$、$NP$ 的长度,定出 $P$ 点和 $Q$ 点

D. 实量 $PQ$ 的长度进行检核

110. GBD002 关于确定矩形控制网的四角坐标的叙述正确的是( )。

A. 根据厂房或系统工程平面图、现场条件等,选定各控制点并能长期使用和保存

B. 控制点要避开地上、地下管线,并与建筑物基础的开挖线保持 0.5~1.0m 的距离

C. 矩形边上的距离指标桩,宜选在厂房柱列轴线或主要设备的中心线方向上,以便直接利用距离指标桩进行细部放样

D. 矩形控制网的顶点和重要的距离指标桩应埋设永久桩

111. GBD003 假定 $M$、$N$ 为两建筑红线桩,建筑主轴线 $AB$,$M$ 桩坐标:$x=100.000$m,$y=200.000$m;$N$ 桩坐标:$x_1=300.000$m,$y_1=200.000$m,且新建筑物 $A$ 点坐标:$x_2=130.000$m,$y_2=250.000$m,新建筑长 150m,宽 20m,则根据建筑红线桩测设建筑物主轴线步骤正确的是( )。

A. 在 $M$ 点安置经纬仪,对中整平后,精确照准 $N$ 点,拧紧水平度盘固定螺旋

B. 用望远镜对准直线上 $N$ 桩,从 $M$ 点量出 $MA_1=30$m,从前视方向线上定出点 $A_1$

C. 在 $A_1$ 点安置经纬仪,对中整平后,转动照准部,照准 $N$ 点并使水平度盘读数对零,固定水平度盘;纵转望远镜,照准 $M$ 点,检查仪器安置照准的正确性,正确无误后,转动望远镜 90°00′00″,固定望远镜,在望远镜十字丝照准方向线上,从 $A_1$ 点起量取 50m,定出 $A$ 点,再从 $A_1A$ 照准方向线上,从 $A$ 点量取 20m 定出 $C$ 点,同理定出 $B$、$D$ 点

D. 检查 $CD$ 是否垂直 $AC$,$CD$ 直线是否等于 150m。在 $C$ 点安置经纬仪,对中整平,前视 $A_1$ 点,转 90°00′00″,检查 $D$ 点是否在方向线上,边长误差定为 1/1000~1/2000

112. GBD004 下列关于柱子安装测量的叙述正确的是( )。

A. 预制的钢筋混凝土柱子插入杯口后,应使柱子三面的中心线与杯口中心线对齐,用木楔或钢楔固定

B. 用两台经纬仪,分别安置在柱基纵、横线上,离柱子的距离不小于柱高的 1 倍,先用望远镜瞄准柱底的中心线标志,固定照准部后,再缓慢抬高望远镜观察柱子偏离十字丝竖丝的方向,指挥用钢丝绳拉直柱子,直至从两台经纬仪中,观测到的柱子中心

线都与十字丝竖丝重合为止

C. 在杯口与柱子的缝隙中浇入混凝土，以固定柱子的位置

D. 在实际安装时，一般是一次把许多柱子都竖起，然后进行垂直校正，这时可把两台经纬仪分别安置在纵横轴线的一侧，一次可校正几根柱子，但仪器偏离轴线的角度，应在15°之内

113. GBD005　吊车梁安装前的准备工作正确的是(　　)。

A. 在柱面上量出吊车梁顶面标高　　B. 在吊车梁上弹出梁的中心线

C. 在牛腿面上弹出梁的中心线　　D. 在地面放出柱列轴线

114. GBD006　高层建筑轴线投测步骤正确的是(　　)。

A. 在轴线控制桩上安置经纬仪，后视墙底部的轴线标点，用正倒镜取中的方法，将轴线投到上层楼板边缘或柱顶上

B. 用钢尺对轴线进行测量，作为校核

C. 每层楼板中心线应测设长线1~2条，短线2~3条

D. 开始施工

115. GBD007　水下地形测量的特点正确的是(　　)。

A. 水下地形图在投影、坐标系统、基准面、图幅分幅及编号、内容表示、综合原则以及比例尺确定等方面都与陆地地形图不一致，测量方法也不一样

B. 水下地形测量时，每个测点的平面位置与高程一般是用不同的仪器和方法测定

C. 水下地形测量时，水下地形的起伏看不见，不像陆地上的地形测量可以选择地形特征点进行测绘，而只能用探测线法或散点法均匀地布设一些测点

D. 水下地形测量的内容不如陆地上的那样多，一般只要求用等高线或等深线表示水下地形的变化

116. GBD008　水下地形图的用途之一的叙述正确的是(　　)。

A. 建设现代化的深水港，开发国家深水岸段和沿海、河口及内河航段，已建港口回淤研究与防治等都需要高精度的水下地形图

B. 在桥梁、港口码头以及沿江河的铁路、公路等工程建设也需要进行一定范围的水下地形测量

C. 海洋渔业资源的开发和海上养殖业等都需要了解相关区域的水下地形

D. 海洋石油工业及海底输油管道、海底电缆工程和海底隧道，以及海底矿藏资源的勘探和开发等，更是离不开水下地形图

117. GBD009　下列关于seaBeam型多波束测深仪技术指标正确的是(　　)。

A. 频率为180kHz　　B. 波束数为126

C. 扇区开角为153°　　D. 扫描宽度为15倍水深

118. GBD010　下列关于水位观测叙述正确的是(　　)。

A. 水深测量需与陆地上平面位置与高程联系起来才具有水下地形测绘等实用价值。测深与高程系统的联系，一般通过水位观测实现

B. 简单的水准观测站为立在岸边水中的标尺，标尺零点高程通过与假定高程联测求得

C. 在落差较大的地区，应设置多个水位观测站，并利用其观测值按距离或高差进行归

算改正

D. 利用水文观测资料查询

119. GBD011　下列关于测深点的布置正确的是(　　)。

A. 为连续测得水深,必须选择适当的测深线间隔和方向

B. 测深线间隔一般取为图上 1cm,测深线方向一般与等深线垂直

C. 水底平坦开阔的水域,测深线方向可视工作方便选择

D. 江河上可根据河宽和流速,布设横向、斜向或综合的测深线

120. GBD012　多波束测深仪按工作频率分的类型有(　　)。

A. 一般将工作频率在 95kHz 以上的称为浅水多波束

B. 频率在 36~60kHz 之间的称为中水多波束

C. 频率在 12~13kHz 之间的称为深水多波束

D. 频率在 10kHz 以下的称为超深水多波束

121. GBD013　水深测量的外界环境影响因素有(　　)。

A. 波浪反射的影响　　B. 鱼、水草等反射的假回声

C. 潮汐　　D. 海面气象条件的变化

122. GBD014　水下地形测量内业的准备工作正确的是(　　)。

A. 测量资料的整理和检查　　B. 展点,即把测深点展绘在图纸上

C. 标注点坐标　　D. 勾绘等深线

123. GBD015　直线桥梁的墩、台定位的光电测距法叙述正确的是(　　)。

A. 光电测距一般采用经纬仪

B. 测设时最好将仪器置于桥轴线的一个控制桩上,瞄准别一个控制桩,此时望远镜所指的方向为桥轴线方向

C. 如在桥轴线控制桩上测设遇有障碍,也可将仪器置于任何一个控制点上,利用墩、台中心的坐标进行测设

D. 为确保测设点位的准确,测后应将仪器迁至另一个控制点上再测设一次进行校核

124. GBD016　在建的桥梁在缓和曲线上,偏距计算公式为:$E=\frac{L^2}{8R}\frac{l_T}{l_s}$,则式中符号代表的含义正确的是(　　)。

A. $L$ 为桥墩中心距　　B. $R$ 为圆曲线半径

C. $l_T$ 为计算点至 ZH(或 HZ)的长度　　D. $l_s$ 为缓和曲线长

125. GBD017　下面所列的名词属于明挖基础施工放样时用到的是(　　)。

A. 基础　　B. 基坑　　C. 梁肋　　D. 墩台

126. GBD018　桥梁桩基础定位放样的方法叙述正确的是(　　)。

A. 打入桩基础是预先将桩制好,按设计位置及深度打入地下

B. 钻孔桩是在基础的设计位置上钻好孔,然后在桩孔内放入钢筋笼,并浇筑混凝土成桩

C. 在桩基础完成后,在桩基上浇筑盖梁

D. 承台施工完成后,在其上修筑墩身

127. GBD019 柱式桥墩柱身施工支模垂直度校正方法有(　　)。

A. 吊线法　　B. 经纬仪投线法

C. 经纬仪平行线法　　D. 垂准仪法

128. GBD020 涵洞施工放样的叙述正确的是(　　)。

A. 当涵洞位于路线直线上时,依据涵洞所在的里程,自附近的公里桩、百米桩沿路线方向量出相应的距离,即得涵洞轴线与路线中线的交点

B. 正交涵洞的轴线与路线中线或其切线垂直

C. 基坑挖好后,根据龙门板上的标志将基础边线投放到坑底,作为砌筑基础的依据

D. 基础建成后,安装管节或砌筑涵身等各个细部的放样,仍以涵洞轴线为基准进行

129. GBD021 锥形护坡放样的双点双距图解法的测设步骤正确的是(　　)。

A. 在图纸上绘出一条长度为 5 倍椭圆长径即 $5a$ 的直线 $AA'$

B. 取 $AA'$ 的中点 $B$,从 $B$ 作垂直于 $AA'$ 的垂直线 $BC$,且使 $BC$ 等于椭圆短半径 $b$

C. 以 $C$ 为圆心,以 $a$ 为半径画弧交 $AA'$ 于 $O$、$O'$ 两点,即为椭圆两焦点

D. 以 $O$、$O'$ 两点为焦点作椭圆曲线 $AC$,将 $AC$ 曲线分成若干段得到 1,2,3,…各点,按绘图比例尺量出这些点至 $B$、$C$ 的距离 $u_i$、$v_i$,作为放样数据

130. GBD022 桥梁架设准备阶段的支承垫石测定叙述正确的是(　　)。

A. 通过桥轴线在墩顶放出方向线及墩、台中心点间距,经设计里程调整后所得的中心点位,即可在墩顶定出墩、台的纵、横中心线,并在墩的四边标板上固定

B. 根据设计图要求定出支承垫石中心十字线,且用墨线标出,作为安装支座底板的依据

C. 支承垫石顶面高程可通过各墩顶水准标志高程进行测设

D. 浇筑支承垫石混凝土时,放样的顶面高程一般应略低于设计高程,在安装支座底板时可适当垫高

131. GBD023 关于桥梁架设阶段的支座调整测量的叙述正确的是(　　)。

A. 安装支座底板时,固定支座底板,用底板上标志对应于支承垫石十字线进行定位

B. 活动支座底板对于一般跨度不大(≤40m)的梁,特别是混凝土梁,气温变化所引起的梁长变化很小,亦可依照固定支座底板的定位方法定位,但应考虑梁的实际跨长作适当调整,纵向方向不变,底板两侧横向点自支承垫石横向十字线的同一侧移动,且移动量相同

C. 若实际跨长大于设计跨长,应向本桥跨内侧移动;反之向外侧移动

D. 对于跨长较大(>40m)的梁,特别是钢梁,应根据设计图并结合施工时的气温,以确定活动支座底板安装调整量

132. GBD024 布设隧道地面控制网前,应收集的资料正确的是(　　)。

A. 隧道所在地区的大比例地形图,隧道所在地段的路线平面图,隧道的纵、横断面图

B. 各竖井、斜井、水平坑道和隧道的相互关系位置图

C. 隧道所在地区水文地质资料

D. 该地区原有的测量资料,地面控制资料和气象、水文、地质等方面的资料

133. GBD025 下列关于施工测量的精度的叙述正确的是(　　)。

A. 高层建筑测设的精度与低层建筑相同

B. 钢筋混凝土结构工程的精度高于砖混结构工程

C. 钢架结构的测设精度要求更高

D. 建筑物本身的细部点测设精度比建筑物主轴线点的测设精度高

134. GBD026 下列对已知直线长度的施工测量叙述正确的是( )。

A. 将经纬仪安置在直线的起点上并标定直线方向

B. 陆续在地面上打入尺段桩和终点桩,并在桩上刻画十字标志

C. 精密丈量距离的同时,测定量距时的温度和各尺段高差,做各种尺长改正

D. 根据丈量结果与已知长度的差值,在终点修正初步标定的刻线,差值较大时应换桩

135. GBE001 下列关于基准线法的叙述正确的是( )。

A. 人们常常最关心建筑物沿某一特定方向上的水准位移,专门解决这一问题的一类方法称为基准线法

B. 在建筑物上埋设一些观测标志,定期测量观测标志偏离基准线的距离,就可了解建筑物随时间位移的情况

C. 准直测量就是测量测点偏离基准线的垂直距离的过程,它以观测某一方向上点位相对于基准线的变化为目的

D. 大坝常用的引张线法就是用拉紧的金属线构成的基准线,还有测小角法也是工程技术人员常用的一种形式

136. GBE002 使用激光经纬仪准直法时,当要求具有 $10^{-5} \sim 10^{-4}$ 量级准直精度时,可采用( )等。

A. $DJ_2$ 型仪器配置氦—氖激光器　B. 半导体激光器的激光经纬仪

C. 半导体激光器的光电探测器　D. 目测有机玻璃方格网板

137. GBE003 下列对分段基准线观测的叙述正确的是( )。

A. 当基准线超 800m 时,采用分段基准线法观测

B. 为了减少旁折光的影响,对气象条件要求更加严格

C. 为了获得较高的精度,采用分段基准线法观测

D. 采用分段基准线法观测时,要考虑观测时间

138. GBE004 引张线法测定水位位移的叙述正确的是( )。

A. 引张线法常用于大坝变形观测　B. 引张线安置在坝体廊道内

C. 引张线法不受旁折光和外界的影响　D. 引张线法观测精度较高

139. GBE005 下列关于建筑水平位移观测点的布设与观测周期叙述正确的是( )。

A. 建筑水平位移观测点的位置应选择在墙角、柱基及裂缝两边等处

B. 标志可采用墙上标志,具体形式及其埋设应根据点位条件和观测要求确定

C. 水平位移观测周期,对于不良地基土地区,可与沉降观测一并协调确定

D. 对于受基础施工影响的有关观测,应按施工进度需要确定,可逐日或隔 2~3 天观测一次,直至施工结束

140. GBE006 日照变形观测的方法包括( )。

A. 激光垂准仪观测法　B. 测角前方交会法　C. 方向差交会法　D. 直角坐标法

141. GBE007　下列关于挠度观测技术要求的叙述正确的是(　　)。

A. 挠度观测的周期应根据载荷情况并考虑设计、施工要求确定

B. 建筑基础挠度观测可与建筑沉降观测同时进行

C. 建筑主体挠度观测,除观测点应按建筑结构类型在各不同高度或各层处沿一定垂直方向布设外,其标志设置、观测方法应按规定执行

D. 独立构筑物的挠度观测,除可采用建筑主体挠度观测要求外,当观测条件允许时,亦可用挠度计、位移传感器等设备直接测定挠度值

142. GBE008　地面摄影测量可用于房屋建筑、道路边坡、(　　)等的变形观测,精度可达亚毫米级。

A. 桥梁隧道　　B. 水电工程　　C. 地下工程　　D. 高耸建筑物

143. GBE009　布设建筑物的沉降观测点时,点位布设原则是(　　)。

A. 设置在裂缝、沉降缝或伸缩缝的两侧,新旧建筑物或高低建筑物、纵横墙交接处

B. 设置在人工地基和天然地基接壤处,建筑物不同结构分界处

C. 设置在烟囱、水塔和大型储藏罐等高耸建筑物基础轴线的对称部位,每一建筑物不得少于 2 个点

D. 设置在重型设备、动力设备的基础或易受震动影响的周边

144. GBE010　已知 $AB$ 为基准线,$P$ 为观测点,$P$ 至 $A$ 的水平距离为 $D$,则测小角法的步骤正确的是(　　)。

A. 在 $A$ 点安置经纬仪

B. 在 $B$ 点及观测点 $P$ 上设立观测标志

C. 测出水平角 $\beta$,该角值较小

D. $P$ 点在垂直于基准线 $AB$ 方向上的偏移量计算公式为:$\delta=\frac{\beta}{\rho}D$

145. GBE011　常见的倾斜仪有(　　)。

A. 水管式倾斜仪　　B. 水平摆倾斜仪　　C. 手提式倾斜仪　　D. 电子倾斜仪

146. GBE012　下列对桥梁变形观测的叙述正确的是(　　)。

A. 为了查明桥梁墩、台沉降及位移量,必须进行梁板的位移观测

B. 观测的周期在施工期间和桥梁竣工初期应缩短

C. 当已初步掌握变形规律后,观测周期可适当延长

D. 在特殊情况下,如地震、洪水,应增添观测次数

147. GBF001　施工管理的主要内容有(　　)。

A. 落实施工任务,签订承包合同

B. 进行开工前的各项业务准备和现场施工条件的准备,促成工程开工

C. 按计划组织综合施工,进行施工过程的全面控制和全面协调

D. 利用施工任务书,进行基层的施工管理

148. GBF002　建筑企业班组的不固定性是指班组的(　　)不固定。

A. 施工生产任务　　B. 工作地点、环境　　C. 施工管理　　D. 人员组成

149. GBF003　班组计划管理的内容包括(　　)。

A. 接受任务后,需测算班组施工能力,编制好班组施工计划,为完成生产任务做好一切必需的准备工作

B. 组织班组成员执行作业计划并要逐日按所规定的和分派的任务、时间、质量要求,逐项进行检查,对发现的缺陷要认真进行整改

C. 抓好班组作业的综合平衡和劳动力调配,及时进行平衡和调整,保证计划的实现

D. 做好班组基础资料的建设与管理

150. GBF004 班组的质量管理工作包括(　　)。

A. 进行经常深入全面的质量教育

B. 班组的一般质量管理方法

C. 测量放线工作的质量管理

D. 施工物资采购

151. GBF005 劳动组织的基本任务包括(　　)。

A. 在合理的分工与协作的基础上,正确地配备职工,充分发挥每个劳动者的专长和积极性,避免劳动力浪费

B. 根据生产发展需要,不断调整劳动组织,采用合理的劳动组织形式,保证不断提高劳动生产率

C. 正确处理工人与劳动工具和劳动对象之间的关系,保证生产第一线的劳动生产率的提高

D. 劳动组织要有利于发挥工人的技术专长;有利于每个工人有合理的工作负荷;有利于每个工人有明确的责任;有利于稳定职工队伍、安心工作、钻研技术,充分发挥职工的积极性和主动性;有利于工种工序间的衔接协作;有利于施工生产的指挥调节

152. GBF006 掌握本工种的安全操作规程包括(　　)。

A. 认真学习有关安全知识

B. 自觉遵守安全生产的各项制度

C. 听从安全人员的指导,做到不违章,不冒险进行作业

D. 时时处处注意人身和仪器工具的安全,做到安全生产

153. GBF007 建筑供应的基本任务包括(　　)。

A. 组织货源　　B. 平衡调度　　C. 合理计划　　D. 选择供料方式

154. GBG001 操作系统的功能包括(　)。

A. 打印　　B. 处理机　　C. 存储　　D. 设备和文件管理

155. GBG002 Pline 命令在 AutoCAD 中被称为连续线段,特性有(　　)。

A. 它们可由点画线来绘制

B. 它们可以有宽度和斜度,具有宽度的连续线段可用于形成一个填充的实心圆

C. 线和弧的序列可以形成一个封闭的图形

D. 连续线段可以被编辑删除几个顶点、加进几条线或几段弧,并把一些连续段加入整个连续线段内

156. GBG003 AutoCAD 的命令 Erase 常用的选取图形模式及其用法是(　　)。

A. 直接点击图形与混合“窗选”(W)、“框选”(C)与“篱选”(F)等选择项来快速选取

图形

B. 选开窗将所有图形一次选取，再使用“移除”（R）选择项来将不选的少数图形剔除

C. 使用“多边形窗选”（WP）与“多边形框选”（CP）等选择项选取复杂图面内的图形

D. 要恢复被误删除的图形可以用 Oops 命令项，也可以用 Undo 命令

157. GBG004 AutoCAD 的高效使用绘图命令之一有（ ）。

A. 复制 B. 镜像 C. 平行复制 D. 阵列

158. GBG005 线性尺寸是下列（ ）的总称。

A. 水平尺寸 B. 垂直尺寸 C. 半径尺寸 D. 旋转尺寸

159. GBG006 使用设计中心可以很方便地查找与图形有关的内容，包括（ ）。

A. 图形 B. 填充图案 C. 块 D. 外部参照

160. GBG007 应用软件是用户利用计算机和它所提供的系统软件，为解决（ ）实际问题而编制的程序和文档。

A. 外部的 B. 复杂的 C. 自身的 D. 特定的

**三、判断题**（对的画“√”，错的画“×”）

（ ）1. GAA001 中国最东端为东经 135°02′30″，即黑龙江和乌苏里江交汇处。

（ ）2. GAA002 中国最南端为北纬 2°52′，即南沙群岛曾母暗沙。

（ ）3. GAA003 地球椭球是代表整个地球大小、形状的数学体，其一级近似为椭球。

（ ）4. GAA004 用经度和纬度表示地面点的位置，称为地理坐标。

（ ）5. GAA005 独立平面直角坐标也称为假定平面直角坐标。

（ ）6. GAA006 遥感技术是从人造卫星、飞机或其他飞行器上收集地物目标的电子信息，判认地球环境和资源的技术。

（ ）7. GAA007 遥感仪器在探测中，由遥感器、遥感平台、信息传输设备、接收装置以及图像处理设备等组成。

（ ）8. GAA008 全站仪按数据存储方式可以分为内存型和电脑型。

（ ）9. GAA009 全站仪按照结构形式，分为积木式和组合式。

（ ）10. GAA010 当地面两点距离为 100km 时，如用水平面代替大地水准面，产生的相对误差约为 1/12100，距离误差为 82.1cm。

（ ）11. GAA011 用水平面代替大地水准面会在尺上读数产生误差，该误差的计算公式为 $c=D^2/(2R)$。

（ ）12. GAA012 在多元信息复合中，像元级融合的作用是增加图像中有用信息分布，以便改善如分割和特征提取等处理的效果。

（ ）13. GAA013 电子水准仪是在光学水准仪的基础上发展起来的。

（ ）14. GAA014 在同一竖直面内视线与竖直线之间的夹角称为竖直角。

（ ）15. GAA015 遥感信息的提取主要有两个途径：目视解译和计算机的数字图像处理。

（ ）16. GAA016 数字航空摄影所获取的影像各通道灰度直方图大多接近离散分布，彩色影像不偏色。

（ ）17. GAB001 在工程测量过程中都存在不可避免的偶然误差。

(　　)18. GAB002　尽管 GPS 卫星均设有高精度的原子钟,但它们与理想的 GPS 时之间,仍存在着难以避免的偏差或漂移,这种偏差的总量约 2ms 以内。

(　　)19. GAB003　导线测量中,当采用测量等级为三等时,每边测距中误差 $m \leqslant \pm 20$mm。

(　　)20. GAB004　在山丘区,当平均每公里单程测站多于 25 个时,高差偏差 $\Delta h \leqslant \pm 4\sqrt{n}$ (mm)($n$ 为水准点间单程测站数)。

(　　)21. GAB005　角度误差的观测值误差中,整平误差可导致水平度盘与竖盘不能严格水平。

(　　)22. GAB006　为了减少水准测量误差,观测前应对仪器进行认真的检验和校正。

(　　)23. GAB007　在误差传播定律中,如果知道了观测值,即可以计算出函数的中误差。

(　　)24. GAB008　观测质量越高,其观测值的中误差就越小,其权就越大。

(　　)25. GAB009　对于不等精度观测,$n$ 个不等精度观测值的最或然值 $X$,将各观测值 $L_i$ 乘上其权后求和,然后除以各观测值权数的总和,即可得到不等精度观测值的估计值。

(　　)26. GAC001　地图按着比例尺分为大比例尺地图、中比例尺地图、小比例尺地图三类。

(　　)27. GAC002　地形图的整饰中,图上的注记、地物以及等高线均按甲方要求的图式进行。

(　　)28. GAC003　高斯投影,中央子午线投影后为直线且长度不变,其余子午线投影均为凸向中央子午线的对称曲线。

(　　)29. GAC004　为了全球统一,1∶1000000 的地形图分幅是按国际上的统一规定来进行的,其具体做法是将整个地球表面按经差 6°、纬差 3°进行分幅。

(　　)30. GAC005　地形图上表示房屋、湖泊、森林、农田的符号采用的是非比例符号。

(　　)31. GAC006　在中、小比例尺的北图廓线的左上方,还绘有真子午线、磁子午线和坐标纵轴三个方向之间的角度关系,称为三北方向图。

(　　)32. GAC007　地形图的判读是一项非常复杂而细致的工作,要想准确掌握某图幅或某地区的详细情况,必须在粗读的基础上再逐项细读,并对与工程规划设计有关的地图要素进行综合分析,确定其相互关系。

(　　)33. GAC008　对于复杂的多边形,采用几何图形法求面积时,一般是将其划分为若干个三角形进行量算,为保证精度,所划三角形的底高之比以接近 1∶2 为好。

(　　)34. GAC009　等高距与地形图的比例尺、地区类型有关,地形起伏越大,等高距平距越大。

(　　)35. GAD001　航空摄影测量中,地形困难地区,分区的结合部宜设置在地形较好的地段,以利于像片联测时的作业。

(　　)36. GAD002　航空摄影测量是从卫星上拍摄地面照片,以获得各种信息资料和测绘地形图。

(　　)37. GAD003　摄影测量根据对地面获取影像位置的不同,可分为航空摄影测量、地面(或近景)摄影测量。

(　　)38. GAD004　航摄时因飞机地速产生的最大像点位移在底片上应小于 0.06mm。

(　　)39. GAD005　航带设计略图要以适当比例尺绘制出各航摄区 1∶50000 地形图图幅结合图，注明图号，在结合图中要详细地标出各航摄分区范围并标注分区号。

(　　)40. GAD006　数据采集的形式应根据工程设计的要求、外业或内业采集的方式、采集设备等条件进行合理安排。

(　　)41. GAD007　当采用野外测量方法采集数据时，跑点人员宜一次完成同一条地形特征线上点的测量并正确记录属性代码。

(　　)42. GAD008　对于大比例尺及工程项目施工与可研阶段实际应用时，可采用规则格网模型。

(　　)43. GBA001　平面控制网精度等级划分中，卫星定位测量控制网依次分为二、三、四级和一、二等。

(　　)44. GBA002　角度测量最常用的仪器是经纬仪。

(　　)45. GBA003　短距离三维激光扫描仪，最长扫描距离不超过 5m。

(　　)46. GBA004　短距离三维激光扫描仪，一般最佳扫描距离为 3.2~5.5m。

(　　)47. GBA005　全站仪测距部分相当于电子经纬仪。

(　　)48. GBA006　使用全站仪测量时，键盘的键要轻按，以免损坏键盘。

(　　)49. GBA007　GPS 绝对定位方式仅需一台接收机就可以完成，因此又称为单点定位。

(　　)50. GBA008　GPS 静态相对定位测量精度低。

(　　)51. GBA009　GPS 动态相对定位的实时处理方式，不需要在基准站和用户之间建立数据的实时传输系统，由电脑自动完成。

(　　)52. GBA010　网络 RTK 技术的出现解决了流动站与基准站间距离与定位精度之间的矛盾。

(　　)53. GBA011　支导线无检核条件，布设时应限制导线点数，一般不得超过 4 个。

(　　)54. GBA012　闭合导线是从一个已知控制点开始，经过若干点，最后又回到这个已知控制点上，形成一个闭合多边形。

(　　)55. GBA013　附合导线并不构成闭合多边形，故其没有角度闭合差。

(　　)56. GBA014　四级导线角度闭合差的容许值为 $\beta_{容} \leqslant 10'' \sqrt{n}$ 。

(　　)57. GBA015　交会定点测量只能在两个已知控制点上设站，分别向待定点观测方向和距离，而后计算待定点的坐标。

(　　)58. GBA016　在 GPS 测量中处理卫星轨道误差的方法有三种：忽略轨道误差、采用轨道改进法处理观测数据以及同步观测值求差。

(　　)59. GBA017　城市三角网要求，四等网测角中误差为±5″。

(　　)60. GBA018　由于导线纵、横坐标增量闭合差的存在，使导线不能闭合而出现缺口，缺口的长度称为导线闭合差。

(　　)61. GBA019　三角控制测量时边长应接近相等，各内角值宜接近 60°，一般不小于 30°，但如受地形限制时，不应小于 20°。

(　　)62. GBA020　三边网宜布设为近似等边三角形,各三角形的内角不宜大于 100°和小于 30°,受限制时不应小于 20°。

(　　)63. GBA021　在导线控制测量时,除图根导线外,钢尺量距都要采用精密丈量法。

(　　)64. GBA022　平面控制测量水平角观测时,对中误差应小于 1mm;观测过程中,气泡中心位置偏离不得超过 2 格;气泡偏离 2 格时,应在测回间重新整置仪器。

(　　)65. GBA023　根据观测边反求角度计算坐标的方法是用三角形余弦定理求已知导线与两观测边的夹角,然后用正弦定理计算待定点坐标。

(　　)66. GBA024　在利用观测边直接计算坐标时,为了检核和提高交会精度,一般要用三个已知点向未知点测定三条边长,然后每两条观测边组成一组计算图形,共三组图形,用两组较好的交会图形计算待求点坐标。

(　　)67. GBA025　导线坐标计算中的基本形式有坐标方位角推算、坐标正算、坐标反算。

(　　)68. GBA026　闭合导线的坐标计算分为角度闭合差的计算与调整、推算各边的坐标方位角、计算各边的坐标增量、坐标闭合差的计算与调整 4 项。

(　　)69. GBA027　大的隧道、桥梁工程测边容易,所以通常采用三边网作为平面控制网。

(　　)70. GBA028　小三角形外业测量选点前,资料的收集及方案的布设程序与导线测量相同。

(　　)71. GBA029　单三角锁计算时,如果三角形的数目较多,可分别从起始边和终点向锁中间推算边长,以避免计算误差的累积。

(　　)72. GBB001　在工程建设规划设计时,通常用解析法或者图解法在地形图上求出任意点的坐标和高程。

(　　)73. GBB002　在地形图上确定两点的坐标,就可以计算出两点间距离。

(　　)74. GBB003　用解析法计算直线 $AB$ 的坐标方位角的公式为 $\tan\alpha_{AB}=\Delta x_{AB}/\Delta y_{AB}$。

(　　)75. GBB004　在实际工作中,点的高程不能根据该点相邻两等高线的高程用目估的方法确定。

(　　)76. GBB005　对于管道、渠道、道路等工程进行初步设计时,一般要先在地形图上选线。

(　　)77. GBB006　在铁路设计中,为了满足路基、隧道、桥涵、站场等专业设计以及计算土石方数量等方面的要求,必须测绘带状地形图和纵断面图。

(　　)78. GBB007　在规划设计中,计算某一地区的面积的方法有图解法和解析法。

(　　)79. GBB008　纸上定线时应根据路线中线线位,在地形图上测绘控制性纵断面,并按纵坡设计的填挖高度进行纵断面设计,作为中线横向检验和计算路基土石方数量的依据。

(　　)80. GBC001　导线复测外业结束后,应及时整理和检查仪器设备。

(　　)81. GBC002　二级公路,当计算行车速度为 30km/h 时,回头曲线的圆曲线最小半径为 20m。

(　　)82. GBC003　在道路工程建设行业将路线的高程控制测量工作称为中平测量。

(　　)83. GBC004　路线基平测量时,一般每隔 1~2km 以及大桥两岸、隧道两端等处均应

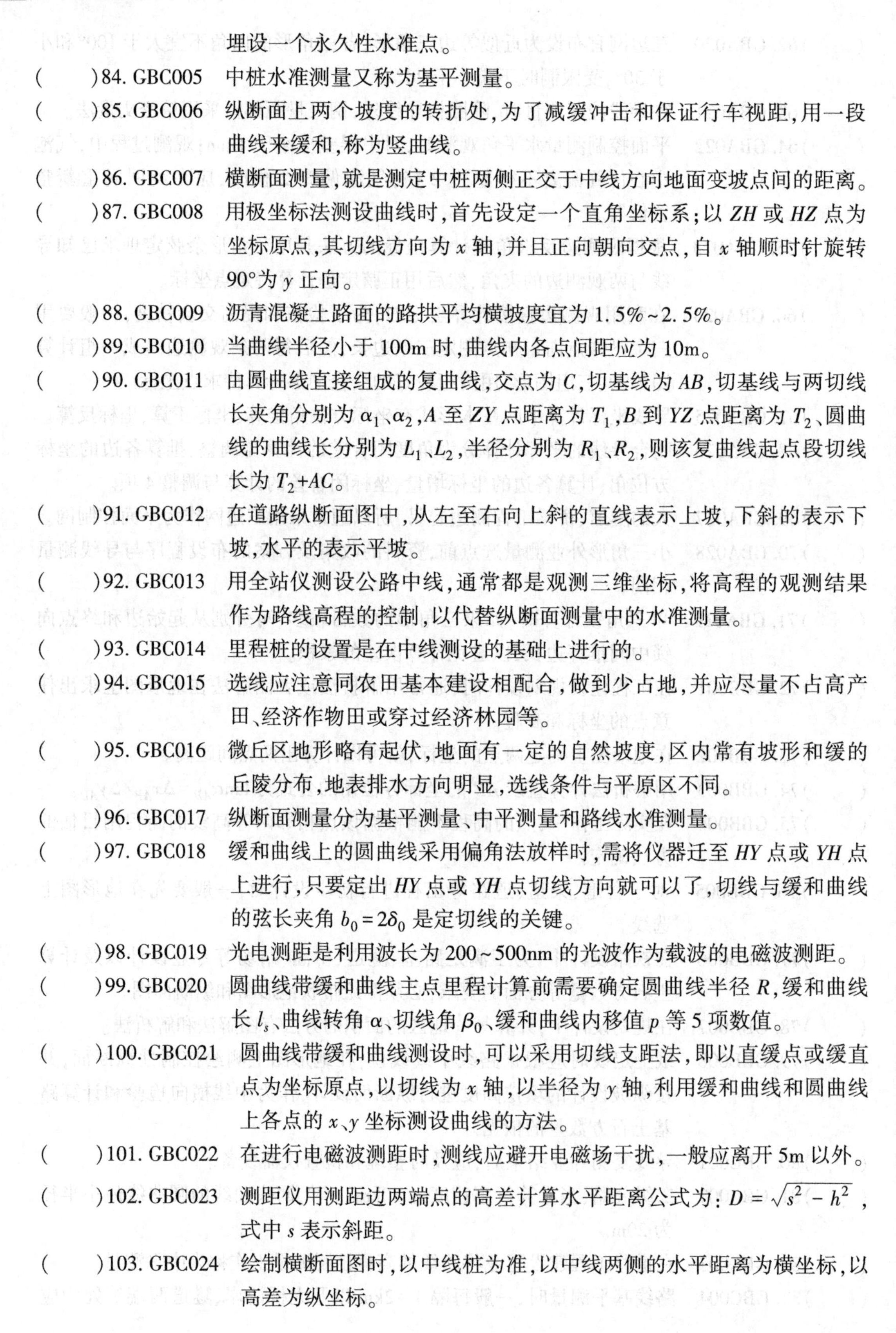

埋设一个永久性水准点。

(　　)84. GBC005　中桩水准测量又称为基平测量。

(　　)85. GBC006　纵断面上两个坡度的转折处，为了减缓冲击和保证行车视距，用一段曲线来缓和，称为竖曲线。

(　　)86. GBC007　横断面测量，就是测定中桩两侧正交于中线方向地面变坡点间的距离。

(　　)87. GBC008　用极坐标法测设曲线时，首先设定一个直角坐标系；以 $ZH$ 或 $HZ$ 点为坐标原点，其切线方向为 $x$ 轴，并且正向朝向交点，自 $x$ 轴顺时针旋转 90°为 $y$ 正向。

(　　)88. GBC009　沥青混凝土路面的路拱平均横坡度宜为 1.5%~2.5%。

(　　)89. GBC010　当曲线半径小于 100m 时，曲线内各点间距应为 10m。

(　　)90. GBC011　由圆曲线直接组成的复曲线，交点为 $C$，切基线为 $AB$，切基线与两切线长夹角分别为 $\alpha_1$、$\alpha_2$，$A$ 至 $ZY$ 点距离为 $T_1$，$B$ 到 $YZ$ 点距离为 $T_2$、圆曲线的曲线长分别为 $L_1$、$L_2$，半径分别为 $R_1$、$R_2$，则该复曲线起点段切线长为 $T_2+AC$。

(　　)91. GBC012　在道路纵断面图中，从左至右向上斜的直线表示上坡，下斜的表示下坡，水平的表示平坡。

(　　)92. GBC013　用全站仪测设公路中线，通常都是观测三维坐标，将高程的观测结果作为路线高程的控制，以代替纵断面测量中的水准测量。

(　　)93. GBC014　里程桩的设置是在中线测设的基础上进行的。

(　　)94. GBC015　选线应注意同农田基本建设相配合，做到少占地，并应尽量不占高产田、经济作物田或穿过经济林园等。

(　　)95. GBC016　微丘区地形略有起伏，地面有一定的自然坡度，区内常有坡形和缓的丘陵分布，地表排水方向明显，选线条件与平原区不同。

(　　)96. GBC017　纵断面测量分为基平测量、中平测量和路线水准测量。

(　　)97. GBC018　缓和曲线上的圆曲线采用偏角法放样时，需将仪器迁至 $HY$ 点或 $YH$ 点上进行，只要定出 $HY$ 点或 $YH$ 点切线方向就可以了，切线与缓和曲线的弦长夹角 $b_0=2\delta_0$ 是定切线的关键。

(　　)98. GBC019　光电测距是利用波长为 200~500nm 的光波作为载波的电磁波测距。

(　　)99. GBC020　圆曲线带缓和曲线主点里程计算前需要确定圆曲线半径 $R$，缓和曲线长 $l_s$、曲线转角 $\alpha$、切线角 $\beta_0$、缓和曲线内移值 $p$ 等 5 项数值。

(　　)100. GBC021　圆曲线带缓和曲线测设时，可以采用切线支距法，即以直缓点或缓直点为坐标原点，以切线为 $x$ 轴，以半径为 $y$ 轴，利用缓和曲线和圆曲线上各点的 $x$、$y$ 坐标测设曲线的方法。

(　　)101. GBC022　在进行电磁波测距时，测线应避开电磁场干扰，一般应离开 5m 以外。

(　　)102. GBC023　测距仪用测距边两端点的高差计算水平距离公式为：$D=\sqrt{s^2-h^2}$，式中 $s$ 表示斜距。

(　　)103. GBC024　绘制横断面图时，以中线桩为准，以中线两侧的水平距离为横坐标，以高差为纵坐标。

(　　)104. GBC025　悬臂板桥的悬臂端可以直接伸到路堤上,不用设置桥台。
(　　)105. GBC026　装配式钢筋混凝土梁桥常用跨径在50m以下。
(　　)106. GBC027　为了保证拱桥能安全使用,下部结构和地基必须能经受住很大水平拉力的不利作用。
(　　)107. GBC028　对于同样的跨径,在相同的荷载作用下,刚架桥的跨中正弯矩要比一般梁桥的小。
(　　)108. GBC029　吊桥的结构自重轻,能以较小的桥跨结构跨越其他桥型无与伦比的特大跨度。
(　　)109. GBD001　工业厂房主轴线点以及矩形控制网位置应距厂房基础开挖边线以外1.0m。
(　　)110. GBD002　大型厂房的主轴线、矩形角容许差为±7″。
(　　)111. GBD003　大型厂房的主轴线的测设精度的相对误差不应超过1/30000。
(　　)112. GBD004　柱子的安装应保证平面和高程位置符合设计要求,柱子高度大于10m时,其垂直误差应不大于10cm。
(　　)113. GBD005　安装吊车梁前,先在吊车梁的顶面弹出中心线,然后按照步骤进行吊车梁的安装测量。
(　　)114. GBD006　高层建筑物施工测量的主要任务是将轴线精确地向上引测和进行高程传递。
(　　)115. GBD007　水下地形测量主要包括测点和测深两大部分。
(　　)116. GBD008　海洋与江河湖泊开发的前期基础性工作是进行水下定位或测水深图。
(　　)117. GBD009　为了与陆上地形图实现拼接,水下地形图宜采用与陆地统一的高程基准。
(　　)118. GBD010　水下地形测量时,用回声测深仪进行沿海港口探测时,测深点在图上的最大间距为5.0cm。
(　　)119. GBD011　断面索量距法定位水下测深点的位置适用的最大测图比例尺为1∶500。
(　　)120. GBD012　交会法定位测深点的位置适用的最大测图比例尺为1∶2000。
(　　)121. GBD013　经纬仪垂直角法测定测深点位置与陆地地形测量中的经纬仪测高法相同。
(　　)122. GBD014　无线电定位系统是根据距离或距离差来确定测船位置的,前者称为圆系统定位,后者称为双曲线系统定位。
(　　)123. GBD015　采用桥梁墩、台定位的直接丈量法时,为了保证测设精度,丈量施加的拉力与检定钢尺时的拉力相同,且丈量的方向不应偏离桥轴线方向。
(　　)124. GBD016　曲线桥桥梁的墩、台定位时,当梁一部分在直线上,一部分在缓和曲线上,工作线偏角分为两部分,即弦线偏角和外移偏角。
(　　)125. GBD017　明挖基础放样时,为保证正确安装基础模板,控制点距墩中心点或纵

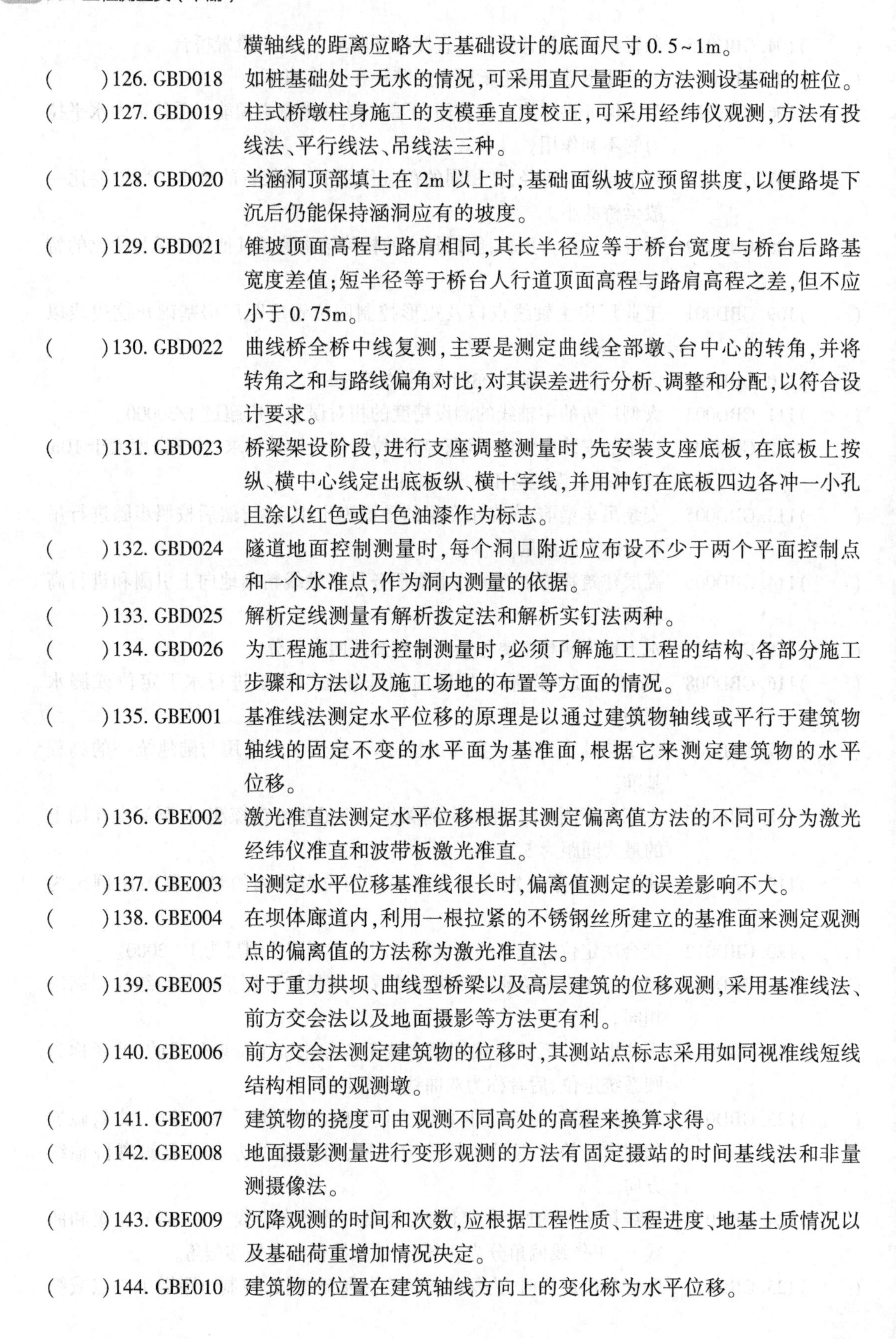

横轴线的距离应略大于基础设计的底面尺寸 0.5~1m。

(　　)126. GBD018　如桩基础处于无水的情况，可采用直尺量距的方法测设基础的桩位。

(　　)127. GBD019　柱式桥墩柱身施工的支模垂直度校正，可采用经纬仪观测，方法有投线法、平行线法、吊线法三种。

(　　)128. GBD020　当涵洞顶部填土在 2m 以上时，基础面纵坡应预留拱度，以便路堤下沉后仍能保持涵洞应有的坡度。

(　　)129. GBD021　锥坡顶面高程与路肩相同，其长半径应等于桥台宽度与桥台后路基宽度差值；短半径等于桥台人行道顶面高程与路肩高程之差，但不应小于 0.75m。

(　　)130. GBD022　曲线桥全桥中线复测，主要是测定曲线全部墩、台中心的转角，并将转角之和与路线偏角对比，对其误差进行分析、调整和分配，以符合设计要求。

(　　)131. GBD023　桥梁架设阶段，进行支座调整测量时，先安装支座底板，在底板上按纵、横中心线定出底板纵、横十字线，并用冲钉在底板四边各冲一小孔且涂以红色或白色油漆作为标志。

(　　)132. GBD024　隧道地面控制测量时，每个洞口附近应布设不少于两个平面控制点和一个水准点，作为洞内测量的依据。

(　　)133. GBD025　解析定线测量有解析拨定法和解析实钉法两种。

(　　)134. GBD026　为工程施工进行控制测量时，必须了解施工工程的结构、各部分施工步骤和方法以及施工场地的布置等方面的情况。

(　　)135. GBE001　基准线法测定水平位移的原理是以通过建筑物轴线或平行于建筑物轴线的固定不变的水平面为基准面，根据它来测定建筑物的水平位移。

(　　)136. GBE002　激光准直法测定水平位移根据其测定偏离值方法的不同可分为激光经纬仪准直和波带板激光准直。

(　　)137. GBE003　当测定水平位移基准线很长时，偏离值测定的误差影响不大。

(　　)138. GBE004　在坝体廊道内，利用一根拉紧的不锈钢丝所建立的基准面来测定观测点的偏离值的方法称为激光准直法。

(　　)139. GBE005　对于重力拱坝、曲线型桥梁以及高层建筑的位移观测，采用基准线法、前方交会法以及地面摄影等方法更有利。

(　　)140. GBE006　前方交会法测定建筑物的位移时，其测站点标志采用如同视准线短线结构相同的观测墩。

(　　)141. GBE007　建筑物的挠度可由观测不同高处的高程来换算求得。

(　　)142. GBE008　地面摄影测量进行变形观测的方法有固定摄站的时间基线法和非量测摄像法。

(　　)143. GBE009　沉降观测的时间和次数，应根据工程性质、工程进度、地基土质情况以及基础荷重增加情况决定。

(　　)144. GBE010　建筑物的位置在建筑轴线方向上的变化称为水平位移。

(　　)145. GBE011　利用相对沉降量间接确定建筑物整体倾斜时,其观测方法有倾斜仪测记法和投点法。

(　　)146. GBE012　由于桥梁墩台的位移大多数是由水流的冲击而引起的,因此主要是垂直于桥中线的位移,但顺着桥梁中线方向也可能发生位移。

(　　)147. GBF001　如没有施工管理,靠专业管理也能把施工整体服务好。

(　　)148. GBF002　合同制工人已成为建筑企业中一支强大的建设力量,有很多好的品质和作风,要帮助他们克服临时思想、法制观念较淡薄、纪律性不强等不利因素。

(　　)149. GBF003　做好思想政治工作,加强职业道德教育和文件技术培训,不属于班组管理的具体内容。

(　　)150. GBF004　班组一般质量管理方法所指的落实经济效益,即质量和进度安排挂钩。

(　　)151. GBF005　不断提高班组成员的政治思想觉悟和技术业务素质,不属于劳动管理的内容。

(　　)152. GBF006　安全生产是建筑企业生产管理的重要原则。

(　　)153. GBF007　一般在工程造价中,机械费所占的比重最大。

(　　)154. GBG001　当一个进程独占处理器顺序执行时,具有两个特性:封闭性和可再现性。

(　　)155. GBG002　AutoCAD 的图标菜单可以定制,可以删除,也可以增加。

(　　)156. GBG003　在 AutoCAD 中,为了保护自己的文档,可以将 CAD 图保存为 DWG 格式,DWG 格式的文档只能查看不能修改。

(　　)157. GBG004　AutoCAD 中的块插入命令用于插入图形文件时,此图形文件必须事先用“B-A-se”命令设置基点。

(　　)158. GBG005　AutoCAD 尺寸标注定义点层上的内容被缺省设置为“不可打印”,如果用户在此层画有图形而又未注意到本层的打印设置就会造成图形打印不全。

(　　)159. GBG006　AutoCAD 能够实现类似 word 的文字查找和替换功能。

(　　)160. GBG007　天正建筑是利用 AutoCAD 图形平台,开发的最新一代的建筑概算软件。

## 四、简答题

1. GAA003　为什么要建立参考椭球体?
2. GAA003　目前我国采用参考椭球元素是多少?
3. GAA005　测量上的平面直角坐标系和数学上的平面直角坐标系有什么区别?
4. GAA005　什么是高斯投影?高斯平面直角坐标系是怎样建立的?
5. GAA007　遥感的类型按照平台可分为哪些?按传感器的探测波段可分为哪些?
6. GAA007　什么是主动遥感?什么是被动遥感?
7. GAA011　地球曲率对哪些测量工作有影响?

8. GAA011　地球曲率对水平角的影响是否可以不用考虑？
9. GAA013　电子水准仪与光学水准仪的主要区别有哪些？
10. GAA013　电子水准仪优点是什么？
11. GAA014　什么是全测角法？
12. GAA014　水平角观测时采用测回法的操作步骤是什么？
13. GAB001　举例说明如何消除或减小仪器的系统误差？
14. GAB001　怎样区分测量工作中的误差和粗差？
15. GAB002　GPS 测量的误差中，与 GPS 卫星有关的误差有哪些？与卫星信号传播有关的误差有哪些？
16. GAB002　什么是 GPS 卫星轨道误差？在测量中处理卫星轨道误差的方法有哪些？
17. GAB004　国家水准网划分几个等级？如何布线？
18. GAB004　什么是城市水准网？分几个等级？
19. GAC001　工程可研阶段和初步设阶段选用地形图比例尺分别是多少？
20. GAC001　在地图上如何利用比例尺计算距离？
21. GAC003　高斯平面直角坐标系是如何建立的？
22. GAC003　高斯平面投影的中央子午线特点有哪些？测量时应注意些什么？
23. GAC004　地形图分幅分为几类？各用于什么地形图？
24. GAC004　1∶500，1∶1000，1∶000 地形图是采用什么方法分幅和编号的？
25. GAC005　地图符号表的特点是什么？
26. GAC005　地图符号表的功能是什么？
27. GAC006　地形图图外注记有哪些？
28. GAC006　什么是图廓？它的作用是什么？
29. GAC007　什么是地形图注记？分几种形式？
30. GAC007　各种形式注记表达内容是什么？对注记的要求是什么？
31. GAC008　地形图估算土方量的等高线指的是什么？
32. GAC008　地形图估算土方量的断面法指的是什么？
33. GAC009　山丘和洼地与山脊和山谷等高线的表示方法是什么？
34. GAC009　鞍部与陡崖和悬崖等高线的表示方法是什么？
35. GBA003　经纬仪的水准管轴的检验方法是什么？
36. GBA003　经纬仪的水准管轴的校正方法是什么？
37. GBA004　经纬仪竖轴的作用是什么？
38. GBA004　经纬仪竖轴经常出现的故障有哪些？
39. GBD001　施工测量的主要内容有哪些？其基本任务是什么？
40. GBD001　建筑场地平面控制网形式有哪几种？它们各适用于哪些场合？

## 五、计算题

1. GAA014　试计算一个任意 8 边形、9 边形、18 边形的内角之和各为多少度？
2. GAA014　$DJ_6$ 经纬仪，一般能使野外一测回的方向中误差在±6″以内，试计算：(1)野外一

测回角度中误差 $m_{1角}$ 为多少？(2)野外六测回角度中误差 $m_{6角}$ 为多少？(3)若用一测回测一个三角形，按二倍中误差作为限差，则该限差为多大？

3. GAB004　如图所示，在水准点 $BM_1$ 至 $BM_2$ 间进行水准测量，试在水准测量记录表中进行记录与计算，并做计算校核(已知 $BM_1 = 138.952\text{m}$，$BM_2 = 142.110\text{m}$)。

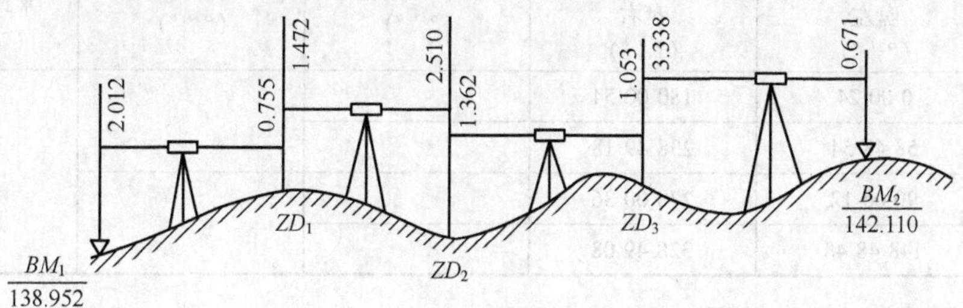


水准测量记录表

| 测点 | 后视读数，m | 前视读数，m | 高差，m | | 高程，m |
|---|---|---|---|---|---|
| | | | + | − | |
| | | | | | |
| | | | | | |
| | | | | | |
| | | | | | |
| Σ | | | | | |

4. GAB004　在水准点 $BM_a$ 和 $BM_b$ 之间进行水准测量，所测得的各测段的高差和水准路线长如图所示。已知 $BM_a$ 的高程为 5.612m，$BM_b$ 的高程为 5.400m。试将有关数据填在水准测量高差调整表中，最后计算水准点 1 和 2 的高程。

$BM_a$ —— +0.100(m) 1.9(km) —— 1 —— −0.620(m) 1.1(km) —— 2 —— +0.320(m) 1.0(km) —— $BM_b$

水准测量高程调整表

| 点号 | 路线长，km | 实测高差，m | 改正数，m | 改正后高差，m | 高程，m |
|---|---|---|---|---|---|
| $BM_a$ | | | | | 5.612 |
| 1 | | | | | |
| 2 | | | | | |
| $BM_b$ | | | | | 5.400 |
| Σ | | | | | |

$H_b - H_a =$

$f_H =$

$f_{H允} =$

每千米改正数 =

5. GAB005　用 $J_6$ 型光学经纬仪按测回法观测水平角，整理表中水平角观测的各项计算。

**水平角观测记录**

| 测站 | 目标 | 度盘读数 | | 半测回角值（° ′ ″） | 一测回角值（° ′ ″） | 各测回平均角值（° ′ ″） | 备注 |
|---|---|---|---|---|---|---|---|
| | | 盘左（° ′ ″） | 盘右（° ′ ″） | | | | |
| O | A | 0 00 24 | 180 00 54 | | | | |
| | B | 58 48 54 | 238 49 18 | | | | |
| | A | 90 00 12 | 270 00 36 | | | | |
| | B | 148 48 48 | 328 49 08 | | | | |

6. GAB005　某经纬仪竖盘注记形式如下所述，将它安置在测站点 $O$，瞄准目标 $P$，盘左竖盘读数是 112°34′24″，盘右竖盘读数是 247°22′48″。试求：(1) 目标 $P$ 的竖直角。(2) 判断该仪器是否有指标差存在？若存在，求算指标差的值。竖盘盘左的注记形式：度盘顺时针刻划，物镜端为 180°，目镜端为 0°，指标指向 90°位置。

7. GAB006　甲组丈量 $AB$ 两点距离，往测为 158.260m，返测为 158.270m。乙组丈量 $CD$ 两点距离，往测为 202.840m，返测为 202.828m。(1) 计算两组丈量结果。(2) 比较其精度高低。

8. GAB006　对某段距离往返丈量结果已记录在距离丈量记录表中，试完成该记录表的计算工作，并求出其丈量精度。

| 测线 | | 整尺段 | 零尺段 | | 总计 | 差数 | 精度 | 平均值 |
|---|---|---|---|---|---|---|---|---|
| *AB* | 往 | 5×50 | 18.964 | | | | | |
| | 返 | 4×50 | 46.456 | 22.300 | | | | |

9. GAB007　观测 $BM_1$ 至 $BM_2$ 间的高差时，共设 25 个测站，每测站观测高差中误差均为 $m=\pm3$mm，问：(1) 两水准点间高差中误差是多少？(2) 若使其高差中误差不大于 ±12mm，应设置几个测站？

10. GAB007　在等精度观测条件下，对某三角形进行四次观测，其三内角之和分别为：179°59′59″，180°00′08″，179°59′56″，180°00′02″。试求：(1) 三角形内角和的观测中误差？(2) 每个内角的观测中误差？

11. GAB009　从水准点 $A$、$B$、$C$、$D$ 分别向 $P$ 点联测水准，已知数据和观测数据如图所示，试求出结点 $P$ 的高程加权平均值是多少？

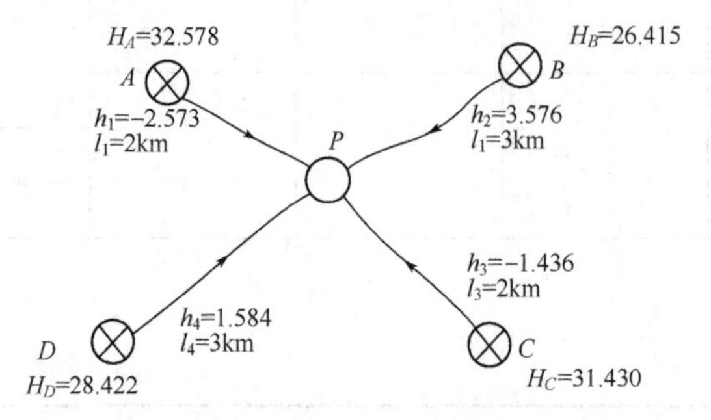

12. GAB009　如图为单一结点水准网，$A$、$B$、$C$ 三点高程分别为 $H_A = 275.743\text{m}$、$H_B = 237.415\text{m}$、$H_C = 235.258\text{m}$，三段高差如图所注，求结点 $P$ 的高程。

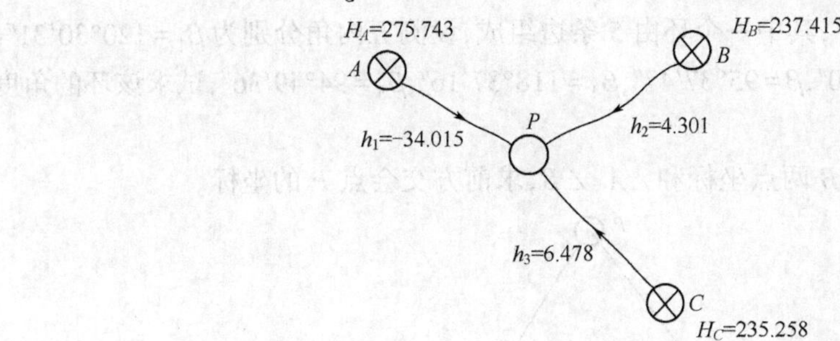


13. GBA011　如图测站为 $A$，后视方向为 $B$，$A$ 点坐标为：$X_A = 5738.35$，$Y_A = 4624.65$，$AB$ 方位角为 $\alpha_{AB} = 36°44'43''$，1、2 两点坐标为：$X_1 = 5764.37$，$Y_1 = 4700.83$，$X_2 = 5435.76$，$Y_2 = 4680.13$。若在 $A$ 点设站，放出 1、2 两点，求出相应的方位、距离。

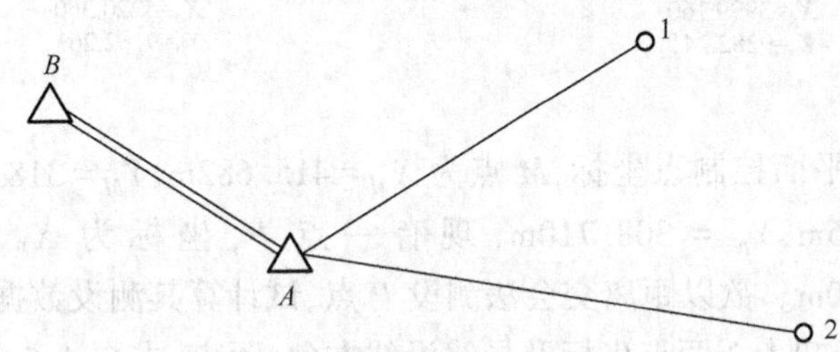


14. GBA011　有一单结点导线网如图所示，各已知点求得 $\alpha_{I5(1)} = 12°30'01''$，$\alpha_{I5(2)} = 12°29'30''$，$\alpha_{I5(3)} = 12°29'38''$和结点 $I$ 的近似坐标 $X_{I(1)} = 1127.756$，$Y_{I(1)} = 8353.301$；$X_{I(2)} = 1127.703$，$Y_{I(2)} = 8353.371$；$X_{I(3)} = 1127.719$，$Y_{I(3)} = 8353.314$。试求：(1) 结点 $I$ 的坐标平差值 $X_I$，$Y_I$；(2) 结边方位角 $\alpha_{I5}$ 的平差值。

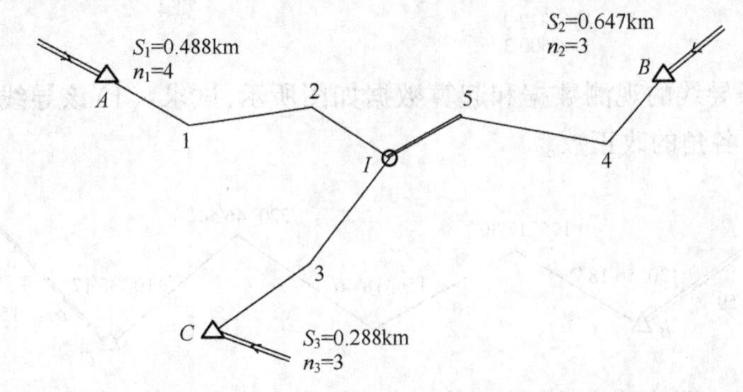


15. GBA013　已知附合导线起始边坐标方位角 $\alpha_0 = 78°13'50''$，终边坐标方位角 $\alpha_n = 176°12'00''$，包括两个连接角在内的全部导线右角的个数为 8，观测的全部导线右角之和为 $1342°00'30''$，试求导线的角度闭合差和导线右角的改正数。

16. GBA013　在两个高级控制点 $A$、$B$ 之间布设附合导线，已知附合导线全长 $\sum D = 1857.63\text{m}$，坐标增量总和$\sum \Delta x = +118.63\text{m}$，$\sum \Delta y = +1511.79\text{m}$，又 $A$、$B$ 两点坐标 $x_A = 294.93\text{m}$，$y_A = 2948.43\text{m}$；$x_B = 413.04\text{m}$，$y_B = 4460.86\text{m}$。试计算导线全长闭合差和相对闭合差。

17\. GBA014 以同精度观测一个三角形的三内角分别为：59°45′18.4″，48°37′6.5″，71°37′38″，求该三角形的闭合差。

18\. GBA014 在一导线网中，其中一个环由5条边组成，设测五内角分别为 $\beta_1=120°30'31''$，$\beta_2=110°25'20''$，$\beta=95°37'47''$，$\beta_4=118°37'16''$，$\beta_5=94°49'36''$，试求该环的角度闭合差。

19\. GBA015 如图，已知 $A$、$B$ 两点坐标和 $\angle A$、$\angle B$，求前方交会点 $P$ 的坐标。

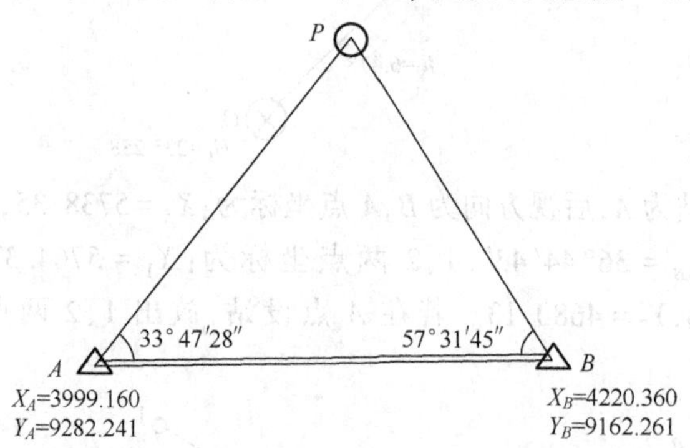


20\. GBA015 已知两平面控制点坐标，$M$ 点为 $X_M=415.682\text{m}$，$Y_M=318.111\text{m}$；$N$ 点为 $X_N=427.615\text{m}$，$Y_N=308.710\text{m}$，现有一点 $P$，坐标为 $X_P=436.010\text{m}$，$Y_P=320.110\text{m}$。欲以距离交会法测设 $P$ 点，试计算其测设数据。

21\. GBA018 如图，已知1、2两点坐标及导线沿线左角、距离，求3、4、5各点坐标。

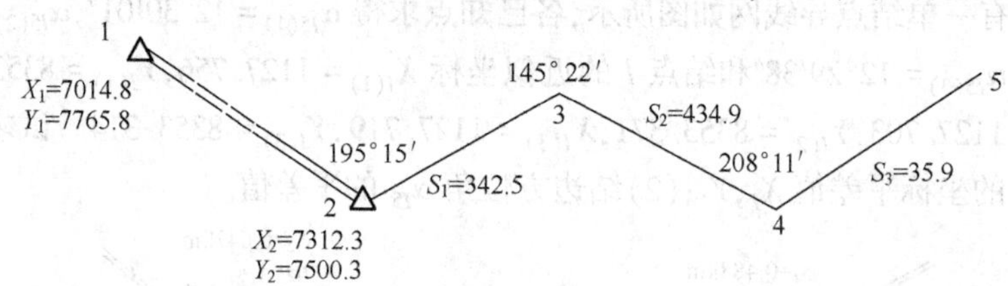


22\. GBA018 一条导线的观测数据和起算数据如图所示，试求：（1）该导线的测角闭合差；（2）各角的改正数。

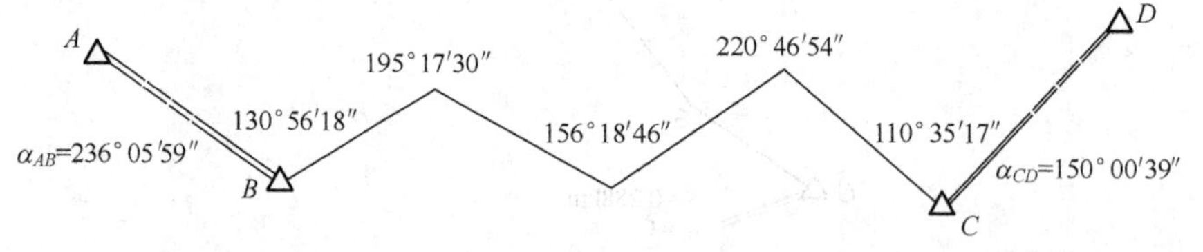


23\. GBA023 已知一测边三角形，$A$、$B$ 为已知点，$P$ 为待定点，$a$，$b$ 为观测边，长度分别为150m、360m，$c$ 为已知边，长度为500m，求 $AB$ 与 $AP$ 的夹角 $\alpha$。

24\. GBA023 已知一测边三角形，$A$、$B$ 为已知点，$P$ 为待定点，$a$、$b$ 为观测边，长度分别为150m、360m，$c$ 为已知边，长度为500m，求 $AB$ 与 $BP$ 的夹角 $\beta$。

25\. GBA024 已知一测边三角形△$ABP$，$A$、$B$ 为已知点，$P$ 为待定点，自 $P$ 向 $AB$ 边作垂线，垂足为 $Q$，测得 $PQ$ 长度 $h=70\text{m}$，$BQ$ 长度 $b_1=90\text{m}$，$AQ$ 长度 $a_1=85\text{m}$，已知 $A$ 点坐标：$x_A=150.00$，$y_A=20.00$；$B$ 点坐标：$x_B=150.00$，$y_B=195.00$，求 $P$ 点

坐标。

26. GBA024 已知一测边三角形△$ABP$,$A$、$B$ 为已知点,$P$ 为待定点,自 $P$ 向 $AB$ 边作垂线,垂足为 $Q$,测得 $PQ$ 长度 $h=70$m,$BQ$ 长度 $b_1=90$m,$AQ$ 长度 $a_1=85$m,求 $AB$ 与 $AP$ 的夹角 $\alpha$,$AB$ 与 $BP$ 的夹角 $\beta$。

27. GBA025 已知 AB 边的坐标方位角为 $\alpha_{AB}=10°12'00''$,$\beta=276°10'10''$,试求 $BC$ 边的坐标方位角。

28. GBA025 已知导线 $A$ 点坐标:$x_A=526.87$m,$y_A=318.62$m;$B$ 点坐标:$x_B=416.18$m,$y_B=462.18$。测得 $\beta=180°08'00''$,求导线 $BP$ 的方位角。

29. GBA027 已知 $A$、$B$ 两点坐标,$X_A=5738.35$,$Y_A=4624.65$,$X_B=5873.24$,$Y_B=4725.36$,$AC$、$AD$ 边长 $S_{AC}=80.50$m,$S_{AD}=307.63$m,而且 $AC$、$AD$ 与 $AB$ 的顺时针夹角分别为 $\angle BAC=53°15'17''$,$\angle BAD=124°21'13''$,求 $C$、$D$ 两点坐标。

30. GBA027 已知三角形三个角分别为 $\angle A=68°35'18.4''$,$\angle B=56°58'36''$,$\angle C=54°26'05.6''$,边长 $AC=1782.567$m,求边长 $AB$、$BC$。

31. GBB002 已知 A 点坐标(4017.6,2045.4),B 点坐标(4133.9,2111.9),试求直线 AB 的坐标方位角 $\alpha_{AB}$ 和长度 $D_{AB}$。坐标单位为 $m$。

32. GBB002 已知 $B$ 点坐标(4133.9,2111.9),$C$ 点坐标(4063.5,2106.4),试求直线 $BC$ 的坐标方位角 $\alpha_{BC}$ 和长度 $D_{BC}$。坐标单位为 m。

33. GBC006 某山岭区一般二级公路,变坡点桩号为 K5+030,高程为 427.68m,$i_1=5\%$,$i_2=-4\%$,竖曲线半径为 $R=2000$m,计算竖曲线诸要素及桩号为 K5+000 和 K5+100 处的设计高程。

34. GBC006 设竖曲线半径 $R=3000$m,相邻坡段的坡脚 $i_1=3.1\%$,$i_2=1.1\%$,边坡点的里程桩号为 K16+770,其高程为 396.67m。计算竖曲线诸要素和竖曲线起、终点桩号及高程。

35. GBC008 已知两平面控制点坐标,$M$ 点为 $X_M=14.220$m,$Y_M=186.710$m;$N$ 点为 $X_N=89.371$m,$Y_N=56.894$m,现有一点 $P$,坐标为 $X_P=42.340$,$Y_P=185.000$m。欲将仪器安置于 $M$ 点上,用极坐标测设 $P$ 点,计算其测设数据。

36. GBC008 设已知 $A$ 点的坐标 $X_A=80.00$m,$Y_A=60.00$m,$\alpha_{AB}=30°00'00''$,由设计图上得知 $P$ 点的坐标为 $X_P=40.00$m,$Y_P=100.00$m,试求出用极坐标法测设 $P$ 点时的放样数据 $S_{AP}$ 和 $\alpha_{AP}$。

37. GBC013 设一曲线半径 $R=150$m,偏角 $\alpha=40°13'$,折点里程 $L=1347.56$m,求切线长 $T$、弧长 $K$、外矢距 $E$、切弧差 $\Delta$ 以及直圆点里程 $ZY$、曲中点里程 $QZ$、圆直点里程 $YZ$。

38. GBC013 设 $A$、$B$、$C$ 三点为线路上的连续的三个折点,现测得 $B$ 点的左角为 $188°45'35''$,若要在 $B$ 点测设圆曲线,取半径 $R$ 为 150m,试求 $B$ 点曲线元素切线长 $T$、曲线长 $K$ 和外矢距 $E$。

39. GBC017 已知一支导线的水准点高程 $BM$150.150m,用 $DS_3$ 水准仪观测,水准点后视读数为 1.410m,$ZD_1$ 前视读数为 1.510m,中间加桩点 $D_1$ 读数为 0.75m,$ZD_1$ 后视读数为 1.67m,$D_2$ 的前视读数为 1.050m,试计算 $D_1$、$ZD_1$、$D_2$ 的高程。

40. GBC017　有一附合水准路线全长 1590m，水准点由 $BM_{72} \sim BM_2$，$BM_{72}$ 的高程 48.040m，$BM_2$ 高程为 49.830m，全线共分五段 $D_2$、$D_4$、$D_6$、$D_7$，为欲求高程点，外业实测数据已填入下表中，对这段附合水准路线进行内业计算。

| 测点 | 距离 m | 测站数 | 读　数，m | | | 高程 m | 备注 |
|---|---|---|---|---|---|---|---|
| | | | 后视 | 间视 | 前视 | | |
| $BM_{72}$ | 420 | 4 | +1.029 | | | 48.040 | 路中 |
| $D_2$ | 350 | 3 | | +0.224 | | 49.059 | 楼东北角 |
| $D_4$ | 480 | 4 | | +0.193 | | 49.276 | 交叉路口 |
| $D_6$ | 220 | 2 | | −0.166 | | 49.459 | 道旁 |
| $D_7$ | 120 | 1 | | | +0.544 | 49.288 | 楼东南角 |
| $BM_2$ | | | | | | 49.830 | 楼门前 |

# 答案

## 一、单项选择题

1. A　2. B　3. B　4. A　5. A　6. C　7. D　8. C　9. B　10. C
11. B　12. A　13. C　14. A　15. C　16. D　17. C　18. A　19. D　20. B
21. C　22. B　23. B　24. A　25. D　26. A　27. D　28. B　29. A　30. A
31. B　32. A　33. C　34. A　35. C　36. D　37. A　38. B　39. D　40. D
41. A　42. B　43. B　44. D　45. B　46. D　47. D　48. B　49. C　50. A
51. C　52. C　53. A　54. D　55. C　56. D　57. A　58. C　59. B　60. D
61. C　62. C　63. C　64. C　65. B　66. D　67. D　68. C　69. B　70. D
71. C　72. C　73. C　74. C　75. C　76. D　77. B　78. A　79. C　80. A
81. D　82. B　83. B　84. D　85. A　86. B　87. C　88. D　89. D　90. D
91. C　92. C　93. C　94. A　95. C　96. A　97. C　98. A　99. A　100. D
101. C　102. A　103. A　104. D　105. C　106. B　107. A　108. D　109. A　110. C
111. C　112. D　113. B　114. A　115. A　116. B　117. C　118. D　119. B　120. C
121. A　122. C　123. B　124. D　125. C　126. D　127. C　128. D　129. B　130. D
131. C　132. D　133. C　134. D　135. C　136. D　137. C　138. B　139. D　140. B
141. B　142. D　143. A　144. D　145. C　146. D　147. A　148. B　149. A　150. B
151. C　152. A　153. C　154. A　155. B　156. D　157. C　158. B　159. D　160. C
161. C　162. A　163. B　164. D　165. C　166. D　167. B　168. C　169. B　170. C
171. A　172. C　173. A　174. C　175. B　176. A　177. B　178. A　179. B　180. C
181. B　182. C　183. C　184. A　185. C　186. C　187. B　188. D　189. B　190. D
191. A　192. C　193. C　194. B　195. B　196. B　197. B　198. D　199. D　200. B
201. B　202. A　203. A　204. D　205. B　206. C　207. D　208. A　209. B　210. A
211. C　212. A　213. B　214. B　215. B　216. A　217. A　218. D　219. B　220. D
221. B　222. C　223. C　224. B　225. A　226. C　227. C　228. D　229. A　230. C
231. D　232. B　233. A　234. D　235. B　236. D　237. D　238. C　239. A　240. D
241. C　242. D　243. B　244. A　245. B　246. B　247. B　248. C　249. B　250. C
251. B　252. C　253. D　254. D　255. B　256. C　257. B　258. C　259. B　260. C
261. C　262. D　263. B　264. C　265. D　266. D　267. D　268. D　269. B　270. A
271. A　272. B　273. B　274. C　275. B　276. D　277. A　278. B　279. A　280. C
281. A　282. C　283. C　284. D　285. B　286. A　287. A　288. A　289. B　290. A
291. B　292. D　293. B　294. A　295. A　296. B　297. D　298. A　299. B　300. D
301. D　302. B　303. B　304. C　305. B　306. C　307. D　308. A　309. A　310. D

311. A　312. C　313. B　314. D　315. B　316. C　317. B　318. D　319. A　320. D

二、多项选择题

1. ABD　2. BCD　3. ABD　4. BCD　5. ABC　6. ABC　7. ABD
8. ABCD　9. ACD　10. ABCD　11. BCD　12. ABCD　13. ABC　14. ABCD
15. ABC　16. ABD　17. ACD　18. ABC　19. BCD　20. ABCD　21. AC
22. ABC　23. ABCD　24. ACD　25. BCD　26. ABCD　27. ABC　28. ABC
29. ACD　30. BCD　31. ABCD　32. ABD　33. ABD　34. ABC　35. ABD
36. ABCD　37. ABCD　38. ACD　39. BCD　40. BCD　41. ABD　42. ABC
43. ABC　44. ABCD　45. ABC　46. ABCD　47. ABC　48. ABD　49. ABC
50. ABC　51. AB　52. ACD　53. ABCD　54. ABCD　55. BCD　56. BCD
57. BCD　58. AB　59. ABCD　60. BCD　61. BCD　62. ABCD　63. ACD
64. BCD　65. ABCD　66. AD　67. ABCD　68. ABC　69. ABD　70. ABC
71. ABC　72. AB　73. ABC　74. ACD　75. ACD　76. ABC　77. ABC
78. ABC　79. ABC　80. ABC　81. ABD　82. ABCD　83. BCD　84. BCD
85. BCD　86. ABCD　87. ABCD　88. CD　89. ACD　90. ABCD　91. ABC
92. ACD　93. ABC　94. ABCD　95. ABC　96. ABC　97. ABCD　98. ACD
99. ABC　100. ACD　101. ABD　102. ABC　103. ABCD　104. ABC　105. ABCD
106. ABCD　107. ABC　108. ABD　109. ABCD　110. ACD　111. ABC　112. ACD
113. ABC　114. ABD　115. BCD　116. ABCD　117. ABC　118. ACD　119. ABCD
120. ABC　121. ABCD　122. ABD　123. BCD　124. ABCD　125. ABD　126. ABD
127. ABC　128. ABCD　129. BCD　130. ABCD　131. ABD　132. ABD　133. BCD
134. ABCD　135. ABCD　136. ABCD　137. BCD　138. ABCD　139. ABCD　140. ABC
141. ABCD　142. ABCD　143. ABD　144. ABCD　145. ABD　146. BCD　147. ABCD
148. ABD　149. ABC　150. ABC　151. ABCD　152. ABCD　153. ABD　154. BCD
155. ABCD　156. ABCD　157. ABCD　158. ABD　159. ABCD　160. CD

三、判断题

1. √　2. ×　正确答案：中国最南端为北纬 3°52′，即南沙群岛曾母暗沙。　3. ×　正确答案：地球椭球是代表整个地球大小、形状的数学体，其一级近似为旋转椭球。　4. ×　正确答案：用经度和纬度表示地面点在投影面上的位置，称为地理坐标。　5. √　6. ×　正确答案：遥感技术是从人造卫星、飞机或其他飞行器上收集地物目标的电磁辐射信息，判认地球环境和资源的技术。　7. √　8. √　9. ×　正确答案：全站仪按照结构形式，分为积木式和整体式。　10. ×　正确答案：当地面两点距离为 100km 时，如用水平面代替大地水准面，产生的相对误差约为 1/12100，距离误差为 821cm。　11. √　12. √　13. ×　正确答案：电子水准仪是在自动安平水准仪的基础上发展起来的。　14. ×　正确答案：在同一竖直面内视线与水平线之间的夹角称为竖直角。　15. √　16. ×　正确答案：数字航空摄影所获取的影像各通道灰度直方图大多接近正态分布，彩色影像不偏色。　17. √　18. ×　正确答案：

尽管GPS卫星均设有高精度的原子钟,但它们与理想的GPS时之间,仍存在着难以避免的偏差或漂移,这种偏差的总量约1ms以内。 19.× 正确答案:导线测量中,当采用测量等级为三等时,每边测距中误差 $m\leqslant \pm 14$mm。 20.√ 21.× 正确答案:角度误差的观测值误差中,整平误差可导致水平度盘不能严格水平,竖盘及视准面不能严格竖直。 22.√ 23.× 正确答案:在误差传播定律中,如果知道了观测值的中误差,即可以计算出函数的中误差。 24.√ 25.√ 26.√ 27.× 正确答案:地形图的整饰中,图上的注记、地物以及等高线均按规定的图式进行。 28.× 正确答案:高斯投影,中央子午线投影后为直线且长度不变,其余子午线投影均为凹向中央子午线的对称曲线。 29.× 正确答案:为了全球统一,1:1000000的地形图分幅是按国际上的统一规定来进行的,其具体做法是将整个地球表面按经差6°、纬差4°进行分幅。 30.× 正确答案:地形图上表示房屋、湖泊、森林、农田的符号采用的是比例符号。 31.× 正确答案:在中、小比例尺的南图廓线的右下方,还绘有真子午线、磁子午线和坐标纵轴三个方向之间的角度关系,称为三北方向图。 32.√ 33.× 正确答案:对于复杂的多边形,采用几何图形法求面积时,一般是将其划分为若干个三角形进行量算,为保证精度,所划三角形的底高之比以接近1:1为好。 34.× 正确答案:等高距与地形图的比例尺、地区类型有关,地形起伏越大,等高距平距越小。 35.√ 36.× 正确答案:航空摄影测量是从飞机上拍摄地面照片,以获得各种信息资料和测绘地形图。 37.× 正确答案:摄影测量根据对地面获取影像位置的不同,可分为航空摄影测量、航天摄影测量与地面(或近景)摄影测量。 38.√ 39.× 正确答案:航带设计略图要以适当比例尺绘制出各航摄区1:50000地形图图幅结合图,注明图号,在结合图中要概略地标出各航摄分区范围并标注分区号。 40.√ 41.√ 42.× 正确答案:对于中、小比例尺及工程项目施工与可研阶段实际应用时,可采用规则格网模型。 43.× 正确答案:平面控制网精度等级划分中,卫星定位测量控制网依次分为二、三、四等和一、二级。 44.√ 45.× 正确答案:短距离三维激光扫描仪,最长扫描距离不超过3m。 46.× 正确答案:短距离三维激光扫描仪,一般最佳扫描距离为0.6~1.2m。 47.× 正确答案:全站仪测距部分相当于光电测距仪。 48.√ 49.√ 50.× 正确答案:GPS静态相对定位测量精度高。 51.× 正确答案:GPS动态相对定位的实时处理方式,应在基准站和用户之间建立数据的实时传输系统。 52.√ 53.× 正确答案:支导线无检核条件,布设时应限制导线点数,一般不得超过3个。 54.√ 55.× 正确答案:附合导线并不构成闭合多边形,但是也有角度闭合差,其角度闭合差即为导线方位角闭合差。 56.× 正确答案:四级导线角度闭合差的容许值为 $\beta_{容}\leqslant 5''\sqrt{n}$ 。 57.× 正确答案:交会定点测量可以在数个已知控制点上设站,分别向待定点观测方向或距离,而后计算待定点的坐标。 58.√ 59.× 正确答案:城市三角网要求,四等网测角中误差为±2.5″。 60.× 正确答案:由于导线纵、横坐标增量闭合差的存在,使导线不能闭合而出现缺口,缺口的长度称为导线全长闭合差。 61.× 正确答案:三角控制测量时边长应接近相等,各内角值宜接近60°,一般不小于30°,但如受地形限制时,不应小于25°。 62.× 正确答案:三边网宜布设为近似等边三角形,各三角形的内角不宜大于100°和小于30°,受限制时不应小于25°。 63.√ 64.× 正确答案:平面控制测量水平角观测时,对中误差应小于1mm;观测过程中,气泡中心位置偏离不得超过1格;气泡偏离1格时,应在测回间重新整置仪器。 65.× 正确答案:根据观测边反求角度计算坐标的方法是用三角形余弦定理求已知导线与两观测边的夹角，然后用戎格公式计算待定点坐标。66. √ 67. √ 68. × 正确答案：闭合导线的坐标计算分为角度闭合差的计算与调整、推算各边的坐标方位角、计算各边的坐标增量、坐标闭合差的计算与调整、导线各点坐标的计算 5 项。 69. × 正确答案：大的隧道、桥梁工程测角容易，所以通常采用小三角测量作为平面控制网。 70. √ 71. √ 72. √ 73. √ 74. × 正确答案：用解析法计算直线 $AB$ 的坐标方位角的公式为 $\tan\alpha_{AB}=\Delta y_{AB}/\Delta x_{AB}$。 75. × 正确答案：在实际工作中，点的高程往往是根据该点相邻两等高线的高程用目估的方法确定。 76. √ 77. × 正确答案：在铁路设计中，为了满足路基、隧道、桥涵、站场等专业设计以及计算土石方数量等方面的要求，必须测绘纵断面图和横断面图。 78. √ 79. × 正确答案：纸上定线时应根据路线中线线位，在地形图上测绘控制性横断面，并按纵坡设计的填挖高度进行横断面设计，作为中线横向检验和计算路基土石方数量的依据。 80. × 正确答案：导线复测外业结束后，应及时整理和检查外业观测手簿。 81. × 正确答案：二级公路，当计算行车速度为 30km/h 时，回头曲线的圆曲线最小半径为 30m。 82. × 正确答案：在道路工程建设行业将路线的高程控制测量工作称为基平测量。 83. √ 84. × 正确答案：中桩水准测量又称为中平测量。 85. √ 86. × 正确答案：横断面测量，就是测定中桩两侧正交于中线方向地面变坡点间的距离和高差。 87. √ 88. × 正确答案：沥青混凝土路面的路拱平均横坡度宜为 1%~2%。 89. × 正确答案：当曲线半径小于 100m 时，曲线内各点间距应为 5m。 90. × 正确答案： 由圆曲线直接组成的复曲线，交点为 $C$，切基线为 $AB$，切基线与两切线长夹角分别为 $\alpha_1$、$\alpha_2$，$A$ 至 $ZY$ 点距离为 $T_1$，$B$ 到 $YZ$ 点距离为 $T_2$、圆曲线的曲线长分别为 $L_1$、$L_2$，半径分别为 $R_1$、$R_2$，则该复曲线起点段切线长为 $T_1+AC$。 91. √ 92. × 正确答案：用全站仪测设公路中线，通常都是观测三维坐标，将高程的观测结果作为路线高程的控制，以代替纵断面测量中的基平测量。 93. × 正确答案：里程桩的设置是在中线丈量的基础上进行的。 94. √ 95. × 正确答案：微丘区地形略有起伏，地面有一定的自然坡度，区内常有坡形和缓的丘陵分布，地表排水方向明显，选线条件与平原区基本相同。 96. × 正确答案：纵断面测量分为基平测量、中平测量和竖曲线测设。 97. √ 98. × 正确答案：光电测距是利用波长为 400~1000nm 的光波作为载波的电磁波测距。 99. × 正确答案：圆曲线带缓和曲线主点里程计算前需要确定圆曲线半径 $R$，缓和曲线长 $l_s$、曲线转角 $\alpha$、切线角 $\beta_0$、缓和曲线内移值 $p$、切线增值 $q$ 等 6 项数值。 100. × 正确答案：圆曲线带缓和曲线测设时，可以采用切线支距法，是以直缓点或缓直点为坐标原点，以切线为 $x$ 轴，以过原点的半径为 $y$ 轴，利用缓和曲线和圆曲线上各点的 $x$、$y$ 坐标测设曲线的方法。 101. √ 102. × 正确答案：测距仪用测距边两端点的高差计算水平距离公式为：$D=\sqrt{s^2-h^2}$，式中 $s$ 表示经气象、加常数、乘常数改正后的斜距。 103. √ 104. √ 105. × 正确答案：装配式钢筋混凝土梁桥常用跨径在 25m 以下。 106. × 正确答案：为了保证拱桥能安全使用，下部结构和地基必须能经受住很大水平推力的不利作用。 107. √ 108. × 正确答案：吊桥的结构自重轻，能以较小的建筑高度跨越其他桥型无与伦比的特大跨度。 109. × 正确答案：工业厂房主轴线点以及矩形控制网位置应距厂房基础开挖边线以外 1.5~4m。 110. × 正确答案：大型厂房的主轴线、矩形角容许差为±5″。 111. √ 112. × 正确答案：柱子的安装应保证平面和高程位置符合设计要求，柱子高度大于 10m 时，其垂直误差应不大于10mm。 113.× 正确答案：安装吊车梁前，先在吊车梁的顶面和两端弹出中心线，然后按照步骤进行吊车梁的安装测量。 114.√ 115.× 正确答案：水下地形测量主要包括定位和测深两大部分。 116.× 正确答案：海洋与江河湖泊开发的前期基础性工作是测量水下地形图或水深图。 117.√ 118.× 正确答案：水下地形测量时，用回声测深仪进行沿海港口探测时，测深点在图上的最大间距为2.0cm。 119.√ 120.× 正确答案：交会法定位测深点的位置时，前方交会法定位测深点适用的最大测图比例尺为1：500；后方交会法定位测深点适用的最大测图比例尺为1：5000。 121.√ 122.× 正确答案：无线电定位系统是根据距离或距离差来确定测船位置的，前者称为双曲线系统定位，后者称为圆系统定位。 123.√ 124.× 正确答案：曲线桥桥梁的墩、台定位时，当梁一部分在直线上，一部分在缓和曲线上，工作线偏角分为三部分，即弦线偏角、外移偏角和附加偏角。 125.× 正确答案：明挖基础放样时，为保证正确安装基础模板，控制点距墩中心点或纵横轴线的距离应略大于基础设计的底面尺寸0.3~5m。 126.× 正确答案：如桩基础处于无水的情况，可采用支距法测设基础的桩位。 127.× 正确答案：柱式桥墩柱身施工的支模垂直度校正，可采用经纬仪观测，方法有投线法、平行线法两种。 128.√ 129.× 正确答案：锥坡顶面高程与路肩相同，其长半径应等于桥台宽度与桥台后路基宽度差值的一半；短半径等于桥台人行道顶面高程与路肩高程之差，但不应小于0.75m。 130.× 正确答案：曲线桥全桥中线复测，主要是测定曲线全部墩、台中心的转角，并将转角之和与曲线总转角对比，对其误差进行分析、调整和分配，以符合设计要求。 131.√ 132.× 正确答案：隧道地面控制测量时，每个洞口附近应布设不少于三个平面控制点和两个水准点，作为洞内测量的依据。 133.√ 134.× 正确答案：为工程施工进行定线放样时，必须了解施工工程的结构、各部分施工步骤和方法以及施工场地的布置等方面的情况。 135.× 正确答案：基准线法测定水平位移的原理是以通过建筑物轴线或平行于建筑物轴线的固定不变的铅直平面为基准面，根据它来测定建筑物的水平位移。 136.√ 137.× 正确答案：当测定水平位移基准线很长时，偏离值测定的误差是很大的。 138.× 正确答案：在坝体廊道内，利用一根拉紧的不锈钢丝所建立的基准面来测定观测点的偏离值的方法称为引张线法。 139.× 正确答案：对于重力拱坝、曲线型桥梁以及高层建筑的位移观测，采用导线测量法、前方交会法以及地面摄影等方法更有利。 140.√ 141.× 正确答案：建筑物的挠度可由观测不同高处的倾斜来换算求得。 142.× 正确答案：地面摄影测量进行变形观测的方法有固定摄站的时间基线法和立体摄影测量法。 143.√ 144.× 正确答案：建筑物的位置在水平方向上的变化称为水平位移。 145.× 正确答案：利用相对沉降量间接确定建筑物整体倾斜时，其观测方法有倾斜仪测记法和测定基础沉降差法。 146.√ 147.× 正确答案：若没有施工管理，专业管理就会各行其是，不能为施工整体服务好。 148.√ 149.× 正确答案：做好思想政治工作，加强职业道德教育和文件技术培训，属于班组管理的具体内容。 150.× 正确答案：班组一般质量管理方法所指的落实经济效益，即质量和奖金分配挂钩。 151.× 正确答案：不断提高班组成员的政治思想觉悟和技术业务素质，属于劳动管理的内容。 152.√ 153.× 正确答案：一般在工程造价中，材料费所占的比重最大。 154.√ 155.√ 156.× 正确答案：在AutoCAD中，为了保护自己的文档，可以将CAD图保存为DWS格式，DWS格式的文档只能查看不能修改。 157.× 正确答案：AutoCAD中的块插入命令用于插入图形文件时，此图形文件不用事先用“B-A-se”命令设置基点。 158. √ 159. √ 160. × 正确答案：天正建筑是利用 AutoCAD 图形平台，开发的最新一代的建筑制图软件。

## 四、简答题

1. 答：①大地水准面实际是一个有微小起伏的不规则曲面，它不是一个光滑的几何面，无法用数学公式将其精确地表示出来，且无法进行测量成果计算；②各国家只能根据本区域局部测量资料推算出与本国大地水准面密切配合的地球椭球体，作为测量计算的基准面。

评分标准：答对①占 50%；答对②占 50%。

2. 答：①目前我国采用的参考椭球为 1980 年国家大地测量参考体系；②长轴 $a$ = 6378245m，短轴 $b$ = 6356863m，扁率 $\alpha$ = 1/298.3。

评分标准：答对①占 50%；答对②占 50%。

3. 答：①测量坐标系的 $X$ 轴是南北方向，$X$ 轴朝北，$Y$ 轴是东西方向，$Y$ 轴朝东，另外测量坐标系中的四个象限按顺时针编排；②数学坐标系 $Y$ 轴是南北方向，$Y$ 轴朝北，$X$ 轴是东西方向，$X$ 轴朝东，数学坐标系中的四个象限按逆时针编排。

评分标准：答对①占 50%；答对②占 50%。

4. 答：①假想将一个横椭圆柱体套在椭球外，使横椭圆柱的轴心通过椭球中心，并与椭球面上某投影带的中央子午线相切，将中央子午线附近（即东西边缘子午线范围）椭球面上的点投影到横椭圆柱面上，然后顺着过南北极母线将椭圆柱面展开为平面，这个平面称为高斯投影平面，所以该投影是正形投影。②在高斯投影平面上，中央子午线投影后为 $X$ 轴，赤道投影为 $Y$ 轴，两轴交点为坐标原点，构成分带的独立的高斯平面直角坐标系统。

评分标准：答对①占 50%；答对②占 50%。

5. 答：①遥感按照遥感平台可分为地面遥感、航空遥感、航天遥感；②遥感按照传感器的探测波段分为紫外遥感、可见光遥感、红外遥感、微波遥感、多波段遥感。

评分标准：答对①占 50%；答对②占 50%。

6. 答：①主动遥感由探测器主动发射一定电磁波能量并接收目标地物的返回发射信号；②被动遥感的传感器不向目标发射电磁波，仅被动接收目标物的自身发射和对自然辐射源的发射能量。

评分标准：答对①占 50%；答对②占 50%。

7. 答：①对距离测量有影响；②对水平角测量有影响；③对高程测量有影响。

评分标准：答对①②各占 30%；答对③占 40%。

8. 答：①实际测量中的基准面是大地水准面，所以测得的角度是球面角，用球面角代替平面角会产生的误差；②在 100km$^2$ 范围内用平面代替球面产生的角度误差为 0.17s，而精密大地测量仪器的测角精度仅为 0.7s，所以进行水平角测量可以不考虑地球曲率对角度的影响。

评分标准：答对①②各占 50%。

9. 答：①电子水准仪采用光电技术自动获取标尺读数，而光学水准仪则由观测员通过光学设备人工读数；②电子水准仪由 CCD 传感器取代人眼；③电子水准仪由 CCD 传感器获取几个条码确定仪器电子视准轴的位置,而光学水准仪借助十字丝分划线来确定视准轴的位置;④在光学水准仪测量系统中仅有一个尺度因子,而电子水准仪则有两个尺度因子。

评分标准:答对①②各占30%;答对③④各占20%。

10. 答:①电子水准仪是电子读数,这使得其读数比较稳定,离散小;②在中、近距离时,电子水准仪的综合精度比光学水准仪要好,在同等条件下测量精度更高,而且节省了不少时间,减少了工作量,应该是水准测量仪器发展的趋势。

评分标准:答对①②各占50%。

11. 答:①全组合测角法,属高精度角度观测法;②是将一测站上的全部待测方向,按数学组合方法组合成若干个单角,用测回法分别对每个单角进行观测。

评分标准:答对①占40%;答对②占60%。

12. 答:①安置仪器;②盘左观测;③盘右观测;④求水平角。

评分标准:答对①②各占30%;答对③④各占20%。

13. 答:系统误差采用适当的措施消除或减弱其影响。通常有以下三种方法:

①测定系统误差的大小,对观测值加以改正,如用钢尺量距时,通过对钢尺的检定求出尺长改正数,对观测结果加尺长改正数和温度变化改正数,来消除尺长误差和温度变化引起的系统误差。

②采用合理的观测方法,通过采用一定的观测方法,使系统误差在观测值中以相反的符号出现,经过计算加以抵消。如水准测量时,采用前、后视距相等的对称观测,以消除由于视准轴不平行于水准管轴所引起的系统误差;经纬仪测角时,用盘左、盘右两个观测值取中数的方法可以消除视准轴误差等系统误差的影响。

③检校仪器,将仪器存在的系统误差降低到最小限度,或限制在允许的范围内,以减弱其对观测结果的影响。如经纬仪照准部水准管轴不垂直于竖轴的误差对水平角的影响,可通过精确检校仪器并在观测中仔细整平的方法,以减弱其影响。

评分标准:答对①②各占30%;答对②占40%。

14. 答:①测量中的误差是不可避免的,只要满足规定误差要求,工作中可以采取措施加以减弱或处理。②粗差的产生主要是由于工作中的粗心大意或观测方法不当造成的,含有粗差的观测成果是不合格的,必须采取适当的方法和措施剔除粗差或重新进行观测。

评分标准:答对①占50%;答对②占50%。

15. 答:①GPS测量的误差中,与GPS卫星有关的误差有卫星钟差、卫星轨道误差;②GPS测量的误差中,与卫星信号传播有关的误差有电离层折射的影响、对流层折射的影响、多路径效应的影响。

评分标准:答对①占50%;答对②占50%。

16. 答:①GPS卫星轨道误差是指卫星轨道模型由于各种因素影响所造成的误差;②在测量中处理卫星轨道误差方法有三种:忽略轨道误差、采用轨道改进法处理观测数据、同步观测值求差。

评分标准:答对①占50%;答对②占50%。

17. 答:①国家水准网分为四个等级,即一等水准网、二等水准网、三等水准网、四等水准。②一等水准网沿平缓的交通路线布设成周长约1500km的环形路线;二等水准网布设在一等水准环线内，形成周长为500~750km的环线；三、四等水准网一般布设成附合水准路线，且三等水准网的长度不超过200km，四等水准网的长度不超过80km。

评分标准：答对①占40%；答对②占60%。

18. 答：①城市高程控制网一般用水准测量的方法建立，称为城市水准网；②城市水准网分为二等水准网、三等水准网、四等水准网和图根水准网。

评分标准：答对①占50%；答对②占50%。

19. 答：①工程可行性研究阶段采用地形图比例为1∶10000；②工程初步设计阶段采用的地形图比例尺为1∶2000或1∶5000均可。

评分标准：答对①占50%；答对②占50%。

20. 答：①搞清比例尺、图上距离和实际距离三者的关系，图上距离用厘米表示，实际距离用千米表示；②搞清比例尺的3种形式，即数字式、文字式、线段式；③学会辨认比例尺的大小，比例尺中代表实际距离的数值越大，则比例尺的比值越小，反之则比值越大；④用纬线的长度计算距离，纬度1°和在赤道上经度1°的实际距离是111km。

评分标准：答对①②各占30%；答对③④各占20%。

21. 答：①高斯投影带的中央子午线投影后是一直线，把其作为平面直角坐标系的纵轴$X$轴，赤道投影后也是一条直线，把其作为平面直角坐标系的横轴$Y$轴，两轴交点即为原点，就建立了高斯平面直角坐标系。②纵坐标赤道以北为正，以南为负；横坐标中央子午线以东为正，中央子午线以西为负。

评分标准：答对①占50%；答对②占50%。

22. 答：①中央子午线无变形；②无角度变形，图形保持相似；③离中央子午线越远，变形越大；④在测量中，如果中央子午线输错了，投影的中央子午线就会偏离实地坐标系正确的中央子午线，变形就越大，最终的结果就使用测量的误差更大，所以测量时不要把中央子午线输错。

评分标准：答对①②③各占20%；答对④占40%。

23. 答：①地形图的分幅分为两类：一类是按经纬线分幅的梯形分幅法；另一类是按坐标格网分幅的矩形分幅法。②梯形分幅法用于中、小比例尺的国家基本图的分幅，矩形分幅法用于城市大比例尺图的分幅。

评分标准：答对①占50%；答对②占50%。

24. 答：①1∶500，1∶1000，1∶2000地形图一般采用50cm×50cm正方形或40cm×50cm矩形分幅，根据需要也可以用其他规格的分幅，1∶2000地形图也可采用经纬度统一分幅；②地形图编号一般采用图廓西南角坐标千米数编号法，也可以选用流水编号法或行列编号法等。

评分标准：答对①占50%；答对②占50%。

25. 答：①地图符号是表达地图内容的基本手段，它由形状不同、大小不一、色彩有别的图形和文字组成。②地图符号是地图的语言，是一种图形语言。它与文字相比，最大的特点是形象直观、一目了然。

评分标准：答对①占50%；答对②占50%。

26. 答：①地图符号不仅具有确定客观事物的空间位置、分布特点以及数量、质量特征的基本功能;②还具有相互联系和共同表达地理环境诸要素总体特征的特殊功能。

评分标准:答对①占 50%;答对②占 50%。

27. 答:①图名和图号;②接图表;③图廓和坐标格网线;④三北方向线及坡度尺;⑤坐标系统和高程系统;⑥成图方法和测绘单位。

评分标准:答对①②③④各占 20%;答对⑤⑥各占 10%。

28. 答:①图廓是图幅四周的范围线,它有内图廓和外图廓之分。②内图廓是地形图分幅时的坐标格网或经纬线;外图廓是距内图廓以外一定距离绘制的加粗平行线,仅起装饰作用。

评分标准:答对①占 50%;答对②占 50%。

29. 答:①在地图上起说明作用的各种文字、数字,统称注记。注记常和符号相配合,说明地图上所表示的地物的名称、位置、范围、高低、等级、主次等。②注记可分为名称注记、说明注记、数字注记。

评分标准:答对①占 50%;答对②占 50%。

30. 答:①名称注记是指由不同规格、颜色的字体来说明具有专有名称的各种地形、地物的注记,如海洋、湖泊、河川、山脉的名称。②说明注记是指用文字表示地形与地物质量和特征的各种注记,如表示森林树种的注记,表示水井底的注记。③数字注记指由不同规格、颜色的数字和分数式表达地形与地物的数量概念的注记,如高程、水深、经纬度等。④为了鲜明、正确、便于读解的目的,注记的字体、规格和用途必须有统一规定。

评分标准:答对①~④各占 25%。

31. 答:①等高线法是从设计高程的等高线开始,量取各等高线所围成的面积;②用相邻两等高线所围成的面积的平均值,乘以两等高线间的高差,即得到相邻两等高线间的体积,将每层的体积算出然后相加,就得到总土方量。

评分标准:答对①占 50%;答对②占 50%。

32. 答:①断面法是根据地形图,在施工场地范围内,以一定的间隔绘制断面图,然后分别量出各断面由设计高程线与地面线所围成的填、挖面积;②再以相邻两断面填面积的平均值和挖面积的平均值,乘以断面间距,即得相邻断面间的填、挖量,最后将所有填方相加,所有挖方相加,就得到填方和挖方的总量。

评分标准:答对①占 50%;答对②占 50%。

33. 答:①山丘和洼地的等高线同为一组闭合的曲线,可通过高程注记和示坡线加以区别。示坡线是由等高线起并垂直于该等高线的短线,其方向指向下坡方向。②山脊和山谷等高线同为一组凸形曲线,山脊等高线凸向低处,而山谷等高线则凸向高处。山脊线为山脊的棱线,即分水线,山谷线为山谷最低点的连线,即集水线。

评分标准:答对①占 50%;答对②占 50%。

34. 答:①鞍部位于两山峰之间的低凹处,形似马鞍,故得名。鞍部的等高线由两山脊和两山谷的等高线构成。②陡崖是坡度陡峭、近于直立的崖壁,陡崖分土质和石质两类,分别用相应的符号表示,等高线经此将产生重叠;悬崖为上部突出、下部凹进的陡崖,悬崖处的等高线会出现相交的情况,俯视被遮蔽的等高线用虚线表示。

评分标准:答对①占 40%;答对②占 60%。

35. 答:①用照准部水准管将仪器整平,转动照准部使水准管与任意两个脚螺旋的连线平行;②转动两脚螺旋使气泡居中,然后将照准部旋转 180°,如果气泡居中,说明水准管轴正常,否则需校正。

评分标准:答对①占 50%;答对②占 50%。

36. 答:①校正时用校正针拨动水准管的校正螺丝,使水准气泡向中央折回偏离格数的一半,这时水准管轴垂直于竖轴;②这项检验应反复进行,直至水准管位于任何位置,气泡偏离零点均不超过半格止。

评分标准:答对①占 50%;答对②占 50%。

37. 答:①支撑仪器的校准部,并使照准部稳定地绕其轴线旋转;②它的轴显示仪器侧水平角的基准线,竖轴轴线的方向精度及稳定性对仪器侧角精度影响很大,角度越大误差越大。

评分标准:答对①占 50%;答对②占 50%。

38. 答:①转动紧涩;②内轴卡死;③竖轴点变;④立轴带盘。

评分标准:答对①②各占 30%;答对③④各占 20%。

39. 答:①施工测量的主要内容有:建立施工控制网;依照设计图纸要求进行建筑物放样;通过测量检查建筑物平面位置和高程是否符合设计要求;变形观测等。②施工测量的基本任务是:按照设计要求,把图纸上设计的建筑物和构筑物的平面和高程位置在实地标定出来。

评分标准:答对①②各占 50%。

40. 答:①常用的平面控制网有建筑方格网和建筑基线。②建筑方格网适用场合:地形较平坦的大、中型建筑场区,主要建筑物、道路和管线常按相互平行或垂直关系布置。建筑基线适用场合:建筑场地较小,平面布置相对简单,地势较平坦而狭长的建筑场地。

评分标准:答对①②各占 50%。

**五、计算题**

1. 解:任意 $n$ 边形内角之和为:$(n-2)\times180°$($n$ 为多边形边数)。

(1)任意 8 边形的内角之和为:$(8-2)\times180°=1080°$;

(2)任意 9 边形的内角之和为:$(9-2)\times180°=1260°$;

(3)任意 18 边形的内角之和为:$(18-2)\times180°=2880°$。

答:任意 8 边形、9 边形、18 边形的内角之和依次为:1080°、1260°、2880°。

评分标准:公式正确占 40%;过程正确占 40%;结果正确占 20%;无公式、过程,只有结果不得分。

2. 解:(1)

$$m_{1角}=m_{1方}\sqrt{2}=\pm6\sqrt{2}\approx8.5''$$

(2)

$$m_{6角}=\frac{\pm6\sqrt{2}}{\sqrt{6}}=3.5''$$

(3)

$$m_{\Delta}=\sqrt{3}m_{1角}=\pm6\sqrt{2}\cdot\sqrt{3}=14.7''$$

$$m_{\Delta限}=\pm2\cdot m_{\Delta}=2\times14.7''=29.4''$$

答:(1)一测回角度中误差 $m_{1角}$ 为 8.5″;(2)六测回角度中误差 $m_{6角}$ 为 14.7″;(3)二倍中误差作为限差,限差为 29.4″。

评分标准:公式正确占 40%;过程正确占 40%;结果正确占 20%;无公式、过程,只有结果不得分。

3. 解:水准测量记录表中记录如下:

| 测站 | 后视读数,m | 前视读数,m | 高差,m | | 高程,m |
|---|---|---|---|---|---|
| | | | + | − | |
| $BM_1$ | 2.012 | | 1.257 | | 138.952 |
| $ZD_1$ | 1.472 | 0.755 | | 1.038 | 140.209 |
| $ZD_2$ | 1.362 | 2.510 | 0.309 | | 139.171 |
| $ZD_3$ | 3.338 | 1.053 | 2.667 | | 139.480 |
| $BM_2$ | | 0.671 | | | 142.147 |
| Σ | 8.184 | 4.989 | 4.233 | 1.038 | |

校核:

$$\sum a-\sum b=3.195(\mathrm{m}),f_H=0.037(\mathrm{m})$$

评分标准:公式正确占 40%;过程正确占 40%;结果正确占 20%;无公式、过程,只有结果不得分。

4. 解:水准测量高程调整表如下:

| 点号 | 路线长,km | 实测高差,m | 改正数,m | 改正后高差,m | 高程,m |
|---|---|---|---|---|---|
| $BM_a$ | | | | | 5.612 |
| | 1.9 | +0.100 | −0.006 | +0.094 | |
| 1 | | | | | 5.706 |
| | 1.1 | −0.620 | −0.003 | −0.623 | |
| 2 | | | | | 5.083 |
| | 1.0 | +0.320 | −0.003 | +0.317 | |
| $BM_b$ | | | | | 5.400 |
| Σ | 4.0 | −0.200 | −0.012 | −0.212 | |

$H_b-H_a=5.400-5.612=-0.212(\mathrm{m})$

$f_H=\sum h-(H_b-H_a)=-0.200+0.212=+0.012(\mathrm{m})$

$f_{H允}=\pm 30\sqrt{L}=\pm 60(\mathrm{mm})>f_H$

每千米改正数$=-(+0.012)/4.0=-0.003(\mathrm{m/km})$

改正后校核:$\sum h-(H_b-H_a)=-0.212+0.212=0$

评分标准:公式正确占 40%;过程正确占 40%;结果正确占 20%;无公式、过程,只有结果不得分。

5. 解:水平角观测记录如下:

| 测站 | 目标 | 度盘读数 | | 半测回角值（° ′ ″） | 一测回角值（° ′ ″） | 各测回平均角值（° ′ ″） | 备注 |
|---|---|---|---|---|---|---|---|
| | | 盘左（° ′ ″） | 盘右（° ′ ″） | | | | |
| O | A | 0 00 24 | 180 00 54 | ①58 48 30 | ①58 48 27 | ②58 48 30 | |
| | B | 58 48 54 | 238 49 18 | ①58 48 24 | | | |
| | A | 90 00 12 | 270 00 36 | ①58 48 36 | ①58 48 34 | | |
| | B | 148 48 48 | 328 49 08 | ①58 48 32 | | | |

评分标准：公式正确占40%；过程正确占40%；结果正确占20%；无公式、过程，只有结果不得分。

6. 解：(1) 由竖盘注记形式判断竖直角计算公式为：

$$\alpha_{左}=90°-L, \alpha_{右}=R-270°$$

$$\alpha_{左}=90°-L=90°-112°34'24''=-22°34'24''$$

所以

$$\alpha_{右}=R-270°=247°22'48''-270°=-22°37'12''$$

故

$$\alpha=\frac{\alpha_{左}+\alpha_{右}}{2}=\frac{-22°34'24''+(-22°37'12'')}{2}=-22°35'48''$$

(2) 竖盘指标差：

$$x=\frac{\alpha_{左}-\alpha_{右}}{2}=1'42''$$

评分标准：公式正确占40%；过程正确占40%；结果正确占20%；无公式、过程，只有结果不得分。

7. 解：(1)

$$D_{AB}=\frac{1}{2}(158.260+158.270)=158.265(\text{m})$$

$$D_{CD}=\frac{1}{2}(202.840+202.828)=202.834(\text{m})$$

(2)

$$K_{AB}=\frac{158.270-158.260}{158.265}=\frac{1}{15826}$$

$$K_{CD}=\frac{202.840-202.828}{202.834}=\frac{1}{16903}$$

因为 $K_{CD}<K_{AB}$，所以 $CD$ 段丈量精度高。

评分标准：公式正确占40%；过程正确占40%；结果正确占20%；无公式、过程，只有结果不得分。

8. 解：

| 测线 | | 整尺段 | 零尺段 | | 总计 | 差数 | 精度 | 平均值 |
|---|---|---|---|---|---|---|---|---|
| *AB* | 往 | 5.50 | 18.964 | | 268.964 | 0.10 | 1/2689 | 268.914 |
| | 返 | 4.50 | 46.564 | 22.300 | 268.864 | | | |

评分标准：公式正确占40%；过程正确占40%；结果正确占20%；无公式、过程，只有结果不得分。

9. 解：(1) 因为 $h_{1-2}=h_1+h_2+\cdots+h_{25}$，所以：

$$m_k=\pm\sqrt{m_1^2+m_2^2+\cdots+m_{25}^2}$$

又因为 $m_1=m_2=\cdots=m_{25}=m=\pm3(\text{mm})$，所以：

$$m_k=\pm\sqrt{25\text{m}^2}=\pm15(\text{mm})$$

(2)若 $BM_1$ 至 $BM_2$ 高差中误差不大于±12mm 时，该设的站数为 $n$ 个，则：

$$n\cdot m^2=\pm12^2(\text{mm})$$

$$n=\frac{144}{m^2}=\frac{144}{9}=16$$

评分标准：公式正确占 40%；过程正确占 40%；结果正确占 20%；无公式、过程，只有结果不得分。

10. 解：(1)

| 观测次数 | 角值,(° ′ ″) | $\Delta_i$ | $\Delta\Delta$ |
|---|---|---|---|
| 1 | 179 59 59 | +1″ | 1 |
| 2 | 180 00 08 | −8″ | 64 |
| 3 | 179 59 56 | +4″ | 16 |
| 4 | 180 00 02 | −2″ | 4 |
| Σ | 720 00 05 | −5″ | 85 |

(2)

$$m_\Delta=\pm\sqrt{\frac{[\Delta\Delta]}{n}}=\pm\sqrt{\frac{85}{4}}=\pm4.61''$$

$$m_\Delta^2=3m_\beta^2$$

$$m_\beta=\pm\sqrt{\frac{m_\Delta^2}{3}}=\pm\sqrt{7.08}=\pm2.66''$$

评分标准：公式正确占 40%；过程正确占 40%；结果正确占 20%；无公式、过程，只有结果不得分。

11. 解：由多条路线分别推求 $P$ 点的近似高程和其相应的权分别为：

$$H'_{P1}=H_A+h_1=32.578-2.573=30.005,\ P_i=\frac{C}{L_i}(\text{取 } C=6),\ P_1=\frac{6}{2}=3$$

$$H'_{P2}=H_B+h_2=26.415+3.576=29.991,\ P_2=\frac{6}{3}=2$$

$$H'_{P3}=H_C+h_3=31.430-1.436=29.994,\ P_3=\frac{6}{2}=3$$

$$H'_{P4}=H_D+h_4=28.422+1.584=30.006,\ P_4=\frac{6}{3}=2$$

$$H_P=\frac{P_1\cdot H'_{P1}+P_2\cdot H'_{P2}+P_3\cdot H'_{P3}+P_4\cdot H'_{P4}}{P_1+P_2+P_3+P_4}$$

$$=\frac{3\times30.005+2\times29.991+3\times29.994+2\times30.006}{3+2+3+2}$$

$$=30.000(\text{m})$$

评分标准：公式正确占 40%；过程正确占 40%；结果正确占 20%；无公式、过程，只有结果不得分。

12. 解：由 $H_{P1}=H_A+h_1=275.743-34.015=241.728(\text{m})$

$$H_{P2}=H_B+h_2=241.716(\text{m})$$

$$H_{P3}=H_C+h_3=241.736(\text{m})$$

$$H_P=(H_{P1}+H_P+H_{P3})/3=241.727(\text{m})$$

评分标准：公式正确占 40%；过程正确占 40%；结果正确占 20%；无公式、过程，只有结果不得分。

13. 解：由公式：

$$S_{AB}=\sqrt{(X_B-X_A)^2+(Y_B-Y_A)^2},\alpha_{AB}=\arctan\frac{(Y_B-Y_A)}{(X_B-X_A)}=\arctan\frac{\Delta Y}{\Delta X}$$

则在 $A$ 点设站，1 点的方位： $\alpha_1=71°08'31''$

在 $A$ 点设站，1 点的距离： $d_1=80.501(\text{m})$

在 $A$ 点设站，2 点的方位： $\alpha_2=169°36'36.7''$

在 $A$ 点设站，2 点的距离： $d_2=307.634(\text{m})$

评分标准：公式正确占 40%；过程正确占 40%；结果正确占 20%；无公式、过程，只有结果不得分。

14. 解：(1)计算公式：

$$\alpha_{I5}=\frac{\alpha_{I5(1)}\cdot P_{\alpha1}+\alpha_{I5(2)}\cdot P_{\alpha2}+\alpha_{I5(3)}\cdot P_{\alpha3}}{P_{\alpha1}+P_{\alpha2}+P_{\alpha3}}$$

$$X_I=\frac{X_{I(1)}\cdot P_{x1}+X_{I(2)}\cdot P_{x2}+X_{I(3)}\cdot P_{x3}}{P_{x1}+P_{x2}+P_{x3}}$$

$$Y_I=\frac{Y_{I(1)}\cdot P_{y1}+Y_{I(2)}\cdot P_{y2}+Y_{I(3)}\cdot P_{y3}}{P_{y1}+P_{y2}+P_{y3}}$$

(2)由 $P_{\alpha i}=\frac{1}{n_i},P_{xi}=P_{yi}=\frac{1}{S_i}$，则：

$$P_{\alpha1}=\frac{1}{4},P_{\alpha2}=\frac{1}{3},P_{\alpha3}=\frac{1}{3}$$

$$P_{x1}=P_{y1}=\frac{1}{S_1}=\frac{1}{0.448},P_{x2}=P_{y2}=\frac{1}{S_2}=\frac{1}{0.647},P_{x3}=P_{y3}=\frac{1}{S_3}=\frac{1}{0.288}$$

分别将： $P_{\alpha1}=\frac{1}{4},P_{\alpha2}=\frac{1}{3},P_{\alpha3}=\frac{1}{3}$

$$P_{x1}=P_{y1}=\frac{1}{S_1}=\frac{1}{0.448},P_{x2}=P_{y2}=\frac{1}{S_2}=\frac{1}{0.647},P_{x3}=P_{y3}=\frac{1}{S_3}=\frac{1}{0.288}$$

代入公式得：

$$\alpha_{I5}=12°29'40.8''$$

$$X_I=1127.726$$

$$Y_I=8353.323$$

评分标准:公式正确占 40%;过程正确占 40%;结果正确占 20%;无公式、过程,只有结果不得分。

15. 解:(1)根据附合导线角度闭合差的右角计算公式:

$$f_\beta=(\alpha_0-\alpha_n)+n\cdot 180°-\sum\beta_{右}$$
$$=(78°13'50''-176°12'00'')+8\times 180°-1342°00'30''$$
$$=+0°01'20''$$

(2)导线右角改正数为:

$$U_\beta=\frac{f_\beta}{n}=10''$$

评分标准:公式正确占 40%;过程正确占 40%;结果正确占 20%;无公式、过程,只有结果不得分。

16. 解:(1)根据坐标增量闭合差公式:

$$f_x=\sum\Delta x-(x_B-x_A)=118.63-(413.04-294.93)=+0.52(\text{m})$$
$$f_y=\sum\Delta y-(y_B-y_A)=1511.79-(4460.86-2948.43)=-0.64(\text{m})$$

导线全长闭合差为:

$$f=\sqrt{f_x^2+f_y^2}=\sqrt{0.52^2+(-0.64)^2}=0.825(\text{m})$$

(2)导线的全长相对闭合差为:

$$K=\frac{1}{\frac{\sum D}{f}}=\frac{1}{\frac{1857.63}{0.825}}=\frac{1}{2252}$$

评分标准:公式正确占 40%;过程正确占 40%;结果正确占 20%;无公式、过程,只有结果不得分。

17. 解:三角形的闭合差:

$$w=59°45'18.4''+48°37'6.5''+71°37'38''-180°=2.9''$$

评分标准:公式正确占 40%;过程正确占 40%;结果正确占 20%;无公式、过程,只有结果不得分。

18. 解:

$$f_\beta=\sum_1^n\beta_i-(n-2)\cdot 180°=(\beta_1+\beta_2+\beta_3+\beta_4+\beta_5)-(5-2)\times 180°$$
$$=540°00'30''-540°=+30''$$

评分标准:公式正确占 40%;过程正确占 40%;结果正确占 20%;无公式、过程,只有结果不得分。

19. 解:由前方交会公式:

$$x_P=\frac{x_A\cot B+x_B\cot A-y_A+y_B}{\cot A+\cot B}$$

$$y_P=\frac{y_A\cot B+y_B\cot A+x_A-x_B}{\cot A+\cot B}$$

可得:

$$x_P=4097.964$$

$$y_P=9094.272$$

评分标准:公式正确占 40%;过程正确占 40%;结果正确占 20%;无公式、过程,只有结果不得分。

20. 解:(1)计算 $MP$ 的距离:

$$MP=\sqrt{(X_P-X_M)^2+(Y_P-Y_M)^2}=20.426(\mathrm{m})$$

(2)计算 $NP$ 的距离:

$$NP=\sqrt{(X_P-X_N)^2+(Y_P-Y_N)^2}=14.158(\mathrm{m})$$

答:$MP$ 的距离为 20.426m,$NP$ 的距离为 14.158m。

评分标准:公式正确占 40%;过程正确占 40%;结果正确占 20%;无公式、过程,只有结果不得分。

21. 解:由坐标反算公式: $S_{AB}=\sqrt{(X_B-X_A)^2+(Y_B-Y_A)^2}$

$$\alpha_{AB}=\arctan\frac{(Y_B-Y_A)}{(X_B-X_A)}=\arctan\frac{\Delta Y}{\Delta X}$$

可得: $\alpha_{12}=318°15'$,$\alpha_{23}=\alpha_{12}+\angle 2-180°=333°30'$

同理得: $\alpha_{34}=298°53'$,$\alpha_{45}=327°04'$

$$X_3=X_2+S_{23}\cdot\cos\alpha_{23}=7618.8,\ Y_3=Y_2+S_{23}\cdot\sin\alpha_{23}=7347.5$$

$$X_4=X_3+S_{34}\cdot\cos\alpha_{34}=7828.8,\ Y_4=Y_3+S_{34}\cdot\sin\alpha_{34}=6966.7$$

$$X_5=X_4+S_{45}\cdot\cos\alpha_{45}=7858.9,\ Y_5=Y_4+S_{45}\cdot\sin\alpha_{45}=6947.2$$

答:点 3 坐标为(7618.8,7347.5);点 4 坐标为(7828.8,6966.7);点 5 坐标为(7858.9,6947.2)。

评分标准:公式正确占 40%;过程正确占 40%;结果正确占 20%;无公式、过程,只有结果不得分。

22. 解:(1)

$$f_B=\alpha_{AB}+\sum\beta_{左}-\alpha_{CD}-n\times180°=236°05'59''+130°56'18''+195°17'30''+156°18'46''+220°46'54''+110°35'17''-150°00'39''-5\times180°=+5''$$

(2)

$$f=-\frac{f_B}{n}=-\frac{+5''}{5}=-1''$$

答:该导线的测角闭合差为+5″;各角的改正数为-1″。

评分标准:公式正确占 40%;过程正确占 40%;结果正确占 20%;无公式、过程,只有结果不得分。

23. 解: $\alpha=\arccos\dfrac{c^2+b^2-a^2}{2bc}=\arccos\dfrac{500^2+360^2-150^2}{2\times360\times500}=7°16'39''$

答:夹角 $\alpha$ 为 7°16′39″。

评分标准:公式正确占 40%;过程正确占 40%;结果正确占 20%;无公式、过程,只有结果不得分。

24. 解：
$$\beta=\arccos\frac{c^2+a^2-b^2}{2ac}=\arccos\frac{500^2+150^2-360^2}{2\times150\times500}=17°41'57''$$

答：夹角 $\beta$ 为 17°41′57″。

评分标准：公式正确占 40%；过程正确占 40%；结果正确占 20%；无公式、过程，只有结果不得分。

25. 解：由已知条件 $a_1=BQ=90m$，$b_1=AQ=85m$，计算如下：

$$x_P=\frac{a_1x_A+b_1x_B-h(y_A-y_B)}{a_1+b_1}=\frac{90\times150+85\times150-70\times(20-195)}{85+90}=220(m)$$

$$y_P=\frac{a_1y_A+b_1y_B+h(x_A-x_B)}{a_1+b_1}=\frac{90\times20+85\times195+70\times(150-150)}{85+90}=105(m)$$

答：$P$ 点坐标(220m，105m)。

评分标准：公式正确占 40%；过程正确占 40%；结果正确占 20%；无公式、过程，只有结果不得分。

26. 解：由已知条件 $a_1=BQ=90m$，$b_1=AQ=85m$，计算如下：

$$\tan\alpha=\frac{h}{b_1}，\tan\beta=\frac{h}{a_1}$$

$$\alpha=\arctan\frac{h}{b_1}=\arctan\frac{70}{85}=39°28'21''$$

$$\beta=\arctan\frac{h}{a_1}=\arctan\frac{70}{90}=37°52'30''$$

答：$\alpha$ 为 39°28′21″；$\beta$ 为 37°52′30″。

评分标准：公式正确占 40%；过程正确占 40%；结果正确占 20%；无公式、过程，只有结果不得分。

27. 解：已知 $AB$ 边坐标方位角，推算 $BC$ 边坐标方位角，推算方向为 $A$、$B$、$C$，故 $\beta$ 为右角。

$$\alpha_{BC}=\alpha_{AB}+180°+360°-\beta=274°01'50''$$

答：$BC$ 边的坐标方位角为 274°01′50″。

评分标准：公式正确占 40%；过程正确占 40%；结果正确占 20%；无公式、过程，只有结果不得分。

28. 解：
$$\alpha_{AB}=\arctan\frac{Y_B-Y_A}{X_B-X_A}=\arctan\frac{462.18-318.62}{416.18-526.87}=\arctan(-1.297)$$

$$\alpha_{AB}=180°-52°22'03''=127°37'57''$$

因为 $\Delta x$ 为负，$\Delta y$ 为正，所以坐标方位角位于第Ⅱ象限。

$$\alpha_{BP}=\alpha_{AB}+180°-\beta=127°37'57''+180°-180°08'00''=127°29'57''$$

答：导线 $BP$ 的方位角为 127°29′57″。

评分标准：公式正确占 40%；过程正确占 40%；结果正确占 20%；无公式、过程，只有结果不得分。

29. 解：由 A、B 两点坐标反算可得：$\alpha_{AB}=36°44'43''$，则 $\alpha_{AC}=90°$，$\alpha_{AD}=161°05'56''$。

$$X_C=5738.35+80.50\times\cos90°=5738.350$$
$$Y_C=4624.65+80.50\times\sin90°=4705.150$$
$$X_D=5738.35+307.63\times\cos161°05'56''=5447.308$$
$$Y_D=4624.65+307.63\times\sin161°05'56''=4724.302$$

答：$C$ 点坐标为：(5738.350，4705.150)；$D$ 点坐标为：(5447.308，4724.302)。

评分标准：公式正确占 40%；过程正确占 40%；结果正确占 20%；无公式、过程，只有结果不得分。

30. 解：由正弦定理可知：

$$AB=AC\times\sin\angle C\div\sin\angle B=1782.567\times\sin54°26'05.6''\div\sin\angle56°58'36''$$
$$AB=1729.430(\mathrm{m})$$
$$BC=AC\times\sin\angle A\div\sin\angle B=1782.567\times\sin68°35'18.4''\div\sin\angle56°58'36''$$
$$BC=1979.296(\mathrm{m})$$

答：$AB$ 边长为 1729.430m；$BC$ 边长为 1979.296m

评分标准：公式正确占 40%；过程正确占 40%；结果正确占 20%；无公式、过程，只有结果不得分。

31. 解：按照坐标反算公式：

$$\alpha_{AB}=\arctan\frac{y_B-y_A}{x_B-x_A}=\arctan\frac{2111.9-2045.4}{4133.9-4017.6}=\arctan\frac{66.5}{116.3}=29°45'39''$$

根据距离公式：

$$D_{AB}=\sqrt{(x_B-x_A)^2+(y_B-y_A)^2}=\sqrt{(4133.9-4017.6)^2+(2111.9-2045.4)^2}$$
$$=\sqrt{116.3^2+66.5^2}=134.0(\mathrm{m})$$

评分标准：公式正确占 40%；过程正确占 40%；结果正确占 20%；无公式、过程，只有结果不得分。

32. 解：按照坐标反算公式：

$$\alpha_{BC}=\arctan\frac{y_C-y_B}{x_C-x_B}=\arctan\frac{2106.4-2111.9}{4063.5-4133.9}$$
$$=\arctan\frac{-5.5}{-70.4}=184°28'02''$$

根据距离公式：

$$D_{AB}=\sqrt{(x_C-x_B)^2+(y_C-y_B)^2}=\sqrt{(4063.5-4133.9)^2+(2106.4-2111.9)^2}$$
$$=\sqrt{(-70.4)^2+(-5.5)^2}=70.6(\mathrm{m})$$

评分标准：公式正确占 40%；过程正确占 40%；结果正确占 20%；无公式、过程，只有结果不得分。

33. 解：计算竖曲线要素：

$$i_1=5\%,i_2=-4\%,W=i_1-i_2=0.09$$

为凸形竖曲线。

$$L=2000\times0.09=180(\mathrm{m})$$
$$T=L/2=90(\mathrm{m})$$
$$E=T\times T/2R=90\times90/4000=2.025(\mathrm{m})$$
竖曲线起点桩号=(K5+030)−T=K4+940

竖曲线终点桩号=(K5+030)+T=K5+120

计算桩号为 K5+000 和 K5+100 处的设计高程：

K5+000 处的高程：

$$x=60\mathrm{m}$$
$$y=60\times60/4000=0.9(\mathrm{m})$$
设计高程 $=427.68-30\times5\%-0.9=425.28(\mathrm{m})$

K5+100 处的高程：

$$x=20\mathrm{m}$$
$$y=20\times20/4000=0.1(\mathrm{m})$$
设计高程 $=427.68-70\times4\%-0.1=424.78(\mathrm{m})$

评分标准：公式正确占 40%；过程正确占 40%；结果正确占 20%；无公式、过程，只有结果不得分。

34. 解：计算竖曲线要素：

$$i_1=3.1\%,i_2=1.1\%,W=i_1-i_2=2\%$$

为凸形竖曲线。

$$L=3000\times0.02=60(\mathrm{m})$$
$$T=L/2=30(\mathrm{m})$$
$$E=T\times T/2R=30\times30/6000=0.15(\mathrm{m})$$

计算起、终点桩号和设计高程：

起点桩号：　K16+(770−30)=K16+740

起点高程：　$396.67-30\times3.1\%=395.74(\mathrm{m})$

终点桩号：　K16+(770+30)=K16+800

终点高程：　$396.67+30\times1.1\%=397.00(\mathrm{m})$

评分标准：公式正确占 40%；过程正确占 40%；结果正确占 20%；无公式、过程，只有结果不得分。

35. 解：计算 $MN$、$MP$ 的坐标方位角：

$$\alpha_{MN}=\arctan\frac{Y_N-Y_M}{X_N-X_M}=300°04'00''$$
$$\alpha_{MP}=\arctan\frac{Y_P-Y_M}{X_P-X_M}=356°31'12''$$

其夹角：　$\beta=\alpha_{MP}-\alpha_{MN}=56°27'12''$

计算 $MP$ 的距离：　$MP=\dfrac{Y_P-Y_M}{\sin\alpha_{MP}}=28.171(\mathrm{m})$

检核：
$$MP=\frac{X_P-X_M}{\cos\alpha_{MP}}=28.171(\mathrm{m})$$

$$MP=\sqrt{(X_P-X_M)^2+(Y_P-Y_M)^2}=28.171(\mathrm{m})$$

答：$MN$ 和 $MP$ 的夹角为 6°27′12″，距离为 28.171m。

评分标准：公式正确占 40%；过程正确占 40%；结果正确占 20%；无公式、过程，只有结果不得分。

36. 解：
$$S_{AP}=\sqrt{(X_P-X_A)^2+(Y_P-Y_A)^2}$$

$$\alpha_{AP}=\arctan\frac{Y_P-Y_A}{X_P-X_A}=\arctan\frac{\Delta Y}{\Delta X}$$

将题中数据代入上两式，分别得到：

$$S_{AP}=56.57(\mathrm{m})$$

$$\alpha_{AP}=135°00'00''$$

评分标准：公式正确占 40%；过程正确占 40%；结果正确占 20%；无公式、过程，只有结果不得分。

37. 解：切线长 $T=R\cdot\tan(\alpha/2)=54.917(\mathrm{m})$

弧长 $K=R\cdot\alpha\cdot\pi/180°=105.286(\mathrm{m})$

外矢距 $E=R\cdot[\sec(\alpha/2)-1]=9.737(\mathrm{m})$

切弧差 $\Delta=2\cdot T-K=2\times54.917-105.234=4.6(\mathrm{m})$

直圆点里程 $ZY=L-T=1347.56-54.917=1292.643(\mathrm{m})$

曲中点里程 $QZ=L-T+K/2=1292.643+105.234/2=1345.260(\mathrm{m})$

圆直点里程 $YZ=L-T+K=1397.877(\mathrm{m})$

评分标准：公式正确占 40%；过程正确占 40%；结果正确占 20%；无公式、过程，只有结果不得分。

38. 解：根据公式 $T=R\cdot\tan\frac{\alpha}{2}$（其中 $\alpha=188°45'35''-180°=8°45'35''$），可求出切线长：

$$T=150\times\tan\frac{\alpha}{2}=11.49(\mathrm{m})$$

根据公式 $K=R\frac{\alpha}{\varphi}$（其中 $\varphi=180°/\pi$），有：

$$K=150\times\frac{\alpha}{\frac{180}{\pi}}=22.93(\mathrm{m})$$

根据公式 $E=R\cdot\left(\sec\frac{\alpha}{2}-1\right)$ 或 $E=\sqrt{T^2+R^2}-R$，有：

$$E=150\cdot\left(\sec\frac{\alpha}{2}-1\right)=0.44(\mathrm{m})\text{ 或 }E=\sqrt{11.49^2+150^2}=0.44(\mathrm{m})$$

评分标准：公式正确占 40%；过程正确占 40%；结果正确占 20%；无公式、过程，只有结果不得分。

39. 解：$H_{D1}=BM+h_{BM}-h_{D1}=150.150+1.410-0.750=150.810(\mathrm{m})$

$H_{ZD1}=BM+h_{BM}-h_{ZD1}=150.150+1.410-1.510=150.050(\mathrm{m})$

$H_{D2}=BM+h'_{BM}-H_{ZD1}=150.150+1.670-150.050=150.67(\mathrm{m})$

答：$D_1$、$ZD_1$、$D_2$的高程分别为150.810m、150.050m、150.67m。

评分标准：公式正确占40%；过程正确占40%；结果正确占20%；无公式、过程，只有结果不得分。

40. 解：根据题意计算列表如下：

| 测点 | 距离，m | 测站数 | 高差，m | | | 高程，m | 备注 |
|---|---|---|---|---|---|---|---|
| | | | 测值 | 改正值 | 调整值 | | |
| $BM_{72}$ | 420 | 4 | +1.029 | −0.010 | +1.019 | 48.040 | 路中 |
| $D_2$ | 350 | 3 | +0.224 | −0.007 | +0.217 | 49.059 | 楼东北角 |
| $D_4$ | 480 | 4 | +0.193 | −0.010 | +0.183 | 49.276 | 交叉路口 |
| $D_6$ | 220 | 2 | −0.166 | −0.005 | −0.171 | 49.459 | 道旁 |
| $D_7$ | 120 | 1 | +0.544 | −0.002 | +0.542 | 49.288 | 楼东南角 |
| $BM_2$ | | | | | | 49.830 | 楼门前 |
| $\sum$ | 1590 | 14 | +1.842 | −0.034 | +1.790 | 49.830<br>−48.040<br>+1.790 | |
| 实测高差：$\sum h=+1.824\mathrm{m}$，已知高差：$H_{终}-H_{始}=49.830-48.040=+1.790(\mathrm{m})$ | | | | | | | |

高差闭合差$f_h=(+1.842)-(+1.790)=+0.034(\mathrm{m})$

允许闭合差$f_{容}=\pm40\sqrt{L}=\pm40\sqrt{1.59}=\pm50(\mathrm{mm})$

每个测站的改正数$=-f_h/\sum n=-0.034/14=-0.0024(\mathrm{m})$

评分标准：答对表中的结果占60%；答对闭合差计算过程占40%，无公式、过程，只有结果不得分。

# 技师、高级技师理论知识练习题及答案

**一、单项选择题**(每题4个选项,只有1个是正确的,将正确的选项号填入括号内)

1. J(GJ)AA001 GPS卫星信号含有多种定位信息,目前广泛采用的基本观测量主要有( )和载波相位观测量两种。
   A. 绝对观测量 B. 相对观测量 C. 码相位观测量 D. 三点观测量
2. J(GJ)AA001 GPS接收机的复制码与其接收的测距码的相关精度,约为码元宽度的( )。
   A. 1% B. 2% C. 3% D. 4%
3. J(GJ)AA002 采用GPS载波相位观测量,经常会产生( )的现象。
   A. 整周跳变 B. 信号波动 C. 信号受阻 D. 电磁干扰
4. J(GJ)AA002 在进行载波相位观测之前,首先要进行( ),设法将调制在载波上的测距码和数据码去掉,重新获取载波。
   A. 滤波 B. 调频 C. 解调 D. 加载
5. J(GJ)AA003 借助于遥感平台的高低来划分航空和航天遥感,并常以( )为界线。
   A. 400km B. 300km C. 200km D. 100km
6. J(GJ)AA003 航天遥感器可以按照一定的( )对同一地面区域进行重复监测。
   A. 角度 B. 时间频率 C. 覆盖面 D. 设定值
7. J(GJ)AA004 GPS网的布设通常有点连式、边连式、( )和边点连接式。
   A. 星连式 B. 互连式 C. 网连式 D. 伪距定位
8. J(GJ)AA004 GPS网一般应布设成由独立观测边构成的( ),以增加检核条件,提高网的可靠性。
   A. 几何图形 B. 导线网 C. 三角网 D. 闭合图形
9. J(GJ)AA005 中国全面启用2000国家大地坐标系是自( )起开始,由国家测绘局受权组织实施。
   A. 2007年7月1日 B. 2008年7月1日
   C. 2009年7月1日 D. 2010年7月1日
10. J(GJ)AA005 2000国家大地坐标系是全球地心坐标系在我国的具体体现,其原点为包括海洋和大气的整个地球的( )中心。
    A. 球体 B. 椭球 C. 质量 D. 重量
11. J(GJ)AA006 采用2000国家大地坐标系可对国民经济建设、社会发展产生巨大的( )。
    A. 历史意义 B. 社会效益 C. 革命意义 D. 进步作用
12. J(GJ)AA006 采用2000国家大地坐标系有利于防灾减灾、公共应急与预警系统的(　　)。

A. 安装和升级　B. 建设和维护　C. 建立和应用　D. 编程和操作

13. J(GJ)AA007　遥感技术的发展经历了萌芽阶段、(　　)和航天遥感阶段三个阶段。

A. 海洋阶段　B. 航空阶段　C. 地面阶段　D. 数字阶段

14. J(GJ)AA007　在遥感技术的未来发展展望中,(　　)是未来空间遥感发展的核心内容。

A. 高光谱分辨率传感器　B. 地球轨道同步卫星

C. 合成孔径侧视雷达　D. 高分子计算机

15. J(GJ)AA008　遥感平台是指安装(　　)的飞行器,是用于安置各种遥感仪器,使其从一定高度或距离对地面目标进行探测,并为其提供技术保障和工作条件的运载工具。

A. 信息处理器　B. 信息接收器　C. 传感器　D. 探测器

16. J(GJ)AA008　根据遥感目的、对象和技术特点(如观测的高度或距离、范围、周期,寿命和运行方式等),遥感平台大体可分为(　　)、航空遥感平台和航天遥感平台。

A. 空间平台　B. 海洋平台　C. 地面平台　D. 地下平台

17. J(GJ)AA009　在遥感观测中,得到的遥感图像的特征分类主要有(　　)、边缘特征、纹理特征和形状特征等。

A. 光谱特征　B. 光线特征　C. 反光特征　D. 光学特征

18. J(GJ)AA009　空间分辨率是指遥感图像上能够详细区分的最小单元的尺寸或大小,通常用(　　)和影像分辨率来表示。

A. 地面分辨率　B. 影片分辨率　C. 时间分辨率　D. 数码分辨率

19. J(GJ)AA010　GPS 信号接收机是一种能接收、跟踪、变换和测量 GPS 信号的(　　)接收设备。

A. 微波信号　B. 卫星信号　C. 数字信号　D. 光波信号

20. J(GJ)AA010　GPS 接收机的仪器结构分为天线单元、(　　)单元。

A. 数据处理　B. 操作　C. 接收　D. 采集

21. J(GJ)AA011　地形测量作业的目的是获得精确的地形图和准确可靠的(　　),供有关部门使用。

A. 高程数据　B. 角度数据　C. 点位资料　D. 经纬度资料

22. J(GJ)AA011　地形测量过程中,由于受各种条件的影响,不论采用何种方法、使用何种仪器,测量的成果都会含有误差。所以测量时必须采取一定的(　　),以防止误差的积累。

A. 技术手段　B. 测量方法　C. 勘测方法　D. 程序和方法

23. J(GJ)AA012　全球定位系统简称为(　　)。

A. RS　B. GIS　C. GPS　D. 3S

24. J(GJ)AA012　GPS 空间星座部分由 24 颗卫星组成,其中 21 颗工作卫星,3 颗备用卫星。卫星分布在(　　)个轨道面上,每个轨道面上有 4 颗卫星。

A. 6　　B. 7　　C. 8　　D. 9

25. J(GJ)AA013　传感器特性影响的因素有几何分辨率、辐射分辨率、光谱分辨率和(　　)。

A. 地点分辨率　　B. 时间分辨率　　C. 地物分辨率　　D. 影像分辨率

26. J(GJ)AA013　遥感系统包括被测目标的信息特征、信息的获取、信息的传输与记录、(　　)和信息的应用。

A. 信息的探测　　B. 信息的记录　　C. 信息的处理　　D. 信息的特征

27. J(GJ)AA014　接收或记录目标物电磁波特征的仪器称为(　　)。

A. 传感器或遥感器　　B. 传感器　　C. GPS　　D. RS

28. J(GJ)AA014　从遥感图像获取目标地物信息的过程称为(　　)。

A. 遥感图像接收　　B. 遥感图像获取　　C. 遥感图像分析　　D. 遥感图像解译

29. J(GJ)AA015　处理遥感图像时,一副图像的目视效果不好,或有用的信息不突出,就需要作(　　)处理。

A. 图像纠正　　B. 图像增强　　C. 几何校正　　D. 光学校正

30. J(GJ)AA015　遥感的图像处理的图像校正包括辐射校正和(　　)。

A. 激光校正　　B. 图形校正　　C. 投影校正　　D. 几何校正

31. J(GJ)AA016　遥感图像的计算机分类方法包括监督分类和(　　)。

A. 非监督分类　　B. 最小距离分类　　C. 特征曲线分类　　D. 最近邻域分类

32. J(GJ)AA016　遥感数字图像以(　　)来表示。

A. 列阵　　B. 数字图像　　C. 三维数组　　D. 二维数组

33. J(GJ)AA017　遥感数字图像计算机解译的目的是将遥感图像的(　　)获取发展为计算机支持下的遥感图像智能化识别。

A. 数据　　B. 地形数据　　C. 地层信息　　D. 地学信息

34. J(GJ)AA017　计算机遥感图像分类是(　　)在遥感领域中的具体应用。

A. 统计模式技术　　B. 计算机智能化　　C. 图像学　　D. 计算机处理

35. J(GJ)AA018　遥感影像地图是一种以(　　)和一定的地图符号来表现制图对地理空间分布和环境状况的地图。

A. 遥感影像　　B. 地形数据　　C. GPS 数据　　D. 地学信息数据

36. J(GJ)AA018　影像地图按其表现内容分为(　　)和专题影像地图。

A. 航空摄影影像地图　　B. 植被影像地图

C. 普通影像地图　　D. 雷达影像地图

37. J(GJ)AA019　EOS 是 Earth Observing Satellites 的英文缩写,是(　　)新一代地球观测系统计划的组成部分,又称地球观测卫星,分为上午星和下午星。

A. 美国　　B. 英国　　C. 德国　　D. 中国

38. J(GJ)AA019　EOS 计划以 EOS-AM-1,EOS-PM-1,EOS-PM-2,…的方式按(　　)年间隔发射上天。这里 AM 和 PM 分别表示卫星通过赤道面的时间为上午 10:30 和下午 1:30,以求在地球云量少时更全面地获得不同时刻的对地观测数据。

A. 1~2　　B. 2~3　　C. 3~4　　D. 4~5

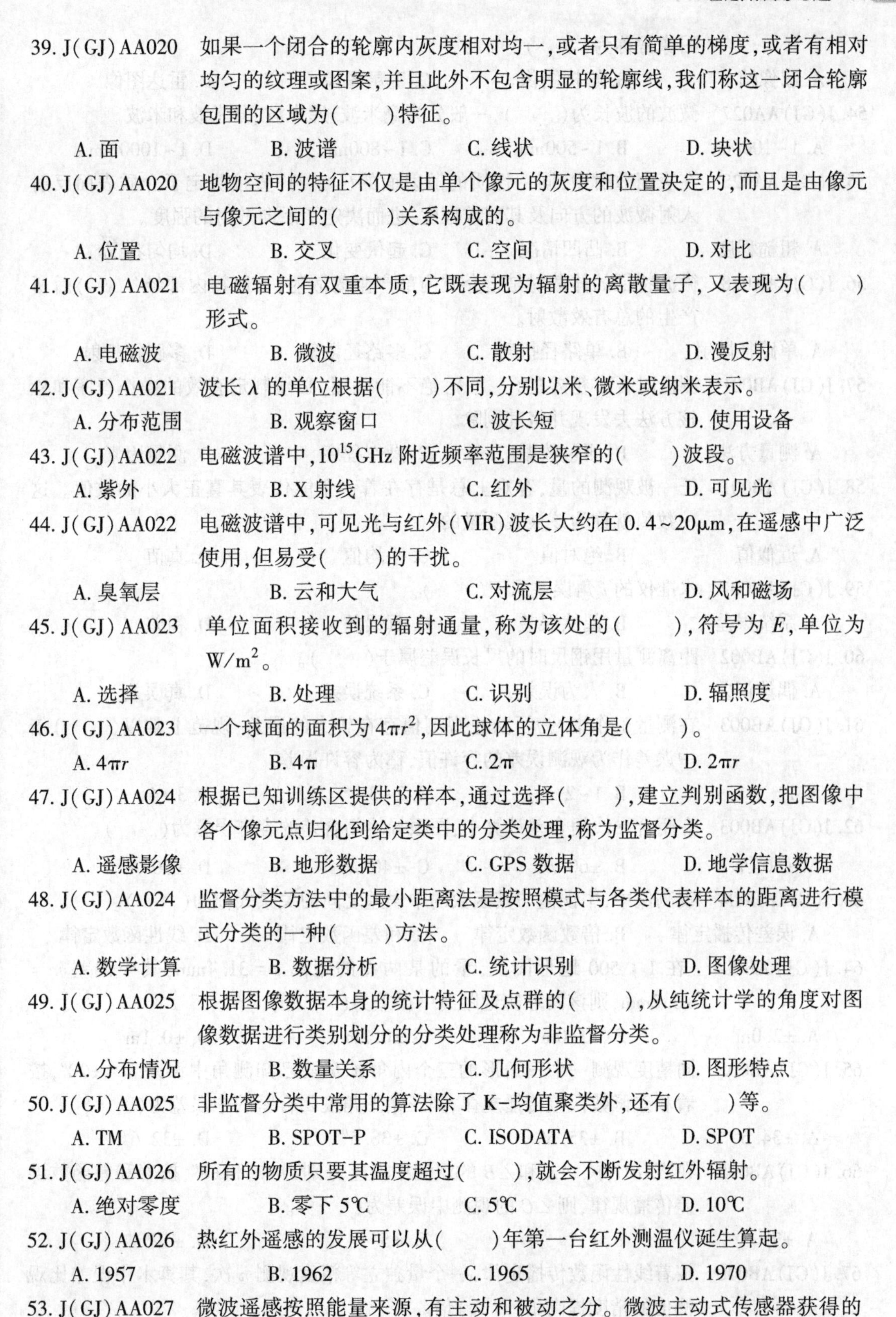

39. J(GJ)AA020　如果一个闭合的轮廓内灰度相对均一，或者只有简单的梯度，或者有相对均匀的纹理或图案，并且此外不包含明显的轮廓线，我们称这一闭合轮廓包围的区域为(　　)特征。

A. 面　　B. 波谱　　C. 线状　　D. 块状

40. J(GJ)AA020　地物空间的特征不仅是由单个像元的灰度和位置决定的，而且是由像元与像元之间的(　　)关系构成的。

A. 位置　　B. 交叉　　C. 空间　　D. 对比

41. J(GJ)AA021　电磁辐射有双重本质，它既表现为辐射的离散量子，又表现为(　　)形式。

A. 电磁波　　B. 微波　　C. 散射　　D. 漫反射

42. J(GJ)AA021　波长 $\lambda$ 的单位根据(　　)不同，分别以米、微米或纳米表示。

A. 分布范围　　B. 观察窗口　　C. 波长短　　D. 使用设备

43. J(GJ)AA022　电磁波谱中，$10^{15}$GHz 附近频率范围是狭窄的(　　)波段。

A. 紫外　　B. X 射线　　C. 红外　　D. 可见光

44. J(GJ)AA022　电磁波谱中，可见光与红外(VIR)波长大约在 0.4~20μm，在遥感中广泛使用，但易受(　　)的干扰。

A. 臭氧层　　B. 云和大气　　C. 对流层　　D. 风和磁场

45. J(GJ)AA023　单位面积接收到的辐射通量，称为该处的(　　)，符号为 $E$，单位为 $W/m^2$。

A. 选择　　B. 处理　　C. 识别　　D. 辐照度

46. J(GJ)AA023　一个球面的面积为 $4\pi r^2$，因此球体的立体角是(　　)。

A. $4\pi r$　　B. $4\pi$　　C. $2\pi$　　D. $2\pi r$

47. J(GJ)AA024　根据已知训练区提供的样本，通过选择(　　)，建立判别函数，把图像中各个像元点归化到给定类中的分类处理，称为监督分类。

A. 遥感影像　　B. 地形数据　　C. GPS 数据　　D. 地学信息数据

48. J(GJ)AA024　监督分类方法中的最小距离法是按照模式与各类代表样本的距离进行模式分类的一种(　　)方法。

A. 数学计算　　B. 数据分析　　C. 统计识别　　D. 图像处理

49. J(GJ)AA025　根据图像数据本身的统计特征及点群的(　　)，从纯统计学的角度对图像数据进行类别划分的分类处理称为非监督分类。

A. 分布情况　　B. 数量关系　　C. 几何形状　　D. 图形特点

50. J(GJ)AA025　非监督分类中常用的算法除了 K-均值聚类外，还有(　　)等。

A. TM　　B. SPOT-P　　C. ISODATA　　D. SPOT

51. J(GJ)AA026　所有的物质只要其温度超过(　　)，就会不断发射红外辐射。

A. 绝对零度　　B. 零下 5℃　　C. 5℃　　D. 10℃

52. J(GJ)AA026　热红外遥感的发展可以从(　　)年第一台红外测温仪诞生算起。

A. 1957　　B. 1962　　C. 1965　　D. 1970

53. J(GJ)AA027　微波遥感按照能量来源，有主动和被动之分。微波主动式传感器获得的图像常称为（ ）。

A. 图像帧 B. 解析图像 C. 卫星图像 D. 雷达图像

54. J（GJ）AA027 微波的波长为（ ），一般分为毫米波、厘米波、分米波和米波。

A. 1～100mm B. 1～500mm C. 1～800mm D. 1～1000mm

55. J（GJ）AA028 在表面散射中，同一性质的散射面的（ ），直接决定了介质表面反射入射微波的方向及其离散程度，进而决定了后向散射的强度。

A. 粗糙程度 B. 凸凹情况 C. 起伏变化 D. 均匀状况

56. J（GJ）AA028 微波特征的体散射是指介质内部产生的散射，为地物内部经（ ）后所产生的总有效散射。

A. 单路径散射 B. 单路径折射 C. 多路径散射 D. 多路径折射

57. J（GJ）AB001 测量时含有粗差的（ ），绝不能采用，必须制定有效的操作程序和检核方法去发现并将其剔除。

A. 测量方法 B. 测量数据 C. 操作程序 D. 测量因素

58. J（GJ）AB001 任一被观测的量，客观上总是存在着一个能代表其真正大小的数值。这一数值就称为该被观测量的（ ）。

A. 近似值 B. 绝对值 C. 平均值 D. 真值

59. J（GJ）AB002 水准仪的 $i$ 角误差属于（ ）。

A. 系统误差 B. 偶然误差 C. 真误差 D. 粗差

60. J（GJ）AB002 距离测量用钢尺时的尺长误差属于（ ）。

A. 偶然误差 B. 人为误差 C. 系统误差 D. 真误差

61. J（GJ）AB003 在测量工作中，为了防止观测值存在较大的误差，规范上常以（ ）倍中误差作为观测误差的容许值，称为容许误差。

A. 1 B. 1～2 C. 2～3 D. 3～4

62. J（GJ）AB003 在闭合导线闭合差计算中，图根导线闭合差的容许误差为（ ）。

A. $\pm30''\sqrt{n}$ B. $\pm60''\sqrt{n}$ C. $\pm40''\sqrt{n}$ D. $\pm50''\sqrt{n}$

63. J（GJ）AB004 观测值中，中误差与其函数的中误差之间的关系式称为（ ）。

A. 误差传播定律 B. 倍数函数定律 C. 和差函数定律 D. 线性函数定律

64. J（GJ）AB004 在 1∶500 地形图上，量的某两点的距离 $s=31.4$mm，其中误差 $m=\pm0.2$mm，则该两点实地距离中误差为（ ）。

A. ±2.0m B. ±1.0m C. ±0.2m D. ±0.1m

65. J（GJ）AB005 同精度观测一个三角形的三个内角 $a$、$b$、$c$，已知测角中误差 $m=\pm20''$，按着和差函数误差传播规律，则三角形角度闭合差的中误差为（ ）。

A. ±34.6″ B. ±35.5″ C. ±38.5″ D. ±32.6″

66. J（GJ）AB005 在△$ABC$ 中，∠$A$ 和∠$B$ 的观测中误差分别为±3″和±4″，按着和差函数误差传播规律，则∠$C$ 的观测中误差为（ ）。

A. ±7″ B. ±1″ C. ±5″ D. ±12″

67. J（GJ）AB006 按着线性函数传播定律，一个量独立等精度观测 $n$ 次，其算术中误差比观测值的精度提高了（ ）倍。

A. $n$ B. $\frac{1}{n}$ C. $\frac{1}{\sqrt{n}}$ D. $\sqrt{n}$

68. J(GJ)AB006 有一线性函数 $Z=K_1x_1 \pm K_2x_2 \pm \cdots \pm K_nx_n$，且观测值 $x_1, x_2, \cdots, x_n$ 对应的中误差分别为 $m_1, m_2, \cdots, m_n$，则该线性函数中误差计算公式为（ ）。

A. $m_z=K_1^2m_1^2+K_2^2m_2^2+\cdots+K_n^2m_n^2$ B. $m_z=m_1^2+m_2^2+\cdots+m_n^2$

C. $m_z^2=m_1^2+m_2^2+\cdots+m_n^2$ D. $m_z^2=K_1^2m_1^2+K_2^2m_2^2+\cdots+K_n^2m_n^2$

69. J(GJ)AB007 在数据质量管理中，直方图又称为（ ）。

A. 数据图形化图 B. 数据分布图 C. 二维化图 D. 质量分布图

70. J(GJ)AB007 直方图是一种统计报告图，一般情况下，用横轴表示（ ）。

A. 数据类型 B. 时间轴 C. 分布情况 D. 产品质量

71. J(GJ)AB008 一个量不等精度观测值的加权平均值就是该值的（ ）。

A. 近似值 B. 最或然值 C. 平均值 D. 真值

72. J(GJ)AB008 加权平均值是算术平均值的（ ）。

A. 推广 B. 特例 C. 广义定义 D. 最或然值

73. J(GJ)AB009 卫星星历是由星历所计算得到的卫星的空间位置与实际之差，称为（ ）。

A. 对流层误差 B. 电离层延迟误差

C. 接收机误差 D. 卫星星历误差

74. J(GJ)AB009 在 GPS 定位测量中，处理卫星轨道误差的方法有忽略轨道误差、采用轨道改进法处理观测数据和（ ）。

A. 同步观测值求差 B. 改变轨道参数 C. 增加效检次数 D. 插入有效数据

75. J(GJ)AB010 与接收设备有关的 GPS 测量误差有观测误差、天线的相位中心位置偏差和（ ）。

A. 多路径效应影响 B. 接收机钟差

C. 对流层折射的影响 D. 电离层折射的影响

76. J(GJ)AB010 在 GPS 定位中，观测值是以接收机天线（ ）位置为准。

A. 顶端 B. 中心 C. 相位中心 D. 几何中心

77. J(GJ)AC001 航空摄影测量中，对于 1000m 以上的隧道的航空摄影范围应以隧道方案线控制，两侧各超出方案线的距离应大于（ ）。

A. 1000m B. 900m C. 800m D. 700m

78. J(GJ)AC001 航空摄影测量中，在满足航摄范围要求的基础上，宜选用（ ）形式布设航摄范围。

A. 折线 B. 等航高 C. 单航带 D. 多航带

79. J(GJ)AC002 对于相片平面图的全野外布点，每张隔号相片应布设（ ）各平高点。

A. 6 B. 4 C. 8 D. 2

80. J(GJ)AC002 对于立体成图的全野外布点，每个立体相对应布设（ ）个平高点。

A. 6 B. 2 C. 4 D. 8

81. J(GJ)AC003 航摄外业中采用航带布点时，航带两端上下两点相互偏离不应超过（ ）条基线。

A. 1/2　　B. 1/3　　C. 1/4　　D. 1/5

82. J(GJ)AC003　成图比例尺为 1∶500,航摄比例尺为 1∶2000 的山岭地区航带网布点首末端点间的高程控制点间隔基线为(　　)。

A. 20　　B. 14　　C. 12　　D. 8

83. J(GJ)AC004　航摄外业中,当航带数为(　　)时,宜采用区域网布点。

A. 3 条及以上　　B. 2 条及以上　　C. 4 条及以上　　D. 1 条及以上

84. J(GJ)AC004　航摄外业中,航带跨度应符合规范要求,当比例尺为 1∶2000 时,其最大航带跨度数为(　　)条。

A. 3~4　　B. 1~2　　C. 5~6　　D. 4~5

85. J(GJ)AC005　航摄外业布点中,当遇到像主点、标准点位落水,但落水范围的大小和位置不影响立体模型连接时,可按(　　)布点。

A. 正常航带　　B. 全野外法　　C. 区域网　　D. 单航带

86. J(GJ)AC005　航摄外业布点中,当遇到像主点、标准点位落水,且落水范围的大小和位置影响立体模型连接时,可按(　　)布点。

A. 正常航带　　B. 全野外法　　C. 区域网　　D. 单航带

87. J(GJ)AC006　像片平面控制点应选择在影响清晰、棱角分明的明显地物点,刺点误差和刺孔直径不应大于(　　)。

A. 0. 1mm　　B. 0. 5mm　　C. 1. 0mm　　D. 2. 0mm

88. J(GJ)AC006　像片控制点应选择近于直角的线状地物的(　　)或地物拐角上。

A. 端点　　B. 交点　　C. 地物点　　D. 地形线

89. J(GJ)AC007　刺有像控点的刺点区,应在正面做圆形整饰,并注记(　　)。

A. 高程　　B. 高程和点名　　C. 点名　　D. 地物性质

90. J(GJ)AC007　像控点平面位置的定位中误差不应超过重要地物点平面位置中误差的(　　)。

A. 1/20　　B. 1/10　　C. 1/5　　D. 1/2

91. J(GJ)AC008　在摄影测量中,像片平面控制点应选择影像清晰、棱角分明的明显地物点,实地判点误差应小于图上(　　)。

A. 0. 2mm　　B. 0. 5mm　　C. 0. 1mm　　D. 0. 4mm

92. J(GJ)AC008　在摄影测量中,像控点测量时,其具体作业要求可按(　　)的要求执行。

A. 三角控制测量　　B. 导线控制测量

C. 三等平面控制测量　　D. 图根控制测量

93. J(GJ)AC009　摄影测量中,航空测量像片的调绘要求,各种方位物、建筑物、管线、水系、道路、地貌、农田、植被、境界及各类名称等要素应(　　)。

A. 简略调绘　　B. 比例调绘　　C. 准确调绘　　D. 非比例调绘

94. J(GJ)AC009　摄影测量中,航空测量像片的调绘要求,房屋应调绘至(　　)。

A. 屋檐滴水线　　B. 门台阶　　C. 房外散水处　　D. 房屋外墙线

95. J(GJ)AC010　航空测量中,像控转点与加密点的选定要求,加密点的选点应按(　　)的相关规定执行。

A. 像控点选刺　B. 像控点测量　C. 像控点整饰　D. 像控点注记

96. J(GJ)AC010　航空测量中,像控转点与加密点的选定要求,加密时宜加入湖面、水库水面、GPS 测量等辅助数据进行(　　)。

A. 集中计算　B. 联合平差　C. 整体修测　D. 集中布点

97. J(GJ)AC011　影像制作与应用要求,平原地区宜采用(　　)。

A. 未纠正的像片平面图　B. 未纠正的像片横断面图

C. 纠正像片平面图　D. 纠正像片横断面图

98. J(GJ)AC011　影像制作时,纠正镶嵌限差中纠正点限差为(　　)。

A. 0.4mm　B. 0.6mm　C. 0.5mm　D. 0.3mm

99. J(GJ)AC012　全数字摄影测量限差要求,平原、微丘区正射影像的数据采集宜采用(　　)。

A. 等高线方式　B. 全幅方式　C. 分幅方式　D. 断面方式

100. J(GJ)AC012　全数字摄影测量限差要求,利用影像同名点匹配算法求解立体定向相对定向参数时,重丘、山岭区相对定向的残余上、下视差应小于(　　)。

A. 0.5mm　B. 0.05mm　C. 0.005mm　D. 0.025mm

101. J(GJ)BA001　城市导线主要技术要求,四等导线平均边长为(　　)。

A. 3km　B. 2.5km　C. 2km　D. 1.6km

102. J(GJ)BA001　城市导线主要技术要求,四等导线方位角闭合差小于等于(　　)。

A. $\pm5\sqrt{n}$　B. $\pm3\sqrt{n}$　C. $\pm10\sqrt{n}$　D. $\pm4\sqrt{n}$

103. J(GJ)BA002　规范规定图根导线的角度闭合差容许值为(　　)。

A. $\pm20''\sqrt{n}$　B. $\pm30''\sqrt{n}$　C. $\pm40''\sqrt{n}$　D. $\pm60''\sqrt{n}$

104. J(GJ)BA002　角度闭合差计算时,根据角度取位要求,如果分配时不能整除,将余数分至(　　)。

A. 具有长边的角度上　B. 角度较大的值上

C. 具有短边的角度上　D. 角度较小的值上

105. J(GJ)BA003　有一导线 $AB$,$A$ 点坐标为($x_A$,$y_A$),$B$ 点坐标为($x_B$,$y_B$),两点间距离为 $D_{AB}$,则坐标方位角计算公式为(　　)。

A. $\Delta x_{AB}=D_{AB}\sin\alpha_{AB}$　B. $\Delta y_{AB}=D_{AB}\sin\alpha_{AB}$

C. $x_B=y_A+\Delta x_{AB}$　D. $y_B=x_A+\Delta x_{AB}$

106. J(GJ)BA003　坐标方位角计算过程中,由象限角推算方位角不正确计算为(　　)。

A. Ⅰ象限,象限角 $R$ 等于方位角 $\alpha$　B. Ⅱ象限,方位角 $\alpha$ 等于 $360°+|R|$

C. Ⅲ象限,方位角 $\alpha$ 等于 $180°+|R|$　D. Ⅳ象限,方位角 $\alpha$ 等于 $360°-|R|$

107. J(GJ)BA004　已知一个点的坐标及该点到未知点的距离和坐标方位角,计算未知点的坐标的方法称为(　　)。

A. 坐标增量计算　B. 坐标计算　C. 坐标反算　D. 坐标正算

108. J(GJ)BA004　当闭合导线相对闭合差小于等于容许值时,应将纵、横坐标增量闭合差以相反符号,按(　　)分配至各边的纵、横坐标增量中。

A. 与边长成正比　B. 与边长成反比　C. 与角度成正比　D. 与角度成反比

109. J(GJ)BA005　附合导线角度闭合差计算时,(　　)与角度闭合差同号。

A. 右角改正数　B. 左角改正数　C. 角度分配值　D. 角度改正数

110. J(GJ)BA005　由于附合导线起点和终点是高级控制点,因而导线各边坐标增量之和理论上应等于(　　)。

A. 零　B. 起、终点距离

C. 推算的坐标值　D. 起、终点坐标之差

111. J(GJ)BA006　小三角测量的特点是(　　)。

A. 无误差　B. 边长短　C. 精度高　D. 视野开阔

112. J(GJ)BA006　图根三角的平均边长为(　　)。

A. 1000m　B. 500m

C. 不超过测图最大视距 1.7 倍　D. 200m

113. J(GJ)BA007　小三角测量根据测区情况可布设成单三角锁、中心多边形、大地四边形和(　　)。

A. 正方形　B. 小三角锁　C. 线性三角锁　D. 四边形

114. J(GJ)BA007　小三角测量的一二级小三角测量一般情况下三角形的个数为(　　)。

A. 15 个　B. 10 个　C. 13 个　D. 6~7 个

115. J(GJ)BA008　小三角测量选点时,(　　)应选在地势平坦便于测距的地段。

A. 基线位置　B. 导线位置　C. 三角点位置　D. 三角形位置

116. J(GJ)BA008　选择桥梁、隧道三角网时,应尽可能将(　　),隧道进、出口控制点选为三角点。

A. 桥梁进、出口　B. 桥梁起、终点　C. 桥梁墩基础　D. 桥轴线端点

117. J(GJ)BA009　GPS 网形设计中,通过一条公共边将两个同步图形之间连接起来的是(　　)。

A. 星形网　B. 点连式　C. 边连式　D. 网连式

118. J(GJ)BA009　GPS 网形设计中,边连式布网有较多的重复基线和(　　),有较好的几何强度和可靠性。

A. 独立环　B. 同步环　C. 异步环　D. 重复边

119. J(GJ)BA010　GPS 控制测量中,天线的安置应符合条件,其对中误差不大于(　　)。

A. 0. 5mm　B. 1mm　C. 3mm　D. 5mm

120. J(GJ)BA010　GPS 控制网的数据处理包括(　　)和 GPS 网平差两个方面。

A. 数据录入　B. 数据预处理　C. 数据下载　D. GPS 基线解算

121. J(GJ)BA011　在桥梁施工时,大桥或特大桥跨越的江河,通常河宽水深,桥墩放样工作一般采用(　　)。

A. GPS 法　B. 钢尺丈量法　C. 前方交会法　D. 三角网法

122. J(GJ)BA011　为了提高桥梁施工放样过程中三角网的精度,使其有较多的检核条件,通常测量(　　)条起始边。

A. 2　B. 3　C. 4　D. 5

123. J(GJ)BA012　多跨桥梁总长 1000m≤$L$<2000m 时,平面控制测量选用等级为(　　)。

A. 三等　B. 四等　C. 一级　D. 二级

124. J(GJ)BA012 单跨桥梁长度 150m≤$L_K$<300m 时，平面控制测量选用等级为(　　)。

A. 四等　B. 三等　C. 一级　D. 二级

125. J(GJ)BA013 隧道贯通长度 $L$≥6000m 时，平面控制测量选用等级为(　　)。

A. 四等　B. 二等　C. 三等　D. 一级

126. J(GJ)BA013 隧道贯通长度 $L$<1000m 时，平面控制测量选用等级为(　　)。

A. 三等　B. 四等　C. 二级　D. 一级

127. J(GJ)BA014 各等级三角网各内角宜接近 60°，一般不小于 30°，受地形限制时不应小于(　　)。

A. 25°　B. 20°　C. 15°　D. 10°

128. J(GJ)BA014 三角网布设时，对于单插点至少应有 3 个方向测定，四等以上点应有(　　)个交会方向。

A. 6　B. 4　C. 3　D. 5

129. J(GJ)BA015 三边网布设时，测线上不应有树枝、电线等障碍物，测线应离开地面或障碍物(　　)以上。

A. 1.5m　B. 1.3m　C. 1.0m　D. 0.8m

130. J(GJ)BA015 四等以上的三边网，宜在一些三角形中，以相应等级(　　)的观测精度观测 1 个较大的角用作检核。

A. 三角测量　B. 水准测量　C. GPS 测量　D. 测距仪测量

131. J(GJ)BA016 平面控制测量中，进行水平角观测，观测方向数大于(　　)时应归零。

A. 4 个　B. 5 个　C. 3 个　D. 6 个

132. J(GJ)BA016 平面控制测量中，进行水平角观测过程中，2 倍照准差的绝对值，$DJ_1$ 经纬仪不得大于 20″，$DJ_2$ 经纬仪不得大于(　　)。

A. 25″　B. 30″　C. 35″　D. 40″

133. J(GJ)BA017 平面控制测量中，进行距离测量时，如观测数据超限时，应重测(　　)。

A. 半个测回　B. 超差的测回　C. 有问题的测回　D. 整个测回

134. J(GJ)BA017 平面控制测量中，采用普通钢尺丈量导线边长时，定线偏差应(　　)。

A. ≤10mm　B. ≤8mm　C. ≤5mm　D. ≤3mm

135. J(GJ)BA018 GPS 观测时间短，目前 20km 以内相对静态定位，仅需(　　)。

A. 20~25min　B. 25~30min　C. 30~35min　D. 15~20min

136. J(GJ)BA018 GPS 测量不要求测站之间互相通视，只需测站上空开阔即可，因此可节省大量的(　　)。

A. 造标费用　B. 时间　C. 劳动强度　D. 作业投入

137. J(GJ)BA019 地球上或近地空间任何时间至少可见(　　)颗 GPS 卫星，一般可见 6~8 颗卫星。

A. 2　B. 3　C. 4　D. 6

138. J(GJ)BA019 GPS 卫星全球定位系统包括 GPS 卫星星座、(　　)和 GPS 信号接收机三大部分。

A. GPS 电台　B. 地面监控系统　C. RS　D. 无线电发射器

139. J(GJ)BA020 GPS 卫星的基本功能之一是向(　　)发送导航电文,提供导航和定位信息。

A. 地面接收机　B. 主控站　C. GPS 用户　D. 监控站

140. J(GJ)BA020 卫星定位系统一般包含空间运行的卫星星座部分、地面控制部分和(　　)。

A. 用户部分　B. 发射部分　C. 地面监督部分　D. 轨道运行部分

141. J(GJ)BA021 GPS 地面监控部分包括主控站、信息注入站和(　　)。

A. 执行站　B. 监控站　C. 接收站　D. 调节站

142. J(GJ)BA021 GPS 监控站的主要任务是为主控站编算导航电文提供(　　)。

A. 导航信息　B. 观测数据　C. 方向坐标　D. 地理信息

143. J(GJ)BA022 GPS 用户部分的主要任务是利用(　　)接收来自卫星的无线电信号并进行加工处理。

A. 卫星接收机　B. 注入站　C. 监测站　D. 主控站

144. J(GJ)BA022 GPS 接收机的仪器结构分为天线单元、(　　)单元。

A. 数据处理　B. 操作　C. 接收　D. 采集

145. J(GJ)BA023 从目前所做的实验来看,全球定位系统提供的相对定位精度可达到(　　)。

A. 0.5~1ppm　B. 1~2ppm　C. 0.5~2ppm　D. 2~4ppm

146. J(GJ)BA023 GPS 平面控制测量,采用测量等级为三等,且为静态观测时,时段长度应(　　)。

A. ≥60min　B. ≥70min　C. ≥90min　D. ≥80min

147. J(GJ)BA024 根据油气田工程测量规范,GPS-RTK 测量可用于(　　)平面控制测量。

A. 四等　B. 一级　C. 一二级　D. 三四等

148. J(GJ)BA024 根据油气田工程测量规范,当用 GPS-RTK 方法做图根控制测量时,作业半径不宜超过(　　)。

A. 10km　B. 5km　C. 8km　D. 15km

149. J(GJ)BA025 在使用手持 GPS 之前,应该根据要求输入相应的(　　)。

A. 改正参数　B. 七参数　C. 坐标改正值　D. 坐标系

150. J(GJ)BA025 使用手持 GPS 存点时,按(　　)使存点变黑后,可对其进行编辑。

A. 上下键　B. 左右键　C. 确定键　D. 方向键

151. J(GJ)BA026 手持 GPS 单点定位精度是(　　)。

A. 优于 2m　B. 5~10m　C. 20m 以上　D. 15~20m

152. J(GJ)BA026 手持 GPS 数值输入编辑完成后,按上下键至(　　),完成输入。

A. 存储按钮　B. 操作按钮　C. 测设按钮　D. 单位菜单

153. J(GJ)BA027 航天遥感数字图像数据常以不同的数据格式存在磁带或光盘中,主要有 BSQ、BIL、BIP、HDF 和(　　)。

A. 数字码　B. 光谱符号　C. 序列码　D. 行程编码

154. J(GJ)BA027 航天遥感的遥感器并不能直接获取地物的辐照度或辐亮度,而是记录与辐射能量有关的(　　)值,再间接的推算出地物的辐亮度和反射率等特性。

A. BD　B. DH　C. DN　D. BF

155. J(GJ)BA028　伺服式全站仪又叫全自动全站仪或(　)

A. 测量机器人　B. 测量能手　C. 电脑专家　D. 万能测量器

156. J(GJ)BA028　伺服式全站仪除了具有普通全站仪的同时测距、测角功能,它还能够用自带(　)实现自动搜索目标并准确对准。

A. 芯片　B. 电路板　C. 马达　D. 微型处理器

157. J(GJ)BA029　伺服式全站仪采用了(　)测角系统,可以有效地获得高精度的角度值。

A. 绝对编码度盘动态　B. 绝对编码度盘静态

C. 光栅度盘动态　D. 光栅度盘静态

158. J(GJ)BA029　伺服式全站仪的无棱镜测距的范围为(　)。

A. 1.5~80m　B. 15~100m　C. 50~200m　D. 80~300m

159. J(GJ)BA030　徕卡 TS30/TM30 伺服式全站仪带有含基本测量和设置功能的系统软件,带有(　)种语言系统,也附有一系列可选的特定应用程序,还可以为用户提供二次开发平台。

A. 2　B. 3　C. 4　D. 5

160. J(GJ)BA030　徕卡 TS30/TM30 伺服式全站仪可用激光对中器进行对中,打开仪器后,按“SHIFT”(　)进入“状态整平 & 激光对中器”,启动激光对中器,使激光对准地面标志点。

A. “F2”　B. “F5”　C. “F10”　D. “F12”

161. J(GJ)BA031　GPS A 级网是由(　)构成的,用于建立国家一等大地控制网。

A. 国际基准站　B. 国家基准站

C. 卫星定位连续运行基准站　D. 天文基准站

162. J(GJ)BA031　1992 年建立的 GPS A 级网,全网(　)点,其中 5 个测站上布置了 GPS 观测副站,平均边长 800km。

A. 21　B. 25　C. 27　D. 30

163. J(GJ)BA032　专业应用站网是由专业部门或机构根据专业需求建立的基准站网,它布设间距主要根据专业需求,当满足实时定位分米级要求时,基准站布设间距一般为(　)。

A. 50~80km　B. 80~100km　C. 100~150km　D. 150~200km

164. J(GJ)BA032　卫星定位连续运行基准站网的简称是(　)。

A. IUGG　B. CASS　C. GIS　D. CORS

165. J(GJ)BB001　可以根据(　)用图解法确定地形图上某点的坐标。

A. 格网坐标　B. 控制点坐标　C. 地形点坐标　D. 房角坐标

166. J(GJ)BB001　地形图上某一 $M$ 点位于 27m 和 28m 两条等高线之间,等高距为 $h$,过 $M$ 点作一直线基本垂直这两条等高线,交点 $P$、$Q$,那么 $M$ 点高程 $H_M$ 为(　)。

A. $H_P+(d_{PM}/d_{PQ})$　B. $H_P+(d_{PM}/d_{PQ})h$　C. $H_P+(d_{PQ}/d_{PM})$　D. $H_P+(d_{PQ}/d_{PM})h$

167. J(GJ)BB002　在工程建设中，$A$、$B$ 两点间的高差 $h_{AB}$ 与水平距离 $D_{AB}$ 之比，就是 $A$、$B$ 之间的（　）。

A. 平均坡度　B. 比率　C. 高程比　D. 斜率

168. J(GJ)BB002　确定地形图上两点的距离方法有解析法和（　）。

A. 计算法　B. 坐标法　C. 图解法　D. 图形法

169. J(GJ)BB003　对于管线、道路等工程进行初步设计时，一般要先在地形图上（　）。

A. 设计走向　B. 设计平面图　C. 设计道路　D. 选线

170. J(GJ)BB003　在选定线路时，线路的方向变化应为（　）。

A. 直线　B. 平缓的圆滑曲线

C. 直角弯　D. 折线

171. J(GJ)BB004　应用最广泛的土方量计算方法有方格网法、等高线法和（　）。

A. 解析法　B. 图解法　C. 三角网法　D. 断面法

172. J(GJ)BB004　在进行土地平整时，设计高程为（　）。

A. 所有方格的平均高程的平均值　B. 图面上最高高程

C. 图上所有高程的平均值　D. 图面上最低高程

173. J(GJ)BB005　将场地做成一定坡度斜面，土方量计算步骤：(1)确定设计等高线的平距；(2)确定设计等高线的方向；(3)插绘设计倾斜面的等高线；(4)（　）。

A. 计算填方断面面积　B. 计算填挖土方量

C. 计算挖方断面面积　D. 计算等高距

174. J(GJ)BB005　将原地形改造成某一坡度的倾斜面时，一般可考虑（　）的原则。

A. 地形变化　B. 就低　C. 就高　D. 填挖平衡

175. J(GJ)BB006　水下地形点测定的精度取决于（　）。

A. 水位观测质量

B. 定位精度

C. 测深精度

D. 定位、测深、水位观测的质量以及三者的同步性

176. J(GJ)BB006　进行水下地形测量时，地形点的平面位置和高程是（　）。

A. 直接测定的　B. 等精度的　C. 分别进行测定的　D. 同时进行测定的

177. J(GJ)BB007　水下地形测量的基础是（　）。

A. 水位的观测　B. 河道控制测量　C. 高程测量　D. 平面位置测量

178. J(GJ)BB007　水下地形测量的定位精度要求较高时，宜采用辅有电子数据采集和电子绘图设备的微波测距交会定位系统或电磁波测距（　）定位系统。

A. 极坐标　B. 直角坐标　C. 支距坐标　D. 三角函数

179. J(GJ)BB008　测绘地物的关键是测定地物（　）。

A. 高程点　B. 特征点　C. 位置　D. 形状

180. J(GJ)BB008　地形图上高程的精度，是根据地形图按（　）所求得的任意一点高程的中误差来衡量的。

A. 注记高程　B. 等高线

C. 注记高程和等高线　　D. 两点坐标

181. J(GJ)BB009　对于地物，碎部点应选在(　)方向变化的地方，如房角点，道路转折点、交叉点，河岸线转弯点以及独立地物的中心点等。

A. 地物宽度　　B. 地物长度　　C. 地物轮廓线　　D. 地物高度

182. J(GJ)BB009　由于地物形状极不规则，一般规定主要地物凸凹部分在图上大于(　)均应表示出来，小于该值时，可用直线连接。

A. 0.1mm　　B. 0.2mm　　C. 0.3mm　　D. 0.4mm

183. J(GJ)BB010　用全站仪测绘地形图，可以建立数字地形模型，它通常建立在(　)中，模型总体是一些空间分布点的集合，坐标和高程表示了地面起伏形态。

A. 二维坐标系　　B. 三维坐标系　　C. 大地坐标系　　D. 高斯投影坐标系

184. J(GJ)BB010　用全站仪测绘地形图，能实现控制测量数据的自动处理、野外采集、等高线的自动绘制以及(　)。

A. 测量坐标的自动输入　　B. 地形符号的自动绘制

C. 地物图形的自动生成　　D. 测量高程的自动输入

185. J(GJ)BC001　圆曲线测设遇虚交点时，采用圆外基线法测设，圆外基线长为 $AB$，与两切线的夹角分别为 $\alpha_A$、$\alpha_B$，转角为 $\alpha$，$A$ 至交点距离为 $a$，$B$ 至交点距离为 $b$，则 $b$ 的计算公式为(　)。

A. $b=AB\dfrac{\sin\alpha_B}{\sin\alpha_A}$　　B. $b=AB\dfrac{\sin\alpha_A}{\sin\alpha}$　　C. $b=AB\dfrac{\sin\alpha_B}{\sin\alpha}$　　D. $b=AB\dfrac{\sin\alpha_A}{\sin\alpha_B}$

186. J(GJ)BC001　基线 $AB$ 与圆曲线相切，切点 $GQ$ 称为公切点，该公切点将曲线分为两个相同半径的圆曲线，$AB$ 为公切线，它与两切线的夹角分别为 $\alpha_A$、$\alpha_B$，设两个同半径曲线的半径为 $R$，切线长分别为 $T_1$、$T_2$，则切基线 $AB$ 长度的计算公式为(　)。

A. $AB=R\tan\dfrac{\alpha_A+\alpha_B}{2}$　　B. $AB=R\left(\tan\dfrac{\alpha_A}{2}+\tan\dfrac{\alpha_B}{2}\right)$

C. $AB=R\left(\tan\dfrac{\alpha_A}{2}-\tan\dfrac{\alpha_B}{2}\right)$　　D. $AB=R\tan\dfrac{\alpha_A-\alpha_B}{2}$

187. J(GJ)BC002　缓和曲线连接圆曲线的复曲线，交点为 $D$，切基线为 $AC$，公切点为 $B$，切基线与两切线长夹角分别为 $\alpha_1$、$\alpha_2$，$A$ 至 $ZH$ 点距离为 $T_1$，$A$ 至 $B$ 点距离为 $T_2$，$B$ 到 $C$ 点距离为 $T_3$，$C$ 至 $HZ$ 点距离为 $T_4$，主曲线和副曲线长分别为 $L_1$、$L_2$，半径分别为 $R_1$、$R_2$，曲线内移值分别为 $P_1$、$P_2$，切线增长值分别为 $q_1$、$q_2$，则该复曲线切基线点 $C$ 至 $HZ$ 点距离计算公式为(　)。

A. $T_4=(R_2+P_2)\tan\dfrac{\alpha_2}{2}+\dfrac{P_2}{\sin\alpha_2}$　　B. $T_4=(R_2+P_2)\tan\dfrac{\alpha_2}{2}-\dfrac{P_2}{\sin\alpha_2}+q_2$

C. $T_4=(R_2+P_2)\tan\dfrac{\alpha_2}{2}+\dfrac{P_2}{\sin\alpha_2}+q_2$　　D. $T_4=(R_2+P_2)\tan\dfrac{\alpha_2}{2}+\dfrac{P_2}{\sin\alpha_2}-q_2$

188. J(GJ)BC002　缓和曲线连接圆曲线的复曲线，交点为 $D$，切基线为 $AC$，公切点为 $B$，切基线与两切线长夹角分别为 $\alpha_1$、$\alpha_2$，$A$ 至 $ZH$ 点距离为 $T_1$，$A$ 至 $B$ 点距离

为 $T_2$,$B$ 到 $C$ 点距离为 $T_3$,$C$ 至 $HZ$ 点距离为 $T_4$,主曲线和副曲线长分别为 $L_1$、$L_2$,半径分别为 $R_1$、$R_2$,曲线内移值分别为 $P_1$、$P_2$,切线增长值分别为 $q_1$、$q_2$,则该复曲线交点至 $A$ 点距离计算公式为(　　)。

A. $T_1=(R_1+P_1)\tan\frac{\alpha_1}{2}-\frac{P_1}{\sin\alpha_1}+q_1$　　B. $T_1=(R_1+P_1)\tan\frac{\alpha_1}{2}+\frac{P_1}{\sin\alpha_1}+q_1$

C. $T_1=(R_1+P_1)\tan\frac{\alpha_1}{2}+\frac{P_1}{\sin\alpha_1}-q_1$　　D. $T_1=(R_1+P_1)\tan\frac{\alpha_1}{2}-\frac{P_1}{\sin\alpha_1}-q_1$

189. J(GJ)BC003　回头曲线的测设方法有推磨和辐射法、切基线法以及(　　)。

A. 极坐标法　B. 顶点切基线法　C. 偏角法　D. 解析法

190. J(GJ)BC003　当山坡比较平缓、曲线内侧障碍物较少的地段,设置的回头曲线半径较小时,采用(　　)方法测设回头曲线。

A. 偏角法　B. 切基线法　C. 推磨和辐射法　D. 极坐标法

191. J(GJ)BC004　缓和曲线 $HY$ 或 $YH$ 点的偏角为 $\delta_0$,则此时切线角 $\beta_0$ 值为(　　)。

A. $\delta_0$　B. $2\delta_0$　C. $3\delta_0$　D. $4\delta_0$

192. J(GJ)BC004　缓和曲线 $HY$ 或 $YH$ 点的偏角为 $\delta_0=5°15'15''$,则此时切线角 $\beta_0$ 值为(　　)。

A. 5°15′15″　B. 10°30′30″　C. 15°45′45″　D. 21°01′00″

193. J(GJ)BC005　三级公路,当设计车速为 60km/h,缓和曲线最小长度为(　　)。

A. 60m　B. 55m　C. 50m　D. 40m

194. J(GJ)BC005　四级公路,当设计车速为 40km/h,缓和曲线最小长度为(　　)。

A. 35m　B. 40m　C. 45m　D. 50m

195. J(GJ)BC006　当缓和曲线 HY 或 YH 点坐标为$(x_0y_0)$,圆曲线半径为 $R$,切线角为 $\beta_0$ 时,曲线内移值的计算公式为(　　)。

A. $p=y_0-R(1-\cos\beta_0)$　　B. $p=y_0+R(1-\cos\beta_0)$

C. $p=y_0+R(1-\sin\beta_0)$　　D. $p=y_0-R(1-\sin\beta_0)$

196. J(GJ)BC006　缓和曲线的缓和曲线长为 $l_s=60$m,圆曲线半径为 $R=600$m,则曲线内移值为(　　)。

A. 0. 35m　B. 0. 50m　C. 0. 25m　D. 0. 30m

197. J(GJ)BC007　当缓和曲线 $HY$ 或 $YH$ 点坐标为$(x_0y_0)$,圆曲线半径为 $R$,切线角为 $\beta_0$ 时,曲线切线增长值的计算公式为(　　)。

A. $q=x_0-R\cos\beta_0$　B. $q=x_0+R\cos\beta_0$　C. $q=x_0+R\sin\beta_0$　D. $q=x_0-R\sin\beta_0$

198. J(GJ)BC007　缓和曲线的缓和曲线长为 $l_s=100$m,圆曲线半径为 $R=2000$m,则曲线切线增长值为(　　)。

A. 50m　B. 25m　C. 30m　D. 65m

199. J(GJ)BC008　三级公路,当设计车速为 60km/h,不设超高的圆曲线最小半径为(　　)。

A. 2000m　B. 2500m　C. 1500m　D. 1000m

200. J(GJ)BC008　高速公路,当设计车速为 80km/h,不设超高的圆曲线最小半径为(　　)。

A. 2000m　B. 3000m　C. 3500m　D. 2500m

201. J(GJ)BC009　当计算行车速度为 80km/h,不设缓和曲线的最小圆曲线半径为(　　)。

A. 3000m　　B. 2000m　　C. 2500m　　D. 3500m

202. J(GJ)BC009　当计算行车速度为 60km/h,不设缓和曲线的最小圆曲线半径为(　　)。

A. 1500m　　B. 2000m　　C. 1000m　　D. 800m

203. J(GJ)BC010　切线支距法是以曲线起点或者曲线终点为(　　),以切线为 $x$ 轴,过原点的半径为 $y$ 轴。

A. 坐标起点　　B. 原点　　C. 交点　　D. 坐标零点

204. J(GJ)BC010　已知 $P_i$ 为曲线上欲测设的点位,该点至 $ZY$ 点或 $YZ$ 点的弧长为 $L_i$,所对的圆心角为 $\Phi_i$,$R$ 为圆曲线半径,则利用切线支距法放样 $P_i$ 时,坐标的计算公式为(　　)。

A. $x_i=R\cos\Phi_i;y_i=R(1-\sin\Phi_i)$　　B. $x_i=R\sin\Phi_i;y_i=R\cos\Phi_i$

C. $x_i=R\sin\Phi_i;y_i=R(1-\cos\Phi_i)$　　D. $x_i=R\tan\Phi_i;y_i=R\text{ctan}\Phi_i$

205. J(GJ)BC011　偏角法测设圆曲线时,其闭合差一般横向为(　　)。

A. ±15cm　　B. ±20cm　　C. ±5cm　　D. ±10cm

206. J(GJ)BC011　偏角法测设圆曲线是以曲线起点或终点至曲线任一待定点的弦线与切线之间的(　　)和弦长来确定位置的。

A. 切向角　　B. 偏向角　　C. 弦切角　　D. 圆心角

207. J(GJ)BC012　已知转向角 $\alpha=48°21'$,要求建成后的公路充分利用原路基,曲线测设时量得外矩 $E=9.60\text{m}$,则相应的圆曲线半径为(　　)。

A. 60m　　B. 80m　　C. 100m　　D. 120m

208. J(GJ)BC012　在圆曲线中,已知转向角 $\alpha=10°25'$,半径 $R=800\text{m}$,那么圆曲线的外矩为(　　)。

A. 3.48m　　B. 5.22m　　C. 4.56m　　D. 3.32m

209. J(GJ)BC013　实际放样圆曲线时,往往因为切线方向上有建筑物障碍或交点落在河流、深沟、池塘中,而使线路交点无法实地标定而形成(　　)现象。

A. 实交点　　B. 虚交点　　C. 隐交点　　D. 无交点

210. J(GJ)BC013　弦线偏距法放样步骤为:(1)先延长 $PA$ 直线段,至放样点 $a$,$Aa=c$;(2)由点 $a$ 量距 $d_1$,由 $A$ 点量距 $c$,两距离交会定出细部点 $P_1$,并延长 $AP_1$ 至点 $b$,使 $P_1b=c$;(3)由点 $b$ 量距 $d$,由 $P_1$ 量距(　　),两距离交会定出细部点 $P_2$,如此反复定出其余细部点。

A. $c$　　B. $2c$　　C. $3c$　　D. $4c$

211. J(GJ)BC014　极坐标法是根据(　　)测设点的平面位置。

A. 水平角和水平距离　　B. 水平角　　C. 水平距离　　D. 前方交会

212. J(GJ)BC014　点的平面位置测设常用方法有直角坐标法、(　　)、角度交会法和距离交会法。

A. 水平角交会法　　B. 侧方交会法　　C. 极坐标法　　D. 前方交会法

213. J(GJ)BC015　当由实地地形地物条件所限,选择的圆曲线半径较小时,需设(　　),具有线形缓和和行车缓和以及超高加宽缓和的作用。

A. 回头曲线　　B. 缓和曲线　　C. 回旋线　　D. 复曲线

214. J(GJ)BC015 回旋曲线上任意一点 $P$ 处的切线与起点切线的交角称为(　　)。

A. 弦切角　B. 圆心角　C. 水平角　D. 切线角

215. J(GJ)BC016 圆曲线带有缓和曲线测设时，交点里程 K5+500，切线长 $T_H=152.50$m，则 $ZH$ 点里程为(　　)。

A. K5+347.5　B. K5+652.50　C. K5+423.80　D. K5+576.25

216. J(GJ)BC016 圆曲线带有缓和曲线的测设时，交点里程 K4+800，切线长 $T_H=123.40$m，缓和曲线长 $l_s=60$m，则 $HY$ 点里程为(　　)。

A. K4+863.40　B. K4+616.60　C. K4+736.60　D. K4+798.30

217. J(GJ)BC017 圆曲线带有缓和曲线测设时，圆曲线的内移值计算公式为(　　)。

A. $p=\dfrac{l_s^2}{24R}$　B. $p=\dfrac{l_s^2 90°}{24R}$　C. $p=\dfrac{l_s^2 180°}{24R}$　D. $p=\dfrac{l_s^2}{24R^2}$

218. J(GJ)BC017 圆曲线带有缓和曲线测设时，圆曲线的切线增量计算公式为(　　)。

A. $q=\dfrac{l_s^2}{2}-\dfrac{l_s^3}{240R^2}$　B. $q=\dfrac{l_s}{2}-\dfrac{l_s^3}{240R^2}$　C. $q=\dfrac{l_s}{2}-\dfrac{l_s^2}{240R^2}$　D. $q=\dfrac{l_s}{2}-\dfrac{l_s^2}{240R}$

219. J(GJ)BC018 在施工缓和曲线段时，为了在施工中控制中线，中桩放样可以选择平行线法和(　　)两种方法。

A. 三角形法　B. 延长线法　C. 导线锁法　D. GPS 放样法

220. J(GJ)BC018 规范规定当行车速度为 20km/h 时，不需要设缓和曲线的最小半径为(　　)。

A. 250m　B. 200m　C. 150m　D. 100m

221. J(GJ)BC019 曲线上遇到障碍，选择等量偏角法测设时，其原理是在同一段圆曲线上，同一段弧段对应的正偏角等于(　　)。

A. 弦偏角　B. 圆切角　C. 反偏角　D. 圆周角

222. J(GJ)BC019 曲线上遇到障碍，选择等量偏角法测设时，其原理是在同一段圆曲线上，弧长每增加等长的一段，对应的偏角(　　)。

A. 增加相应等量的值　B. 增加相应等量的值的一半

C. 增加相应等量的值的二倍　D. 增加相应等量的值的三倍

223. J(GJ)BC020 测设曲线时遇到障碍物，这时可以在曲线上选定一点 $E$，算出其 $AE$ 弦长和偏角 $\alpha_E$，后视已知点 $B$，按 $\alpha_B$ 求出 $A$ 点的切线方向，从切线方向转 $90°-\alpha_E$ 角，选一适宜的距离定出 $C$ 点，然后从 $C$ 点转 90°并量出 $CD=AE$ 定出 $D$ 点，再从 $D$ 点转 90°量 $DE=AC$ 定出 $E$ 点，在 $E$ 按 $90°-\alpha_E$ 定出切线方向，这种方法称为(　　)。

A. 偏角法测设　B. 不等边法测设

C. 等边三角形法测设　D. 矩形法测设

224. J(GJ)BC020 测设曲线遇到障碍物时，选择的等边三角形法测设实际上是(　　)的一种特例。

A. 偏角法测设　B. 任意三角形法测设

C. 等腰三角形法测设　D. 矩形法测设

225. J(GJ)BC021 确定缓和曲线长度从旅客感觉舒适、超高渐变适中以及(　)等因素加以考虑。

A. 行车速度　B. 路面宽度　C. 行驶时间不过短　D. 路面等级

226. J(GJ)BC021 规范规定高速公路车速为 120km/h 时,缓和曲线最小长度为(　)。

A. 100m　B. 120m　C. 80m　D. 150m

227. J(GJ)BC022 两个反向圆曲线用回旋线连接的组合为(　)。

A. C 型　B. Z 型　C. S 型　D. O 型

228. J(GJ)BC022 用一个回旋线连接两个同向圆曲线的组合为(　)。

A. 卵型　B. 椭球型　C. 橄榄型　D. 棒槌型

229. J(GJ)BC023 某圆曲线两端缓和曲线不等长,曲线偏角 $\alpha$,半径 $R$,缓和曲线 $L_1$ 内移值为 $P_1$,切线增量 $q_1$,曲线长 $l_1$,缓和曲线 $L_2$ 内移值为 $P_2$,切线增量 $q_2$,曲线长 $l_2$,此时该曲线的曲线长计算公式为(　)。

A. $L=\frac{\alpha R}{180°}+\frac{l_1+l_2}{2}$　B. $L=\frac{\alpha\pi R}{180°}+\frac{l_1+l_2}{2}$　C. $L=\frac{\alpha\pi R}{90°}+\frac{l_1+l_2}{2}$　D. $L=\frac{\alpha\pi R}{180°}-\frac{l_1+l_2}{2}$

230. J(GJ)BC023 某圆曲线两端缓和曲线不等长,由于两边切线不等长,为了计算和测设方便,可取(　)作为曲线中点。

A. 交点与圆曲线的交点

B. 曲线所对圆心角的角分线与曲线的交点

C. 圆曲线长与两缓和曲线长之和的一半

D. 圆曲线长的一半

231. J(GJ)BC024 复曲线元素测设时,必须先定出其中一个圆曲线的半径,为主曲线,其余的曲线称(　)。

A. 次曲线　B. 支曲线　C. 附曲线　D. 副曲线

232. J(GJ)BC024 某复曲线,主、副曲线的交点为 $A$、$B$,两曲线相接于公切点 $GQ$,观测转角为 $\alpha_1$ 和 $\alpha_2$,并用钢尺往返丈量切基线 $AB$ 长为 $L$,主曲线切线长为 $T_1$,则副曲线的半径 $R_2$ 计算公式为(　)。

A. $R_2=\frac{L-T_1}{\cot\frac{\alpha_2}{2}}$　B. $R_2=\frac{L-T_1}{\sin\frac{\alpha_2}{2}}$　C. $R_2=\frac{L-T_1}{\cos\frac{\alpha_2}{2}}$　D. $R_2=\frac{L-T_1}{\tan\frac{\alpha_2}{2}}$

233. J(GJ)BC025 公路中线里程桩测设时,断链是指(　)。

A. 实际里程大于原桩号　B. 实际里程小于原桩号

C. 原桩号测错　D. 因设置圆曲线使公路的距离缩短

234. J(GJ)BC025 公路中线里程桩测设时,短链是指(　)。

A. 实际里程大于原桩号　B. 实际里程小于原桩号

C. 原桩号测错　D. 因设置圆曲线使公路的距离缩短

235. J(GJ)BD001 贯通测量中,坐标传递的误差将会使地下导线产生(　)。

A. 贯通误差　B. 同一数值的位移

C. 数值渐大的位移　D. 横向改动误差

236. J(GJ)BD001　隧道地面控制测量的中线法，施工时将经纬仪置于洞口控制点上，瞄准下一个控制点，可向洞内延伸(　　)。

A. 隧道轴线　　B. 隧道导线　　C. 隧道中线　　D. 隧道边线

237. J(GJ)BD002　隧道地面三角测量时，布设三角网应以满足隧道(　　)要求为准，三角网尽可能布设为垂直于贯通面方向的直伸三角锁。

A. 纵向贯通的精度　　B. 横向贯通的精度

C. 竖向贯通的精度　　D. 中线贯通的精度

238. J(GJ)BD002　隧道地面三角测量时，三角锁的图形一般为三角形，传距角一般小于(　　)。

A. 40°　　B. 35°　　C. 30°　　D. 25°

239. J(GJ)BD003　隧道洞内导线布设时，新设立的导线点必须有可靠的(　　)，避免发生任何错误。

A. 测量数据　　B. 测量方法　　C. 数据检核　　D. 数据计算

240. J(GJ)BD003　隧道洞内导线布设时，可以布设成单导线、主副导线环及(　　)。

A. 三角网　　B. 导线网　　C. 四边形导线　　D. 多边形导线

241. J(GJ)BD004　隧道洞内导线测量时，洞内测角的照准目标，通常采用(　　)。

A. 垂球线法　　B. 倒镜法　　C. 加长花杆法　　D. 腰线法

242. J(GJ)BD004　隧道洞内导线测量要求，隧道掘进中，凡是已构成闭合环的，都应进行(　　)。

A. 角度计算　　B. 平差计算

C. 导线长度计算　　D. 方位角的计算

243. J(GJ)BD005　隧道内中线测量时，中线点间距视施工需要而定，一般直线段正式中线点为(　　)一点。

A. 50~100m　　B. 90~150m　　C. 120~200m　　D. 150~250m

244. J(GJ)BD005　隧道内中线测量时，中线点间距视施工需要而定，一般曲线段正式中线点为(　　)一点。

A. 40~90m　　B. 90~150m　　C. 60~100m　　D. 150~200m

245. J(GJ)BD006　在隧道贯通之前，洞内水准路线均为(　　)，因此必须用往、返测进行检核。

A. 闭合水准路线　　B. 支水准路线　　C. 附合水准路线　　D. 临时水准路线

246. J(GJ)BD006　隧道洞内水准测量的目的是为了在地下建立一个与(　　)的高程系统。

A. GPS 点统一　　B. 已知控制点一致

C. 地面统一　　D. 施工控制点统一

247. J(GJ)BD007　隧道内轮廓线所包围的空间，包括公路隧道建筑界限、通风以及其他功能所需的断面积，以上统称为(　　)。

A. 隧道总占地面积　　B. 隧道界限面积

C. 隧道占地面积　　D. 隧道净空有效面积

248. J(GJ)BD007　隧道开挖断面测量时，隧道墙部的放样采用(　　)。

A. 支距法　　B. 断面法　　C. 对称丈量法　　D. 方向架法

249. J(GJ)BD008　在城市测量中,(　　)是测绘地形图、施工放样和进行其他各种测绘工作的依据。

A. 控制网　B. 三角测量　C. GPS 测量　D. 导线测量

250. J(GJ)BD008　一个城市只应建立一个与国家坐标系统相联系的相对独立和统一的(　　),并经上级行政主管部门审查批准后方可使用。

A. 城市高程系统　B. 城市三角网　C. 城市坐标系统　D. 城市导线网

251. J(GJ)BD009　铁路初测中的地形测量应尽量以(　　)作为测站。

A. 导线点　B. 线路中桩　C. 水准点　D. 易于保存的点

252. J(GJ)BD009　铁路定测阶段,其高程测量的限差为(　　)。

A. $\pm 10\sqrt{K}$(mm)　B. $\pm 20\sqrt{K}$(mm)　C. $\pm 30\sqrt{K}$(mm)　D. $\pm 40\sqrt{K}$(mm)

253. J(GJ)BD010　为了保证各相向开挖面能正确贯通,必须将地面控制网中的坐标方向及高程经由竖井传递到地下,这些传递工作称为(　　)。

A. 控制传递测量　B. 控制联系测量　C. 竖井联系测量　D. 竖井传递测量

254. J(GJ)BD010　隧道工程的地面控制测量分为(　　)和高程控制测量。

A. 距离控制测量　B. 平面控制测量　C. 角度控制测量　D. 标高控制测量

255. J(GJ)BD011　隧道工程中,高程控制测量主要采用(　　)。

A. 地面水准测量　B. 三角测量　C. GPS 测量　D. 导线测量

256. J(GJ)BD011　隧道工程中,高程控制测量可采用(　　)或光电测距三角高程测量。

A. 四等水准测量　B. 精密水准测量　C. GPS 测量　D. 导线测量

257. J(GJ)BD012　贯通误差在高程方向的投影长度称为(　　)。

A. 投影贯通误差　B. 高程贯通误差　C. 纵向贯通误差　D. 竖向贯通误差

258. J(GJ)BD012　高程贯通误差影响隧道的纵坡,一般应用(　　)的方法测定,限差较易达到。

A. 角度测量　B. 导线测量　C. 水准测量　D. 中线测量

259. J(GJ)BD013　两开挖洞口之间长度小于 4km,那么其贯通误差中横向贯通限差为(　　)。

A. 100mm　B. 150mm　C. 200mm　D. 500mm

260. J(GJ)BD013　两开挖洞口之间长度为 4~8km,那么其贯通误差中横向贯通限差为(　　)。

A. 100mm　B. 150mm　C. 200mm　D. 500mm

261. J(GJ)BD014　隧道贯通误差主要来源于(　　)的误差。

A. 隧道控制误差　B. 洞内外控制测量和竖井联系测量

C. 洞内控制测量　D. 竖井控制测量

262. J(GJ)BD014　两开挖洞口间长度小于 3000m 时,整个隧道的贯通中误差应(　　)。

A. ≤±100mm　B. ≤±85mm　C. ≤±75mm　D. ≤±120mm

263. J(GJ)BD015　竖井定向方法从几何原理,可分为一井定向和(　　)。

A. 陀螺全站仪定向　B. 两井定向　C. 磁悬浮定向　D. 三井定向

264. J(GJ)BD015　陀螺仪粗略定向主要有两逆转点法和(　　)两种。

A. 四分之一周期法　B. 六分之一周期法

C. 三分之一周期法　D. 九分之一周期法

265. J(GJ)BD016　采用经纬仪进行竖井联系测量时，仪器瞄准（　　），视线投在井盖上定出井上相应的点位，这样在井上、井下共定出三对相对应的点，以保证数据的传递。

A. 井上目标　B. 井下点位　C. 已知坐标点　D. 导线点

266. J(GJ)BD016　采用经纬仪进行竖井联系测量时，每个点位需进行（　　），取投点的重心作为最后采用的投点位置。

A. 两个测回　B. 三个测回　C. 一个测回　D. 四个测回

267. J(GJ)BD017　贯通测量中，坐标传递的误差将会使地下导线产生（　　）。

A. 贯通误差　B. 同一数值的位移　C. 数值渐大的位移　D. 横向改动误差

268. J(GJ)BD017　隧道施工时，根据施工方法和施工程序，一般采用串线法和（　　）确定开挖方向。

A. 全站仪法　B. 经纬仪法　C. 导线法　D. 水准仪法

269. J(GJ)BD018　隧道地坪的高程和坡度由（　　）来控制。

A. 腰线　B. 控制网　C. 地面点　D. 水准点

270. J(GJ)BD018　隧道的水平距离 100m，高差变化 1m，则隧道坡度为（　　）。

A. 10%　B. 1%　C. 5%　D. 7%

271. J(GJ)BD019　隧道内侧墙的放样是以（　　）为基准进行的。

A. 隧道走向　B. 腰线点　C. 中线点　D. 控制网

272. J(GJ)BD019　在曲线段，隧道中线由路线中线向（　　）内移一定值，由于标定在开挖面上的中线是依据路线中线标定的，因此在标绘轮廓线时，内侧支距应比外侧支距大 $2d$。

A. 横断面方向　B. 切线方向　C. 圆心方向　D. 轮廓线方向

273. J(GJ)BD020　根据隧道情况以及仪器条件，隧道中线的定线方法有现场标定法和（　　）两种。

A. 中线法　B. 解析法　C. 导线法　D. GPS 放样

274. J(GJ)BD020　现场标定法是根据线路定测时所测定的隧道洞口点和（　　）在山岭上实地标定出中线位置，作为隧道进洞开挖的放样依据。

A. 中线点　B. 控制点

C. 隧道中线设计元素　D. 地面设计元素

275. J(GJ)BD021　现阶段在水底、软弱地层中修建交通隧道和地铁以及各种用途管道时，广泛采用的施工方法是（　　）。

A. 机械开挖法　B. 钻爆法　C. 盾构法　D. 沉管法

276. J(GJ)BD021　盾构法是使用所谓的“盾构”机械，在（　　）中推进，一边防止土砂的崩坍，一边在其内部进行开挖、衬砌作业修建隧道的方法。

A. 围岩　B. 土层　C. 岩层　D. 山体

277. J(GJ)BD022　沉管隧道是修建（　　）隧道常用的方法。

A. 水底　B. 山地　C. 沼泽地　D. 大厚度软路基

278. J(GJ)BD022　沉管隧道施工时，管体制成以后用拖轮运到隧址指定位置上，待管段定位就绪后，往管段中(　　)加载，使之下沉，然后将沉设完毕的管段在水下连接起来，覆土回填，完成隧道。

A. 加砂　B. 充气　C. 加铅　D. 注水

279. J(GJ)BD023　明挖隧道的方法适用于隧道的(　　)地段。

A. 隧道中部　B. 洞口和洞身覆盖过薄

C. 隧道曲线　D. 隧道直线

280. J(GJ)BD023　明挖隧道的方法多采用以下埋深(　　)的场合。

A. $H<20$m　B. $H<30$m　C. $H<40$m　D. $H<50$m

281. J(GJ)BD024　对于水利工程的同一水工建筑物建成后，一部分长期位于水下运行，其承受巨大的多变的水(　　)。

A. 冲刷　B. 浸泡　C. 压力　D. 侵蚀

282. J(GJ)BD024　水利枢纽施工控制网的精度与(　　)有关。

A. 已知控制点　B. 控制点距离　C. 控制网网型　D. 施工方法

283. J(GJ)BD025　坝轴线两端点现场标定后，应使用(　　)作标记。

A. 永久性标志　B. 临时性标志　C. 木桩　D. 钢筋桩

284. J(GJ)BD025　测设平行于坝轴线的控制线时，分别在坝轴线的两端点安置经纬仪，用测设 90°的方法各作一条垂直于坝轴线的(　　)，沿基线量取各平行控制线距坝轴线的距离，用方向桩在实地标定。

A. 横向轴线　B. 纵向轴线　C. 横向基线　D. 纵向基线

285. J(GJ)BD026　大型水利枢纽施工控制网中，基本网的边长一般不超过(　　)。

A. 3~5km　B. 5~7km　C. 2~3km　D. 1~2km

286. J(GJ)BD026　水利枢纽施工控制网中，高程控制网一般分为(　　)和定线水准网。

A. 高级水准网网　B. 基本水准网　C. 高程基本网　D. 高程控制网

287. J(GJ)BD027　大坝施工中，坡脚线的放样方法有横断面法和(　　)。

A. 图解法　B. 基线法　C. 平行线法　D. 垂线法

288. J(GJ)BD027　大坝填筑至一定高度且坡面压实后，还要进行(　　)，使其符合设计要求。

A. 坡顶填筑　B. 坡顶修整　C. 坡面填筑　D. 坡面修整

289. J(GJ)BD028　直线型重力坝立模放样时，放样线与立模线之间的距离为(　　)。

A. 0. 1~0. 2m　B. 0. 2~0. 5m　C. 0. 5~1m　D. 1~1. 5m

290. J(GJ)BD028　拱坝的立模放样一般采用(　　)。

A. 直角坐标法　B. 前方交会法　C. 支距法　D. 极坐标法

291. J(GJ)BD029　管道中线测量的任务是将设计的管道(　　)位置在地面上测设出来。

A. 中心线　B. 断面中心　C. 截面中心　D. 剖面中心线

292. J(GJ)BD029　管道施工测量的主要任务是根据工程进度的要求向施工人员随时提供(　　)。

A. 纵断高程　B. 中桩位置

C. 中线方向和标高位置　D. 横断面形式

293. J(GJ)BD030　纵断面测量的目的是根据管线(　　)所测得的桩点高程和桩号绘制成纵断面图。

A. 中心线　B. 横断面　C. 起终点　D. 控制点

294. J(GJ)BD030　在纵断面测量时，为了保证管道全线的高程测量精度，应先沿线布设足够的(　　)。

A. 转点　B. 控制点　C. 水准点　D. 三角点

295. J(GJ)BD031　管道施工前，若有部分桩点丢损或施工的中线位置有所变动，则就根据(　　)重新恢复旧点或按改线资料测设新点。

A. 设计任务书　B. 设计资料　C. 施工组织设计　D. 计划批复文件

296. J(GJ)BD031　施工前为了保证中线位置准确可靠，应根据(　　)进行复核，并补齐已丢失的桩。

A. 施工组织设计　B. 初步设计文件　C. 设计及测量数据　D. 设计方案文件

297. J(GJ)BD032　管道施工中的测量工作主要是控制管道中线设计位置和(　　)。

A. 管底设计高程　B. 横向开挖宽度

C. 管道与其他管线相对位置　D. 管线埋深

298. J(GJ)BD032　开挖管道施工，当地面平坦时，如槽底宽度为 $b$，挖土深度为 $h$，边坡率为 $m$，则开槽口宽度(　　)。

A. $b+mb$　B. $b+2mb$　C. $2b+mb$　D. $2b+2mb$

299. J(GJ)BD033　测设民用建筑物主轴线就是把设计图上建筑物的主轴线(　　)标定在实地上，也称为建筑物定位。

A. 交点　B. 中点　C. 原点　D. 端点

300. J(GJ)BD033　在施工现场有方格网控制时，可以根据民用建筑物各角点的(　　)测设主轴线。

A. 相对位置　B. 坐标　C. 横向距离　D. 竖向距离

301. J(GJ)BD034　在墙体施工中，墙身各部分高程通常使用(　　)来控制，作为砌墙时掌握高程和砖缝水平的主要依据。

A. 钢板尺　B. 直尺　C. 塔尺　D. 墙身皮数杆

302. J(GJ)BD034　当墙体砌到窗台时，要根据设计图上窗口尺寸在外墙面上根据房屋的(　　)量出窗的位置，以便砌墙时预留出窗洞的位置。

A. 内墙边线　B. 轴线　C. 外墙边线　D. 基础

303. J(GJ)BD035　高层建筑轴线投测方法中，悬挂垂球法是最简便、最原始的方法，精度大约为(　　)。

A. $\frac{1}{100}$　B. $\frac{1}{1000}$　C. $\frac{1}{2000}$　D. $\frac{1}{3000}$

304. J(GJ)BD035　建造高层建筑、烟囱、竖井等工程时，可用(　　)的特制垂球，用直径 0.5~0.8mm 的钢丝悬挂，可以提高投影的精度。

A. 5~8kg　B. 10~20kg　C. 20~25kg　D. 25~30kg

305. J(GJ)BD036　对于大型企业，施工方格网边长精度要求(　　)。

A. $\frac{1}{20000}$　B. $\frac{1}{30000}$　C. $\frac{1}{40000}$　D. $\frac{1}{50000}$

306. J(GJ)BD036　建立施工方格网应(　　),可以减少测量过程的累计误差,从而保证测量精度。

A. 先局部测量,后整体布网　B. 先整体布网,后局部测量

C. 先测坐标,后整体布网　D. 整体布网与局部测量同时进行

307. J(GJ)BD037　建筑方格网的边长一般为(　　),且为10m或1m的整数倍。

A. 10~20m　B. 50~100m　C. 100~200m　D. 200~300m

308. J(GJ)BD037　建筑场地建立施工方格网后,所有建筑物、构筑物的定位测量都应以(　　)为依据,不能再利用原控制点,以减少误差。

A. 建筑轴线　B. 方格网　C. 建筑红线　D. 建筑坐标

309. J(GJ)BD038　建筑方格网测设时,使用的经纬仪不能低于(　　)的等级。

A. $DJ_2$　B. $DJ_3$　C. $DJ_5$　D. $DJ_6$

310. J(GJ)BD038　建筑基线应选择在场区中部或建筑物定位要求(　　)的地方,并且应为矩形网的长轴。

A. 详测　B. 精度较高　C. 加桩　D. 布网

311. J(GJ)BD039　建筑方格网采用轴线法时,点位偏离直线应在(　　)以内。

A. 90°±10″　B. 180°±10″　C. 90°±5″　D. 180°±5″

312. J(GJ)BD039　建筑方格网控制点一般采用永久性标桩,冻土地区埋深不得浅于冻土线以下(　　)。

A. 0. 3m　B. 0. 4m　C. 0. 5m　D. 0. 6m

313. J(GJ)BD040　钢柱轴线位置标定时,不论是核心筒的钢柱还是外框的钢柱,都必须在吊装前标定每一钢柱的(　　),吊装后标定其柱轴线的准确位置,作为测控该钢柱垂直度的依据。

A. 柱顶高程　B. 轴线偏位　C. 截面直径　D. 几何中心

314. J(GJ)BD040　高层钢结构的安装对标高控制要求很高,同一层柱各柱顶高差允许偏差为(　　)。

A. 2mm　B. 3mm　C. 4mm　D. 5mm

315. J(GJ)BD041　进行平面测量,遇有变电站,变电站线路进、出线平面图的比例尺为(　　)。

A. $\frac{1}{500}$~$\frac{1}{5000}$　B. $\frac{1}{5000}$~$\frac{1}{10000}$　C. $\frac{1}{10000}$~$\frac{1}{15000}$　D. $\frac{1}{15000}$~$\frac{1}{20000}$

316. J(GJ)BD041　输电线路转角测量时,水平角一般采用(　　)型经纬仪观测,用测回法观测一个测回。

A. $DJ_1$　B. $DJ_2$　C. $DJ_6$　D. $DJ_{15}$

317. J(GJ)BD042　输电线路纵断面图的质量取决于(　　)。

A. 测量人员技术水平　B. 地形状况　C. 断面点的选择　D. 测量仪器的选取

318. J(GJ)BD042　输电线路纵断面测量时,对导线弧垂对地面距离有影响的地段,应适当加密断面点,并保证其高程误差不超过(　　)。

A. 0. 2m　　B. 0. 3m　　C. 0. 4m　　D. 0. 5m

319. J(GJ)BD043　输电线路纵断面测量是以(　　)为控制点。

A. 方向桩　　B. 边桩　　C. 里程桩　　D. 起点桩

320. J(GJ)BD043　输电线路纵断面测量时,设计要求,当边线地面高出中线地面(　　)时,应施测边线断面。

A. 0. 3m　　B. 0. 5m　　C. 1. 0m　　D. 1. 2m

321. J(GJ)BD044　沿输电线路中心线、局部边线及垂直于线路中心线方向,按一定比例尺绘制的线路断面图和线路中心线两侧各 50m 范围内的带状平面图,称线路(　　)。

A. 平断面图　　B. 纵断面图　　C. 边断面图　　D. 横断面图

322. J(GJ)BD044　对精度要求较高的大跨越地段,为了保证杆塔高度及位置的准确性,线路纵断面的比例尺采用(　　)。

A. 横向比例尺 1∶2000;纵向采用 1∶200

B. 横向比例尺 1∶5000;纵向采用 1∶500

C. 横向比例尺 1∶2500;纵向采用 1∶250

D. 横向比例尺 1∶3000;纵向采用 1∶300

323. J(GJ)BD045　一般在平地上的杆塔,其基础埋深自杆塔位中心桩处的(　　)算起。

A. 地面　　B. 桩顶　　C. 基础　　D. 填土

324. J(GJ)BD045　当塔腿根开 $K$(即相邻基础中心之间的水平距离)相等时,杆塔位中心桩至四个塔腿的水平距离均为(　　)。

A. $\frac{\sqrt{3}}{2}K$　　B. $\frac{\sqrt{2}}{2}K$　　C. $\sqrt{2}K$　　D. $\sqrt{3}K$

325. J(GJ)BD046　在设计交桩后,为了防止勘测有失误或杆塔位中心桩因外界因素发生移动、丢失,在施工前必须根据(　　)对杆塔进行全面复测。

A. 施工设计图纸　　B. 初步设计图纸

C. 施工组织设计文件　　D. 设计任务书

326. J(GJ)BD046　在输电线路复测中,复测项目的测量方法、步骤和技术要求同(　　)一致。

A. 选线测量　　B. 定线测量　　C. 杆塔定位测量　　D. 平断面测量

327. J(GJ)BD047　杆塔基础分坑测量,是根据设计的杆塔基础施工图,把杆塔基础坑的位置测设到指定位置上,并钉土桩作为(　　)的依据。

A. 挖杭　　B. 立杆塔　　C. 校正杆塔　　D. 浇筑基础

328. J(GJ)BD047　杆塔基础坑底应平整,且坑深误差为(　　)。

A. +50~-50mm　　B. +100~-50mm　　C. +50~-100mm　　D. +100~-100mm

329. J(GJ)BD048　架线弧垂误差应在+5%~-2.5%范围内,正误差最大值应不大于(　　)。

A. 200mm　　B. 300mm　　C. 400mm　　D. 500mm

330. J(GJ)BD048　在架线前,应根据设计部门编制的线路(　　)中各耐张段的档数、档距及悬挂点高差,选择各耐张段中的弧垂观测档。

A. 纵断面图　B. 平断面图　C. 横断面图　D. 边断面图

331. J(GJ)BE001　地籍测量是对土地及有关附属物的权属、位置、数量和(　)所进行的测量工作。

A. 利用现状　B. 户主信息　C. 高度　D. 面积

332. J(GJ)BE001　地籍区和地籍子区均以(　)自然数字依序编列。

A. 两位即从 01~99　B. 三位即从 001~999

C. 四位即从 0001~9999　D. 五位即从 00001~99999

333. J(GJ)BE002　地籍测量的目的是获取和表述(　)的权属、位置、形状、数量等有关信息。

A. 房屋　B. 不动产　C. 土地　D. 树林

334. J(GJ)BE002　地籍测量的(　)是保护土地所有者和土地使用者合法权益、解决土地产权纠纷的重要凭据。

A. 位置图　B. 断面图　C. 平面图　D. 成果资料

335. J(GJ)BE003　地籍测量中,(　)是不动产地籍的图形部分。

A. 地籍图　B. 地籍数据　C. 地籍册　D. 宗地图

336. J(GJ)BE003　地籍测量中,面积量算是指(　)的量算。

A. 房屋建筑面积　B. 利用面积　C. 水平面积　D. 房屋占地面积

337. J(GJ)BE004　地籍测量中,一级界址点相对于临近图根控制点的点位中误差不超过(　)。

A. ±0. 05m　B. ±0. 5m　C. ±1. 0m　D. ±0. 2m

338. J(GJ)BE004　地籍测量中,地籍控制测量遵循的测量原则即“(　)”“从高级到低级”“由整体到局部”。

A. 先碎部后控制　B. 先控制后图根　C. 先控制后碎部　D. 先图根后控制

339. J(GJ)BE005　与地籍测量相比,地形测量的对象是(　)。

A. 地物和地貌　B. 地物　C. 地貌　D. 地面高程

340. J(GJ)BE005　经土地管理部门确认后,具有法律效力的是(　)。

A. 地形测量成果　B. 地形图　C. 地籍测量成果　D. 栅格图

341. J(GJ)BE006　地籍要素测量的解析法是利用(　)的实地观测数据或数字摄影测量技术,按公式计算被测点的坐标。

A. 高程　B. 角度和距离　C. 方位角　D. 导线长度

342. J(GJ)BE006　为方便土地管理和进行地籍测量以及地籍资料的存储和检索,必须对土地进行(　)。

A. 分幅和编码　B. 整理和编码　C. 分类和整理　D. 分类和编码

343. J(GJ)BE007　地籍测量的方法有(　)和正交法。

A. 极坐标法　B. GPS 法　C. 解析法　D. 图解法

344. J(GJ)BE007　地籍测量中,图根控制点的密度应根据测区内建筑物的稀密程度和通视条件定,一般情况下每幅 1∶500 图不少于(　)个。

A. 2　B. 8　C. 16　D. 20

345. J(GJ)BE008　地籍测量的对象是(　　)。
A. 建筑物　B. 土地　C. 土地及其附属物　D. 地块

346. J(GJ)BE008　地籍测量是为获取和表达(　　)所进行的测绘工作。
A. 土地利用现状　B. 权属信息　C. 高程测量信息　D. 地籍信息

347. J(GJ)BE009　地籍图编绘按基本图件的可用性,分为地籍修测、补测与(　　)。
A. 局部修改　B. 区域重测　C. 全测　D. 专题修改

348. J(GJ)BE009　地籍图是不动产地籍的(　　)。
A. 现实表达　B. 宗地图　C. 专属地籍图　D. 图形部分

349. J(GJ)BE010　地籍图采用分幅图形式,幅面规格采用(　　)。
A. 40cm×40cm　B. 50cm×50cm　C. 40cm×50cm　D. 30cm×30cm

350. J(GJ)BE010　比例尺为1∶2000地籍图的图幅以(　　)为图廓线。
A. 整千米格网线　B. 宗地边界　C. 地籍权属边界　D. 格网线

351. J(GJ)BE011　地籍图编绘步骤是收集资料、选取工作底图、(　　)和清绘地籍图。
A. 复核权属界址　B. 编绘地籍图　C. 展绘控制点　D. 展绘地籍点

352. J(GJ)BE011　地籍图中,宗地图是以(　　)为单位编制的。
A. 专题地籍图　B. 宗地图　C. 宗地　D. 简易地籍图

353. J(GJ)BE012　地籍图是制作宗地图的(　　)。
A. 基础图件　B. 原始图　C. 底图　D. 参考图

354. J(GJ)BE012　地籍测量草图是地块和(　　)关系的实地记录。
A. 地块　B. 控制点　C. 建筑物　D. 附属物

355. J(GJ)BE013　变更地籍测量时,对涉及划拨国有土地使用权补办出让手续的,必须采用(　　)法。
A. 图解　B. 解析　C. 平面几何　D. 实地量距

356. J(GJ)BE013　宗地面积在图上小于(　　)时,应实地丈量求算面积,不得用图解法。
A. $2cm^2$　B. $3cm^2$　C. $4cm^2$　D. $5cm^2$

357. J(GJ)BF001　施工建筑物平面位置和标高的精确程度,取决于(　　)。
A. 测量放线工作　B. 施工方法　C. 测量准备工作　D. 测量管理工作

358. J(GJ)BF001　从城市规划和建筑设计本身,都要求测量放线准确无误并具有一定的(　　)要求。
A. 尺寸　B. 误差　C. 精度　D. 标准

359. J(GJ)BF002　工程测量中级工一般要对(　　)进行计算整理,对原始数据的记录、计算都要经过全面核对,才能提供施工数据。
A. 导线测量数据　B. 施工测量数据　C. 测量放线成果　D. 竣工测量成果

360. J(GJ)BF002　《房屋建筑制图统一标准》(GB/T 50001—2017)规定房屋建筑的视图,应按正投影法并用第一角画法绘制,它是(　　)标准。
A. 国家　B. 建设部　C. 地方　D. 部门

361. J(GJ)BF003　对班组中发生的质量事故,高级工应用科学的方法和专业知识进行分析,提出处理意见,使(　　)尽可能降低,并总结经验教训,制定相应措施。

A. 返工量　B. 损失　C. 返工量和损失　D. 成本

362. J(GJ)BF003　高级工应运用测量的基本理论，根据工程的具体精度要求，选用合适的仪器工具和作业方法，在工程技术人员的指导下，用(　)进行分析，编制合理的测量放线方案。

A. 工作经验　B. 数学知识　C. 误差理论　D. 质量管理方法

363. J(GJ)BF004　施工的物资准备应做好建筑材料需要量计划和(　)。

A. 材料运输　B. 货源安排　C. 材料质量检验　D. 材料管理

364. J(GJ)BF004　施工的物资准备还要做好机械和机具的准备，对已有的机械机具做好(　)工作；对缺少的机械机具要做好计划，即订购、租赁或制作。

A. 调查　B. 维修试车　C. 保养　D. 清理

365. J(GJ)BF005　施工组织设计的基本任务是根据国家有关的技术政策、建设项目要求、施工组织原则，结合工程(　)，确定经济合理的施工方案，对拟建工程的人力和物力、时间和空间、技术和组织等方面统筹安排，以保证按照既定目标，优质、低耗、高速、安全地完成任务。

A. 规模　B. 地理位置　C. 难易程度　D. 具体条件

366. J(GJ)BF005　施工组织设计的作用是通过施工组织设计的编制，明确工程施工方案、施工顺序、劳动组织措施、施工进度计划及(　)计划，明确临时设施、材料和机具的具体位置，有效地使用施工场地，提高经济效益。

A. 机械设备采购　B. 材料用量　C. 资源需要量与供应　D. 仪器设备采购

367. J(GJ)BF006　施工任务书是企业实行(　)，贯彻按劳分配，开展社会主义劳动竞赛和班组核算的主要依据。

A. 定额管理　B. 质量管理　C. 成本核算　D. 安全管理

368. J(GJ)BF006　施工任务书又称工程任务单，是向(　)下达作业计划的重要文件。

A. 测量人员　B. 施工人员　C. 班组　D. 下道工序

369. J(GJ)BF007　质量意识是(　)的灵魂。

A. 团队　B. 国家　C. 企业　D. 部门

370. J(GJ)BF007　按测量放线工作的规模、技术要求，制定(　)，按工程的复杂程度，需进行必要的论证，结合规范，确定合适的作业方法，提出限差要求，提出对成果的要求等。

A. 作业方案　B. 操作方法　C. 技术措施　D. 规章制度

371. J(GJ)BF008　经常组织学习(　)，严格贯彻“安全第一，预防为主”的方针，实现安全生产，文明施工。

A. 安全操作规程　B. 交通安全法　C. 安全注意事项　D. 安全生产条例

372. J(GJ)BF008　安全带的正确挂扣应该是(　)。

A. 同一水平　B. 低挂高用　C. 高挂低用　D. 低挂低用

373. J(GJ)BF009　工程开工、(　)及隐蔽工程隐蔽前，监理项目部应进行检查确认。

A. 平行检验　B. 工序交接　C. 中间验收　D. 工程竣工

374. J(GJ)BF009　根据质量事故的性质、特点，有针对性的、有计划地进行检查分析与质量

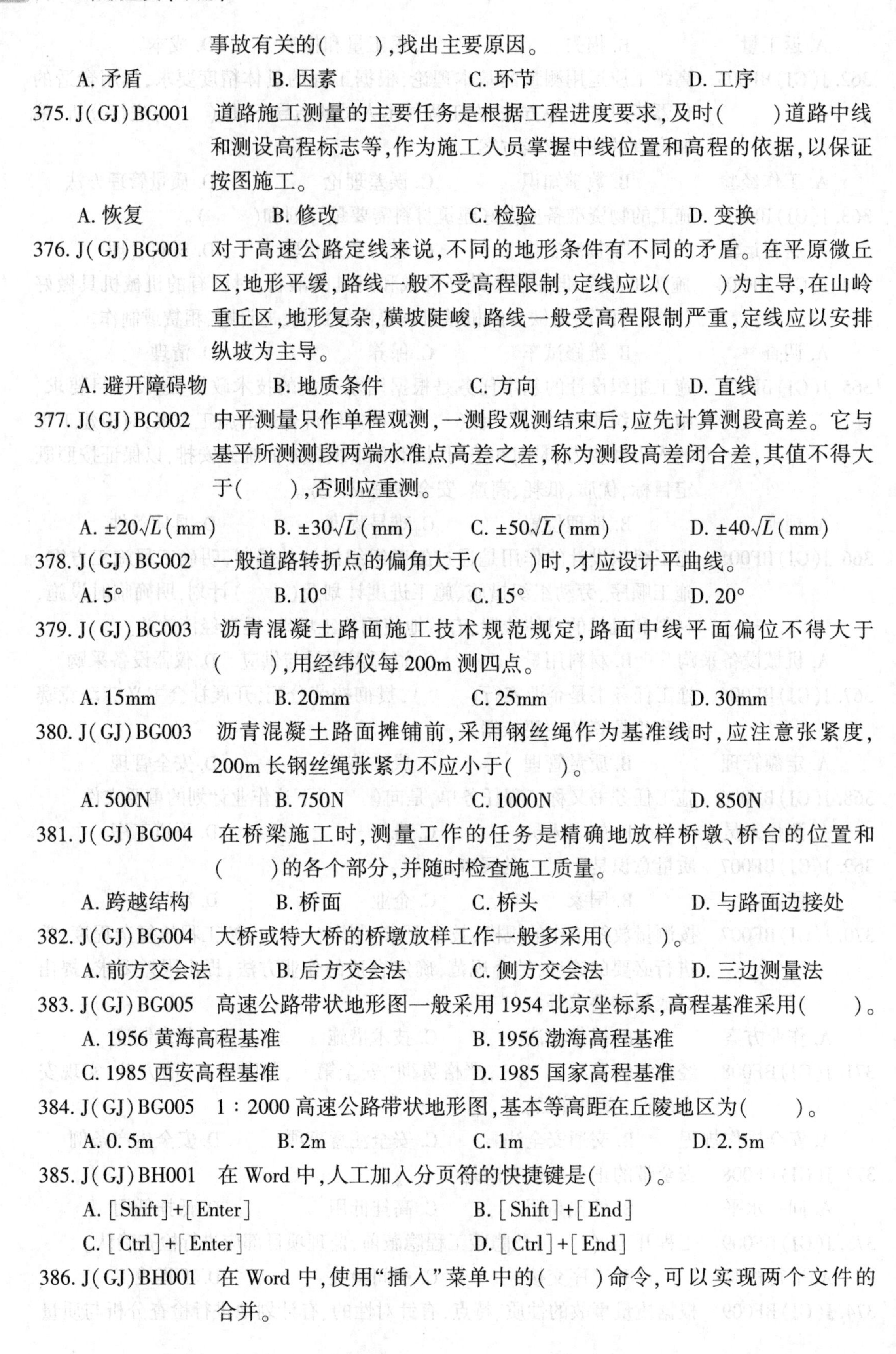



事故有关的(　　),找出主要原因。

A. 矛盾　　B. 因素　　C. 环节　　D. 工序

375. J(GJ)BG001　道路施工测量的主要任务是根据工程进度要求,及时(　　)道路中线和测设高程标志等,作为施工人员掌握中线位置和高程的依据,以保证按图施工。

A. 恢复　　B. 修改　　C. 检验　　D. 变换

376. J(GJ)BG001　对于高速公路定线来说,不同的地形条件有不同的矛盾。在平原微丘区,地形平缓,路线一般不受高程限制,定线应以(　　)为主导,在山岭重丘区,地形复杂,横坡陡峻,路线一般受高程限制严重,定线应以安排纵坡为主导。

A. 避开障碍物　　B. 地质条件　　C. 方向　　D. 直线

377. J(GJ)BG002　中平测量只作单程观测,一测段观测结束后,应先计算测段高差。它与基平所测测段两端水准点高差之差,称为测段高差闭合差,其值不得大于(　　),否则应重测。

A. $\pm20\sqrt{L}$(mm)　　B. $\pm30\sqrt{L}$(mm)　　C. $\pm50\sqrt{L}$(mm)　　D. $\pm40\sqrt{L}$(mm)

378. J(GJ)BG002　一般道路转折点的偏角大于(　　)时,才应设计平曲线。

A. 5°　　B. 10°　　C. 15°　　D. 20°

379. J(GJ)BG003　沥青混凝土路面施工技术规范规定,路面中线平面偏位不得大于(　　),用经纬仪每200m测四点。

A. 15mm　　B. 20mm　　C. 25mm　　D. 30mm

380. J(GJ)BG003　沥青混凝土路面摊铺前,采用钢丝绳作为基准线时,应注意张紧度,200m长钢丝绳张紧力不应小于(　　)。

A. 500N　　B. 750N　　C. 1000N　　D. 850N

381. J(GJ)BG004　在桥梁施工时,测量工作的任务是精确地放样桥墩、桥台的位置和(　　)的各个部分,并随时检查施工质量。

A. 跨越结构　　B. 桥面　　C. 桥头　　D. 与路面边接处

382. J(GJ)BG004　大桥或特大桥的桥墩放样工作一般多采用(　　)。

A. 前方交会法　　B. 后方交会法　　C. 侧方交会法　　D. 三边测量法

383. J(GJ)BG005　高速公路带状地形图一般采用1954北京坐标系,高程基准采用(　　)。

A. 1956黄海高程基准　　B. 1956渤海高程基准

C. 1985西安高程基准　　D. 1985国家高程基准

384. J(GJ)BG005　1：2000高速公路带状地形图,基本等高距在丘陵地区为(　　)。

A. 0. 5m　　B. 2m　　C. 1m　　D. 2. 5m

385. J(GJ)BH001　在Word中,人工加入分页符的快捷键是(　　)。

A. [Shift]+[Enter]　　B. [Shift]+[End]

C. [Ctrl]+[Enter]　　D. [Ctrl]+[End]

386. J(GJ)BH001　在Word中,使用“插入”菜单中的(　　)命令,可以实现两个文件的合并。

A. “对象” B. “合并” C. “文件” D. “域”

387. J(GJ)BH002 在编辑文本时,按( )键可以在大小写状态之间进行切换。

A. “Shift” B. “Caps Lock” C. “Ctrl” D. “Insert”

388. J(GJ)BH002 当启动Word2003时,系统将自动建立一个新的文档( )用户可以直接在文档中进行文字输入或编辑工作。

A. 空白文档 B. 自动文档 C. 文档1 D. 文档2

389. J(GJ)BH003 通常把计算机软件分为( )和应用软件两大部分。

A. 程序软件 B. 系统软件 C. 数据库软件 D. 游戏软件

390. J(GJ)BH003 用户利用计算机及其提供的系统软件为解决某一特定的具体问题而编制的计算机程序是( )。

A. 程序软件 B. 工具软件 C. 语言处理软件 D. 应用软件

391. J(GJ)BH004 在单元格中输入数值和文字数据,默认的对齐方式是( )。

A. 全部左对齐 B. 全部右对齐 C. 左对齐和右对齐 D. 右对齐和左对齐

392. J(GJ)BH004 在Excel公式中,( )用于指定对操作数或单元格引用数据执行何种运算。

A. = B. 运算符 C. 操作数 D. 逻辑值

393. J(GJ)BH005 在工程测绘中,不能够进行坐标转换的软件是( )。

A. CASS B. OFFICE C. MAPINFO D. TGO

394. J(GJ)BH005 在工程测绘中,不属于CASS功能的是( )。

A. 计算七参数 B. 计算土方量

C. 坐标换带计算 D. 输入文档

395. J(GJ)BH006 Excel的三个主要功能是( )、图表、数据库。

A. 电子表格 B. 文字输入 C. 公式计算 D. 公式输入

396. J(GJ)BH006 在Excel中,直接处理的对象称为工作表,若干工作表的集合称为( )。

A. 文件 B. 工作簿 C. 字段 D. 活动工作簿

397. J(GJ)BH007 AutoCAD中,为了切换打开和关闭正交模式,其快捷键是( )。

A. F2 B. F4 C. F8 D. F12

398. J(GJ)BH007 AutoCAD中,多次复制“copy”对象的选项为( )。

A. L B. M C. N D. P

399. J(GJ)BH008 在微机中,访问速度最快的存储器是( )。

A. 硬盘 B. 软盘 C. 光盘 D. 内存

400. J(GJ)BH008 计算机硬件中,常见输出设备有显示器、( )、绘图仪、音箱等。

A. 键盘 B. 扫描仪 C. 打印机 D. 鼠标

## 二、多选题(每题4个选项,有多个是正确的,将正确的选项号填入括号内)

1. J(GJ)AA001 GPS码相位观测的叙述正确是( )。

A. GPS卫星发射的测距码称为C/A码或P码

B. 接收机内产生的测距码称为复制码

C. 接收机内的时间延迟器使其延迟 $\Delta t$,以使复制码与接收到的测距码对齐,即相关系数 $R(t)=1$

D. 卫星钟与接收机钟完全同步,并且忽略大气折射影响的情况下,所测卫星至观测站之间的几何距离为 $\rho=C\cdot\Delta t$($C$ 为光速)

2. J(GJ)AA002　GPS 载波相位测量中,对两种载波的叙述正确的是(　　)。

A. 两种载波通常以 $L_1$、$L_2$ 表示

B. $L_1$ 载波的中心频率为 1575.42MHz,波长为 19.03cm

C. $L_2$ 载波的中心频率为 1227.60MHz,波长为 24.42cm

D. 在载波 $L_1$ 上调制有 C/A 码、P 码和数据码,而在载波 $L_2$ 上则只调制数据码

3. J(GJ)AA003　和航空遥感一样,航天遥感多利用(　　)以及微波波段来获取地物的不同信息。

A. 可见光　　B. 近红外　　C. 短波红外　　D. 热红外

4. J(GJ)AA004　GPS 三角形网的优缺点正确的是(　　)。

A. 图形几何强度大

B. 自检能力差

C. 经平差后网中相邻点间基线向量的精度均匀

D. 缺点是观测工作量大

5. J(GJ)AA005　2000 国家大地坐标系的必要性主要表现在(　　)。

A. 二维坐标系统,现行坐标系只能提供点位平面坐标,而且表示两点之间的距离精确度也比现代手段测得的低 10 倍左右

B. 参考椭球参数,1980 坐标系长半轴要比国际公认的 WGS-84 椭球长半轴大 3m 左右,这可能引起地表长度误差达 10 倍左右

C. 随着经济建设的发展和科技的进步,维持非地心坐标系的实际点位坐标不变的难度加大,维持非地心坐标系的技术也逐步被新技术所取代

D. 椭球短半轴指向,1980 坐标系采用指向 JYD1968.0 极原点,与 GPS 定位采用的 WGS-84 椭球短轴的指向 BIH1984.0 不同

6. J(GJ)AA006　2000 国家大地坐标系采用的地球参数正确的是(　　)。

A. 长半轴 $a=6378137\text{m}\pm2\text{m}$

B. 扁率 $f=1/298.257222101$

C. 地心引力常数 $GM=3.986004418\times10^{14}\text{m}^3\text{s}^{-2}$

D. 自转角速度 $\omega=7.292115\times10^{-5}\text{rad s}^{-1}$

7. J(GJ)AA007　关于中国遥感事业发展简史的叙述正确的是(　　)。

A. 1950 年代组建专业飞行队伍,开展航摄和应用

B. 1975 年 11 月 26 日返回式卫星,得到卫星相片

C. 1988 年 9 月 7 日中国发射第一颗“风云 1 号”气象卫星

D. 1999 年 10 月 14 日中国成功发射资源卫星

8. J(GJ)AA008　关于遥感平台的叙述正确的是(　　)。

A. 对地观测的遥感平台应能提供稳定的对地定向,并对平台飞行高度、速度等有特定的要求
B. 高精度高分辨率的遥感器对平台更有严格的要求,如平台姿态控制和安装精度的要求等
C. 对于像雷达类型的遥感器,则遥感平台还需提供安装天线、较大的电源功率等条件
D. 对于像热红外光谱段的遥感器,遥感平台还需要提供能满足遥感器冷到所需工作温度(制冷)的条件

9. J(GJ)AA009　遥感图像的特征有:空间分辨率、(　　)等。
A. 光谱分辨率　　B. 时间分辨率
C. 辐射分辨率　　D. 遥感系统的信息容量

10. J(GJ)AA010　GPS 接收机的主要功能是(　　)。
A. 接收 GPS 卫星发射的信号
B. 获得必要的导航和定位信息
C. 对信号进行解调和滤波处理
D. 观测量,并经简单的数据处理而实现实时导航和定位

11. J(GJ)AA011　全站仪测绘地形图包括的内容有(　　)。
A. 控制测量数据的自动处理　　B. 扫描采集测量数据
C. 等高线的自动绘制　　D. 地物符号的自动绘制

12. J(GJ)AA012　下列对 GPS 卫星的描述正确的是(　　)。
A. 主体呈圆柱形
B. 直径约 2.5m
C. 质量约 774kg
D. 两侧各设有两块双叶太阳能板,能自动对日定向,以保证卫星正常工作用电

13. J(GJ)AA013　下列关于遥感的叙述正确的是(　　)。
A. 航空航天遥感就是利用安装在飞行器上的遥感器感测地物目标的电磁辐射特征,并将特征记录下来,供识别和判断
B. 把遥感器放在高空气球、飞机等航空器上进行遥感,称为航空遥感
C. 把遥感器装在航天器上进行遥感,称为航天遥感
D. 完成遥感任务的整套仪器设备称为遥感平台

14. J(GJ)AA014　遥感卫星地面站是(　　)遥感卫星数据的地面系统。
A. 跟踪　　B. 接收　　C. 编辑　　D. 处理

15. J(GJ)AA015　下列关于遥感卫星地面处理站的叙述正确的是(　　)。
A. 由计算机图像处理系统和光学图像处理系统组成
B. 计算机图像处理系统主要功能是对地面接收站接收记录的数据进行回放输入,分幅并进行辐射校正和几何校正处理,最后获得卫星数据的计算机兼容磁带(CCT)和图像产品
C. 光学图像处理系统主要功能是对数据处理后生成的潜影胶片进行冲洗、放大、合成、分割,从而产生各种类型和规格的正负胶片和像片等产品

D. 在天线跟踪接收范围内,地面站能直接接收卫星正在搜集并实时发送的遥感数据

16. J(GJ)AA016 下列关于遥感在测绘方面的应用正确的是( )。

A. 现在已发展到了应用专门的卫星或卫星上配置专门的测绘传感器

B. 利用航天遥感资料制作地形图

C. 利用遥感资料能快速、准确地校正更新现有地图

D. 制作遥感影像地图

17. J(GJ)AA017 下列关于遥感图像计算机分类的含义正确的是( )。

A. 在特征空间中,依据像元相似度大小,归类相似的像元

B. 分离不相似的像元

C. 给每一个像元赋类别值

D. 分类的总目标是将图像中所有的像元自动进行土地覆盖类型或土地覆盖专题的分类

18. J(GJ)AA018 遥感专题制图中,地图总体设计的主要内容包括( )。

A. 准备制图器具　　B. 确定地图比例尺

C. 选定地图投影和分幅范围　　D. 表示方法和成图形式的选择

19. J(GJ)AA019 EOS 计划具有( )主要特点。

A. 一个史无前例的规模巨大的国际综合性空间计划

B. 计划的提出是以军事应用为前提

C. 计划的提出和实施过程都以科技研究为先导

D. EOS 是空间、遥感、电子和计算机等世界领先技术的最高水平的集中体现

20. J(GJ)AA020 黑白图像由灰度级来表示,彩色图像由( )合成。

A. R(红)　　B. G(绿)　　C. B(蓝)　　D. P(紫)

21. J(GJ)AA021 光子也叫量子,它是由原子和分子状态改变而释放出的( )的基本粒子。

A. 稳定　　B. 不带电荷　　C. 没有质量　　D. 只能以光速存在

22. J(GJ)AA022 电磁波谱中,$10^7 \sim 10^8$ Hz 更高频率范围,包含( )波段。

A. 调频(FM)　　B. 电视　　C. 移动电话　　D. 调幅(AM)

23. J(GJ)AA023 在光学遥感中,有以下辐照度参数( )。

A. 大气层外太阳辐射照度,符号 $F_0$　　B. 地表入射辐射照度,符号 $E_S$

C. 天空漫射辐照度,符号 $E_{dif}$　　D. 太阳直射辐照度,符号 $E_{dir}$

24. J(GJ)AA024 相比与非监督分类,监督分类的优点有( )。

A. 采用电脑自动分析生成,减少了人为因素的影响

B. 适用的范围更广泛,准确度更高

C. 地物控制点应按顺序编号,自上而下,自左而右

D. 同名地物控制点编号必须一致,以避免配准过程中因同名地物控制点编号不一致出现错误

25. J(GJ)AA025 非监督分类缺点主要体现在( )。

A. 分类结果的精度依赖于所提供或生成的初始分割参数,一般低于监督分类的精度

B. 非监督分类没有考虑空间关联信息，因此也对噪声更加敏感

C. 非监督分类处理方法复杂

D. 非监督分类操作方法唯一，需要特殊设备才能完成

26. J(GJ)AA026　红外波谱区可分为(　　)。

A. 近红外/短波红外(0.74~2.5μm)，卫星传感器在该区域接收到的主要是地表对太阳辐射的反射能量，地球自身辐射的贡献非常小

B. 中红外(2.5~6.0μm)，地物自身的热辐射和太阳辐射对遥感图像都有贡献，且处于同一数量级

C. 热红外(6.0μm~1mm)，以地物的热辐射为主，反射太阳辐射的部分可以忽略

D. 远红外(1mm~10mm)，仅反射太阳辐射，反演地表温度、湿度、热惯量

27. J(GJ)AA027　微波能穿透云、雾、雨、雪，具有全天候的工作能力；微波对地物有一定的穿透能力。除了这些优点外，还有如下优点(　　)。

A. 微波可以提供不同于可见光和红外遥感所能提供的某些信息

B. 主动微波遥感不仅可以记录电磁波的幅度信息，还可以记录电磁波的极化和相位信息

C. 微波波段可以覆盖更多的倍频程

D. 微波对某些目标的鉴别能力更强

28. J(GJ)AA028　微波的特征包括：(　　)。

A. 微波的散射　B. 微波的极化　C. 微波的干涉　D. 微波的折射

29. J(GJ)AB001　在经典测量中，一般采用(　　)方法将粗差予以剔除。

A. 变更仪器或操作程序　B. 采用重复观测的方式

C. 采用检核验算、分析的方式　D. 使用精密仪器

30. J(GJ)AB002　大量试验统计结果表明，偶然误差的特性有：(　　)。

A. 在一定的观测条件下，偶然误差的绝对值有一定的限值，即超出该限值的误差出现的概率为零

B. 绝对值较小的误差比绝对值较大的误差出现的概率大

C. 绝对值相等的正、负误差出现的概率相同

D. 偶然误差的算术平均值，随观测次数的无限增加而趋于零

31. J(GJ)AB003　下列对容许误差的叙述正确的是(　　)。

A. 容许误差也叫极限误差

B. 如果某个误差超过了容许误差，则相应的观测值就认为出现错误而舍弃不用

C. 通常以两倍标准差的估值，即两倍中误差作为极限误差

D. 规范常以两倍或三倍中误差作为观测误差的容许值，称为容许误差

32. J(GJ)AB004　经 $n$ 个测站测定 $A$、$B$ 两水准点间的高差，其中第 $i$ 站观测的高差为 $h_i$，则下列对水准测量精度的描述正确的是(　　)。

A. $A$、$B$ 两水准点间的总高差：$h_{AB}=h_1+h_2+\cdots+h_n$

B. 假设各测站观测高差的精度相同，其中误差均为 $m_{站}$，则由误差传播定律可求得 $h_{AB}$ 的中误差

C. $h_{AB}$ 的中误差为：$m_{hAB}=nm_{站}$

D. 结论为：当各测站高差的观测精度相同时，水准测量高差中误差与测站数的平方根成正比

33. J(GJ)AB005　用长度为 $L$ 的钢尺量距，接连丈量了 $n$ 个尺段，全长距离为 $S$，则下列对距离丈量精度的描述正确的是(　　)。

A. $S=L_1+L_2+\cdots+L_n$

B. 假设每一尺段的量距中误差均为 $m_L$，因每一尺段丈量的结果 $L_1,L_2,\cdots,L_n$ 均为独立观测值，则由误差传播定律可求全长 $S$ 的中误差为 $m_S=\sqrt{\frac{S}{L}}m_L$

C. 由于采用同一根尺丈量，精度相同，$L$ 和 $m_L$ 可认为是定值，令 $m=\frac{m_L}{\sqrt{L}}$，当 $L=1$ 时，$m=m_L, m_S=m\sqrt{S}$

D. 结论为：距离 $S$ 的丈量中误差，等于单位长度丈量中误差的 $\sqrt{S}$ 倍

34. J(GJ)AB006　设对某量以同等精度观测了 $n$ 次，其观测值为 $L_1,L_2,\cdots,L_n$，它们的中误差均等于 $m$，则下列对其观测值的简单平均值的精度的描述正确的是(　　)。

A. $n$ 个观测值的简单平均值为：$x=\frac{[L]}{n}=\frac{1}{n}L_1+\frac{1}{n}L_2+\cdots+\frac{1}{n}L_n$

B. 上式符合非线性函数误差传播定律

C. 平均值中误差为：$m_x^2=\frac{1}{n^2}m^2+\frac{1}{n^2}m^2+\cdots+\frac{1}{n^2}m^2=\frac{m^2}{n}$

D. 结论：$n$ 个同等精度观测值的简单平均值的中误差，等于各观测值的中误差除以 $\sqrt{n}$ 倍

35. J(GJ)AB007　直方图绘制的步骤正确的是(　　)。

A. 集中和记录数据，求出其最大值和最小值，并将数据分成若干组，并做好记号

B. 计算组距的宽度，并计算各组的界限位

C. 统计各组数据出现的频数，作频数分布表

D. 作直方图，以组距为底长，以频数为高，作各组的矩形图

36. J(GJ)AB008　设对某量进行了 $n$ 次不同精度的观测，观测值分别为 $L_1,L_2,\cdots,L_n$，其相应的权为 $P_1,P_2,\cdots,P_n$，该量的最或然值为 $x$，则关于加权平均值的推导过程正确的是(　　)。

A. 各观测值的改正数分别为：$\nu_1=x-L_1;\nu_2=x-L_2;\cdots;\nu_n=x-L_n$

B. 根据最小二乘原理：$[P\nu\nu]=P_1(x-L_1)^2+P_2(x-L_2)^2+\cdots+P_n(x-L_n)^2=$ 最小

C. 要满足上式，取其一阶导数并令其等于零

D. 加权平均值为：$x=\frac{P_1L_1+P_2L_2+...+P_nL_n}{P_1+P_2+...+P_n}$

37. J(GJ)AB009　下列关于卫星钟差的叙述正确的是(　　)。

A. 尽管 GPS 卫星均设有高精度的原子钟，但它们与理想的 GPS 时间之间，应存在着难

以避免的偏差和漂移

B. 这种偏差的总量约在 1ms 以内

C. 对于卫星的这种偏差,一般可由卫星的主控站,通过对卫星的运行状态的连续监测确定,并通过卫星的导航电文提供给接收机

D. 在相对定位中,卫星钟差可通过观测量求差得以消除

38. J(GJ)AB010 与接收设备有关的 GPS 误差中有天线的相对中心位置偏差,下列对该偏差的叙述正确的是( )。

A. 在 GPS 定位中,观测值是以接收机天线相位中心位置为准的,因而天线的相位中心与其几何中心理论上保持一致

B. 实际天线的相位中心位置随着信号输入的强度和方向不同而有所变化

C. 天线的相对中心的偏差对相对定位结果的影响,根据天线性能的优劣,可达数毫米至数厘米

D. 在相对定位中,使用同一类型的天线,并进行天线定向可以减弱天线的相位中心位置偏差的影响

39. J(GJ)AC001 下列关于航摄分区划分与组合的叙述正确的是( )。

A. 航摄分区的划分应以路线方案的平面线形变化和纵断面地形高差变化为依据确定

B. 在满足航摄范围要求的基础上,优先选用单航带形式布设航摄分区

C. 当航摄比例尺小于 1∶8000 时,航摄分区内的地形高差应小于 1/2 摄影航高

D. 当航摄比例尺大于或等于 1∶8000 时,航摄分区内的地形高差应小于 1/6 摄影航高

40. J(GJ)AC002 下列关于航空测量全野外布点的要求正确的是( )。

A. 点位像片的位置应满足一般规定

B. 点位偏离通过像主点且垂直于方位线的直线距离不大于 10mm

C. 困难时个别点位可不大于 20mm

D. 对于控制线路方案的重点工程地段,如越岭隧道、垭口、高架桥、互通式立交及重大不良地质地段等,可按专业需要增测像控点

41. J(GJ)AC003 公路工程航带设计依据正确的是( )。

A. 公路规划任务书　　B. 公路工程可行性研究报告

C. 公路勘测任务书　　D. 公路工程施工组织设计文件

42. J(GJ)AC004 航摄仪的基本性能中,对焦距的要求正确的是( )。

A. 特宽角:$f_k$=(57.5±3.5)mm　　B. 宽角:$f_k$=(152.0±3)mm

C. 中角:$f_k$=(210.0±5)mm　　D. 常角:$f_k$=(305.0±3)mm

43. J(GJ)AC005 航摄单位应提交的航空摄影成果资料有( )。

A. 航摄实施情况报告书

B. 航摄仪检定数据

C. 航摄成果的移交清单及质量状况记录

D. 航摄底片、航摄像片索引图、航摄像片

44. J(GJ)AC006 下列对航空测量像控点的选刺要求叙述正确的是( )。

A. 像片平面控制点的实地判点误差就小于图上 0.1mm

B. 像控点的选刺应刺透,不得有双孔

C. 像控点选取时,弧形及不固定的地物,可以作为刺点目标

D. 当点位刺在高于地面的地物顶部时,应量注顶部与地面的比高

45. J(GJ)AC007　航空像控点整饰中,关于像片的叙述正确的是(　　)。

A. 像片背面应用铅笔在现场详细绘制点位略图

B. 略图上应注上点名或点号

C. 简要说明刺点位置和比高、刺点者、检查者及刺点日期

D. 文字说明中指示方位时,宜用“东、西、南、北”

46. J(GJ)AC008　航测内业应提交图纸类的资料有(　　)。

A. 地形图、影像图　　B. 路线方案及控制导线图

C. 加密点位略图　　D. 分幅略图

47. J(GJ)AC009　航空测量像片调绘的范围应符合的要求是(　　)。

A. 相邻调绘片接边时,右、下调绘面积线宜采用直线,左、上调绘面积线应根据邻片立体转绘

B. 调绘面积线应尽量画在航向重叠和旁向重叠的中线附近

C. 调绘面积线应尽量避免分割居民点和其他重要的独立地物

D. 在调绘面积线以外,应注明邻接像片号,无接边处应注明“自由图边”

48. J(GJ)AC010　航空测量内业作业时,加密点平面及高程误差估算公式为:$m_c=\sqrt{\frac{[\Delta\Delta]}{n}}$,

$m_p=\sqrt{\frac{[dd]}{2n}}$,式中符号代表的含义正确的是(　　)。

A. $m_p$ 为公共点中误差(m)　　B. $\Delta$ 为控制点的不符值(m)

C. $d$ 为公共点较差(m)　　D. $n$ 为评定精度的点数

49. J(GJ)AC011　下列关于影像的制作与应用的叙述正确的是(　　)。

A. 在工程可行性研究阶段,选用未经纠正的像片平面图

B. 在平原微丘区初步设计阶段,选用纠正或概略纠正的影像图

C. 纠正镶嵌限差中底片刺点误差的限差为 0. 08mm

D. 纠正镶嵌限差中片与片或带与带接边误差的限差为 1. 6mm

50. J(GJ)AC012　全数字摄影测量系统作业中,影像匹配后,立体模型的连接较差应满足要求为:$\Delta S\leqslant 0.06M\times10^{-3}$;$\Delta Z\leqslant 0.04\frac{Mf}{b}\times10^{-3}$,式中符号代表的含义正确的是(　　)。

A. $\Delta Z$ 为高程较差(m)　　B. $M$ 为像片比例尺分母

C. $f$ 为航摄仪主距(mm)　　D. $b$ 为像片长度(mm)

51. J(GJ)BA001　下列关于城市二级导线的主要技术要求正确的是(　　)。

A. 平均边长:$d=300$m　　B. 测距中误差:$m_D\leqslant\pm15$mm

C. 测角中误差:$m_\beta\leqslant\pm8''$　　D. 闭合环或附合导线长度:$D=2.4$km

52. J(GJ)BA002　下列关于导线角度测量的叙述正确的是(　　)。

A. 导线测量需要测定每个转折角和连接角的水平角值

B. 对于闭合导线,应测其内角,而对于附合导线,一般测其左角

C. 测角时应采用测回法,不同等级的测角要求不同

D. 图根导线中,一般采用 $DJ_6$ 级光学经纬仪或普通全站仪施测一个测回,若盘左、盘右测得的角值相差不大于 50″,取其平均值作为最终结果

53. J(GJ)BA003　下列关于城市导线方位角闭合差($f_\beta$)的要求正确的是(　　)。

A. 当测量等级为三等时,$f_\beta \leqslant \pm 3\sqrt{n}$

B. 当测量等级为一级时,$f_\beta \leqslant \pm 10\sqrt{n}$

C. 当测量等级为二级时,$f_\beta \leqslant \pm 12\sqrt{n}$

D. 当测量等级为三级时,$f_\beta \leqslant \pm 24\sqrt{n}$

54. J(GJ)BA004　下列关于闭合导线坐标增量闭合差计算与调整的叙述正确的是(　　)。

A. 闭合导线所有的 $x$ 坐标增量与 $y$ 坐标增量代数和的理论值都应为零

B. 实际上由于边长的测量误差和角度闭合差调整后的残存误差,往往使实测的坐标增量代数和 $\sum \Delta x_{测}$ 和 $\sum \Delta y_{测}$ 不等于零,产生导线坐标增量闭合差

C. 由于导线纵坐标增量闭合差 $f_x$ 和横坐标增量闭合差 $f_y$ 的存在,使得导线不能闭合,产生导线全长闭合差 $f_D$

D. 用导线全长相对闭合差 $K$ 来衡量导线的精度,若 $K>K_{容}$ 则成果不符合精度要求;反之则需检查外业成果,或返工重测

55. J(GJ)BA005　下列关于支导线坐标计算的叙述正确的是(　　)。

A. 根据观测的连接角与转折角推算各边的坐标方位角

B. 根据各边的坐标方位角和边长计算坐标增量

C. 根据各边的坐标增量推算各点的坐标

D. 支导线中同样有检核条件

56. J(GJ)BA006　下列关于城市三角网最弱边相对中误差($m_D$)的要求正确的是(　　)。

A. 当测量等级为二等时,$m_D \leqslant \dfrac{1}{120000}$

B. 当测量等级为三等时,$m_D \leqslant \dfrac{1}{80000}$

C. 当测量等级为四等时,$m_D \leqslant \dfrac{1}{45000}$

D. 当测量等级为一级时,$m_D \leqslant \dfrac{1}{20000}$

57. J(GJ)BA007　小三角测量外业工作包括(　　)。

A. 踏勘选点　　B. 建立标志　　C. 测量起始边　　D. 测导线

58. J(GJ)BA008　关于小三角基线丈量的叙述正确的是(　　)。

A. 基线是推算三角形边长的依据

B. 基线测量精度的高低,直接影响整个三角网的精度

C. 用钢尺丈量时,应按精密量距的方法进行,并符合规范中的规定

D. 基线亦可用红外测距的方法测定

59. J(GJ)BA009 GPS 同步环观测作业方式主要有星形网和(    )等形式。

A. 点连网　　B. 边连式　　C. 网连式　　D. 交叉式

60. J(GJ)BA010 GPS 外业观测应注意的问题正确的是(    )。

A. 将接收机天线架设在三脚架上,并安置在标志中心的上方,利用基座进行对中、并利用基座上的圆水准器进行整平

B. 在接收天线的上方及附近不应有遮挡物,以免影响接收机接收卫星信号

C. 将接收机天线电缆与接收机进行连接,检查无误后,接通电源启动仪器,观测过程中要注意仪器的供电情况,注意及时更换电池

D. 接收机在观测过程中要远离对讲机等无线电设备,同时在雷雨季节要注意防止雷击

61. J(GJ)BA011 下列对桥梁控制网的叙述正确的是(    )。

A. 对于河面较宽、水深流急的江河,桥墩位置不能用直接丈量的方法进行放样,就需要布设专用的三角网

B. 建立桥梁三角网,既要考虑三角网本身的精度,即图形强度,又要考虑以后使用的需要

C. 在布网前,应对桥梁的设计方案、桥址地形及周边的环境条件、精度要求等方面进行研究

D. 只需在桥址地形图上拟定布网方案,不需要到现场选定点位

62. J(GJ)BA012 桥梁建设前期的勘测设计阶段,需要做的测量工作有(    )。

A. 提供桥梁建设区域的大比例尺地形图

B. 对于大型桥梁还需要提供桥梁所跨江、河或海域的水下地形图

C. 这一阶段需建立三角网

D. 还应利用全站仪、RTK 等多种手段进行地形图的测绘

63. J(GJ)BA013 隧道地面控制测量前需要收集的资料有(    )。

A. 隧道所在地区 1∶10000 地形图

B. 隧道所在地段的路线平面图、隧道的纵、横断面图

C. 各竖井、斜井、水平坑道和隧道的相互关系位置图,隧道施工的技术设计及各个洞口的平面布置

D. 所在地区原有的测量资料,地面控制资料和气象、水文、地质等方面的资料

64. J(GJ)BA014 下列关于三角测量测角中误差($f_\beta$)的要求正确的是(    )。

A. 当测量等级为二等时,$f_\beta \leqslant \pm 1.0''$　　B. 当测量等级为三等时,$f_\beta \leqslant \pm 1.8''$

C. 当测量等级为四等时,$f_\beta \leqslant \pm 2.5''$　　D. 当测量等级为一级时,$f_\beta \leqslant \pm 7.0''$

65. J(GJ)BA015 下列关于三边测量的测距相对中误差($K_D$)的技术要求正确的是(    )。

A. 当测量等级为二等时,$K_D \leqslant \frac{1}{330000}$　　B. 当测量等级为三等时,$K_D \leqslant \frac{1}{140000}$

C. 当测量等级为四等时,$K_D \leqslant \frac{1}{100000}$　　D. 当测量等级为一级时,$K_D \leqslant \frac{1}{35000}$

66. J(GJ)BA016 平面控制测量中,水平角观测应符合的要求是(    )。

A. 观测过程中,气泡偏离接近 1 格时,应在测回间重新整置仪器
B. 二等及以上应分 2 个时段施测,每一时段的测回宜在较短的时间内完成
C. 当观测方向多于 3 个,在观测过程中某些方向的目标不清晰时,可以先放弃,待清晰时补测
D. 四等以上导线水平角观测,应在总测回中以奇数测回和偶数测回分别观测导线前进方向的左角和右角,其圆周角误差值不应大于测角中误差的 3 倍

67. J(GJ)BA017 平面控制测量时,光电测距的单程各测回较差($\Delta D$)的技术要求正确的是( )。
A. 当测量等级为三等时,$\Delta D \leqslant 7$mm B. 当测量等级为四等时,$\Delta D \leqslant 10$mm
C. 当测量等级为一级时,$\Delta D \leqslant 14$mm D. 当测量等级为二级时,$\Delta D \leqslant 17$mm

68. J(GJ)BA018 下列对 GPS 测量特点的叙述正确的是( )。
A. 目前采用载波相位进行相对定位,精度可达 1ppm
B. GPS 点之间不要求相互通视,GPS 点位的选择更加灵活,可以自由布设
C. 目前采用快速静态相对定位技术,观测时间可缩短至数秒钟
D. GPS 测量可同时测定测点的平面位置和高程,采用实时动态测量还可进行施工放样

69. J(GJ)BA019 下列关于 GPS 卫星空间星座的叙述正确的是( )。
A. 24 颗卫星均匀分布在 6 个轨道上 B. 每个轨道上有 4 颗卫星
C. 卫星各个轨道平面之间交角为 30° D. 同一轨道上各卫星之间交角为 90°

70. J(GJ)BA020 GPS 卫星星座的功能正确的有( )。
A. 向用户发送导航电文 B. 接收注入信息
C. 适时调整卫星姿态 D. 计算导航电文

71. J(GJ)BA021 GPS 主控站除协调和管理所有地面监控系统的工作外,主要任务还有( )。
A. 根据本站和其他监测站提供的所有观测资料,推算编制各卫星的星历、卫星钟差和大气层的修正参数等,并把这些数据传送到注入站
B. 提供全球定位系统的时间基准。各监测站和 GPS 卫星的原子钟,均应与主控站的原子钟同步,或测出其间的钟差,并把这些钟差信息编入导航电文送到注入站
C. 调整偏离轨道的卫星,使之沿预定轨道运行
D. 启用备用卫星以代替失效的工作卫星

72. J(GJ)BA022 GPS 接收机按工作原理分为( )等型。
A. 码相关型接收机 B. 智能型接收机 C. 混合型接收机 D. 干涉型接收机

73. J(GJ)BA023 下列关于 GPS 平面控制测量的观测注意事项正确的是( )。
A. 观测组必须执行调度计划,按规定的时间进行同步观测作业
B. 观测人员必须按 GPS 接收机操作手册的规定进行观测作业
C. 每时段观测应在测前、测后分别量取天线高,2 次天线高之差应不大于 5mm,并取平均值作为天线高
D. 观测时应防止人员或其他物体触动天线或遮挡信号

74. J(GJ)BA024 下列关于 RTK 定位技术的叙述正确的是( )。
A. 在未使用 RTK 测量技术之前,无论是静态测量,还是其他定位模式的测量,其定位

结果均需通过观测数据的测后处理才能获得

B. 由于观测数据需在测后整理,这样不仅无法实时地给出观测站点的定位结果,而且也无法对观测数据的质量进行实时检核

C. 在数据处理中如发现观测结果不合格,需要进行返工重测,降低了工作效率

D. 为了避免上述情况,过去采取的措施主要是延长观测时间,以获取大量的多余观测量,用以保证测量结果的可靠性

75. J(GJ)BA025　下列关于 GPS 手持机的功能正确的是(　　)。

A. 多种数据采集　B. 数据格式丰富　C. 灵活面积测量　D. 轻松智能导航

76. J(GJ)BA026　GPS 手持机在林业方面的作用有(　　)。

A. 资源监测　B. 灾害预警　C. 规划设计　D. 辅助决策

77. J(GJ)BA027　在航天遥感中,扫描系统采用的扫描方式有(　　)等。

A. 挥帚式扫描　B. 推扫式扫描　C. 覆盖式扫描　D. 中心投影方式

78. J(GJ)BA028　伺服式全站仪微处理器及软件包括(　　)。

A. 只读存储器　B. 随机存储器　C. 输入/输出　D. I/O 单元

79. J(GJ)BA029　伺服式全站仪将测量结果通过内置软件计算得到地面斜距 $S$,经过(　　)得到测站点到目标点的水平距离和高差观测值。

A. 气象改正　B. 仪器和棱镜常数改正

C. 倾斜改正　D. 大气折光改正

80. J(GJ)BA030　伺服式全站仪开机后主菜单显示的配置,可配置如下内容(　　)。

A. 测量　B. 仪器　C. 常用设置　D. 接口

81. J(GJ)BA031　下面关于国家 GPS A 级网的用途正确的有(　　)。

A. 进行地球动力学研究　B. 地壳形变测量

C. 卫星精密定轨测量　D. 用户导航定位

82. J(GJ)BA032　数据中心以计算机及网络技术为基础,由(　　)组成。

A. 基准站网管理系统　B. 数据处理分析系统

C. 数据调换系统　D. 产品服务系统

83. J(GJ)BB001　欲确定地形图上 $A$ 点坐标,可以先将 $A$ 点所在的 10cm×10cm 方格用直线连接起来,形成正方形 $abcd$。再过 $A$ 点作平行于坐标格网的平行线 $ef$ 和 $gh$,并得交点 $e$、$f$、$g$、$h$,量出 $ab$、$ad$、$ag$、$ae$ 的长度,则 $A$ 点的坐标计算公式为:$x_A = x_0 + \frac{10}{ab} \times ag \times M$, $y_A = y_0 + \frac{10}{ad} \times ae \times M$,式中符号的含义正确的是(　　)。

A. $x_0$、$y_0$ 为 $A$ 点所在方格西南角点的坐标,即图中 $a$ 点坐标(m)

B. $M$ 为地形图比例尺分母

C. $ab$ 为正方形竖向边长(cm);$ag$ 为 A 点竖向增长值(m)

D. $ad$ 为正方形横向边长(cm);$ae$ 为 A 点横向增长值(m)

84. J(GJ)BB002　地形图上直线的坡度计算公式为:$i = \frac{h}{D} = \frac{h}{dM}$,式中符号代表的含义正确的

是(　　)。

A. $h$ 为直线两端点间的高差,可用等高线内插两端点的高程,然后计算高差(m)

B. $D$ 为直线的实地水平距离

C. $d$ 为直线在地形图上的长度,可直接在图上量取(m)

D. $M$ 为地形图比例尺分母

85. J(GJ)BB003　地形图的内容包括(　　)。

A. 地形　　B. 水文、土质、植被

C. 居民　　D. 交通线、境界线

86. J(GJ)BB004　在设计桥梁、涵洞孔径大小,水库的位置及大坝高时,需确定汇水面积,在地形图上面积的范围确定后,测定其面积的方法有(　　)。

A. 透明方格纸法　　B. 直方图法　　C. 解析法　　D. 几何图形法

87. J(GJ)BB005　在地形图上根据填、挖平衡的原则,设计成一定坡度的倾斜地面,步骤正确的是(　　)。

A. 绘制方格网并求出各方格点的地面高程

B. 在地形图上,确定场地中心点的设计高程

C. 确定方格点设计高程;确定填、挖分界线;确定方格顶点的填、挖高度

D. 计算挖、填方量

88. J(GJ)BB006　水下地形测量内业工作主要内容有(　　)。

A. 将外业测角和测深数据汇总并逐点核对

B. 由观测结果和水深记录计算各测点高程

C. 展绘各点位置,注记相应高程

D. 在图上勾绘等高线或等深线表示出水下地形的起伏

89. J(GJ)BB007　利用 RTK-GPS 定位技术可以实现无水位观测的水下地形测量,计算公式为:$Z_P=Z+Z_0-(H-h)$,式中符号的含义正确的是(　　)。

A. $Z_0$ 为测探仪换能器设定吃水

B. $Z$ 为测量的水深值

C. $H$ 为 RTK 测得的相对于深度基准面的高程

D. $H-h$ 为水准值,即瞬时水面至深度基准面的高度

90. J(GJ)BB008　大比例尺地形图的比例尺精度正确的是(　　)。

A. 当比例尺为 1∶500 时,比例尺精度为 0.05m

B. 当比例尺为 1∶1000 时,比例尺精度为 0.15m

C. 当比例尺为 1∶2000 时,比例尺精度为 0.20m

D. 当比例尺为 1∶5000 时,比例尺精度为 0.50m

91. J(GJ)BB009　下列关于碎部测量的地物点选择的叙述正确的是(　　)。

A. 各类建筑物及其主要附属设施均应进行测绘

B. 对于地下构筑物,可只测量其出入口和地面通风口的位置和高程

C. 独立性地物的测绘,能按比例尺表示的,应实测外廓,填绘符号

D. 水系及附属设施,宜按实际形状测绘

92. J(GJ)BB010　下列用全站仪测绘地形图的叙述正确的是(　　)。

A. 首先要加密控制点

B. 在加密控制点上设站，将测站点和后视点的坐标输入全站仪中

C. 指挥人员到各碎部点上立棱镜，测出各点的坐标保存到全站仪中

D. 现场测量完毕后，再把数据输入电脑中，用 CAD 软件作出地形图

93. J(GJ)BC001　下列对虚交点圆曲线的叙述正确的是(　　)。

A. 当路线交点因地物、地形条件影响在实地无处钉设时设置虚交点圆曲线

B. 当路线转角较大、交点过远时，可在两相交直线方向，选择两个辅助交点（$JD_A$、$JD_B$），设置一条基线 $AB$，代替交点 $JD$ 测设的曲线称虚交点曲线

C. 虚交点曲线根据曲线形式不同又可分为简单圆曲线和基本型平曲线

D. 虚交点曲线由于用两个辅助交点代替交点来敷设路线主点桩，除按单交点方法计算曲线要素外，还应求算出从辅助交点 $A$ 和 $B$ 起算的切线长度 $T_A$、$T_B$，方可确定曲线各主点桩桩位

94. J(GJ)BC002　复合型平曲线组合形式有(　　)。

A. 圆曲线直接相连的组合形式　　B. 两端带缓和曲线的组合形式

C. 卵型曲线　　D. C 型曲线

95. J(GJ)BC003　下列对回头曲线的叙述正确的是(　　)。

A. 因山区地形地质条件困难时，为盘旋上下山需要设置“回形针”形状的回头曲线

B. 相邻两回头曲线间应争取有较长的距离

C. 由一个回头曲线的终点至下一个回头曲线起点的距离，在二、三、四级公路上分别不小于 200m、150m、100m

D. 回头曲线前后线形要有连续性，两头以布置过渡性曲线为宜，还应设置限速标志，并采取保证通视的技术措施

96. J(GJ)BC004　在简单圆曲线与直线连接的两端，分别插入一段回旋曲线，构成基本型的组合形式，要素计算公式有：$E_s=(R+\Delta R)\sec\dfrac{\alpha}{2}-R$，式中符号代表的含义正确的是(　　)。

A. $E_S$ 为外距(m)　　B. $\Delta R$ 为主圆曲线的加宽值(m)

C. $R$ 为主曲线半径(m)　　D. $\alpha$ 为路线转角

97. J(GJ)BC005　各级公路计算圆曲线半径时，有公式：$R_{\min}=\dfrac{v^2}{127[\mu_{\max}+i_{c(\max)}]}$，式中符号的含义正确的是(　　)。

A. $R_{\min}$ 为极限最小半径(m)　　B. $\mu_{\max}$ 为最大的横向力系数

C. $i_{c(\max)}$ 为最大路线纵坡　　D. $v$ 为指定的行车速度(km/h)

98. J(GJ)BC006　车辆从直线驶入圆曲线后，会突然产生离心力，影响车辆的安全和舒适，为了减少离心力的影响，需设弯道超高，计算公式为：$\dfrac{h}{B}=\dfrac{F}{W}$，式中符号表达的含义正确的是(　　)。

A. $h$ 为路外侧升高值　　B. $B$ 为路基宽度
C. $F$ 为向心力　　D. $W$ 为车辆的重量

99. J(GJ)BC007　车辆从直线驶入圆曲线后,会突然产生离心力,影响车辆的安全和舒适,为了减少离心力的影响,需设弯道超高,计算公式为:$h=\frac{v^2B}{g\rho}$,式中符号表达的含义正确的是(　　)。
A. $v$ 为车辆行驶速度　　B. $B$ 为路基宽度
C. $g$ 为重力加速度　　D. $\rho$ 为所求点的曲率半径

100. J(GJ)BC008　下列关于不设超高的圆曲线最小半径($R_{\min}$)的规定正确的是(　　)。
A. 当高速公路计算行车速度为:100km/h,$R_{\min}=5000$m
B. 当一级公路计算行车速度为:60km/h,$R_{\min}=1500$m
C. 当二公路计算行车速度为:40km/h,$R_{\min}=600$m
D. 当三公路计算行车速度为:30km/h,$R_{\min}=350$m

101. J(GJ)BC009　由于车辆要在缓和曲线上完成不同曲率的过渡行驶,所以要求缓和曲线有足够的长度,这样能保证(　　)。
A. 司机能从容地打方向盘
B. 乘客感觉舒适
C. 线形美观流畅
D. 圆曲线上的超高和加宽的过渡能在缓和曲线内完成

102. J(GJ)BC010　圆曲线测设的常用方法有(　　)。
A. 切线支距法　　B. 偏角法　　C. 弦线支距法　　D. 直角坐标法

103. J(GJ)BC011　偏角法测设圆曲线时,偏角的计算公式为:$\Delta_i=\frac{\varphi_i}{2}=\frac{l_i}{R}\frac{90°}{\pi}$,式中符号代表的含义正确的是(　　)。
A. $\varphi_i$ 为 $l_i$ 弧长所对的圆心角
B. $l_i$ 为所测点至 $ZY$(或 $YZ$)的弧长
C. $R$ 为所测圆曲线的半径
D. $\Delta_i$ 为 $ZY$(或 $YZ$)至所求测点的弦长与切线之间的弦切角

104. J(GJ)BC012　已知单圆曲线 $ZY$ 点和 $YZ$ 点,利用弦线支距法建立坐标系,通过公式得到曲线上任意点 $P$ 的坐标值 $x$ 和 $y$,那么测设步骤正确的是(　　)。
A. 在 $ZY$ 点安置经纬仪,瞄准 $YZ$ 点方向
B. 用钢尺从 $ZY$ 点沿弦线 $ZY$-$YZ$ 方向量距 $x$ 定出点 $M$
C. 在 $M$ 点安置经纬仪或方向架标定弦线的垂直方向
D. 用钢尺从 $P$ 点沿垂线方向量距 $y$ 定出点 $P$

105. J(GJ)BC013　下列对弦线偏距法的描述正确的是(　　)。
A. 弦线偏距法也叫延弦法
B. 弦线偏距法是一种角度交会法
C. 弦线偏距法适用于横向受限的地段测设曲线

D. 为了减少连续测点次数,通常分别由曲线的起点 $ZY$ 和终点 $YZ$ 向曲线中点 $QZ$ 测设

106. J(GJ)BC014　根据导线点和交点的设计坐标测设交点可用(　　)等方法。

A. 极坐标法　B. 拨角定交点法　C. 穿线交点法　D. 角度交会法

107. J(GJ)BC015　缓和曲线的参数表达式为:$\rho L_P = l_s R = C$,式中符号代表的含义正确的是(　　)。

A. $\rho$ 为缓和曲线上任意一点的径向半径

B. $L_P$ 为缓和曲线上曲率为零的点至任意点切线的距离

C. $R$ 为缓和曲线所连接的圆曲线半径

D. $C$ 为常数

108. J(GJ)BC016　已知某曲线交点 $JD_5$,桩号为 K4+650.56,$R=300$m,$l_s=60$m,转角 $\alpha=35°00'$,下列计算的主点桩号正确的是(　　)。

A. $ZH$=K4+525.82　B. $YH$=K4+709.08　C. $HZ$=K4+769.08　D. $QZ$=K4+647.45

109. J(GJ)BC017　已知某曲线交点 $JD_3$,桩号为 K4+099.51,$R=200$m,转角 $\alpha=30°04'$,下列计算的曲线要素正确的是(　　)。

A. $T$=53.71m　B. $L$=104.95m　C. $E$=2.48m　D. $J$=2.48m

110. J(GJ)BC018　切线支距法测设缓和曲线时,在圆曲线范围内,曲线上点的坐标计算公式为:$x=R\sin\varphi+q, y=R(1-\cos\varphi)+p, \varphi=\frac{l-l_s}{R}\frac{180°}{\pi}+\beta_0$,式中符号代表的含义正确的是(　　)。

A. $\varphi$ 为圆心角　B. $\beta_0$ 为缓和曲线角

C. $p$ 为曲线加宽值　D. $q$ 为曲线切线增值

111. J(GJ)BC019　曲线加桩的代表符号正确的是(　　)。

A. 圆曲线的起点为 $ZY$　B. 圆曲线的终点为 $YZ$

C. 缓和曲线的起点为 $QZ$　D. 缓和曲线的终点为 $HZ$

112. J(GJ)BC020　曲线上遇障碍时的测设方法有(　　)等。

A. 等量偏角法　B. 等边三角形法　C. 矩形法　D. 任意三角形法

113. J(GJ)BC021　道路加桩分为(　　)等几种。

A. 地形加桩　B. 地物加桩　C. 曲线加桩　D. 等级加桩

114. J(GJ)BC022　下列关于 S 型曲线的叙述正确的是(　　)。

A. S 型相邻两个回旋线参数 $A_1$ 与 $A_2$ 宜相等

B. 当采用不同的参数时,$A_1$ 与 $A_2$ 之比应不小于 2.0

C. 在 S 型曲线上,两个反向回旋线之间不设直线,是行驶力学上所希望的

D. 必须插入直线时,必须尽量短,其短直线长度符合:$L \leqslant \frac{A_1+A_2}{40}$

115. J(GJ)BC023　与切线支距法比较,偏角法详细测设曲线的优点是(　　)。

A. 适用于任何地区　B. 误差不积累　C. 易于发现错误　D. 测设精度高

116. J(GJ)BC024　复曲线的测设分为(　　)等几种形式。

A. 单纯由圆曲线直接相连组成的复曲线

B. 两端有缓和曲线,中间用圆曲线直接连接的复曲线

C. 两端有缓和曲线,中间用缓和曲线连接的复曲线

D. 一端有缓和曲线,另一端有圆曲线连接的复曲线

117. J(GJ)BC025 断链的出现,将导致桩号里程与线路实际长度不一致,必须通过换算才能得出确切距离。为此,在做( )工作时都必须注意有无断链情况,若有,则应考虑修正距离。

A. 展绘平面导线　　B. 土石方计算间距

C. 纵断面绘制与设计　　D. 横断面设计

118. J(GJ)BD001 隧道地面控制网以布设何种形式为宜,应根据( )以及建网费用等方面进行综合考虑。

A. 隧道的长短　　B. 隧道经过地区的地形情况

C. 横向贯通误差的大小　　D. 隧道所在地区气候条件

119. J(GJ)BD002 布设三角网时考虑与路线中线控制桩的联测方式,如( )等应尽可能纳入主网或插点。

A. 路线交点　　B. 路线转点　　C. 曲线主点　　D. 路线特征点

120. J(GJ)BD003 下列对隧道导线闭合环的叙述正确的是( )。

A. 导线闭合环起点为洞外已知平面控制点

B. 沿隧道中线布设的导线点 1,2,3,4,5…,其边长为 100~150m

C. 在彼此相距几厘米或几分米处并列设立另一导线 1′,2′,3′,4′,5′…,每隔两三边即可闭合一次,形成导线环

D. 为了避免并列的导线点被破坏,可一排沿中线附近设置,另一排沿隧道边墙附近设置,但点位距边墙应有一定距离,并列的二点约可相距 1.5m 左右设立一对新点

121. J(GJ)BD004 隧道洞内导线的起始点都设置在( )等处,因在这些位置点的坐标在建立洞外平面控制时已确定。

A. 隧道洞口　　B. 平行坑道口　　C. 横洞口　　D. 斜井口

122. J(GJ)BD005 下列关于隧道中线测设的叙述正确的是( )。

A. 隧道开挖首先要建立临时中线,再根据导线点测设中线点

B. 采用全断面开挖时,导线点和中线点都是继临时中线点后即时建立的

C. 临时中线点一般可用经纬仪和激光指向仪确定

D. 直线隧道中线的确定主要有串线延伸法和激光指向仪延伸法两种

123. J(GJ)BD006 下列关于隧道洞内水准测量的叙述正确的是( )。

A. 洞内水准测量是随隧道向前掘进,不断地向前建立新的水准点

B. 在洞内每隔 30m 设一个供临时放样及控制底面开挖高程的临时水准点,每隔约 100m 设一个固定水准点

C. 通常情况下,可利用导线点位作为水准点,有时也可将水准埋设在顶板、底板和洞壁上,但都应力求稳固和便于观测

D. 水准点的高程测定,按三、四等水准测量方法进行

124. J(GJ)BD007 隧道断面尺寸满足要求后,可按里程将每隔 5m 或 10m 的断面列表,列

出该断面的(　　)。

A. 拱顶高程　　B. 起拱线高程　　C. 边墙底高程　　D. 衬砌断面的支距

125. J(GJ)BD008　城市测量空间和时间参照系为(　　)。

A. 城市测量应采用该城市统一的平面坐标系统

B. 城市测量应采用高斯—克吕格投影

C. 城市测量应采用统一的高程基准

D. 城市测量时间应采用公元纪年,北京时间

126. J(GJ)BD009　铁路新线路初测阶段的主要工作有(　　)。

A. 插大旗　　B. 导线测量　　C. 高程测量　　D. 带状地形的测绘

127. J(GJ)BD010　下列关于隧道联系测量的光电测距仪传递法的叙述正确的是(　　)。

A. 在地面井口盖板的特别支架上安置光电测距仪,并使仪器竖轴水平,望远镜竖直瞄准井下预置的反射棱镜,测出井深 $h$

B. 将水准仪在井上、井下各置一台

C. 由地面上的水准仪分别在已知水准点、测距仪底座位置立尺读数

D. 由井下水准仪分别在洞内水准点、反射棱镜中心处立尺读数

128. J(GJ)BD011　隧道井上点 $A$,井下点 $B$,点 $B$ 的高程计算公式为:$H_B=H_A+a-[(m-n)+\Delta l+\Delta t]-b$,式中符号代表的含义正确的是(　　)。

A. $a$ 为井上水准仪的塔尺读数　　B. $m$ 为井上水准仪的钢尺读数

C. $n$ 为井下水准仪的钢尺读数　　D. $b$ 为井下水准仪的塔尺读数

129. J(GJ)BD012　下列对隧道贯通误差的叙述正确的是(　　)。

A. 纵向贯通误差对直线隧道的影响较小

B. 高程贯通误差主要影响线路的坡度

C. 横向贯通误差是影响隧道的关键项

D. 当横向贯通误差较大时,则造成隧道侵入建筑限界,迫使大段衬砌炸掉返工,造成巨大的经济损失,并延误工期

130. J(GJ)BD013　当隧道两相向开挖洞口间长度为 $L$,下列关于贯通误差限差($m_q$)的规定正确的是(　　)。

A. 当 $L$ 为 8~10km 时,$m_q=100$mm　　B. 当 $L$ 为 10~13km 时,$m_q=300$mm

C. 当 $L$ 为 13~17km 时,$m_q=400$mm　　D. 当 $L$ 为 17~20km 时,$m_q=500$mm

131. J(GJ)BD014　下列对隧道贯通中误差($m$)的规定正确的是(　　)。

A. 当两开挖洞口间长度 $L>6000$m 时,洞外贯通中误差 $m\leq\pm90$mm

B. 当两开挖洞口间长度 $L>6000$m 时,洞内贯通中误差 $m\leq\pm120$mm

C. 当两开挖洞口间长度 $L>6000$m 时,全部隧道贯通中误差 $m\leq\pm180$mm

D. 当两开挖洞口间长度 $L<3000$m 时,洞内贯通中误差 $m\leq\pm60$mm

132. J(GJ)BD015　下列关于隧道坐标和方位角的传递描述正确的是(　　)。

A. 竖井联系测量过程通过竖井传递方位角和坐标

B. 一般在井筒内挂两根钢丝,钢丝的一端固定在地面,另一端系有定向专用的垂球自由悬挂于定向水平

C. 按地面坐标系统求出两垂球线的平面坐标及其连线的方位角

D. 在定向水平上把垂球线与井下永久点连接起来,这样便能将地面的方向和坐标导到井下,而达到定向的目的

133. J(GJ)BD016　在隧道竖井联系测量中,联系三角形最有利形状的要求是(　　)。

A. 联系三角形的两个锐角 $\alpha$ 和 $\beta$ 应接近于零,在任何情况下,$\alpha$ 角都不能大于 3°

B. $b$ 与 $a$ 的比值应以 2.0 为宜

C. 两垂线间距 $a$ 应尽可能大

D. 用联系三角形传递坐标方位角时,应选择经过小角 $\beta$ 的路线

134. J(GJ)BD017　已知隧道内导线点 $A$、$M$,且点 $A$ 在隧道中线上,$K$ 为未知隧道中线点,$M$、$K$ 两点坐标已知,则利用极坐标法放样 $K$ 点的步骤正确的是(　　)。

A. 利用 $M$、$K$ 两点坐标计算出 $\angle AMK$ 及 $D_{MK}$

B. 置经纬仪于点 $M$

C. 以 $MA$ 为起始方向,拨角 $\angle AMK$

D. 沿此方向量出长度 $D_{MK}$,并指挥量距者定出点 $K$

135. J(GJ)BD018　下列关于隧道中线点间距的说法正确的是(　　)。

A. 一般在直线段,临时中线点间距为 20~40m

B. 一般在直线段,正式中线点间距为 90~150m

C. 一般在曲线段,临时中线点间距为 10~30m

D. 一般在曲线段,正式中线点间距为 60~100m

136. J(GJ)BD019　隧道腰线的放样步骤正确的是(　　)。

A. 将水准仪置于开挖面附近

B. 后视已知点 $P$ 读数 $a$,即得到仪器视线高程 $H_i=H_A+a$

C. 根据腰线点 $A$、$B$ 的设计高程,可以分别计算出 $A$、$B$ 与视线间的高差 $\Delta h_A$、$\Delta h_B$

D. 先在边墙上用水准仪放出与视线等高的两点 $A'$、$B'$,然后分别量测 $\Delta h_A$、$\Delta h_B$,即可定出点 $A$、$B$,两点间的连线就是所放样的腰线

137. J(GJ)BD020　直线隧道的串线延伸法内容正确的是(　　)。

A. 供导坑延伸使用的临时中线点,在直线上一般每 10m 设一点,当导坑延伸长度不大于 30m 时,可以用串线法

B. 串线法是设中线于洞顶,在中线方向上悬吊三条垂球线,以眼瞄准指导开挖方向

C. 作为标定方向的两垂线间距不宜短于 15m

D. 当导坑的延伸长度超过 30m 时,应该用经纬仪测定一个临时中线点

138. J(GJ)BD021　盾构法施工隧道的优点是(　　)。

A. 在盾构设备的掩护下进行地下开挖与衬砌支护作业,能保证施工安全

B. 施工时振动和噪声小,对施工区域环境及附近居民干扰小

C. 可控制地表沉陷,减少对地下管线及地表建筑物的影响

D. 机械化程度高,施工人员少,易管理

139. J(GJ)BD022　沉管法施工水下隧道的施工特点有(　　)。

A. 与其他水下隧道施工法相比,因能够设置在不妨碍通航的深度下,故隧道全长可以

缩短

B. 隧道管段是预制的，质量好，水密性高

C. 因为有浮力作用在隧道上，所以视相对密度小，对地层的承载力的要求不大

D. 特别适应较窄的断面形式

140. J(GJ)BD023　明洞的适用条件为(　　)。

A. 浅埋隧道、洞顶覆盖层较薄，难以用暗挖法施工的情况

B. 受坍方、落石、泥石流等不良地质条件危害的隧道洞口或路堑地段

C. 作为与公路、铁路、河沟等立体交叉的一种方法

D. 为了使隧道外观更美观的需要

141. J(GJ)BD024　水利工程依水工建筑物所起的作用可分为拦水建筑物、(　　)等。

A. 输水建筑物　　B. 治水建筑物　　C. 溢水建筑物　　D. 储水建筑物

142. J(GJ)BD025　水利工程的水上建筑物与一般工程相比，具有较大的特殊性，包括(　　)。

A. 水利工程多修建在地形复杂、起伏较大的山区河流之中，场地小，施工困难

B. 主要建筑物修建在水中，不但受季节影响大，且施工条件差，对工程质量要求高

C. 水利工程施工后，其塑性小

D. 水利工程风险小

143. J(GJ)BD026　一般情况下，垂直于坝轴线的坝身控制线的布设需按照(　　)的间距以里程来布设。

A. 10m　　B. 20m　　C. 30m　　D. 50m

144. J(GJ)BD027　下列关于水泥混凝土重力坝施工测量的叙述正确的是(　　)。

A. 由于混凝土坝结构和施工材料相对复杂，故施工放样精度要求相对较高

B. 一般浇筑混凝土坝时，整个坝体沿轴线方向划分成许多坝段，而每一坝段在横向上又分成若干个坝块

C. 坝体控制测量和清基开挖放样对于混凝土重力坝尤为重要

D. 由于混凝土坝体一般采用分层施工，故坝体细部经常采用方向线交会法和前方交会法放样

145. J(GJ)BD028　测设直线型重力坝的立模线的方法包括(　　)。

A. 方向线交会法　　B. 前方交会法　　C. 直角坐标法　　D. 极坐标法

146. J(GJ)BD029　管道施工时，为了便于恢复中线和其他附属构筑物的位置，应在(　　)处设置施工控制桩。

A. 不受施工干扰　　B. 引测方便　　C. 易于保存桩位　　D. 生长的树木

147. J(GJ)BD030　纵断面图表示沿管道中心线地面的高低起伏和坡度陡缓情况，是作为设计管道(　　)的主要依据。

A. 平面位置　　B. 埋深　　C. 坡度　　D. 计算土方量

148. J(GJ)BD031　管道施工前要做的工作有(　　)。

A. 收集管道测设所需要的管道平面图、断面图、附属构筑物图以及有关资料

B. 熟悉和核对设计图纸

C. 了解精度要求和工程进度安排

D. 深入施工现场，熟悉地形，找出各桩点的位置

149. J(GJ)BD032　管道施工时，槽口放线就是按设计要求(　　)计算出开槽宽度，并在地面上定出槽边线位置，撒上石灰线。

A. 管线埋深　　B. 土质情况　　C. 管径大小　　D. 管线材质

150. J(GJ)BD033　如果待建民用建筑周围没有已建建筑、建筑方格网，只有已知控制点，则采用的测设方法有(　　)。

A. 极坐标法　　B. 全站仪测设　　C. 偏角法　　D. 距离交会

151. J(GJ)BD034　建筑基础墙的标高控制是利用基础的皮数杆来控制的，上面标注有(　　)的标高位置。

A. 砖厚和灰缝厚度　　B. ±0m　　C. 防潮层　　D. 垫层厚度

152. J(GJ)BD035　高层建筑的轴线投测方法一般选用(　　)。

A. 悬挂垂球法　　B. 经纬仪引桩投测法

C. 激光垂准仪投测法　　D. 墙身皮数杆法

153. J(GJ)BD036　在建立建筑方格网时，一般形状有(　　)。

A. 方形　　B. 矩形　　C. 菱形　　D. 平行四边形

154. J(GJ)BD037　建筑方格网的布设形式应由主要建筑物总平面图中(　　)的布置情况确定。

A. 各建筑物　　B. 构筑物　　C. 各种管线　　D. 树木

155. J(GJ)BD038　建筑主轴线测设好后，还不能满足定线的需要，必须进行轴线加密，如下图所示，主轴线 *AOB*、*COD* 的加密轴线有(　　)。

A. 1-2　　B. 2-3　　C. 3-4　　D. 4-1

156. J(GJ)BD039　建筑施工方格网测量之前，应在主轴线的基础上进行建筑方格网网点的初步定位，要求有(　　)。

A. 初放的点位误差(对方格网起算点而言)应不大于 5cm

B. 初步放样的点位用木桩临时标定

C. 确定后点位埋设永久标桩

D. 如设计点所在位置地面标高与设计标高相差很大，应在方格点设计位置附近的方向线上埋设临时木桩

157. J(GJ)BD040　地脚螺栓预埋定位测量时，预埋的方法有(　　)。

A. 一次浇注法　　B. 二次浇注法　　C. 预留坑位浇注法　　D. 预制安装法

158. J(GJ)BD041　输电线路测量时，若变电站线路进、出线两端没有规划，应测绘进、出线

平面图。绘制的内容包括(　　)。

A. 变电站的门形构造　　B. 围墙

C. 线路的进、出线方向　　D. 进、出线范围内的地物、地貌

159. J(GJ)BD042　输电线路的断面测量包括(　　)。

A. 纵断面测量　B. 边线断面测量　C. 横断面测量　D. 剖面测量

160. J(GJ)BD043　考虑到边导线在最大风偏后对斜坡地面或突出物的安全距离，在设计杆塔位置时，下列情况需要测与线路路径垂直方向横断面的有(　　)。

A. 当线路通过大于 1 : 5 的斜坡地带　　B. 线路接近陡崖

C. 线路附近有建筑物　　D. 线路附近有河流

161. J(GJ)BD044　下列需要在输电线路平面图中表示出来的有(　　)。

A. 线路转角点的位置、转角方向和转角度数

B. 交叉跨越物的位置、长度及其线路的交叉角度

C. 线路中线附近的建筑物、经济作物、自然地物

D. 冲沟、陡坡的位置

162. J(GJ)BD045　杆塔的施工基准面测定的步骤包括(　　)。

A. 将经纬仪安置在杆塔位中心桩的 0 点上

B. 用望远镜照准相邻直线桩

C. 将照准部沿顺时针方向转动 45°，用视距法测出水平距离 $S_1$，定出 1 点，并测出 0、1 两点间的高差 $h_{01}$

D. 倒转望远镜以同样的方法测定 2、3 两点至 0 点的水平距离和高差 $h_{02}$、$h_{03}$

163. J(GJ)BD046　输电线路复测的内容包括(　　)。

A. 杆塔中心桩的位置　　B. 横断面

C. 档距和高程　　D. 重要交叉跨越物的高度和危险断面点

164. J(GJ)BD047　杆塔基础分坑测量的步骤有(　　)。

A. 分坑数据计算　　B. 基础坑位的测设

C. 基础坑位的开挖　　D. 基础坑位的检查

165. J(GJ)BD048　为了使紧线段里各档的弧垂达到平衡，下列对弧垂观测档的选择正确的是(　　)。

A. 紧线段在 5 档及以下时，应靠近紧线段的中间选择一档作为弧垂观测档

B. 紧线段在 6~12 档时，应靠近其两端各选一档作为弧垂观测档

C. 紧线段在 12 档以上时，应在紧线段的两端及中间各选一档作为弧垂观测档

D. 弧垂观测档宜选档距较大和悬挂点高差较小的线档。若地形特殊应适当增加观测档

166. J(GJ)BE001　在下列土地分类中属二级类型的是(　　)。

A. 旅游业　B. 市政公用设施　C. 港口码头　D. 水域用地

167. J(GJ)BE002　下列属于水域用地范畴的是(　　)。

A. 河流　B. 水库　C. 坑塘　D. 沟渠

168. J(GJ)BE003　土地的地块编号是按(　　)等几级编立。

A. 省、市、区(县)　　B. 地籍区　　C. 地籍子区　　D. 地块

169. J(GJ)BE004　下列属于地籍测量内容的是(　　)。

A. 测定行政区划界线和土地权属界线的界址点坐标

B. 测绘地籍图、测算地块和宗地的面积

C. 进行土地信息的动态监测,进行地籍变更测量

D. 根据土地整理、开发与规划的要求,进行有关的地籍测量工作

170. J(GJ)BE005　下列关于界址点的编号叙述正确的是(　　)。

A. 界址点的编号以高斯—克吕格的一个整公里格网为编号区

B. 每个编号区代码以该公里格网东北角的横纵坐标公里值表示

C. 点的编号在一个编号区内从 1~99999 连续顺编

D. 点的完整编号由编号区代码、点的类别代码、点号三部分组成

171. J(GJ)BE006　下列属于地籍要素的测量方法的是(　　)。

A. 解析法　　B. 部分解析法　　C. 图解法　　D. 极坐标法

172. J(GJ)BE007　下列关于地籍图精度的叙述正确的是(　　)。

A. 地籍图的精度应优于相同比例尺地形图的精度

B. 地籍图上坐标点的最大展点误差不超过图上±0.1mm

C. 其他地物点相对于邻近控制点的点位中误差不超过图上±0.5mm

D. 相邻地物点之间的间距中误差不超过图上±0.8mm

173. J(GJ)BE008　地籍调查应遵循的原则是(　　)。

A. 依法调查原则　　B. 现状与历史相结合的原则

C. 资料的系统、精确与完整性原则　　D. 民用强于商用的原则

174. J(GJ)BE009　地籍测量草图的内容包括(　　)。

A. 地籍要素测量对象

B. 平面控制网点及控制点点号

C. 界址点和建筑物角点

D. 地籍区、地籍子区与地块的编号;地籍区和地籍子区的名称

175. J(GJ)BE010　地籍图应表示的基本内容包括(　　)。

A. 界址点、界址线　　B. 地块及其编号

C. 行政区域界　　D. 有关地理名称及重要单位名称

176. J(GJ)BE011　宗地图的编绘应符合的要求有(　　)。

A. 对于已建立地籍测量数据库或地形数据库的地区,按宗地图要求编辑打印各宗地图,宗地图图幅规格一般为 16 开或 32 开,较大、较小宗地可适当缩放

B. 对于已有地籍图的地区,可采用复印、缩放、蒙绘等方法逐宗编绘宗地图

C. 在未开展地籍测量的地区,可依据收集的 1：2000~1：5000 的地形图、竣工图等,经实地调查丈量,编绘成宗地图

D. 对于已有正射影像图的地区,可依据本宗地影像和实地调查丈量的数据绘制正射影像宗地图或一般的线画宗地图

177. J(GJ)BE012　地籍图面积量算的方法有(　　)。

A. 坐标解析法　　B. 实地量距法　　C. 图解法　　D. 平面几何法

178. J(GJ)BE013　地籍修测的方法正确的是(　　)。

A. 地籍修测应根据变更资料,确定修测范围

B. 修测应根据平面控制点的分布情况,选择测量方法并制定施测方案

C. 修测不可以在地籍原图的复制件上进行

D. 修测之后,应对有关地籍图、表、簿、册等成果进行修正,使其符合相关规范的要求

179. J(GJ)BF001　向初级工传授的主要技能有(　　)。

A. 明确测量放线工的责任和要求

B. 传授识图方面的基本功

C. 传授测量基本理论知识和使用仪器工具的基本功

D. 传授测量和测设、放线和抄平的基本功

180. J(GJ)BF002　向中级工传授的主要技能有(　　)。

A. 明确中级工测量放线工的重要责任,传授组织班组生产的技能

B. 传授进行全面的准备工作的技能

C. 传授仪器检校的技能

D. 传授生产管理的知识

181. J(GJ)BF003　高级工需解决的疑难问题包括(　　)几个方面。

A. 在审校图样方面,测量放线起始数据的准备方面的疑难问题

B. 编制复杂、大型或特殊要求的测量放线方案并组织实施

C. 水准仪、经纬仪的维修及对新技术、新设备进行指导

D. 班组中安全管理工作

182. J(GJ)BF004　按准备工作的性质,施工准备工作大致归纳为(　　)。

A. 技术准备　　B. 工序交接

C. 物资及施工队伍准备　　D. 下达作业计划或施工任务书

183. J(GJ)BF005　施工组织设计必须体现的要求是(　　)。

A. 必须贯彻国家的方针政策,执行国家和上级对拟建工程的指示精神

B. 必须根据工程的特点,贯彻有关建设法规、规范、规程和各项制度

C. 必须有严密的组织计划,处理好人与物、空间与时间、工艺与设备、使用与维修、专业与协作、供应与消耗、生产与储存,结合所处的天时和地利条件

D. 按计划组织材料、构件、制品、施工机具进场,保证连续施工

184. J(GJ)BF006　施工任务书总的要求是(　　)。

A. 简单扼要　　B. 通俗易懂　　C. 填写方便　　D. 应用广泛

185. J(GJ)BF007　为了预防施工测量放线质量事故,室内的准备工作有(　　)。

A. 图样的全面阅读与校审　　B. 学习有关规范

C. 对仪器工具进行检校　　D. 树立“质量第一”方针

186. J(GJ)BF008　建筑施工时,操作人员上下通行时,不得采用(　　)方式。

A. 乘施工电梯　　B. 随起吊模板上下

C. 攀登非规定通道　　D. 利用吊车臂架攀登

187. J(GJ)BF009　施工过程中,当得知施工测量安全事故发生后,一般应做(　　)等几方面的工作。

A. 调查安全事故的全过程

B. 组织有关人员认真分析事故的原因

C. 找出事故的主要原因、责任人,提出防范措施并挽回影响

D. 总结经验教训,写出书面报告

188. J(GJ)BG001　道路初测阶段的任务是(　　)。

A. 布设图根导线　　B. 测量带状地形图

C. 测绘纵、横断面图　　D. 道路竣工测量

189. J(GJ)BG002　用全站仪进行中平测量的要求是(　　)。

A. 中平测量在基平测量的基础上进行,并遵循先中线后中平测量的顺序

B. 测站应选择公路中线附近的控制点且高程应已知,测站不需要与公路中线桩位通视

C. 测量前应准确丈量仪器高度、反射棱镜高度、预置全站仪的测量改正数,并将测站高程、仪器高及反射棱镜高输入全站仪

D. 中平测量仍须在两个高程控制点之间进行

190. J(GJ)BG003　下列关于沥青混凝土路面施工测量的叙述正确的是(　　)。

A. 在直线段每 10m 设一钢筋桩

B. 在曲线段每 5m 设一钢筋桩

C. 设桩的位置在中央分隔带所摊铺结构层的宽度外 50cm 处

D. 对设立好的钢筋桩进行水平测量,并标出摊铺层的设计标高,挂好钢丝线,作为摊铺机自动找平基线

191. J(GJ)BG004　桥梁架设的准备阶段,需进行的施工测量包括(　　)。

A. 全桥中线复测　　B. 墩、台中心点间距离的测设

C. 墩、台高程及支承垫石测定　　D. 桥梁基础复测

192. J(GJ)BG005　测量带状地形图需要注意的事项有(　　)。

A. 地形图的走向与线路的纵向必须一致,测绘的宽度不得小于规定的距离

B. 对线路经由的大沟谷、河流等必须测绘沟岸、河岸、河流的水崖线和最高洪水位、沟谷的谷底等

C. 对线路经由的田地、树林等,必须测绘不同类别、不同性质的地类界,并要注明性质

D. 出图原则要求图边与线路的纵向一致,接边按对应的方格网进行接图

193. J(GJ)BH001　Word 的(　　)操作具有替换文档内容的功能。

A. 字体　　B. 样式　　C. 自动更正　　D. 替换

194. J(GJ)BH002　以下属于文字处理软件的有(　　)。

A. Word　　B. WPS　　C. Excel　　D. PowerPoint

195. J(GJ)BH003　下列属于 Office 组件软件的是(　　)。

A. Notepad　　B. Word　　C. Internet Explorer　　D. PowerPoint

196. J(GJ)BH004　求工作表中水准测量高差总和的操作步骤正确的是(　　)。

A. 单击要存放求和结果的单元格

B. 单击“常用”工具栏中的“自动求和”按钮

C. Excel 自动在单元格中插入 SUM 函数，并给出求和范围，生成相应的求和公式，可用鼠标拖拽选取新的求和区域

D. 按回车键或单击编辑栏中的输入按钮

197. J(GJ)BH005　公路路线 CAD 系统，是指利用计算机及其外围设备帮助工程师解决部分或全部的(　　)等工作。

A. 数据信息采集　B. 设计　C. 计算　D. 绘图

198. J(GJ)BH006　Excel 中，显示或隐藏工具栏的操作是(　　)。

A. 鼠标右键单击任意工具栏，然后在快捷菜单中单击需要显示或隐藏的工具栏

B. 隐藏“浮动工具栏”，可单击它的关闭按钮

C. 迅速隐藏工具栏可用鼠标右键击此工具栏

D. 没有列在快捷菜单中的工具栏必须通过“工具”菜单的“自定义”命令来添加

199. J(GJ)BH007　用户坐标系(UCS)命令的功能有(　　)。

A. 定义用户坐标系　B. 存储用户坐标系

C. 将指定的坐标系设置为当前坐标系　D. 删除已存储的用户坐标系

200. J(GJ)BH008　操作系统是(　　)。

A. 一种大型程序　B. 是计算机硬件的第一级扩充

C. 具有一系列功能模块　D. 是应用软件

**三、判断题**(对的画“√”，错的画“×”)

(　　)1. J(GJ)AA001　GPS 卫星发射的测距码信号，C/A 码的码元宽度为 293.052m，其观测精度约为 2.9m，P 码的码元宽度为 2.9m，其观测精度约为 2.9m。

(　　)2. J(GJ)AA002　GPS 载波相位观测量的载波波长远大于码相位观测量的测距码波长。

(　　)3. J(GJ)AA003　航天遥感的卫星通常是由服务舱和仪器舱两部分组成。

(　　)4. J(GJ)AA004　GPS 网的图形设计，主要取决于网的用途，要考虑经费、时间和人力的消耗，以及接收设备的类型、数量和后勤保障等条件。

(　　)5. J(GJ)AA005　2000 国家大地坐标系是二维坐标系统。

(　　)6. J(GJ)AA006　卫星导航技术与通信、遥感和电子消费产品不断融合，将会创造出更多新产品和新服务，市场前景更为看好。

(　　)7. J(GJ)AA007　遥感技术是在航空摄影的基础上随航天技术和电子计算机技术的发展而逐渐发展起来的综合性感测技术。

(　　)8. J(GJ)AA008　遥感平台的地面平台包括三脚架、遥感塔、遥感车、建筑物的顶部等，主要用于在远距离测量地物波谱和摄取供试验研究用的地物细节影像。

(　　)9. J(GJ)AA009　遥感图像的物理特征为波谱分辨率和反射分辨率。

(　　)10. J(GJ)AA010　GPS 接收机的天线单元是由接收天线和前置放大器两部分组成。

(　　)11. J(GJ)AA011　地形图测图通常在特制的聚酯薄膜上进行,为测图、用图方便,多采用分幅施测,图幅规格多采用 50cm×50cm。

(　　)12. J(GJ)AA012　GPS 卫星轨道面相对地球赤道面的倾斜角约为 50°,各个轨道面之间交角为 60°,同一轨道上各卫星之间交角为 90°。

(　　)13. J(GJ)AA013　遥感技术是从远距离感知目标反射或自身辐射的电磁波、可见光、红外线对目标进行探测和识别的技术。

(　　)14. J(GJ)AA014　遥感获取信息的目的是获取有用的数据。

(　　)15. J(GJ)AA015　遥感图像预处理的目的,是通过对图像本身的变形、扭曲,模糊和噪声进行纠正,以得到一个尽可能在几何和辐射上真实的图像。

(　　)16. J(GJ)AA016　从遥感数据提取目标地物信息有目视解译、计算机解译两条途径。

(　　)17. J(GJ)AA017　遥感图像计算机解译除了地物的光谱特征外,还需利用地物的形状特征和空间关系特征,作为结构模式识别的依据。

(　　)18. J(GJ)AA018　遥感制图是指通过对遥感图像目视判读或利用图像处理系统对各种遥感信息进行修改并加以识别、分类和制图的过程。

(　　)19. J(GJ)AA019　EOS 平台按 10 年寿命设计,为了完成 15 年的 EOS 计划,需要 3 组 6 个平台组成,其中包括 5 颗卫量和 1 个载人太空站。

(　　)20. J(GJ)AA020　遥感图像中相邻连接的特征面,以及它们的阴影,能给我们提供地面物体的三维结构信息。

(　　)21. J(GJ)AA021　因为在第二次世界大战中雷达研发的保密原因,微波频率常常用图形来描述。

(　　)22. J(GJ)AA022　在电磁波谱分配中,更高的频率区域是近红外(NIR)波段。

(　　)23. J(GJ)AA023　辐射出射度是描述点元特性的,因此又称为辐射通量密度。

(　　)24. J(GJ)AA024　进行最小距离分类不必为每个类别确定它的代表模式的特征向量,这是用这种方法进行分类效果好坏的关键。

(　　)25. J(GJ)AA025　非监督分类在不同种类的点样本中,是定位特征矢量的集合。

(　　)26. J(GJ)AA026　1988 年 9 月我国首次发射太阳同步轨道试验气象卫星“风云一号”,其上装有热扫描辐射计,它可以日夜观测云层、陆地和海面温度等。

(　　)27. J(GJ)AA027　所有微波遥感都成像。

(　　)28. J(GJ)AA028　体散射和介质内部的复杂发射过程有关,可以出现在森林的不同植物层次和不能被微波穿透的干土壤、沙和雪之中。

(　　)29. J(GJ)AB001　粗差是在相同观测条件下作一系列的观测,其绝对值超过限差的测量偏差。

(　　)30. J(GJ)AB002　对偶然误差,绝对值相等的正误差和负误差出现的可能性是相同的。

(　　)31. J(GJ)AB003　在实际测量中,如果某个误差超过了容许误差,则相应的观测值就认为出现错误而舍弃不用。

(　　)32. J(GJ)AB004　按着倍数函数误差传播规律,已知圆半径的中误差 $m_R=\pm 0.1$mm,

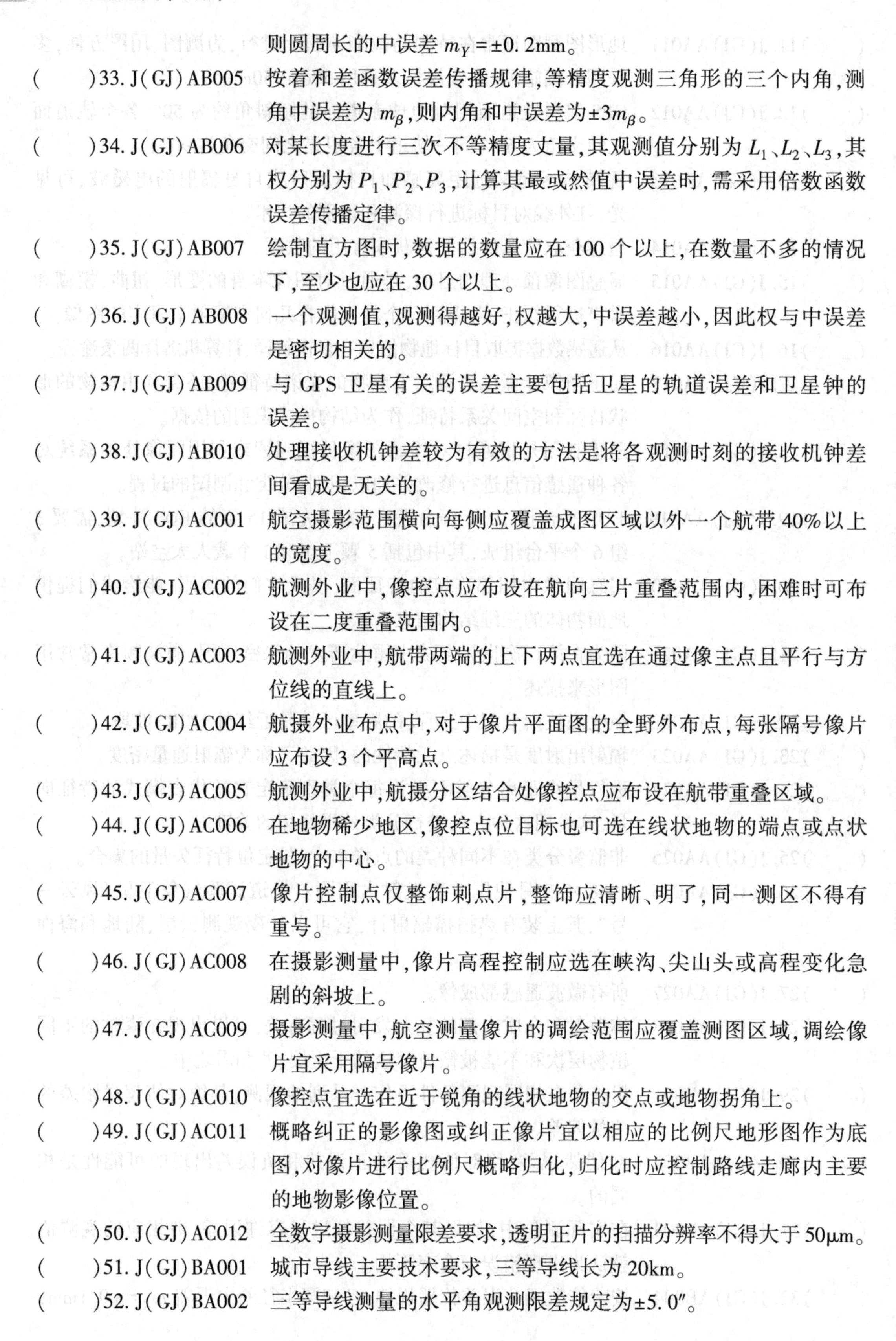

则圆周长的中误差 $m_Y=\pm 0.2\text{mm}$。

(　　)33. J(GJ)AB005　按着和差函数误差传播规律，等精度观测三角形的三个内角，测角中误差为 $m_\beta$，则内角和中误差为 $\pm 3m_\beta$。

(　　)34. J(GJ)AB006　对某长度进行三次不等精度丈量，其观测值分别为 $L_1$、$L_2$、$L_3$，其权分别为 $P_1$、$P_2$、$P_3$，计算其最或然值中误差时，需采用倍数函数误差传播定律。

(　　)35. J(GJ)AB007　绘制直方图时，数据的数量应在 100 个以上，在数量不多的情况下，至少也应在 30 个以上。

(　　)36. J(GJ)AB008　一个观测值，观测得越好，权越大，中误差越小，因此权与中误差是密切相关的。

(　　)37. J(GJ)AB009　与 GPS 卫星有关的误差主要包括卫星的轨道误差和卫星钟的误差。

(　　)38. J(GJ)AB010　处理接收机钟差较为有效的方法是将各观测时刻的接收机钟差间看成是无关的。

(　　)39. J(GJ)AC001　航空摄影范围横向每侧应覆盖成图区域以外一个航带 40%以上的宽度。

(　　)40. J(GJ)AC002　航测外业中，像控点应布设在航向三片重叠范围内，困难时可布设在二度重叠范围内。

(　　)41. J(GJ)AC003　航测外业中，航带两端的上下两点宜选在通过像主点且平行与方位线的直线上。

(　　)42. J(GJ)AC004　航摄外业布点中，对于像片平面图的全野外布点，每张隔号像片应布设 3 个平高点。

(　　)43. J(GJ)AC005　航测外业中，航摄分区结合处像控点应布设在航带重叠区域。

(　　)44. J(GJ)AC006　在地物稀少地区，像控点位目标也可选在线状地物的端点或点状地物的中心。

(　　)45. J(GJ)AC007　像片控制点仅整饰刺点片，整饰应清晰、明了，同一测区不得有重号。

(　　)46. J(GJ)AC008　在摄影测量中，像片高程控制应选在峡沟、尖山头或高程变化急剧的斜坡上。

(　　)47. J(GJ)AC009　摄影测量中，航空测量像片的调绘范围应覆盖测图区域，调绘像片宜采用隔号像片。

(　　)48. J(GJ)AC010　像控点宜选在近于锐角的线状地物的交点或地物拐角上。

(　　)49. J(GJ)AC011　概略纠正的影像图或纠正像片宜以相应的比例尺地形图作为底图，对像片进行比例尺概略归化，归化时应控制路线走廊内主要的地物影像位置。

(　　)50. J(GJ)AC012　全数字摄影测量限差要求，透明正片的扫描分辨率不得大于 50μm。

(　　)51. J(GJ)BA001　城市导线主要技术要求，三等导线长为 20km。

(　　)52. J(GJ)BA002　三等导线测量的水平角观测限差规定为 $\pm 5.0''$。

(　　)53. J(GJ)BA003　由一个已知点的坐标及该点至未知点的距离,计算未知点坐标,称为坐标正算。

(　　)54. J(GJ)BA004　闭合导线的坐标增量与导线长度有关。

(　　)55. J(GJ)BA005　附合导线的坐标计算与闭合导线的计算方法基本相同。

(　　)56. J(GJ)BA006　一级小三角测量,测角中误差小于等于±10″。

(　　)57. J(GJ)BA007　小三角测量按照精度可分为一、二级小三角和图根小三角测量。

(　　)58. J(GJ)BA008　小三角测量各三角形的内角以75°左右为宜。

(　　)59. J(GJ)BA009　为了求定GPS网坐标与原有地面控制网坐标之间的坐标转换参数,要求至少有两个GPS控制点与原有地面控制点重合。

(　　)60. J(GJ)BA010　GPS定位精度和卫星的几何分布密切相关。

(　　)61. J(GJ)BA011　桥梁墩台定位时,为了防止发生错误和检查交会的精度,实际测量中采用两个方向交会,其中一个方向应是桥轴线方向。

(　　)62. J(GJ)BA012　多跨桥梁总长$L \geqslant 3000$m时,平面控制测量选用等级为三等。

(　　)63. J(GJ)BA013　为保证隧道的平面控制,宜对特长、长隧道进行控制测量设计。

(　　)64. J(GJ)BA014　国家二等三角网的平均边长为8km。

(　　)65. J(GJ)BA015　三边网布设时,测距边的测线倾角无影响。

(　　)66. J(GJ)BA016　平面控制测量中,进行水平角观测,气泡中心位置偏离不得超过2格。

(　　)67. J(GJ)BA017　平面控制测量中,进行距离测量时,二级小三角和导线的边长测量,可采用普通钢尺进行。

(　　)68. J(GJ)BA018　GPS相对定位精度在50km以内可达6~10cm。

(　　)69. J(GJ)BA019　GPS卫星平面相对于地球赤道面的倾角为55°。

(　　)70. J(GJ)BA020　GPS卫星的基本功能之一是执行地面监控站的控制指令,接收和储存由地面监控站发来的数据资料。

(　　)71. J(GJ)BA021　GPS信息注入站的主要任务是在主控站的控制下,将主控站推算和编制的卫星星历、钟差、导航电文和其他控制指令等注入相应卫星的记忆系统,并监测注入信息的正确性。

(　　)72. J(GJ)BA022　GPS接收机的类型,一般可分为导航型和测量型二类。

(　　)73. J(GJ)BA023　GPS平面控制测量,天线安置在脚架上直接对中整平时,对中误差不得大于1mm。

(　　)74. J(GJ)BA024　GPS-RTK施测图根三角网时,测角中误差为±20″。

(　　)75. J(GJ)BA025　手持GPS接收机观测的坐标值能直接展绘于1954北京坐标系或1980西安坐标系的地形图上。

(　　)76. J(GJ)BA026　为扩大手持GPS的应用范围,发挥其应有的作用、同时消除因椭球参数的不同而产生的定位误差,必须对其内部系统进行重新设置和调整。

(　　)77. J(GJ)BA027　航天遥感通过遥感器获得三维遥感数据,按一定的格式组织数据并传回地面接收站。

(　　)78. J(GJ)BA028　伺服式全站仪测量结果精准,操作自动化,工作效率更高,但是有工作时间限制。

(　　)79. J(GJ)BA029　伺服式全站仪免棱镜测量,如为加长测程的仪器可以达到500m,甚至更远。

(　　)80. J(GJ)BA030　徕卡TS30/TM30操作键盘上的F1~F6为功能键,当屏幕被激活时,对应于屏幕底部显示的六个软键。

(　　)81. J(GJ)BA031　国家GPS一级网由30余点组成,相邻点间距离最大1667km,最小86km,平均为683km,绝大多数点的点位中误差在2cm以内。

(　　)82. J(GJ)BA032　基准站网应在专用网络上构建数据通信网络,采用TCP/IP作为数据通信协议。

(　　)83. J(GJ)BB001　如果地形图上某点不在等高线上,则可按分配法求得该点高程。

(　　)84. J(GJ)BB002　在地形图上进行规划时,往往需要利用坐标求确定直线的坡度,图的西南角是该幅图的坐标始点。

(　　)85. J(GJ)BB003　在进行道路、管线及渠道等工程设计时,都会要求在符合限制坡度的条件下,选择一条最短路线或坡度相同的路线。

(　　)86. J(GJ)BB004　方格法是平整场地,利用地形图计算填、挖土方量的最为常用的方法。

(　　)87. J(GJ)BB005　当地面坡度较大时,进行土方估算时,需将场地整理成水平面。

(　　)88. J(GJ)BB006　水下地形测量一般多以经纬仪、电磁波测距仪及标尺、标杆为主要工具,用直角坐标法定位。

(　　)89. J(GJ)BB007　水下地形测量需在水下进行动态定位和测深,作业比陆上地形测量困难。

(　　)90. J(GJ)BB008　地形图上高程点注记,当等高距为0.5m时,应精确至0.01m,当等高距大于0.5m时,应精确至0.02m。

(　　)91. J(GJ)BB009　应选择地物、地貌的变化点作为碎部点。

(　　)92. J(GJ)BB010　全站仪测绘地形图的优点是:全站仪普遍具有观测数据的手工记录与自动归算功能。

(　　)93. J(GJ)BC001　由于受地形、地物的限制,在交点处不能设桩,转角$\alpha$不能直接测定,这种情况称为虚交。

(　　)94. J(GJ)BC002　缓和曲线连接圆曲线的复曲线,交点为$D$,切基线为$AC$,公切点为$B$,切基线与两切线长夹角分别为$\alpha_1$、$\alpha_2$,复曲线的转角为$\alpha$,$A$至$ZH$点距离为$T_1$,$A$至$B$点距离为$T_2$,$B$到$C$点距离为$T_3$,$C$至$HZ$点距离为$T_4$,则主曲线切线长计算公式为:$T_{主}=T_1+\frac{T_2+T_3}{\sin\alpha}\sin\alpha_1$。

(　　)95. J(GJ)BC003　回头曲线主曲线转角$\alpha$接近、等于或大于90°。

(　　)96. J(GJ)BC004　缓和曲线全长$l_s$所对的中心角即弦切角。

(　　)97. J(GJ)BC005　高速公路,当设计车速为120km/h,缓和曲线最小长度为100m。

(　　)98. J(GJ)BC006　在直线与圆曲线之间插入缓和曲线时,必须将原有的圆曲线向内

移动距离 $p$,此值为曲线内移值。

(　　)99. J(GJ)BC007　在直线与圆曲线之间插入缓和曲线时,必须将原有的圆曲线向内移动距离 $p$,这时切线增长值为 $q$,此值为曲线切线增值。

(　　)100. J(GJ)BC008　一级公路,当设计车速为 100km/h,不设超高的圆曲线最小半径为 3500m。

(　　)101. J(GJ)BC009　当计算行车速度为 100km/h,不设缓和曲线的最小圆曲线半径为 3500m。

(　　)102. J(GJ)BC010　切线支距法是单圆曲线的一种测设方法。

(　　)103. J(GJ)BC011　圆曲线半径为 $\alpha=100$m,曲线桩距为 20m,则按整桩距计算的第一个偏角值为 5°34′28″。

(　　)104. J(GJ)BC012　弦线支距法放样圆曲线时,弦长的计算公式为:$c=2R\sin\Gamma/2$。式中的 $\Gamma$ 为弦长与切线的夹角。

(　　)105. J(GJ)BC013　弦线偏距法与切线支距法适用的地区相同。

(　　)106. J(GJ)BC014　极坐标法放样圆曲线时,需要在曲线附近选择一转点,将仪器置于 $ZH$ 点上,测定至转点的距离和 $x$ 轴正向顺时针至转点的角度,计算出转点的坐标,就可进行测设。

(　　)107. J(GJ)BC015　为了减小离心力对路面车辆的影响,一般将弯道路边做成水平的形式。

(　　)108. J(GJ)BC016　圆曲线带有缓和曲线的曲线长计算公式为:$L_H=R(\alpha-\beta_0)\frac{\pi}{180°}+2l_s$。

(　　)109. J(GJ)BC017　圆曲线带有缓和曲线的半径 $R$、转角 $\alpha$ 以及切线角 $\beta_0$ 均为已知数据,圆曲线长 $L_Y$ 的计算公式为 $L_Y=R(\alpha-\beta_0)\frac{\pi}{180°}$。

(　　)110. J(GJ)BC018　用切线支距法测设缓和曲线时,以直缓点或缓直点为坐标原点,以过原点半径为 $x$ 轴。

(　　)111. J(GJ)BC019　由于受地形、地物的限制,在交点不能设桩,转角不能直接测定,这种情况称为虚交。

(　　)112. J(GJ)BC020　当曲线测设时,置镜 $A$ 点测设时遇到障碍,可在障碍后选一待测点 $D$,算出 $AD$ 的弦长及偏角 $\alpha_D$,后视曲线上已知点 $B$,按 $\alpha_B$ 求出 $A$ 点切线方向,由切线方向测设 $60°-\alpha_B$ 角,并量出 $AC=AD$ 定出 $C$ 点,置镜 $C$ 点反拨 60°角和 $CD=AD$ 长即可定出 $D$ 点,按 $60°-\alpha_B$ 定出 $D$ 点的切线方向。

(　　)113. J(GJ)BC021　缓和曲线的曲线长度,是在条件受限制时的最小长度,一般情况下,特别是圆曲线半径较大,车速较高时,应该使用更长的缓和曲线。

(　　)114. J(GJ)BC022　道路平面线形组合顺序为:直线→回旋线→圆曲线→回旋线→直线的形式为复合型。

(　　)115. J(GJ)BC023　曲线两端缓和曲线不等长时,两个缓和曲线的圆心不重合。

(　　)116. J(GJ)BC024　复曲线的主、副曲线主点里程的计算与测设，以及曲线的详细测设，都与单圆曲线的测设方法不同。

(　　)117. J(GJ)BC025　有一公路里程桩号 K5+150 为断链，改线后测至该桩为 K5+132.22，即为短链 17.78m，反映在断链桩上应写明“K5+132.22=K5+150”，等号前面的桩号为老桩号，等号后面的桩号为新桩号。

(　　)118. J(GJ)BD001　隧道地面控制测量是测定各洞口控制点的相对位置，并与路线中线相联系，以便根据洞口控制点按设计方向进行开挖，以规定的精度实现贯通。

(　　)119. J(GJ)BD002　隧道地面三角测量时，每个洞口附近应设有不少于 2 个三角点，如个别点直接作为三角点有困难，亦可以采用插点的方式。

(　　)120. J(GJ)BD003　隧道洞内导线布设时，应尽可能有利于提高导线临时端点的点位数量。

(　　)121. J(GJ)BD004　隧道洞内导线测量时，由于隧道口内、外两个测站距贯通面最远，所以其测量数据对贯通影响最大。

(　　)122. J(GJ)BD005　隧道内中线测量在隧道施工前期测定一次就能满足工程需要。

(　　)123. J(GJ)BD006　隧道洞内水准测量时，为了满足衬砌施工的需要，水准点的密度一般要达到安置仪器后，可直接后视水准点就能进行施工放样而不需要迁站。

(　　)124. J(GJ)BD007　隧道开挖断面测量时，开挖断面必须确定断面各部位的高程，通常采用的方法称为断面法。

(　　)125. J(GJ)BD008　城市测量是指为城市建设的规划设计、施工和经营管理等进行的测绘工作，包括为建立城市平面和高程控制网、测绘城市规划和城市建设所需大比例尺地形图而进行的城市控制测量、水准测量和航空摄影测量等工作。

(　　)126. J(GJ)BD009　铁路初测阶段的水准测量分为基平测量和中平测量。

(　　)127. J(GJ)BD010　当竖井挖到设计深度，并根据初步中线方向分别向两端掘进十多米后，必须进行井上与井下的定向测量。

(　　)128. J(GJ)BD011　当隧道两洞口间水准路线长度>36km 时，地面水准测量等级采用三级。

(　　)129. J(GJ)BD012　由于在隧道施工中地面控制测量、地下控制测量等误差，使两个相向开挖的隧道不能完全衔接，即为错位误差。

(　　)130. J(GJ)BD013　两开挖洞口之间长度大于 6km 时，洞外贯通中误差小于等于 90mm。

(　　)131. J(GJ)BD014　对于没有竖井的隧道，横向贯通误差主要来自洞外地面控制测量和洞内水准测量。

(　　)132. J(GJ)BD015　竖井联系测量中，一般在井筒内挂两根钢丝，钢丝的一端固定在地面，另一端系有定向专用的垂球自由悬挂于定向水平，称作垂球定向。

(　　)133. J(GJ)BD016　用光学经纬仪进行竖井联系测量时，在进口设置盖板，在选定点

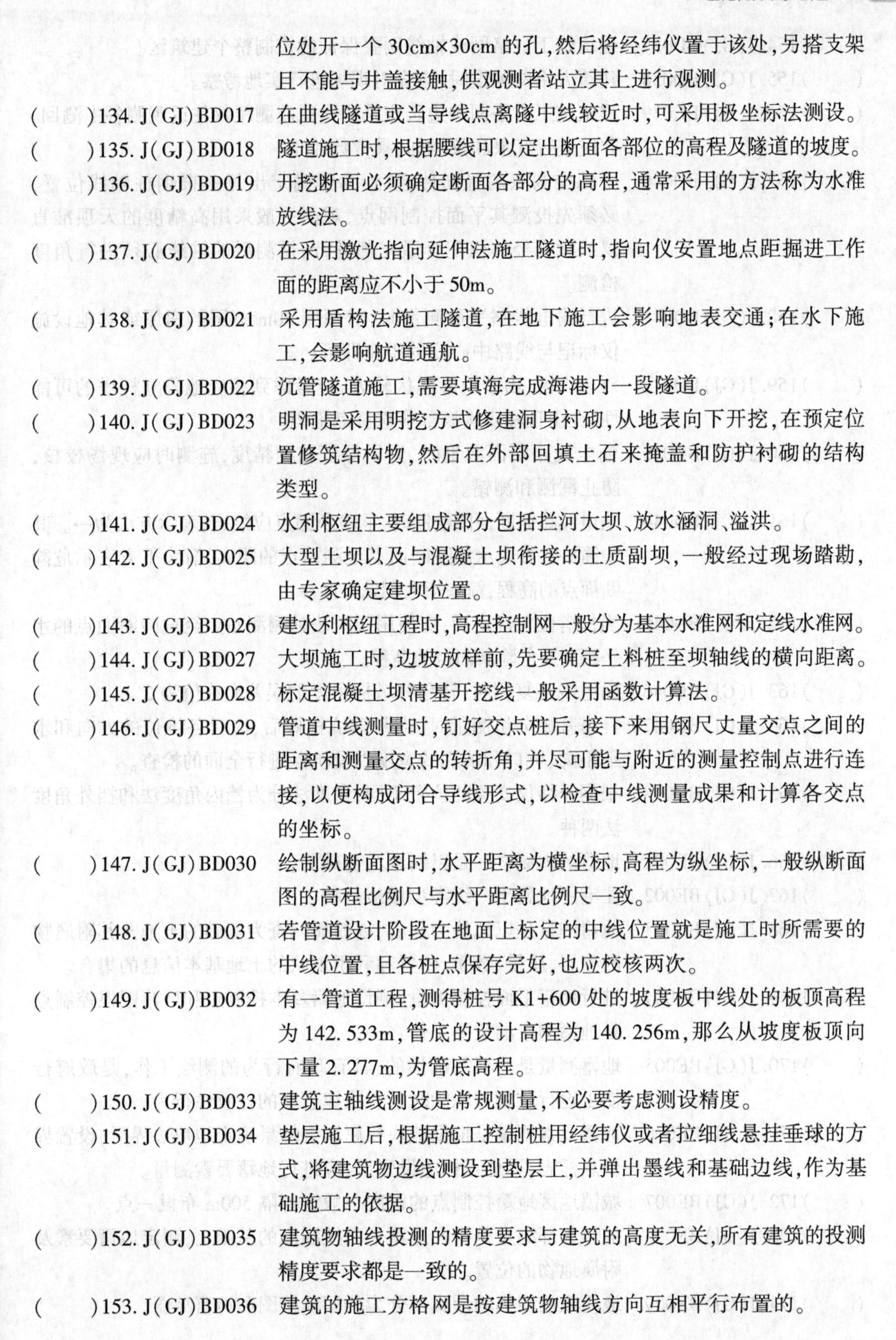

位处开一个 30cm×30cm 的孔，然后将经纬仪置于该处，另搭支架且不能与井盖接触，供观测者站立其上进行观测。

(　　)134. J(GJ)BD017　在曲线隧道或当导线点离隧中线较近时，可采用极坐标法测设。

(　　)135. J(GJ)BD018　隧道施工时，根据腰线可以定出断面各部位的高程及隧道的坡度。

(　　)136. J(GJ)BD019　开挖断面必须确定断面各部分的高程，通常采用的方法称为水准放线法。

(　　)137. J(GJ)BD020　在采用激光指向延伸法施工隧道时，指向仪安置地点距掘进工作面的距离应不小于 50m。

(　　)138. J(GJ)BD021　采用盾构法施工隧道，在地下施工会影响地表交通；在水下施工，会影响航道通航。

(　　)139. J(GJ)BD022　沉管隧道施工，需要填海完成海港内一段隧道。

(　　)140. J(GJ)BD023　明洞是采用明挖方式修建洞身衬砌，从地表向下开挖，在预定位置修筑结构物，然后在外部回填土石来掩盖和防护衬砌的结构类型。

(　　)141. J(GJ)BD024　水利枢纽主要组成部分包括拦河大坝、放水涵洞、溢洪。

(　　)142. J(GJ)BD025　大型土坝以及与混凝土坝衔接的土质副坝，一般经过现场踏勘，由专家确定建坝位置。

(　　)143. J(GJ)BD026　建水利枢纽工程时，高程控制网一般分为基本水准网和定线水准网。

(　　)144. J(GJ)BD027　大坝施工时，边坡放样前，先要确定上料桩至坝轴线的横向距离。

(　　)145. J(GJ)BD028　标定混凝土坝清基开挖线一般采用函数计算法。

(　　)146. J(GJ)BD029　管道中线测量时，钉好交点桩后，接下来用钢尺丈量交点之间的距离和测量交点的转折角，并尽可能与附近的测量控制点进行连接，以便构成闭合导线形式，以检查中线测量成果和计算各交点的坐标。

(　　)147. J(GJ)BD030　绘制纵断面图时，水平距离为横坐标，高程为纵坐标，一般纵断面图的高程比例尺与水平距离比例尺一致。

(　　)148. J(GJ)BD031　若管道设计阶段在地面上标定的中线位置就是施工时所需要的中线位置，且各桩点保存完好，也应校核两次。

(　　)149. J(GJ)BD032　有一管道工程，测得桩号 K1+600 处的坡度板中线处的板顶高程为 142. 533m，管底的设计高程为 140. 256m，那么从坡度板顶向下量 2. 277m，为管底高程。

(　　)150. J(GJ)BD033　建筑主轴线测设是常规测量，不必要考虑测设精度。

(　　)151. J(GJ)BD034　垫层施工后，根据施工控制桩用经纬仪或者拉细线悬挂垂球的方式，将建筑物边线测设到垫层上，并弹出墨线和基础边线，作为基础施工的依据。

(　　)152. J(GJ)BD035　建筑物轴线投测的精度要求与建筑的高度无关，所有建筑的投测精度要求都是一致的。

(　　)153. J(GJ)BD036　建筑的施工方格网是按建筑物轴线方向互相平行布置的。

(　　)154. J(GJ)BD037　建筑施工方格网或轴线网要保证能控制整个建筑区。

(　　)155. J(GJ)BD038　建筑方格网测设时，应先对现场进行实地考察。

(　　)156. J(GJ)BD039　建筑施工方格网的边长宜采用电磁波测距仪往返观测各1测回，并应进行气象和仪器加、乘常数改正。

(　　)157. J(GJ)BD040　平面控制点的竖向传递时，为了确定出每一根钢柱轴线位置，必须先投测其平面控制网点，观测一般采用高精度的天顶准直仪或激光经纬仪配合激光靶进行，投测后的轴线必须进行角度检测。

(　　)158. J(GJ)BD041　进行输电线路平面测量时，对两侧50m范围的房屋或其他设施仅标记与线路中心线的距离即可。

(　　)159. J(GJ)BD042　对于山区，由于地形起伏较大，应考虑到相应地段立杆塔的可能性，在山顶和山沟底部应选择断面点。

(　　)160. J(GJ)BD043　输电线路断面测量时，为了保证施测精度，施测时应现场校核，防止漏测和测错。

(　　)161. J(GJ)BD044　输电线路纵断面图绘制时，危险断面点应绘出，表示方法为→。其中箭头上方表示危险断面点至测站点的距离，箭头下方表示危险断面点的高程，箭头指向测站方向。

(　　)162. J(GJ)BD045　当杆塔位置确定后，应使用视距法补测测站点至危险断面点的水平距离及危险断面点的高程。

(　　)163. J(GJ)BD046　输电线路复测时，转角杆塔桩角度的误差允许值为2′。

(　　)164. J(GJ)BD047　杆塔基础分坑测量时，当基础坑挖好后，应对各坑位的方向和水平距离、坑口和坑底的宽度以及坑深进行全面的检查。

(　　)165. J(GJ)BD048　根据经纬仪安置的位置不同，角度法分为档内角度法和档外角度法两种。

(　　)166. J(GJ)BE001　地籍的内涵之一是以属地为基础的。

(　　)167. J(GJ)BE002　住宅用地属于一级类型用地范畴。

(　　)168. J(GJ)BE003　地籍测量是以地块为核心，以权属调查为基础的土地及其附属物的权属、质量、数量、位置和利用现状的土地基本信息的集合。

(　　)169. J(GJ)BE004　进行地籍平面控制测量，测设地籍基本控制点和地籍图根控制点是地籍测量的重要工作之一。

(　　)170. J(GJ)BE005　地籍测量是一项基础性的、具有政府行为的测绘工作，是政府行使土地行政管理职能时具有法律意义的行政性行为。

(　　)171. J(GJ)BE006　地籍要素测量是根据地块权属调查结果确定地块边界后，设置界址点标志，界址点标志设置后，应进行地籍要素测量。

(　　)172. J(GJ)BE007　城镇地区地籍控制点的密度一般为每隔500m布设一点。

(　　)173. J(GJ)BE008　地籍细部测量是指在地籍平面控制点的基础上，测定地籍要素及附属地物的位置。

(　　)174. J(GJ)BE009　地籍图按图幅的形式可分为分幅地籍图和地籍岛图。

(    )175. J(GJ)BE010 地籍测量的主要成果是专题地籍图,包括分幅铅笔原图和着墨二底图。

(    )176. J(GJ)BE011 地籍图绘制的方法按设备手段不同分为普通测量法和航测法。

(    )177. J(GJ)BE012 地籍图只能表示基本的地貌要素和地形要素。

(    )178. J(GJ)BE013 修测后地籍编号的变更与处理包括:(1)地块号;(2)界址点号与建筑物角点号。

(    )179. J(GJ)BF001 测量放线是多工序的集体性的技术工作,对工作中每个环节,对参加工作的每个成员必须保证其工作质量并同心协力、相互协作才能使工作按质量完成,要树立群体意识。

(    )180. J(GJ)BF002 根据工作的需要和可能,传授红外测距仪、垂准仪、自动安平水准仪等仪器的性能和使用知识,使中级工领会到新仪器、新设备在提高测量精度和加快作业进度方面所起的作用。

(    )181. J(GJ)BF003 高级测量放线工对初级工的要求,应首先从工作的重要性认识开始,增强责任感,必须树立认真负责、积极主动、踏实细致、一丝不苟、同心协力、实事求是的工作作风。

(    )182. J(GJ)BF004 施工队伍准备工作包括:(1)健全、充实、调整施工组织机构;(2)调配、安排劳动班子组合。

(    )183. J(GJ)BF005 施工组织设计是对工程计划实行科学管理的重要手段。

(    )184. J(GJ)BF006 签发和审核限额领料单的依据是材料预算定额和施工依据。

(    )185. J(GJ)BF007 对于有一定难度的工作,或参加测量人员中有不熟悉操作工艺要求的人员时,应组织事前考试。

(    )186. J(GJ)BF008 进入施工现场,如无高空作业,可以不戴安全帽。

(    )187. J(GJ)BF009 安全色是用来表达安全信息含义的颜色,安全色规定为红、蓝、黄分别表示禁止、提示、警告。

(    )188. J(GJ)BG001 道路恢复定线测量应检查路线平面、纵断面、横断面等是否符合设计要求,平差是否正确,精度是否满足要求。

(    )189. J(GJ)BG002 中平测量通常采用普通水准测量的方法施测,以相邻两基平水准点为一测段,从一个水准点出发,对测段范围内所有路线中桩逐个测量其地面高程。

(    )190. J(GJ)BG003 沥青混凝土路面,在摊铺前准确地划出摊铺线,不但可以避免沥青混合料的浪费,而且能提高路面摊铺速度。

(    )191. J(GJ)BG004 桥梁施工中,根据桥梁轴线即可放样承台、墩身砌筑的外轮廓线。

(    )192. J(GJ)BG005 测量带状地形图时,地下管线必须测量埋深,注明管径、管材;悬空管线必须测量净高。

(    )193. J(GJ)BH001 按住"Shift"键并拖动图片控制点时,将从图片的中心向外垂直、水平或沿对角线缩放图片。

(    )194. J(GJ)BH002 系统默认中文字体为楷体,英文字体为 Calibri。

(    )195. J(GJ)BH003 计算机应用软件是指用于计算机的管理、控制、维护和运行的软件。

(　　)196. J(GJ)BH004　在 Excel 中共有两大类运算符。

(　　)197. J(GJ)BH005　一般情况下我们用 TGO 软件来进行 GPS 静态数据基线结算。

(　　)198. J(GJ)BH006　在 Excel 中,电子表格是一种三维表格。

(　　)199. J(GJ)BH007　AutoCAD 中,在创建块时,在块定义对话框中必须确定的要素为块名、基点和属性。

(　　)200. J(GJ)BH008　计算机硬件中存储器是用来暂存或长时间保存信息的部件。

## 四、简答题

1. J(GJ)AA001　在全球定位系统中为何要用测距码来测定伪距?
2. J(GJ)AA001　GPS 技术设计中应考虑哪些因素?
3. J(GJ)AA002　重建载波的方法有哪些?
4. J(GJ)AA002　重建载波的两种方法有什么区别?
5. J(GJ)AA003　整周跳变的特点是什么?
6. J(GJ)AA003　整周跳变产生的原因是什么?
7. J(GJ)AA004　试述 WGS-84 坐标系的几何定义?
8. J(GJ)AA004　GPS 网的布网原则是什么?
9. J(GJ)AA010　什么是 GPS 接收机?它的功能是什么?
10. J(GJ)AA010　GPS 接收机天线由什么组成?它的基本作用是什么?
11. J(GJ)AA011　地形测量中控制测量的起算数据指的是什么?
12. J(GJ)AA011　地形图测图阶段的工作流程是什么?
13. J(GJ)AA012　GPS 卫星的基本功能是什么?
14. J(GJ)AA012　GPS 地面监控部分由什么组成,其主要任务是什么?
15. J(GJ)AA013　影响地物光谱反射率变化的因素有哪些?
16. J(GJ)AA013　简要说明地物的反射辐射类型。
17. J(GJ)AA014　传感器接收电磁波能量包括哪些部分?
18. J(GJ)AA014　传感器辐射误差包括哪些?
19. J(GJ)AA015　图像增强的目的是什么?
20. J(GJ)AA015　图像增强处理常用的技术是什么?
21. J(GJ)AA016　什么是监督分类?常用的方法有哪些?
22. J(GJ)AA016　监督分类和非监督分类结合的操作步骤是什么?
23. J(GJ)AA017　影响景物特征及其判读的因素有哪些?
24. J(GJ)AA017　目视判读的一般过程和方法是什么?
25. J(GJ)AA018　遥感图像纠正方法有哪些?
26. J(GJ)AA018　多项式纠正方法步骤是什么?
27. J(GJ)BA014　城市平面控制网布设的等级和形式取决于什么?应怎样进行布设?
28. J(GJ)BA014　何谓小三角测量?
29. J(GJ)BA017　一、二级导线的选点步骤是什么?

30. J(GJ)BA017　在附合导线中，若有一角测量有误，应如何查找？

31. J(GJ)BB005　地形图内业检查的方法是什么？

32. J(GJ)BB005　地形图的主要用途有哪些？

33. J(GJ)BD011　隧道测量的目的是什么？

34. J(GJ)BD011　隧道工程施工需要进行的主要测量工作有哪些？

## 五、计算题

1. J(GJ)AB003　在相同的观测条件下，对某个三角形进行了 5 次观测，其观测结果列于下表，试计算观测值的中误差。

| 编　号 | 观测值 $L$ | 备　注 |
|---|---|---|
| 1 | 180°00′04″ | |
| 2 | 179°59′58″ | |
| 3 | 180°00′02″ | |
| 4 | 180°00′00″ | |
| 5 | 179°59′56″ | |

2. J(GJ)AB003　在 1∶2000 地形图上，量得两点间的距离 $d=28.8$mm，其中误差 $m_d=\pm0.2$mm，求这两点间的实地距离 $D$ 及其中误差 $m_D$。

3. J(GJ)AB004　在△$ABC$ 中，测得其中两内角，即 $\alpha=36°24'31''\pm3''$，$\beta=53°33'28''\pm4''$，试求：(1)另一内角 $\gamma$ 角值及其中误差；(2)$\beta-\gamma$ 的中误差。

4. J(GJ)AB004　同精度观测一个三角形的三个内角 $a$、$b$、$c$，已知测角中误差 $m=\pm20''$，求三角形各内角经闭合差改正后的中误差。

5. J(GJ)AB005　在导线测量中，以同精度观测导线各转折角 $\beta_i$，其测角中误差为 $m_\beta$。起始边的已知坐标方位角 $\alpha_0$ 具有足够高的精度，可视为无误差。试求第 $n$ 边坐标方位角 $\alpha_n$ 的中误差。

6. J(GJ)AB005　设有 $n$ 个三角形的三角网，以同精度观测网中三角形各内角 $a_i$、$b_i$、$c_i$，由所测 $a_i$、$b_i$、$c_i$ 角值计算各三角形角度闭合差分别为 $f_1,f_2,\cdots,f_n$，试计算三角网的测角中误差。

7. J(GJ)AB006　某一水平角以同精度观测了 6 次，其观测值见下表，试计算该角的最或然值及其中误差。

| 编　号 | 观测值 $L$ | 编　号 | 观测值 $L$ |
|---|---|---|---|
| 1 | 75°32′13″ | 4 | 75°32′17″ |
| 2 | 75°32′18″ | 5 | 75°32′16″ |
| 3 | 75°32′15″ | 6 | 75°32′14″ |

8. J(GJ)AB006　一条基线丈量了 4 次，其观测值见下表，试计算该基线的最或然值并评定其精度。

| 丈量次数 | 1 | 2 | 3 | 4 |
| --- | --- | --- | --- | --- |
| 观测值 $L$,m | 398.2830 | 398.2630 | 398.2930 | 398.3010 |

9. J(GJ)AB008　设在某三角形中，以同精度观测了三个内角，得观测值 $\alpha$、$\beta$、$\gamma$。试求三内角的最或然值。

10. J(GJ)AB008　已知测角中误差为±20″，若将两倍中误差作为极限差，试求四边形角度闭合差的限差。

11. J(GJ)BA011　某桥梁桥长1800m，为连续梁，节间长度为18m，求该桥桥轴线长度应具有的精度。

12. J(GJ)BA011　某桥梁桥长2672m，共13孔，为连续梁，节间长度为16m。主桥共3孔为一联，孔长为224m+240m+224m。桥北是2孔为一联，共2联，二联的孔长均为208m+208m。桥南共3联2孔，孔长为192m+192m。求测定该桥桥轴线长度应具有的精度。

13. J(GJ)BA015　从已知点 $A$ 测设一条导线至 $B$ 点，测角闭合差满足规范要求，且经角度平差后，从 $A$ 点推算至 $B$ 点的坐标为 $X'_B=7351.78$m，$Y'_B=8425.69$m，已知点 $A$、$B$ 的坐标分别是 $X_A=3574.26$m，$Y_A=2394.64$m，$X_B=7351.89$m，$Y_B=8425.56$m，试求该导线的相对闭合差。

14. J(GJ)BA015　单三角锁，外业角度观测值经整理后各三角形闭合差 $W_1=+13''$，$W_2=10''$，$W_3=-15''$，$W_4=+7''$，$W_5=+11''$，$W_6=-8''$，试求该三角锁观测值测角中误差 $m_\beta$。

15. J(GJ)BB001　地形测量中，测得 $A$ 点高程为1098.45m，$B$ 点高程为1101.77m，两点图上距离为26.8mm，若在 $AB$ 间内插高程为1100m的点，此点距 $A$ 点距离应为多少？

16. J(GJ)BB001　在一张1：1000地形图上，一条等高线注记为975m，另一条注记为980m，两者中间有4条等高线，问这张地形图的等高距是多少？

17. J(GJ)BB008　审核员现场审核一张1：500地形图，图上量了4段距离，分别为：$AB=18.7$mm，$CD=107.6$mm，$EF=87.4$mm，$GH=46.0$mm，实地测量距离分别为：$ab=9.5$m，$cd=54.1$m，$ef=43.3$m，$gh=22.8$m。求这4段距离的图上与实地较差及较差中误差。

18. J(GJ)BB008　若地形图的比例尺为1：1000，等高距 $h=1$m，今由 $A$ 点到 $B$ 点，选择一条路线，其路线的平均纵坡规定为 $i=4\%$，则两相邻等高线间应有的图上距离为多少？

19. J(GJ)BC010　已知一圆曲线，半径 $R=300$m，$ZY$ 的里程为K1+181.54，$QZ$ 的里程为K1+249.09，$YZ$ 的里程为K1+316.63，要求在圆曲线上每20m测设一曲线点，在 $ZY$ 点置仪，利用切线支距法放样曲线，试计算从 $ZY$ 至 $QZ$ 点所有放样点坐标值。

20. J(GJ)BC010　已知一圆曲线，交点的里程桩号为K4+300.18，测得转角 $\alpha_{左}=17°30'18''$，圆曲线半径 $R=500$m，若采取偏角法按正拨法设桩，试计算 $ZY$ 点至 $QZ$

方向四个点位的桩号与对应的偏角。

21. J(GJ)BC011　已知一圆曲线，转角 $\alpha=55°43'24''$，半径 $R=500m$，$ZY$ 的里程为 K37+553.24，$QZ$ 的里程为 K37+796.38′，$YZ$ 的里程为 K38+039.52，要求在圆曲线上每 20m 测设一曲线点，在 $ZY$ 点置仪，利用偏角法放样曲线，试计算前五个点所对应的偏角值及 $QZ$ 所对应的偏角。

22. J(GJ)BC011　某缓和曲线，$C$ 点为交点 $JD$，不可到达，在曲线与交点之间设有基线 $AB=126.37m$，$\alpha_1=13°28'16''$，$\alpha_2=15°11'54''$，半径 $R=800m$，缓和曲线长 $L_0=90m$，试用所给数据，计算测设 $ZH$ 点和 $HZ$ 点的数据，并简述测设的方法。

23. J(GJ)BC014　有一不规则建筑物，采用极坐标法来定位，已知施工控制点 $A$ 的坐标：$X_A=82.00m$，$Y_A=100.00m$；$AB$ 控制点的坐标方位角：$\alpha_{AB}=270°00'00''$；测设点 $P_1$ 点坐标：$X_1=122.00m$，$Y_1=60.00m$。试求测设 $P_1$ 点的测设数据 $\beta_1$ 与直线 $AP_1$ 的距离 $D$。

24. J(GJ)BC014　初测导线点 $C_1$ 的坐标为 $X_0=10117m$，$Y_0=10259$；$C_1C_2$ 边的坐标方位角为 $120°14'07''$。$JD_1$ 的坐标为 $X_1=10045$，$Y_1=10248$；$JD_2$ 的坐标为 $X_2=10086$，$Y_2=12094m$。试计算用拨角放线法测设 $JD_1$ 和 $JD_2$ 所需的测量数据。

25. J(GJ)BC015　某公路的三个交点坐标见表，$JD_{12}$ 的圆曲线半径 $R=600m$，缓和曲线长 $L_s=150m$，试计算该缓和曲线的切线长和曲线长。

| 交点序号 | 桩号 | $X$ | $Y$ |
|---|---|---|---|
| $JD_{11}$($C$ 点) | K15+508.38 | 40485.200 | 111275.200 |
| $JD_{12}$($A$ 点) | K16+389.79 | 40728.000 | 110516.000 |
| $JD_{13}$($B$ 点) | K16+862.65 | 40519.000 | 110045.000 |

26. J(GJ)BC015　已知一缓和曲线，半径 $R=500m$，缓和曲线长 $L_s=60m$，求该缓和曲线常数。

27. J(GJ)BC018　一圆曲线，交点处有障碍物，形成了虚交点，采用切基线法测设圆曲线已知，测得 $AB=48.64m$，$\alpha_1=10°$，$\alpha_2=16°$，$A$ 点得里程为 K8+043.27，求主点的测设元素。

28. J(GJ)BC018　已知一圆曲线，半径 $R=500m$，置镜于 $A$ 点测设圆曲线时中间视线被阻，现拟测设距 $A$ 点长为 120m 的 $B$ 点，选一辅助点 $C$，测得 $\angle TAC=30°00'00''$，$AC=75.000m$，计算测设 $B$ 点所需 $\angle C$ 和 $BC$ 的长度。

29. J(GJ)BC024　某复曲线，主、副曲线的交点为 $A$、$B$，两曲线相接于公切点 $GQ$，观测转角为 $\alpha_1=20°16'$，$\alpha_2=30°38'$，切基线长 $AB=221.72m$，选定主曲线半径 $R_1=600m$，试计算副曲线的测设元素。

30. J(GJ)BC024　某复曲线，已知切基线长 $AB=67.24m$，$BC=87.21m$，交点分别为 $A$、$B$、$C$，有公切点 $GQ_1$、公切点 $GQ_2$，$\alpha_1=18°18'$，$\alpha_2=30°20'$，$\alpha_3=22°30'$，试计算两曲线半径。

# 答　案

## 一、单项选择题

1. C　2. A　3. A　4. C　5. D　6. B　7. C　8. D　9. B　10. C
11. B　12. B　13. B　14. A　15. C　16. C　17. A　18. A　19. B　20. C
21. C　22. D　23. C　24. A　25. B　26. C　27. A　28. D　29. B　30. D
31. A　32. D　33. D　34. A　35. A　36. C　37. A　38. B　39. A　40. C
41. A　42. B　43. D　44. B　45. D　46. B　47. A　48. C　49. A　50. C
51. A　52. B　53. D　54. D　55. A　56. C　57. B　58. D　59. A　60. C
61. C　62. B　63. A　64. D　65. A　66. C　67. C　68. D　69. D　70. A
71. B　72. A　73. D　74. A　75. B　76. C　77. D　78. C　79. B　80. C
81. A　82. C　83. B　84. C　85. A　86. B　87. A　88. B　89. B　90. C
91. C　92. D　93. C　94. A　95. A　96. B　97. C　98. B　99. D　100. C
101. D　102. A　103. D　104. B　105. B　106. B　107. D　108. A　109. A　110. D
111. B　112. C　113. C　114. D　115. A　116. D　117. C　118. A　119. B　120. D
121. C　122. A　123. B　124. A　125. B　126. D　127. A　128. D　129. B　130. A
131. C　132. B　133. D　134. C　135. D　136. A　137. C　138. B　139. C　140. A
141. B　142. B　143. A　144. C　145. B　146. C　147. C　148. A　149. A　150. D
151. B　152. A　153. D　154. C　155. A　156. C　157. A　158. A　159. B　160. D
161. C　162. C　163. C　164. D　165. A　166. B　167. A　168. C　169. D　170. B
171. D　172. A　173. B　174. D　175. D　176. C　177. B　178. A　179. B　180. B
181. C　182. D　183. B　184. B　185. B　186. B　187. B　188. A　189. B　190. C
191. C　192. C　193. C　194. A　195. A　196. C　197. D　198. A　199. C　200. D
201. C　202. A　203. B　204. C　205. D　206. C　207. B　208. D　209. B　210. A
211. A　212. C　213. B　214. D　215. A　216. C　217. A　218. B　219. C　220. C
221. C　222. A　223. D　224. B　225. C　226. A　227. C　228. A　229. B　230. A
231. D　232. D　233. C　234. B　235. B　236. C　237. B　238. C　239. C　240. B
241. A　242. B　243. B　244. C　245. B　246. C　247. D　248. A　249. A　250. C
251. A　252. C　253. C　254. B　255. A　256. B　257. B　258. C　259. A　260. B
261. B　262. C　263. B　264. A　265. B　266. D　267. B　268. C　269. A　270. B
271. C　272. C　273. B　274. C　275. C　276. A　277. A　278. D　279. B　280. C
281. C　282. D　283. A　284. C　285. D　286. B　287. C　288. D　289. B　290. B
291. A　292. C　293. A　294. C　295. B　296. C　297. A　298. B　299. A　300. B
301. D　302. B　303. B　304. B　305. D　306. B　307. C　308. B　309. D　310. B

311. D 312. C 313. D 314. D 315. A 316. C 317. C 318. D 319. A 320. B
321. A 322. A 323. A 324. B 325. A 326. C 327. A 328. B 329. D 330. B
331. A 332. A 333. B 334. D 335. A 336. C 337. A 338. C 339. A 340. C
341. B 342. D 343. A 344. B 345. C 346. D 347. C 348. D 349. B 350. A
351. A 352. C 353. A 354. C 355. B 356. D 357. A 358. C 359. C 360. A
361. C 362. C 363. B 364. B 365. D 366. C 367. A 368. C 369. C 370. A
371. A 372. C 373. B 374. B 375. A 376. C 377. C 378. A 379. A 380. C
381. A 382. A 383. D 384. C 385. C 386. C 387. B 388. C 389. B 390. D
391. A 392. B 393. B 394. D 395. A 396. B 397. C 398. B 399. D 400. C

## 二、多项选择题

1. ABCD 2. ABC 3. ABCD 4. ACD 5. ABCD 6. BCD 7. ABCD
8. ABCD 9. ABCD 10. ABCD 11. ACD 12. ACD 13. ABC 14. ABD
15. ABC 16. ABCD 17. ABCD 18. BCD 19. ACD 20. ABC 21. ABCD
22. ABC 23. ABCD 24. CD 25. AB 26. ABC 27. ABCD 28. ABC
29. ABC 30. ABCD 31. ABD 32. ABD 33. ABCD 34. ACD 35. ABCD
36. ABCD 37. ABCD 38. ABCD 39. ABD 40. ABD 41. ABC 42. BCD
43. ABCD 44. ABD 45. ABC 46. ABCD 47. ABCD 48. ABCD 49. ABC
50. ABC 51. BCD 52. ABC 53. ABD 54. ABC 55. ABC 56. ABCD
57. ABC 58. ABCD 59. ABC 60. ABCD 61. ABC 62. ABD 63. BCD
64. ABC 65. ABCD 66. ABC 67. ABD 68. ABD 69. ABD 70. ABC
71. ABCD 72. ACD 73. ABD 74. ABCD 75. ABCD 76. ABCD 77. ABD
78. ABCD 79. ABCD 80. ABCD 81. ABC 82. ABD 83. ABCD 84. ABCD
85. ABCD 86. ACD 87. ACD 88. ABCD 89. ABCD 90. ACD 91. ABCD
92. ABC 93. ABCD 94. ABC 95. ABCD 96. ACD 97. ABD 98. ACD
99. ACD 100. BCD 101. ABCD 102. ABC 103. ABCD 104. ABCD 105. ACD
106. ABCD 107. ACD 108. ABCD 109. ABCD 110. ABD 111. ABD 112. ABCD
113. ABC 114. ABCD 115. ACD 116. ABC 117. ABC 118. ABC 119. ABC
120. ACD 121. ABCD 122. ABCD 123. ACD 124. ABCD 125. ABCD 126. ABCD
127. ABD 128. ABCD 129. ABCD 130. BCD 131. ABD 132. ABCD 133. ACD
134. ABCD 135. ABCD 136. ABCD 137. ABD 138. ABCD 139. ABC 140. ABC
141. ABCD 142. ABC 143. BCD 144. ABCD 145. AB 146. ABC 147. BCD
148. ABCD 149. ABC 150. ABD 151. ABC 152. ABC 153. AB 154. ABC
155. ABCD 156. ABCD 157. AC 158. ABCD 159. ABC 160. ABC 161. ABCD
162. ABCD 163. ACD 164. ABD 165. ABCD 166. ABC 167. ABCD 168. ABCD
169. ABCD 170. ACD 171. ABC 172. ABC 173. ABC 174. ABCD 175. ABCD
176. ABD 177. ABC 178. ABD 179. ABCD 180. ABC 181. ABC 182. ACD
183. ABC 184. ABC 185. ABC 186. BCD 187. ABCD 188. ABC 189. ACD

190. ABD 191. ABC 192. ABCD 193. CD 194. AB 195. BD 196. ABCD
197. ABCD 198. AB 199. ABCD 200. ABC

三、判断题

1. × 正确答案:GPS 卫星发射的测距码信号,C/A 码的码元宽度为 293.052m,其观测精度约为 2.9m,P 码的码元宽度为 2.9m,其观测精度约为 0.29m。 2. × 正确答案:GPS 载波相位观测量的载波波长远小于码相位观测量的测距码波长。 3. √ 4. √ 5. × 正确答案:2000 国家大地坐标系是三维坐标系统。 6. √ 7. × 正确答案:遥感技术是在航空摄影和判读的基础上随航天技术和电子计算机技术的发展而逐渐发展起来的综合性感测技术。 8. × 正确答案:遥感平台的地面平台包括三脚架、遥感塔、遥感车、建筑物的顶部等,主要用于在近距离测量地物波谱和摄取供试验研究用的地物细节影像。 9. × 正确答案:遥感图像的物理特征为波谱分辨率和辐射分辨率。 10. √ 11. √ 12. × 正确答案:GPS 卫星轨道面相对地球赤道面的倾斜角约为 55°,各个轨道面之间交角为 60°,同一轨道上各卫星之间交角为 90°。 13. √ 14. × 正确答案:遥感获取信息的目的是应用。 15. × 正确答案:遥感图像预处理的目的,是通过对图像获取过程中产生的变形、扭曲,模糊和噪声进行纠正,以得到一个尽可能在几何和辐射上真实的图像。 16. × 正确答案:从遥感数据提取目标地物信息有目视解译、计算机解译和遥感反演三条途径。 17. √ 18. × 正确答案:遥感制图是指通过对遥感图像目视判读或利用图像处理系统对各种遥感信息进行增强与几何纠正并加以识别、分类和制图的过程。 19. × 正确答案:EOS 平台按 5 年寿命设计,为了完成 15 年的 EOS 计划,需要 3 组 6 个平台组成,其中包括 5 颗卫星和 1 个载人太空站。 20. √ 21. × 正确答案:因为在第二次世界大战中雷达研发的保密原因,微波频率常常用字母来描述,如 C 频段和 K 频段。 22. × 正确答案:在电磁波谱分配中,更高的频率区域是紫外(UV)波段。 23. × 正确答案:辐射出射度是描述面元特性的,因此又称为辐射通量密度。 24. × 正确答案:进行最小距离分类首先要为每个类别确定它的代表模式的特征向量,这是用这种方法进行分类效果好坏的关键。 25. √ 26. √ 27. × 正确答案:并不是所有微波遥感都成像,按照信息记录方式的不同,微波遥感可以分为成像和非成像两种。 28. × 正确答案:体散射和介质内部的复杂发射过程有关,可以出现在森林的不同植物层次和能被微波穿透的干土壤、沙和雪之中。 29. √ 30. √ 31. √ 32. × 正确答案:按着倍数函数误差传播规律,已知圆半径的中误差 $m_R = \pm 0.1$mm,则圆周长的中误差 $m_Y = \pm 0.628$mm。 33. × 正确答案:按着和差函数误差传播规律,等精度观测三角形的三个内角,测角中误差为 $m_\beta$,则内角和中误差为$\pm\sqrt{3}\,m_\beta$。 34. × 正确答案:对某长度进行三次不等精度丈量,其观测值分别为 $L_1$、$L_2$、$L_3$,其权分别为 $P_1$、$P_2$、$P_3$,计算其最或然值中误差时,需采用线性函数误差传播定律。 35. × 正确答案:绘制直方图时,数据的数量应在 100 个以上,在数量不多的情况下,至少也应在 50 个以上。 36. √ 37. √ 38. × 正确答案:处理接收机钟差较为有效的方法是将各观测时刻的接收机钟差间看成是相关的。 39. × 正确答案:航空摄影范围横向每侧应覆盖成图区域以外一个航带 20%以上的宽度。 40. √ 41. × 正确答案:航测外业中,航带两端的上下两点宜选在通过像主点且垂直与方位线的直线上。 42. × 正确答案:航摄外业布点中,对于像片平面图的全野外布点,每张隔号像片应布设4个平高点。 43. √ 44. √ 45. √ 46. × 正确答案：在摄影测量中，像片高程控制不应选在峡沟、尖山头或高程变化急剧的斜坡上。 47. √ 48. × 正确答案：像控点宜选在近于直角的线状地物的交点或地物拐角上。 49. × 正确答案：概略纠正的影像图或纠正像片宜以相应的比例尺地形图作为底图，对像片进行比例尺概略归化，归化时应控制路线走廊内主要的地物影像位移和变形。 50. × 正确答案：全数字摄影测量限差要求，透明正片的扫描分辨率不得大于25μm。 51. × 正确答案：城市导线主要技术要求，三等导线长为15km。 52. × 正确答案：三等导线测量的水平角观测限差规定为±3.5″。 53. × 正确答案：由一个已知点的坐标及该点至未知点的距离和坐标方位角，计算未知点坐标，称为坐标正算。 54. × 正确答案：闭合导线的坐标增量与导线长度和方向有关。 55. √ 56. × 正确答案：一级小三角测量，测角中误差小于等于±5″。 57. √ 58. × 正确答案：小三角测量各三角形的内角以60°左右为宜。 59. × 正确答案：为了求定GPS网坐标与原有地面控制网坐标之间的坐标转换参数，要求至少有三个GPS控制点与原有地面控制点重合。 60. √ 61. × 正确答案：桥梁墩台定位时，为了防止发生错误和检查交会的精度，实际测量中采用三个方向交会，其中一个方向应是桥轴线方向。 62. × 正确答案：多跨桥梁总长$L\geqslant3000$m时，平面控制测量选用等级为二等。 63. √ 64. × 正确答案：国家二等三角网的平均边长为13km。 65. × 正确答案：三边网布设时，测距边的测线倾角不宜太大。 66. × 正确答案：平面控制测量中，进行水平角观测，气泡中心位置偏离不得超过1格。 67. √ 68. × 正确答案：GPS相对定位精度在50km以内可达6~10m。 69. √ 70. × 正确答案：卫星的基本功能之一是执行地面监控站的控制指令，接收和储存由地面监控站发来的导航信息。 71. × 正确答案：GPS信息注入站的主要任务是在主控站的控制下，将主控站推算和编制的卫星星历、钟差、导航电文和其他控制指令等注入相应卫星的存储系统，并监测注入信息的正确性。 72. × 正确答案：GPS接收机的类型，一般可分为导航型、测量型和授时型三类。 73. √ 74. √ 75. × 正确答案：手持GPS接收机观测的坐标值不能直接展绘于1954北京坐标系或1980西安坐标系的地形图上。 76. × 正确答案：为扩大手持GPS的应用范围，发挥其应有的作用、同时消除因椭球参数的不同而产生的定位误差，必须对其各种参数进行重新设置和调整。 77. × 正确答案：航天遥感通过遥感器获得二维遥感数据，按一定的格式组织数据并传回地面接收站。 78. × 正确答案：伺服式全站仪测量结果精准，操作自动化，工作效率更高，而且没有工作时间限制。 79. × 正确答案：伺服式全站仪免棱镜测量，如为加长测程的仪器可以达到200m，甚至更远。 80. √ 81. × 正确答案：国家GPS一级网由40余点组成，相邻点间距离最大1667km，最小86km，平均为683km，绝大多数点的点位中误差在2cm以内。 82. √ 83. × 正确答案：如果地形图上某点不在等高线上，则可按比例内插法求得该点高程。 84. √ 85. √ 86. √ 87. × 正确答案：当地面坡度较大时，进行土方估算时，需将场地整理成一定坡度的倾斜面。 88. × 正确答案：水下地形测量一般多以经纬仪、电磁波测距仪及标尺、标杆为主要工具，用断面法或极坐标法定位。 89. × 正确答案：水下地形测量需在水上进行动态定位和测深，作业比陆上地形测量困难。 90. × 正确答案：地形图上高程点注记，当等高距为0.5m时，应精确至0.01m，当等高距大于0.5m时，应精确至0.1m。 91. × 正确答案：应选择地物、地貌的特征点作为碎部点。 92. × 正确答案：全站仪测绘地形图的优点是:全站仪普遍具有观测数据的自动记录与归算功能。 93. √ 94. × 正确答案:缓和曲线连接圆曲线的复曲线,交点为 $D$,切基线为 $AC$,公切点为 $B$,切基线与两切线长夹角分别为 $\alpha_1$、$\alpha_2$,复曲线的转角为 $\alpha$,$A$ 至 $ZH$ 点距离为 $T_1$,$A$ 至 $B$ 点距离为 $T_2$,$B$ 到 $C$ 点距离为 $T_3$,$C$ 至 $HZ$ 点距离为 $T_4$,则主曲线切线长计算公式为:$T_{主}=T_1+\frac{T_2+T_3}{\sin\alpha}\sin\alpha_2$。 95. × 正确答案:回头曲线主曲线转角 $\alpha$ 接近、等于或大于 180°。 96. × 正确答案:缓和曲线全长 $l_s$ 所对的中心角即切线角。 97. √ 98. √ 99. √ 100. × 正确答案:一级公路,当设计车速为 100km/h,不设超高的圆曲线最小半径为 4000m。 101. × 正确答案:当计算行车速度为 100km/h,不设缓和曲线的最小圆曲线半径为 4000m。 102. √ 103. × 正确答案:圆曲线半径为 $\alpha=100$m,曲线桩距为 20m,则按整桩距计算的第一个偏角值为 5°43′57″。 104. × 正确答案:弦线支距法放样圆曲线时,弦长的计算公式为:$c=2R\sin\Gamma/2$。式中的 $\Gamma$ 为弦长所对的圆心角。 105. × 正确答案:弦线偏距法与切线支距法适用地区相差很多,前者适用于隧道,后者适用于平坦开阔地区。 106. × 正确答案:极坐标法放样圆曲线时,需要在曲线附近选择一转点,将仪器置于 $ZH$ 点上,测定至转点的距离和 $x$ 轴正向顺时针至转点的角度,计算出转点的坐标,然后再计算转点至放样点的距离和方位角,才可进行测设。 107. × 正确答案:为了减小离心力对路面车辆的影响,一般将弯道路边做成外高内低呈单向横坡的形式。 108. × 正确答案:圆曲线带有缓和曲线的曲线长计算公式为:$L_H=R(\alpha-2\beta_0)\frac{\pi}{180°}+2l_s$。 109. × 正确答案:圆曲线带有缓和曲线的半径 $R$、转角 $\alpha$ 以及切线角 $\beta_0$ 均为已知数据,圆曲线长 $L_Y$ 的计算公式为 $L_Y=R(\alpha-2\beta_0)\frac{\pi}{180°}$。 110. × 正确答案:用切线支距法测设缓和曲线时,以直缓点或缓直点为坐标原点,以切线为 $x$ 轴。 111. √ 112. √ 113. √ 114. × 正确答案:道路平面线形组合顺序为:直线→回旋线→圆曲线→回旋线→直线的形式为基本型。 115. × 正确答案:曲线两端缓和曲线不等长时,两个缓和曲线的圆心仍然重合。 116. × 正确答案:复曲线的主、副曲线主点里程的计算与测设,以及曲线的详细测设,均与单圆曲线的测设方法相同。 117. × 正确答案:有一公路里程桩号 K5+150 为断链,改线后测至该桩为 K5+132.22,即为短链 17.78m,反映在断链桩上应写明"K5+132.22= K5+150",等号前面的桩号为新桩号,等号后面的桩号为老桩号。 118. √ 119. × 正确答案:隧道地面三角测量时,每个洞口附近应设有不少于 3 个三角点,如个别点直接作为三角点有困难,亦可以采用插点的方式。 120. × 正确答案:隧道洞内导线布设时,应尽可能有利于提高导线临时端点的点位精度。 121. × 正确答案:隧道洞内导线测量时,由于隧道口内、外两个测站距贯通面最远,所以其测角误差对贯通影响最大。 122. × 正确答案:隧道内中线测量在隧道施工过程中,是一项经常性的工作。 123. √ 124. × 正确答案:隧道开挖断面测量时,开挖断面必须确定断面各部位的高程,通常采用的方法称为腰线法。 125. √ 126. √ 127. × 正确答案:当竖井挖到设计深度,并根据初步中线方向分别向两端掘进十多米后,必须进行井上与井下的联系测量。 128. × 正确答案:当隧道两洞口间水准路线长度>36km 时,地面水准测量等级采用二级。 129. × 正确答案:由于在隧道施工中地面控制测量、地下控制测量等误差,使两个相向开挖的隧道不能完全衔接,即为贯通误差。 130. √ 131. × 正确答案:对于没有竖井的隧道,横向贯通误差主要来自洞外地面控制测量和洞内导线测量。 132. × 正确答案:竖井联系测量中,一般在井筒内挂两根钢丝,钢丝的一端固定在地面,另一端系有定向专用的垂球自由悬挂于定向水平,称作垂球线。 133. √ 134. × 正确答案:在曲线隧道或当导线点离隧中线较远时,可采用极坐标法测设。 135. √ 136. × 正确答案:开挖断面必须确定断面各部分的高程,通常采用的方法称为腰线法。 137. × 正确答案:在采用激光指向延伸法施工隧道时,指向仪安置地点距掘进工作面的距离应不小于70m。 138. × 正确答案:采用盾构法施工隧道,在地下施工不会影响地表交通;在水下施工,不会影响航道通航。 139. × 正确答案:沉管隧道施工,无需填海便可完成海港内一段隧道。 140. √ 141. × 正确答案:水利枢纽主要组成部分包括拦河大坝、电站、放水涵洞、溢洪。 142. × 正确答案:大型土坝以及与混凝土坝衔接的土质副坝,一般经过现场踏勘、图上规划等多次调查研究和方案对比,才能确定建坝位置。 143. √ 144. × 正确答案:大坝施工时,边坡放样前,先要确定上料桩至坝轴线的水平距离。 145. × 正确答案:标定混凝土坝清基开挖线一般采用图解法。 146. × 正确答案:管道中线测量时,钉好交点桩后,接下来用钢尺丈量交点之间的距离和测量交点的转折角,并尽可能与附近的测量控制点进行连接,以便构成附合导线形式,以检查中线测量成果和计算各交点的坐标。 147. × 正确答案:绘制纵断面图时,水平距离为横坐标,高程为纵坐标,为了更明显地表示地面起伏,一般纵断面图的高程比例尺比水平距离比例尺大10倍或20倍。 148. × 正确答案:若管道设计阶段在地面上标定的中线位置就是施工时所需要的中线位置,且各桩点保存完好,则仅需校核一次,无须重新测设。 149. √ 150. × 正确答案:建筑主轴线是确定建筑平面位置的关键环节,施测中必须保证精度,避免错误。 151. × 正确答案:垫层施工后,根据施工控制桩用经纬仪或者拉细线悬挂垂球的方式,将建筑物主轴线测设到垫层上,并弹出墨线和基础边线,作为基础施工的依据。 152. × 正确答案:建筑物越高,轴线投测的精度要求也越高。 153. × 正确答案:建筑的施工方格网是按建筑物轴线方向互相垂直布置的。 154. √ 155. √ 156. √ 157. × 正确答案:平面控制点的竖向传递时,为了确定出每一根钢柱轴线位置,必须先投测其平面控制网点,观测一般采用高精度的天顶准直仪或激光经纬仪配合激光靶进行,投测后的轴线必须进行角度和距离检测。 158. × 正确答案:进行输电线路平面测量时,对两侧50m范围的房屋或其他设施应标记与线路中心线的距离及其高度。 159. × 正确答案:对于山区,由于地形起伏较大,应考虑到相应地段立杆塔的可能性,在山顶处应按地形变化选择断面点,而山沟底部对排定杆塔影响不大,可适当减少或不测断面点。 160. √ 161. × 正确答案:输电线路纵断面图绘制时,危险断面点应绘出,表示方法为→。其中箭头上方表示表示危险断面点的高程,箭头下方表示危险断面点至测站点的距离,箭头指向测站方向。 162. √ 163. × 正确答案:输电线路复测时,转角杆塔桩角度的误差允许值为1′。 164. √ 165. × 正确答案:根据经纬仪安置的位置不同,角度法分为档端角度法、档内角度法和档外角度法三种。 166. × 正确答案:地籍的内涵之一是以地块为基础的。 167. √ 168. × 正确答案:地籍测量是以土地权属为核心,以地块为基础的土地及其附属物的权属、质量、数量、位置和利用现状的土地基本信息的集合。 169. √ 170. √ 171. √ 172. × 正确答案:城镇地区地籍控制点的密度一般为每隔100~200m布设一点。 173. × 正确答案:地籍细部测量是指在地籍平面控制点的基础上,测定地籍要素及附属地物的位置,并按确定比例尺标绘在图纸上的测绘工作。 174. √ 175. × 正确答案:地籍测量的主要成果是基本地籍图,包括分幅铅笔原图和着墨二底图。 176. × 正确答案:地籍图测量的方法按设备手段不同分为普通测量法、航测法和综合法。 177. × 正确答案:地籍图只能表示基本的地籍要素和地形要素。 178. √ 179. √ 180. √ 181. √ 182. × 正确答案:施工队伍准备工作包括:(1)健全、充实、调整施工组织机构;(2)调配、安排劳动班子组合;(3)职工进行计划、技术、安全交底。 183. × 正确答案:施工组织设计是对施工活动实行科学管理的重要手段。 184. × 正确答案:签发和审核限额领料单的依据是材料施工定额和施工依据。 185. × 正确答案:对于有一定难度的工作,或参加测量人员中有不熟悉操作工艺要求的人员时,应组织事前技术培训。 186. × 正确答案:进入施工现场必须戴安全帽,否则不准上岗作业。 187. × 正确答案:安全色是用来表达安全信息含义的颜色,安全色规定红、蓝、黄分别表示禁止、指令、警告。 188. √ 189. × 正确答案:中平测量通常采用普通水准测量的方法施测,以相邻两基平水准点为一测段,从一个水准点出发,对测段范围内所有路线中桩逐个测量其地面高程,最后符合到下一个水准点上。 190. × 正确答案:沥青混凝土路面,在摊铺前准确地划出摊铺线,不但可以避免沥青混合料的浪费,而且能提高路面平整度。 191. × 正确答案:桥梁施工中,根据纵横轴线即可放样承台、墩身砌筑的外轮廓线。 192. √ 193. × 正确答案:按住“Ctrl”键并拖动图片控制点时,将从图片的中心向外垂直、水平或沿对角线缩放图片。 194. × 正确答案:系统默认中文字体为宋体,英文字体为 Calibri。 195. × 正确答案:计算机系统软件是用于计算机的管理、控制、维护和运行的软件。 196. × 正确答案:在 Excel 中共有四大类运算符。 197. √ 198. × 正确答案:在 Excel 中,电子表格是一种二维表格。 199. × 正确答案:AutoCAD 中,在创建块时,在块定义对话框中必须确定的要素为块名、基点和对象。 200. √

## 四、简答题

1. 答:①易于将十分微弱的卫星信号从噪声的汪洋大海中提取出来;②可提高测距精度;③可用码分多址技术来区分、处理不同卫星的信号;④便于对整个系统进行控制和管理。

评分标准:答对①②各占 30%;答对③④各占 20%。

2. 答:①技术设计主要是根据上级主管部门下达的测量任务书和 GPS 测量规范来进行的;②它的总原则是:在满足用户要求的情况下,尽可能减少物资、人力和时间的消耗;③在工作过程中要考虑的因素有:测站因素、卫星因素、仪器因素、后勤因素。

评分标准:答对①②各占 30%;答对③占 40%。

3. 答:①在 GPS 信号中,由于已用相位调整的方法在载波上调制了测距码和导航电文,因而接收到的载波的相位已不再连续,所以在进行载波相位测量之前,首先要进行解调工作,设法将调制在载波上的测距码和卫星电文去掉,重新获取载波。②重建载波一般可采用两种方法:码相关法;平方法。

评分标准:答对①占 50%;答对②占 50%。

4. 答:①采用码相关法,用户可同时提取测距信号和卫星电文,但用户必须知道测距码的结构;②采用平方法,用户无须掌握测距码的结构,但只能获得载波信号而无法获得测距码和卫星电文。

评分标准：答对①占 50%；答对②占 50%。

5. 答：①周跳只引起载波相位观测量的整周数发生跳跃，小数部分则是正确的；②周跳具有继承性，即从发生周跳的历元开始，以后所有历元的相位观测值都受到这个周跳的影响；③周跳发生非常频繁。

评分标准：答对①②各占 40%；答对③占 20%。

6. 答：①受建筑物或树木等障碍物的遮挡；②电离层电子活动剧烈；③多路径效应的影响；④卫星信噪比（SNR）太低；⑤接收机的高动态；⑥接收机内置软件的设计不周全。

评分标准：答对①②③④各占 20%；答对⑤⑥各占 10%。

7. 答：①坐标系的原点是地球的质心；②$Z$ 轴指向 BIH1984.0 定义的协议地球极 CTP 方向；③$X$ 轴指向 BIH1984.0 的零度子午面和 CTP 赤道的交点；④$Y$ 轴和 $Z$、$X$ 轴构成右手坐标系。

评分标准：答对①②各占 30%；答对③④各占 20%。

8. 答：①GPS 网的布设应视其目的、作业时卫星状况、预期达到的精度、成果的可靠性以及工作效率，按照优化设计原则进行；②GPS 网一般应通过独立观测边构成闭合图形，以增加检核条件，提高网的可靠性；③GPS 网内点与点之间虽不要求通视，但应有利于按常规测量方法进行加密控制时应用；④可能条件下新布设的 GPS 网应与附近已有的 GPS 点进行联测，联结处的重合点数不应少于三个，且分布均匀；⑤GPS 网点，应利用已有水准点联测高程。

评分标准：答对①②③④⑤各占 20%。

9. 答：①接收机和天线是用户设备的核心部分，习惯上统称为 GPS 接收机；②GPS 接收机的主要功能是接收 GPS 卫星发射的信号并进行处理和量测，以获取导航电文及必要的观测量。

评分标准：答对①占 50%；答对②占 50%。

10. 答：①GPS 接收机的天线单元由接收天线和前置放大器两部分组成；②天线的基本作用是将来自卫星信号的微弱能量转化为相应的电流量，而经过前置放大器将 GPS 信号电流予以放大，并进行频率变换，将中心频率的 GPS 信号变换为低一两个数量级的中频信号。

评分标准：答对①占 40%；答对②占 60%。

11. 答：①起算数据一般为国家大地点或 GPS 控制点，即国家一、二、三、四等三角点、导线点和相应级别的 GPS 控制点；②这些三角点、导线点和 GPS 控制点的平面直角坐标和高程均为已知，它们是进行地形测量的必要依据。

评分标准：答对①占 50%；答对②占 50%。

12. 答：①绘制方格网展绘控制点；②测绘地物和地貌；③图边拼接；④清绘原图；⑤整饰铅笔原图。

评分标准：答对①②③④⑤各占 20%。

13. 答：①接收并储存由地面监控站发来的导航信息，执行监控站的控制令；②向 GPS 用户发送导航电文，提供导航和定位信息；③为 GPS 用户提供精密的时间标准；④根据地面监控站的指令，调整卫星的姿态和启用备用卫星；⑤利用卫星上没有的微处理机，进行一些必要的数据处理工作。

评分标准:答对①②③④⑤各占 20%。

14. 答:①GPS 地面监控部分由 5 个地面站组成,其中包括主控站、信息注入站和监控站。②其任务是协调和管理所有地面监控系统的工作;根据本站和其他监控站提供的所有观测资料,推算各卫星的星历、卫星钟差和大气层的修正参数等;提供全球定位系统的时间基准;调整偏离轨道的卫星,使之沿预定的轨道运行;启用备用卫星以代替失控的工作卫星。

评分标准:答对①占 40%;答对②占 60%。

15. 答:很多因素会引起反射率变化:①太阳位置;②传感器位置;③地理位置;④地形;⑤季节、气候变化;⑥地面湿度变化;⑦地物本身变异;⑧大气状况等。

评分标准:答对①②③④⑤⑥各占 10%;答对⑦⑧占 20%。

16. 答:地物的反射辐射类型有三种类型:①镜面反射,是指物体的反射满足反射定律。当发生镜面反射时,对于不透明的物体,其反射能量等于入射能量减去物体吸收能量。②漫反射,如果入射电磁波波长 $\lambda$ 不变,表面粗糙度 $h$ 逐渐增加,直到 $h$ 与 $\lambda$ 同数量级,这时整个表面均匀反射入射电磁波,入射到比表面的电磁波会按郎伯余弦定律反射。③方向反射,实际物体表面由于地形起伏,在某个方向上反射最强烈,这种现象称为方向反射。方向反射是镜面反射和漫反射的结合。它发生在地物粗糙度继续增大的情况下,这种反射没有规律可循。

评分标准:答对①②各占 40%;答对③占 20%。

17. 答:①太阳经大气衰减后照射到地面,经地面反射后,又经大气第二次衰减进入传感器的能量;②地面本身辐射的能量经过大气后进入传感器的能量;③大气散射、反射和辐射的能量。

评分标准:答对①占 40%;答对②③各占 30%。

18. 答:①传感器本身的性能引起的辐射误差;②地形影响和光照条件变化引起的辐射误差;③大气的散射和吸收引起的辐射误差。

评分标准:答对①②各占 30%;答对③占 40%。

19. 答:①图像增强是数字图像处理的基本内容;②遥感图像增强是为特定目的,突出遥感图像中的某些信息,削弱或除去某些不需要的信息,使图像更易判读;③图像增强是指增强感兴趣的目标特性和周围背景图像间的反差,它不增加原来图像的信息,有时反而会损失一些信息。

评分标准:答对①②各占 30%;答对③占 40%。

20. 答:①目前常用的图像增强处理技术可以分为两大类:空间域的处理和频率域的处理。②空间域处理是指直接对图像进行各种运算得到需要的增强结果。③频率域处理是指先将空间域图像变换成频率域图像,然后在频率域中对图像的频谱进行处理,以达到图像增强的目的。

评分标准:答对①②各占 30%;答对③占 40%。

21. 答:①根据已知训练区提供的样本,通过选择特征参数,建立判别函数,把图像中各个像元点归化到给定类中的分类处理,称为监督分类。②监督分类常用方法包括最小距离法、最大似然法、平行六面体、光谱角度制图、神经网络等。

评分标准:答对①占 50%;答对②占 50%。

22. 答:①选择一些有代表性的区域进行非监督分类;②获得多个聚类别的先验知识;③特征选择;④使用监督法对整个影像进行分类;⑤输出标记图像。

评分标准:答对①②③④⑤各占 20%。

23. 答:①地物本身的复杂性;②传感器特性的影响;③目视能力的影响。

评分标准:答对①②各占 30%;答对③占 40%。

24. 答:①判读前的准备:一是判读员的训练;二是搜集充足的资料;三是了解图像的来源、性质和质量;四是判读仪器和设备。②判读的一般过程:一是发现目标;二是描述目标;三是识别和鉴定目标;四是清绘和评价目标。

评分标准:答对①占 50%;答对②占 50%。

25. 答:①遥感图像的多项式纠正;②遥感图像的共线方程纠正;③SPORT 图像共线方程纠正;④加入高差改正的 CCD 线阵影响的多项式纠正。

评分标准:答对①②各占 30%;答对③④各占 20%。

26. 答:①利用已知地面控制点求解多项式系数;②遥感图像的纠正变换;③数字图像亮度(或灰度)值的重采样。

评分标准:答对①②各占 30%;答对③占 40%。

27. 答:①通常取决于城市建设的规模和具体的条件;②大城市一般以二等或三等三角网作为城市的首级控制,并采取逐级或越级全面网进行加密;③中等城市则宜根据情况采用逐级加密或一次全面网;④小城市宜采取以四等三角或小三角(或相应的城市同级导线)布设一次全面网;⑤对于城市中的一般地区,采用一、二级小三角(或一、二、三级导线)进行加密,直接作为测图控制的依据。

评分标准:答对①②③④⑤各占 20%。

28. 答:①将一系列未知点构成结构比较复杂的图形,它们都是由一些相邻的三角形构成,这种结构的图形称为三角网;②三角网中每一个三角形的内角一般都要观测,测定这类图形的测量工作称为三角测量,一般称小三角测量。

评分标准:答对①占 50%;答对②占 50%。

29. 答:①图上设计导线点位;②实地踏勘选点;③在选好的点位上打入木桩或铁棒作为临时标记,并在实地画点志记。

评分标准:答对①②各占 30%;答对③占 40%。

30. 答:①可根据未经调整的角从导线两端分别推算各点坐标。②如果两组计算中,只有一点的坐标极为接近,而其他各点均有较大差数,即表示坐标很接近的这一点上测角有错。③若错误较大(如 5°以上),用图解法查找,即先用量角器和比例尺按角度和边长,分别从两端点画导线。两条导线相交的导线点即为测错角的地方。

评分标准:答对①②各占 30%;答对③占 40%。

31. 答:①上交成果,检查成图资料是否齐全;②抽查各项外业记录和计算书;③检查地形原图是否整饰,图边是否接妥,接边差有无超限;④检查等高线有无错误、矛盾和可疑之处。

评分标准:答对①②各占 20%;答对③④各占 30%。

32. 答：①确定点的坐标；②确定点的高程；③确定直线的方向和水平距离；④确定地面坡度；⑤按限制坡度选定路线；⑥绘制断面图；⑦确定汇水面积界线；⑧计算面积；⑨计算体积。

评分标准：答对①②③④⑤⑥⑦⑧各占10%；答对⑨占20%。

33. 答：隧道测量的目的：①保证隧道相向开挖时，能按规定的精度正常贯通；②并使建筑物的位置和尺寸符合设计规定，不得侵入建筑限界，以确保运营安全。

评分标准：答对①占50%；答对②占50%。

34. 答：①洞外控制测量；②进洞测量；③洞内控制测量；④隧道施工测量；⑤竣工测量。

评分标准：答对①②③④⑤各占20%。

## 五、计算题

1. 解：

| 编　　号 | 观测值 $L$ | 真误差 $\Delta$ | 备　　注 |
|---|---|---|---|
| 1 | 180°00′04″ | −4″ | $\Delta_i=\bar{x}-L_i$<br>$\bar{x}=180°$ |
| 2 | 179°59′58″ | +2″ | |
| 3 | 180°00′02″ | −2″ | |
| 4 | 180°00′00″ | 0″ | |
| 5 | 179°59′56″ | +4″ | |

由上表数据知，观测值中误差为：

$$m=\pm\sqrt{\frac{[\Delta\Delta]}{n}}=\pm\sqrt{\frac{(-4)^2+2^2+(-2)^2+0^2+4^2}{5}}=\pm 2.8''$$

答：观测值的中误差为±2.8″。

评分标准：公式正确占40%；过程正确占40%；结果正确占20%；无公式、过程，只有结果不得分。

2. 解：(1)　　$D=2000\times 28.8=57600(\mathrm{mm})=57.6(\mathrm{m})$

(2)按题意列出函数式：

$$D=2000d$$

知为倍数函数，由误差传递定律得：

$$m_D=2000m_d=2000\times(\pm 0.2)=\pm 400(\mathrm{mm})=\pm 0.4(\mathrm{m})$$

答：两点间的实地距离为57.6m；其中误差为±0.4m。

评分标准：公式正确占40%；过程正确占40%；结果正确占20%；无公式、过程，只有结果不得分。

3. 解：(1)先列函数式：

$$\gamma=180°-\alpha-\beta=90°02'01''$$

此为和差函数，根据误差传播定律，得 $\gamma$ 角值中误差为：

$$m_\gamma^2=m_\alpha^2+m_\beta^2$$

$$m_\gamma=\pm\sqrt{m_\alpha^2+m_\beta^2}=\pm 5''$$

(2)因为 $\gamma$ 与 $\beta$ 之间相互不独立,故在应用误差传播定律之前,应进行等量代换:

$$\beta-\gamma=\beta-(180^\circ-\alpha-\beta)=\alpha+2\beta-180^\circ$$

此为线性函数,根据误差传播定律为:

$$m_{\beta-\gamma}^2=m_\alpha^2+2^2m_\beta^2$$

$$m_{\beta-\gamma}=\pm\sqrt{m_\alpha^2+4m_\beta^2}=\pm8.5''$$

答:另一内角值为 90°02′01″,其中误差为±5″;$\beta-\gamma$ 的中误差为±8.5″。

评分标准:公式正确占 40%;过程正确占 40%;结果正确占 20%;无公式、过程,只有结果不得分。

4. 解:(1)角度闭合差函数式为:

$$f=a+b+c-180^\circ$$

(2)求改正后三角形内角的函数式:

$$a'=a-\frac{f}{3}$$

式中 $f$ 和 $a$ 不独立,不能直接应用误差传播定律,应进行等量代换:

$$a'=a-\frac{1}{3}(a+b+c-180^\circ)=\frac{2}{3}a-\frac{1}{3}b-\frac{1}{3}c+60^\circ$$

此为线性函数,根据误差传播定律为:

$$m_{a'}^2=\left(\frac{2}{3}\right)^2m^2+\left(\frac{1}{3}\right)^2m^2+\left(\frac{1}{3}\right)^2m^2=\frac{2}{3}m^2$$

$$m_{a'}=\sqrt{\frac{2}{3}}m=\pm20\sqrt{\frac{2}{3}}=\pm16.3''$$

同理求得:

$$m_{b'}=m_{c'}=\pm16.3''$$

答:三角形各内角经闭合差改正后的中误差均为±16.3″。

评分标准:公式正确占 40%;过程正确占 40%;结果正确占 20%;无公式、过程,只有结果不得分。

5. 解:按导线右角列函数式:

$$\alpha_n=\alpha_0+n\cdot180^\circ-\beta_1-\beta_2-\cdots-\beta_n$$

此为和差函数,和 $n\cdot180^\circ$ 无误差,根据误差传播定律得:

$$m_{an}^2=m_\beta^2+m_\beta^2+\cdots+m_\beta^2=n\cdot m_\beta^2$$

由此得到:

$$m_{an}=\sqrt{n}\,m_\beta$$

答:第 $n$ 边坐标方位角 $\alpha_n$ 的中误差为 $\sqrt{n}\,m_\beta$。

评分标准:公式正确占 40%;过程正确占 40%;结果正确占 20%;无公式、过程,只有结果不得分。

6. 解:按三角形角度闭合差列函数式:

$$f_i=a_i+b_i+c_i-180^\circ(i=1,2,\cdots,n)$$

$f_i$ 为各三角内角和的真误差,按中误差定义,三角形内角和的中误差为:

$$m_{\Sigma}=\pm\sqrt{\frac{[f_{\beta}\cdot f_{\beta}]}{n}}$$

$n$ 为三角形数目。

三角形内角和函数式:

$$\Sigma=a+b+c$$

根据误差传播定律得:

$$m_{\Sigma}^2=m_{\beta}^2+m_{\beta}^2+m_{\beta}^2=3m_{\beta}^2$$

因此测角中误差为:

$$m_{\beta}=\frac{m_{\Sigma}}{\sqrt{3}}=\pm\sqrt{\frac{[f_{\beta}\cdot f_{\beta}]}{3n}}$$

答:三角网的测角中误差为$\pm\sqrt{\frac{[f_{\beta}\cdot f_{\beta}]}{3n}}$。

评分标准:公式正确占 40%;过程正确占 40%;结果正确占 20%;无公式、过程,只有结果不得分。

7. 解:(1)计算观测值算术平均值:

$$x=\frac{[L]}{n}=75°32'15.5''$$

根据得数计算各观测值的改正数列入下表:

| 编　号 | 观测值 $L$ | 改正数 $\nu$ | 编　号 | 观测值 $L$ | 改正数 $\nu$ |
|---|---|---|---|---|---|
| 1 | 75°32′13″ | 2.5 | 4 | 75°32′17″ | −1.5 |
| 2 | 75°32′18″ | −2.5 | 5 | 75°32′16″ | −0.5 |
| 3 | 75°32′15″ | 0.5 | 6 | 75°32′14″ | 1.5 |
| 算术平均值为 75°32′15.5″;[ν]=0,同精度观测,改正数的总和应等于零,用作计算检核 | | | | | |

(2)计算观测值中误差:

$$m=\pm\sqrt{\frac{[\nu\cdot\nu]}{n-1}}=\pm\sqrt{\frac{17.5}{6-1}}=\pm1.9''$$

(3)计算算术平均值中误差:

$$M_x=\frac{m}{\sqrt{n}}=\pm\frac{1.9}{\sqrt{6}}=\pm0.8''$$

答:该角的最或然值就是算术平值,即 75°32′15.5″;其中误差为±0.8″。

评分标准:公式正确占 40%;过程正确占 40%;结果正确占 20%;无公式、过程,只有结果不得分。

8. 解:(1)计算观测值算术平均值:

$$x=\frac{[L]}{n}=398.2850(\mathrm{m})$$

根据得数计算各观测值的改正数列入下表：

| 丈量次数 | 1 | 2 | 3 | 4 |
|---|---|---|---|---|
| 观测值 $L$,m | 398.2830 | 398.2630 | 398.2930 | 398.3010 |
| 改正数 $\nu$,mm | 2 | 22 | -8 | -16 |
| 算术平均值为 398.2850m；$[\nu]=0$，同精度观测，改正数的总和应等于零，用作计算检核 | | | | |

(2)计算观测值中误差：

$$m=\pm\sqrt{\frac{[\nu\cdot\nu]}{n-1}}=\pm\sqrt{\frac{808}{4-1}}=\pm16.4(\text{mm})$$

(3)计算算术平均值中误差：

$$M_x=\frac{m}{\sqrt{n}}=\pm\frac{16.4}{\sqrt{4}}=\pm8.2(\text{mm})$$

(4)计算基线相对中误差：

$$K=\frac{m_x}{x}=\frac{8.2}{398285}=\frac{1}{48571}$$

答：该基线的最或然值就是算术平值，即 398.2850m；其精度为$\frac{1}{48571}$。

评分标准：公式正确占 40%；过程正确占 40%；结果正确占 20%；无公式、过程，只有结果不得分。

9. 解：(1)对角 $\alpha$ 而言，除直接观测外，还可以通过 $\beta$ 和 $\gamma$ 的观测值求得：

$$\alpha'=180°-\beta-\gamma$$

显然观测值 $\alpha$ 与通过 $\beta$ 和 $\gamma$ 的观测值求的 $\alpha'$ 相互独立，可视为 $\alpha$ 角的两独立观测值。又因为 $\alpha$、$\beta$、$\gamma$ 为同精度观测，设它们的权均为 1，应用误差传播定律得：

$$m_{\alpha'}^2=m_\beta^2+m_\gamma^2$$

将 $P_{\alpha'}=\frac{\mu^2}{m_{\alpha'}^2}$，$P_\beta=\frac{\mu^2}{m_\beta^2}$，$P_\gamma=\frac{\mu^2}{m_\gamma^2}$代入上式得：

$$\frac{\mu^2}{P_{\alpha'}^2}=\frac{\mu^2}{P_\beta^2}+\frac{\mu^2}{P_\gamma^2}$$

所以

$$\frac{1}{P_{\alpha'}}=\frac{1}{P_\beta}+\frac{1}{P_\gamma}$$

将 $P_\beta=P_\gamma=1$ 代入上式得：

$$P_{\alpha'}=\frac{1}{2}$$

(2)$\alpha$ 的最或然值为：

$$\alpha_{平}=\frac{P_\alpha.\alpha+P_{\alpha'}.\alpha'}{P_\alpha+P_{\alpha'}}=\frac{1\times\alpha+\frac{1}{2}\times\alpha'}{1+\frac{1}{2}}=\frac{2\alpha+\alpha'}{3}=\frac{2\alpha+(180°-\beta-\gamma)}{3}=\frac{3\alpha+(180°-\alpha-\beta-\gamma)}{3}$$

由于三角形闭合差：$f=\alpha+\beta+\gamma-180°$，代入上式 $\alpha_{平}=\frac{3\alpha-f}{3}=\alpha-\frac{f}{3}$，同理求得：

$$\beta_{平}=\beta-\frac{f}{3},\gamma_{平}=\gamma-\frac{f}{3}$$

答：该三角形三内角的最或然值分别为 $\alpha-\frac{f}{3}$，$\beta-\frac{f}{3}$，$\gamma-\frac{f}{3}$。

评分标准：公式正确占40%；过程正确占40%；结果正确占20%；无公式、过程，只有结果不得分。

10. 解：列出四边形角度闭合差函数式：

$$f=a+b+c+d-360°$$

由于 $a$、$b$、$c$、$d$ 为独立观测值，且为同精度观测，$m_\beta=\pm20''$，根据误差传播定律：

$$m_f^2=m_\beta^2+m_\beta^2+m_\beta^2+m_\beta^2=4m_\beta^2$$

$$m_f=2m_\beta=2\times(\pm20'')=\pm40''$$

取两倍中误差作为极限误差，则：

$$f_{限}=2m_f=2\times(\pm40'')=\pm80''$$

答：四边形角度闭合差的限差为±80″。

评分标准：公式正确占40%；过程正确占40%；结果正确占20%；无公式、过程，只有结果不得分。

11. 解：(1)计算连续梁桥轴线长度中误差的公式：

$$m_d=\pm\frac{1}{2}\sqrt{N\Delta_1^2+\delta^2}$$

式中，$N$ 代表节间数；$\Delta_1$ 代表一个节间拼装限差，取±2mm；$\delta$ 代表支座的安装限差，取±7mm。

(2)由题意可知桥的节间数为100，则：

$$m_d=\pm\frac{1}{2}\sqrt{100\times2^2+7^2}=\pm10.59(\text{mm})$$

(3)桥轴线长度中误差：

$$M_D=m_d\sqrt{n}=\pm10.59\times\sqrt{1}=\pm10.59(\text{mm})$$

(4)计算桥轴线长度相对误差：

$$K=\frac{M_D}{L}=\frac{10.59}{1800000}=\frac{1}{169972}$$

答：桥轴线长度相对误差为 $\frac{1}{169972}$。

评分标准：公式正确占40%；过程正确占40%；结果正确占20%；无公式、过程，只有结果不得分。

12. 解：(1)求主桥一联节间数为43：

$$m_{1d}=\pm\frac{1}{2}\sqrt{43\times2^2+7^2}=\pm7.433(\text{mm})$$

(2)求北一联节间数为 26,共 2 联:

$$m_{2d}=\pm\frac{1}{2}\sqrt{26\times 2^2+7^2}\times\sqrt{2}=\pm 8.746(\text{mm})$$

(3)求南一联节间数为 24,共 3 联:

$$m_{d3}=\pm\frac{1}{2}\sqrt{24\times 2^2+7^2}\times\sqrt{3}=\pm 10.428(\text{mm})$$

(4)计算桥轴线中误差:

$$M_D=\pm\sqrt{7.433^2+8.746^2+10.428^2}=\pm 15.508(\text{mm})$$

(5)计算轴线长度相对误差:

$$K=\frac{M_D}{L}=\frac{15.508}{2672000}=\frac{1}{172298}$$

答:桥轴线长度相对误差为$\frac{1}{172298}$。

评分标准:公式正确占 40%;过程正确占 40%;结果正确占 20%;无公式、过程,只有结果不得分。

13. 解:此导线的坐标闭合差为:

$$f_X=X'_B-X_B=7351.78-7351.89=-0.11(\text{m})$$

$$f_Y=Y'_B-Y_B=8425.69-8425.56=+0.13(\text{m})$$

$$f_S=\sqrt{f_{X^2}+f_{Y^2}}=0.17(\text{m})$$

$$\begin{aligned}S_{AB}&=\sqrt{(X_B-X_A)^2+(Y_B-Y_A)^2}\\&=\sqrt{(7351.78-3574.26)^2+(8425.69-2394.64)^2}\\&=7116.41(\text{m})\end{aligned}$$

导线相对闭合差为:

$$K=\frac{f_S}{S_{AB}}=\frac{0.17}{7116.41}=\frac{1}{41861}$$

答:该导线的相对闭合差为$\frac{1}{41861}$。

评分标准:公式正确占 40%;过程正确占 40%;结果正确占 20%;无公式、过程,只有结果不得分。

14. 解:该三角锁观测值测角中误差的计算公式为:

$$m_\beta=\pm\sqrt{\frac{W_1^2+W_2^2+W_3^2+W_4^2+W_5^2+W_6^2}{3n}}$$

计算三角锁观测值测角中误差:

$$m_\beta=\pm\sqrt{\frac{13^2+10^2+15^2+7^2+11^2+8^2}{3\times 6}}=\pm 6.36''$$

答:该三角锁观测值测角中误差为±6.36″。

评分标准:公式正确占 40%;过程正确占 40%;结果正确占 20%;无公式、过程,只有结果不得分。

15. 解：地形图上内插高程，采用距离与高差成比例进行计算。

此点距 $A$ 点距离应为：

$$D=26.8\times(1100-1098.45)\div(1101.77-1098.45)=12.512(\text{mm})$$

答：此点距 $A$ 点距离应为 12.512mm。

评分标准：公式正确占 40%；过程正确占 40%；结果正确占 20%；无公式、过程，只有结果不得分。

16. 解：计算两条等高线间高差为 $980-975=5(\text{m})$，这张地形图的等高距是：

$$n=5\div(4+1)=1(\text{m})$$

答：这张地形图的等高距是 1m。

评分标准：公式正确占 40%；过程正确占 40%；结果正确占 20%；无公式、过程，只有结果不得分。

17. 解：(1) 这 4 段距离的图上与实地较差分别为：

$$d_1=9.5\times1000\div500-18.7=0.3(\text{mm})$$
$$d_2=54.1\times1000\div500-107.6=0.6(\text{mm})$$
$$d_3=43.3\times1000\div500-87.4=-0.8(\text{mm})$$
$$d_4=22.8\times1000\div500-46.0=-0.4(\text{mm})$$

(2) 这 4 段距离的图上距离与实地较差中误差：

$$m=\pm\sqrt{\frac{0.3^2+0.6^2+0.8^2+0.4^2}{4}}=\pm0.559(\text{mm})$$

答：(1) 这 4 段距离的图上与实地较差分别为 0.3mm、0.6mm、-0.8mm、-0.4mm；(2) 较差中误差为±0.559mm。

评分标准：公式正确占 40%；过程正确占 40%；结果正确占 20%；无公式、过程，只有结果不得分。

18. 解：如图上的距离用 $d$ 表示，实地相应水平距离用 $D$ 表示，比例尺的分母用 $M$ 表示，则计算实际距离和图上两点间坡度的公式：

$$D=dM, i=\frac{h}{D}$$

两相邻等高线间应有的图上距离：

$$d=\frac{h}{iM}=2.5(\text{cm})$$

答：两相邻等高线间应有的图上距离为 2.5cm。

评分标准：公式正确占 40%；过程正确占 40%；结果正确占 20%；无公式、过程，只有结果不得分。

19. 解：坐标及圆心角的计算公式：

$$\varphi_i=\frac{L_i}{R}\cdot\frac{180°}{\pi}; x_i=R\sin\varphi_i; y_i=R(1-\cos\varphi_i)$$

计算分弧长度，由于 $ZY$ 的里程为 K1+181.54，第一个点为 K1+200，对应的分弧长度为

$L_1=18.46\text{m}$；$QZ$ 里程为 K1+249.09，对应的分弧长度为 $L_2=9.09\text{m}$。由以上公式和数据计算各点坐标值列表如下：

| 桩 号 | 各桩至 $ZY$ 的曲线长度 $L_i$ | 圆心角 | $x_i$ | $y_i$ |
|---|---|---|---|---|
| $ZY$ K1+181.54 | 0 | 0°00′00″ | 0 | 0 |
| K1+200 | 18.46 | 3°31′38″ | 18.46 | 0.57 |
| K1+220 | 38.46 | 7°20′56″ | 38.37 | 2.46 |
| K1+240 | 58.46 | 11°10′16″ | 58.11 | 5.68 |
| $QZ$ K1+249.09 | 67.55 | 12°54′28″ | 67.01 | 7.58 |

答：放样点坐标分别为：点 1(18.46,0.57)；点 2(38.37,2.46)；点 3(158.11,5.68)；$QZ$(67.01,7.58)。

评分标准：公式正确占 40%；过程正确占 40%；结果正确占 20%；无公式、过程，只有结果不得分。

20. 解：计算曲线切线长：

$$T=R\tan\frac{\alpha}{2}=76.980(\text{m})$$

$ZY$ 点桩号：

$$\text{K4+300.18}-T=\text{K4+223.20}$$

计算分弧长度，由于 $ZY$ 的里程为 K4+223.20，第一个整桩号为 K4+240，对应的分弧长度为 $L_1=16.8\text{m}$。

偏角计算公式为：

$$\delta_i=\frac{L_i}{2R}\cdot\frac{180°}{\pi}\ (L\ \text{为偏角所对应的弧长})$$

由以上公式和数据计算各点坐标值列表如下：

| 桩号 | 各桩至 $ZY$ 的曲线长度 $L_i$ | 偏角 | 偏角读数 | 相邻桩间弧长 |
|---|---|---|---|---|
| $ZY$ K4+223.20 | 0 | 0°00′00″ | 0°00′00″ | 0 |
| K4+240 | 16.8 | 0°57′45″ | 0°57′45″ | 16.8 |
| K4+260 | 36.8 | 2°06′31″ | 2°06′31″ | 20 |
| K4+280 | 56.8 | 3°15′16″ | 3°15′16″ | 20 |
| K4+300 | 86.8 | 4°24′01″ | 4°24′01″ | 20 |

答：前四点所对应的偏角值分别为：0°57′45″、2°06′31″、3°15′16″、4°24′01″。

评分标准：公式正确占 40%；过程正确占 40%；结果正确占 20%；无公式、过程，只有结果不得分。

21. 解：(1)计算分弧长度。由于 $ZY$ 的里程为 K37+553.24，第一个整桩号为 K37+560.00，对应的分弧长度为 $L_1=6.76\text{m}$；$QZ$ 里程为 K37+796.38，对应的分弧长度为 $L_2=16.38\text{m}$。

(2)偏角计算公式为：

$$\delta_i=\frac{L_i}{2R}\cdot\frac{180°}{\pi}$$（$L$ 为偏角所对应的弧长）

计算 $L=20$m 弧长所对的偏角值：

$$\delta=\frac{L}{2R}\cdot\frac{180°}{\pi}=1°08'45''$$

计算第一个分弧所对偏角值：

$$\delta_1=\frac{L_1}{2R}\cdot\frac{180°}{\pi}=23'15''$$

计算第二个分弧所对偏角值：

$$\delta_2=\frac{L_2}{2R}\cdot\frac{180°}{\pi}=56'19''$$

(3)计算对应的偏角值。

第 1 点（K37+560）对应的偏角 $\Delta_1=\delta_1=23'15''$

第 2 点（K37+580）对应的偏角 $\Delta_2=\delta_1+\delta=1°32'00''$

第 3 点（K37+600）对应的偏角 $\Delta_3=\delta_1+2\delta=2°40'45''$

第 4 点（K37+620）对应的偏角 $\Delta_4=\delta_1+3\delta=3°49'30''$

第 5 点（K37+640）对应的偏角 $\Delta_5=\delta_1+4\delta=4°58'15''$

$QZ$ 所对应（K37+796. 38）的偏角 $\Delta_6=\delta_1+11\delta+\delta_2=13°55'49''$

答：前五点所对应的偏角值分别为 23′15″、1°32′00″、2°40′45″、3°49′30″、4°58′15″，$QZ$ 所对应的偏角为 13°55′49″。

评分标准：公式正确占 40%；过程正确占 40%；结果正确占 20%；无公式、过程，只有结果不得分。

22. 解：(1)计算曲线转角：

$$\alpha=\alpha_1+\alpha_2=28°40'10''$$

圆曲线内移值：

$$p=\frac{L_0^2}{24R}=0.422(\text{m})$$

缓和曲线切线长：

$$T=(R+P)\tan\frac{\alpha}{2}=204.542(\text{m})$$

(2)在△$ABC$ 中利用正弦定理：

$$AC=\frac{\sin\alpha_2}{\sin\alpha}AB=69.05(\text{m})$$

$$BC=\frac{\sin\alpha_1}{\sin\alpha}AB=61.36(\text{m})$$

$A$ 点至 $ZH$ 点的距离 $=T-AC=135.492$(m)

$B$ 点至 $HZ$ 点的距离 $=T-BC=143.182$(m)

(3)置仪于 $A$ 点，照准切线方向量取 135. 492m 得到 $ZH$ 点；置仪于 $B$ 点，照准切线方向量取 143. 182m 得到 $HZ$ 点。

答:测设 $ZH$ 点的距离为 135. 492m;测设 $HZ$ 点的距离为 143. 182m。

评分标准:公式正确占 40%;过程正确占 40%;结果正确占 20%;无公式、过程,只有结果不得分。

23. 解:计算坐标增量:

$$\Delta Y_{AP_1}=Y_1-Y_A=60-100=-40(\mathrm{m})<0$$
$$\Delta X_{AP_1}=X_1-X_A=122-82=40(\mathrm{m})>0$$

计算 $AP_1$ 坐标方位角:

$$\alpha_{AP_1}=\arctan\frac{\Delta Y_{AP_1}}{\Delta X_{AP_1}}=360°-45°=315°$$

计算极坐标偏角及放样点距离:

$$\beta_1=\alpha_{AP_1}-\alpha_{AB}=315°-270°=45°$$
$$D=\sqrt{(X_1-X_A)^2+(Y_1-Y_A)^2}=\sqrt{40^2+40^2}=56.57(\mathrm{m})$$

答:测设 $P_1$ 点的偏角 45°;$P_1$ 点与 $A$ 点距离 56. 57m。

评分标准:公式正确占 40%;过程正确占 40%;结果正确占 20%;无公式、过程,只有结果不得分。

24. 解:计算 $C_1$ 至 $JD_1$ 的坐标方位角:

$$\alpha_1=\arctan\frac{Y_1-Y_0}{X_1-X_0}=369°15'10''$$

计算 $JD_1$ 至 $JD_2$ 的坐标方位角:

$$\alpha_2=\arctan\frac{Y_2-Y_1}{X_2-X_1}=289°08'07''$$

计算放样 $JD_1$ 的偏角和距离:

$$\beta_0=\alpha_1-120°14'07''=249°01'03''$$
$$d_1=\sqrt{(X_1-X_0)^2+(Y_1-Y_0)^2}=72.84(\mathrm{m})$$

计算放样 $JD_2$ 的偏角和距离:

$$\beta_1=\alpha_2-\alpha_1+180°=260°07'03''$$
$$D_2=\sqrt{(X_2-X_1)^2+(Y_2-Y_1)^2}=1846.46(\mathrm{m})$$

答:测设 $JD_1$ 的偏角为 249°01′03″,距离为 72. 84m;测设 $JD_2$ 的偏角为 260°07′03″,距离为 1846. 46m。

评分标准:公式正确占 40%;过程正确占 40%;结果正确占 20%;无公式、过程,只有结果不得分。

25. 解:(1)计算的 $AB$ 坐标方位角:

$$\Delta X_{AB}=40519.000-40728.000=-209<0$$
$$\Delta Y_{AB}=110045.000-110516.000=-471<0$$
$$\alpha_{AB}=\arctan\frac{\Delta Y_{AB}}{\Delta X_{AB}}=246°04'17''$$

（2）计算的 AC 坐标方位角：

$$\Delta X_{AC}=40485.200-40728.000=-242.8<0$$

$$\Delta Y_{AC}=111275.200-110516.000=759>0$$

$$\alpha_{AC}=\arctan\frac{\Delta Y_{AC}}{\Delta X_{AC}}=179°56'43''$$

（3）计算该曲线的曲线要素：

转角 $\alpha=180°-(\alpha_{AB}-\alpha_{AC})=113°52'26''$

切线角 $\beta_0=\frac{L_s}{R}\cdot\frac{90°}{\pi}=70°09'43''$

圆曲线内移值 $p=\frac{L_s^2}{24R}=1.563\text{m}$

切线增长值 $q=\frac{L_s}{2}-\frac{L_s^3}{240R^2}=74.961(\text{m})$

缓和曲线切线长 $T=(R+P)\tan\frac{\alpha}{2}+q=924.098(\text{m})$

缓和曲线的曲线长 $L=R(\alpha-2\beta_0)\cdot\frac{\pi}{180°}+2L_s=1342.485(\text{m})$

答：该缓和曲线切线长为 924.098m；该缓和曲线的曲线长为 1342.485m。

评分标准：公式正确占 40%；过程正确占 40%；结果正确占 20%；无公式、过程，只有结果不得分。

26. 解：

计算切线角 $\beta_0=\frac{L_s}{R}\cdot\frac{90°}{\pi}=3°26'16''$

计算缓和曲线的总偏角 $\delta_0=\frac{1}{3}\beta_0=1°08'45''$

计算圆曲线内移值 $p=\frac{L_s^2}{24R}=0.3000(\text{m})$

计算切线增长值 $q=\frac{L_s}{2}-\frac{L_s^3}{240R^2}=29.996(\text{m})$

计算总偏角对应的点坐标：

$$x_0=L_s\cdot\sin\delta_0=1.200(\text{m})$$

$$y_0=L_s\cdot\cos\delta_0=59.978(\text{m})$$

答：该缓和曲线切线角为 3°26′16″；总偏角为 1°08′45″；圆曲线内移值 0.3000m；切线增长值 29.996m；偏角对应的点坐标（1.200m，59.978m）。

评分标准：公式正确占 40%；过程正确占 40%；结果正确占 20%；无公式、过程，只有结果不得分。

27. 解：求该曲线的曲线半径：

$$R=\frac{AB}{\tan\frac{\alpha_1}{2}+\tan\frac{\alpha_2}{2}}=213.306(\mathrm{m})$$

求以 $A$ 点为交点的曲线要素:

$$T_1=R\tan\alpha_1=18.662(\mathrm{m});L_1=R\alpha_1\frac{\pi}{180°}=37.229(\mathrm{m})$$

$$E_1=R\left(\sec\frac{\alpha_1}{2}-1\right)=0.815(\mathrm{m});D_1=2T_1-L_1=0.295(\mathrm{m})$$

求以 $B$ 点为交点的曲线要素:

$$T_2=R\tan\alpha_2=29.297(\mathrm{m});L_2=R\alpha_2\frac{\pi}{180°}=59.566(\mathrm{m})$$

$$E_2=R\left(\sec\frac{\alpha_2}{2}-1\right)=2.096(\mathrm{m});D_2=2T_2-L_2=0.39(\mathrm{m})$$

$$ZY\text{ 点桩号}:\mathrm{K8+043.27}-T_1=\mathrm{K8+024.608}$$

$$YZ\text{ 点桩号}:ZY+L_1+L_2=\mathrm{K8+121.403}$$

$$QZ\text{ 点桩号}:ZY+\frac{L_1+L_2}{2}=\mathrm{K8+073.005}$$

答:从 $A$ 点沿切线方向量 18.662m 得到 $ZY$ 点;从 $B$ 点沿切线方向量 29.297m 得到 $ZY$ 点。

评分标准:公式正确占 40%;过程正确占 40%;结果正确占 20%;无公式、过程,只有结果不得分。

28. 解:求弦切角:

$$\delta_B=\frac{90L_s}{\pi R}=6°52'44''$$

求 $AB$ 的距离:

$$AB=2R\sin\delta_B=119.772(\mathrm{m})$$

在三角形 $\triangle ABC$ 中,$\angle BAC=\angle TAC-\delta_B=23°07'16''$,利用余弦定理:

$$BC^2=AB^2+AC^2-2AB\cdot AC\cos\angle BAC$$

已知数据代入得:$BC=59.958\mathrm{m}$,再利用余弦公式:

$$\cos\angle C=\frac{AC^2+BC^2-AB^2}{2AC\cdot BC}=\frac{75^2+59.958^2-119.772^2}{2\times75\times59.958}=124°47'16''$$

答:在点 $C$ 安置仪器,以 $A$ 点定方向,拨 124°47′16″,量距离 59.958m 就可以得到要测设的点 $B$ 点。

评分标准:公式正确占 40%;过程正确占 40%;结果正确占 20%;无公式、过程,只有结果不得分。

29. 解:(1)计算主曲线的测设元素:

$$T_1=R\tan\frac{\alpha_1}{2}=107.24(\mathrm{m});L_1=R_1\alpha_1\frac{\pi}{180°}=212.23(\mathrm{m})$$

$$E_1=R_1\left(\sec\frac{\alpha_1}{2}-1\right)=9.51(\mathrm{m});D_1=2T_1-L_1=2.25(\mathrm{m})$$

（2）计算副曲线的切线长：

$$T_2=AB-T_1=114.48(\mathrm{m})$$

（3）计算副曲线半径：

$$R_2=\frac{T_2}{\tan\frac{\alpha_2}{2}}=417.99(\mathrm{m})$$

（4）计算副曲线的测设元素：

$$T_2=R\tan\frac{\alpha_2}{2}=114.48(\mathrm{m});L_2=R_2\alpha_2\frac{\pi}{180°}=223.48(\mathrm{m})$$

$$E_2=R_2\left(\sec\frac{\alpha_2}{2}-1\right)=15.39(\mathrm{m});D_2=2T_2-L_1=5.48(\mathrm{m})$$

答:副曲线的测设元素为以上计算结果。

评分标准:公式正确占40%;过程正确占40%;结果正确占20%;无公式、过程,只有结果不得分。

30. 解:（1）计算主曲线半径：

$$R_1=\frac{AB}{\tan\frac{\alpha_1}{2}+\tan\frac{\alpha_2}{2}}=155.60(\mathrm{m})$$

（2）计算切线长 $T_2$：

$$T_2=R_1\tan\frac{\alpha_2}{2}=42.18(\mathrm{m})$$

亦可以根据 $R_1$、$\alpha_1$ 计算切线长 $T_1$：

$$T_1=R_1\tan\frac{\alpha_1}{2}=25.06(\mathrm{m})$$

$$T_2=AB-T_1=42.18(\mathrm{m})$$

与上面所求一致,检核是正确的。

（3）计算切线长 $T_3$：

$$T_3=BC-T_2=45.03(\mathrm{m})$$

（4）计算副曲线半径 $R_2$：

$$R_2=\frac{T_3}{\tan\frac{\alpha_3}{2}}=\frac{45.03}{\tan\frac{22°30'}{2}}=226.38(\mathrm{m})$$

答:主曲线半径为155.60m;副曲线半径为226.38m。

评分标准:公式正确占40%;过程正确占40%;结果正确占20%;无公式、过程,只有结果不得分。

# 附 录

# 附录1 职业技能等级标准

## 1 工种概况

### 1.1 工种名称

工程测量员。

### 1.2 工种定义

使用全站仪、水准仪、测深仪、断面仪、陀螺经纬仪等仪器设备，对工程建设目标进行测量的人员。

### 1.3 工种等级

本工种共设五个等级，分别为：初级（国家职业资格五级）、中级（国家职业资格四级）、高级（国家职业资格三级）、技师（国家职业资格二级）、高级技师（国家职业资格一级）。

### 1.4 工种环境

室外作业，常温，有灰尘。

### 1.5 工种能力特征

从业人员需身体健康，具有一定的理解、计算、表达及空间想象能力，掌握必备测量知识和技能，能吃苦、肯钻研。

### 1.6 基本文化程度

高中毕业（或同等学力）。

### 1.7 培训要求

#### 1.7.1 培训期限

全日制职业学校教育，根据其培养目标和教学计划确定。

晋级培训期限：初级不少于360标准学时；中级不少于300标准学时；高级不少于260标准学时；技师不少于260标准学时；高级技师不少于200标准学时。

#### 1.7.2 培训教师

培训初级、中级的教师，应具有本职业高级以上职业资格证书，或相关专业中级以上（含中级）专业技术职务任职资格；培训高级的教师，应具有本职业技师职业资格证书2年以上，或相关专业中级（含中级）以上专业技术职务任职资格；培训技师与高级技师的教师，应具有本职业技师职业资格证书2年以上，或相关专业高级专业技术职务任职资格。

1.7.3 培训场地设备

理论知识培训为标准教室；实际操作培训在具有被测实体的、配备测绘仪器的训练场地。

## 1.8 鉴定要求

1.8.1 适用对象

(1)新入职的操作技能人员；

(2)在操作技能岗位工作的人员；

(3)其他需要鉴定的人员。

1.8.2 申报条件

具备以下条件之一者可申报初级工：

(1)新入职完成本职业(工种)培训内容,经考核合格人员。

(2)从事本工种工作1年及以上的人员。

具备以下条件之一者可申报中级工：

(1)从事本工种工作5年以上,并取得本职业(工种)初级工职业技能等级证书。

(2)各类职业、高等院校大专及以上毕业生从事本工种工作3年及以上,并取得本职业(工种)初级工职业技能等级证书。

具备以下条件之一者可申报高级工：

(1)从事本工种工作14年以上,并取得本职业(工种)中级工职业技能等级证书的人员。

(2)各类职业、高等院校大专及以上毕业生从事本工种工作5年及以上,并取得本职业(工种)中级工职业技能等级证书的人员。

技师需取得本职业(工种)高级工职业技能等级证书3年以上,工作业绩经企业考核合格的人员。

高级技师需取得本职业(工种)技师职业技能等级证书3年以上,工作业绩经企业考核合格的人员。

1.8.3 鉴定方式

分理论知识考试和操作技能考核。理论知识考试采用闭卷笔试方式为主,推广无纸化考试形式;操作技能考核采用现场操作、模拟操作、实际操作笔试等方式。理论知识考试和操作技能考核均实行百分制,成绩均达到60分以上(含60分)者为合格。技师还需进行综合评审,综合评审包括技术答辩和业绩考核。综合评审成绩是技术答辩和业绩考核两部分的平均分。

1.8.4 鉴定时间

理论知识考试90分钟;操作技能考核不少于60分钟;综合评审的技术答辩时间40分钟(论文宣读20分钟,答辩20分钟)

# 2 基本要求

## 2.1 职业道德

(1)爱岗敬业,自觉履行职责;
(2)忠于职守,严于律己;
(3)吃苦耐劳,工作认真负责;
(4)勤奋好学,刻苦钻研业务技术;
(5)谦虚谨慎,团结协作;
(6)安全生产,严格执行生产操作规程;
(7)文明作业,质量环保意识强;
(8)文明守纪,遵纪守法。

## 2.2 基础知识

### 2.2.1 测量学知识

(1)测量学简介和测量工作内容;
(2)地面点位的确定方法;
(3)水准测量;
(4)角度测量;
(5)距离测量与直线定向;
(6)遥感测量知识;
(7)GPS测量知识

### 2.2.2 测量误差知识

(1)测量误差的理论知识;
(2)测量工作中的误差分析。

### 2.2.3 地形图知识

(1)地形图基本知识;
(2)大比例地形图的绘制。

### 2.2.4 航空摄影测量与数字地面模型

(1)航空摄影测量;
(2)数字地面模型。

### 2.2.5 HSE与法律法规简介

(1)HSE简介;
(2)QC简介;
(3)法律法规简介。

# 3 工作要求

本标准对初级、中级、高级、技师与高级技师的技能要求依次递进,高级别包含低级别的要求。

## 3.1 初级

| 职业功能 | 工作内容 | 技能要求 | 相关知识 |
| --- | --- | --- | --- |
| 一、布设工程控制网 | （一）建立平面控制 | 1. 能进行水平角的观测；<br>2. 能进行方向观测；<br>3. 能进行导线的选点及布设方法；<br>4. 能建立建筑工程施工控制网；<br>5. 能操作经纬仪 | 1. 经纬仪的构造；<br>2. 经纬仪的轴线关系；<br>3. 闭合导线、附合导线及支导线的计算方法 |
| | （二）建立高程控制 | 1. 能闭合水准路线；<br>2. 能放样点的高程；<br>3. 能建立高程控制网；<br>4. 能检验和校正水准仪；<br>5. 能操作水准仪 | 1. 水准测量原理；<br>2. 国家高程基准的内容；<br>3. 水准仪的构造；<br>4. 闭合水准路线、附合水准路线及支水准路线的计算方法 |
| 二、工程测量的技能 | （一）公路路线测量 | 1. 能进行路线的交接桩工作；<br>2. 能进行路线的复测工作；<br>3. 能进行路线的中线测量；<br>4. 能进行路线的横断面测量；<br>5. 能进行桥梁的测量 | 1. 路线中线测量的方法；<br>2. 纸上定线的方法；<br>3. 道路纵断面、横断面、竖曲线及横向坡度的内容；<br>4. 桥梁的基本组成以及梁式桥、拱式桥、刚架桥及吊桥的内容 |
| | （二）施工测量 | 1. 能进行民用建筑的施工测量；<br>2. 能进行工业建筑的施工测量；<br>3. 能进行地下工程的施工测量 | 1. 施工测量的要求、特点及原则；<br>2. 民用建筑工程的内容；<br>3. 工业建筑工程的内容；<br>4. 地下管道工程的内容 |
| | （三）竣工测量 | 1. 能进行道路竣工测量；<br>2. 能进行桥梁竣工测量；<br>3. 能进行隧道竣工测量；<br>4. 能进行厂区竣工测量 | 1. 竣工测量的目的、要求等内容；<br>2. 道路、桥梁、隧道、厂区等竣工测量的内容 |
| 三、测量相关知识与应用 | （一）变形测量 | 1. 能根据不同情况设置变形测量观测点；<br>2. 能进行柱基础的沉降观测 | 1. 变形观测点的内容；<br>2. 柱基础的沉降观测方法 |
| | （二）识图的基本知识 | 1. 能看懂视图；<br>2. 能识读工程施工图纸 | 1. 建筑识图的基本方法；<br>2. 图线的概念、各种标注的方法 |
| | （三）测量数据处理 | 1. 能进行三角函数等数学计算；<br>2. 能使用科学计算器进行导线的计算 | 1. 三角函数、正弦定理、两点间距离、多边形内角和等数学计算方法；<br>2. 科学计算器的使用方法 |

## 3.2 中级

| 职业功能 | 工作内容 | 技能要求 | 相关知识 |
| --- | --- | --- | --- |
| 一、布设工程控制网 | （一）建立平面控制 | 1. 能进行平面控制网精度计算；<br>2. 能进行坐标增量、方位角的计算；<br>3. 能操作全站仪；<br>4. 能进行导线内外业计算；<br>5. 能进行点位的各种交会放样 | 1. 国家控制网的内容；<br>2. 平面控制网的精度要求；<br>3. 全站仪的分类、结构、操作等内容；<br>4. 前方交会、测方交会、单三角形、后方交会及测边交会的内容 |
| | （二）建立高程控制 | 1. 能操作精密水准仪；<br>2. 能进行高程控制的计算；<br>3. 能进行三角高程计算 | 1. 高程控制测量的技术要求；<br>2. 三、四等水准测量的内容；<br>3. 三角高程的测量原理 |

续表

| 职业功能 | 工作内容 | 技能要求 | 相关知识 |
|---|---|---|---|
| 二、工程测量的技能 | (一)公路路线测量 | 1. 能进行路线的基平测量；<br>2. 能进行路线的中平测量；<br>3. 能进行圆曲线的计算；<br>4. 能进行圆曲线的测设；<br>5. 能使用梁桥和拱桥的架设方法 | 1. 圆曲线要素的内容；<br>2. 路线基平和中平测量的方法；<br>3. 圆曲线的偏角测量方法；<br>4. 桥梁模板的分类、构造的内容；<br>5. 桥梁的陆地架设、浮吊架设等架设的方法 |
| | (二)施工测量 | 1. 能进行建筑物的点位测设；<br>2. 能进行输电线路的测量；<br>3. 能进行工业建筑基础、柱子、吊车梁等测量；<br>4. 能进行路基边桩放样；<br>5. 能使用桥梁的顶推施工方法 | 1. 点位的直角坐标法、极坐标法、角度交会法及距离交会法；<br>2. 输电线路工程的内容；<br>3. 工业建筑工程基础、柱子、吊车梁、轨道等内容；<br>4. 路基、路拱、桥梁等内容 |
| | (三)竣工测量 | 1. 能进行建筑物细部竣工测量；<br>2. 能进行铁道竣工测量；<br>3. 能进行厂房竣工测量；<br>4. 能进行输电线路竣工测量；<br>5. 能进行路基、路面的竣工测量 | 1. 竣工测量的工作内容；<br>2. 铁道、厂房、输电线路、路基路面等竣工测量的内容 |
| 三、测量相关知识与应用 | (一)变形测量 | 1. 能进行沉降水准点布设；<br>2. 能进行建筑物沉降观测；<br>3. 能进行建筑物位移观测 | 1. 变形观测的内容；<br>2. 建筑物沉降观测的内容；<br>3. 建筑物位移观测的内容 |
| | (二)识图的基本知识 | 1. 能识读建筑总平面图、平面图等；<br>2. 能识读施工图纸 | 1. 建筑平面图、立面图、剖面图的内容；<br>2. 建筑分类、构造、基础、结构等的内容 |
| | (三)测量数据处理 | 1 能进行指数函数、对数函数及幂函数等数学计算；<br>2. 能使用立体几何、解析几何、反三角函数的计算方法；<br>3. 能用计算器求反三角函数 | 1. 指数函数、对数函数及幂函数的计算方法；<br>2. 立体几何、解析几何、反三角函数的内容；<br>3. 科学计算器的使用方法 |

## 3.3 高级

| 职业功能 | 工作内容 | 技能要求 | 相关知识 |
|---|---|---|---|
| 一、布设工程控制网 | (一)建立平面控制 | 1. 能操作全站仪；<br>2. 能进行 GPS 定位测量；<br>3. 能进行闭合导线、附合导线的计算；<br>4. 能进行导线坐标的计算；<br>5. 能进行小三角网布设 | 1. 全站仪的测量原理；<br>2. 静态 GPS、动态 GPS 测量原理；<br>3. 闭合导线、附合导线的计算方法；<br>4. 导线坐标的计算方法；<br>5. 小三角网测量的内容 |
| | (二)地形图应用 | 1. 能在地形图上确定点的坐标；<br>2. 能在地形图上确定两点间距离；<br>3. 能在地形图上确定坐标方位角；<br>4. 能在地形图上确定点的高程；<br>5. 能在地形图上确定汇水面积 | 1. 地形图的基本内容；<br>2. 地形图的分幅与编号；<br>3. 等高线的内容；<br>4. 地形图比例尺、地形图图式的内容；<br>5. 计算面积的方法 |

续表

| 职业功能 | 工作内容 | 技能要求 | 相关知识 |
| --- | --- | --- | --- |
| 二、工程测量的技能 | (一)公路路线测量 | 1. 能用全站仪进行路线基平测量；<br>2. 能进行公路竖曲线测设；<br>3. 能进行复曲线测设；<br>4. 能进行缓和曲线的测设；<br>5. 能使用测距仪测量导线距离 | 1. 基平测量精度的要求；<br>2. 竖曲线的内容；<br>3. 由圆曲线组成的复曲线要素的计算方法；<br>4. 缓和曲线的计算方法；<br>5. 测距仪的分类、误差等内容 |
| | (二)施工测量 | 1. 能进行厂区控制网的测设；<br>2. 能进行厂房矩形控制网的测设；<br>3. 能进行简单的水下地形测量；<br>4. 能进行桥梁的基础放样；<br>5. 能进行隧道的控制测量 | 1. 厂区控制网的内容；<br>2. 厂房控制网的内容；<br>3. 水下地形测量的内容；<br>4. 桥梁基础、桥台、墩身、锥形护坡等内容；<br>5. 隧道控制测量的内容 |
| 三、测量相关知识与应用 | (一)变形测量 | 1. 能进行建筑物的水平位移观测；<br>2. 能进行隧道的水平位移观测；<br>3. 能进行建筑物挠度的观测；<br>4. 能进行建筑物的变形测量；<br>5. 能进行桥梁的变形测量 | 1. 基准线法、激光准直法的内容；<br>2. 分段基准线法、引张线法的内容；<br>3. 挠度观测及摄影测量的内容；<br>4. 建筑物水平观测与倾斜观测的内容；<br>5. 桥梁变形观测的内容 |
| | (二)组织管理 | 1. 能组织完成单项的测量任务；<br>2. 能编写测量安全措施 | 1. 班组的计划、质量、劳动、料具等管理知识；<br>2. 施工测量安全知识 |
| | (三)测量数据处理 | 1. 能进行三角函数等数学计算；<br>2. 能使用 AutoCAD 绘图；<br>能运用测绘法律法规及工程管理方法 | 1. 三角函数、正弦定理、两点间距离、多边形内角和等数学计算方法；<br>2. AutoCAD 绘图的方法；<br>3. 测绘法律、测绘资质、QC 及 HSE 等内容 |

## 3.4 技师

| 职业功能 | 工作内容 | 技能要求 | 相关知识 |
| --- | --- | --- | --- |
| 一、布设工程控制网 | (一)建立平面控制 | 1. 能进行闭合导线角度闭合差、坐标方位角及坐标增量的计算；<br>2. 能进行 GPS 定位测量；<br>3. 能进行 GPS 平面控制网的布设；<br>4. 能使用 GPS 手持机 | 1. 闭合导线角度闭合差、坐标方位角及坐标增量的内容；<br>2. GPS 卫星定位测量原理；<br>3. GPS 平面控制网的内容；<br>4. GPS 手持机的测量方法 |
| | (二)地形图应用 | 1. 能在地形图上确定点的高程；<br>2. 能在地形图上确定直线的坡度；<br>3. 能在地形图上采用方格网计算挖填土方量；<br>4. 能根据地貌特征点绘制地形图 | 1. 等高线的内容；<br>2. 地形图上直线坡度的内容；<br>3. 地形图上计算体积的方法；<br>4. 等高线的绘制方法 |
| 二、工程测量的技能 | (一)公路路线测量 | 1. 能用全站仪测设缓和曲线；<br>2. 能用 GPS 测设碎部点；<br>3. 能用 GPS 测设道路横断面、道路边线、缓和曲线等 | 1. 缓和曲线的测设方法；<br>2. GPS 测设碎部点方法；<br>3. 道路横断面、边线等知识 |
| | (二)施工测量 | 1. 能计算方位角和距离并现场放样；<br>2. 能用相位式光电测距仪测距；<br>3. 能用 GPS-RTK 放样长输管线； | 1. 方位角和距离计算，极坐标放样方法；<br>2. 相位式光电测距仪操作方法；<br>3. 长输管线测量要素知识； |

续表

| 职业功能 | 工作内容 | 技能要求 | 相关知识 |
| --- | --- | --- | --- |
| 二、工程测量的技能 | (二)施工测量 | 4. 能进行管道中线放样；<br>5. 能根据平面及剖面图确定管线定位方法；<br>6. 能进行吊车梁安装测量 | 4. 管道中线测量知识；<br>5. 管线平面图和剖面图知识及管线定位法；<br>6. 吊车梁安装测量知识 |
| | (三)地籍测量 | 1. 能进行简单的地籍调查；<br>2. 能绘制简单的地籍图；<br>3. 能进行简单的地籍测量；<br>4. 能填写地籍调查表 | 1. 地籍的分类、分幅等内容；<br>2. 地籍绘制及地籍图修测方法；<br>3. 地籍测量的内容；<br>4. 地籍测量的目的、特点、构成等及工作内容 |
| 三、测量相关知识与应用 | (一)组织管理 | 1. 能向初级工传授测量技能；<br>2. 能向中级工传授测量技能；<br>3. 能向高级工传授测量技能；<br>4. 能组织施工管理工作 | 1. 初级工测量技能的内容；<br>2. 中级工测量技能的内容；<br>3. 高级工测量技能的内容；<br>4. 测量管理知识，主要有施工准备工作，施工组织设计，施工任务书，处理施工测量质理与安全事故等 |
| | (二)测量数据处理 | 1. 能进行电脑操作；<br>2. 能使用测量软件；<br>3. 能操作 AutoCAD 绘图软件 | 1. 电脑基本操作方法；<br>2. 测量软件的使用方法；<br>3. AutoCAD 绘图方法 |
| | (三)编写测量方案 | 1. 能编写恢复定线方案；<br>2. 能编写中平测量方案；<br>3. 能编写带状图测量方案 | 1. 恢复定线的内容；<br>2. 中平测量的任务；<br>3. 地形图的组成、比例尺的种类，以及相关管理知识 |

## 3.5　高级技师

| 职业功能 | 工作内容 | 技能要求 | 相关知识 |
| --- | --- | --- | --- |
| 一、布设工程控制网 | (一)建立平面控制 | 1. 能建立桥梁平面控制网；<br>2. 能用罗盘仪测定磁方位角；<br>3. 能设置龙门板；<br>4. 能用轴线法测设方格网；<br>5. 能进行伺服式全站仪电子校检 | 1. 平面控制测量知识；<br>2. 罗盘仪操作方法；<br>3. 建筑工程控制测知识，包括龙门板、方格网及建筑轴线等；<br>4. 伺服式全站仪基本结构、功能及使用方法 |
| | (二)地形图应用 | 1. 能在地形图上沿已知方向绘制断面图；<br>2. 能进行简单的水下地形测量 | 1. 等高线与纵断面图知识；<br>2. 水下地形测量的内容 |
| 二、工程测量的技能 | (一)公路路线测量 | 1. 能使用偏角法、切线支距法、弦线支距法和极坐标等测设方法；<br>2. 能测设遇障碍的曲线；<br>3. 能用 GPS - RTK 放样桥梁桩基位置；<br>4. 能用推磨法测设回头曲线；<br>5. 能用全站仪测设复曲线 | 1. 偏角法、切线支距法、弦线支距法和极坐标等内容；<br>2. 曲线测设三角法及等量偏角法；<br>3. 桥梁桩基放样方法；<br>4. 回头曲线的测设方法；<br>5. 复曲线的测设方法 |
| | (二)施工测量 | 1. 能使用经纬仪引桩投测法；<br>2. 能用垂准仪投测建筑轴线点；<br>3. 能利根据平面及剖面图确定管线定位方法；<br>4. 能进行输电线路测量；<br>5. 能用经纬仪测量高耸建筑倾斜度 | 1. 高层建筑高轴线测设知识；<br>2. 垂准仪操作方法；<br>3. 管线的定位方法；<br>4. 输电线路定位的分中法和三角法，以及转角杆塔位移桩测设方法；<br>5. 高耸建筑测量知识 |

续表

| 职业功能 | 工作内容 | 技能要求 | 相关知识 |
| --- | --- | --- | --- |
| 三、测量相关知识与应用 | （一）测量数据处理 | 1. 能使用较复杂测量软件；<br>2. 能进行建筑、输电线路、道路桥梁、高耸建筑等测量计算 | 1. 测量软件的综合知识；<br>2. 多领域的施工测量计算知识 |
| | （二）编写测量方案 | 1. 能编写隧道施工测量方案；<br>2. 能编写桥梁施工测量方案；<br>3. 能编写全站仪测绘地形图测量方案 | 1. 隧道测量管理知识；<br>2. 桥梁测量管理知识；<br>3. 地形图测绘管理知识 |

# 4 比重表

## 4.1 理论知识

| 项目 | | | 初级，% | 中级，% | 高级，% | 技师、高级技师，% |
| --- | --- | --- | --- | --- | --- | --- |
| 基本要求 | | 基础知识 | 31.5 | 27 | 26 | 25 |
| 相关知识 | 布设工程控制网 | 建立平面控制 | 12 | 12 | 18 | 16 |
| | | 建立高程控制 | 5 | 5 | | |
| | | 地形图应用 | | | 5 | 5 |
| | 工程测量技能 | 公路路线测量 | 12.5 | 15 | 15 | 12.5 |
| | | 施工测量 | 15 | 18 | 16 | 24 |
| | | 竣工测量 | 5 | 5 | | |
| | | 地籍测量 | | | | 6.5 |
| | 测量相关知识与应用 | 变形测量 | 3 | 5 | 8 | |
| | | 识图的基本知识 | 8 | 5 | | |
| | | 测量数据处理 | 8 | 8 | 8 | 4 |
| | | 组织管理 | | | 4 | 4.5 |
| | | 编写测量方案 | | | | 2.5 |
| 合计 | | | 100 | 100 | 100 | 100 |

## 4.2 技能操作

| 项目 | | | 初级，% | 中级，% | 高级，% | 技师，% | 高级技师，% |
| --- | --- | --- | --- | --- | --- | --- | --- |
| 技能要求 | 布设工程控制网 | 建立平面控制 | 15 | 15 | 15 | 15 | 15 |
| | | 建立高程控制 | 15 | 15 | 15 | 15 | 15 |
| | 工程测量技能 | 公路路线测量 | 15 | 15 | 15 | 25 | 25 |
| | | 施工测量 | 25 | 25 | 30 | 30 | 30 |
| | 测量管理 | 测量数据处理 | 30 | 30 | 25 | 5 | 5 |
| | | 编写测量方案 | | | | 10 | 10 |
| 合计 | | | 100 | 100 | 100 | 100 | 100 |

# 附录 2 初级工理论知识鉴定要素细目表

工种:工程测量员　　　　级别:初级工　　　　鉴定方式:理论知识

| 行为领域 | 代码 | 鉴定范围<br>(重要程度比例) | 鉴定比重 | 代码 | 鉴定点 | 重要程度 | 备注 |
|---|---|---|---|---|---|---|---|
| 基础知识<br>A<br>31.5% | A | 测量学知识<br>(17∶05∶02) | 12% | 001 | 测量学的含义 | X | 上岗要求 |
| | | | | 002 | 测量学的任务 | Y | |
| | | | | 003 | 测量学的分类 | Y | |
| | | | | 004 | 测量学的应用 | X | 上岗要求 |
| | | | | 005 | 测量学的发展阶段 | Z | |
| | | | | 006 | 中国测量学的发展概况 | Z | |
| | | | | 007 | 地球形状的特点 | Y | |
| | | | | 008 | 大地水准面的规定 | X | 上岗要求 |
| | | | | 009 | 水平面的规定 | X | 上岗要求 |
| | | | | 010 | 水准面的规定 | X | 上岗要求 |
| | | | | 011 | 水准点的规定 | X | 上岗要求 |
| | | | | 012 | 精密水准仪的构造 | X | |
| | | | | 013 | 绝对高程的规定 | X | 上岗要求 |
| | | | | 014 | 相对高程的规定 | X | 上岗要求 |
| | | | | 015 | 高差的规定 | X | 上岗要求 |
| | | | | 016 | 测量的基本工作内容 | Y | |
| | | | | 017 | $DS_3$ 型水准仪的构造 | X | 上岗要求 |
| | | | | 018 | 水准尺的分类 | X | 上岗要求 |
| | | | | 019 | 水准器的分类 | Y | 上岗要求 |
| | | | | 020 | 水平角的含义 | X | 上岗要求 |
| | | | | 021 | $DJ_6$ 型经纬仪的构造 | X | 上岗要求 |
| | | | | 022 | 竖直角的规定 | X | 上岗要求 |
| | | | | 023 | 测量常用术语 | X | 上岗要求 |
| | | | | 024 | 民用建筑测量的技术名词 | X | |
| | B | 测量误差知识<br>(13∶01∶00) | 7% | 001 | 误差的含义 | X | 上岗要求 |
| | | | | 002 | 误差的分类 | Y | |
| | | | | 003 | 标准误差的规定 | X | 上岗要求 |
| | | | | 004 | 中误差的规定 | X | 上岗要求 |
| | | | | 005 | 容许误差的规定 | X | 上岗要求 |
| | | | | 006 | 相对误差的规定 | X | 上岗要求 |

续表

| 行为领域 | 代码 | 鉴定范围（重要程度比例） | 鉴定比重 | 代码 | 鉴定点 | 重要程度 | 备注 |
|---|---|---|---|---|---|---|---|
| 基础知识A 31.5% | B | 测量误差知识（13：01：00） | 7% | 007 | 仪器产生的误差 | X | 上岗要求 |
| | | | | 008 | 观测产生的误差 | X | 上岗要求 |
| | | | | 009 | 水准测量计算的检核方法 | X | 上岗要求 |
| | | | | 010 | 观测值的含义 | X | 上岗要求 |
| | | | | 011 | 同精度观测的内容 | X | 上岗要求 |
| | | | | 012 | 直接观测平差的内容 | X | 上岗要求 |
| | | | | 013 | 固定误差的含义 | X | 上岗要求 |
| | | | | 014 | 钢尺测距误差的分析方法 | X | 上岗要求 |
| | C | 地形图知识（13：04：03） | 10% | 001 | 参考椭球的规定 | X | 上岗要求 |
| | | | | 002 | 投影的分类 | Y | |
| | | | | 003 | 高斯投影的内容 | Y | |
| | | | | 004 | 高斯平面直角坐标系的内容 | X | |
| | | | | 005 | 6°投影带的划分方法 | X | 上岗要求 |
| | | | | 006 | 3°投影带的划分方法 | X | 上岗要求 |
| | | | | 007 | 地图比例尺的含义 | X | 上岗要求 |
| | | | | 008 | 地图要素的内容 | X | 上岗要求 |
| | | | | 009 | 子午线的内容 | X | 上岗要求 |
| | | | | 010 | 地物的内容 | X | 上岗要求 |
| | | | | 011 | 地貌的内容 | X | 上岗要求 |
| | | | | 012 | 地图制图的规定 | X | |
| | | | | 013 | 地形图分幅的内容 | X | |
| | | | | 014 | 地形图编号的方法 | Z | |
| | | | | 015 | 等高线的分类 | X | 上岗要求 |
| | | | | 016 | 地形图图式的表示方法 | X | 上岗要求 |
| | | | | 017 | 真子午线的含义 | Y | 上岗要求 |
| | | | | 018 | 碎部点选择的方法 | Y | 上岗要求 |
| | | | | 019 | DCH-2 型红外测距仪的构造 | Z | |
| | | | | 020 | 磁子午线的含义 | Z | |
| | D | HSE 与法律法规简介（04：01：00） | 2.5% | 001 | 行为准则的内容 | X | |
| | | | | 002 | 测绘法律的内容 | Y | |
| | | | | 003 | 测绘资质的内容 | X | |
| | | | | 004 | QC 的含义 | X | |
| | | | | 005 | HSE 的含义 | X | |
| 专业知识B 68.5% | A | 建立平面控制（13：07：04） | 12% | 001 | 国家平面控制网布设的种类 | Y | 上岗要求 |
| | | | | 002 | 图根控制网的特点 | Z | 上岗要求 |

续表

| 行为领域 | 代码 | 鉴定范围（重要程度比例） | 鉴定比重 | 代码 | 鉴定点 | 重要程度 | 备注 |
|---|---|---|---|---|---|---|---|
| 专业知识B 68.5% | A | 建立平面控制（13：07：04） | 12% | 003 | 水平角观测的基本原则 | X | 上岗要求 |
| | | | | 004 | 方向观测的方法 | X | 上岗要求 |
| | | | | 005 | 闭合导线布设的方法 | X | 上岗要求 |
| | | | | 006 | 附合导线布设的方法 | X | 上岗要求 |
| | | | | 007 | 支导线的分类 | Y | 上岗要求 |
| | | | | 008 | 导线点选点的要求 | Z | 上岗要求 |
| | | | | 009 | 交桩的内容 | X | 上岗要求 |
| | | | | 010 | 选点埋石的内容 | X | 上岗要求 |
| | | | | 011 | $DJ_6$ 经纬仪分微尺测微器的读数方法 | Y | |
| | | | | 012 | $DJ_6$ 经纬仪单平板板玻璃测微器的读数方法 | Z | |
| | | | | 013 | $DJ_6$ 经纬仪的使用要求 | X | 上岗要求 |
| | | | | 014 | $DJ_2$ 经纬仪的特点 | X | 上岗要求 |
| | | | | 015 | 经纬仪的保养方法 | X | 上岗要求 |
| | | | | 016 | 工程测量安全操作注意事项 | X | |
| | | | | 017 | 工程测量的指挥信号 | Y | |
| | | | | 018 | 建筑测量准备工作的内容 | X | |
| | | | | 019 | 高层建筑施工控制网的内容 | X | |
| | | | | 020 | 高层建筑平面控制点确定的内容 | X | |
| | | | | 021 | 高层建筑轴线的投测法 | Y | |
| | | | | 022 | 旗语信号的内容 | Z | |
| | | | | 023 | 经纬仪水准管轴垂直于竖轴检验校正方法 | Y | |
| | | | | 024 | 经纬仪十字丝、光学对中器检验校正方法 | Y | |
| | B | 建立高程控制（07：02：01） | 5% | 001 | 高程控制的方法 | X | 上岗要求 |
| | | | | 002 | 黄海高程系的规定 | Z | 上岗要求 |
| | | | | 003 | 国家高程基准的规定 | X | 上岗要求 |
| | | | | 004 | 精密水准仪的使用方法 | X | 上岗要求 |
| | | | | 005 | 精密水准仪的检测方法 | X | |
| | | | | 006 | 水准仪水准轴平行于竖轴的检验校正方法 | Y | |
| | | | | 007 | 水准仪十字丝垂直于竖轴的检验校正方法 | Y | |
| | | | | 008 | 闭合水准路线的特点 | X | 上岗要求 |
| | | | | 009 | 附合水准路线的特点 | X | 上岗要求 |
| | | | | 010 | 支水准路线的特点 | X | 上岗要求 |

续表

| 行为领域 | 代码 | 鉴定范围（重要程度比例） | 鉴定比重 | 代码 | 鉴定点 | 重要程度 | 备注 |
|---|---|---|---|---|---|---|---|
| 专业知识B 68.5% | C | 公路路线测量（18：03：04） | 12.5% | 001 | 路线勘测阶段测量工作内容 | Z | |
| | | | | 002 | 交接桩的范围 | Y | 上岗要求 |
| | | | | 003 | 交接桩的程序 | X | 上岗要求 |
| | | | | 004 | 涵洞的分类与选择 | X | 上岗要求 |
| | | | | 005 | 导线水平角复测的内容 | X | 上岗要求 |
| | | | | 006 | 导线边长复测的要求 | X | 上岗要求 |
| | | | | 007 | 导线点加密的方法 | Y | |
| | | | | 008 | 公路排水沟测量的内容 | X | 上岗要求 |
| | | | | 009 | 纸上定线的方法 | X | |
| | | | | 010 | 路线中线测量的内容 | X | 上岗要求 |
| | | | | 011 | 路线拨角放线法的内容 | X | |
| | | | | 012 | 路线的转角测设方法 | X | 上岗要求 |
| | | | | 013 | 路线导线的含义 | X | 上岗要求 |
| | | | | 014 | 路基边线的放样方法 | X | 上岗要求 |
| | | | | 015 | 路面横坡度 | X | 上岗要求 |
| | | | | 016 | 竖曲线的要求 | X | 上岗要求 |
| | | | | 017 | 路线直线段的横断面测量方法 | X | 上岗要求 |
| | | | | 018 | 圆曲线上的横断面测量方法 | X | 上岗要求 |
| | | | | 019 | 花杆皮尺法 | Z | |
| | | | | 020 | 钓鱼法 | Z | |
| | | | | 021 | 横断面面积的计算方法 | X | |
| | | | | 022 | 桥梁的基本组成 | Y | 上岗要求 |
| | | | | 023 | 桥梁结构的术语名称 | X | |
| | | | | 024 | 桥梁测量需掌握的技术名称 | X | 上岗要求 |
| | | | | 025 | 桥梁其他分类 | Z | |
| | D | 施工测量（19：06：05） | 15% | 001 | 施工测量的内容 | X | 上岗要求 |
| | | | | 002 | 施工测量的要求 | X | 上岗要求 |
| | | | | 003 | 施工测量的特点 | X | 上岗要求 |
| | | | | 004 | 施工测量的原则 | X | 上岗要求 |
| | | | | 005 | 特殊建筑工程测量的内容 | Z | |
| | | | | 006 | 先张法简支梁桥的内容 | Z | |
| | | | | 007 | 后张法简支梁桥的内容 | Z | |
| | | | | 008 | 工业厂房施工测量的准备工作 | Y | |
| | | | | 009 | 不同类型工业厂房施工测量的内容 | Y | |
| | | | | 010 | 工业建筑物放样要求 | X | |

续表

| 行为领域 | 代码 | 鉴定范围（重要程度比例） | 鉴定比重 | 代码 | 鉴定点 | 重要程度 | 备注 |
|---|---|---|---|---|---|---|---|
| 专业知识 B 68.5% | D | 施工测量（19：06：05） | 15% | 011 | 工业建筑物放样精度 | X | |
| | | | | 012 | 工业建筑物放样允许偏差 | X | |
| | | | | 013 | 椭圆形建筑物放线方法 | Y | |
| | | | | 014 | 桥梁施工的悬臂浇筑法 | Y | |
| | | | | 015 | 桥梁施工的悬臂拼装法 | Y | |
| | | | | 016 | 小三角测量角度闭合差的计算方法 | X | |
| | | | | 017 | 路基放样的坡度样板法 | X | 上岗要求 |
| | | | | 018 | 地下管道中线测设的内容 | X | |
| | | | | 019 | 地下管线里程桩测设要求 | X | |
| | | | | 020 | 地下管线纵、横断面图测绘方法 | X | |
| | | | | 021 | 地下管道的槽口放线方法 | Z | |
| | | | | 022 | 地下管道施工控制桩测设方法 | Z | |
| | | | | 023 | 顶管施工测量步骤 | X | |
| | | | | 024 | 顶进过程中测量方法 | X | |
| | | | | 025 | 建筑轴线的测设方法 | X | |
| | | | | 026 | 建筑方格网的测设方法 | X | 上岗要求 |
| | | | | 027 | 等高线法平整场地的测量方法 | X | 上岗要求 |
| | | | | 028 | 拨地测量的含义 | X | |
| | | | | 029 | 建筑物定位方法 | X | |
| | | | | 030 | 测设建筑物龙门桩的方法 | Y | |
| | E | 竣工测量（06：02：02） | 5% | 001 | 竣工测量的含义 | X | 上岗要求 |
| | | | | 002 | 竣工测量的工作内容 | X | 上岗要求 |
| | | | | 003 | 竣工测量的目的 | X | 上岗要求 |
| | | | | 004 | 竣工测量的要求 | X | 上岗要求 |
| | | | | 005 | 隧道竣工测量 | Z | |
| | | | | 006 | 竣工测量的方法 | X | 上岗要求 |
| | | | | 007 | 道路竣工测量 | X | |
| | | | | 008 | 桥梁竣工测量 | Y | |
| | | | | 009 | 管道竣工测量 | Z | |
| | | | | 010 | 厂区竣工测量的内容 | Y | |
| | F | 变形测量（07：02：01） | 3% | 001 | 工程沉降水准点的测设方法 | X | |
| | | | | 002 | 预制墙式观测点的特点 | X | |
| | | | | 003 | 燕尾形观测点的设置方法 | Y | |
| | | | | 004 | 角钢埋设观测点的设置方法 | Y | |
| | | | | 005 | 设备基础观测点的设置方法 | Z | |
| | | | | 006 | 柱基础沉降观测点的设置方法 | X | |

续表

| 行为领域 | 代码 | 鉴定范围（重要程度比例） | 鉴定比重 | 代码 | 鉴定点 | 重要程度 | 备注 |
|---|---|---|---|---|---|---|---|
| 专业知识B 68.5% | G | 识图的基本知识（09：05：02） | 8% | 001 | 建筑识图基本知识 | Y | |
| | | | | 002 | 正投影图 | Y | |
| | | | | 003 | 三视图 | Y | |
| | | | | 004 | 图纸目录 | X | 上岗要求 |
| | | | | 005 | 标题栏及会签栏 | X | 上岗要求 |
| | | | | 006 | 图线的种类 | Z | |
| | | | | 007 | 图线的用途 | Z | |
| | | | | 008 | 图样的比例 | X | 上岗要求 |
| | | | | 009 | 图中符号 | X | 上岗要求 |
| | | | | 010 | 图中引出线 | X | |
| | | | | 011 | 图中的对称符号与连接符号 | Y | |
| | | | | 012 | 坐标标注的方法 | X | 上岗要求 |
| | | | | 013 | 标高标注的方法 | X | 上岗要求 |
| | | | | 014 | 建筑定位轴的内容 | Y | |
| | | | | 015 | 尺寸界线、尺寸线及尺寸起止符号 | X | |
| | | | | 016 | 尺寸排列与布置 | X | |
| | H | 测量数据处理（13：02：01） | 8% | 001 | 三角函数的计算方法 | Y | 上岗要求 |
| | | | | 002 | 正弦定理的计算方法 | Y | 上岗要求 |
| | | | | 003 | 两点间距离公式的计算方法 | X | 上岗要求 |
| | | | | 004 | 平方和公式的计算方法 | X | 上岗要求 |
| | | | | 005 | 多边形内角和的计算方法 | X | 上岗要求 |
| | | | | 006 | 正弦函数的计算方法 | X | 上岗要求 |
| | | | | 007 | 常用数学符号 | X | 上岗要求 |
| | | | | 008 | 因式分解 | X | 上岗要求 |
| | | | | 009 | 代数中实数的运算法则 | X | 上岗要求 |
| | | | | 010 | 角度换算的方法 | X | 上岗要求 |
| | | | | 011 | 计算器简单函数的计算方法 | X | 上岗要求 |
| | | | | 012 | 计算器寄存器的使用方法 | X | 上岗要求 |
| | | | | 013 | 计算器保留常数的计算方法 | X | 上岗要求 |
| | | | | 014 | 计算器分类 | X | 上岗要求 |
| | | | | 015 | 直角坐标与极坐标的互换方法 | X | 上岗要求 |
| | | | | 016 | 程序的运行方法 | Z | |

注：X—核心要素；Y—一般要素；Z—辅助要素。

# 附录3 初级工操作技能鉴定要素细目表

工种：工程测量员　　　　级别：初级工　　　　鉴定方式：操作技能

| 行为领域 | 代码 | 鉴定范围 | 鉴定比重 | 代码 | 鉴定点 | 重要程度 | 备注 |
|---|---|---|---|---|---|---|---|
| 操作技能 A 100% (16：03：00) | A | 布设工程控制网 | 30% | 001 | 用水准仪计算厂房门口坡道坡度 | X | 上岗要求 |
| | | | | 002 | 布设闭合水准路线 | X | 上岗要求 |
| | | | | 003 | 用水准仪配合挂线进行道路施工 | Y | 上岗要求 |
| | | | | 004 | 经纬仪测定路线转角 | X | 上岗要求 |
| | | | | 005 | 经纬仪测回法观测水平角 | X | 上岗要求 |
| | | | | 006 | 经纬仪采用角度交会法定点位 | X | 上岗要求 |
| | B | 掌握工程测量技能 | 40% | 001 | 安置普通光学经纬仪并精确照准某点 | Y | 上岗要求 |
| | | | | 002 | 检验经纬横轴垂直于竖轴 | X | |
| | | | | 003 | 安置普通水准仪并读出塔尺读数 | X | 上岗要求 |
| | | | | 004 | 检验与校正水准仪圆水准轴平行于竖轴 | X | |
| | | | | 005 | 用水准仪由已知高程点测待求点高程 | X | 上岗要求 |
| | | | | 006 | 用水准仪放样已知高程点 | X | 上岗要求 |
| | | | | 007 | 经纬仪定曲线交点 | X | 上岗要求 |
| | | | | 008 | 经纬仪采用极坐标法放样点位 | X | 上岗要求 |
| | C | 测量管理 | 30% | 001 | 整理闭合水准路线测量成果 | Y | 上岗要求 |
| | | | | 002 | 根据丈量结果计算尺段实际长度 | X | 上岗要求 |
| | | | | 003 | 根据已知坐标和距离计算点坐标 | Z | 上岗要求 |
| | | | | 004 | 计算曲线要素及主点里程 | X | 上岗要求 |
| | | | | 005 | 整理竖直角观测成果 | X | 上岗要求 |
| | | | | 006 | 整理附合水准路线测量成果 | X | 上岗要求 |

注：X—核心要素；Y—一般要素；Z—辅助要素。

# 附录4 中级工理论知识鉴定要素细目表

工种:工程测量员　　　　级别:中级工　　　　鉴定方式:理论知识

| 行为领域 | 代码 | 鉴定范围（重要程度比例） | 鉴定比重 | 代码 | 鉴定点 | 重要程度 | 备注 |
|---|---|---|---|---|---|---|---|
| 基础知识A 27% | A | 测量学知识（12：04：02） | 9% | 001 | 世界测量学的发展概况 | Z | |
| | | | | 002 | 遥感的类型 | Y | |
| | | | | 003 | 航空遥感的特点 | Y | |
| | | | | 004 | 坐标增量的含义 | X | |
| | | | | 005 | 象限角、方位角、坐标增量的关系 | X | |
| | | | | 006 | 电磁波测距简介 | Y | |
| | | | | 007 | 测距仪的性能与使用要点 | Y | |
| | | | | 008 | 测距仪操作程序 | Z | |
| | | | | 009 | 方位角的规定 | X | |
| | | | | 010 | 象限角的规定 | X | |
| | | | | 011 | 电子经纬仪简介 | X | |
| | | | | 012 | 测量学的阶段划分方法 | X | |
| | | | | 013 | 假定水准面的含义 | X | |
| | | | | 014 | 坐标系统的含义 | X | |
| | | | | 015 | 经纬度的划分方法 | X | |
| | | | | 016 | 水准测量原理 | X | |
| | | | | 017 | 1954北京坐标系的含义 | X | |
| | | | | 018 | 1980国家大地坐标系的含义 | X | |
| | B | 测量误差知识（12：02：01） | 8% | 001 | 真误差的概念 | Y | |
| | | | | 002 | 系统误差的概念 | X | |
| | | | | 003 | 偶然误差的概念 | X | |
| | | | | 004 | 钢尺的检定方法 | X | |
| | | | | 005 | 整平误差的概念 | X | |
| | | | | 006 | 水准尺倾斜误差的概念 | X | |
| | | | | 007 | 角度测量中误差的含义 | X | |
| | | | | 008 | 距离丈量精度的要求 | X | |
| | | | | 009 | 误差的来源 | X | |
| | | | | 010 | 水准测量测视距的要求 | Z | |
| | | | | 011 | 水准测量的双面尺法 | Y | |
| | | | | 012 | 高差闭合差的调整方法 | X | |
| | | | | 013 | 量距尺长改正的要求 | X | |

续表

| 行为领域 | 代码 | 鉴定范围（重要程度比例） | 鉴定比重 | 代码 | 鉴定点 | 重要程度 | 备注 |
|---|---|---|---|---|---|---|---|
| 基础知识 A 27% | B | 测量误差知识（12：02：01） | 8% | 014 | 量距温度改正的要求 | X | |
| | | | | 015 | 量距倾斜改正的要求 | X | |
| | C | 地形图知识（08：02：01） | 5% | 001 | 地形图拼接的方法 | X | |
| | | | | 002 | 测量上常用的度量单位 | X | |
| | | | | 003 | 地形图修测的内容 | Y | |
| | | | | 004 | 地形图编绘的方法 | Z | |
| | | | | 005 | 地形图识图的要求 | X | |
| | | | | 006 | 数字比例尺的概念 | X | |
| | | | | 007 | 图示比例尺的概念 | X | |
| | | | | 008 | 图例的内容 | X | |
| | | | | 009 | 等高线的含义 | X | |
| | | | | 010 | 等高线的特征 | X | |
| | | | | 011 | 三北方向图的含义 | Y | |
| | D | 摄影测量学（04：05：02） | 5% | 001 | 摄影测量学的含义 | X | |
| | | | | 002 | 摄影测量学的分类 | X | |
| | | | | 003 | 摄影测量学的发展阶段 | Y | |
| | | | | 004 | 航空摄影质量的要求 | Y | |
| | | | | 005 | 摄影测量学的应用 | X | |
| | | | | 006 | 航空摄影资料提交的内容 | Z | |
| | | | | 007 | 航空摄影测量测图的方法 | Y | |
| | | | | 008 | 数据采集的要求 | X | |
| | | | | 009 | 数据文件的内容 | Y | |
| | | | | 010 | 数字正射影像的内容 | Z | |
| | | | | 011 | 航摄比例尺的选择方法 | Y | |
| 专业知识 B 73% | A | 建立平面控制（16：05：02） | 12% | 001 | 国家控制网的形式 | Y | |
| | | | | 002 | 平面控制网的精度要求 | X | |
| | | | | 003 | 平面控制网的布设要求 | X | |
| | | | | 004 | 经纬仪视准轴的校验方法 | X | |
| | | | | 005 | 经纬仪横轴的校验方法 | X | |
| | | | | 006 | 全站仪的概念 | X | |
| | | | | 007 | 全站仪的分类 | X | |
| | | | | 008 | 全站仪的基本结构 | Y | |
| | | | | 009 | 全站仪的特点 | Z | |
| | | | | 010 | 全站仪的技术指标 | X | |
| | | | | 011 | 全站仪的操作方法 | X | |

续表

| 行为领域 | 代码 | 鉴定范围（重要程度比例） | 鉴定比重 | 代码 | 鉴定点 | 重要程度 | 备注 |
|---|---|---|---|---|---|---|---|
| 专业知识 B 73% | A | 建立平面控制（16：05：02） | 12% | 012 | 全站仪的检验方法 | Z | |
| | | | | 013 | 钢尺量距图根导线的主要技术要求 | Y | |
| | | | | 014 | 导线复测的内业的计算 | X | |
| | | | | 015 | 导线复测的外业工作 | X | |
| | | | | 016 | 小三角网的布设方法 | X | |
| | | | | 017 | 光电测距三角高程测量的内容 | Y | |
| | | | | 018 | 三、四等水准测量的要求 | Y | |
| | | | | 019 | 前方交会的放样方法 | X | |
| | | | | 020 | 侧方交会的放样方法 | X | |
| | | | | 021 | 单三角形的放样方法 | X | |
| | | | | 022 | 后方交会的放样方法 | X | |
| | | | | 023 | 测边交会的放样方法 | X | |
| | B | 建立高程控制（07：03：01） | 5% | 001 | 高程控制测量的技术要求 | Y | |
| | | | | 002 | 多跨桥梁按长度高程控制等级的要求 | Y | |
| | | | | 003 | 单跨桥梁按长度高程控制等级的要求 | Y | |
| | | | | 004 | 精密水准仪在高程控制测量中的应用 | X | |
| | | | | 005 | 高程测量数字取位的要求 | X | |
| | | | | 006 | 高程控制点布设的要求 | X | |
| | | | | 007 | 高程控制测量观测的方法 | X | |
| | | | | 008 | GPS 高程测量的要求 | X | |
| | | | | 009 | 三、四等水准测量的要求 | Z | |
| | | | | 010 | 三角高程测量的原理 | X | |
| | | | | 011 | 三角高程测量的方法 | X | |
| | C | 公路路线测量（20：05：05） | 15% | 001 | 切线长的计算方法 | X | |
| | | | | 002 | 曲线长的计算方法 | X | |
| | | | | 003 | *ZH* 点的计算方法 | X | |
| | | | | 004 | *HY* 点的计算方法 | X | |
| | | | | 005 | *YH* 点的计算方法 | X | |
| | | | | 006 | *HZ* 点的计算方法 | X | |
| | | | | 007 | 偏角法的内容 | X | |
| | | | | 008 | 根据路基中心填挖高放样路基边桩的方法 | Y | |
| | | | | 009 | 基平测量的要求 | X | |
| | | | | 010 | 中平测量的要求 | X | |
| | | | | 011 | 凸竖曲线的含义 | X | |
| | | | | 012 | 凹竖曲线的含义 | X | |
| | | | | 013 | 平交道口转弯半径的概念 | X | |

续表

| 行为领域 | 代码 | 鉴定范围（重要程度比例） | 鉴定比重 | 代码 | 鉴定点 | 重要程度 | 备注 |
|---|---|---|---|---|---|---|---|
| 专业知识 B 73% | C | 公路路线测量（20：05：05） | 15% | 014 | 路线的里程的含义 | X | |
| | | | | 015 | 单圆曲线要素的组成 | X | |
| | | | | 016 | 单圆曲线的主点测设方法 | X | |
| | | | | 017 | 切线支距法的内容 | X | |
| | | | | 018 | *ZY* 点的计算方法 | X | |
| | | | | 019 | *QZ* 点的计算方法 | X | |
| | | | | 020 | *YZ* 点的计算方法 | X | |
| | | | | 021 | 外距的计算方法 | X | |
| | | | | 022 | 切曲差的计算方法 | Y | |
| | | | | 023 | 梁桥模板的分类 | Y | |
| | | | | 024 | 梁桥模板的构造 | Y | |
| | | | | 025 | 梁桥的陆地架设方法 | Z | |
| | | | | 026 | 梁桥的浮吊架设方法 | Z | |
| | | | | 027 | 梁桥的高空架设方法 | Z | |
| | | | | 028 | 拱桥的有支架施工方法 | Z | |
| | | | | 029 | 拱桥的缆索吊装施工方法 | Z | |
| | | | | 030 | 拱桥的其他施工方法 | Y | |
| | D | 施工测量（20：09：06） | 18% | 001 | 建筑物基础施工测量的要求 | Y | |
| | | | | 002 | 建筑物墙体施工测量的要求 | Y | |
| | | | | 003 | 点位测设的直角坐标法 | X | |
| | | | | 004 | 点位测设的极坐标法 | X | |
| | | | | 005 | 点位测设的角度交会法 | X | |
| | | | | 006 | 点位测设的距离交会法 | X | |
| | | | | 007 | 路基边桩放样的方法 | X | |
| | | | | 008 | 路拱放样的方法 | X | |
| | | | | 009 | 轴线长度直接测量的方法 | Y | |
| | | | | 010 | 轴线长度间接测量的方法 | Y | |
| | | | | 011 | 轴线长度光电测距的方法 | Y | |
| | | | | 012 | 输电线路测量的划分阶段 | Z | |
| | | | | 013 | 输电线路测量的要求 | Z | |
| | | | | 014 | 输电线路跨越的要求 | Z | |
| | | | | 015 | 输电线路杆塔定位的内容 | Z | |
| | | | | 016 | 水平视线法测已知坡度直线的方法 | X | |
| | | | | 017 | 倾斜视线法测已知坡度直线的方法 | X | |
| | | | | 018 | 经纬仪测设法测已知坡度直线的方法 | X | |
| | | | | 019 | 铅垂线的测设方法 | Y | |

续表

| 行为领域 | 代码 | 鉴定范围（重要程度比例） | 鉴定比重 | 代码 | 鉴定点 | 重要程度 | 备注 |
|---|---|---|---|---|---|---|---|
| 专业知识B 73% | D | 施工测量（20：09：06） | 18% | 020 | 边桩放样的方法 | X | |
| | | | | 021 | 输电线路定线测量的方法 | X | |
| | | | | 022 | 边角测量的方法 | X | |
| | | | | 023 | 工业建筑柱形基础的定位测量内容 | Y | |
| | | | | 024 | 工业建筑钢柱基础的测量内容 | X | |
| | | | | 025 | 工业建筑砼柱基础、柱身与平台的测量内容 | Y | |
| | | | | 026 | 工业建筑柱子安装测量的内容 | X | |
| | | | | 027 | 工业建筑吊车梁安装测量的内容 | Z | |
| | | | | 028 | 工业建筑轨道安装测量的内容 | Z | |
| | | | | 029 | 钢结构工程安装测量的内容 | X | |
| | | | | 030 | 管道工程测量的内容 | X | |
| | | | | 031 | 地下管线调查的内容 | X | |
| | | | | 032 | 地下管线信息系统的内容 | X | |
| | | | | 033 | 机械设备安装测量的内容 | X | |
| | | | | 034 | 桥梁顶推施工的方法 | X | |
| | | | | 035 | 桥梁移动式模架逐孔施工的方法 | Y | |
| | E | 竣工测量（07：02：01） | 5% | 001 | 竣工总平面图的编绘 | X | |
| | | | | 002 | 竣工总平面图的编绘程序 | X | |
| | | | | 003 | 建筑物竣工细部平面位置测量 | X | |
| | | | | 004 | 建筑物竣工细部高程位置测量 | X | |
| | | | | 005 | 铁道竣工测量 | Y | |
| | | | | 006 | 厂房竣工测量 | X | |
| | | | | 007 | 输电线路竣工测量 | Y | |
| | | | | 008 | 水泥混凝土路面竣工测量 | X | |
| | | | | 009 | 路基工程竣工测量 | X | |
| | | | | 010 | 隧道竣工测量 | Z | |
| | F | 变形测量（07：02：01） | 5% | 001 | 变形的含义 | X | |
| | | | | 002 | 变形的工作内容 | X | |
| | | | | 003 | 倾斜观测的内容 | X | |
| | | | | 004 | 沉降观测的技术要求 | X | |
| | | | | 005 | 建筑物沉降观测的投点法的内容 | X | |
| | | | | 006 | 建筑物沉降观测的水平角法的内容 | X | |
| | | | | 007 | 沉降观测水准点布设的要求 | X | |
| | | | | 008 | 沉降观测水准点布设的注意事项 | Y | |
| | | | | 009 | 建筑物其他位移观测的内容 | Y | |
| | | | | 010 | 建筑物场地滑坡观测的内容 | Z | |

续表

| 行为领域 | 代码 | 鉴定范围（重要程度比例） | 鉴定比重 | 代码 | 鉴定点 | 重要程度 | 备注 |
|---|---|---|---|---|---|---|---|
| 专业知识 B 73% | G | 识图的基本知识（06∶03∶01） | 5% | 001 | 建筑总平面图 | X | |
| | | | | 002 | 建筑平面图 | X | |
| | | | | 003 | 建筑立面图 | X | |
| | | | | 004 | 建筑剖面图 | X | |
| | | | | 005 | 建筑平面、立面、剖面图的关系 | Y | |
| | | | | 006 | 建筑结构施工图 | Y | |
| | | | | 007 | 建筑基础平面图 | X | |
| | | | | 008 | 民用建筑的分类 | Z | |
| | | | | 009 | 民用建筑的构造 | Y | |
| | | | | 010 | 建筑基础分类与构造 | X | |
| | H | 测量数据处理（11∶03∶02） | 8% | 001 | 指数函数的计算方法 | X | |
| | | | | 002 | 对数函数的计算方法 | X | |
| | | | | 003 | 幂函数的计算方法 | X | |
| | | | | 004 | 圆的方程计算方法 | X | |
| | | | | 005 | 简单三角函数的计算方法 | X | |
| | | | | 006 | 三角函数和差公式的计算方法 | X | |
| | | | | 007 | 立体几何的计算方法 | X | |
| | | | | 008 | 解析几何的计算方法 | Y | |
| | | | | 009 | 计算器反三角函数的计算程序 | Y | |
| | | | | 010 | 指数的计算程序 | Z | |
| | | | | 011 | 幂函数的计算程序 | X | |
| | | | | 012 | 连续加减的计算程序 | X | |
| | | | | 013 | 余弦函数的计算方法 | X | |
| | | | | 014 | 正切函数的计算方法 | X | |
| | | | | 015 | 余切函数的计算方法 | Z | |
| | | | | 016 | 反正切函数的计算方法 | Y | |

注：X—核心要素；Y——般要素；Z—辅助要素。

# 附录 5　中级工操作技能鉴定要素细目表

工种:工程测量员　　　　级别:中级工　　　　鉴定方式:操作技能

| 行为领域 | 代码 | 鉴定范围 | 鉴定比重 | 代码 | 鉴定点 | 重要程度 | 备注 |
|---|---|---|---|---|---|---|---|
| 操作技能 A 100%（16∶03∶00） | A | 布设工程控制网 | 30% | 001 | 用水平视线法测设已知坡度的直线 | X | |
| | | | | 002 | 用变更仪器高法进行水准测量 | X | |
| | | | | 003 | 安置普通光学经纬仪在边坡上 | Y | |
| | | | | 004 | 经纬仪和钢尺来固定 JD 点 | X | |
| | | | | 005 | 用全站仪放样已知坐标点 | X | |
| | | | | 006 | 全站仪采用极坐标放样已知坐标点位 | Z | |
| | B | 掌握工程测量技能 | 40% | 001 | 检验水准仪水准管轴平行于视准轴 | X | |
| | | | | 002 | 检验经纬仪横轴垂直于竖轴,并说明校正方法 | X | |
| | | | | 003 | 用经纬仪放样曲线 *ZY* 点、*YZ* 点 | X | |
| | | | | 004 | 用全站仪准确照准目标 | X | |
| | | | | 005 | 用全站仪测设两点间距离 | X | |
| | | | | 006 | 野外检定全站仪的加常数值 | Y | |
| | | | | 007 | 用全站仪测已知点到已知直线的最短距离 | X | |
| | | | | 008 | 根据给定交点位置及外距用全站仪确定曲线要素 | X | |
| | C | 测量管理 | 30% | 001 | 整理基平测量成果 | X | |
| | | | | 002 | 整理中平测量成果 | X | |
| | | | | 003 | 计算闭合导线方位角 | X | |
| | | | | 004 | 计算等精度距离测量中误差 | X | |
| | | | | 005 | 计算附合导线坐标方位角 | Y | |
| | | | | 006 | 计算现场给定间距为 50m 两点连线的中点设计高程并放样该点 | X | |

注:X—核心要素;Y—一般要素;Z—辅助要素。

# 附录6 高级工理论知识鉴定要素细目表

工种:工程测量员　　级别:高级工　　鉴定方式:理论知识

| 行为领域 | 代码 | 鉴定范围（重要程度比例） | 鉴定比重 | 代码 | 鉴定点 | 重要程度 | 备注 |
|---|---|---|---|---|---|---|---|
| 基础知识 A 26% | A | 测量学知识（13:02:01） | 10% | 001 | 经度的含义 | X | |
| | | | | 002 | 纬度的含义 | X | |
| | | | | 003 | 参考椭球的概念 | X | JD |
| | | | | 004 | 地理坐标系的概念 | X | |
| | | | | 005 | 平面直角坐标系的含义 | X | JD |
| | | | | 006 | 遥感的含义 | X | |
| | | | | 007 | 遥感系统的构成 | X | JD |
| | | | | 008 | 全站仪操作键的功能 | X | |
| | | | | 009 | 全站仪的构造 | Y | |
| | | | | 010 | 地球曲率对距离的影响 | X | |
| | | | | 011 | 地球曲率对高程的影响 | X | JD |
| | | | | 012 | 多元信息复合的含义 | Z | |
| | | | | 013 | 电子水准仪简介 | X | JD |
| | | | | 014 | 角度测量的原理 | X | JD JS |
| | | | | 015 | 遥感图像目视解译的原理 | Y | |
| | | | | 016 | 数字图像增强的含义 | Y | |
| | B | 测量误差知识（08:01:00） | 5% | 001 | 误差精度指标的规定 | X | JD |
| | | | | 002 | GPS 测量误差的内容 | X | JD |
| | | | | 003 | 中误差的含义 | X | |
| | | | | 004 | 水准测量精度的要求 | X | JD JS |
| | | | | 005 | 角度测量误差的来源 | X | JS |
| | | | | 006 | 减小误差的方法 | X | JS |
| | | | | 007 | 误差传播定律的内容 | X | JS |
| | | | | 008 | 权的含义 | Y | |
| | | | | 009 | 加权平均值的含义 | X | JS |
| | C | 地形图知识（08:01:00） | 6% | 001 | 地图比例尺的分类 | X | JD |
| | | | | 002 | 地形图整饰的规定 | Y | |
| | | | | 003 | 中央子午线的含义 | X | JD |
| | | | | 004 | 地形图分幅的方法 | X | JD |
| | | | | 005 | 地形图地物符号的内容 | X | JD |

续表

| 行为领域 | 代码 | 鉴定范围（重要程度比例） | 鉴定比重 | 代码 | 鉴定点 | 重要程度 | 备注 |
|---|---|---|---|---|---|---|---|
| 基础知识A 26% | C | 地形图知识（08：01：00） | 6% | 006 | 地形图图形注记的内容 | X | JD |
| 基础知识A 26% | C | 地形图知识（08：01：00） | 6% | 007 | 地形图判读的内容 | X | JD |
| 基础知识A 26% | C | 地形图知识（08：01：00） | 6% | 009 | 地形图上面积的量算方法 | X | JD |
| 基础知识A 26% | C | 地形图知识（08：01：00） | 6% | 010 | 等高线典型地貌的种类 | X | JD |
| 基础知识A 26% | D | 摄影测量学（04：02：02） | 5% | 001 | 航摄分区范围的要求 | X | |
| 基础知识A 26% | D | 摄影测量学（04：02：02） | 5% | 002 | 航空像片重叠度的要求 | Y | |
| 基础知识A 26% | D | 摄影测量学（04：02：02） | 5% | 003 | 航空像片旋偏角的要求 | Y | |
| 基础知识A 26% | D | 摄影测量学（04：02：02） | 5% | 004 | 航空摄影质量的控制方法 | X | |
| 基础知识A 26% | D | 摄影测量学（04：02：02） | 5% | 005 | 航带设计的含义 | X | |
| 基础知识A 26% | D | 摄影测量学（04：02：02） | 5% | 006 | 数字地面模型数字采集的内容 | X | |
| 基础知识A 26% | D | 摄影测量学（04：02：02） | 5% | 007 | 数字地面模型地面数据文件的内容 | Z | |
| 基础知识A 26% | D | 摄影测量学（04：02：02） | 5% | 008 | 数字地面模型 DTM 构建的内容 | Z | |
| 专业知识B 74% | A | 建立平面控制（21：06：02） | 18% | 001 | 平面控制测量等级的划分方法 | X | |
| 专业知识B 74% | A | 建立平面控制（21：06：02） | 18% | 002 | 经纬仪的测量原理 | X | |
| 专业知识B 74% | A | 建立平面控制（21：06：02） | 18% | 003 | 三维激光扫描仪的分类 | X | JD |
| 专业知识B 74% | A | 建立平面控制（21：06：02） | 18% | 004 | 三维激光扫描仪的原理和使用 | X | JD |
| 专业知识B 74% | A | 建立平面控制（21：06：02） | 18% | 005 | 全站仪测量的原理 | X | |
| 专业知识B 74% | A | 建立平面控制（21：06：02） | 18% | 006 | 全站仪使用注意事项 | X | |
| 专业知识B 74% | A | 建立平面控制（21：06：02） | 18% | 007 | GPS 绝对定位测量 | X | |
| 专业知识B 74% | A | 建立平面控制（21：06：02） | 18% | 008 | GPS 静态相对定位 | X | |
| 专业知识B 74% | A | 建立平面控制（21：06：02） | 18% | 009 | GPS 动态相对定位测量 | Y | |
| 专业知识B 74% | A | 建立平面控制（21：06：02） | 18% | 010 | GPS-RTK 定位测量 | X | |
| 专业知识B 74% | A | 建立平面控制（21：06：02） | 18% | 011 | 支导线的含义 | X | JS |
| 专业知识B 74% | A | 建立平面控制（21：06：02） | 18% | 012 | 闭合导线的含义 | X | |
| 专业知识B 74% | A | 建立平面控制（21：06：02） | 18% | 013 | 附合导线的含义 | X | JS |
| 专业知识B 74% | A | 建立平面控制（21：06：02） | 18% | 014 | 导线角度闭合差的含义 | X | JS |
| 专业知识B 74% | A | 建立平面控制（21：06：02） | 18% | 015 | 交会定点测量的方法 | X | JS |
| 专业知识B 74% | A | 建立平面控制（21：06：02） | 18% | 016 | GPS 控制测量的分类 | Y | |
| 专业知识B 74% | A | 建立平面控制（21：06：02） | 18% | 017 | 城市三角网的主要技术要求 | Z | |
| 专业知识B 74% | A | 建立平面控制（21：06：02） | 18% | 018 | 导线控制测量的要求 | X | JS |
| 专业知识B 74% | A | 建立平面控制（21：06：02） | 18% | 019 | 三角控制测量的要求 | Y | |
| 专业知识B 74% | A | 建立平面控制（21：06：02） | 18% | 020 | 三边控制测量的要求 | Y | |
| 专业知识B 74% | A | 建立平面控制（21：06：02） | 18% | 021 | 普通钢尺丈量导线长主要技术要求 | X | |
| 专业知识B 74% | A | 建立平面控制（21：06：02） | 18% | 022 | 经纬仪水平角观测主要技术的要求 | X | |
| 专业知识B 74% | A | 建立平面控制（21：06：02） | 18% | 023 | 测角交会的内容 | X | JS |

续表

| 行为领域 | 代码 | 鉴定范围（重要程度比例） | 鉴定比重 | 代码 | 鉴定点 | 重要程度 | 备注 |
|---|---|---|---|---|---|---|---|
| 专业知识 B 74% | A | 建立平面控制（21：06：02） | 18% | 024 | 测边交会的内容 | X | JS |
| | | | | 025 | 导线坐标计算基本形式 | X | JS |
| | | | | 026 | 闭合导线坐标计算 | X | |
| | | | | 027 | 小三角网布设形式 | X | JS |
| | | | | 028 | 小三角测量外业 | Y | |
| | | | | 029 | 小三角形测量近似平差计算 | Z | |
| | B | 地形图应用（06：01：01） | 5% | 001 | 确定点坐标的方法 | X | |
| | | | | 002 | 确定两点间水平距离的方法 | X | JS |
| | | | | 003 | 确定直线坐标方位角的方法 | X | |
| | | | | 004 | 确定点高程的方法 | X | |
| | | | | 005 | 绘出同坡度线的方法 | X | |
| | | | | 006 | 纵断面图的应用 | X | |
| | | | | 007 | 确定汇水区面积的方法 | Y | |
| | | | | 008 | 公路设计纸上定线的内容 | Z | |
| | C | 公路路线测量（18：09：02） | 15% | 001 | 导线复测的方法 | X | |
| | | | | 002 | 回头曲线的技术要求 | Y | |
| | | | | 003 | 路线基平测量的步骤 | X | |
| | | | | 004 | 路线基平测量的精度要求 | X | |
| | | | | 005 | 全站仪中平测量的要求 | X | |
| | | | | 006 | 竖曲线测设要素 | X | JS |
| | | | | 007 | 经纬仪视距测横断面的方法 | Y | |
| | | | | 008 | 极坐标法的特点 | X | JS |
| | | | | 009 | 抛物线路拱的含义 | X | |
| | | | | 010 | 路面边线的放样方法 | X | |
| | | | | 011 | 由圆曲线组成的复曲线的曲线要素计算方法 | X | |
| | | | | 012 | 纵断面图的绘制方法 | X | |
| | | | | 013 | 用全站仪测设公路中线的要求 | X | |
| | | | | 014 | 公路里程桩的划分方法 | X | |
| | | | | 015 | 公路选线原则 | X | |
| | | | | 016 | 公路选线要点 | X | |
| | | | | 017 | 路线纵断面测量 | X | JS |
| | | | | 018 | 缓和曲线的测设方法 | X | |
| | | | | 019 | 测距仪分类 | Z | |
| | | | | 020 | 圆曲线带缓和曲线主点里程的计算方法 | X | |

续表

| 行为领域 | 代码 | 鉴定范围（重要程度比例） | 鉴定比重 | 代码 | 鉴定点 | 重要程度 | 备注 |
|---|---|---|---|---|---|---|---|
| 专业知识B 74% | C | 公路路线测量（18：09：02） | 15% | 021 | 圆曲线带缓和曲线主点的测设方法 | X | |
| | | | | 022 | 测距仪使用方法 | Y | |
| | | | | 023 | 测距仪误差的种类 | Y | |
| | | | | 024 | 利用设计横断面图放样路基边桩的方法 | Y | |
| | | | | 025 | 板桥的类型及其特点 | Y | |
| | | | | 026 | 梁式桥的测量方法 | Y | |
| | | | | 027 | 拱式桥的测量方法 | Y | |
| | | | | 028 | 刚架桥的测量方法 | Y | |
| | | | | 029 | 吊桥的测量方法 | Z | |
| | D | 施工测量（15：05：06） | 16% | 001 | 厂区施工控制网的测设方法 | X | JD |
| | | | | 002 | 厂房矩形控制网角桩测设的方法 | Y | |
| | | | | 003 | 厂房矩形控制网主轴线测设的方法 | Y | |
| | | | | 004 | 厂房柱子安装测量的方法 | X | |
| | | | | 005 | 厂房吊车梁和屋架安装测量的方法 | Z | |
| | | | | 006 | 高层建筑施工测量的步骤 | X | |
| | | | | 007 | 水下地形测量的含义 | X | |
| | | | | 008 | 水下地形测量的应用 | X | |
| | | | | 009 | 水下地形测量的要求 | Y | |
| | | | | 010 | 水下测深断面和测深点的布设方法 | Z | |
| | | | | 011 | 水下平面位置断面索定位测量的方法 | Z | |
| | | | | 012 | 水下平面位置交会测量的方法 | Y | |
| | | | | 013 | 水下平面位置极坐标测量的方法 | Y | |
| | | | | 014 | 水下平面位置无线电定位的方法 | Z | |
| | | | | 015 | 直线桥梁墩、台定位的方法 | X | |
| | | | | 016 | 曲线桥梁墩、台定位的方法 | X | |
| | | | | 017 | 明挖基础施工放样的方法 | X | |
| | | | | 018 | 桩基础定位放样的方法 | X | |
| | | | | 019 | 桥台、墩身施工放样的方法 | X | |
| | | | | 020 | 涵洞施工放样的方法 | X | |
| | | | | 021 | 锥形护坡放样的方法 | X | |
| | | | | 022 | 桥梁架设准备阶段测量的要求 | Z | |
| | | | | 023 | 桥梁架设阶段测量的要求 | X | |
| | | | | 024 | 隧道地面控制测量 | Z | |
| | | | | 025 | 施工测量工作的分类 | X | |
| | | | | 026 | 施工测量工作的方法 | X | |

续表

| 行为领域 | 代码 | 鉴定范围（重要程度比例） | 鉴定比重 | 代码 | 鉴定点 | 重要程度 | 备注 |
|---|---|---|---|---|---|---|---|
| 专业知识B 74% | E | 变形测量（07：03：02） | 8% | 001 | 基准线法测定水平位移的方法 | X | |
| | | | | 002 | 激光准直法测定水平位移的方法 | X | |
| | | | | 003 | 分段基准线观测的要求 | Y | |
| | | | | 004 | 引张线法测定水平位移的方法 | Y | |
| | | | | 005 | 导线法测定建筑物位移的要求 | Z | |
| | | | | 006 | 用前方交会法测定建筑物位移的方法 | Z | |
| | | | | 007 | 挠度观测的方法 | X | |
| | | | | 008 | 摄影测量在变形观测中的应用 | Y | |
| | | | | 009 | 沉降观测的方法 | X | |
| | | | | 010 | 建筑物水平移位观测的内容 | X | |
| | | | | 011 | 建筑物倾斜位移观测的内容 | X | |
| | | | | 012 | 桥梁变形观测的内容 | X | |
| | F | 组织管理（03：01：03） | 4% | 001 | 施工管理知识的内容 | X | |
| | | | | 002 | 班组的基本管理 | X | |
| | | | | 003 | 班组的计划管理 | X | |
| | | | | 004 | 班组的质量管理 | Z | |
| | | | | 005 | 班组的劳动管理 | Z | |
| | | | | 006 | 班组的安全管理 | Z | |
| | | | | 007 | 班组的料具管理 | Y | |
| | G | 测量数据处理（02：02：03） | 8% | 001 | 操作系统的含义 | X | |
| | | | | 002 | AutoCAD 基本操作方法 | Y | |
| | | | | 003 | AutoCAD 高级绘图命令的操作方法 | Y | |
| | | | | 004 | AutoCAD 高效使用绘图命令的操作方法 | Z | |
| | | | | 005 | AutoCAD 尺寸标注的操作方法 | Z | |
| | | | | 006 | AutoCAD 基本绘图命令的操作方法 | Z | |
| | | | | 007 | 计算机应用软件 | X | |

注：X—核心要素；Y——般要素；Z—辅助要素。

# 附录7 高级工操作技能鉴定要素细目表

工种:工程测量员　　　　级别:高级工　　　　鉴定方式:技能操作

| 行为领域 | 代码 | 鉴定范围 | 鉴定比重 | 代码 | 鉴定点 | 重要程度 | 备注 |
|---|---|---|---|---|---|---|---|
| 操作技能 A 100% （16：03：00） | A | 布设工程控制网 | 30% | 001 | 用经纬仪观测竖直角 | X | |
| | | | | 002 | 采用中心极坐标法放样椭圆形建筑平面 | Y | |
| | | | | 003 | 设置 GPS-RTK 基准站 | X | |
| | | | | 004 | 设置 GPS-RTK 流动站 | X | |
| | | | | 005 | 用 GPS-RTK 测设建筑四角坐标 | X | |
| | | | | 006 | 用全站仪测导线计算未知点坐标 | X | |
| | B | 掌握工程测量技能 | 45% | 001 | 计算路段纵坡及 20m 纵断高程并放样其中一点设计高程 | X | |
| | | | | 002 | 用偏角法放样圆曲线首弧及第一个 20m 两桩点 | | |
| | | | | 003 | 用经纬仪采用切线支距法测设圆曲线 | X | |
| | | | | 004 | 检验与校正全站仪光学对中器 | X | |
| | | | | 005 | 检验与校正全站仪视准轴与横轴垂直度 | X | |
| | | | | 006 | 用全站仪进行四边形角度闭合 | X | |
| | | | | 007 | 用圆外基线法测设虚交点圆曲线 | X | |
| | | | | 008 | 用全站仪测设导线进行中桩里程计算 | X | |
| | | | | 009 | 给定主曲线半径及地面四点,实测给出复曲线测设要素 | X | |
| | C | 测量管理 | 25% | 001 | 计算闭合导线坐标 | X | |
| | | | | 002 | 整理偏角法测量成果 | X | |
| | | | | 003 | 整理前方交会测量成果 | X | |
| | | | | 004 | 计算圆曲线要素,确定主点里程、间距为 20m 辅点桩号及分弧长 | X | |
| | | | | 005 | 计算附合导线坐标 | Y | |

注:X—核心要素;Y——一般要素;Z—辅助要素。

# 附录 8　技师、高级技师理论知识鉴定要素细目表

工种：工程测量员　　　　级别：技师　　　　鉴定方式：理论知识

| 行为领域 | 代码 | 鉴定范围（重要程度比例） | 鉴定比重 | 代码 | 鉴定点 | 重要程度 | 备注 |
|---|---|---|---|---|---|---|---|
| 基础知识 A 25% | A | 测量学知识（19∶06∶03） | 14% | 001 | GPS 码相位观测量的内容 | X | JD |
| | | | | 002 | GPS 载波相位观测量的内容 | X | JD |
| | | | | 003 | 航天遥感的特点 | X | JD |
| | | | | 004 | GPS 网型设计的内容 | X | JD |
| | | | | 005 | 2000 国家大地坐标系的必要性 | X | |
| | | | | 006 | 2000 国家大地坐标系的意义 | X | |
| | | | | 007 | 遥感的发展历史 | Y | |
| | | | | 008 | 遥感平台的概念 | X | |
| | | | | 009 | 遥感图像的特征 | Y | |
| | | | | 010 | GPS 接收机的组成 | X | |
| | | | | 011 | 地形图测量的内容 | X | |
| | | | | 012 | GPS 的含义 | Z | |
| | | | | 013 | 遥感系统的内容 | Z | JD |
| | | | | 014 | 遥感信息地面接收的内容 | Y | JD |
| | | | | 015 | 遥感信息预处理的内容 | Y | JD |
| | | | | 016 | 遥感信息分析应用系统的特点 | Y | JD |
| | | | | 017 | 遥感数字图像的计算机分类 | Y | JD |
| | | | | 018 | 遥感影像地图的内容 | Z | JD |
| | | | | 019 | EOS 计划的内容 | X | |
| | | | | 020 | 地物的空间特征与波谱特征 | X | |
| | | | | 021 | 电磁波的内容 | X | |
| | | | | 022 | 电磁波谱的内容 | X | |
| | | | | 023 | 辐射度学的基本参数 | X | |
| | | | | 024 | 遥感图像监督分类的内容 | X | |
| | | | | 025 | 遥感图像非监督分类的内容 | X | |
| | | | | 026 | 热红外遥感的含义 | X | |
| | | | | 027 | 微波遥感的含义 | X | |
| | | | | 028 | 微波遥感的特征 | X | |
| | B | 测量误差知识（07∶02∶01） | 5% | 001 | 粗差的概念 | X | |
| | | | | 002 | 偶然误差的特性 | X | |

续表

| 行为领域 | 代码 | 鉴定范围（重要程度比例） | 鉴定比重 | 代码 | 鉴定点 | 重要程度 | 备注 |
|---|---|---|---|---|---|---|---|
| 基础知识A 25% | B | 测量误差知识（07：02：01） | 5% | 003 | 容许误差的含义 | X | JS |
| | | | | 004 | 倍数函数误差传播规律的计算方法 | X | JS |
| | | | | 005 | 和差函数误差传播规律的计算方法 | X | JS |
| | | | | 006 | 线性函数误差传播规律的计算方法 | X | JS |
| | | | | 007 | 直方图的概念 | X | |
| | | | | 008 | 加权平均值中误差的含义 | Y | JS |
| | | | | 009 | 与卫星有关GPS测量误差的内容 | Y | |
| | | | | 010 | 与接收设备有关的GPS测量误差的内容 | Z | |
| | C | 摄影测量学（05：05：02） | 6% | 001 | 航摄分区划分的方法 | Y | |
| | | | | 002 | 航空测量全野外布点的方法 | Y | |
| | | | | 003 | 航空测量航带布点的方法 | Y | |
| | | | | 004 | 航空测量区域网布点的要求 | Z | |
| | | | | 005 | 航空测量特殊情况的布点要求 | Z | |
| | | | | 006 | 航空像控点选刺的要求 | X | |
| | | | | 007 | 航空像控点整饰的要求 | Y | |
| | | | | 008 | 航空像控点的测量的要求 | X | |
| | | | | 009 | 航空测量像片的调绘要求 | X | |
| | | | | 010 | 航空像控转点与加密点的选定方法 | X | |
| | | | | 011 | 影像图的制作与应用 | X | |
| | | | | 012 | 全数字摄影测量限差的要求 | Y | |
| 专业知识B 75% | A | 建立平面控制（22：06：04） | 16% | 001 | 图根平面控制测量交会法的要求 | X | |
| | | | | 002 | 闭合导线角度闭合差的计算方法 | X | |
| | | | | 003 | 闭合导线坐标方位角的计算方法 | X | |
| | | | | 004 | 闭合导线坐标增量的计算方法 | X | |
| | | | | 005 | 附合导线角度闭合差的计算方法 | X | |
| | | | | 006 | 小三角测量的特点 | Y | |
| | | | | 007 | 小三角网布设的形式 | X | |
| | | | | 008 | 小三角测量的选点原则 | Y | |
| | | | | 009 | GPS平面控制网的布设要求 | Z | |
| | | | | 010 | GPS平面控制观测的要求 | Z | |
| | | | | 011 | 桥梁定位测量的内容 | Y | JS |
| | | | | 012 | 桥梁的平面控制测量等级分类 | Z | |
| | | | | 013 | 隧道贯通按长度平面测量等级分类 | X | |
| | | | | 014 | 三角平面控制网的布设要求 | X | JD |
| | | | | 015 | 三边平面控制网的布设要求 | X | JS |

续表

| 行为领域 | 代码 | 鉴定范围（重要程度比例） | 鉴定比重 | 代码 | 鉴定点 | 重要程度 | 备注 |
|---|---|---|---|---|---|---|---|
| 专业知识 B 75% | A | 建立平面控制（22：06：04） | 16% | 016 | 水平角平面控制观测的要求 | X | |
| | | | | 017 | 距离平面控制观测的要求 | X | |
| | | | | 018 | GPS 的特点 | X | |
| | | | | 019 | GPS 的卫星星座组成 | X | JS |
| | | | | 020 | GPS 的卫星星座的功能 | X | |
| | | | | 021 | GPS 地面监控系统的内容 | X | |
| | | | | 022 | GPS 用户设备部分的内容 | X | |
| | | | | 023 | GPS 平面控制测量主要技术要求 | Y | |
| | | | | 024 | GPS-RTK 施测图根点的要求 | Y | |
| | | | | 025 | GPS 手持机的含义 | X | |
| | | | | 026 | GPS 手持机的应用方法 | Y | |
| | | | | 027 | GPS 定位测量的方法 | Z | |
| | | | | 028 | 伺服式全站仪的基本结构 | X | |
| | | | | 029 | 伺服式全站仪的基本功能 | X | |
| | | | | 030 | 伺服式全站仪的操作方法 | X | |
| | | | | 031 | GPS 网的布设 | X | |
| | | | | 032 | 卫星定位连续运行基准站网的布设 | X | |
| | B | 地形图应用（06：02：02） | 5% | 001 | 确定图上点高程的方法 | X | JS |
| | | | | 002 | 确定直线坡度的方法 | X | |
| | | | | 003 | 按限定坡度在图上选定最短路线方法 | X | |
| | | | | 004 | 将场地整理成水平面的土方计算方法 | X | |
| | | | | 005 | 将场地整理一定坡度斜面的土方计算方法 | Y | JD |
| | | | | 006 | 水下地形测量的方法 | Z | |
| | | | | 007 | 水下测量的要求 | Z | |
| | | | | 008 | 地形图精度的要求 | X | JS |
| | | | | 009 | 碎部测量的内容 | X | |
| | | | | 010 | 全站仪测绘地形图的方法 | Y | |
| | C | 公路路线测量（18：04：03） | 12.5% | 001 | 带虚交点圆曲线测设方法 | X | |
| | | | | 002 | 缓和曲线连接圆曲线的复曲线要素计算方法 | X | |
| | | | | 003 | 回头曲线测设方法 | X | |
| | | | | 004 | 切线角的含义 | X | |
| | | | | 005 | 缓和曲线最小长度的要求 | Y | |
| | | | | 006 | 曲线内移值的含义 | Y | |
| | | | | 007 | 曲线切线增值的含义 | Y | |
| | | | | 008 | 不设超高的圆曲线半径的要求 | Z | |

续表

| 行为领域 | 代码 | 鉴定范围（重要程度比例） | 鉴定比重 | 代码 | 鉴定点 | 重要程度 | 备注 |
|---|---|---|---|---|---|---|---|
| 专业知识 B 75% | C | 公路路线测量（18：04：03） | 12.5% | 009 | 不设缓和曲线的最小圆曲线半径要求 | Z | |
| | | | | 010 | 切线支距法 | X | JS |
| | | | | 011 | 偏角法 | X | JS |
| | | | | 012 | 弦线支距法 | X | |
| | | | | 013 | 弦线偏距法 | X | JD |
| | | | | 014 | 极坐标法 | X | JS |
| | | | | 015 | 缓和曲线的内容 | X | JS |
| | | | | 016 | 圆曲线带缓和曲线主点里程的计算方法 | X | |
| | | | | 017 | 圆曲线带缓和曲线要素计算方法 | X | |
| | | | | 018 | 缓和曲线的测设方法 | X | |
| | | | | 019 | 曲线遇障碍等量偏角法的测设方法 | X | |
| | | | | 020 | 曲线遇障碍其他的测设方法 | X | |
| | | | | 021 | 缓和曲线测设要求 | X | |
| | | | | 022 | 曲线的组合形式 | Y | |
| | | | | 023 | 曲线两端缓和曲线不等长的测设方法 | Z | |
| | | | | 024 | 复曲线的测设方法 | X | JS |
| | | | | 025 | 道路测量中的断链问题 | X | |
| | D | 施工测量（37：07：04） | 24% | 001 | 隧道地面控制测量中线法的内容 | X | |
| | | | | 002 | 隧道地面控制测量三角法的内容 | X | |
| | | | | 003 | 隧道洞内导线布设的要求 | X | |
| | | | | 004 | 隧道洞内导线测角测边的方法 | Y | |
| | | | | 005 | 隧道洞内中线测设的方法 | Y | |
| | | | | 006 | 隧道洞内水准测量的要求 | Y | |
| | | | | 007 | 隧道开挖断面放样的要求 | Y | |
| | | | | 008 | 城市测量的要求 | X | |
| | | | | 009 | 铁路测量的要求 | Z | |
| | | | | 010 | 隧道联系测量的内容 | X | |
| | | | | 011 | 隧道高程控制测量的内容 | X | |
| | | | | 012 | 隧道贯通误差的含义 | X | |
| | | | | 013 | 隧道贯通误差的限差要求 | X | |
| | | | | 014 | 隧道贯通误差的来源 | X | |
| | | | | 015 | 隧道竖井联系测量的分类 | Z | |
| | | | | 016 | 隧道竖井联系测量的方法 | Z | |
| | | | | 017 | 隧道中线极坐标放样的方法 | X | |
| | | | | 018 | 隧道坡度放样的方法 | X | |

续表

| 行为领域 | 代码 | 鉴定范围（重要程度比例） | 鉴定比重 | 代码 | 鉴定点 | 重要程度 | 备注 |
|---|---|---|---|---|---|---|---|
| 专业知识 B 75% | D | 施工测量（37：07：04） | 24% | 019 | 隧道断面放样的方法 | X | |
| | | | | 020 | 洞口掘进方向的标定方法 | X | |
| | | | | 021 | 隧道的盾构施工法 | Y | |
| | | | | 022 | 隧道的沉管施工法 | Y | |
| | | | | 023 | 明挖隧道施工法 | Y | |
| | | | | 024 | 水利枢纽的内容 | Z | |
| | | | | 025 | 坝身控制网测设的方法 | X | |
| | | | | 026 | 大坝施工控制网的内容 | X | |
| | | | | 027 | 大坝施工测量的内容 | X | |
| | | | | 028 | 混凝土重力坝立模放样 | X | |
| | | | | 029 | 管道中线测量 | X | |
| | | | | 030 | 管道纵横断面测量 | X | |
| | | | | 031 | 管道施工测量的准备工作 | X | |
| | | | | 032 | 开槽管道施工测量 | X | |
| | | | | 033 | 民用建筑主轴线测设 | X | |
| | | | | 034 | 民用建筑基础施工测量 | X | |
| | | | | 035 | 高层建筑的轴线投测 | X | |
| | | | | 036 | 建筑方格网的精度要求 | X | |
| | | | | 037 | 建筑方格网的布设原则 | X | |
| | | | | 038 | 建筑方格网的测设要求 | X | |
| | | | | 039 | 建筑方格网的测设方法 | X | |
| | | | | 040 | 钢结构安装测量 | X | |
| | | | | 041 | 输电线路平面测量 | X | |
| | | | | 042 | 输电线路的断面选择方法 | X | |
| | | | | 043 | 输电线路的断面测量方法 | X | |
| | | | | 044 | 输电线路的平断面图的绘制 | X | |
| | | | | 045 | 输电线路施工基准面的含义 | X | |
| | | | | 046 | 输电线路复测的内容 | X | |
| | | | | 047 | 输电线路杆塔基础分坑测量 | X | |
| | | | | 048 | 输电线路弧垂检查的要求 | X | |
| | E | 地籍测量（08：03：02） | 6.5% | 001 | 地籍测量的概念 | X | |
| | | | | 002 | 地籍测量的目的 | X | |
| | | | | 003 | 地籍测量的工作任务 | X | |
| | | | | 004 | 地籍测量的内容 | X | |
| | | | | 005 | 地籍测量的特点 | Y | |

续表

| 行为领域 | 代码 | 鉴定范围（重要程度比例） | 鉴定比重 | 代码 | 鉴定点 | 重要程度 | 备注 |
|---|---|---|---|---|---|---|---|
| 专业知识 B 75% | E | 地籍测量（08：03：02） | 6.5% | 006 | 地籍要素的测量内容 | Y | |
| | | | | 007 | 地籍测量精度的要求 | Z | |
| | | | | 008 | 地籍调查的内容 | X | |
| | | | | 009 | 地籍图的分类 | X | |
| | | | | 010 | 地籍图的分幅方法 | Y | |
| | | | | 011 | 地籍图绘制的方法 | X | |
| | | | | 012 | 地籍图的应用要求 | X | |
| | | | | 013 | 地籍图修测的方法 | Z | |
| | F | 组织管理（07：02：00） | 4.5% | 001 | 向初级工传授的主要技能 | X | |
| | | | | 002 | 向中级工传授的主要技能 | X | |
| | | | | 003 | 向高级工传授的主要技能 | X | |
| | | | | 004 | 施工准备工作的主要内容 | X | |
| | | | | 005 | 施工组织设计的主要内容 | Y | |
| | | | | 006 | 施工任务书的主要内容 | Y | |
| | | | | 007 | 预防施工测量质量事故的方法 | X | |
| | | | | 008 | 预防施工测量安全事故的方法 | X | |
| | | | | 009 | 处理施工测量质量与安全事故的方法 | X | |
| | G | 编写测量方案（05：00：00） | 2.5% | 001 | 道路恢复定线测量方案的内容 | X | |
| | | | | 002 | 道路中平测量方案的内容 | X | |
| | | | | 003 | 道路沥青混凝土路面施工测量方案的内容 | X | |
| | | | | 004 | 桥梁施工测量方案的内容 | X | |
| | | | | 005 | 道路带状图测量方案的内容 | X | |
| | H | 测量数据处理（07：01：00） | 4% | 001 | Word 的操作方法 | X | |
| | | | | 002 | 文字输入的方法 | X | |
| | | | | 003 | 计算机的软件的种类 | Z | |
| | | | | 004 | 计算机求和的操作方法 | X | |
| | | | | 005 | 测量软件的含义 | Y | |
| | | | | 006 | Excel 电子表格的操作方法 | X | |
| | | | | 007 | AutoCAD 的基本概念 | Y | |
| | | | | 008 | 硬件的分类 | Z | |

注：X—核心要素；Y——般要素；Z—辅助要素。

# 附录9 技师操作技能鉴定要素细目表

工种:工程测量员　　　　级别:技师　　　　鉴定方式:操作技能

| 行为领域 | 代码 | 鉴定范围 | 鉴定比重 | 代码 | 鉴定点 | 重要程度 | 备注 |
|---|---|---|---|---|---|---|---|
| 操作技能 A 100% (18:01:01) | A | 布设工程控制网 | 30% | 001 | 用 GPS 手持机定点位 | X | |
| | | | | 002 | 用 GPS 手持机确定目标点的距离 | X | |
| | | | | 003 | 用 GPS 手持机进行导航 | X | |
| | | | | 004 | 用 GPS 放样道路起点位置 | X | |
| | | | | 005 | 在地形图上采用方格网计算挖填土方量 | Y | |
| | | | | 006 | 按给定图纸地貌特征点勾绘等高线 | X | |
| | B | 掌握工程测量技能 | 55% | 001 | 全站仪测设缓和曲线 | X | |
| | | | | 002 | 用 GPS 测设碎部点 | X | |
| | | | | 003 | 用 GPS 测定道路横断面 | X | |
| | | | | 004 | 用 GPS-RTK 测定道路边线 | X | |
| | | | | 005 | 用 GPS-RTK 放样道路缓和曲线 | X | |
| | | | | 006 | 已知点坐标,求两点间方位角和距离并现场放样 50m 距离点位 | X | |
| | | | | 007 | 吊车梁安装测量 | X | |
| | | | | 008 | 用相位式光电测距仪测距 | Z | |
| | | | | 009 | 用 GPS-RTK 放样长输管线 | X | |
| | | | | 010 | 管道中线放样 | X | |
| | | | | 011 | 根据平面及剖面图确定管线定位方法 | X | |
| | C | 测量管理 | 15% | 001 | 用 GPS 测导线坐标计算方位角 | X | |
| | | | | 002 | 编写公路导线复测方案 | X | |
| | | | | 003 | 编写城市道路测量方案 | X | |

注:X—核心要素;Y—一般要素;Z—辅助要素。

# 附录 10 高级技师操作技能鉴定要素细目表

工种：工程测量员　　级别：高级技师　　鉴定方式：操作技能

| 行为领域 | 代码 | 鉴定范围 | 鉴定比重 | 代码 | 鉴定点 | 重要程度 | 备注 |
|---|---|---|---|---|---|---|---|
| 操作技能A 100%（16：02：02） | A | 布设工程控制网 | 30% | 001 | 建立 30m 桥梁平面控制网 | X | |
| | | | | 002 | 设置龙门板 | X | |
| | | | | 003 | 用轴线法测设方格网 | X | |
| | | | | 004 | 用罗盘仪测定磁方位角 | Z | |
| | | | | 005 | 伺服式全站仪的电子校检 | Y | |
| | | | | 006 | 在地形图上沿已知方向绘制断面图 | X | |
| | B | 掌握工程测量技能 | 55% | 001 | 用等边三角形法测设有障碍物曲线 | X | |
| | | | | 002 | 用全站仪等量偏角法测设遇障碍时的圆曲线 | X | |
| | | | | 003 | 用全站仪测设复曲线 | X | |
| | | | | 004 | 用 GPS-RTK 放样桥梁桩基位置 | X | |
| | | | | 005 | 用推磨法测设回头曲线 | X | |
| | | | | 006 | 用激光垂准仪投测建筑轴线点 | X | |
| | | | | 007 | 经纬仪引桩投测法 | X | |
| | | | | 008 | 用经纬仪测量高耸建筑倾斜度 | Y | |
| | | | | 009 | 采用分中法进行输电线路定线测量 | X | |
| | | | | 010 | 输电线路遇障碍时用三角法定线 | X | |
| | | | | 011 | 输电线路转角杆塔位移桩的测设 | Z | |
| | C | 测量管理 | 15% | 001 | 编写隧道施工测量方案 | X | |
| | | | | 002 | 全站仪测绘地形图测量方案 | X | |
| | | | | 003 | 编写桥梁施工测量方案 | X | |

注：X—核心要素；Y——般要素；Z—辅助要素。

# 附录 11 操作技能考核内容层次结构表

| 级别 | 操作技能 | | | | 合计 |
|---|---|---|---|---|---|
| | 布设工程控制网 | 掌握工程测量技能 | 测量管理 | | |
| | | | 综合知识 | 编写测量方案 | |
| 初级 | 30 分<br>10~15min | 40 分<br>15~20min | 30 分<br>5~10min | | 100 分<br>30~45min |
| 中级 | 30 分<br>10~15min | 40 分<br>15~20min | 30 分<br>5~10min | | 100 分<br>30~45min |
| 高级 | 30 分<br>10~15min | 45 分<br>20~25min | 25 分<br>5~10min | | 100 分<br>35~50min |
| 技师、高级技师 | 32.5 分<br>10~15min | 55 分<br>20~25min | | 12.5 分<br>10~15min | 100 分<br>40~55min |

# 参 考 文 献

[1] 中国石油天然气集团公司人事服务中心. 工程测量工. 北京:石油工业出版社,2006.
[2] 国家测绘局职业技能鉴定指导中心. 测量基础. 哈尔滨:哈尔滨地图出版社,2001.
[3] 国家测绘局职业技能鉴定指导中心. 测量学. 哈尔滨:哈尔滨地图出版社,2001.
[4] 中国石油天然气集团公司人事服务中心. 集输工(下册). 北京:石油工业出版社,2005.
[5] 聂让,施锁云,聂泳,等. 测量学. 北京:中国科学技术出版社,2004.
[6] 刘玉梅,王井利. 工程测量. 北京:化学工业出版社,2011.
[7] 蒋梦云. 公路工程测量员培训教材. 北京:中国建材工业出版社,2011.
[8] 王冰. 建筑工程测量员培训教材. 北京:中国建材工业出版社,2011.
[9] 马遇. 测量放线员(初级). 北京:机械工业出版社,2006.
[10] 马遇. 测量放线员(中级). 北京:机械工业出版社,2006.
[11] 马遇. 测量放线工(技师、高级技师). 北京:机械工业出版社,2006.
[12] 高俊强. 测量放线员(初级). 北京:机械工业出版社,2014.
[13] 李刚,刘福臻,杜子涛. 工程测量. 北京:化学工业出版社,2011.
[14] 陆付民,李利. 工程测量. 北京:中国电力出版社,2009.
[15] 裴玉龙. 公路勘测设计. 哈尔滨:黑龙江科学技术出版社,1997.
[16] 李小文,刘素红. 遥感原理与应用. 北京:科学出版社,2008.
[17] 姚玲森. 桥梁工程. 北京:人民交通出版社,1998.
[18] 刘伯莹,姚祖康. 公路设计工程师手册. 北京:人民交通出版社,2011.
[19] 吴晓志,杨振. 实用计算机基础. 北京:石油工业出版社,2011.
[20] 苏建林,张部生,王新敏. AutoCAD 公路与桥梁绘图基础. 北京:人民交通出版社,2003.